《量子电动力学（第四版）》

本书是《理论物理学教程》的第四卷，内容包括外场中自由粒子的相对论理论，光发射和散射理论，相对论微扰理论及其在电动力学过程中的应用，辐射修正理论，高能过程的渐近理论。本书的处理透彻、仔细而不学究式。本书可作为高等学校物理专业高年级本科生教学参考书，也可供相关专业的研究生、科研人员和教师参考。

《统计物理学 I（第五版）》

本书是《理论物理学教程》的第五卷，以吉布斯方法为基础讲述经典统计与量子统计。全书论述热力学基础，理想气体的统计物理学，非理想气体理论，费米分布与玻色分布及其对黑体辐射热力学与固体理论的应用，溶液理论，化学平衡与表面现象理论，气体的磁性质，晶体的对称性理论，涨落，一级相变、二级相变和物质在临界点附近的性质，以及涨落在这些现象中的作用。本书可作为高等学校物理专业高年级本科生教学参考书，也可供相关专业的研究生、科研人员和教师参考。

《流体力学（第五版）》

本书是《理论物理学教程》的第六卷，将流体力学作为理论物理学的一部分来阐述，全书风格独特，内容和视角与其它教材相比有很大不同。作者尽可能全面地研究了所有对物理学有重要意义的问题，尽可能清晰地描述了诸多物理现象和它们之间的相互关系。主要内容除了流体力学的基本理论外，还包括湍流、传热传质、声波、气体力学、激波、燃烧、相对论流体力学和超流体等专题。本书可作为高等学校物理专业高年级本科生教学参考书，也可供相关专业的研究生和科研人员参考。

列夫·达维多维奇·朗道（1908—1968） 理论物理学家、苏联科学院院士、诺贝尔物理学奖获得者。1908年1月22日生于今阿塞拜疆共和国的首都巴库，父母是工程师和医生。朗道19岁从列宁格勒大学物理系毕业后在列宁格勒物理技术研究所开始学术生涯。1929—1931年赴德国、瑞士、荷兰、英国、比利时、丹麦等国家进修，特别是在哥本哈根，曾受益于玻尔的指引。1932—1937年，朗道在哈尔科夫担任乌克兰物理技术研究所理论部主任。从1937年起在莫斯科担任苏联科学院物理问题研究所理论部主任。朗道非常重视教学工作，曾先后在哈尔科夫大学、莫斯科大学等学校教授理论物理，撰写了大量教材和科普读物。

朗道的研究工作几乎涵盖了从流体力学到量子场论的所有理论物理学分支。1927年朗道引入量子力学中的重要概念——密度矩阵；1930年创立电子抗磁性的量子理论（相关现象被称为朗道抗磁性，电子的相应能级被称为朗道能级）；1935年创立铁磁性的磁畴理论和反铁磁性的理论解释；1936—1937年创立二级相变的一般理论和超导体的中间态理论（相关理论被称为朗道相变理论和朗道中间态结构模型）；1937年创立原子核的几率理论；1940—1941年创立液氦的超流理论（被称为朗道超流理论）和量子液体理论；1946年创立等离子体振动理论（相关现象被称为朗道阻尼）；1950年与金兹堡一起创立超导理论（金兹堡–朗道唯象理论）；1954年创立基本粒子的电荷约束理论；1956—1958年创立了费米液体的量子理论（被称为朗道费米液体理论）并提出了弱相互作用的CP不变性。

朗道于1946年当选为苏联科学院院士，曾3次获得苏联国家奖；1954年获得社会主义劳动英雄称号；1961年获得马克斯·普朗克奖章和弗里茨·伦敦奖；1962年他与栗弗席兹合著的《理论物理学教程》获得列宁奖，同年，他因为对凝聚态物质特别是液氦的开创性工作而获得了诺贝尔物理学奖。朗道还是丹麦皇家科学院院士、荷兰皇家科学院院士、英国皇家学会会员、美国国家科学院院士、美国国家艺术与科学院院士、英国和法国物理学会的荣誉会员。

“朗道十诫”石板*

1958年苏联原子能研究所为庆贺朗道50岁寿辰，送给他的刻有朗道在物理学上最重要的10项科学成果的大理石板，这10项成果是：

1. 量子力学中的密度矩阵和统计物理学（1927年）
2. 自由电子抗磁性的理论（1930年）
3. 二级相变的研究（1936—1937年）
4. 铁磁性的磁畴理论和反铁磁性的理论解释（1935年）
5. 超导体的混合态理论（1934年）
6. 原子核的几率理论（1937年）
7. 氦Ⅱ超流性的量子理论（1940—1941年）
8. 基本粒子的电荷约束理论（1954年）
9. 费米液体的量子理论（1956年）
10. 弱相互作用的CP不变性（1957年）

---

* Бессараб М Я. Ландау: Страницы жизни. Москва: Московский рабочий, 1988.

ТЕОРЕТИЧЕСКАЯ ФИЗИКА ТОМ IX

Е. М. ЛИФШИЦ
Л. П. ПИТАЕВСКИЙ

СТАТИСТИЧЕСКАЯ ФИЗИКА Часть 2

(ТЕОРИЯ КОНДЕНСИРОВАННОГО СОСТОЯНИЯ)

理论物理学教程 第九卷

统计物理学 II

（凝聚态理论） （第四版）

Е. М. 栗弗席兹 Л.П. 皮塔耶夫斯基 著 王锡绂 译

俄罗斯联邦教育部推荐大学物理专业教学参考书

高等教育出版社·北京

图字:01-2007-0918 号

Л.Д.Ландау, Е.М.Лифшиц. Теоретическая физика. В 10 томах
Copyright© FIZMATLIT PUBLISHERS RUSSIA, ISBN 5-9221-0053-X
The Chinese language edition is authorized by FIZMATLIT PUBLISHERS RUSSIA for publishing and sales in the People's Republic of China

图书在版编目(CIP)数据

统计物理学Ⅱ(凝聚态理论):第4版/(俄罗斯)栗弗席兹,(俄罗斯)皮塔耶夫斯基著;王锡绂译.—2版.北京:高等教育出版社,2008.7(2021.11 重印)
ISBN 978-7-04-024160-0

Ⅰ.统… Ⅱ.①栗…②皮…③王… Ⅲ.①统计物理学-高等学校-教材②凝聚态-物理学-高等学校-教材 Ⅳ.O414.2 O469

中国版本图书馆 CIP 数据核字(2008)第 050358 号

策划编辑 王 超　　责任编辑 王 超　　封面设计 刘晓翔　　责任绘图 尹 莉
版式设计 史新薇　　责任校对 杨凤玲　　责任印制 赵义民

出版发行 高等教育出版社
社 址 北京市西城区德外大街4号
邮政编码 100120
印 刷 北京中科印刷有限公司
开 本 787×1092 1/16
印 张 23.75
字 数 430 000
插 页 1
购书热线 010-58581118

免费咨询 400-810-0598
网 址 http://www.hep.edu.cn
http://www.hep.com.cn
网上订购 http://www.landraco.com
http://www.landraco.com.cn
版 次 1993年4月第1版
2008年7月第2版
印 次 2021年11月第6次印刷
定 价 79.00元

物 料 号 24160-00

第二版序言

在为本书准备新版时,非常遗憾的是我的合作者和朋友 E. M. 栗弗席兹已于 1985 年辞世了. 于是,我不得不独自完成此项工作. 虽然,近些年来物质凝聚态理论取得许多重要进展. 我并不认为需要从根本上改写本书. 书中讲到的理论基础及对其阐述,似乎是经住了时间的考验. 另一方面也要做些增补和修改.

增补 §35* 是讲超流膜的 B. Л. Березинский(1970), J. M. Kosterlitz, D. Thouless(1972)相变理论的. 此理论为二维系统中的过程建立了现代概念基础. 它极大丰富了我们对相变本质的认识.

讲述磁性的第七章做了重大修改. 特别是增补 §74*,其中用 T. Holstein, H. Primakoff(1940)方法研究反铁磁性. 此方法对磁性微观理论有重要意义. 因此,书中含此方法显得至关重要.

近年来,物理学领域最重要的成就之一便是发现高温超导体. 然而,实验物理学家和理论物理学家虽然加倍努力,这个有趣现象的本质仍有许多不明之处. 甚至何种相互作用造成向超导态的转变也不清楚. 在这种情况下,对此问题我只好做些简短评论.

Л. П. 皮塔耶夫斯基

2000 年 6 月

第一版序言

简单说来，提供给读者的这本《理论物理学教程》第九卷是讨论物质凝聚态的量子理论的．本卷开始于对量子液体——玻色液体和费米液体理论的详细叙述．该理论是Л.Д.朗道在П.Л.卡皮查的实验发现之后创建起来的，是当今理论物理学的一个独立分支．这个理论的重要性，与其归因于在液态氦同位素中发生的那些有趣现象，不如说由于量子液体及其谱的概念实质上是宏观物体量子描述的基础．

例如，为了深入理解金属的性质，必须把金属中的电子看作费米液体．但是电子液体的性质因晶格的存在而复杂化，因而对均匀且各向同性液体这种较简单的情况进行预备性研究，乃是建立理论的必需步骤．金属的超导性也是一样，如不预先了解较简单的玻色液体超流理论，便难于清楚地把金属的超导性理解为电子液体的超流性．

格林函数方法，是现代统计物理学数学工具不可缺少的部分．这绝不仅仅由于计算格林函数的图技术所带来的计算上的方便．问题首先在于，格林函数能直接确定出物体的元激发谱，因此，它是最自然地描述这些激发性质的语言．所以，对于方法问题，即宏观物体的格林函数理论，本卷相当注意．虽然，方法的基本思想对所有的系统都一样，但在不同的情况，图技术的具体形式是有区别的．因此，自然要以各向同性的量子液体为例来发展这些方法，这里，方法的实质以纯正的形式表露出来，没有空间非均匀性和存在几种粒子等等引起的复杂情况．

根据同样的原因，我们用简单的、具有微弱相互作用的、各向同性的费米气体模型，来阐述超导性的宏观理论，而避开由于存在库仑相互作用晶格所引起的复杂情况．

关于本书讲述晶格中的电子和磁性理论的各章节，我们再一次强调，本书是理论物理学教程的一部分，而绝无代替固体理论教程的使命．按照这个原则，这里只研究最一般性的问题，既不要求具体实验数据的利用，也不涉及没有明确理论基础的计算方法．我们也提醒一下，有关固体的动理学性质的内容与本卷无关,该部分拟在本教程的下一卷即最末一卷中研究.

最后,在本书中也叙述了实物介质中的电磁涨落理论和流体动力学涨落理论.前者,原已包含在第八卷中.现在把它移到本卷里,是出于需要运用格林函数,以使整个理论具有简单的和便于应用的形式.此外,将电磁涨落和流体动力学涨落放在同一卷里研究,也显得自然.

Л.Д.朗道不在本书的实际作者之列.但是,读者容易看出,在本书的正文中多么频繁地遇到他的名字,因为这里所讲述的大部分成果是属于他个人的或同他的学生们合作取得的.同他共事多年,我们有理由相信,我们做到了忠实地反映出他对这些问题的观点——当然,也顾及到从悲惨地中断他的事业那天以来的十五年间所增添的新问题.

我们诚恳地向 А.Ф.安德列耶夫(А.Ф.Андреев)、И.Е.加洛辛斯基(И.Е.Дзялошинский)和 И.М.栗弗席兹(И.М.Лифшиц)表示感谢,他们对本书中所研究的问题经常进行讨论.我们也从著名的 А.А.阿布里科索夫(А.А.Абрикосов)、Л.П.戈里科夫(Л.П.Горьков)和 И.Е.加洛辛斯基(И.Е.Дзялошинский)的书中得到许多益处,他们的书①是物理学文献中讲述统计物理学新方法的首批著作之一.最后,我们向 Л.П.戈里科夫(Л.П.Горьков)和 Ю.Л.克利蒙托维奇(Ю.Л.Климонтович)致以谢意,他们阅读了本书的原稿,并提出了许多意见.

Е.М.栗弗席兹,Л.П.皮塔耶夫斯基

1977年4月

---

① А.А.阿布里科索夫,Л.П.戈里科夫,И.Е.加洛辛斯基.统计物理学中的量子场论方法.北京:科学出版社,1963.英译本:A. A. Abrikosov, L. P. Gorkov, I. E. Dzyaloshinski. Methods of Quantum Field Theory in Statistical Physics. Prentice-Hall, Englewood cliffs, N. J., 1963.

符　　号

矢量的下标，用拉丁字母 $i,k,\cdots$ 标记. 自旋的下标，用希腊字母 $\alpha,\beta,\cdots$ 标记. 所有两次重复出现的下标，是指求和.

"4 维矢量"(见 46 页的注解)，标以大写字母 $X,P,\cdots$.

体积元为 $\mathrm{d}V$ 或 d^3x.

量值从上或从下趋近于零时的极限，标以 $+0$ 或 -0.

算符用带尖角^的字母标记.

哈密顿量(哈密顿算符)为 $\hat{H}$, $\hat{H}'=\hat{H}-\mu\hat{N}$. 微扰算符是 $\hat{V}$.

薛定谔绘景中的 ψ 算符为 $\hat{\psi},\hat{\psi}^+$；海森伯绘景中的 ψ 算符是 $\hat{\Psi},\hat{\Psi}^+$；松原(Matsubara)绘景中的 ψ 算符为 $\hat{\Psi}^{\mathrm{M}},\hat{\bar{\Psi}}^{\mathrm{M}}$.

格林函数为 G,D. 温度格林函数为 $\mathscr{G},\mathscr{D}$.

热力学量的标记同第五卷一样，其中有：温度为 T，体积是 V，压强是 P，化学势为 μ.

磁场强度和磁感强度分别为 $\boldsymbol{H}$ 和 $\boldsymbol{B}$；外磁场是 $\mathfrak{H}$.

引用本教程其它各卷的节和公式，以罗马数字按卷别表为：Ⅰ——《力学》，1988；Ⅱ——《场论》，1989；Ⅲ——《量子力学》，1989；Ⅳ——《量子电动力学》，1989；Ⅴ——《统计物理学Ⅰ》，1995；Ⅵ——《流体力学》，1986；Ⅷ——《连续介质电动力学》，1982.

目　　录

第一章

正常费米液体

§1 费米型量子液体的元激发

当温度低到使液体原子热运动的德布罗意波长达到与原子之间的距离可比拟时,液体的宏观性质就由量子效应决定. 这类量子液体的理论具有重大的原则性意义,虽然自然界中只有两种这样的客体,但它们才真正堪称为液体;这就是在温度约为 1 ~2 K 时液体氦的两种同位素(^3He 和^4He). 一切其它物质,当量子效应在其中成为重要效应之前,就早已凝成固体了. 在这方面我们记得,根据经典力学理论,一切物体在绝对零度时都应当成为固体(见第五卷 §64);而氦,由于它的原子间相互作用极其微弱,直到量子现象起作用的温度时仍保持为液态,并且在这温度以下也不再凝固.

计算宏观物体的各个热力学量,需要知道物体的能谱. 当然,量子液体是粒子间相互作用很强的一种系统,所指的能级应该相应于整个液体的量子力学定态,而绝非那些单个原子的状态. 在足够低的温度范围内计算配分函数时,只应考虑液体的弱激发能级——离基态不太高的能级.

下述情况,对于全部理论具有原则性的意义. 宏观物体的任一弱激发态,在量子力学中可以看做是单个**元激发**的集合. 这些元激发的行为,类似于在物体所占体积中运动并具有确定的能量 ε 和动量 $\boldsymbol{p}$ 的一些**准粒子**. $\varepsilon(\boldsymbol{p})$关系的形式(或所谓元激发的**色散律**)是物体能谱的重要特征. 我们再一次强调指出,元激发的概念是来自对物体中原子集体运动的量子力学描述方法,而绝不能把准粒子与单个原子或分子等同起来.

量子液体原则上可以具有不同类型的能谱. 根据能谱的不同类型,液体将具有完全不同的宏观性质. 我们首先研究具有称之为费米型能谱的液体. 这种费米液体的理论是由 Л. Д. 朗道(1956—1958)创建的. 在 §1— §4[①] 中叙述的就是他的成果.

费米型量子液体能谱的结构,在某种意义上类似于理想费米气体(由自旋为 1/2 的粒子组成)的能谱. 后者的基态,相当于**费米球**内的全部状态都被粒子填满,费米球是动量空间中半径为 p_F 的球,而 p_F 与气体密度 N/V(单位体积内的粒子数)的关系由下式决定:

$$\frac{N}{V}=2\frac{4\pi p_F^3}{3(2\pi\hbar)^3}=\frac{p_F^3}{3\pi^2\hbar^3} \tag{1.1}$$

(见 V §57). 当有粒子从已填满的球内的一些态跃迁到 $p>p_F$ 的某些态时,就出现了气体的激发态.

当然,液体中不存在单个粒子的量子态. 但是,为了构建费米液体的能谱,我们应从如下假设开始:当逐渐"增大"原子间的相互作用,即由气体变成液体时,能级的分类保持不变. 在这种分类中,气体粒子所起的作用转给了各元激发(准粒子),后者的数目等于原子的数目,并遵守费米统计.

还应立即指出,显然只有由自旋为半整数的粒子所组成的液体才可能有这一类型的能谱,而玻色子(自旋为整数的粒子)系统的状态不能用遵从费米统计法的准粒子术语来描述. 同时应当强调,这种类型的能谱不可能成为所有这些液体的普适性质. 能谱的类型也依赖于原子间相互作用的具体性质. 这种情况,用简单的论证即可明了:如果相互作用的结果使原子结合成对,那么在极限的情况下,我们就会得到由自旋为整数的粒子(分子)所组成的分子液体. 对于后者,显然不可能有上面所讨论的能谱.

每一个准粒子都有确定的动量 $\boldsymbol{p}$(我们还将回来讨论这种说法何以正确的问题). 设 $n(\boldsymbol{p})$ 是准粒子按动量的分布函数,其归一化条件为

$$\int n\mathrm{d}\tau=\frac{N}{V},\qquad \mathrm{d}\tau=\frac{\mathrm{d}^3p}{(2\pi\hbar)^3}$$

(这个条件以后还将确切说明). 上面提到的分类原则,在于假设给出这个分布函数便单值地确定了液体的能量,并且基态对应于半径为 p_F 的费米球内所有的态都被占满的分布函数,而半径 p_F 与液体密度的关系与理想气体情况时一样,是同一个公式(1.1).

必须强调,液体的总能量 E 绝不可以归结为准粒子的能量之和. 换句话说,E 是分布函数的泛函,不能归结为积分 $\int n\varepsilon\mathrm{d}\tau$(对于理想气体正是如此,其中准

---

① 为了避免误解,我们提前说明所讲的是非超流的(或所谓**正常的**)费米液体. 液氦同位素 ^{3}He 就是这样的液体(附加条件,见 210 页的附注).

粒子与真实粒子一样,彼此间没有相互作用). 由于第一位的概念是 E,因此就出现了在考虑准粒子相互作用时如何确定它们的能量的问题.

为此,我们研究分布函数作无限小改变时 E 的变化. 显然,它应当由变分 δn 的线性表达式的积分来决定,即有如下形式:

$$\frac{\delta E}{V}=\int\varepsilon(\boldsymbol{p})\delta n\mathrm{d}\tau.$$

量 ε 是能量 E 对分布函数 n 的变分微商. 它相当于增加一个动量为 $\boldsymbol{p}$ 的准粒子时系统能量的改变;也正是这个量,起着准粒子在其它粒子的场中哈密顿函数的作用. 它同样是分布函数的泛函,就是说函数 $\varepsilon(\boldsymbol{p})$ 的形式依赖于液体中全部粒子的分布.

因此我们指出:在所讨论的类型的能谱中,元激发在某种意义上可以看成是在其它原子的自洽场中的一个原子. 但是,这种自洽性不能以通常的量子力学中的意义来理解,在这里它具有更深刻的性质,因为在原子的哈密顿量中,要考虑到周围粒子不仅影响到势能,而且也改变了动能算符与动量算符的关系.

至今,我们撇开了准粒子是否存在自旋的问题. 因为自旋是量子力学的量,对它不能作经典性讨论,因此我们应该把分布函数当作是关于自旋的统计矩阵. 而元激发的能量 ε,在一般情况下不仅是动量的函数,而且也是与自旋变量有关的算符,后者可用准粒子自旋算符 $\hat{\boldsymbol{s}}$ 标记. 对于均匀并各向同性的液体(不处在磁场中,本身也不是铁磁性的),算符 $\hat{\boldsymbol{s}}$ 只能以标量 $\hat{\boldsymbol{s}}^2$ 或 $(\hat{\boldsymbol{s}}\cdot\boldsymbol{p})^2$ 的形式含于标量函数 ε 中;但乘积 $\hat{\boldsymbol{s}}\cdot\boldsymbol{p}$ 的一次幂是不允许的,因为自旋矢量具有轴向性,所以这个乘积是一个赝标量. 平方 $\hat{\boldsymbol{s}}^2=s(s+1)$,对于自旋 $s=\dfrac{1}{2}$ 的情形,归结为与 $\hat{\boldsymbol{s}}$ 无关的常数,而标量 $(\hat{\boldsymbol{s}}\cdot\boldsymbol{p})^2=p^2/4$ 也是如此. 因而,在这种情况下准粒子的能量完全与自旋算符无关,即准粒子的一切能级都是二重简并的.

实质上,说准粒子有自旋,即表明存在这种简并的事实. 就此意义可以断言:在这种类型的能谱中,准粒子的自旋恒等于 1/2,而与液体中真实粒子的自旋的大小无关. 事实上,对于任何不等于 1/2 的自旋 s 来讲,形如 $(\hat{\boldsymbol{s}}\cdot\boldsymbol{p})^2$ 的项都将使 $(2s+1)$ 重简并的能级分裂成 $(2s+1)/2$ 个二重简并的能级. 换句话说,函数 $\varepsilon(\boldsymbol{p})$ 将出现 $(2s+1)/2$ 个不同的支,每一支都对应于"自旋为 1/2 的准粒子".

前已指出,在考虑准粒子的自旋时,分布函数变成一个关于自旋变量的矩阵或算符 $\hat{n}(\boldsymbol{p})$. 把这个算符写成显形式,就是厄米统计矩阵 $n_{\alpha\beta}(\boldsymbol{p})$,其中 α,β 为取遍 $\pm1/2$ 两个值的自旋矩阵的下标. 对角矩阵元决定一定自旋态中的准粒子数. 因此,准粒子分布函数的归一化条件,现在应写成

$$\mathrm{Tr}\int \hat{n}\mathrm{d}\tau \equiv \int n_{\alpha\alpha}\mathrm{d}\tau = \frac{N}{V}, \qquad \mathrm{d}\tau = \frac{\mathrm{d}^3 p}{(2\pi\hbar)^3} \tag{1.2}$$

（符号 Tr 代表矩阵按自旋的下标取迹）①.

在一般情况下，准粒子的能量 $\hat{\varepsilon}$ 也是算符，即以自旋为变量的矩阵，它的定义应写成

$$\frac{\delta E}{V} = \mathrm{Tr}\int \hat{\varepsilon}\delta\hat{n}\mathrm{d}\tau \equiv \int \varepsilon_{\alpha\beta}\delta n_{\beta\alpha}\mathrm{d}\tau. \tag{1.3}$$

如果分布函数和能量与自旋无关时，就是说 $n_{\alpha\beta}$ 和 $\varepsilon_{\alpha\beta}$ 归结为单位矩阵

$$n_{\alpha\beta} = n\delta_{\alpha\beta}, \qquad \varepsilon_{\alpha\beta} = \varepsilon\delta_{\alpha\beta}, \tag{1.4}$$

那么在（1.2 及 1.3）式中取迹便简单地归结为乘以因子 2：

$$2\int n\mathrm{d}\tau = \frac{N}{V}, \qquad \frac{\delta E}{V} = 2\int \varepsilon\delta n\mathrm{d}\tau. \tag{1.5}$$

容易看出：在统计平衡中，准粒子的分布函数具有费米分布的形式，并且根据（1.3）式定义的量 $\hat{\varepsilon}$ 起着能量的作用. 实际上，由于量子液体和理想费米气体的能级分类特性相同，液体的熵 S 与气体的情况一样（见第五卷 §55），同样定义成如下组合型的表达式：

$$\frac{S}{V} = -\mathrm{Tr}\int \left\{\hat{n}\ln\hat{n} - (1-\hat{n})\ln(1-\hat{n})\right\}\mathrm{d}\tau, \tag{1.6}$$

在总粒子数和总能量都恒定的附加条件下，

$$\frac{\delta N}{V} = \mathrm{Tr}\int \delta\hat{n}\mathrm{d}\tau = 0, \quad \frac{\delta E}{V} = \mathrm{Tr}\int \hat{\varepsilon}\delta\hat{n}\mathrm{d}\tau = 0,$$

对（1.6）式取变分，我们得到所求的分布：

$$\hat{n} = [\mathrm{e}^{(\hat{\varepsilon}-\mu)/T} + 1]^{-1}, \tag{1.7}$$

式中 μ 为液体的化学势.

当准粒子能量与自旋无关时，（1.7）式表明 n 和 ε 两个量之间有同样关系：

$$n = [\mathrm{e}^{(\varepsilon-\mu)/T} + 1]^{-1}. \tag{1.8}$$

当温度 $T=0$ 时，化学势与费米球面的边界能量相等：

$$\mu\big|_{T=0} = \varepsilon_{\mathrm{F}} \equiv \varepsilon(p_{\mathrm{F}}). \tag{1.9}$$

我们强调指出，虽然（1.8）式与通常的费米分布在形式上相似，但它们并不相同，因为 ε 本身是 n 的泛函，严格说来，（1.8）式是 n 的一个复杂的隐函数定义式.

现在我们回到原先的假设：对每个准粒子都可用确定的动量描述. 这个假设成立的条件要求：动量的不确定度（与准粒子自由程的有限性有关）不仅小于动量本身，同时也小于分布的“弥散区”宽度 Δp，在这个区域内，分布明显地偏

① 此后，下标重复两次照惯例理解为求和.

离“阶跃函数”①：

$$\theta(\boldsymbol{p}) \equiv \theta(p) = \begin{cases} 1, & \text{当 } p < p_{\text{F}}; \\ 0, & \text{当 } p > p_{\text{F}}. \end{cases} \tag{1.10}$$

不难看出，如果分布函数 $n(\boldsymbol{p})$ 只在费米球面附近很小的范围内有别于(1.10)式，这个条件便得到满足. 事实上，由于泡利原理，准粒子只在分布函数的“弥散区”内方能相互散射，并且由于散射的结果，它们应跃迁到同一区域的自由态上. 所以，碰撞概率正比于该区域宽度的平方. 相应地，准粒子能量以及动量的不确定度都正比于$(\Delta p)^2$. 因此，当 Δp 足够小时，动量的不确定度不仅小于 p_{F}，也小于 Δp.

可见，这里叙述的方法只适用于准粒子分布函数所描述的液体激发态，这个分布函数仅在临近费米面的窄域内才区别于“阶跃”函数. 特别是，对于热力学平衡分布，只在足够低的温度时才能适用. 平衡分布的弥散区(能量)宽度与 T 是同一数量级. 而与碰撞有关的准粒子能量的量子不确定度与数值 $\hbar/\tau$ 是同一数量级，其中 τ 为准粒子的平均自由时间. 因此，理论适用的条件为

$$\hbar/\tau \ll T. \tag{1.11}$$

同时，如前所述，时间 τ 与弥散区宽度的平方成反比，即

$$\tau \propto T^{-2}.$$

所以，当 $T \to 0$ 时显然(1.11)式是满足的. 对于粒子间相互作用并不微弱的液体，所有的能量参数与边界能量 ε_{F} 同一数量级；在此意义上说，条件(1.11)与条件 $T \ll |\varepsilon_{\text{F}}|$②是等价的.

对于接近在 $T=0$ 时“阶跃”函数的分布，在一级近似下，泛函 ε 可用其在 $n(\boldsymbol{p})=\theta(p)$ 时的计算值去代替. 于是 ε 成为动量的确定函数，而公式(1.7)便成为通常的费米分布.

此时，在费米球面附近[函数 $\varepsilon(\boldsymbol{p})$ 在此处才有直接的物理意义]，可将 $\varepsilon(\boldsymbol{p})$ 按差 $p-p_{\text{F}}$ 的幂展开. 我们有

$$\varepsilon - \varepsilon_{\text{F}} \approx v_{\text{F}}(p - p_{\text{F}}), \tag{1.12}$$

其中

$$\boldsymbol{v}_{\text{F}} = \left.\frac{\partial \varepsilon}{\partial \boldsymbol{p}}\right|_{p=p_{\text{F}}} \tag{1.13}$$

是费米面上的准粒子的“速度”. 在理想费米气体中，准粒子同真实粒子一样，有

① 为了后文需要指出，微商

$$\theta'(p) = -\delta(p - p_{\text{F}}),$$

事实上，当对包含 $p=p_{\text{F}}$ 的 p 的任意区间进行积分时，这个等式的两边给出相同的结果(等于1).

② 但是，对于液态^{3}He，实验指出理论的定量适用范围实际上被限制在温度 $T \leqslant 0.1$ K 的范围(此时 $|\varepsilon_{\text{F}}| \approx 2.5$ K).

$\varepsilon = \frac{p^2}{2m}$，因此 $v_F = \frac{p_F}{m}$. 与此类似，对费米液体可引入一个量

$$m^* = p_F / v_F, \tag{1.14}$$

称它为准粒子的**有效质量**；并且这个量是正的（见 §2 末）.

用这样引入的物理量的术语，可以将理论的适用条件写成 $T \ll v_F p_F$，并且只有动量为 p 且 $|p - p_F| \ll p_F$ 的准粒子才有实际意义. 我们再一次强调上述情况，并应指出，这种情况特别赋予 p_F 和液体密度之间的关系式（1.1）以非平凡的特性，因为它（对于费米气体）的明显结论是基于这样的概念：粒子占满整个费米球的各态，而不仅占满它表面的邻近区域①.

特别是，有效质量可以用来确定低温下液体的熵 S 和热容量 C. 对这两个物理量可给出与理想气体公式相同的形式（第五卷 §58），在这里只需以有效质量 m^* 代替粒子质量 m：

$$S = C = V\nu T, \quad \nu = \frac{m^* p_F}{3\hbar^3} = \left(\frac{\pi}{3}\right)^{2/3} \frac{m^*}{\hbar^2} \left(\frac{N}{V}\right)^{1/3} \tag{1.15}$$

（S 和 C 两个量，由于与 T 成线性关系而相等）. 事实上，用分布函数表述的熵表达式（1.6）对于液体和气体都是一样的，而在计算这个积分时，仅仅 p_F 附近的动量区域起主要作用，在这个区域内液体中准粒子的分布函数和气体中粒子的分布函数由同一个（1.8）式给出②.

在将理论展开之前，我们先作如下的说明. 在费米液体中引进与气体粒子完全类似的准粒子概念，虽然这种表述方法对于建立系统的理论最为方便，但与此相连的物理图像却有缺陷，即在这个图像中出现了一个观察不到的被准粒子占满的费米球. 如果用只在 $T \neq 0$ 时才出现元激发来表述，便可能消除这个缺陷. 在这种图像中，费米球外的准粒子和球内的“空穴”都起着元激发的作用，对于前者［与公式（1.12）的近似相对应］应将能量写成 $\varepsilon = v_F(p - p_F)$，而对于后者能量应写成 $\varepsilon = v_F(p_F - p)$. 其中任何一种情况的统计分布，都由化学势等于零的费米分布公式给出（此时元激发的数目不是常数，而是决定于温度的量③）：

$$n = [e^{\varepsilon/T} + 1]^{-1}. \tag{1.16}$$

在这种图像中，元激发只能成对地出现或消失，因此动量为 $p > p_F$ 和 $p < p_F$ 的元激发的总数恒相等.

---

① （1.1）式的证明需要运用较复杂的数学方法，以后将在 §20 中给出.

② 对于液态 ^3He（在零压时）：$p_F/\hbar = 0.8 \times 10^8\ cm^{-1}$；$m^* = 3.1m(^3He)$；$p_F$ 根据液体密度决定；m^* 根据热容量决定.

③ 我们记得（参看第五卷 §63），在这种条件下，准粒子数 $N_{准}$ 决定于热力学平衡条件——在给定温度和体积下，作为 $N_{准}$ 的函数的自由能 F 取最小值：$(\partial F / \partial N_{准})_{T,V} = 0$；但这个微商是“准粒子的化学势”（不要把它同液体的化学势 μ 相混淆，μ 定义为 F 对真实粒子数 N 的微商）.

还要指出，这样定义的元激发，其能量一定是正的，因激发能级总是超过系统基态能级. 而根据(1.3)式定义的准粒子能量则可以是正值，也可以是负值.

尤其是，对于温度和压强均为零的量子液体，$\varepsilon_F=\mu$ 的值显然是负的，因此接近于 ε_F 的 ε 值也是负的. 这一点，根据 $T=0$ 和 $p=0$ 时 $-\mu$ 的值等于一个正值便可以明显地看出来，这个正值是液体汽化一个粒子所需热量的极限值.

§2 准粒子的相互作用

由于能量是准粒子分布函数的一个泛函，故准粒子的能量随分布函数的变化而变化. 当分布函数对"阶跃函数"(1.10)有微小偏离 δn 时，能量改变应取形式

$$\delta\varepsilon_{\alpha\beta}(\boldsymbol{p})=\int f_{\alpha\gamma,\beta\delta}(\boldsymbol{p},\boldsymbol{p}')\delta n_{\delta\gamma}(\boldsymbol{p}')\mathrm{d}\tau', \tag{2.1}$$

或写成更符号化的形式:

$$\delta\hat{\varepsilon}(\boldsymbol{p})=\mathrm{Tr}'\int\hat{f}(\boldsymbol{p},\boldsymbol{p}')\delta n(\boldsymbol{p}')\mathrm{d}\tau',$$

式中 Tr' 代表按与动量 $\boldsymbol{p}'$ 相对应的一对自旋下标取迹. 函数 $\hat{f}$ 可称为准粒子的**相互作用函数**(在费米气体中 $\hat{f}\equiv 0$). 按函数 $\hat{f}$ 本身的定义，它是量子液体总能量 E 的二阶变分微商，因此对于变量 $\boldsymbol{p},\boldsymbol{p}'$ 及其相应的各对自旋下标是对称的:

$$f_{\alpha\gamma,\beta\delta}(\boldsymbol{p},\boldsymbol{p}')=f_{\gamma\alpha,\delta\beta}(\boldsymbol{p}',\boldsymbol{p}). \tag{2.2}$$

考虑到(2.1)的变化，费米球面附近的准粒子能量可用如下的和式表征:

$$\hat{\varepsilon}(\boldsymbol{p})-\varepsilon_F=v_F(p-p_F)+\mathrm{Tr}'\int\hat{f}(\boldsymbol{p},\boldsymbol{p}')\delta\hat{n}(\boldsymbol{p}')\mathrm{d}\tau'. \tag{2.3}$$

特别是，对热力学平衡分布，公式(2.3)中的第二项决定准粒子的能量与温度的关系. 偏离值 $\delta\hat{n}'$ 仅在接近费米球面的 $\boldsymbol{p}'$ 值的薄层中才明显不为零，而实际准粒子的动量 $\boldsymbol{p}$ 的值也在同样的薄层中. 因此，实际上公式(2.1)和(2.3)中的函数 $\hat{f}(\boldsymbol{p},\boldsymbol{p}')$ 能够用这个费米球面上的值来代替，即假定 $p=p'=p_F$，所以 $\hat{f}$ 仅决定于矢量 $\boldsymbol{p}$ 和 $\boldsymbol{p}'$ 的方向.

函数 $\hat{f}$ 的自旋关系既与相对论效应(自旋-自旋和自旋-轨道的相互作用)有关，也与交换相互作用有关. 而后者最为重要. 考虑到交换相互作用，准粒子的相互作用函数(在费米面上)取下列形式:

$$\frac{p_F m^*}{\pi^2\hbar^3}\hat{f}(\boldsymbol{p},\boldsymbol{p}')=F(\vartheta)+\boldsymbol{\sigma}\boldsymbol{\sigma}'G(\vartheta), \tag{2.4}$$

其中 $\boldsymbol{\sigma},\boldsymbol{\sigma}'$ 为作用在相应的(即对应于变量 $\boldsymbol{p},\boldsymbol{p}'$ 的)自旋下标的泡利矩阵，而 F

和 G 为矢量 $\boldsymbol{p}$ 和 $\boldsymbol{p}'$夹角 ϑ 的两个函数①. 这个表达式的形式同交换相互作用的特性有关;它与系统在空间的总角动量的取向无关;所以两个自旋算符只能以标积形式出现在式中. 根据(2.4)式定义的函数 F 和 G 是量纲为 1 的. 在(2.4)式左方为此引入的因子是费米面上单位能量间隔内的准粒子的状态数:

$$\nu(\varepsilon_{\mathrm{F}}) = \frac{2\mathrm{d}\tau}{\mathrm{d}\varepsilon}\bigg|_{\varepsilon=\varepsilon_{\mathrm{F}}} = \frac{2\times4\pi p_{\mathrm{F}}^2}{(2\pi\hbar)^3}\left(\frac{\mathrm{d}p}{\mathrm{d}\varepsilon}\right)_{p_{\mathrm{F}}},$$

或

$$\nu_{\mathrm{F}} = \frac{p_{\mathrm{F}}^2}{\pi^2\hbar^3 v_{\mathrm{F}}} = \frac{p_{\mathrm{F}}m^*}{\pi^2\hbar^3}. \tag{2.5}$$

因为泡利矩阵的迹等于零,所以取迹 Tr′之后(2.4)式中的第二项就消失了,因此 $\mathrm{Tr}'\hat{f}$ 已经不依赖于 $\boldsymbol{\sigma}$. 实际上,当考虑到自旋 - 轨道相互作用和自旋 - 自旋相互作用时,也同样没有这样的依赖关系. 问题在于,标量函数 $\mathrm{Tr}'\hat{f}$ 若包含自旋算符,只能以两个轴矢量 $\hat{\boldsymbol{s}}$ 和 $\boldsymbol{p}\times\boldsymbol{p}'$的乘积 $\hat{\boldsymbol{s}}\cdot[\boldsymbol{p}\times\boldsymbol{p}']$的形式出现($\hat{\boldsymbol{s}}$ 分量平方的表达式,可以不去研究,因自旋为 1/2,表达式归结为 $\hat{\boldsymbol{s}}$ 的线性项和完全不含 $\hat{\boldsymbol{s}}$ 的项). 但是,这个乘积对时间的反演不是不变的,因此不能包含在不变量 $\mathrm{Tr}'\hat{f}$ 中.

今后引入使用更方便的记号.

$$f_{\alpha\gamma,\beta\gamma}(\boldsymbol{p},\boldsymbol{p}') = \delta_{\alpha\beta}f(\boldsymbol{p},\boldsymbol{p}'),\quad f = \frac{1}{2}\mathrm{Tr}\mathrm{Tr}'\hat{f}. \tag{2.6}$$

由(2.4)式,我们有

$$\frac{p_{\mathrm{F}}m^*}{\pi^2\hbar^3}f(\vartheta) = 2F(\vartheta), \tag{2.7}$$

准粒子的相互作用函数,满足于由伽利略相对性原理而得的确定的积分关系. 这个原理的直接结果是:单位体积液体的动量同其质量通量密度相等. 准粒子的速度是$\partial\varepsilon/\partial\boldsymbol{p}$,因此准粒子通量用如下积分给出:

$$\mathrm{Tr}\int\hat{n}\frac{\partial\hat{\varepsilon}}{\partial\boldsymbol{p}}\mathrm{d}\tau.$$

因为液体中的准粒子数与真实粒子数相同,所以准粒子引起的总质量迁移显然可由准粒子数通量与真实粒子质量 m 的乘积得出. 因此,我们得到如下等式:

$$\mathrm{Tr}\int\boldsymbol{p}\hat{n}\mathrm{d}\tau = \mathrm{Tr}\int m\frac{\partial\hat{\varepsilon}}{\partial\boldsymbol{p}}\hat{n}\mathrm{d}\tau. \tag{2.8}$$

假定 $n_{\alpha\beta} = n\delta_{\alpha\beta}$,$\varepsilon_{\alpha\beta} = \varepsilon\delta_{\alpha\beta}$,对(2.8)式两端取变分. 利用(2.1)式和(2.6)式

---

① 用明显的矩阵形式表为

$$\frac{p_{\mathrm{F}}m^*}{\pi^2\hbar^3}f_{\alpha\gamma,\beta\delta} = F\delta_{\alpha\beta}\delta_{\gamma\delta} + G\sigma_{\alpha\beta}\sigma_{\gamma\delta} \tag{2.4a}$$

的符号 f,我们得到

$$\int \boldsymbol{p}\delta n \mathrm{d}\tau = m\int \frac{\partial \varepsilon}{\partial \boldsymbol{p}}\delta n \mathrm{d}\tau + m\int \frac{\partial f(\boldsymbol{p},\boldsymbol{p}')}{\partial \boldsymbol{p}} n\delta n' \mathrm{d}\tau \mathrm{d}\tau' =$$

$$= m\int \frac{\partial \varepsilon}{\partial \boldsymbol{p}}\delta n \mathrm{d}\tau - m\int f(\boldsymbol{p},\boldsymbol{p}')\frac{\partial n'}{\partial \boldsymbol{p}'}\delta n \mathrm{d}\tau \mathrm{d}\tau',$$

式中 $n' = n(\boldsymbol{p}')$(在第二个积分中交换变量的标记并进行分部积分). 因为 δn 是任意的,由此得到待求的关系

$$\frac{\boldsymbol{p}}{m} = \frac{\partial \varepsilon}{\partial \boldsymbol{p}} - \int f(\boldsymbol{p},\boldsymbol{p}')\frac{\partial n(\boldsymbol{p}')}{\partial \boldsymbol{p}'}\mathrm{d}\tau. \tag{2.9}$$

对于阶跃函数

$$n(\boldsymbol{p}') = \theta(\boldsymbol{p}')$$

微商 $\partial n'/\partial \boldsymbol{p}'$ 归结为 δ 函数:

$$\frac{\partial \theta(p)}{\partial \boldsymbol{p}} = -\frac{\boldsymbol{p}}{p}\delta(p - p_{\mathrm{F}}). \tag{2.10}$$

将(1.12)式中的函数 $\varepsilon(\boldsymbol{p})$ 代入(2.9)式,然后处处用费米面上的数值 $\boldsymbol{p}_{\mathrm{F}} = p_{\mathrm{F}}\boldsymbol{n}$ 代换动量 $\boldsymbol{p} = p\boldsymbol{n}$,并用 p_{F} 除等式两端,便可得到真实粒子质量 m 与准粒子有效质量之间的如下关系:

$$\frac{1}{m} = \frac{1}{m^*} + \frac{p_{\mathrm{F}}}{(2\pi\hbar)^3}\int f(\vartheta)\cos\vartheta \mathrm{d}o' \tag{2.11}$$

其中 $\mathrm{d}o'$ 是 $\boldsymbol{p}'$ 方向上的立体角元. 如果将由(2.7)式得出的 $f(\vartheta)$ 代入上式,则这个等式取如下形式:

$$\frac{m^*}{m} = 1 + \overline{F(\vartheta)\cos\vartheta}, \tag{2.12}$$

式中横线表示按方向平均(即按 $\mathrm{d}o'/4\pi = \sin\vartheta \mathrm{d}\vartheta/2$ 积分).

我们再来计算绝对零度时费米液体的压缩系数,即算出 $u^2 = \partial P/\partial \rho$① 的值. 液体的密度 $\rho = mN/V$,所以

$$u^2 = -\frac{V^2}{mN}\frac{\partial P}{\partial V}.$$

为了便于算出这个微商,最好用化学势的微商将它表达出来. 注意到化学势只以比值 N/V 的形式依赖于 N 和 V,同样,在 T = 常数 = 0 时,微分 $\mathrm{d}\mu = V\mathrm{d}P/N$,则有

$$\frac{\partial \mu}{\partial N} = -\frac{V}{N}\frac{\partial \mu}{\partial V} = -\frac{V^2}{N^2}\frac{\partial P}{\partial V},$$

① 当 $T=0$ 时,同样 $S=0$,因此无需区别等温压缩系数和绝热压缩系数. u 的值用已知的液体中声速的表达式来确定. 但应注意,在 $T=0$ 时,实际上费米液体中根本不能传播普通的声音——见 §4 的开头.

因此
$$u^2=\frac{N}{m}\frac{\partial\mu}{\partial N}. \tag{2.13}$$

由于 $T=0$ 时,$\mu=\varepsilon_F$,所以当粒子数改变 δN 时,变分 $\delta\mu$ 为

$$\delta\mu=\int f(\boldsymbol{p}_F,\boldsymbol{p}')\delta n'\mathrm{d}\tau'+\frac{\partial\varepsilon_F}{\partial p_F}\delta p_F. \tag{2.14}$$

表达式中的第一项,是由于分布函数的变化而引起的能量 $\varepsilon(p_F)$ 值的改变. 该式的第二项则是由于总粒子数的变化改变了边界动量的值:由(1.1)式,我们有 $\delta N=Vp_F^2\delta p_F/\pi^2\hbar^3$. 因为 $\delta n'$只在 $p'\approx p_F$时才明显地不等于零,所以在积分中把函数 f 用它在费米面上的值代替之后,我们可写成

$$\int f\delta n'\mathrm{d}\tau'\approx\frac{1}{2}\int f\mathrm{d}o'\int\delta n'\frac{2\mathrm{d}\tau'}{4\pi}=\frac{1}{2}4\pi\bar{f}\frac{\delta N}{4\pi V},$$

将此式代入(2.14)式,并根据$\partial\varepsilon_F/\partial p_F=p_F/m^*$引入 m^*,我们得出

$$\frac{\partial\mu}{\partial N}=\frac{\bar{f}}{2V}+\frac{\pi^2\hbar^3}{p_F m^* V}. \tag{2.15}$$

最后,由(2.11)式取 $1/m^*$,再考虑(1.1)式,最终可得:

$$u^2=\frac{p_F^2}{3m^2}+\frac{1}{3m}\left(\frac{p_F}{2\pi\hbar}\right)^3\int f(\vartheta)(1-\cos\vartheta)\mathrm{d}o'. \tag{2.16}$$

借助于得自(2.7)式的函数 $f(\vartheta)$ 并利用(2.12)式,这个表达式可以变为

$$u^2=\frac{p_F^2}{3mm^*}(1+\overline{F(\vartheta)}). \tag{2.17}$$

函数 $\hat{f}$ 应该满足一定的条件,这个条件是出于量子液体的基态具有稳定性的要求. 液体的基态对应于准粒子占满费米球内的全部状态,该状态的能量对于球体任一微小的形变都应是最小的. 这里,我们不进行全部的计算,而只指出计算的最终结果①. 为了方便地表达出这个结果,将(2.4)式中的函数 $F(\vartheta)$ 和 $G(\vartheta)$ 按勒让德多项式展开,即给 $F(\vartheta)$ 和 $G(\vartheta)$ 以如下形式:

$$F(\vartheta)=\sum_l(2l+1)F_l\mathrm{P}_l(\cos\vartheta),\quad G(\vartheta)=\sum_l(2l+1)G_l\mathrm{P}_l(\cos\vartheta) \tag{2.18}$$

(这样定义系数 F_l 和 G_l 时;它们与乘积 $F\mathrm{P}_l$ 和 $G\mathrm{P}_l$ 的平均值相同). 这时,稳定性条件可写成不等式的形式:

$$F_l+1>0, \tag{2.19}$$
$$G_l+1>0. \tag{2.20}$$

将 $l=1$ 时的条件(2.19)同有效质量的表达式(2.12)相比较,使我们确信有效质量的正定性. $l=0$ 时的条件(2.19)也保证了(2.17)式的正定性.

---

① 参阅 И. Я. Померанчук, ЖЭТФ, **35**, 524(1958). 英译本:Pomeranchuk I. Ya. Soviet Physics JETP **8**, 361, (1959).

§3　费米液体的磁化率

自旋不等于零的准粒子，一般说来也具有磁矩. 自旋为 1/2 的磁矩的算符是 $\beta\boldsymbol{\sigma}$（磁矩的 z 轴投影等于 $\pm\beta$）. 准粒子的磁矩与机械矩（$\hbar/2$）之比即常数 $2\beta/\hbar$，同真实粒子的这一常数值相等：显然，用任何方法将粒子的自旋合成为准粒子的自旋时，这个比值都不会改变.

准粒子具有自旋，同样会导致液体具有顺磁性. 现在我们来计算相应的磁化率.

对于"自由"准粒子来说，它在磁场 $\boldsymbol{H}$ 中获得的附加能量的算符是 $-\beta\boldsymbol{\sigma}\cdot\boldsymbol{H}$. 但是，在费米液体中必须考虑这样一个事实，即由于准粒子的相互作用，其中每个准粒子的能量还因在磁场中分布函数的变化而再生变化. 因此，在计算磁化率时，应将准粒子能量变化算符写成

$$\delta\hat{\varepsilon} = -\beta\boldsymbol{\sigma}\cdot\boldsymbol{H} + \mathrm{Tr}'\int\hat{f}\delta\hat{n}'\mathrm{d}\tau', \tag{3.1}$$

而分布函数变化本身，是通过 $\delta\hat{\varepsilon}$ 按式 $\delta\hat{n} = (\partial n/\partial\varepsilon)\partial\hat{\varepsilon}$[①] 表达出来的；因此，对于 $\delta\hat{\varepsilon}$ 我们得到方程

$$\delta\hat{\varepsilon}(\boldsymbol{p}) = -\beta\boldsymbol{\sigma}\cdot\boldsymbol{H} + \mathrm{Tr}'\int\hat{f}(\boldsymbol{p},\boldsymbol{p}')\frac{\mathrm{d}n'}{\mathrm{d}\varepsilon'}\delta\hat{\varepsilon}(\boldsymbol{p}')\mathrm{d}\tau'. \tag{3.2}$$

下面我们仅在费米球面上寻求这个方程的解. 设解的形式为

$$\delta\hat{\varepsilon} = -\frac{\beta}{2}g\boldsymbol{\sigma}\cdot\boldsymbol{H}, \tag{3.3}$$

式中 g 为常数. 对于阶跃函数 $n(\boldsymbol{p}') = \theta(p')$ 我们有

$$\frac{\mathrm{d}n'}{\mathrm{d}\varepsilon'} = -\delta(\varepsilon' - \varepsilon_{\mathrm{F}}),$$

因此，对 $\mathrm{d}p' = \mathrm{d}\varepsilon'/v_{\mathrm{F}}$ 求积分归结为被积式在费米面上取值. 将(2.4)式中的函数 $\hat{f}$ 代入后，并注意对于泡利矩阵有

$$\mathrm{Tr}\boldsymbol{\sigma} = 0,\quad \mathrm{Tr}'(\boldsymbol{\sigma}\cdot\boldsymbol{\sigma}')\boldsymbol{\sigma}' = \frac{1}{3}\boldsymbol{\sigma}\mathrm{Tr}'\boldsymbol{\sigma}'\cdot\boldsymbol{\sigma}' = 2\boldsymbol{\sigma},$$

我们求出 $g = 2 - g\overline{G(\vartheta)}$，或

$$g = \frac{2}{1+\overline{G(\vartheta)}}, \tag{3.4}$$

这里的横线[与(2.12)式一样]仍表示按方向求平均.

---

① 在计算与场有关的增量 δn 时，可以不考虑化学势的变化. 在各向同性的液体中，宏观量 μ 的变化只能是场 $\hat{\boldsymbol{H}}$ 的平方（在计算磁化率时，它是很小的量），而 $\delta\hat{\varepsilon}$ 是场的一级小量. 还要指出. 由于液体的磁化率是个小量，所以在这里可以不区分液体中的磁场强度和磁感应强度.

磁化率χ由单位体积液体的磁矩表示式确定：

$$\chi\boldsymbol{H}=\beta\mathrm{Tr}\int\boldsymbol{\sigma}\delta\hat{n}\mathrm{d}\tau=\beta\mathrm{Tr}\int\boldsymbol{\sigma}\delta\hat{\varepsilon}\frac{\partial n}{\partial\varepsilon}\mathrm{d}\tau,$$

或对带有阶跃函数$n(\boldsymbol{p})$的被积式求积分后得：

$$\chi\boldsymbol{H}=-\beta\frac{p_{\mathrm{F}}m^{*}}{2\pi^{2}\hbar^{3}}\mathrm{Tr}\boldsymbol{\sigma}\delta\hat{\varepsilon}(p_{\mathrm{F}}).$$

最后，将(3.3—3.4)式代入上式并注意$\mathrm{Tr}(\boldsymbol{\sigma}\boldsymbol{H})\boldsymbol{\sigma}=2\boldsymbol{H}$，我们得到

$$\chi=\frac{\beta^{2}p_{\mathrm{F}}m^{*}}{\pi^{2}\hbar^{3}(1+\bar{G})}=\frac{3\nu\beta^{2}}{\pi^{2}(1+\bar{G})},\tag{3.5}$$

式中ν为热容量线性定律(1.15)中的系数. $\chi=3\nu\beta^{2}/\pi^{2}$是磁矩为$\beta$的粒子所组成的简并费米气体的磁化率[见第五卷(59.5)]. 因子$(1+\bar{G})^{-1}$代表费米气体与费米液体的区别①.

我们指出，$l=0$的稳定性条件(2.20)与条件$\chi>0$是一致的.

§4 零声

费米液体的非平衡态可用准粒子的分布函数来描写，这个分布函数不仅与动量有关而且也与坐标和时间有关. 函数$\hat{n}(\boldsymbol{p},\boldsymbol{r},t)$遵从如下的动理学方程：

$$\frac{\mathrm{d}\hat{n}}{\mathrm{d}t}=\mathrm{St}\hat{n},\tag{4.1}$$

其中$\mathrm{St}\hat{n}$称为碰撞积分，它决定在给定的相体积元中准粒子数的变化，这种变化是因准粒子的相互碰撞造成的②.

(4.1)式中的对时间的全微商，既顾及到$\hat{n}$对t的显函数关系，也考虑到准粒子的坐标，动量和自旋变量按它的运动方程变化的隐函数关系. 费米液体的特性在于准粒子的能量是分布函数的泛函，所以在非均匀液体中$\hat{n}$和$\hat{\varepsilon}$都依赖于坐标.

对于跟平衡的分布函数n_0偏离很小的分布$\hat{n}$，我们可写出

$$\hat{n}(\boldsymbol{p},\boldsymbol{r},t)=n_{0}(\boldsymbol{p})+\delta\hat{n}(\boldsymbol{p},\boldsymbol{r},t).\tag{4.2}$$

此时，准粒子的能量$\hat{\varepsilon}=\varepsilon_0+\delta\hat{\varepsilon}$，其中$\varepsilon_0$相应于平衡分布的能量，而$\delta\hat{\varepsilon}$由(2.1)式给出，所以

$$\frac{\partial\hat{\varepsilon}}{\partial\boldsymbol{r}}=\frac{\partial\delta\hat{\varepsilon}}{\partial\boldsymbol{r}}=\mathrm{Tr}'\int\hat{f}(\boldsymbol{p},\boldsymbol{p}')\frac{\partial\delta\hat{n}(\boldsymbol{p}')}{\partial\boldsymbol{r}}\mathrm{d}\tau'.\tag{4.3}$$

---

① 对于$^{3}\mathrm{He}$：$\bar{G}\approx-2/3$.

② 这一节假定读者已熟悉动理学方程(кинетическое уравнение)的概念，就此意义来说，本不属于本卷的应有内容. 但是，没有动理学方程(以及在此后诸节中的应用)费米液体理论的描述将是不充分的. 在这里我们只需要无碰撞积分的方程，与碰撞积分的具体形式有关的问题将在本教程专讲物理动理学的另一卷中研究.

当不存在外磁场时,ε_0和 n_0都与自旋无关.

$\hat{n}$ 对时间 t 的显函数关系,在 $\mathrm{d}\hat{n}/\mathrm{d}t$ 中给出一项

$$\frac{\partial \hat{n}}{\partial t}=\frac{\partial \delta \hat{n}}{\partial t}.$$

用 $\hat{n}$ 与坐标及动量的关系给出两项

$$\frac{\partial \hat{n}}{\partial \boldsymbol{r}}\dot{\hat{\boldsymbol{r}}}+\frac{\partial n}{\partial \boldsymbol{p}}\dot{\hat{\boldsymbol{p}}}.$$

准粒子的能量 $\hat{\varepsilon}$ 起着它的哈密顿函数的作用. 根据哈密顿方程,我们有

$$\dot{\hat{\boldsymbol{r}}}=\frac{\partial \hat{\varepsilon}}{\partial \boldsymbol{p}},\quad \dot{\hat{\boldsymbol{p}}}=-\frac{\partial \hat{\varepsilon}}{\partial \boldsymbol{r}}.$$

因此,取精确到 $\delta\hat{n}$ 的一级项,则有

$$\frac{\partial \delta \hat{n}}{\partial \boldsymbol{r}}\frac{\partial \varepsilon_0}{\partial \boldsymbol{p}}-\frac{\partial n_0}{\partial \boldsymbol{p}}\frac{\partial \delta \hat{\varepsilon}}{\partial \boldsymbol{r}}.$$

最后,函数 $\hat{n}$ 作为自旋变量算符随时间的变化,可按量子力学的普通规则由下面的对易子给出:

$$\frac{\mathrm{i}}{\hbar}\{\hat{\varepsilon},\hat{n}\}. \tag{4.4}$$

但是,当 n_0和 ε_0与自旋无关时,在此对易子中不存在 $\delta\hat{n}$ 的一级近似项.

集中上述各项,我们得出方程

$$\frac{\partial \delta \hat{n}}{\partial t}+\frac{\partial \varepsilon_0}{\partial \boldsymbol{p}}\frac{\partial \delta \hat{n}}{\partial \boldsymbol{r}}-\frac{\partial \delta \hat{\varepsilon}}{\partial \boldsymbol{r}}\frac{\partial n_0}{\partial \boldsymbol{p}}=\mathrm{St}\hat{n}. \tag{4.5}$$

在开始应用动理学方程之前,我们先讨论一下它的适用条件. 利用(坐标和动量的)经典方程时,我们就假定了准粒子的运动是准经典性运动. 这个假定,实质上正是用分布函数来描述液体的基础,该函数同时依赖于准粒子的坐标和动量. 准经典条件是:准粒子的德布罗意波长 $\hbar/p_{\mathrm{F}}$小于函数 n 有显著变化的特征长度 L. 用非均匀性"波矢量"$k\sim 1/L$ 代替 L,我们可以把这个条件写成①

$$\hbar k \ll p_{\mathrm{F}}. \tag{4.6}$$

由给定的 k 所确定的分布函数的变化频率 ω,其数量级为 $\omega\sim v_{\mathrm{F}}k$,因而自然满足条件

$$\hbar\omega \ll \varepsilon_{\mathrm{F}}. \tag{4.7}$$

$\hbar\omega$ 与温度 T 的比值可以是任意的. 如果 $\hbar\omega \gg T$,那么 $\hbar\omega$ 这个量就相当于分布函数弥散区的宽度;于是(4.7)式便是整个理论适用的必需条件,它保证了准粒子能量(与它们的碰撞有关)的量子不确定性小于 $\hbar\omega$.

现在我们运用动理学方程来研究费米液体的振动.

---

① 根据定义(1.1),$\hbar/p_{\mathrm{F}}$具有原子间距的数量级,因此条件(4.6)是很弱的.

在低温但不等于零温的情况下,费米液体中准粒子发生相互碰撞,并且它们的自由飞行时间 $\tau \propto T^{-2}$. 在液体中传播的波,其性质主要决定于乘积 $\omega\tau$ 的大小.

在 $\omega\tau \ll 1$(实际上等价于准粒子行程 l 甚小于波长 λ 这一条件)时,在每个(线度小于 λ 的)液体体积元中,碰撞来得及建立起热力学平衡. 这就是说,我们遇到的是以速度 $u=\sqrt{\partial P/\partial\rho}$ 传播的通常的流体力学声波. 在 $\omega\tau \ll 1$ 的情况下,声波的吸收很小,但 $\omega\tau$ 增大时吸收也随之增大,而且当 $\omega\tau \sim 1$ 时吸收变得很强烈,以致声波的传播成为不可能①.

使 $\omega\tau$ 继续增加并达到 $\omega\tau \gg 1$ 时,在费米液体中波的传播重新变为可能,但是这种波具有另外的物理特性. 在这些振动中准粒子的碰撞不起作用,并在每个体积元中来不及建立热力学平衡. 这个过程,可以看作是在绝对零度时发生的. 因而将这些波称为**零声**.

如上所述,当 $\omega\tau \gg 1$ 时,在动理学方程中可以略去碰撞积分,于是

$$\frac{\partial\delta\hat{n}}{\partial t}+\boldsymbol{v}\frac{\partial\delta\hat{n}}{\partial\boldsymbol{r}}-\frac{\partial n_0}{\partial\boldsymbol{p}}\frac{\partial\delta\hat{\varepsilon}}{\partial\boldsymbol{r}}=0, \tag{4.8}$$

式中 $\boldsymbol{v}=\partial\varepsilon/\partial\boldsymbol{p}$ 为按非微扰能量 ε 计算的准粒子速度($\boldsymbol{v}=v_F\boldsymbol{n}$,其中 $\boldsymbol{n}$ 是 $\boldsymbol{p}$ 方向上的单位矢量);此后,我们略去 ε 的下标 0.

在 $T=0$ 时,平衡分布函数 n_0 是一个阶跃函数 $\theta(p)$,它在边界动量 $p=p_F$ 处中断. n_0 的微商

$$\frac{\partial n_0}{\partial\boldsymbol{p}}=-\boldsymbol{n}\delta(p-p_F)=-\boldsymbol{v}\delta(\varepsilon-\varepsilon_F).$$

假设波中的 $\delta\hat{n}$ 与时间和坐标的关系由因子 $\exp[\mathrm{i}(\boldsymbol{k}\cdot\boldsymbol{r}-\omega t)]$ 给出,我们将得出动理学方程的如下形式的解:

$$\delta\hat{n}=\delta(\varepsilon-\varepsilon_F)\,\hat{\nu}(\boldsymbol{n})\,\mathrm{e}^{\mathrm{i}(\boldsymbol{k}\cdot\boldsymbol{r}-\omega t)}. \tag{4.9}$$

这时,根据(4.3)式的 $\partial\delta\varepsilon/\partial\boldsymbol{r}$,方程(4.8)取如下形式:

$$(\omega-v_F\boldsymbol{n}\cdot\boldsymbol{k})\hat{\nu}(\boldsymbol{n})=\boldsymbol{n}\cdot\boldsymbol{k}\frac{p_F^2}{(2\pi\hbar)^3}\mathrm{Tr}'\int\hat{f}(\boldsymbol{n},\boldsymbol{n}')\hat{\nu}(\boldsymbol{n}')\,\mathrm{d}o' \tag{4.10}$$

式中 $\boldsymbol{n}$ 和 $\boldsymbol{n}'$ 为 $\boldsymbol{p}$ 和 $\boldsymbol{p}'$ 方向的单位矢量,而积分是按方向 $\boldsymbol{n}'$ 进行的.

现在我们来研究不涉及液体自旋特性的振动(零声). 就是说,不仅平衡分布函数,还有它的"微扰" δn,都与自旋变量无关. 振动时,分布函数在这种波中的变化归结为边界费米面(非微扰分布中的球面)的形变,这时费米面仍然是被

① 当 $\omega\tau \ll 1$ 时,声的吸收系数 $\gamma \sim \omega^2\eta/\rho u^3$,其中 η 为液体的粘滞系数. 按数量级,则有 $u \sim v_F$, $\eta/\rho \sim v_F l \sim v_F^2\tau$,这里 v_F 为准粒子速度(与温度无关),因此 $\eta \propto T^{-2}$(И. Я. Померанчук, 1950). 这时 $\gamma u/\omega \sim \omega\tau \propto \omega/T^2$.

准粒子占满的和未被占满的状态之间明显的边界. 函数 $\nu(\boldsymbol{n})$ 是这个表面在给定的 $\boldsymbol{n}$ 方向上的位移值(以能量为单位).

因为 $\nu(\boldsymbol{n}')$ 与自旋变量无关,所以(4.10)式中的 Tr′运算只应用在函数 $\hat{f}$ 上. 把 $\hat{f}$ 写成(2.4)的形式,将有 $\mathrm{Tr}'\hat{f}=(2\pi^2\hbar^3/p_{\mathrm{F}}m^*)F(\vartheta)$. 于是,算符 $\boldsymbol{\sigma}$ 从方程中完全消除,现在方程取如下形式:

$$(\omega-\boldsymbol{k}\cdot\boldsymbol{v})\nu(\boldsymbol{n})=\boldsymbol{k}\cdot\boldsymbol{v}\int F(\vartheta)\nu(\boldsymbol{n}')\frac{\mathrm{d}o'}{4\pi}. \tag{4.11}$$

我们选择 $\boldsymbol{k}$ 的方向作为极轴,并以角 θ,φ 确定 $\boldsymbol{n}$ 的方向,再引入波传播的速度 $u_0=\omega/k$ 和符号 $s=u_0/v_{\mathrm{F}}$,则可写出最终得到的方程

$$(s-\cos\theta)\nu(\theta,\varphi)=\cos\theta\int F(\vartheta)\nu(\theta',\varphi')\frac{\mathrm{d}o'}{4\pi}. \tag{4.12}$$

这个积分方程,原则上能够确定波的传播速度和波中的函数 $\nu(\boldsymbol{n}')$. 我们可立即看出,对于非阻尼振动(这里,我们仅对这种情况感兴趣) s 的数值应大于1,即应有

$$u_0>v_{\mathrm{F}}. \tag{4.13}$$

把(4.12)式重写为如下形式,便能了解这个不等式的来源:

$$\tilde{\nu}(\theta,\varphi)=\cos\theta\int F(\vartheta)\frac{\tilde{\nu}(\theta',\varphi')}{s-\cos\theta'}\frac{\mathrm{d}o'}{4\pi}.$$

这里引入另外一个未知函数 $\tilde{\nu}=(s-\cos\theta)\nu$ 来代替 ν. 在 $s=\omega/kv_{\mathrm{F}}<1$ 的情况下,被积式在 $\cos\theta'=s$ 处有极点,为了使积分有意义,应在复变量 $\cos\theta'$ 的平面上,按一定规则绕过该极点. 这种环绕给积分添进了虚部,因而也使频率 ω(在给定实数 k 的情况下)得到虚部,而这表示波的衰减. 对应于极点的等式 $\cos\theta=u_0/v_{\mathrm{F}}$,其物理意义是准粒子零声波的切连科夫(Черенков)辐射条件①.

作为一个例子,我们研究函数 $F(\vartheta)$ 变成常数(用 F_0 表示)的情况. 方程(4.12)右边的积分这时不依赖于角 θ,φ,所以待求的函数 ν 具有如下形式:

$$\nu=\text{常数}\times\frac{\cos\theta}{s-\cos\theta}. \tag{4.14}$$

因此,费米面获得了沿波传播方向向前伸长和沿相反方向被压扁这种旋转面的形式. 这种各向异性是每一体积元中液体状态的非平衡性的表现,因为在平衡条件下,液体的一切性质应是各向同性的,因而费米面应当是球面. 为比较起见,我们指出:普通声波对应于半径振动的球形费米面(边界动量 p_{F} 随液体的密

---

① 这样的衰减机制称为朗道阻尼,将在第十卷有关等离体振荡问题中作详细研究. 在积分中环绕极点的规则,是用 $\omega+\mathrm{i}o$ 代换 ω(即 $s\to s+\mathrm{i}o$),这种代换的意义在于对过去全部时刻(包括 $t\to-\infty$)都保证了扰动的有限性.

度一起振动),并且费米面作为整体而移动,移动的大小与波内液体的运动速度有关;而相应的函数 ν 的形式为 $\nu=\delta p_F+$ 常数 $\times\cos\theta$.

为了确定零声波的传播速度 u_0,将(4.14)式代入(4.12)式,我们求得

$$F_0\int_0^{\pi}\frac{\cos\theta}{s-\cos\theta}\frac{2\pi\sin\theta\mathrm{d}\theta}{4\pi}=1.$$

积分结果,我们便得到一个把速度 u_0 表示为给定值 F_0 的隐函数形式的方程:

$$\frac{s}{2}\ln\frac{s+1}{s-1}-1=\frac{1}{F_0}. \tag{4.15}$$

当 s 由 1 变到 ∞ 时,方程左边的函数由 ∞ 降到 0,总保持正值. 由此可以得出,上述的波仅在 $F_0>0$ 时才能存在. 所以我们强调,零声传播的可能性与费米液体中准粒子的相互作用特性有关.

当 $F_0\to0$ 时,由(4.15)式得出,s 按如下规律趋于 1:

$$s-1\approx2\mathrm{e}^{-2/F_0}/\mathrm{e}^2. \tag{4.16}$$

这种情况,比公式(4.15)(假设 $F=$ 常数 $\equiv F_0$)更具普遍意义:它相当于在任意形式的函数 $F(\vartheta)$ 时近理想费米气体中的零声. 实际上,绝对值很小的函数 $F(\vartheta)$ 对应于近理想气体. 由方程(4.12)可以看出,这时 s 将接近 1,而函数 ν 仅在角 θ 很小的情况下才明显地不为零. 根据这一点,当只研究小角范围时,(4.12)式右边的积分中可以用函数 $F(\vartheta)$ 在 $\vartheta=0$ 时的值去代替 $F(\vartheta)$(当 $\theta=0$ 和 $\theta'=0$ 时,同样有 $\vartheta=0$). 归根到底,我们又重新回到公式(4.14)和(4.16)[其中常数 F_0 代之以 $F(0)$]①. 我们要指出,在弱非理想气体中零声的速度是普通声速的 $\sqrt{3}$ 倍. 事实上,对于零声有 $u_0\approx v_F$,而对于普通声,我们由(2.17)式(其中忽略了 $\bar{F}$ 并设 $m^*\approx m$)求得 $u^2\approx p_F^2/3m^{*2}=v_F^2/3$.

在 $F(\vartheta)$ 为任意函数关系的一般情况下,方程(4.12)的解不是单值的. 原则上,这个解允许有不同类型的零声存在,它们的区别在于零声的幅 $\nu(\theta,\varphi)$ 具有不同的与角度的函数关系以及不同的传播速度. 这时,除了轴对称解 $\nu(\theta)$ 外,还可以存在非对称解,其中 ν 包含方位角因子 $\mathrm{e}^{\pm im\varphi}$,这里 m 为整数(见习题). 我们指出,对于所有这些解,积分 $\int\nu\mathrm{d}o=0$,即费米面包围的体积保持不变. 这意味着振动是在液体密度不变的情况下进行的.

在绝对零度,波能够在费米液体中传播,就是说,费米液体的能谱可能包含相应于动量为 $\boldsymbol{p}=\hbar\boldsymbol{k}$ 和能量为 $\varepsilon=\hbar\omega=u_0p$ 的元激发的分支——"零声量子". 零声(具有任意给定的 $\boldsymbol{k}$)可以有任意(小)的强度,这一事实,用元激发的术语

---

① 相当于弱非理想费米气体中零声的振动,这个问题首先是由克利蒙托维奇(Ю. Л. Климонтович)和西林 В. П. Силин(1952)研究的.

来说，表明它们能够以任意的数目填充自己的量子态；换句话说，它们遵从玻色统计，并构成费米液体能谱的所谓**玻色支**. 但是应强调指出，在朗道理论的范围内，把对应于这一分支的改正量引入费米液体的热力学量那可就错了，因为这些热力学量含有温度的更高次幂（如热容量中的 T^3），而不只是上述近似理论中的前几级改正量.

关于零声的吸收问题，需要研究准粒子的碰撞，这已不属于本卷的内容.

习 题

在 $F = F_0 + F_1\cos\vartheta$ 的情况下，试求零声的非对称波的传播速度.

解：在 $F = F_0 + F_1[\cos\theta\cos\theta' + \sin\theta\sin\theta'\cos(\varphi-\varphi')]$ 的情况下，可存在具有 $\nu\propto e^{\pm i\varphi}$ 形式的解. 实际上，设 $\nu = f(\theta)e^{i\varphi}$，代入(4.12)式并对 $d\varphi'$ 求积分，我们得到

$$(s-\cos\theta)f = \frac{F_1}{4}\cos\theta\sin\theta\int_0^{\pi}\sin^2\theta' f(\theta')\,d\theta',$$

因而，

$$\nu = 常数\times\frac{\sin\theta\cos\theta}{s-\cos\theta}e^{i\varphi}.$$

将这个表示式代回原方程，便得到关系式

$$\int_0^{\pi}\frac{\sin^3\theta\cos\theta d\theta}{s-\cos\theta} = \frac{4}{F_1}.$$

此式确定了传播速度与 F_1 的关系. 等式左边的积分，是 s 的单调下降函数. 因此，当 $s=1$ 时它达到最大值. 算出 $s=1$ 时的积分后，我们发现上述形式的非对称波可以在 $F_1>6$ 的条件下传播①.

§5 费米液体中的自旋波

除了上节研究过的与自旋无关的解 $\nu(\boldsymbol{n})$ 之外，方程(4.10)还有如下形式的解：

$$\hat{\nu} = \boldsymbol{\sigma}\cdot\boldsymbol{\mu}(\boldsymbol{n}) \tag{5.1}$$

在此公式中，准粒子分布函数的变化依赖于它们的自旋投影. 这样的波可称为**自旋波**.

将(5.1)式代入(4.10)式，再取(2.4)式中的函数 $\hat{f}$，并注意到 $\mathrm{Tr}'\boldsymbol{\sigma}'(\boldsymbol{\sigma}\boldsymbol{\sigma}') = 2\boldsymbol{\sigma}$，约去 $\boldsymbol{\sigma}$ 后可得：

$$(s-\cos\theta)\boldsymbol{\mu}(\theta,\varphi) = \cos\theta\int G(\vartheta)\boldsymbol{\mu}(\theta',\varphi')\frac{do'}{4\pi}. \tag{5.2}$$

---

① 对于液体 ^3He，利用公式(2.12)和(2.17)，根据已知的 m^* 和 u^2 的值可以算出：$F_0 = 10.8$，$F_1 = 6.3$（在零压下）.

这样,对于矢量 μ 的每一分量,我们都得到一个方程,它不同于(4.12)式的只是换 F 为 G. 因此,在 §4 中所做的一切进一步的计算,都能应用于自旋波①.

在有磁场时,费米液体中能够传播另一种类型的自旋波(В. П. Силин, 1958). 这里,我们仅限于研究 $\boldsymbol{k}=0$ 的振动,这时 $\delta\hat{n}$ 不依赖于坐标.

当存在磁场 $\boldsymbol{H}$ 时,"未被振动微扰"的准粒子的能量及其分布函数都与自旋有关. 这些相互间的依赖关系可用下列公式表达(见 §3):

$$\hat{\varepsilon}_0=\varepsilon_0(\boldsymbol{p})-\beta_1\boldsymbol{\sigma}\cdot\boldsymbol{H},\quad \beta_1=\beta/(1+\bar{G}),\tag{5.3}$$

$$\hat{n}_0=n_0(\boldsymbol{p})-\frac{\mathrm{d}n_0}{\mathrm{d}\varepsilon}\beta_1\boldsymbol{\sigma}\cdot\boldsymbol{H}=n_0(\boldsymbol{p})+\delta(\varepsilon-\varepsilon_\mathrm{F})\beta_1\boldsymbol{\sigma}\cdot\boldsymbol{H}.\tag{5.4}$$

式中 $\varepsilon_0(\boldsymbol{p})$ 是无磁场时的能量;下标 0 再次提醒这些表述项与平衡液体有关.

我们再来寻求以波的形式表示的分布函数的微小变化部分,其形式为

$$\delta\hat{n}=\delta(\varepsilon-\varepsilon_\mathrm{F})\boldsymbol{\sigma}\cdot\boldsymbol{\mu}(\boldsymbol{n})\mathrm{e}^{-\mathrm{i}\omega t}$$

与此对应的准粒子能量的变化:

$$\delta\hat{\varepsilon}=\boldsymbol{\sigma}\cdot\int\boldsymbol{\mu}(\boldsymbol{n}')G(\vartheta)\frac{\mathrm{d}o'}{4\pi}\cdot\mathrm{e}^{-\mathrm{i}\omega t}.$$

现在,在动理学方程中应当考虑带有对易子 $\{\hat{\varepsilon},\hat{n}\}$ 的项(4.4);对与坐标无关的分布函数,方程取如下形式:

$$\frac{\partial}{\partial t}\delta\hat{n}+\frac{\mathrm{i}}{\hbar}\{\hat{\varepsilon},\hat{n}\}=0.\tag{5.5}$$

精确到 $\delta\hat{n}$ 的线性项,则有

$$\{\hat{\varepsilon},\hat{n}\}=-\beta_1\{\boldsymbol{\sigma}\cdot\boldsymbol{H},\delta\hat{n}\}+\beta_1\delta(\varepsilon-\varepsilon_\mathrm{F})\{\delta\hat{\varepsilon},\boldsymbol{\sigma}\cdot\boldsymbol{H}\},$$

这里的几个对易子由下式定义:

$$\{\boldsymbol{\sigma}\cdot\boldsymbol{a},\boldsymbol{\sigma}\cdot\boldsymbol{b}\}=2\mathrm{i}\boldsymbol{\sigma}\cdot[\boldsymbol{a}\times\boldsymbol{b}],$$

其中 $\boldsymbol{a},\boldsymbol{b}$ 为任意矢量[见第三卷(55.10)式];结果动理学方程变为如下形式:

$$\mathrm{i}\omega\boldsymbol{\mu}(\boldsymbol{n})=\frac{2\beta_1}{\hbar}\boldsymbol{H}\times\boldsymbol{\rho}(\boldsymbol{n}),\tag{5.6}$$

式中符号的意义为

$$\boldsymbol{\rho}(\boldsymbol{n})=\boldsymbol{\mu}(\boldsymbol{n})+\int\boldsymbol{\mu}(\boldsymbol{n}')G(\vartheta)\frac{\mathrm{d}o'}{4\pi}.\tag{5.7}$$

在一般情况下,方程(5.6)的解可以展开为球函数 $Y_{lm}(\theta,\varphi)$(极轴沿 $\boldsymbol{H}$)的级数. 展开式的每一项是具有固有频率 ω_{lm} 的一定类型的振动.

其中的第一个频率 ω_{00} 是对应于 $\mu=$ 常数的振动;并且 $\rho=\mu(1+\bar{G})$,于是方程(5.6)归结为

① 在液体 ^{3}He 中,$G_0=\overline{G(\vartheta)}<0$(见 12 页上的注释①). 因此,在这种液体中不可能传播这样的波.

$$\mathrm{i}\omega_{00}\boldsymbol{\mu} = \frac{2\beta}{\hbar}\boldsymbol{H}\times\boldsymbol{\mu},$$

这时振动垂直于场($\boldsymbol{\mu}\perp\boldsymbol{H}$). 将方程分别写成分量形式(在垂直于 $\boldsymbol{H}$ 的平面内),并列出这个方程组的行列式,我们求得频率:

$$\omega_{00} = 2\beta H/\hbar. \tag{5.8}$$

应注意,β 是液体真实粒子的磁矩. 因此,频率 ω_{00}完全与液体的特性无关. 而所有其它频率 ω_{lm}的值均与函数 $G(\vartheta)$的具体形式有关.

§6 粒子间有斥力的简并化近理想费米气体

本节我们将研究简并化近理想费米气体的性质. 这个问题具有重要的研究方法上的意义. 虽然,作为平衡系,自然界中并不存在这样的气体. 因为温度为绝对零度时,一切气体都要凝聚. 但是,作为寿命足够长的介稳物体,可以存在稀薄费米气体. 下面讲的理论中用到的近似,其特点是在远小于寿命的时间内该系统不会形成凝聚.

弱非理想气体的条件是分子力的作用半径 r_0小于粒子间的平均距离 $l\sim(V/N)^{1/3}$. 对于粒子动量为 p 的情况,条件 $r_0\ll l$ 及不等式

$$pr_0/\hbar \ll 1 \tag{6.1}$$

均成立. 实际上,对于简并化费米气体可按公式(1.1)估算边界动量 p_{F},根据该式,$p_{\mathrm{F}}/\hbar\sim(N/V)^{1/3}\ll 1/r_0$.

在此,我们只讨论粒子对的相互作用,并且为了简单起见,认为这种相互作用 $U(r)$与粒子的自旋无关. 我们的目的是应用量子力学的微扰论计算热力学量按 r_0/l 的幂展开的前几项. 这里出现的困难是,粒子间的相互作用能在小距离上增加过快,微扰论(所谓玻恩近似)对于粒子的碰撞实际上是不适用的. 然而,这个困难可用下述方法避开.

在"慢"[满足条件(6.1)即谓慢]碰撞的极限情况下,质量为 m 的粒子的相互散射幅趋于固定极限 $-a$,这个极限在玻恩近似下由下列表达式给出[见第三卷(126.13)式]:

$$-a = -\frac{m}{4\pi\hbar^2}U_0, \quad U_0 = \int U(r)\,\mathrm{d}^3x, \tag{6.2}$$

并且这个极限符合于(自旋为1/2 的)粒子对的 s 态;常数 a 称为**散射长度**①. 因为这个量完全决定碰撞的性质,所以它同样也决定气体的热力学性质.

---

① 表达式(6.2)没考虑量子力学的粒子全同性. 自旋为1/2 的全同粒子,在慢碰撞的极限情况下,散射只在自旋反平行时发生,并且在立体角 $\mathrm{d}o$ 内(质心系内)的散射微分截面是 $\mathrm{d}\sigma=4a^2\,\mathrm{d}o$;沿半球对 $\mathrm{d}o$ 求积分得到总截面:$\sigma=8\pi a^2$(见第三卷 §137).

我们因此有可能运用下述所谓**重整化**方法. 在形式上将真实能量 $U(r)$ 用另一个有同一 a 值但允许应用微扰论的函数来代替. 计算一直进行到(即近似到)最终结果只在散射辐中含 U 时为止,这个结果总会与真实的相互作用导致的结果一致.

一般说来,真实的相互作用半径,其数量级与散射长度 a 相同. 对于作为辅助概念而引入的虚构的场 $U(r)$,玻恩近似的适用条件就是 $a \ll r_0$. 理论展开的真实的小参量,当然是 $ap_F/\hbar$.

以下我们不仅要用到 U_0 与 a 之间的一级玻恩近似关系[公式(6.2)],而且也要用到二级玻恩近似关系. 为了找到这个关系,我们提醒一下,如果在恒定微扰 $\hat{V}$ 的作用下,系统的某一跃迁概率在一级近似中用矩阵元 V_{00} 确定,那么在二级近似中 V_{00} 将代之以

$$V_{00} + \sum_n{}' \frac{V_{0n}V_{n0}}{E_0 - E_n},$$

这里是按无微扰系统 $n \neq 0$ 的各量子态进行求和的(见第三卷 §43). 在这种情况下,我们所讨论的是双粒子碰撞的系统,粒子的相互作用 $U(r)$ 就是微扰. 对于粒子动量变化为 $\boldsymbol{p}_1,\boldsymbol{p}_2 \longrightarrow \boldsymbol{p}_1',\boldsymbol{p}_2'$(并且 $\boldsymbol{p}_1+\boldsymbol{p}_2=\boldsymbol{p}_1'+\boldsymbol{p}_2'$)的跃迁过程,其微扰矩阵元为

$$\langle \boldsymbol{p}_1'\alpha_1,\boldsymbol{p}_2'\alpha_2 | U | \boldsymbol{p}_1\alpha_1,\boldsymbol{p}_2\alpha_2 \rangle = \frac{1}{V}\int U(r)\mathrm{e}^{-\mathrm{i}\boldsymbol{p}\cdot\boldsymbol{r}/\hbar}\mathrm{d}^3x, \tag{6.3}$$

式中 $\boldsymbol{p}=\boldsymbol{p}_2'-\boldsymbol{p}_2=-(\boldsymbol{p}_1'-\boldsymbol{p}_1)$;由于相互作用与自旋无关,粒子自旋投影(用下标 α_1,α_2 表征)在碰撞时不变. 动量为零时,V_{00} 起着矩阵元 U_0/V 的作用. 因此,由一级近似过渡到二级近似时,U_0 应以下式来代替:

$$U_0 + \frac{1}{V}\sum_{p_1'}\left[\frac{p_1^2+p_2^2-p_1'^2-p_2'^2}{2m}\right]^{-1}\left|\int U\mathrm{e}^{-\mathrm{i}\boldsymbol{p}\cdot\boldsymbol{r}/\hbar}\mathrm{d}^3x\right|^2$$

(当给定 $\boldsymbol{p}_1,\boldsymbol{p}_2$ 时,按 $\boldsymbol{p}_1' \neq \boldsymbol{p}_1,\boldsymbol{p}_2$ 求和). 因为在这种情况下,假设粒子的动量很小,所以可用动量 $\boldsymbol{p}=0$ 时的矩阵元的值代替求和式中一切主要项中的矩阵元. 做完这一步后,便得到下列散射长度的表达式①:

$$a = \frac{m}{4\pi\hbar^2}\left[U_0 + \frac{U_0^2}{V}\sum_{p_1'}\frac{2m}{p_1^2+p_2^2-p_1'^2-p_2'^2}\right], \tag{6.4}$$

因此,在同样精度下则有

$$U_0 = \frac{4\pi\hbar^2 a}{m}\left[1 - \frac{4\pi\hbar^2 a}{mV}\sum_{p_1'}\frac{2m}{p_1^2+p_2^2-p_1'^2-p_2'^2}\right]. \tag{6.5}$$

---

① 在所有中间公式中,我们写出的是按粒子动量的离散谱求和,这些粒子都包含在有限的体积 V 中;最终计算时,按惯例是用对 $V\mathrm{d}^3p/(2\pi\hbar)^3$ 的积分代替求和.

(6.4)式中求和式的发散性(当 $\boldsymbol{p}'_1,\boldsymbol{p}'_2$很大时)与以常数值的矩阵元代替一切矩阵元有关,但这个发散并不要紧,因为进一步利用这个表达式计算系统的能量时,反正会得到大动量不起作用的收敛的表达式. 我们知道,慢粒子的散射长度 a 与粒子能量无关. 公式(6.4)乍一看来与动量 $\boldsymbol{p}_1,\boldsymbol{p}_2$有关. 但事实上这种依赖关系只包含在散射幅的虚部[适当规定求和方法便会出现这种情况——比较第三卷(130.9)式]. 对这一虚部可以不必理睬,因为我们早就知道,最终结果总是实的;这个问题,我们还将在§21 中讨论.

在这一节里,我们将研究粒子间具有斥力相互作用特性的费米气体模型;对于这种相互作用,$a>0$. 气体正是在这种情况下才具有 §1, §2 中所描述的那种费米型的能谱.

系统由具有成对相互作用的粒子(自旋为 1/2 的)所组成其哈密顿量用二次量子化方法可写成如下形式:

$$\hat{H}=\sum_{p\alpha}\frac{p^2}{2m}\hat{a}^+_{p\alpha}\hat{a}_{p\alpha}+\frac{1}{2}\sum\langle\boldsymbol{p}'_1\alpha_1,\boldsymbol{p}'_2\alpha_2|U|\boldsymbol{p}_1\alpha_1,\boldsymbol{p}_2\alpha_2\rangle\hat{a}^+_{p'_1\alpha_1}\hat{a}^+_{p'_2\alpha_2}\hat{a}_{p_2\alpha_2}\hat{a}_{p_1\alpha_1}\quad(6.6)$$

(见第三卷 §64). 这里 $\hat{a}^+_{p\alpha}$和 $\hat{a}_{p\alpha}$是动量为$\boldsymbol{p}$、自旋投影为 $\alpha\left(\alpha=\pm\dfrac{1}{2}\right)$的自由粒子的产生和湮没算符. (6.6)式中的第一项相应于粒子的动能,而第二项相应于粒子的势能;在第二项里,是按粒子的全部动量值和自旋投影值求和,并遵从在碰撞时的动量守恒定律.

根据粒子具有微小动量的假设,我们再次用矩阵元在动量为零时的值:$\langle 0\alpha_1,0\alpha_2|U|0\alpha_1,0\alpha_2\rangle=U_0/V$ 代替(6.6)中的矩阵元. 其次我们注意到,在费米统计中由于算符 $\hat{a}_{p_1\alpha_1},\hat{a}_{p_2\alpha_2}$的反对易性,算符乘积对下标的置换是反对称的;乘积 $\hat{a}^+_{p'_1\alpha_1}\hat{a}^+_{p'_2\alpha_2}$也有同样的性质. 结果,(6.6)式的第二个求和式中所有含相同成对下标的 α_1,α_2项都相互抵消了(在物理上,这与已指出过的情况有关,即在慢碰撞的极限情况下,只有自旋相反的粒子才能相互散射).

因此,系统的哈密顿量取如下形式:

$$\hat{H}=\sum_{p,\alpha}\frac{p^2}{2m}\hat{a}^+_{p\alpha}\hat{a}_{p\alpha}+\frac{U_0}{V}\sum_{p_1,p_2,p'_1}\hat{a}'^+_{1+}\hat{a}'^+_{2-}\hat{a}_{2-}\hat{a}_{1+},\quad(6.7)$$

式中 $\hat{a}_{1+}\equiv\hat{a}_{p_1+}$, $\hat{a}'_{1+}\equiv\hat{a}'_{p_1+}$, 等等,而下标 + 和 − 此后将分别代替 +1/2 和 −1/2.

这个哈密顿量的本征值可用通常的微扰论算出来,并且(6.6)式中的第二项可以看作是对第一项的小修正. 第一项已有对角形式,它的本征值等于

$$E^{(0)}=\sum_{p\alpha}\frac{p^2}{2m}n_{p\alpha},\quad(6.8)$$

这里 $n_{p\alpha}$ 为状态 $\boldsymbol{p},\alpha$ 的占有数①.

相互作用能的对角矩阵元给出上式的一级修正：

$$E_1^{(1)}=\frac{U_0}{V}\sum_{p_1p_2}n_{1+}n_{2-},\tag{6.9}$$

式中 $n_{1+}\equiv n_{p_{1+}}$，等等.

为了找出二级修正，我们利用微扰论的熟知公式

$$E_n^{(2)}=\sum_m{}'\frac{|V_{nm}|^2}{E_n-E_m},$$

其中下标 n,m 标志非微扰系统的状态.

经简单的计算（运用算符 $\hat{a}_{p\alpha},\hat{a}^+_{p\alpha}$ 已知的矩阵元）得出如下结果：

$$\frac{U_0^2}{V^2}\sum_{p_1p_2p_1'}\frac{n_{1+}n_{2-}(1-n'_{1+})(1-n'_{2-})}{(p_1^2+p_2^2-p'^2_1-p'^2_2)/2m}.\tag{6.10}$$

此式的结构是十分明显的：跃迁 $\boldsymbol{p}_1,\boldsymbol{p}_2\to\boldsymbol{p}'_1,\boldsymbol{p}'_2$ 的矩阵元的平方与状态 $\boldsymbol{p}_1,\boldsymbol{p}_2$ 的占有数及状态 $\boldsymbol{p}'_1,\boldsymbol{p}'_2$ 的空位数成正比.

(6.9—6.10)式中的积分 U_0 应当用真实的物理量（即散射辐）a 表示出来. 在二级项中 U_0 可按(6.2)式计算，而在一级项中则需要用更精确的公式(6.5). 将计算值代入，我们得到对 a 的一级修正

$$E^{(1)}=\frac{g}{V}\sum_{p_1,p_2}n_{1+}n_{2-}\tag{6.11}$$

和二级修正：

$$E^{(2)}=\frac{2mg^2}{V^2}\sum_{p_1,p_2,p_1'}\frac{n_{1+}n_{2-}[(1-n'_{1+})(1-n'_{2-})-1]}{p_1^2+p_2^2-p'^2_1-p'^2_2}$$

（为简单起见，我们在中间的公式里引入了气体粒子的“耦合常数”② $g=\dfrac{4\pi\hbar^2a}{m}$）. 将分子中的表示式展开，我们会看出分子中四个 n 乘积的项可以相消，因为这些项的分子对于 $\boldsymbol{p}_1,\boldsymbol{p}_2$ 和 $\boldsymbol{p}'_1,\boldsymbol{p}'_2$ 的置换是对称的，而分母是反对称的；但对这些变量求和却是按对称方式进行的. 所以，最后我们得到：

$$E^{(2)}=-\frac{2mg^2}{V^2}\sum_{p_1,p_2,p_1'}\frac{n_{1+}n_{2-}(n'_{1+}+n'_{2-})}{p_1^2+p_2^2-p'^2_1-p'^2_2},\tag{6.12}$$

这个求和式已经收敛（其中当 $\boldsymbol{p}\to\infty$ 时，所有的 $n_{p\alpha}\to0$）.

运用已得的公式，首先可以计算基态的能量. 对此，应当假设：费米球内

---

① 假设粒子具有确定的自旋投影值，我们即假定统计矩阵 $n_{\alpha\beta}(\boldsymbol{p})$ 也获得对角形式；这时，$\alpha=\pm\dfrac{1}{2}$ 的函数 $n_\alpha(\boldsymbol{p})$ 就是它的对角元素.

② 散射辐重整化后，这个量就绝不与公式(6.2)中的常数 U_0 相同了！

$[p<p_F=\hbar(3\pi^2N/V)^{1/3}]$所有的$n_{p\alpha}$都等于1，而费米球外的$n_{p\alpha}$都等于零. 因此我们指出：虽然在起初的哈密顿量中算符乘积$\hat{a}^+_{p\alpha}\hat{a}_{p\alpha}$的本征值给出了气体粒子本身状态的占有数，但借助微扰论将哈密顿量对角化之后，就与准粒子的分布函数（同以前各节，仍用$n_{p\alpha}$表征）有关了.

注意到$\sum n_{p+}=\sum n_{p-}=N/2$，由(6.11)式得到一级修正

$$E_0^{(1)}=gN^2/4V.$$

在公式(6.12)中，我们对

$$\frac{V^3}{(2\pi\hbar)^9}\delta(\boldsymbol{p}_1+\boldsymbol{p}_2-\boldsymbol{p}_1'-\boldsymbol{p}_2')\mathrm{d}^3p_1\mathrm{d}p_2^3\mathrm{d}^3p_1'\mathrm{d}^3p_2'$$

取积分代替求满足条件$\boldsymbol{p}_1+\boldsymbol{p}_2=\boldsymbol{p}_1'+\boldsymbol{p}_2'$的三个动量之和而使得

$$E_0^{(2)}=-\frac{4mg^2V}{(2\pi\hbar)^9}\int\frac{\delta(\boldsymbol{p}_1+\boldsymbol{p}_2-\boldsymbol{p}_1'-\boldsymbol{p}_2')}{p_1^2+p_2^2-p_1'^2-p_2'^2}\mathrm{d}^3p_1\mathrm{d}^3p_2\mathrm{d}^3p_1'\mathrm{d}^3p_2',$$

而且是对$p_1,p_2,p_1'\leqslant p_F$的区域进行积分的. 算出积分①便得到如下的基态能量的最终结果：

$$E_0=N\frac{3p_F^2}{10m}\left[1+\frac{10}{9\pi}\frac{p_Fa}{\hbar}+\frac{4(11-2\ln2)}{21\pi^2}\left(\frac{p_Fa}{\hbar}\right)^2\right].\tag{6.13}$$

式中括号前的量为理想费米气体的能量（黄克逊，杨振宁，1957）.

绝对零度时气体的化学势，可定义为微商：$\mu=(\partial E_0/\partial N)_V$；用边界动量$p_F$表示的化学势具有如下形式：

$$\mu=\frac{p_F^2}{2m}\left[1+\frac{4}{3\pi}\frac{p_Fa}{\hbar}+\frac{4(11-2\ln2)}{15\pi^2}\left(\frac{p_Fa}{\hbar}\right)^2\right].\tag{6.14}$$

根据朗道理论的一般原理，元激发谱$\varepsilon(\boldsymbol{p})$和准粒子的相互作用函数$f_{\alpha\alpha'}(\boldsymbol{p},\boldsymbol{p}')$②可以用总能量对准粒子的分布函数的一级和二级变分来确定. 如果将能量E写成按$\boldsymbol{p}$和α取离散和的形式，则根据定义有

$$\delta E=\sum_{p\alpha}\varepsilon_\alpha(\boldsymbol{p})\delta n_{p\alpha}+\frac{1}{2V}\sum_{p\alpha,p'\alpha'}f_{\alpha\alpha'}(\boldsymbol{p},\boldsymbol{p}')\delta n_{p\alpha}\delta n_{p'\alpha'}\tag{6.15}$$

（对能量取变分后，$n_{p\alpha}$应当用下述数值来代替：在费米球内等于1，在球外等于零）. 然而不必用这种方法去计算准粒子的有效质量m^*，因为它可以用更简便的方法求出来（见下）.

为了计算函数$f_{\alpha\alpha'}(\boldsymbol{p},\boldsymbol{p}')$（在费米面上），我们对(6.11—6.12)的求和式进行两次微分，然后令$p=p'=p_F$. 进行这一简单的计算后，并将求和变成积分，可得

---

① 实际上，按另一种顺序进行计算，即首先计算函数f是比较简单的（见下文）.

② 本节中的矩阵$f_{\alpha\alpha'}(\boldsymbol{p},\boldsymbol{p}')$是两对下标（$\alpha,\beta$和$\gamma,\delta$）的对角矩阵$f_{\alpha\gamma,\beta\delta}(\boldsymbol{p},\boldsymbol{p}')$元素的集合.

$$f_{+-}(\boldsymbol{p},\boldsymbol{p}') = g - \frac{4mg^2}{(2\pi\hbar)^3}\iint\left\{\frac{\delta(\boldsymbol{p}+\boldsymbol{p}'-\boldsymbol{p}_1-\boldsymbol{p}_2)}{2p_{\mathrm{F}}^2-p_1^2-p_2^2}+\right.$$

$$\left.+\frac{\delta(\boldsymbol{p}+\boldsymbol{p}_1-\boldsymbol{p}'-\boldsymbol{p}_2)+\delta(\boldsymbol{p}'+\boldsymbol{p}_1-\boldsymbol{p}-\boldsymbol{p}_2)}{2(p_1^2-p_2^2)}\right\}\mathrm{d}^3p_1\mathrm{d}^3p_2,$$

$$f_{++}(\boldsymbol{p},\boldsymbol{p}') = f_{--}(\boldsymbol{p},\boldsymbol{p}') =$$

$$=\frac{2mg^2}{(2\pi\hbar)^3}\int\frac{\delta(\boldsymbol{p}+\boldsymbol{p}_1-\boldsymbol{p}'-\boldsymbol{p}_2)+\delta(\boldsymbol{p}'+\boldsymbol{p}_1-\boldsymbol{p}-\boldsymbol{p}_2)}{p_1^2-p_2^2}\mathrm{d}^3p_1\mathrm{d}^3p_2.$$

这两个公式中的积分,由于积分重数少而比较简单.

最终的结果应当是(2.4)的形式,它与自旋量子化轴的选择无关.

(2.4)的最后形式由下列公式给出:

$$f_{\alpha\gamma,\beta\delta}=\frac{2\pi a\hbar^2}{m}\left\{\left[1+\frac{2ap_{\mathrm{F}}}{\pi\hbar}\left(2+\frac{\cos\vartheta}{2\sin\frac{\vartheta}{2}}\ln\frac{1+\sin\frac{\vartheta}{2}}{1-\sin\frac{\vartheta}{2}}\right)\right]\times\right.$$

$$\left.\times\delta_{\alpha\beta}\delta_{\gamma\delta}-\left[1+\frac{2ap_{\mathrm{F}}}{\pi\hbar^2}\left(1-\frac{1}{2}\sin\frac{\vartheta}{2}\ln\frac{1+\sin\frac{\vartheta}{2}}{1-\sin\frac{\vartheta}{2}}\right)\right]\sigma_{\alpha\beta}\sigma_{\gamma\delta}\right\},\tag{6.16}$$

式中 ϑ 为矢量 $\boldsymbol{p}_{\mathrm{F}}$ 与 $\boldsymbol{p}'_{\mathrm{F}}$ 间的夹角(А. А. Абрикосов, И. М. Халатников, 1957)①.

因而对公式(2.12)取积分便得到准粒子的有效质量,它等于

$$\frac{m^*}{m}=1+\frac{8}{15\pi^2}(7\ln 2-1)\left(\frac{ap_{\mathrm{F}}}{\hbar}\right)^2.\tag{6.17}$$

由公式(2.17)可以求出气体中的声速:

$$u^2=\frac{p_{\mathrm{F}}^2}{3m^2}\left[1+\frac{2}{\pi}\frac{ap_{\mathrm{F}}}{\hbar}+\frac{8(11-2\ln 2)}{15\pi^2}\left(\frac{ap_{\mathrm{F}}}{\hbar}\right)^2\right].\tag{6.18}$$

然后将 u^2m/N(这里以 N/V 代替 p_{F} 的表达)对 $\mathrm{d}N$ 求积分,根据(2.13)式我们可求得气体的化学势,这时对 $\mathrm{d}N$ 再积分一次便得到基态能量的表达式(6.13).

公式(6.13)是气体能量按"气体特征参量"$\eta = p_{\mathrm{F}}a/\hbar \sim a(N/V)^{1/3}$ 的幂展开的前几项. 采用类似的即使是非常繁琐的计算,还能得到一些随后的展开项. 因为在费米气体的情况下,三重碰撞对能量的贡献是比较高级的近似. 在三重碰撞的粒子中,至少有两个粒子具有相同的自旋投影;这时对于这两个粒子系统的坐标波函数应当是反对称的. 这就是说,这些粒子相对运动的轨道角动量至

---

① 函数(6.16)当 $\vartheta=\pi$ 时将变为对数发散. 这种情况与所作的忽略有关,更精确的研究证明,虽然 $\vartheta=\pi$ 的值确实是函数的奇点,但函数在这一点不趋向无穷大而趋于零(见 210 页的注解). 公式(6.16)在 $\vartheta=\pi$ 附近不适用,这对今后的应用是无关紧要的,因为在应用中出现的积分在该点是收敛的.

少等于 1(p - 态). 相应的波函数与 s 态的波函数相比,包含多余的 $p/\hbar$ 的一次幂(见第三卷 §33),因此,这种碰撞的概率应该包含多余的 p^2,也就是说与不遵从泡利原理的粒子"正"碰撞的概率相比,要减弱到 $(pa/\hbar)^2 \sim \eta^2$ 倍. 因此,三重碰撞对能量的贡献只在含有体积的 $V^{-2}V^{-2/3}$ 的那些项中. 换句话说,能量展开式至数量级

$$N\frac{p_{\mathrm{F}}^2}{m}\eta^5$$

为止的所有的项[即在(6.13)式中已写出的项之后再加三项],均可单凭一些粒子对的碰撞特征量表达出来. 但是,在粒子对的碰撞特征量中不仅有慢碰撞[如(6.13)]的 s 散射辐,而且也有它对能量的微商以及 p 散射辐.

第二章

$T=0$ 时费米系统的格林函数

§7 宏观系统的格林函数

上一节所用的方法显得烦琐,在微扰论的高级近似中实际上已不再适用. 由于在实际的物理问题中,粒子之间的相互作用绝不是微弱的,因而这种方法的缺陷就更加突出. 于是,为了阐明宏观系统的各种普遍性质,需要研究微扰论级数的无穷项的集合. 有一种类似量子场论中所采用的数学技术可以克服这类困难.

这种数学工具的具体形式与需要运用它的宏观系统的性质有重要关系. 本章的以下几节,将阐述绝对零度时费米液体的数学工具的发展①. 在这里讲述的目的,不仅在于把方法实际应用到给定的客体上,而且也要表明这个工具大体是怎样建立的.

作为这个工具的原始资料,是二次量子化的 ψ 算符,它们的性质在量子力学中已经讲过(见第三卷 §64, §65). 现在我们要用到作为时间显函数的海森伯绘景中的算符. 所以,将阐述这种绘景中 ψ 算符的某些性质.

我们研究由自旋为 1/2 的粒子所构成的系统. 根据这种情况,应给 ψ 算符加上表明自旋投影值的下标. 此下标取遍 $\pm 1/2$. 按以前的做法,我们将用希腊字母表示自旋下标,而列出两个重复下标表示求和.

根据一般规则(见第三卷 §13),海森伯绘景中的任何物理量算符 $\hat{f}(t)$,都可以按照如下形式用(薛定谔绘景中)与时间无关的该物理量算符 $\hat{f}$ 表示出来②:

---

① В. М. Галицкий 和 А. Б. Мигал(1958)系统地建立了这种数学工具.

② 为了把公式写得简单,我们将广泛地采用量子常数 $\hbar=1$ 的单位制(因此动量具有 cm^{-1} 的量纲,而能量具有 s^{-1} 的量纲). 要从这种单位制变到通常的单位制,公式中所有动量 p 和能量 E 都应代之以 $\boldsymbol{p}/\hbar$ 和 $E/\hbar$. 在这一章里就特别要采用这种单位.

$$\hat{f}(t)=e^{i\hat{H}t}\hat{f}e^{-i\hat{H}t}$$

式中 $\hat{H}$ 为系统的哈密顿量.

但是,此处将对这个定义作些适当的修改. 因为,在不给定系统的粒子数 N 而给定化学势 μ 的情况,用量子统计学研究系统的状态比较方便. 这时,系统处于 $T=0$ 时的基态可定义为算符 $\hat{H}'$具有最小本征值的状态.

$$\hat{H}'=\hat{H}-\mu\hat{N} \tag{7.1}$$

(而不是给定 N 的那种 $\hat{H}$). 实际上,系统(当给定 μ 值时)处于能量为 E_n和粒子数为 N_n的状态的概率是:

$$w\propto \exp\left(-\frac{E_n-\mu N_n}{T}\right)=\exp\left(-\frac{E_n'}{T}\right)$$

[见第五卷(35.1)式];这里 E_n'为算符 $\hat{H}'$的本征值,我们看到,当 $T=0$ 时,只是 E_n'为最小值的状态①.

所以,可用公式

$$\begin{aligned}\hat{\Psi}_\alpha(t,\boldsymbol{r})&=e^{i\hat{H}'t}\hat{\psi}_\alpha(\boldsymbol{r})e^{-i\hat{H}'t},\\ \hat{\Psi}_\alpha^+(t,\boldsymbol{r})&=e^{i\hat{H}'t}\hat{\psi}_\alpha^+(\boldsymbol{r})e^{-i\hat{H}'t}\end{aligned} \tag{7.2}$$

来定义海森伯绘景中的 ψ 算符. 我们将用大写字母 $\hat{\Psi}$ 来表征海森伯绘景中的 ψ 算符,而用小写字母 $\hat{\psi}$ 表征薛定谔绘景中的 ψ 算符.

薛定谔绘景中的 ψ 算符满足熟知的对易规则. 而对于取不同时刻 t 和 t'的海森伯算符的对易子,却不能以普遍形式算出来. 但是当 $t=t'$时,海森伯算符的对易规则与薛定谔算符的对易规则是相同的. 例如,根据规则

$$\hat{\psi}_\alpha(\boldsymbol{r})\hat{\psi}_\beta^+(\boldsymbol{r}')+\hat{\psi}_\beta^+(\boldsymbol{r}')\hat{\psi}_\alpha(\boldsymbol{r})=\delta_{\alpha\beta}\delta(\boldsymbol{r}-\boldsymbol{r}'),$$

可以得到类似的规则:

$$\begin{aligned}&\hat{\Psi}_\alpha(t,\boldsymbol{r})\hat{\Psi}_\beta^+(t,\boldsymbol{r}')+\hat{\Psi}_\beta^+(t,\boldsymbol{r}')\hat{\Psi}_\alpha(t,\boldsymbol{r})=\\ &=e^{i\hat{H}'t}(\hat{\psi}_\alpha(\boldsymbol{r})\hat{\psi}_\beta^+(\boldsymbol{r}')+\hat{\psi}_\beta^+(\boldsymbol{r}')\hat{\psi}_\alpha(\boldsymbol{r}))e^{-i\hat{H}'t}=\\ &=\delta_{\alpha\beta}\delta(\boldsymbol{r}-\boldsymbol{r}'),\end{aligned} \tag{7.3}$$

所以:

$$\begin{aligned}&\hat{\Psi}_\alpha(t,\boldsymbol{r})\hat{\Psi}_\beta(t,\boldsymbol{r}')+\hat{\Psi}_\beta(t,\boldsymbol{r}')\hat{\Psi}_\alpha(t,\boldsymbol{r})=0,\\ &\hat{\Psi}_\alpha^+(t,\boldsymbol{r})\hat{\Psi}_\beta^+(t,\boldsymbol{r}')+\hat{\Psi}_\beta^+(t,\boldsymbol{r}')\hat{\Psi}_\alpha^+(t,\boldsymbol{r})=0,\end{aligned} \tag{7.4}$$

---

① 如同 $\hat{H}$ 一样,我们将称算 $\hat{H}'$为哈密顿量.

将定义式(7.2)对时间取微商,我们求得海森伯算符满足的方程:

$$-\mathrm{i}\frac{\partial}{\partial t}\hat{\Psi}_\alpha(t,\boldsymbol{r})=\hat{H}'\hat{\Psi}_\alpha(t,\boldsymbol{r})-\hat{\Psi}_\alpha(t,\boldsymbol{r})\hat{H}' \tag{7.5}$$

[见第三卷(13.7)式].

对于任何守恒量算符(即同哈密顿量可对易的算符),海森伯绘景和薛定谔绘景是等同的. 例如,哈密顿量本身、粒子数算符(当然粒子数也是守恒量)都是这类算符. 这些算符用薛定谔算符或用海森伯算符表达都一样. 于是,粒子数算符

$$\hat{N}=\int\hat{\psi}_\alpha^+(\boldsymbol{r})\hat{\psi}_\alpha(\boldsymbol{r})\mathrm{d}^3x=\int\hat{\Psi}_\alpha^+(t,\boldsymbol{r})\hat{\Psi}_\alpha(t,\boldsymbol{r})\mathrm{d}^3x. \tag{7.6}$$

相互作用粒子系统的哈密顿量为

$$\begin{gathered}\hat{H}'=\hat{H}'^{(0)}+\hat{V}'^{(1)}+\hat{V}'^{(2)}+\cdots,\\ \hat{H}'^{(0)}=-\frac{1}{2m}\int\hat{\Psi}_\alpha^+(t,\boldsymbol{r})\Delta\hat{\Psi}_\alpha(t,\boldsymbol{r})\mathrm{d}^3x-\mu\hat{N},\\ \hat{V}^{(1)}=\int\hat{\Psi}_\alpha^+(t,\boldsymbol{r})U^{(1)}(\boldsymbol{r})\hat{\Psi}_\alpha(t,\boldsymbol{r})\mathrm{d}^3x,\\ \hat{V}^{(2)}=\frac{1}{2}\int\hat{\Psi}_\beta^+(t,\boldsymbol{r}')\hat{\Psi}_\alpha^+(t,\boldsymbol{r}')U^{(2)}(\boldsymbol{r}-\boldsymbol{r}')\hat{\Psi}_\alpha(t,\boldsymbol{r}')\hat{\Psi}_\beta(t,\boldsymbol{r})\mathrm{d}^3x\mathrm{d}^3x'.\end{gathered} \tag{7.7}$$

这里 $\hat{H}'^{(0)}$ 为自由粒子系统的哈密顿量; $\hat{V}^{(1)}$ 为自由粒子与外场 $U^{(1)}(r)$ 相互作用算符;$\hat{V}^{(2)}$ 是粒子对的相互作用算符,其中 $U^{(2)}(\boldsymbol{r}-\boldsymbol{r}')$ 是两个粒子的相互作用能;省略的各项是三重及三重以上的相互作用[见第三卷(64.25)式]. 为简单起见,假定所有的相互作用都与粒子的自旋无关.

(7.5)式中 $\hat{H}'$ 与 $\hat{\Psi}_\alpha$ 的对易子,可以用规则(7.3—7.4)算出;其间出现的 δ 函数被积分消除了. 结果得到了如下形式的关于 $\hat{\Psi}_\alpha(t,\boldsymbol{r})$ 的“薛定谔方程”:

$$\begin{aligned}\mathrm{i}\frac{\partial}{\partial t}\hat{\Psi}_\alpha(t,\boldsymbol{r})=&\left(-\frac{1}{2m}\Delta-\mu+U^{(1)}(\boldsymbol{r})\right)\hat{\Psi}_\alpha(t,\boldsymbol{r})+\\&+\int\hat{\Psi}_\beta^+(t,\boldsymbol{r}')U^{(2)}(\boldsymbol{r}-\boldsymbol{r}')\hat{\Psi}_\beta(t,\boldsymbol{r}')\mathrm{d}^3x'\cdot\hat{\Psi}_\alpha(t,\boldsymbol{r})+\cdots.\end{aligned} \tag{7.8}$$

在所讲述的方法中,宏观系统的**格林函数**概念起着基本作用. 它由下式定义①:

$$G_{\alpha\beta}(X_1,X_2)=-\mathrm{i}\langle T\hat{\Psi}_\alpha(X_1)\hat{\Psi}_\beta^+(X_2)\rangle. \tag{7.9}$$

为简略起见,今后用 X 表征时刻 t 和点的径矢 $\boldsymbol{r}$ 的总体. 角括号 $\langle\cdots\rangle$ 表征按系统基态的平均值(代替较烦琐的对角矩阵元记号 $\langle 0|\cdots|0\rangle$). 记号 T 是编时乘积的标志:T 后的算符应按时间 t_1,t_2 增长的次序从右向左排列. 同时,在费米子

---

① 这个定义类似于量子电动力学中精确的格林函数(传播子)的定义(见第四卷 §103, §105).

的情况下，置换一对 ψ 算符应随之改变乘积的符号（与原先书写乘积时的排列相比较）. 用显形式表达，即为

$$G_{\alpha\beta}(X_1,X_2)=\begin{cases}-\mathrm{i}\langle\hat{\Psi}_\alpha(X_1)\hat{\Psi}_\beta^+(X_2)\rangle, & t_1>t_2;\\ \mathrm{i}\langle\hat{\Psi}_\beta^+(X_2)\hat{\Psi}_\alpha(X_1)\rangle, & t_1<t_2.\end{cases}\tag{7.10}$$

现在我们来指出格林函数某些明显的性质. 如果系统不是铁磁的，也不处于外场中，则格林函数的自旋关系归结为单位矩阵：

$$G_{\alpha\beta}(X_1,X_2)=\delta_{\alpha\beta}G(X_1,X_2)\tag{7.11}$$

（任何其他形式的依赖关系均需标出空间中的选定方向——自旋量子化的 z 轴）①. 由于时间的均匀性，时刻 t_1 和 t_2 仅以差的形式 $t=t_1-t_2$ 出现在格林函数中. 此外，如果宏观系统在空间是均匀的，那么两点的坐标也仅以差的形式 $\boldsymbol{r}=\boldsymbol{r}_1-\boldsymbol{r}_2$ 出现在格林函数中. 换言之，在这种情况下

$$G_{\alpha\beta}(X_1,X_2)=\delta_{\alpha\beta}G(X),\qquad X=X_1-X_2.\tag{7.12}$$

我们强调一下，微观均匀性的意思是：假定物体不仅本身的（宏观）平均密度是均匀的，而且物体的粒子在空间不同的（微观）位置的概率密度也是均匀的. 这种物体正是液体和气体（但不是固态晶体）. 由于它们是各向同性的，所以 $G(t,\boldsymbol{r})=G(t,-\boldsymbol{r})$. 说到这里我们再一次强调，这时函数 $G(t,\boldsymbol{r})$，按其本身的定义绝不是 t 的偶函数. 就这个意义上说，t_1 和 t_2 在差 $t=t_1-t_2$ 中的次序是很重要的.

系统中粒子坐标的密度矩阵，定义为平均值：

$$\rho_{\alpha\beta}(\boldsymbol{r}_1,\boldsymbol{r}_2)=\frac{1}{N}\langle\hat{\Psi}_\beta^+(t,\boldsymbol{r}_2)\hat{\Psi}_\alpha(t,\boldsymbol{r}_1)\rangle.\tag{7.13}$$

知道了这个矩阵，就能求出关于单个粒子的任何量的平均值. 实际上，令 $\hat{F}_{\alpha\beta}$ 为某个“单粒子”算符，即形为

$$\hat{F}_{\alpha\beta}=\sum_a\hat{f}_{\alpha\beta}^{(a)}\tag{7.14}$$

的算符，式中 $\hat{f}_{\alpha\beta}^{(a)}$ 是只作用在一个（第 a 个）粒子的坐标和自旋的算符，而求和是遍及系统的全部粒子. 用二次量子化的工具可以把这个算符（在海森伯绘景中）写成

$$\hat{F}_{\alpha\beta}(t)=\int\hat{\Psi}_\alpha^+(t,\boldsymbol{r})\hat{f}_{\beta\gamma}\hat{\Psi}_\gamma(t,\boldsymbol{r})\,\mathrm{d}^3x\tag{7.15}$$

[见第三卷(64.23)式]. 由此可见，F 的平均值可用密度矩阵的术语表示成如下形式：

---

① 这个说法需要解释. 自旋分量 $\hat{\Psi}_\alpha$ 是一阶逆变旋量（在这个意义上说，若采用带有上标 α 的记号 $\hat{\Psi}^\alpha$ 更为合适）. 而分量 $\hat{\Psi}_\beta^+$ 是协变旋量. 所以 $G_{\alpha\beta}$ 是二阶混合旋量. 二阶单位混合旋量就是 $\delta_{\alpha\beta}$.

$$\langle F\rangle = N\langle f\rangle = N\int [\hat{f}_{\alpha\beta}^{(1)}\rho_{\beta\alpha}(\boldsymbol{r}_1,\boldsymbol{r}_2)]_{r_2=r_1}\mathrm{d}^3x_1 \tag{7.16}$$

式中 $\hat{f}_{\alpha\beta}^{(1)}$ 为作用在坐标 $\boldsymbol{r}_1$ 的算符(应当在算符作用之后,而在积分之前取 $\boldsymbol{r}_2=\boldsymbol{r}_1$).

根据(7.10)式,密度矩阵可用格林函数表达为

$$\rho_{\alpha\beta}(\boldsymbol{r}_1,\boldsymbol{r}_2) = -\frac{\mathrm{i}}{N}G_{\alpha\beta}(t_1,\boldsymbol{r}_1;t_1+0,\boldsymbol{r}_2). \tag{7.17}$$

今后凡取 t_1+0 形的函数宗量记号,均指宗量有从大于方面趋于 t_1 值的极限. 取这个极限可以保证 ψ 算符的正确次序,它与(7.13)式乘积中算符的次序相同.

对于微观均匀系统,密度矩阵只依赖于差 $\boldsymbol{r}=\boldsymbol{r}_1-\boldsymbol{r}_2$,当与自旋无关时,$\rho_{\alpha\beta}=\delta_{\alpha\beta}\rho$,并且

$$\rho(\boldsymbol{r}) = -\frac{\mathrm{i}}{N}G(t=-0,\boldsymbol{r}). \tag{7.18}$$

这里,根据(7.12)式,引用函数 $G(X_1-X_2)\equiv G(X)$ 代替 $G_{\alpha\beta}(X_1,X_2)$. 当 $\boldsymbol{r}_1=\boldsymbol{r}_2$ 时,并按自旋变量取迹之后,(7.13)式中的算符的乘积变成 $\hat{\Psi}_\alpha^+\hat{\Psi}_\alpha$(系统中粒子数密度算符). 所以,物体的平均密度

$$\frac{N}{V}=2N\rho(0) = -2\mathrm{i}G(t=-0,\boldsymbol{r}=0) \tag{7.19}$$

(t 从小于方面趋于零). 这个等式把 $T=0$ 时的化学势 μ(G 同 μ 的关系是将后者作为参量)与粒子数密度 N/V 联系起来了.

函数 $\rho(\boldsymbol{r}_1,\boldsymbol{r}_2)$ 的傅里叶展开,确定了粒子按动量的分布①

$$N(\boldsymbol{p}) = N\int\rho(\boldsymbol{r}_1,\boldsymbol{r}_2)\mathrm{e}^{-\mathrm{i}\boldsymbol{p}\cdot(\boldsymbol{r}_1-\boldsymbol{r}_2)}\mathrm{d}^3(x_1-x_2) =$$

$$= -\mathrm{i}\int G(t,\boldsymbol{r})\Big|_{t=-0}\mathrm{e}^{-\mathrm{i}\boldsymbol{p}\cdot\boldsymbol{r}}\mathrm{d}^3x. \tag{7.20}$$

这就是单位体积内具有一定的自旋投影值并且动量在 $\mathrm{d}^3p/(2\pi)^3$ 区间内的粒子数. 我们强调,这里所说的是真实粒子,而不是准粒子(后者在所讲述的工具中还没有出现!). 这里引用记号 $N(\boldsymbol{p})$ 以区别于准粒子的分布函数 $n(\boldsymbol{p})$.

今后,我们通常要和动量表象中的格林函数打交道,它定义为函数 $G(t,\boldsymbol{r})$

---

① 我们提醒一下,(见第三卷 §14),单粒子的密度矩阵是如下的积分:

$$\rho(\boldsymbol{r}_1,\boldsymbol{r}_2) = \int\Psi^*(\boldsymbol{r}_2,q)\Psi(\boldsymbol{r}_1,q)\mathrm{d}q,$$

式中 $\Psi(\boldsymbol{r},q)$ 为整个系统的波函数,其中 $\boldsymbol{r}$ 表示一个粒子的径矢,而 q 为其余所有粒子的坐标的总合,因此是对 q 积分. 密度矩阵的博里叶分量与下式相同:

$$\int\left|\int\Psi(\boldsymbol{r},q)\mathrm{e}^{\mathrm{i}\boldsymbol{p}\cdot\boldsymbol{r}}\mathrm{d}^3x\right|^2\mathrm{d}q,$$

因而得到密度矩阵与粒子按动量分布的关系.

按 t 和 $\boldsymbol{r}$ 的傅里叶展开的分量：

$$G(t,\boldsymbol{r}) = \int G(\omega,\boldsymbol{p})\mathrm{e}^{\mathrm{i}(\boldsymbol{p}\cdot\boldsymbol{r}-\omega t)}\frac{\mathrm{d}\omega\mathrm{d}^3p}{(2\pi)^4}, \tag{7.21}$$

$$G(\omega,\boldsymbol{p}) = \int G(t,\boldsymbol{r})\mathrm{e}^{-\mathrm{i}(\boldsymbol{p}\cdot\boldsymbol{r}-\omega t)}\mathrm{d}t\mathrm{d}^3x. \tag{7.22}$$

粒子按动量的分布，是通过这个函数并由公式

$$N(\boldsymbol{p}) = -\mathrm{i}\lim_{t\to-0}\int_{-\infty}^{\infty} G(\omega,\boldsymbol{p})\mathrm{e}^{-\mathrm{i}\omega t}\frac{\mathrm{d}\omega}{2\pi} \tag{7.23}$$

表达. 这个公式是将(7.21)式代入(7.20)式得到的. 它的归一化表成公式：

$$-2\mathrm{i}\lim_{t\to-0}\int G(\omega,\boldsymbol{p})\mathrm{e}^{-\mathrm{i}\omega t}\frac{\mathrm{d}\omega\mathrm{d}^3p}{(2\pi)^4} = \frac{N}{V}, \tag{7.24}$$

这就是在动量表象表述的条件(7.19). 因此，分布 $N(\boldsymbol{p})$ 自然正确地归一为：

$$2\int N(\boldsymbol{p})\frac{\mathrm{d}^3p}{(2\pi)^3} = \frac{N}{V}.$$

我们指出，(7.23—7.24)式的积分所取的极限等价于复变量 ω 平面内的一定绕行规则. 因为有 $t<0$ 的因子 $\mathrm{e}^{-\mathrm{i}\omega t}$ 存在，便能用 ω 上半平面内无限远的半圆周来封闭积分路线(实轴)，于是积分便由函数 $G(\omega,\boldsymbol{p})$ 在这个半平面内的诸极点的留数所决定.

§8 依格林函数确定能谱

就微观均匀系统来说，对于具有一定能量和动量值的定态，容易求出海森伯 ψ 算符的矩阵元与时间和坐标的关系.

我们用通常的指数因子给出与时间的关系：

$$\langle n|\hat{\Psi}_\alpha(t,\boldsymbol{r})|m\rangle = \mathrm{e}^{\mathrm{i}\omega_{nm}t}\langle n|\hat{\psi}_\alpha(\boldsymbol{r})|m\rangle. \tag{8.1}$$

但是，由于海森伯 ψ 算符是利用哈密顿量 $\hat{H}'$ 定义的，所以

$$\omega_{nm} = E'_n - E'_m = E_n - E_m - \mu(N_n - N_m).$$

根据 ψ 算符的一般性质，算符 $\hat{\Psi}$ 使系统中的粒子数减少 1(而 $\hat{\Psi}^+$ 使粒子数增加 1). 所以，在矩阵元(8.1)中 $N_n = N_m - 1$，因此，

$$\omega_{nm} = E_n(N) - E_m(N+1) + \mu, \tag{8.2}$$

这里，处于相应态中的粒子数是以宗量形式表示的.

为了求出对坐标的依赖关系，我们指出：由于系统的均匀性，当相对于系统移动任一距离 $\boldsymbol{r}$ 时，它的 ψ 算符的矩阵元不会改变. 但是，这并不意味矩阵元根本与坐标无关. 因为 $\psi_{nm}(\boldsymbol{r})$ 与在一个给定的 $\boldsymbol{r}=0$ 点的值 $\psi_{nm}(0)$ 的区别涉及两个原因：一是与相对于系统本身移动的距离 $\boldsymbol{r}$ 有关；其次与观察点向空间另一处的位移有关，这时也改变波函数的相位. 为了消除波函数位相的这个变化，我们

把系统移动一矢量 $-\boldsymbol{r}$,也就是把平移算符

$$\hat{T}(-\boldsymbol{r})=\mathrm{e}^{-\mathrm{i}\boldsymbol{r}\cdot\hat{\boldsymbol{P}}}$$

作用到系统的波函数上[式中 $\hat{\boldsymbol{P}}$ 为系统的总动量算符;见第三卷(15.13)式].经这些运算之后,观察点又回到起始的空间位置,但仍然相对于系统移动了矢量 $\boldsymbol{r}$. 矩阵元对于这种变换的不变性,可用下列等式表达:

$$\langle n|\hat{\psi}_\alpha(0)|m\rangle=\langle n|\mathrm{e}^{\mathrm{i}\boldsymbol{r}\cdot\boldsymbol{P}}\hat{\psi}_\alpha(\boldsymbol{r})\mathrm{e}^{-\mathrm{i}\boldsymbol{r}\cdot\boldsymbol{P}}|m\rangle. \tag{8.3}$$

如果系统处于 n 和 m 态上具有确定的动量 $\boldsymbol{P}_n$ 和 $\boldsymbol{P}_m$,那么

$$\langle n|\hat{\psi}_\alpha(0)|m\rangle=\mathrm{e}^{\mathrm{i}\boldsymbol{k}_{nm}\cdot\boldsymbol{r}}\langle n|\hat{\psi}_\alpha(\boldsymbol{r})|m\rangle,$$

因而,

$$\langle n|\hat{\Psi}_\alpha(t,\boldsymbol{r})|m\rangle=\mathrm{e}^{\mathrm{i}(\omega_{mn}t-\boldsymbol{k}_{nm}\cdot\boldsymbol{r})}\langle n|\hat{\psi}_\alpha(0)|m\rangle, \tag{8.4}$$

$$\langle n|\hat{\Psi}_\alpha^+(t,\boldsymbol{r})|m\rangle=\langle m|\hat{\Psi}_\alpha(t,\boldsymbol{r})|n\rangle^*,$$

式中 $\boldsymbol{k}_{nm}=\boldsymbol{P}_n-\boldsymbol{P}_m$.

用这些公式可以得到格林函数在动量空间的重要展开式,它使格林函数的物理意义更明显了.

由于函数 $G(t,\boldsymbol{r})$ 的"不连续"定义,在计算 $G(\omega,\boldsymbol{p})$ 时应把(7.22)式中对 $\mathrm{d}t$ 的积分分为由 $-\infty$ 到 0 和由 0 到 ∞ 两个积分. 在第二个积分里(即 $t=t_1-t_2>0$ 时),根据矩阵乘法规则将定义(7.10)展开,我们有:

$$G(t,\boldsymbol{r})=\frac{1}{2}G_{\alpha\alpha}=-\frac{\mathrm{i}}{2}\sum_m\langle 0|\hat{\Psi}_\alpha(X_1)|m\rangle\langle m|\hat{\Psi}_\alpha^+(X_2)|0\rangle$$

(按系统的全部量子态求和). 将(8.4)式代入此式,并注意到在基态时 $\boldsymbol{P}_0=0$,我们求得:

$$G(t,\boldsymbol{r})=-\frac{\mathrm{i}}{2}\sum_m|\langle 0|\hat{\psi}_\alpha(0)|m\rangle|^2\mathrm{e}^{\mathrm{i}(\omega_{0m}t+\boldsymbol{P}_m\cdot\boldsymbol{r})}, \tag{8.5}$$

式中 $\omega_{0m}=E_0(N)-E_n(N+1)+\mu$.

在(7.22)式中[其中 $G(t,\boldsymbol{r})$ 由(8.5)式确定]对空间取积分,可以在求和式的每一项中得到 δ 函数 $\delta(\boldsymbol{p}-\boldsymbol{P}_m)$. 而对 $\mathrm{d}t(t>0)$ 积分时,为了保证收敛,需给 ω 增添一个无限小的正虚部,即以 $\omega+\mathrm{i}0$ 代替 ω①. 于是得到:

$$\iint_0^\infty G(t,\boldsymbol{r})\mathrm{e}^{\mathrm{i}(\omega t-\boldsymbol{p}\cdot\boldsymbol{r})}\mathrm{d}^3x\mathrm{d}t=\frac{(2\pi)^3}{2}\sum_m|\langle 0|\hat{\psi}_\alpha(0)|m\rangle|^2\frac{\delta(\boldsymbol{p}-\boldsymbol{P}_m)}{\omega+\omega_{0m}+\mathrm{i}0}.$$

同样,可以算出对 $\mathrm{d}t$ 由 $-\infty$ 到 0 的积分. 当 $t<0$ 时,代替(8.5)式,有

$$G(t,\boldsymbol{r})=\frac{\mathrm{i}}{2}\sum_m|\langle m|\psi_\alpha(0)|0\rangle|^2\mathrm{e}^{\mathrm{i}(\omega_{m0}t-\boldsymbol{P}_m\cdot\boldsymbol{r})}, \tag{8.6}$$

① 这种手续类似于量子电动力学中计算格林函数的方法(对照第四卷 §75).

式中 $\omega_{m0}=E_m(N-1)-E_0(N)+\mu$. 现在算出由 $-\infty$ 到 0 的积分,并将两个积分加在一起,可得:

$$G(\omega,\boldsymbol{p})=\frac{(2\pi)^3}{2}\sum_m\left\{\frac{A_m\delta(\boldsymbol{p}-\boldsymbol{P}_m)}{\omega+\mu+E_0(N)-E_m(N+1)+\mathrm{i}0}+\right.$$
$$\left.+\frac{B_m\delta(\boldsymbol{p}+\boldsymbol{P}_m)}{\omega+\mu+E_m(N-1)-E_0(N)-\mathrm{i}0}\right\}, \tag{8.7}$$

式中的记号

$$A_m=|\langle 0|\hat{\psi}_\alpha(0)|m\rangle|^2,\quad B_m=|\langle m|\hat{\psi}_\alpha(0)|0\rangle|^2. \tag{8.8}$$

这就是所求的展开式①.

我们引入激发能的记号:

$$\varepsilon_m^{(+)}=E_m(N+1)-E_0(N),\quad \varepsilon_m^{(-)}=E_0(N)-E_m(N-1). \tag{8.9}$$

它们由一定粒子数的系统的激发能级与多一个或少一个粒子系统的基态能级之差来确定. 上标(+)和(-)表示这些能量:

$$\varepsilon_m^{(+)}>\mu,\qquad \varepsilon_m^{(-)}<\mu. \tag{8.10}$$

实际上,只要注意到 $E_0(N+1)-E_0(N)\approx\partial E_0/\partial N=\mu$($T=0$ 时的化学势),就可以写出,例如:

$$\varepsilon_m^{(+)}=E_m(N+1)-E_0(N+1)+E_0(N+1)-E_0(N)\approx$$
$$\approx[E_m(N+1)-E_0(N+1)]+\mu.$$

但根据基态的定义,方括号(其中两个能量都属于粒子数相同的系统)中的差是正的,因而得出 $\varepsilon_m^{(+)}>\mu$. 以后我们还要研究定义(8.9)的意义.

在求和式(作为 ω 的函数)各项的分母中,用添加 $\pm\mathrm{i}0$ 来表示各该项极点的移动,这等价于按下列规则②出现的 δ 函数型的虚部:

$$\frac{1}{x\pm\mathrm{i}0}=P\frac{1}{x}\mp\mathrm{i}\pi\delta(x), \tag{8.11}$$

把这个规则应用到(8.7)式,我们便求出格林函数的实部:

$$\mathrm{Re}G(\omega,\boldsymbol{p})=4\pi^3\sum_m P\left[\frac{A_m\delta(\boldsymbol{p}-\boldsymbol{P}_m)}{\omega+\mu-\varepsilon_m^{(+)}}+\frac{B_m\delta(\boldsymbol{p}+\boldsymbol{P}_m)}{\omega+\mu-\varepsilon_m^{(-)}}\right] \tag{8.12}$$

以及它的虚部(这里应考虑到所有的差 $\varepsilon_m^{(+)}-\mu>0$,而所有的差 $\varepsilon_m^{(-)}-\mu<0$):

---

① 量子场论中类似的展开式,称为 Källèn - Lehmann 公式(对照第四卷 §104, §111).

② 对照第三卷(43.10)式. 记号 P 表示当将形如 $f(x)/(x+\mathrm{i}0)$ 的表达式取积分时,该积分应理解为主值的意义:

$$\int_{-\infty}^{\infty}\frac{f(x)}{x\pm\mathrm{i}0}\mathrm{d}x=⨍_{-\infty}^{\infty}\frac{f(x)}{x}\mathrm{d}x\mp\mathrm{i}\pi f(0)$$

第二项是从上边(或从下边)沿半圆周环绕极点 $x=-\mathrm{i}0$(或 $x=\mathrm{i}0$)时产生的.

$$\mathrm{Im}G(\omega,\boldsymbol{p})=\begin{cases}-4\pi^4\sum_m A_m\delta(\boldsymbol{p}-\boldsymbol{P}_m)\delta(\omega+\mu-\varepsilon_m^{(+)}),\text{当 }\omega>0;\\4\pi^4\sum_m B_m\delta(\boldsymbol{p}+\boldsymbol{P}_m)\delta(\omega+\mu-\varepsilon_m^{(-)}),\text{当 }\omega<0.\end{cases}\tag{8.13}$$

由此可见,总有

$$\mathrm{sign}\,\mathrm{Im}G(\omega,\boldsymbol{p})=-\mathrm{sign}\,\omega.\tag{8.14}$$

现在我们也要指出当 $\omega\to\infty$ 时函数 $G(\omega,\boldsymbol{p})$ 的渐近行为. 根据(8.7)式有

$$G(\omega,\boldsymbol{p})\approx\frac{4\pi^3}{\omega}\sum_m\left[A_m\delta(\boldsymbol{p}-\boldsymbol{P}_m)+B_m\delta(\boldsymbol{p}+\boldsymbol{P}_m)\right].$$

容易证明,$1/\omega$ 的系数等于按 $\boldsymbol{r}_1-\boldsymbol{r}_2$ 展开

$$\frac{1}{2}\{\hat{\Psi}_\alpha(t,\boldsymbol{r}_1)\hat{\Psi}_\alpha^+(t,\boldsymbol{r}_2)+\hat{\Psi}_\alpha^+(t,\boldsymbol{r}_2)\hat{\Psi}_\alpha(t,\boldsymbol{r}_1)\}=\delta(\boldsymbol{r}_1-\boldsymbol{r}_2)$$

的傅里叶分量,即等于 1. 因此

$$G(\omega,\boldsymbol{p})\to1/\omega,\quad\text{当 }|\omega|\to\infty.\tag{8.15}$$

动量表象中的格林函数的主要性质是:它的各极点只能位于 $\omega=\varepsilon_m-\mu$ 的各点上,这里 ε_m 是用上述方法确定的系统的离散激发能. 其中每一个能量都对应于系统一定的动量值 $\boldsymbol{P}_m$,这表明格林函数的每一个极点项中都存在相应的 δ 函数.

然而这里使我们感兴趣的是宏观物体的格林函数. 就是说,当给定有限的比值 N/V 时,要研究体积 V 和粒子数 N 都趋于无穷大时的极限情况. 在该极限情况下,系统能级间的距离趋于零,这时函数 $G(\omega,\boldsymbol{p})$ 的极点将汇合在一起,并只能断定:在系统激发能可能值的连续谱区域内取值 $\omega+\mu$ 时,该函数才有虚部. 但是有些激发例外,在这些激发中宏观系统的总动量 $\boldsymbol{p}$ 可以只用具有确定色散规则 $\varepsilon(\boldsymbol{p})$ 的一个准粒子来描述(注意系统处于基态时 $\boldsymbol{p}=0$);这些能量值对应于格林函数的各孤立极点.

如果动量 $\boldsymbol{p}$ 是由若干个准粒子的动量组成的,则系统的能量就不能由 $\boldsymbol{p}$ 单值地确定,因为系统给定的动量可由诸准粒子的动量以不同的方式组成,并且这些准粒子的总能量取遍一系列的连续值;而对所有这些状态求积分便消除极点.

所以,准粒子的色散律[В. Л. Бонч - Бруевич,1955]决定于方程

$$G^{-1}(\varepsilon-\mu,\boldsymbol{p})=0.\tag{8.16}$$

我们着重指出,按照(8.9)式求激发能的方法,正好相当于朗道理论中准粒子能量的定义. 事实上,能量差 $\varepsilon^{(+)}$ 是给系统增加一个粒子时能量的变化;我们把所有这种变化都归属为一个准粒子,就可根据(1.3)式求出 ε. 同样,$\varepsilon_m^{(-)}$ 是从体系中取出一个粒子时能量的变化,因此 $\varepsilon_m^{(-)}$ 是被取出的准粒子能量. 所以

自然是 $\varepsilon_m^{(-)}<\mu$，因为在朗道理论中，准粒子只能从费米球内部被去掉①.

由于所有列入展开式(8.7)中的激发态，都是从基态上增添或去掉一个粒子$\left(\text{具有}\frac{1}{2}\text{自旋}\right)$而得到的，显然，对于费米子系统，格林函数的极点只能确定费米型的元激发谱. 玻色支怎样确定，将在下面的§18中论述.

借助具有 ε 与 $\boldsymbol{p}$ 的一定关系的准粒子概念来描写宏观体系的能谱，只是一种近似的描写，它的精确度随 $|\varepsilon-\mu|$ 的增大而下降. 对独立的准粒子图像的偏离，是格林函数的极点在复数域内移动时出现的，这时 $\varepsilon(\boldsymbol{p})$ 变成复的. 根据量子力学的一般规则(见第三卷§134)，复能级表示系统激发态的寿命 τ 是有限的($\tau\sim 1/|\mathrm{Im}\ \varepsilon|$). 数值 $\mathrm{Im}\ \varepsilon$ 本身，是描述准粒子能量值的“弥散”程度(能级宽度)的. 当然这种解释仅在虚部充分小即 $|\mathrm{Im}\ \varepsilon| \ll |\varepsilon-\mu|$ 的条件下才有意义. 在§1中曾说过，这个条件实际上对于系统的弱激发态成立，因为 $|\mathrm{Im}\ \varepsilon|\propto 1/\tau\propto(p-p_{\mathrm{F}})^2$，同时 $\mathrm{Re}(\varepsilon-\mu)\propto|p-p_{\mathrm{F}}|$.

$\mathrm{Im}\ \varepsilon$ 所需的正负号，由格林函数虚部的符号规定来保证. 其实，这个函数在自己的极点附近具有如下形式：

$$G(\omega,\boldsymbol{p})\approx\frac{Z}{\omega+\mu-\varepsilon(\boldsymbol{p})},\tag{8.17}$$

并且常数 $Z>0$，这是由展开式(8.7)中系数 A_m，B_m 的正定性得出的；与量子电动力学一样，Z 通常叫做**重整化常数**. 格林函数的虚部为

$$\mathrm{Im}\ G\approx\frac{Z\mathrm{Im}\ \varepsilon}{|\omega+\mu-\varepsilon|^2}.$$

注意，该表达式与数值 $\omega\approx\varepsilon-\mu$ 有关，把它的符号与规则(8.14)作对比，便得出

$$\begin{aligned}&\mathrm{Im}\ \varepsilon<0\quad \text{当 } \mathrm{Re}\ \varepsilon>\mu,\\&\mathrm{Im}\ \varepsilon>0\quad \text{当 } \mathrm{Re}\ \varepsilon<\mu.\end{aligned}\tag{8.18}$$

实际本应如此，因为在(8.9)式中的 $\varepsilon_m^{(+)}$ 和 $\varepsilon_m^{(-)}$ 两种情况下，$\mathrm{Im}\ \varepsilon$ 的这种符号相应于给激发态能量 E_m 补加一个正确的负虚部.

关于格林函数的解析性质，我们在§36中还要讨论，那里，一开始便对任意温度的一般情况来研究这个问题.

§9　理想费米气体的格林函数

为了举例说明上一节所讨论的普遍关系，我们来计算理想费米气体的格林函数.

① 应当注意，在准粒子能量 $\varepsilon_m^{(-)}$ 的定义中，系统激发能级是带负号的. 与此相关还有：这些准粒子的动量 $\boldsymbol{p}=-\boldsymbol{P}_m$，这一点由展开式(8.7)的相应项的 δ 函数 $\delta(\boldsymbol{p}+\boldsymbol{P}_m)$ 中便可看出.

薛定谔费米 ψ 算符,总可以按函数 $\psi_{p\alpha}(\boldsymbol{r},\sigma)$ 的完全集合展成如下形式:

$$\hat{\psi}_{\alpha}(\boldsymbol{r})=\sum_{p\sigma}\hat{a}_{p\sigma}\psi_{p\alpha}(\boldsymbol{r},\sigma). \tag{9.1}$$

函数 $\psi_{p\alpha}(\boldsymbol{r},\sigma)$ 是动量为 $\boldsymbol{p}$,自旋投影为 σ 的自由粒子的自旋波函数,即按平面波

$$\psi_{p\alpha}(\boldsymbol{r},\sigma)=V^{-1/2}u_{\alpha}(\sigma)\mathrm{e}^{\mathrm{i}\boldsymbol{p}\cdot\boldsymbol{r}} \tag{9.2}$$

的集合展开[$u_{\alpha}(\sigma)$ 是用条件 $u_{\alpha}u_{\alpha}^{*}=1$ 归一化了的自旋幅];这样选取的函数 $\psi_{p\alpha}$ 与系统中粒子的真实相互作用无关.

但是,对于无相互作用的粒子系统,也可以把海森伯 ψ 算符写成显形式. 在这种情况下,由薛定谔绘景过渡到海森伯绘景,可归结为对(9.1)中求和式的每一项引入相应的时间因子:

$$\hat{\Psi}_{\alpha}(t,\boldsymbol{r})=\sum_{p\sigma}\hat{a}_{p\sigma}\psi_{p\alpha}(\boldsymbol{r},\sigma)\exp\left[-\mathrm{i}\left(\frac{p^{2}}{2m}-\mu\right)t\right]. \tag{9.3}$$

这一点是不难证实的,只要注意到海森伯算符的矩阵元对 $\mathrm{i}\to f$ 的任何跃迁都应包含因子 $\exp[-\mathrm{i}(E_{i}'-E_{f}')t]$,这里 E_{i}',E_{f}' 分别为初态和末态的能量(在这种情况下,就是哈密顿量 $\hat{H}'=\hat{H}-\mu\hat{N}$ 的本征值). 对于在 $\boldsymbol{p}\alpha$ 态中粒子数减少 1 的跃迁,能量差 $E_{i}'-E_{f}'=p^{2}/2m-\mu$,因此上述要求便得到满足.

但是,更为方便的不是按定义(7.10)并用(9.3)式来直接计算格林函数,而是首先将这个定义归之与其等价的微分方程. 为此,将函数 $G_{\alpha\beta}(X_{1}-X_{2})$ 对 t_{1} 微商,此时要考虑该函数在 $t_{1}=t_{2}$ 点是不连续的. 实际上根据定义(7.10),函数的跃变

$$[G_{\alpha\beta}]\equiv G_{\alpha\beta}\big|_{t_{1}=t_{2}+0}-G_{\alpha\beta}\big|_{t_{1}=t_{2}-0}=$$

$$=-\mathrm{i}\langle\hat{\Psi}_{\alpha}(t_{1},\boldsymbol{r}_{1})\hat{\Psi}_{\beta}^{+}(t_{1},\boldsymbol{r}_{2})+\hat{\Psi}_{\beta}^{+}(t_{1},\boldsymbol{r}_{2})\hat{\Psi}_{\alpha}(t_{1},\boldsymbol{r}_{1})\rangle.$$

或由于(7.3)式①

$$[G_{\alpha\beta}]=-\mathrm{i}\delta_{\alpha\beta}\delta(\boldsymbol{r}_{1}-\boldsymbol{r}_{2}). \tag{9.4}$$

在求微商时,由于存在跃变将出现$[G_{\alpha\beta}]\delta(t_{1}-t_{2})$的项. 所以

$$\frac{\partial}{\partial t}G_{\alpha\beta}=-\mathrm{i}\left\langle T\frac{\partial\hat{\Psi}_{\alpha}(X_{1})}{\partial t_{1}}\hat{\Psi}_{\beta}^{+}(X_{2})\right\rangle-\mathrm{i}\delta_{\alpha\beta}\delta(\boldsymbol{r}_{1}-\boldsymbol{r}_{2})\delta(t_{1}-t_{2}). \tag{9.5}$$

对于自由粒子系统,海森伯 ψ 算符满足方程

$$\mathrm{i}\frac{\partial\hat{\Psi}_{\alpha}}{\partial t}=-\frac{1}{2m}\Delta\hat{\Psi}_{\alpha}-\mu\hat{\Psi}_{\alpha}$$

[对照(7.8)式]. 将这个微商代入(9.5)式,并再运用定义(7.10),我们便得到

---

① 我们强调一下,这个跃变的大小根本与粒子的相互作用无关!

格林函数的方程：

$$\left(\mathrm{i}\frac{\partial}{\partial t}+\frac{\Delta}{2m}+\mu\right)G^{(0)}(t,\boldsymbol{r})=\delta(t)\delta(\boldsymbol{r}).\tag{9.6}$$

这里已假定 $G_{\alpha\beta}^{(0)}=\delta_{\alpha\beta}G^{(0)}$，而 G 的上标(0)代表粒子之间不存在相互作用.

现在我们对此方程进行傅里叶变换：

$$\left(\omega-\frac{\boldsymbol{p}^2}{2m}+\mu\right)G^{(0)}(\omega,\boldsymbol{p})=1.$$

由此确定格林函数时，应给 ω 增加一个无限小的虚部，以使 G 的虚部具有正确的符号[适应于(8.14)式]：

$$G^{(0)}(\omega,\boldsymbol{p})=\left[\omega-\frac{\boldsymbol{p}^2}{2m}+\mu+\mathrm{i}0\cdot\operatorname{sign}\omega\right]^{-1}.\tag{9.7}$$

这个表达式的极点是在 $\omega+\mu=\varepsilon(p)=p^2/2m$ 的附近，其根据是：在理想气体中，准粒子与真实粒子是一致的. 理想费米气体的化学势 $\mu=p_{\mathrm{F}}^2/2m$. 对于弱激发态，p 近似于 p_{F}，因此可使 $p^2/2m\approx\mu+v_{\mathrm{F}}(p-p_{\mathrm{F}})$（其中 $v_{\mathrm{F}}=p_{\mathrm{F}}/m$），于是对这些态可将格林函数重写成如下形式：

$$G^{(0)}(\omega,\boldsymbol{p})=[\omega-v_{\mathrm{F}}(p-p_{\mathrm{F}})+\mathrm{i}0\cdot\operatorname{sign}\omega]^{-1}.\tag{9.8}$$

当函数 $G^{(0)}$ 参与任何积分时，其分母存在无限小的虚部只当接近极点[即当 $\omega\approx v_{\mathrm{F}}(p-p_{\mathrm{F}})$]时才重要. 在这个意义上，可以把(9.7)式中的 $\operatorname{sign}\omega$ 换成 $\operatorname{sign}(p-p_{\mathrm{F}})$，并将 $G^{(0)}$ 写成如下形式：

$$G^{(0)}(\omega,\boldsymbol{p})=[\omega-p^2/2m+\mu+\mathrm{i}0\cdot\operatorname{sign}(p-p_{\mathrm{F}})]^{-1}.\tag{9.9}$$

这种代换的重要性在于在(9.9)式中 $G^{(0)}$ 是复变数 ω 在整个平面内唯一解析的函数，并且可以运用解析函数论方法去计算积分.

这样，为了计算积分(7.23)(粒子按动量的分布)，在不等于零的负 t 情况下，我们用上半平面内无限远的半圆周来封闭积分路线(ω 的实轴)(之后可以取 $t=0$). 积分

$$N(\boldsymbol{p})=-\frac{\mathrm{i}}{2\pi}\int\frac{\mathrm{d}\omega}{\omega-p^2/2m+\mu+\mathrm{i}0\cdot\operatorname{sign}(p-p_{\mathrm{F}})}$$

现在可以用被积式在上半平面内极点的留数来决定. 当 $p>p_{\mathrm{F}}$ 时，这种极点就不存在了，因此 $N(\boldsymbol{p})=0$. 如果 $p<p_{\mathrm{F}}$，则我们求得 $N(\boldsymbol{p})=1$——对于理想费米气体的基态，本应是这样.

§ 10 费米液体粒子按动量的分布

关于费米液体的格林函数，当然不能像对费米气体所做的那样算出一般形式来. 但是，在 § 1 中已断定费米液体具有所描写的能谱类型，表明费米液体的格林函数在

$$\omega=\varepsilon(\boldsymbol{p})-\mu\approx v_{\mathrm{F}}(p-p_{\mathrm{F}}),\quad v_{\mathrm{F}}=p_{\mathrm{F}}/m^{*}\tag{10.1}$$

附近有极点. 换言之,可以把它表为下列形式:

$$G(\omega,\boldsymbol{p})=\frac{Z}{\omega-v_{\mathrm{F}}(p-p_{\mathrm{F}})+\mathrm{i}0\cdot\operatorname{sign}\omega}+g(\omega,\boldsymbol{p}),\tag{10.2}$$

式中 $g(\omega,\boldsymbol{p})$ 为(10.1)式那一点的有限函数. 对(8.17)式已指出,系数 Z(函数 G 在极点的留数)是正值.

由表达式(10.2),能够得出关于液体粒子(不是准粒子!)按动量分布性质的有趣的结论. 这就是我们沿费米球面的两侧算出分布函数 $N(\boldsymbol{p})$(事实上,它只与 p 的绝对值有关)的数值之差,即求出当 $q=+0$ 时差数

$$N(p_{\mathrm{F}}-q)-N(p_{\mathrm{F}}+q)$$

的极限值.

分布函数 $N(\boldsymbol{p})$ 可以通过格林函数用(7.23)式的积分表达出来(图 1). 由于函数 $g(\omega,\boldsymbol{p})$ 是有限的,可以预见它的积分之差当 $q\to 0$ 时将趋于零. 因此,只研究(10.2)式中各极点项积分之差也就足够了. 由于在积分时分母中 i0 项只在极点附近才是重要的,所以 §9 中已指出,可将 $\operatorname{sign}\omega$ 换写成 $\operatorname{sign}(p-p_{\mathrm{F}})$. 于是我们有

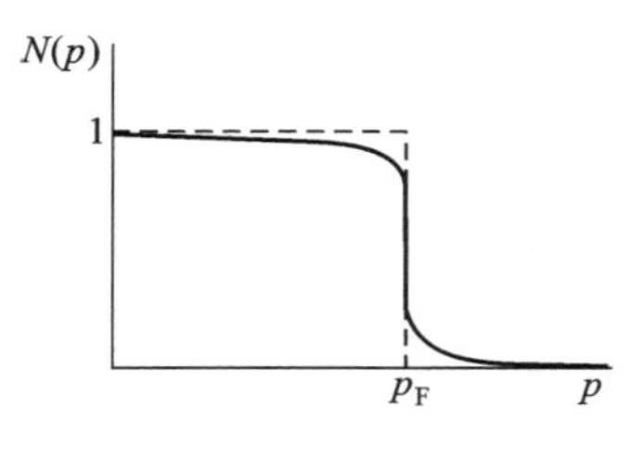

图 1

$$N(p_{\mathrm{F}}-q)-N(p_{\mathrm{F}}+q)=-\mathrm{i}\int_{-\infty}^{\infty}\left\{\frac{Z}{\omega+v_{\mathrm{F}}q-\mathrm{i}0}-\frac{Z}{\omega-v_{\mathrm{F}}q+\mathrm{i}0}\right\}\frac{\mathrm{d}\omega}{2\pi}$$

(由于此两项差的积分是收敛的,所以 $t=-0$ 的因子 $\mathrm{e}^{-\mathrm{i}\omega t}$ 可以从积分中略去). 现在用无限远的半圆周(随便哪个半平面内的半圆周)来封闭积分路线,我们求得整个积分等于 Z 并与 q 无关. 因此有

$$N(p_{\mathrm{F}}-0)-N(p_{\mathrm{F}}+0)=Z\tag{10.3}$$

[А. Б. Мигдал,1957].

上面我们已经指出,$Z>0$. 由于 $N(\boldsymbol{p})\leqslant 1$,所以根据(10.3)式可得

$$0<Z\leqslant 1\tag{10.4}$$

(并且仅在理想气体的极限情况下才能达到 $Z=1$ 的值).

因此,$T=0$ 时费米液体中粒子按动量的分布,如在气体中的情况一样在费米球面处有跃变,并且从球内向球外方向减小. 但是,与气体情况不同的是,跃变的值是小于 1 的,甚至当 $p>p_{\mathrm{F}}$ 时,函数 $N(\boldsymbol{p})$ 仍不等于零,如图 1 中的实线曲线所示(虚线相应于气体).

§11　由格林函数计算热力学量

知道了系统的格林函数,就足以描写它的热力学性质. 当 $T=0$ 时,这些性

质可以用系统的能量(与基态能量 E_0 相同)与密度 N/V 的关系表达出来.

解方程(8.16)之后便确定了准粒子的色散律 $\varepsilon(p)$,这种关系可以利用等式

$$\varepsilon(p_F)=\mu \tag{11.1}$$

求出. 由于 p_F 与 N/V 的关系是已知的,根据(1.1),

$$p_F=(3\pi^2)^{1/3}(N/V)^{1/3}, \tag{11.2}$$

等式(11.1)决定了函数 $\mu(N/V)$[尽管这是隐函数形式,因为一般说来色散律 $\varepsilon(p)$ 含有参量 μ]. 当 $T=0$(因此 $S=0$)时,化学势 $\mu=(\partial E_0/\partial N)_V$;将上述等式取积分,我们可得待求的能量

$$E_0=\int_0^N \mu\left(\frac{N}{V}\right)\mathrm{d}N \tag{11.3}$$

(当 $N=0$ 时,自然 $E_0=0$).

描写 $T=0$ 时热力学性质的另一种方法是计算热力学势 Ω. 根据普遍的定义(见第五卷 §24),热力学势 $\Omega=E-TS-\mu N=-PV$,它的微分 $\mathrm{d}\Omega=-S\mathrm{d}T-N\mathrm{d}\mu$;当 $T=0$ 时,也有 $S=0$,于是这两个表达式归结为

$$\Omega=E-\mu N, \tag{11.4}$$

$$\mathrm{d}\Omega=-N\mathrm{d}\mu. \tag{11.5}$$

我们记得,依据热力学势 Ω 的意义,它描写体积 V 为常数时系统的性质.

通过格林函数表示 Ω 的一种简易方法,是运用 N/V 与 G 的(7.24)式关系. 将(7.24)式的 N 代入(11.5)式,并对 $\mathrm{d}\mu$ 进行积分(当 $V=$ 常数时),因为当 $\mu=0$ 时仍有 $\Omega=0$,我们得到

$$\Omega(\mu)=2\mathrm{i}V\int_0^\mu \mathrm{d}\mu\cdot\lim_{t\to-0}\int G(\omega,\boldsymbol{p})\,\mathrm{e}^{-\mathrm{i}\omega t}\frac{\mathrm{d}^3p\,\mathrm{d}\omega}{(2\pi)^4}. \tag{11.6}$$

§12 相互作用绘景中的 ψ 算符

相互作用粒子系统的格林函数,当然不能以一般的形式计算出来. 但是有一种数学方法(类似于量子场论中的图技术)可以按粒子相互作用能的幂级数形式将它算出来. 并且级数的每一项都通过自由粒子系统的格林函数和相互作用算符表达出来.

除了算符的海森伯绘景之外,我们还引入另一种绘景,在这种绘景里算符与时间的关系不决定于系统的真实哈密顿量

$$\hat{H}'=\hat{H}'^{(0)}+\hat{V}=\hat{H}^{(0)}-\mu\hat{N}+\hat{V}$$

($\hat{V}$ 是相互作用算符),而决定于自由粒子的哈密顿量 $\hat{H}'^{(0)}$:

$$\hat{\Psi}_0(t,\boldsymbol{r})=\exp(\mathrm{i}\hat{H}'^{(0)}t)\hat{\psi}(\boldsymbol{r})\exp(-\mathrm{i}\hat{H}'^{(0)}t). \tag{12.1}$$

我们将用下标 0 来标记该绘景(即所谓**相互作用绘景**)中的算符和波函数,以示区别. 如将格林函数通过算符 $\hat{\Psi}_0$(代替海森伯算符 $\hat{\Psi}$)表达出来,我们便做到了用 G^0 和 $\hat{V}$ 表达 G 这一目的的第一步.

在这一节里,我们用记号 Φ(或 φ)代表"占有数空间"中的波函数(以区别于坐标波函数 $\hat{\Psi}$ 或 ψ);二次量子化算符就作用在这些波函数上. 令 φ 为薛定谔绘景中的波函数,它与时间的关系决定于波动方程

$$\mathrm{i}\frac{\partial\varphi}{\partial t}=(\hat{H}'^{(0)}+\hat{V})\varphi. \tag{12.2}$$

在海森伯绘景中,所有时间关系都转到算符上,而系统的波函数则与时间无关: $\Phi=$ 常数. 在相互作用绘景中,波函数 Φ_0 依赖于时间,但这种依赖关系只与系统中粒子的相互作用有关,并决定于方程

$$\mathrm{i}\frac{\partial}{\partial t}\Phi_0(t)=\hat{V}_0(t)\Phi_0(t) \tag{12.3}$$

式中

$$\hat{V}_0=\exp(\mathrm{i}\hat{H}'^{(0)}t)\hat{V}\exp(-\mathrm{i}\hat{H}'^{(0)}t). \tag{12.4}$$

它是这个绘景中的相互作用算符[简单地把 $\hat{\Psi}$ 换成 $\hat{\Psi}_0$ 便使(7.6—7.7)形式的算符过渡到这个绘景中]. 注意,只要根据(12.1)式变换算符,即相应于按照

$$\Phi_0=\exp(\mathrm{i}\hat{H}'^{(0)}t)\varphi, \tag{12.5}$$

变换波函数(见第三卷 §12),便不难得到方程(12.3). [考虑到(12.2)式,并对上式取微商则得方程(12.3)①].

基于方程(12.3),函数 $\Phi_0(t)$ 在两个无限接近时刻的值由下列等式相联系:

$$\Phi_0(t+\delta t)=[1-\mathrm{i}\delta t\cdot\hat{V}_0(t)]\Phi_0(t)=\exp\{-\mathrm{i}\delta t\cdot\hat{V}_0(t)\}\Phi_0(t).$$

相应地,Φ_0 在任一时刻 t 的值可以通过某一初始时刻 t_0($t_0<t$)的值表达成

$$\Phi_0(t)=\hat{S}(t,t_0)\Phi_0(t_0), \tag{12.6}$$

式中

$$\hat{S}(t,t_0)=\prod_{t_i=t_0}^{t}\exp\{-\mathrm{i}\delta t\cdot\hat{V}_0(t_i)\}. \tag{12.7}$$

并且,此乘积中诸因子显然是按时间 t_i 增长的次序从右向左排列的;对 t_0 和 t 之间一切无限小区间 δt 的乘积是有极限的. 如果 $V_0(t)$ 是普通的函数,则这个极限将简单地归结为

---

① 方程(12.3)与第四卷的方程(73.5)是相同的,在下面求解方程的过程中还将重复第四卷 §73 的叙述.

$$\exp\left\{-\mathrm{i}\int_{t_0}^{t} V_0(t)\,\mathrm{d}t\right\}.$$

但这种归结要根据不同时刻因子的可对易性，后者指的是：由(12.7)式中的乘积过渡到指数中的求和. 对于算符 $\hat{V}_0(t)$，则没有这种对易性，因而不可能归结为通常的积分. 代替积分式可以把(12.7)式写成符号形式：

$$\hat{S}(t,t_0) = T\exp\left\{-\mathrm{i}\int_{t_0}^{t}\hat{V}_0(t)\,\mathrm{d}t\right\}. \tag{12.8}$$

这里 T 是与(12.7)式相同顺序中因子的编时排列符号，即由右向左表示时间增长的顺序.

算符 $\hat{S}$ 是幺正的($\hat{S}^{-1}=\hat{S}^{+}$)，并具有明显的性质：

$$\hat{S}(t_3,t_2)\hat{S}(t_2,t_1)=\hat{S}(t_3,t_1),$$
$$\hat{S}^{-1}(t_2,t_1)\hat{S}^{-1}(t_3,t_2)=\hat{S}^{-1}(t_3,t_1). \tag{12.9}$$

为了简化以下的讨论，我们作一个纯形式上的假定(不反映在最后结果中)，即相互作用 $\hat{V}_0(t)$ 从时刻 $t=-\infty$ 到有限的时间浸渐地"引入"，并在 $t=+\infty$ 时又浸渐地"除去". 这样，当 $t\to-\infty$ 到引入相互作用之前，波函数 $\Phi_0(t)$ 与海森伯波函数 Φ 是一致的. 在(12.6)式中，令 $t_0=-\infty$，可得

$$\Phi_0(t)=\hat{S}(t,-\infty)\Phi. \tag{12.10}$$

因此，建立了两个绘景波函数之间的关系，我们也就确定了算符的变换规律，其中包括 ψ 算符的变换规律：

$$\hat{\Psi}=\hat{S}^{-1}(t,-\infty)\hat{\Psi}_0\hat{S}(t,-\infty). \tag{12.11}$$

由于 $\hat{S}$ 的幺正性，所以算符 $\hat{\Psi}^{+}$ 也按同样规律变换.

现在我们把格林函数用相互作用绘景的 ψ 算符表达出来①. 令 $t_1>t_2$，于是

$$G_{\alpha\beta}(X_1,X_2) = -\mathrm{i}\langle\hat{\Psi}_\alpha(t_1)\hat{\Psi}^{+}_\beta(t_2)\rangle =$$
$$= -\mathrm{i}\langle\hat{S}^{-1}(t_1,-\infty)\hat{\Psi}_{0\alpha}(t_1)\hat{S}(t_1,-\infty)\hat{S}^{-1}(t_2,-\infty)\times$$
$$\times\hat{\Psi}^{+}_{0\beta}(t_2)\hat{S}(t_2,-\infty)\rangle.$$

根据(12.9)式，我们有

$$\hat{S}(t_1,-\infty)\hat{S}^{-1}(t_2,-\infty)=\hat{S}(t_1,t_2)\hat{S}(t_2,-\infty)\hat{S}^{-1}(t_2,-\infty)=$$
$$=\hat{S}(t_1,t_2),$$
$$\hat{S}^{-1}(t_1,-\infty)=\hat{S}^{-1}(t_1,-\infty)\hat{S}^{-1}(\infty,t_1)\hat{S}(\infty,t_1)=$$
$$=\hat{S}^{-1}(\infty,-\infty)\hat{S}(\infty,t_1).$$

① 这个推导重复了第四卷 §103 中的讨论.

将它们代入前一个表达式，则得

$$G_{\alpha\beta}(X_1,X_2) = -\mathrm{i}\langle \hat{S}^{-1}(\infty,-\infty)\hat{S}(\infty,t_1)\hat{\Psi}_{0\alpha}(t_1)\hat{S}(t_1,t_2)\hat{\Psi}^{+}_{0\beta}(t_2)\hat{S}(t_2,-\infty)\rangle.$$

把算符 $\hat{S}$ 理解为(12.7)式的乘积时，我们看到，平均值表达式中从第二个因子起的所有因子都是按由 $t=-\infty$ 到 $t=\infty$ 的编时顺序从右向左排列的. 因此可以写成

$$G_{\alpha\beta}(X_1,X_2) = -\mathrm{i}\langle \hat{S}^{-1}T[\hat{\Psi}_{0\alpha}(t_1)\hat{\Psi}^{+}_{0\beta}(t_2)\hat{S}]\rangle. \tag{12.12}$$

式中的记号

$$\hat{S} = \hat{S}(\infty,-\infty) = T\exp\left\{-\mathrm{i}\int_{-\infty}^{\infty}\hat{V}_0(t)\,\mathrm{d}t\right\}. \tag{12.13}$$

当 $t_1<t_2$ 时，计算方法与上述算法的区别只在于记号的不同，(12.12—12.13)式的最后结果，对任意的 t_1,t_2 都是正确的.

以上所作的变换与系统在什么状态上进行平均是无关的. 但是，如果对基态进行平均[如(12.12)]，变换还可以继续推广. 对此我们指出，浸渐引入或浸渐除去相互作用，如同任何浸渐微扰一样都不能引起量子系统发生能量改变的跃迁(见第三卷 §41). 因此，处于非简并态(基态也是这样的态)的系统，仍旧留在原来状态. 换言之，算符 $\hat{S}$ 作用在波函数 $\Phi=\Phi_0(-\infty)$ 上，归结为对 Φ 乘以(对状态无关紧要的)一个相因子——算符 $\hat{S}$ 在基态的平均值：$\hat{S}\Phi=\langle\hat{S}\rangle\Phi$. 恰好 $\Phi^*\hat{S}^{-1}=\langle S\rangle\Phi^*$ 也是如此. 这样，我们最终得到了通过相互作用绘景的算符所表达的如下格林函数公式①：

$$\mathrm{i}G_{\alpha\beta}(X_1,X_2) = \frac{1}{\langle\hat{S}\rangle}\langle T[\hat{\Psi}_{0\alpha}(X_1)\hat{\Psi}^{+}_{0\beta}(X_2)\hat{S}]\rangle. \tag{12.14}$$

按这个绘景的意义，(12.14)式是对自由粒子系统的基态进行平均的. 事实上，算符 $\hat{\Psi}_0$ 的性质与无相互作用时海森伯算符 $\hat{\Psi}$ 的性质相同. 而海森伯波函数 Φ 与时间无关，因此它与 $t=-\infty$(这时不存在相互作用)时的自身值相合. 所以，例如

$$\langle T\hat{\Psi}_{0\alpha}(X_1)\hat{\Psi}^{+}_{0\beta}(X_2)\rangle = \mathrm{i}G^{(0)}_{\alpha\beta}(X_1,X_2) \tag{12.15}$$

就是无相互作用粒子系统的格林函数.

§13　费米系统的图技术

(12.14)型的符号表达式的意义，在于有可能容易写出按 $\hat{V}$ 的幂展开的数

---

① 应当指出，(12.14)式中关于符号有一个约定：虽然符号 T 在公式中出现两次(一是以显形式，二是包含在 $\hat{S}$ 的定义中)，但实际上乘积中所有因子都应按统一的编时顺序排列.

列之各项. 例如

$$\langle T\hat{\Psi}_{0\alpha}(X)\hat{\Psi}^{+}_{0\beta}(X')\hat{S}\rangle =$$
$$= \sum_{n=0}^{\infty}\frac{(-\mathrm{i})^n}{n!}\int_{-\infty}^{\infty}\mathrm{d}t_1\cdots\int_{-\infty}^{\infty}\mathrm{d}t_n\langle T\hat{\Psi}_{0\alpha}(X)\hat{\Psi}^{+}_{0\beta}(X')\hat{V}_0(t_1)\cdots\hat{V}_0(t_n)\rangle. \tag{13.1}$$

而$\langle\hat{S}\rangle$的表达式不同于上式的地方,仅在于 T 乘积记号后没有因子 $\hat{\Psi}_{0\alpha}\hat{\Psi}^{+}_{0\beta}$. 我们已经指出过,相互作用绘景中的算符 $\hat{V}_0(t)$是将(7.7)式中所有的 $\hat{\Psi}$ 换成 $\hat{\Psi}_0$ 而得出的. 因此,计算(13.1)展开式数列的各个项,归结为计算自由粒子不同数量的 ψ 算符的 T 乘积对基态的平均值.

这些计算,在很大程度上是借助**图技术**规则而自动进行的,不过这些规则与被研究的物理系统的性质有重要关系. 这一节所叙述的图技术是关于非超流费米系统的. 其中假定相互作用是粒子成对式的,并与自旋无关. 相应的相互作用算符为:

$$\hat{V}_0(t)=\frac{1}{2}\int\hat{\Psi}^{+}_{0\gamma}(t,\boldsymbol{r}_1)\hat{\Psi}^{+}_{0\delta}(t,\boldsymbol{r}_2)U(\boldsymbol{r}_1-\boldsymbol{r}_2)\hat{\Psi}_{0\delta}(t,\boldsymbol{r}_2)\hat{\Psi}_{0\gamma}(t,\boldsymbol{r}_1)\mathrm{d}^3x_1\mathrm{d}^3x_2. \tag{13.2}$$

式中 $U(\boldsymbol{r}_1-\boldsymbol{r}_2)$为两个粒子的相互作用能[我们省略了 $\hat{V}$ 和 $\hat{U}$ 的上标(2)].

借助**维克定理**可以算出 ψ 算符乘积的平均值,该定理的内容是①:

任意数目成对算符 $\hat{\Psi}$ 跟 $\hat{\Psi}^{+}$ 乘积的平均值,等于这些算符一切可能的成对平均值(收缩)乘积之和. 每一对算符的先后次序与原始乘积中的一致. 求和式中每一项的符号决定于因子$(-1)^P$,这里 P 是算符的置换次数,进行这些置换是使所有被平均的算符都并排在邻接的位置上.

只有包含一个算符 $\hat{\Psi}$ 和一个算符 $\hat{\Psi}^{+}$ 的收缩才不为零,因为在对角矩阵元中,一切被算符 $\hat{\Psi}$ 消灭的粒子应重新被算符 $\hat{\Psi}^{+}$ 产生. 由此可见,在一些 ψ 算符的乘积中如果只包含相同数目的算符 $\hat{\Psi}$ 和 $\hat{\Psi}^{+}$,该乘积的平均值才能不等于零.

将维克定理应用于 T 乘积的平均值,则该平均值就能通过成对的 T 乘积的平均值[根据(12.15)式,即通过自由粒子格林函数]表达出来. 下面计算相互作用粒子系统格林函数的一级修正.

我们预先指出,按照维克定理将公式(12.14)分子中的表达式展开时,例如会出现如下形式的一些项:

$$\langle T\hat{\Psi}_{0\alpha}(X_1)\hat{\Psi}^{+}_{0\beta}(X_2)\rangle\langle\hat{S}\rangle=\mathrm{i}G^{(0)}_{\alpha\beta}(X_1,X_2)\langle\hat{S}\rangle \tag{13.3}$$

① 为了不中断叙述,我们把这个定理的证明放在本节之末.

在这些项中,一对(相对于 $\hat{S}$)的"外部"ψ 算符之间是收缩的,而 $\langle\hat{S}\rangle$ 的表达式(它的展开式的每一项中)只含"内部"算符之间的收缩. 因子 $\langle\hat{S}\rangle$ 可被(12.14)式中的分母完全约去,因此所有这些项简便地给出了"无微扰的"格林函数 $\mathrm{i}G_{\alpha\beta}^{(0)}$.

在(13.1)式中保留展开式的前两项,将(13.2)式代入并变换变量,我们得到

$$\mathrm{i}G_{\alpha\beta}(X_1,X_2)\approx \mathrm{i}G_{\alpha\beta}^{(0)}+\mathrm{i}G_{\alpha\beta}^{(1)}.$$

式中

$$\mathrm{i}G_{\alpha\beta}^{(1)}=-\frac{\mathrm{i}}{2}\langle T\hat{\Psi}_{0\alpha}(X_1)\hat{\Psi}_{0\beta}^{+}(X_2)\times$$

$$\times\int_{-\infty}^{\infty}\mathrm{d}t\mathrm{d}^3x_3\mathrm{d}^3x_4\hat{\Psi}_{0\gamma}^{+}(t,\boldsymbol{r}_3)\hat{\Psi}_{0\delta}^{+}(t,\boldsymbol{r}_4)U(\boldsymbol{r}_3-\boldsymbol{r}_4)\hat{\Psi}_{0\delta}(t,\boldsymbol{r}_4)\hat{\Psi}_{0\gamma}(t,\boldsymbol{r}_3)\rangle.$$

为了把公式写得更紧凑一些,我们引入记号

$$U(X_1-X_2)=U(\boldsymbol{r}_1-\boldsymbol{r}_2)\delta(t_1-t_2),\tag{13.4}$$

于是①

$$\mathrm{i}G_{12}^{(1)}=-\frac{\mathrm{i}}{2}\int\langle T\hat{\Psi}_1\hat{\Psi}_2^{+}\hat{\Psi}_3^{+}\hat{\Psi}_4^{+}\hat{\Psi}_4\hat{\Psi}_3\rangle U_{34}\mathrm{d}^4X_3\mathrm{d}^4X_4,$$

式中 $\mathrm{d}^4X=\mathrm{d}t\mathrm{d}^3x$.

为了按照维克定理求平均,我们分别写出算符,并画出所有需要收缩的方式:

$$\langle\Psi_1\Psi_2^{+}\Psi_3^{+}\Psi_4^{+}\Psi_4\Psi_3\rangle\to\Psi_1\Psi_2^{+}\Psi_3^{+}\Psi_4^{+}\Psi_4\Psi_3+\Psi_1\Psi_2^{+}\Psi_3^{+}\Psi_4^{+}\Psi_4\Psi_3+$$

$$+\Psi_1\Psi_2^{+}\Psi_3^{+}\Psi_4^{+}\Psi_4\Psi_3+\Psi_1\Psi_2^{+}\Psi_3^{+}\Psi_4^{+}\Psi_4\Psi_3.$$

根据上边所述,含 $\overbrace{\Psi_1\Psi_2^{+}}$ 收缩的各项已被略去. 成对收缩的(用弧线联结的)算符应置换到彼此邻接的位置. 例如,所写出的第一项表示下列乘积:

$$\langle T\hat{\Psi}_1\hat{\Psi}_3^{+}\rangle\langle T\hat{\Psi}_2^{+}\hat{\Psi}_4\rangle\langle T\hat{\Psi}_4^{+}\hat{\Psi}_3\rangle,$$

而最后一项表示

$$-\langle T\hat{\Psi}_1\hat{\Psi}_4^{+}\rangle\langle T\hat{\Psi}_2^{+}\hat{\Psi}_4\rangle\langle T\hat{\Psi}_3^{+}\hat{\Psi}_3\rangle.$$

不同宗量 ψ 算符的收缩,可根据下列式子代换:

---

① 此后,为了简化特别烦琐的表达式的书写,我们约定略去 $\hat{\Psi}_0$ 的下标,而用数字下标 1,2,…,来标记宗量数值 X 和自旋下标的总体:

$$\hat{\Psi}_1\equiv\hat{\Psi}_\alpha(X_1),\quad\hat{\Psi}_2\equiv\hat{\Psi}_\beta(X_2),\cdots$$

$$G_{12}\equiv G_{\alpha\beta}(X_1,X_2),\quad U_{12}\equiv U(X_1-X_2).$$

$$\overline{\Psi_1\Psi_3^+}\equiv\langle T\hat{\Psi}_1\hat{\Psi}_3^+\rangle=\mathrm{i}G_{13}^0,\ \overline{\Psi_2^+\Psi_4}=-\mathrm{i}G_{24}^0,\text{等等}.$$

相同宗量 ψ 算符的收缩，乃是理想气体中粒子数的空间密度（用 $n^{(0)}$ 标记），该密度可理解为化学势的函数①：

$$\langle\hat{\Psi}^+\hat{\Psi}\rangle=n^{(0)}(\mu)=\frac{(2m\mu)^{3/2}}{3\pi^2},\tag{13.5}$$

所以可得

$$\mathrm{i}G_{12}^{(1)}=\frac{1}{2}\int\mathrm{d}^4X_3\mathrm{d}^4X_4\cdot U_{34}[-G_{13}^{(0)}G_{34}^{(0)}G_{42}^{(0)}-G_{14}^{(0)}G_{43}^{(0)}G_{32}^{(0)}+$$
$$+\mathrm{i}n^{(0)}G_{13}^{(0)}G_{32}^{(0)}+\mathrm{i}n^{(0)}G_{14}^{(0)}G_{42}^{(0)}],$$

这四项两两相等，它们的区别仅在于积分变量 X_3 和 X_4 的记号不同. 因之因子1/2 消失，所以格林函数的一级修正只包含两项：

$$\mathrm{i}G_{12}^{(1)}=\int U_{34}[\mathrm{i}n^{(0)}G_{14}^{(0)}G_{42}^{(0)}-G_{13}^{(0)}G_{34}^{(0)}G_{42}^{(0)}]\mathrm{d}^4X_3\mathrm{d}^4X_4.\tag{13.6}$$

借助如下的**费曼图**可以用图解法方便地表示出这些项的结构：

(13.7)

在这些图中，实线 4←2 表示收缩 $\overline{\Psi_4\Psi_2^+}$（即函数 $\mathrm{i}G_{42}^{(0)}$）；数字表示变量 X_4 和 X_2 的号码，收缩的算符与这些变量有关，而箭头的方向与收缩中从 $\hat{\Psi}^+$ 到 $\hat{\Psi}$ 的方向一致. 依赖于相同变量的两个算符的收缩 $\overline{\Psi^+\Psi}$（即粒子数密度 $n^{(0)}$），相应地用"自身封闭的"实线圈图表示. 虚线 3 --- 4 表示因子 U_{34}. 图形的各内点（线的交点），是指按它们标记的所有变量取积分. 图形"外端点"标记的变量（X_1 和 X_2）仍是自由的.

例如，由(13.3)式得出的各一级项，将用被分解为两个独立部分——直线段（$\mathrm{i}G_{\alpha\beta}^{(0)}$）和实线封闭圈图表示：

仔细考虑算符的收缩方式和相应的图形结构，就能了解普遍规则的来历，因为在微扰论的一切级中，(12.14)式中因子 $\langle S\rangle^{-1}$ 的作用归结为：只需考虑有两个外线的"相连"图形，这些图形不包含"不相连的"无外线的圈图. 后者与图形的其

① 这些收缩总是出自于同一个相互作用算符 $\hat{V}$ 中的 ψ 算符. 因此，在这些项中 $\hat{\Psi}^+$ 总是排在 $\hat{\Psi}$ 的左边.

它部分均不相连(既无实线相连也无虚线相连)(对照量子电动力学中类似的情况——第四卷 §100).

在(13.6)式中消去系数 1/2 反映了一个通则:无须考虑出现在(13.1)展开式中各 n 级项的因子 $1/n!$,也无须考虑来自(13.2)式中系数 1/2 的因子 2^{-n}. 的确,n 级图形每个都包含着 n 条虚线 i --- k. 消去因子 $1/n!$ 是由于叠加了不同的项,这些项是沿所有 n 条虚线置换一对指标 i,k 而得到的. 消去因子 2^{-n} 是由于在每一条线两端点之间都有 i,k 的置换.

现在我们来说明在动量表象(不是坐标表象)中计算格林函数时既定的图技术规则,这在物理学最为有用.

借助傅里叶展开式(7.21—7.22)可以实现向动量表象的过渡,我们将展开式写成"4 维"形式①

$$G(X)=\int G(P)\mathrm{e}^{-\mathrm{i}PX}\frac{\mathrm{d}^4P}{(2\pi)^4},\quad G(P)=\int G(X)\mathrm{e}^{\mathrm{i}PX}\mathrm{d}^4X, \tag{13.8}$$

式中"4 维动量" $P=(\omega,\boldsymbol{p})$, $PX=\omega t-\boldsymbol{p}\cdot\boldsymbol{r}$. 用类似的方法同样可以把相互作用势展开成:

$$U(X)=\delta(t)U(\boldsymbol{r})=\int U(Q)\mathrm{e}^{-\mathrm{i}QX}\frac{\mathrm{d}^4Q}{(2\pi)^4} \tag{13.9}$$

其中 $Q=(q_0,\boldsymbol{q})$;而且 $U(Q)$ 与三维展开式的分量一致:

$$U(Q)\equiv U(\boldsymbol{q})=\int U(\boldsymbol{r})\mathrm{e}^{-\mathrm{i}\boldsymbol{q}\cdot\boldsymbol{r}}\mathrm{d}^3x. \tag{13.10}$$

由于 $U(\boldsymbol{r})$ 是偶函数,显然 $U(-\boldsymbol{q})=U(\boldsymbol{q})$.

我们对一级修正 $G_{12}^{(1)}\equiv G_{\alpha\beta}^{(1)}(X_1-X_2)$ 进行这种展开. 为此,给等式(13.6)乘以 $\exp[\mathrm{i}P(X_1-X_2)]$ 并将该式对 $\mathrm{d}^4(X_1-X_2)$ 积分.

在第一项内写出

$$\mathrm{e}^{\mathrm{i}P(X_1-X_2)}=\mathrm{e}^{\mathrm{i}P(X_1-X_3)}\mathrm{e}^{\mathrm{i}P(X_3-X_2)}.$$

变换积分变量,于是得到

$$\mathrm{i}n^{(0)}\int G_{\alpha\gamma}^{(0)}(X_1-X_3)\mathrm{e}^{\mathrm{i}P(X_1-X_3)}\mathrm{d}^4(X_1-X_3)\times$$
$$\times\int G_{\gamma\beta}^{(0)}(X_3-X_2)\mathrm{e}^{\mathrm{i}P(X_3-X_2)}\mathrm{d}^4(X_3-X_2)\int U(X_3-X_4)\mathrm{d}^4(X_3-X_4).$$

前两个积分给出 $G_{\alpha\gamma}^{(0)}(P)G_{\gamma\beta}^{(0)}(P)$,第三积分等于 $U(0)=\int U(\boldsymbol{r})\mathrm{d}^3x$,即 $U(\boldsymbol{q})$ 在 $\boldsymbol{q}=0$ 的值.

采用类似的方法,在第二项内写出

---

① 为了叙述和表达的方便,我们利用了 4 维的术语,再强调一次,这里它与相对论不变性无任何关系!

$$e^{iP(X_1-X_2)}=e^{iP(X_1-X_3)}e^{iP(X_3-X_4)}e^{iP(X_4-X_2)}.$$

转为对 $X_1-X_3, X_3-X_4, X_4-X_2$ 的积分之后，可得

$$-G_{\alpha\gamma}^{(0)}(P)\int G_{\gamma\delta}^{(0)}(X)U(X)e^{iPX}d^4X\cdot G_{\alpha\beta}^{(0)}(P).$$

其余的积分，利用两个函数乘积的傅里叶分量公式，通过函数 $G_{\gamma\delta}^{(0)}$ 和 U 的傅里叶分量表达出来①：

$$\int f(X)g(X)e^{iPX}d^4X=\int f(P_1)g(P-P_1)\frac{d^4P_1}{(2\pi)^4}. \tag{13.11}$$

因此，对于动量表象中格林函数的一级修正，我们最后求得：

$$iG_{\alpha\beta}^{(1)}(P)=in^{(0)}U(0)G_{\alpha\gamma}^{(0)}(P)G_{\gamma\beta}^{(0)}(P)-$$
$$-\int G_{\alpha\gamma}^{(0)}(P)G_{\gamma\delta}^{(0)}(P_1)G_{\delta\beta}^{(0)}(P)U(\boldsymbol{p}-\boldsymbol{p}_1)\frac{d^4P_1}{(2\pi)^4}. \tag{13.12}$$

(13.12)式中右方每一项都对应于确定的费曼图，则表达式(13.12)可写成如下形式：

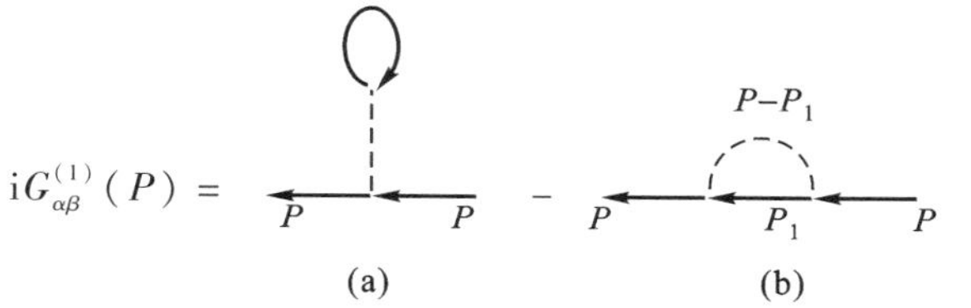

$iG_{\alpha\beta}^{(1)}(P)=$ [图 (a)：P，P] $-$ [图 (b)：$P-P_1$；P，P_1，P] (13.13)

(a)　　(b)

各线的交点称作图形的顶点．每个图形都有 $2n$ 个顶点，此处 n 为微扰论的级．在每个顶点上都汇聚两条实线和一条虚线．每条实线在箭头指示的方向上描述“4 维动量”P(并且，沿诸实线的每一连续序列，箭头的方向不变)．每条虚线是用来标记 4 维动量 Q 的，而且对于这些线，箭头可以约定取任何(任意)方向②．在图形的顶点上满足“4 维动量守恒定律”：顶点的入射线的 4 维动量之和等于出射线的 4 维动量之和．顶点也标出确定的自旋下标 α．每个图形都有两条外

---

① 为了证明这个公式，需要将傅里叶展开形式的函数 $f(X)$ 和 $g(X)$ 代入该公式的左边：

$$\int f(X)g(X)e^{iPX}d^4X=\int f(P_1)g(P_2)e^{i(P-P_1-P_2)X}d^4X\frac{d^4P_1d^4P_2}{(2\pi)^4},$$

按下列公式对 d^4X 求积分：

$$\int e^{iPX}d^4X=(2\pi)^4\delta^{(4)}(P),$$

其中“4 维”$\delta^{(4)}$ 函数定义为“4 - 矢量”P 各分量的 δ 函数之积．出现的因子 $\delta^{(4)}(P-P_1-P_2)$ 被对 d^4P_2 的积分消掉，于是我们得出了(13.11)式的右边部分．

② 4 维矢量 $Q=(q_0,\boldsymbol{q})$ 的“时间”分量，一般说来不等于零，但函数 $U(Q)$ 根据定义(13.10)与 q_0 是无关的，虚线方向的约定，与偶函数 $U(-Q)=U(Q)$ 有关．

线(入射线和出射线),外线的4维动量是待求的格林函数 $G_{\alpha\beta}(P)$ 的宗量;出射和入射的外线同时也标记该函数的自旋下标 α 和 β. 图形其余的线称作**内线**.

相应于每个图形的各项,其解析表述法可按下列规则进行:

1) 顶点 α 和 β 之间的每条实线对应于因子 $\mathrm{i}G_{\alpha\beta}^{(0)}(P)$,每条虚线对应于因子 $-\mathrm{i}U(Q)$. 具有一个顶点的封闭圈图相当于因子 $n^{(0)}(\mu)$.

2) 在每个顶点上满足4维动量守恒定律. 将内线中其余不确定的4维动量对 $\mathrm{d}^4P/(2\pi)^4$ 进行积分. 在每个顶点上对一对自旋哑下标(从相邻接的 $G^{(0)}$ 因子中各取一个)进行求和.

3) $\mathrm{i}G_{\alpha\beta}$ 图的公共因子等于 $(-1)^L$,这里 L 是图形中含有多于一个顶点的实线封闭圈图的数目.

最后一个规则的来由如下所述. 顶点数 $k>1$ 的封闭圈图,来源于如下形式的 ψ 算符的收缩:

$$\Psi_1^+\overbrace{\Psi_1\Psi_2^+}\overbrace{\Psi_2\cdots\Psi_k^+}\Psi_k$$

这里所有收缩分别等于 $\mathrm{i}G_{12}^{(0)},\cdots,\mathrm{i}G_{k-1,k}$,而最后一个收缩等于 $-\mathrm{i}G_{k1}^{(0)}$. 至于一个顶点的圈图,它们的正确符号在按规则1)引入 $n^{(0)}$ 时已考虑到了.

作为实例,我们汇总画出确定格林函数二级修正的图形:

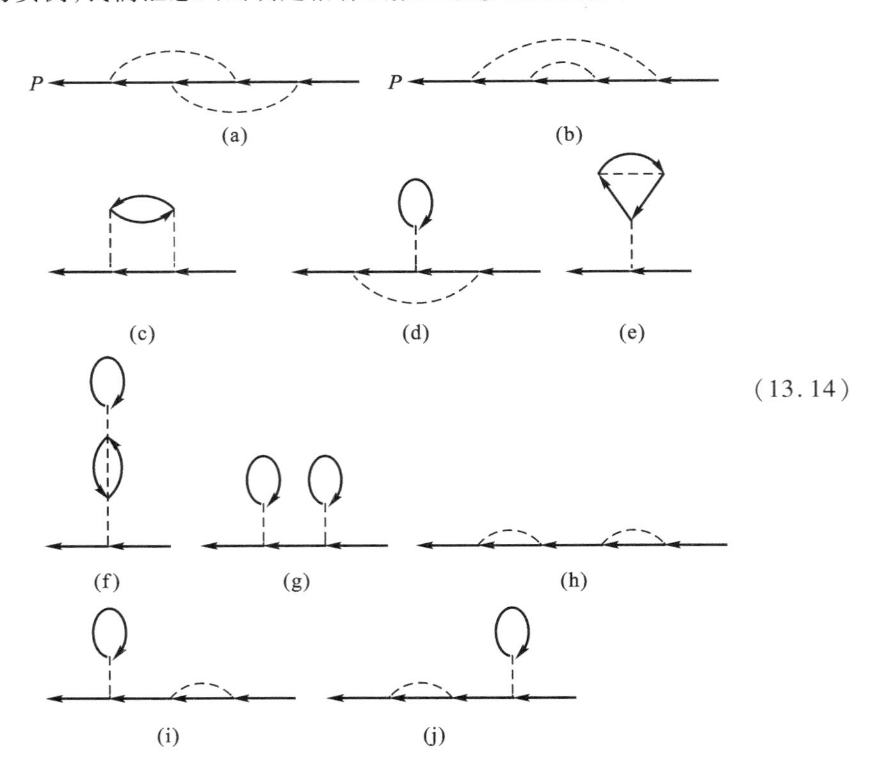

(13.14)

最后，我们再来讨论维克定理，并给出它适于“宏观极限”（即当系统密度一定时 $V\to\infty$，或当系统密度一定时 $N\to\infty$）的证明，这在统计物理学的应用上恰恰是重要的.

例如，我们研究下列形式的四个 ψ 算符乘积的平均值：

$$\langle \hat{\Psi}_{01}\hat{\Psi}_{02}\hat{\Psi}_{03}^{+}\hat{\Psi}_{04}^{+}\rangle = \frac{1}{V^2}\sum_{p_1\cdots p_4}\langle \hat{a}_{p_1}\hat{a}_{p_2}\hat{a}_{p_3}^{+}\hat{a}_{p_4}^{+}\rangle \exp(\cdots) \tag{13.15}$$

[各 ψ 算符表为(9.3)的形式；我们没写出显然的但又烦琐的指数函数标记].在这个求和式中，只有含动量值相同且数目相同的算符 $\hat{a}_p$ 和 $\hat{a}_p^{+}$ 的项才不为零.其中有些项，动量成对地相等，如 $\boldsymbol{p}_1=\boldsymbol{p}_4$ 和 $\boldsymbol{p}_2=\boldsymbol{p}_3$. 这些项相应于成对的收缩：

$$\underbrace{\Psi_{01}\overbrace{\Psi_{02}\Psi_{03}^{+}}\Psi_{04}^{+}}$$

并以如下形状的求和式来表达：

$$\frac{1}{V^2}\sum_{\boldsymbol{p}_1\boldsymbol{p}_2}\langle \hat{a}_{\boldsymbol{p}_1}\hat{a}_{\boldsymbol{p}_1}^{+}\rangle\langle \hat{a}_{\boldsymbol{p}_2}\hat{a}_{\boldsymbol{p}_2}^{+}\rangle \exp(\cdots)$$

在极限 $V\to\infty$ 时，对 $\boldsymbol{p}_1$ 和 $\boldsymbol{p}_2$ 的求和可代之以对 $V^2\mathrm{d}^3p_1\mathrm{d}^3p_2/(2\pi)^6$ 的积分，这时消去了体积 V，而使表达式仍保持有限. 在(13.15)的求和式中，$\boldsymbol{p}_1=\boldsymbol{p}_2=\boldsymbol{p}_3=\boldsymbol{p}_4$ 的各项也不为零；这些项构成了下列形式之和：

$$\frac{1}{V^2}\sum_{\boldsymbol{p}}\langle \hat{a}_{\boldsymbol{p}}\hat{a}_{\boldsymbol{p}}\hat{a}_{\boldsymbol{p}}^{+}\hat{a}_{\boldsymbol{p}}^{+}\rangle \exp(\cdots)$$

但是，将求和变为积分之后还剩下一个因子 $1/V$，于是在极限 $V\to\infty$ 时表达式变成零.

显然，这个结果具有普遍性：在极限 $V\to\infty$ 时，ψ 算符乘积的平均中只有成对收缩的结果才不变为零.

我们指出，在上述证明中实际上并没有真正对基态进行平均，因此这个证明在对系统的任何量子态求平均时仍是正确的①.

§14 自能函数

上一节表述的图技术规则具有重要性质：图中的公共系数与图的级无关.由于这个性质，图中每个“图元素”都具有确定的解析意义，而与其出现在什么样的图中无关，因此图元素可以预先独立地计算出来. 并且可以预先计算出某

---

① 但是，如果对基态求平均，则维克定理就不限于在宏观极限时成立，在统计学中相应的定理的证明与量子电动力学中（第四卷 §78）的证明是一致的. 它们之间唯一的区别是基态不同：在真空中没有粒子，而在理想气体中粒子占满半径为 $\boldsymbol{p}_{\mathrm{F}}$ 的费米球. 对于 $p>p_{\mathrm{F}}$ 的粒子的产生和湮没算符 $\hat{a}_p^{+}$，$\hat{a}_p^{-}$ 来说，这种区别根本无关紧要，因此可以将证明逐字地移置到这里. 对于 $p<p_{\mathrm{F}}$ 粒子的算符，需要事先变换标记：$\hat{a}_p^{+}=b_p$，$\hat{a}_p=\hat{b}_p^{+}$，也就是说由粒子变为空穴，而处于基态的空穴在费米球内是不存在的.

些具有一定数量端点的图元素之和，然后再把这个“单元”组装入更复杂的图中．这是图技术最重要的优点之一．

有一种“单元”，它也有重要的独立意义，即所谓的**自能函数**[①]．为了得出这个概念，现在来分析一下格林函数图中一切不能靠切断一条实联线而分为两部分的图形．例如，一级微扰论的两个图形（13．13）和二级微扰论的图形（13．14a—e）都属于这种图形．所有这些图形都有同样的构造：每个端点有一个因子 $iG_{\alpha\beta}^{(0)}$，还有一个称作自能函数的内部部件（P 的函数）．所有可能的内部部件之和，称作精确的或完全的自能函数，又称**质量算符**；我们以 $-i\Sigma_{\alpha\beta}(P)$ 表示它．

自能函数的全部图形对格林函数的贡献等于

$$iG_{\alpha\beta}^{(0)}(P)[-i\Sigma_{\beta\gamma}(P)]iG_{\gamma\delta}^{(0)}(P)=iG^{(0)}(P)\Sigma(P)G^{(0)}(P)\delta_{\alpha\delta}. \tag{14.1}$$

式中除 $G_{\alpha\beta}^{(0)}=G^{(0)}\delta_{\alpha\beta}$ 之外，同样也可写出

$$\Sigma_{\alpha\beta}(P)=\delta_{\alpha\beta}\Sigma(P). \tag{14.2}$$

完全格林函数（图中以粗实线表示）由下列无穷级数之和给出：

= + + +…,　　(14.3)

图中小圆表示精确的自能函数（$-i\Sigma_{\alpha\beta}$）．这个级数（从第三项起）的每一项乃是图形的集合，这些图形还能截成彼此间曾以一条实线相连的两个、三个等等部件．

如果从级数（14．3）的第二项开始将各项中的一个小圆连同其右边的一条连线“切除”，则剩下的级数重新与整个级数相等．这就是说：

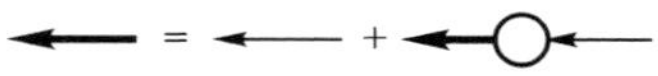

= +　　(14.4)

将这个等式写成解析形式，如：

$$G=G^{(0)}+G\Sigma G^{(0)}, \tag{14.5}$$

或除以 $G^{(0)}G$：

$$\frac{1}{G(P)}=\frac{1}{G^{(0)}(P)}-\Sigma(P). \tag{14.6}$$

我们指出，Σ 的虚部的符号与 $\mathrm{Im}\,G$ 的符号相同，根据（8．14）式有

$$\operatorname{sign}\,\mathrm{Im}\,\Sigma(\omega,\boldsymbol{p})=-\operatorname{sign}\,\omega. \tag{14.7}$$

这个等式是考虑到 $\mathrm{Im}\,G^{-1}$ 与 $\mathrm{Im}\,G$ 的符号相反由（14．6）式得出的，依照（9．7）式，$\mathrm{Im}\,G^{(0)-1}=0$．

因此，计算 G 归结为计算 Σ，这只需研究少数图形．这个图形数还可以再减少，因为剩余图形的部件会立刻相加成很简单的表达式．

---

① 对照量子电动力学中类似的定义，那里将这个函数称作紧致自能函数（第四卷 §103，§105）．

就是说我们从决定 Σ(粒子间是成对相互作用)的全部图形集合中分离出各种“分枝”图,这些“分枝”图是用一条虚线连接到各外线上的:它们之和以 Σ_a 标记. 所有这些图形都包含在如下形状的一个骨架图形之中①:

$-\mathrm{i}\Sigma_a$ = (14.8)

Σ 的其余部分用 Σ_b 标记. 这样,在一级和二级图形中,属于第一种的图形如下:

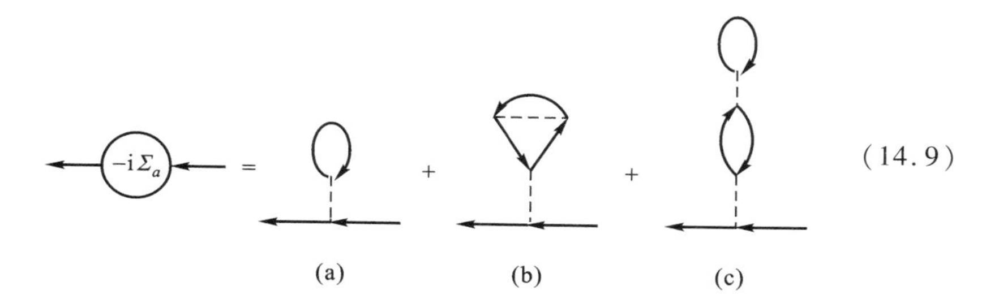

(14.9)

属于第二种的图形为:

$-\mathrm{i}\Sigma_b$ = (a) + (b) + (c) + (d) + (e) (14.10)

(14.8)图形中的粗圈相应于系统的精确密度 $n(\mu)$[与此类似,(13.13a)图形中的细圈相应于理想气体的密度 $n^{(0)}(\mu)$]. 因此由定义(14.8)可得

$$-\mathrm{i}\Sigma_a = -\mathrm{i}n(\mu)U(0), \tag{14.11}$$

所以

$$\Sigma = n(\mu)U(0) + \Sigma_b. \tag{14.12}$$

于是需要特别计算的只有 Σ_b 中的图形.

准粒子的色散律由方程(8.16)定义. 在方程中将 G 用 Σ 表达出来,按照

① 如同量子场论,将粗线和单元组成的图形称作骨架图;每个这样的图都等价于无穷多个不同级的一般图形的一定集合.

(14.6)式并取(9.7)式的 $G^{(0)}$，我们得到该方程的下列形式：

$$\frac{1}{G^{(0)}(\varepsilon-\mu,\boldsymbol{p})}=\varepsilon(\boldsymbol{p})-\frac{p^2}{2m}=\Sigma(\varepsilon-\mu,\boldsymbol{p}). \tag{14.13}$$

在费米球界面上，即当 $p=p_{\mathrm{F}}$ 时，准粒子能量与 μ 相等. 由此可见

$$\mu-\Sigma(0,\boldsymbol{p}_{\mathrm{F}})=\frac{p_{\mathrm{F}}^2}{2m}. \tag{14.14}$$

结果色散律方程(当 p 的值接近 p_{F} 时)取如下形式：

$$\varepsilon(\boldsymbol{p})-\mu=\frac{p_{\mathrm{F}}}{m}(p-p_{\mathrm{F}})+\Sigma(\varepsilon-\mu,\boldsymbol{p}_{\mathrm{F}})-\Sigma(0,\boldsymbol{p}_{\mathrm{F}}). \tag{14.15}$$

应当强调，这里 p_{F} 是相互作用粒子系统边界动量的精确值. 该值受关系式 $p_{\mathrm{F}}^3/3\pi^2=n$ 制约，这里 n 是精确密度 $n(\mu)$，而不是(13.5)式中的近似密度 $n^{(0)}$.

§15 双粒子格林函数

研究了四个海森伯 ψ 算符的 T 乘积对基态的平均①：

$$K_{34,12}=\langle T\hat{\Psi}_3\hat{\Psi}_4\hat{\Psi}_1^+\hat{\Psi}_2^+\rangle, \tag{15.1}$$

我们便得到图技术其它一些重要概念. 上述函数称作**双粒子格林函数**[因而区别于所谓单粒子格林函数(7.9)].

为了运用微扰论和建立图技术，需要重新改用相互作用绘景中的 ψ 算符. 如讨论函数 G 时的情况一样，这将使得在 T 乘积记号下出现因子 $\hat{S}$：

$$K_{34,12}=\frac{1}{\langle\hat{S}\rangle}\langle T\hat{\Psi}_{03}\hat{\Psi}_{04}\hat{\Psi}_{01}^+\hat{\Psi}_{02}^+\hat{S}\rangle. \tag{15.2}$$

在零级近似下(即当 $\hat{S}=1$ 时)该表达式可分解成用 $G^{(0)}$ 函数表示的两个收缩乘积之和：

$$K_{34,12}^{(0)}=G_{31}^{(0)}G_{42}^{(0)}-G_{32}^{(0)}G_{41}^{(0)}. \tag{15.3}$$

以下将要在动量表象中讨论以这种形式定义的双粒子格林函数的性质.

对于均匀系统，函数 $K_{34,12}$ 实际上只与四个独立自变量之差(例如 X_3-X_2，X_4-X_2，X_1-X_2)有关. 在动量表象中，这个性质表现在：按所有变量 $X_1,\cdots,X_4$ 展开的每个傅里叶分量均含一个 δ 函数：

$$\int K_{34,12}\exp\{\mathrm{i}(P_3X_3+P_4X_4-P_1X_1-P_2X_2)\}\mathrm{d}^4X_1\cdots\mathrm{d}^4X_4=$$
$$=(2\pi)^4\delta^{(4)}(P_3+P_4-P_1-P_2)K_{\gamma\delta,\alpha\beta}(P_3,P_4;P_1,P_2). \tag{15.4}$$

---

① 我们还利用简化记号，这里下标 1,2,…标记 4 维坐标及自旋下标的集合：$X_1\alpha$，$X_2\beta$，…(见 44 页的注解). 完整地写出来是

$$K_{34,12}\equiv K_{\gamma\delta,\alpha\beta}(X_3,X_4;X_1,X_2)$$

此式不难证明,只要注意到:

$$P_3X_3+P_4X_4-P_1X_1-P_2X_2=$$
$$=P_3(X_3-X_2)+P_4(X_4-X_2)-P_1(X_1-X_2)-X_2(P_1+P_2-P_3-P_4),$$

并对 $X_3-X_2, X_4-X_2, X_1-X_2, X_2$求积分即可. 我们顺便指出,傅里叶逆变换公式可写成:

$$K_{34,12}=\int K_{\gamma\delta,\alpha\beta}(P_3,P_4;P_1,P_3+P_4-P_1)\times\exp\{-i[P_3(X_3-X_2)+P_4(X_4-X_2)-P_1(X_1-X_2)]\}\frac{d^4P_1d^4P_3d^4P_4}{(2\pi)^{12}}. \quad (15.5)$$

用这种形式定义的函数 $K_{\gamma\delta,\alpha\beta}(P_3,P_4;P_1,P_2)$,我们将称作动量表象中的双粒子格林函数;它的宗量以如下等式相约束:

$$P_1+P_2=P_3+P_4$$

在零级近似,对于上述函数[与(15.3)式对应],有

$$K^{(0)}_{\gamma\delta,\alpha\beta}(P_3,P_4;P_1,P_2)=$$
$$=(2\pi)^4[\delta^{(4)}(P_1-P_3)G^{(0)}_{\gamma\alpha}(P_1)G^{(0)}_{\delta\beta}(P_2)-\delta^{(4)}(P_1-P_4)G^{(0)}_{\gamma\beta}(P_2)G^{(0)}_{\delta\alpha}(P_1)]. \quad (15.6)$$

也就是 K 归结为两个单粒子格林函数乘积之和.

在微扰论的高级近似中出现的一些项,是对这些单粒子函数的修正. 但是,此外也出现一些不属于 G 函数乘积的项. 正是双粒子格林函数的这个部分具有独立意义. 为了把它分离出来,我们将 K 表示成如下形式:

$$K_{\alpha_3\alpha_4,\alpha_1\alpha_2}(P_3,P_4;P_1,P_2)=(2\pi)^4[\delta^{(4)}(P_1-P_3)G_{\alpha_3\alpha_1}(P_1)G_{\alpha_4\alpha_2}(P_2)-$$
$$-\delta^{(4)}(P_1-P_4)G_{\alpha_3\alpha_2}(P_2)G_{\alpha_4\alpha_1}(P_1)]+$$
$$+G_{\alpha_3\beta_3}(P_3)G_{\alpha_4\beta_4}(P_4)i\Gamma_{\beta_3\beta_4,\beta_1\beta_2}(P_3,P_4;P_1,P_2)G_{\beta_1\alpha_1}(P_1)G_{\beta_2\alpha_2}(P_2). \quad (15.7)$$

以这种形式定义的函数 Γ 称作**顶角函数**.

根据定义(15.1),在空间-时间表象中的双粒子格林函数,对于交换第一对宗量或第二对宗量即交换 1 和 2 或交换 3 和 4(连同自旋下标)是反对称的. 由此可得动量表象中格林函数和顶角函数类似的对称性质:

$$\Gamma_{\gamma\delta,\alpha\beta}(P_3,P_4;P_1,P_2)=-\Gamma_{\delta\gamma,\alpha\beta}(P_4,P_3;P_1,P_2)=$$
$$=-\Gamma_{\gamma\delta,\beta\alpha}(P_3,P_4;P_2,P_1) \quad (15.8)$$

如果研究一下展开双粒子格林函数表达式(15.2)时产生的各图之特点,则定义函数 Γ[(15.7)式的末项]时分离出的四个 G 因子的意义就变得明显了. 以下的讨论还假定粒子之间是成对相互作用的.

在零级近似,函数 K 用下图表示:

$P_3=P_1$　　$P_4=P_1$

$P_4=P_2$　　$P_3=P_2$

这些图对应于(15.6)式的两项. 在一级微扰论中有如下类型的图①:

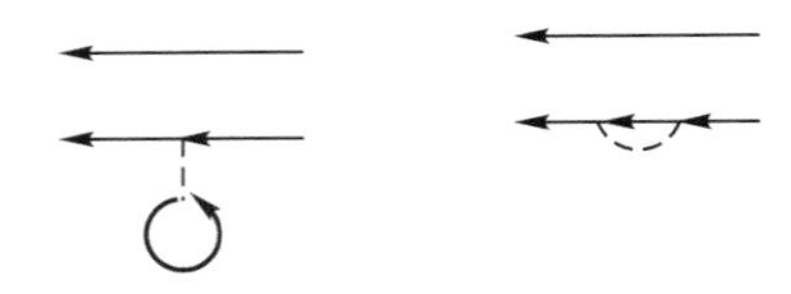

它们是对(15.6)式的每个独立因子的修正. 但是,此外还出现未分成两个独立部分的图:

P_3, P_1, $\mathrm{i}\Gamma^{(1)}$, P_4, P_2　=　P_3, P_1, P_4, P_2　+　P_4, P_1, P_3, P_2　　(15.9)

这里四个箭头 $P_1,\cdots,P_4$ 相应于(15.7)式最后一项中的四个 G 因子,而图的"内"部定义了(第一级的)顶角函数——(15.9)图等式左边的小圆. 将这些图展成解析形式,得:

$$\Gamma^{(1)}_{\gamma\delta,\alpha\beta}(P_3,P_4;P_1,P_2)=-\delta_{\alpha\gamma}\delta_{\beta\delta}U(P_1-P_3)+\delta_{\alpha\delta}\delta_{\beta\gamma}U(P_1-P_4).$$

更高级的图包含三种修正:1) 对两条未相连的实线的进一步修正,2) 对(15.9)各图外线的自能型修正,3) 还有一种修正,用来构成子图以代替(15.9)图上的虚线;一切可能的这些子图之和便给出精确的顶角函数 $\mathrm{i}\Gamma$. 现在以骨架图之和将双粒子格林函数图示出来:

$P_3=P_1$, $P_4=P_2$　+　$P_4=P_1$, $P_3=P_2$　+　P_3, P_1, $\mathrm{i}\Gamma$, P_4, P_2　　(15.10)

粗线表示精确的 G 函数,而小圆代表顶角函数.

在各级微扰论中计算顶角函数时,应按照§13所说的图技术规则进行,而且应当研究四条外线的图(而不研究在计算函数 G 时的两条外线的图). 对决

① 如单粒子格林函数的情况一样,定义(15.2)中的因子 $\langle\hat{S}\rangle^{-1}$ 可消去不相连的实线圈图.

定图的共同符号规则 3)，应当补充下述规定：如果外线 1 与 4，2 与 3(代替 1 与 3，2 与 4)是以实线连续依次连接的，那么图就改为相反的符号.

作为例子，我们把确定二级微扰论中顶角函数的图画出来：

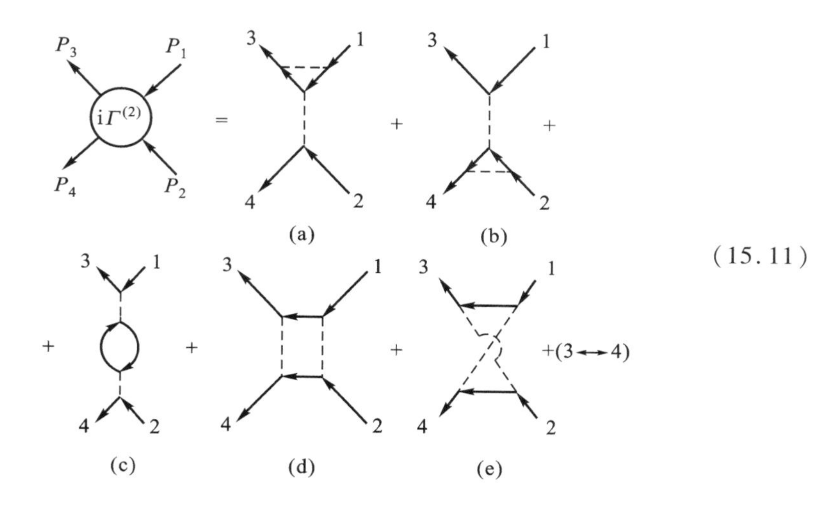

(15.11)

自能函数与顶角函数(Σ 与 Γ)不是不相关的；它们之间以一定的积分方程(所谓**戴森方程**)①相联系.

为推导戴森方程，我们可利用方程(9.5)，该方程(该处曾指出)在考虑到粒子相互作用时也成立. 但是与 §9 中的推导相比，其差别在于现在 ψ 算符满足方程(7.8). 在此方程中略去含外场的项，并将其中的微商 $\partial\hat{\Psi}/\partial t_1$ 代入(9.5)式，得：

$$\left(\mathrm{i}\frac{\partial}{\partial t_1}+\frac{\Delta_1}{2m}+\mu\right)G_{\alpha\beta}(X_1-X_2)-\delta_{\alpha\beta}\delta^{(4)}(X_1-X_2)=$$

$$=\mathrm{i}\int\langle T\hat{\Psi}_\gamma^+(X_3)U(X_1-X_3)\hat{\Psi}_\gamma(X_3)\mathrm{d}^4X_3\cdot\hat{\Psi}_\alpha(X_1)\hat{\Psi}_\beta^+(X_2)\rangle=$$

$$=-\mathrm{i}\int K_{\gamma\alpha,\gamma\beta}(X_3,X_1;X_3,X_2)U_{13}\mathrm{d}^4X_3. \tag{15.12}$$

因为 K 可以按照(15.7)式通过 Γ 表达出来，所以这个等式原则上解决了所提出的问题. 下面要做的只是再把它转到动量表象. 为此，给等式(15.12)乘以 $\exp[iP(X_1-X_2)]$，把 $K_{31,32}$ 和 U_{13} 分别写成(15.5)和(13.9)的形式，并对 $\mathrm{d}^4(X_1-X_2)$ 求积分. 这样，对 4 维坐标求积分给出 δ 函数，后者将因对 4 维动量的积分而消掉. 最后得到：

---

① 该方程类似于量子电动力学中的戴森(Dyson)方程(见第四卷 §107).

$$[G^{(0)-1}(P)G(P)-1]\delta_{\alpha\beta}=$$

$$=-\mathrm{i}\int K_{\gamma\alpha,\gamma\beta}(P_3,P_4;P_3+P_4-P,P)U(P-P_4)\frac{\mathrm{d}^4P_3\mathrm{d}^4P_4}{(2\pi)^8},\qquad(15.13)$$

式中 $G^{(0)}(P)$ 由(9.7)式得出.

现在还要用 Γ 表达 K. 将(15.7)式代入(15.13)式,最后便得出下列形式的戴森方程:

$$\delta_{\alpha\beta}[G^{(0)-1}(P)-G^{-1}(P)]=\delta_{\alpha\beta}\Sigma(P)=$$

$$=U(0)n(\mu)\delta_{\alpha\beta}+\mathrm{i}\delta_{\alpha\beta}\int U(P-P_1)G(P_1)\frac{\mathrm{d}^4P_1}{(2\pi)^4}+$$

$$+\int\Gamma_{\gamma\alpha,\gamma\beta}(P_3,P_4;P_3+P_4-P,P)G(P_3)G(P_4)G(P_3+P_4-P)\times$$

$$\times U(P-P_4)\frac{\mathrm{d}^4P_3\mathrm{d}^4P_4}{(2\pi)^8},\qquad(15.14)$$

这里 $n(\mu)$ 为系统的精确密度,它是系统化学势的函数;这个因子是按公式(7.24)积分 G 函数时出现的(同时考虑该 G 函数是由收缩 $\hat{\Psi}^+\hat{\Psi}$ 产生的). 注意,方程(15.14)右边的第一项就是(14.11)式的 Σ_a.

§16　顶角函数与准粒子散射幅的关系

以上几节建立的数学工具,使我们有可能严格论证和更深刻理解朗道费米液体理论基本关系式的意义,这些关系式在第一章里曾用直观方法在一定程度上作过介绍. 在§16—§20就将论述这一问题①.

顶角函数与准粒子相互散射幅之间存在密切的关系. 为了更好地了解这种关系,我们首先在纯量子力学范围内研究真空中两个粒子的散射问题.

在量子力学中,"四条腿图"是有四条外线(两条入射线和两条出射线)的图——相应于两个粒子的碰撞过程;而在图的解析表达式中,外线相当于自由粒子波函数(平面波)的振幅(见第四卷§106). 现在,我们将看到各级图怎样如实地给出散射幅通常的非相对论玻恩展开序列的各项.

首先,在真空情况下大多数图总是化为零的. 这一点,在坐标表象中最容易理解,因为我们注意到:在真空中一切 $\langle\hat{\Psi}^+\hat{\Psi}\rangle$ 形的收缩都等于零,此时湮没算符位于右边并首先作用在真空态上,而剩余的只是 $\langle\hat{\Psi}\hat{\Psi}^+\rangle$ 形的收缩项. 因此,一切含实线圈的图都变成零,这些图总有 $\langle\hat{\Psi}^+\hat{\Psi}\rangle$ 形的收缩. 根据同样理由,对格

① §16—§18的内容是属于 Л. Д. 朗道的工作(1958),§19,§20的内容是属于 Л. Д. 朗道和 Л. П. 皮塔耶夫斯基的工作(1959).

林函数(也就是对图的实内线)的一切修正都等于零①. 最后,具有交叉虚线的图也为零;例如,在下图中(这里数字 1 和 2 表示宗量 t_1 和 t_2),当 $t_2 > t_1$ 时,上内线对应于收缩 $\langle \hat{\Psi}_2^+ \hat{\Psi}_1 \rangle = 0$,如果 $t_2 < t_1$,则收缩 $\langle \hat{\Psi}_1^+ \hat{\Psi}_2 \rangle = 0$ 对应于下内线.

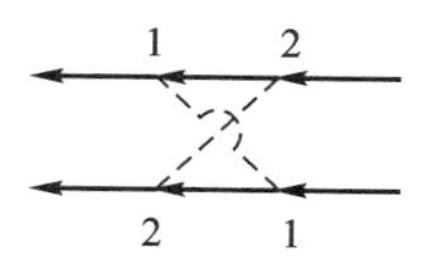

这样一来,对于真空中的两个粒子,只剩下如下的图,它们组成所谓“梯形级数”:

P_3, P_1, $\mathrm{i}\Gamma$, P_4, P_2 = P_3, P_1, P_4, P_2 + ⋯ + ⋯ $+\cdots+(3 \leftrightarrow 4)$

(16.1)

图中的实内线对应于真空格林函数

$$G^{(\text{真空})}(\omega,\boldsymbol{p}) = \left[\omega - \frac{\boldsymbol{p}^2}{2m} + \mathrm{i}0\right]^{-1} \tag{16.2}$$

[这正是 $\mu=0$ 时的(9.7)式]. 应注意,由于分母没有 μ,这个函数的极点总在复变数 ω 的一定的(下)半平面上. 上述图都变为零的情况之所以发生,从数学观点来说,是由于被积式的全部极点都分布在同一个半平面上的缘故. 在另一半平面上闭合积分路径时,积分显然变为零.

将梯形级数(16.1)转化为积分方程,便可以对该级数求和[对照下面类似的级数(17.3)求和]. 如果首先略去具有交换外线端点 3 和 4 的图,则该方程与动量表象中不考虑全同性的双粒子薛定谔方程[第三卷方程(130.9)]是等价的. 相应地,顶角函数 Γ 可用下式通过双粒子的散射幅 f 表达出来:

$$\Gamma_{\gamma\delta,\alpha\beta}(P_3,P_4;P_1,P_2) = \delta_{\alpha\gamma}\delta_{\beta\delta}\frac{4\pi}{m}f. \tag{16.3}$$

若添上具有交换外线端点 3 和 4 的图,会使散射幅反对称化,对于费米子本应这样. 在微扰论的一级近似下,只剩下(16.1)的第一图和具有交换外线端点的一个图,其中完全不含 $G^{(\text{真空})}$. 于是可得到散射辐通常的一级玻恩近似公式. 以后的高级图,在对中间的频率进行积分之后,将给出散射辐修正的高级玻恩近似的已知表达式.

在费米液体中,与介质粒子相互作用的碰撞粒子可等效地用准粒子来代替. 所有与这种相互作用有关的对图的内线修正,函数 Γ 的定义都自动地顾及到了. 但是对外线修正,需另加考虑. 量子场论指出,由于普遍要求散射矩阵具有

---

① 在真空中格林函数不出现任何修正只表明单个粒子跟任何别的都不发生相互作用. 与此相关,我们记得相对论粒子格林函数的真空修正与可能出现虚电子对和虚光子的中间态有关.

么正性，这些修正将使散射辐中的每条自由外线出现因子$\sqrt{Z}$，这里 Z 是格林函数的重整化常数（见第四卷 §110）；对于具有四条外线的图，这意味着要乘以 Z^2. 虽说量子场论的结论对于费米液体中的准粒子也成立，但在这里我们也可以借助更简单（虽然并不严格）的讨论来解释这个乘数的来由.

问题在于，液体的格林函数在接近自己的极点处[（10.2）式中的第一项]与理想气体的格林函数只差一个因子 Z. 如果以算符 $\hat{\Psi}_{qu}=\hat{\Psi}/\sqrt{Z}$，$\hat{\Psi}^+_{qu}=\hat{\Psi}^+/\sqrt{Z}$ 分别代替 $\hat{\Psi}$ 和 $\hat{\Psi}^+$，那么由它们组成的格林函数 $G_{qu}=G/Z$，就很像理想气体的格林函数在极点附近的行为. 就此意义来说，这些算符可以看作是准粒子理想气体的 ψ 算符. 按这些算符确定的双粒子格林函数将是 $K_{qu}=K/Z^2$，因此[依照定义（15.7）]顶角部分 $\Gamma_{qu}=\Gamma Z^2$，这就是我们所需要的证明.

在应用于准粒子时，我们感兴趣的与其说是散射截面，不如说是（1 s 内在 1 cm³液体中的）碰撞数. 对于粒子的动量变化和自旋投影变化（$\boldsymbol{p}_1\alpha,\boldsymbol{p}_2\beta\rightarrow\boldsymbol{p}_3\gamma,\boldsymbol{p}_4\delta$）都已知的碰撞来说，这种碰撞数用下列公式给出：

$$\begin{aligned}\mathrm{d}W=&2\pi\left|Z^2\Gamma_{\gamma\delta,\alpha\beta}(P_3,P_4;P_1,P_2)\right|^2\delta(\varepsilon_3+\varepsilon_4-\varepsilon_1-\varepsilon_2)\times\\&\times n_{p_1}n_{p_2}(1-n_{p_3})(1-n_{p_4})\frac{\mathrm{d}^3p_1\mathrm{d}^3p_2\mathrm{d}^3p_3}{(2\pi)^9},\end{aligned}\qquad(16.4)$$

其中 $\boldsymbol{p}_1+\boldsymbol{p}_2=\boldsymbol{p}_3+\boldsymbol{p}_4$，$n_p$是准粒子的分布函数. n_{p_1}和 n_{p_2}两个因子只是表明这一事实：初动量（和自旋投影）为已知的准粒子的碰撞数与单位体积中这种准粒子数成正比. 根据泡利原理，因子$(1-n_{p_3})$和$(1-n_{p_4})$与下列事实有关：只有末态未被占据时，碰撞才能发生.

§17 小动量传递时的顶角函数

在费米液体理论中，当两对变量 P_1与 P_3及 P_2与 P_4的值都很接近时，顶角函数起着重要作用（其中我们将看到该函数与准粒子相互作用函数有密切关系）. 鉴于下列关系：

$$P_1+P_2=P_3+P_4,$$

假定 $P_3=P_1+K,P_4=P_2-K$，并引入简化记号

$$\Gamma_{\gamma\delta,\alpha\beta}(P_1+K,P_2-K;P_1,P_2)=\Gamma_{\gamma\delta,\alpha\beta}(K;P_1,P_2),\qquad(17.1)$$

我们将研究这个函数在小 K 值的情况. 用准粒子散射过程的术语来说，就是要研究接近于“向前散射”的碰撞如何传递小的 4 维动量.

当 $K=0$ 时，我们看到函数 Γ 具有奇异性；而我们感兴趣的，正是该函数具有这种奇异性的那一部分. 根据对如下骨架图的分析，不难理解这种奇异性的来由：

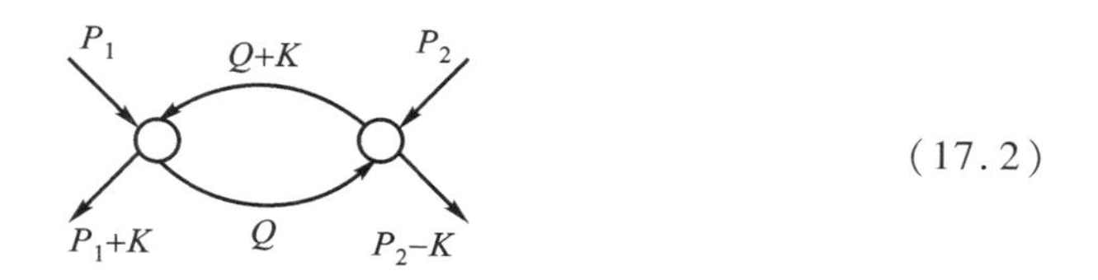

(17.2)

骨架图包含双粒子格林函数一些图的集合，这些图都能在两对外点 P_1，P_3 和 P_2，P_4 之间被截成两段，它们原用两条实线相连①. 两条连结的粗线相应于精确的单粒子格林函数 $G(Q)$ 和 $G(Q+K)$，并且要对图中4维动量 Q 进行积分. 当 $K\to 0$ 时，这两个函数的宗量相互靠近，因而它们的极点也相互靠近. 相互靠近的极点将"紧夹"积分路线（见下文），这就是函数 Γ 中出现奇异性的根源.

为了算出精确的函数 Γ，需要对微扰论的整个级数求和. 由于我们的目的在于分离出 $K=0$ 时具有奇异性的部分，首先要将下述所有图的贡献分离开，即这些图不能靠切断两条4维动量相接近（只差 K 值）的实线而被截开. 当 $K=0$ 时函数 Γ 不具有奇异性的部分，我们记作 $\tilde{\Gamma}$；在 $\tilde{\Gamma}$ 中可以设 $K=0$，因此 $\tilde{\Gamma}$ 只是变量 P_1，P_2 的函数：$\tilde{\Gamma}_{\gamma\delta,\alpha\beta}(P_1,P_2)$. 至于说到"危险"的图，可将它们按其所含宗量相近的双线对的数目来分类. 因此，完全的顶角部分 Γ 可用下图的无穷"梯形"级数表达：

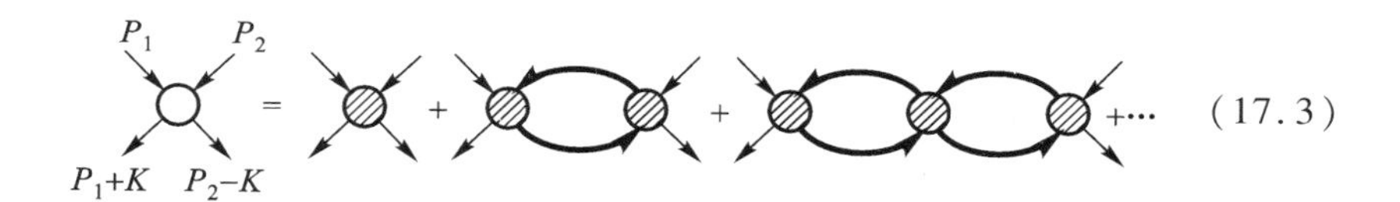

(17.3)

这里，空白小圆相应于待求的 $\mathrm{i}\Gamma$，阴影小圆代表 $\mathrm{i}\tilde{\Gamma}$. 这些图上的外线，不含在 Γ 的定义中，它们只用于指明入射和出射的4维动量的数目和数值.

图(17.3)上的一切内线都是粗线，它们对应于精确的 G 函数. 因此我们强调，之所以可将 Γ 表现为这些骨架图（以及由之得出的一切推论），绝不是假定粒子之间具有成对相互作用，因为这里没有显形式的虚线，实际上只有小圆所表示的单元内部构造（这里我们不感兴趣）才与相互作用性质有关②.

对级数(17.3)的求和问题，归结为解积分方程，为了得到这个方程，整个级

---

① 例如，在(17.2)式按成对相互作用的二级微扰论中，包含图(15.11a,b,c)及交换外线端点3和4的图(15.11e).

② 这里只假定有如粒子数守恒一类的普遍性质. 粒子数守恒表现在图的每个断面上向右通过和向左通过的线数之差保持不变（对于(17.3)型图的各个断面，这个差等于零）.

数尚需“乘”一个 $\widetilde{\Gamma}$，即以如下级数代替(17.3)：

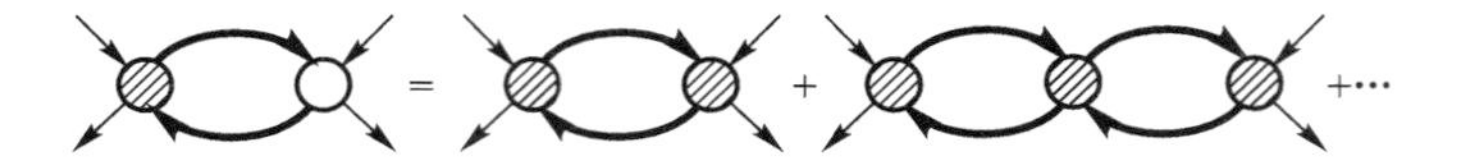

与原来的级数(17.3)比较，可得到等式

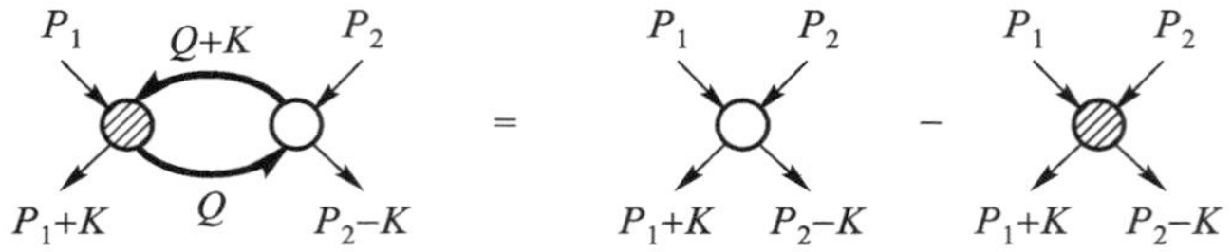

P_1　$Q+K$　P_2　　P_1　P_2　　P_1　P_2

P_1+K　Q　P_2-K　=　P_1+K　P_2-K　−　P_1+K　P_2-K　　(17.4)

将这个图等式写成解析形式时，即给出待求的积分方程：

$$\Gamma_{\gamma\delta,\alpha\beta}(K;P_1,P_2)=$$
$$=\widetilde{\Gamma}_{\gamma\delta,\alpha\beta}(P_1,P_2)-\mathrm{i}\int\widetilde{\Gamma}_{\gamma\zeta,\alpha\kappa}(P_1,Q)G(Q+K)G(Q)\times \tag{17.5}$$
$$\times\Gamma_{\kappa\delta,\zeta\beta}(K;Q,P_2)\frac{\mathrm{d}^4Q}{(2\pi)^4}.$$

这里，如上所述，在函数 $\widetilde{\Gamma}$ 中假定 $K=0$；利用前面已引入的 Γ 和 $\widetilde{\Gamma}$ 的简化记号，并假定 $G_{\alpha\beta}=G\delta_{\alpha\beta}$.

为了考察这个方程，我们首先研究方程核中的乘积 $G(Q+K)G(Q)$. 我们讲过，当 K 小时，两个因子的极点相互接近. 这些极点附近 G 函数表现为极点项(10.2). 把 4 维矢量 K 和 Q 的分量按照

$$K=(\omega,\boldsymbol{k}),\quad Q=(q_0,\boldsymbol{q}) \tag{17.6}$$

表示出来，于是在这个范围内，可写成：

$$G(Q)G(Q+K)\approx Z^2[q_0-v_{\mathrm{F}}(q-p_{\mathrm{F}})+$$
$$+\mathrm{i}\delta_1]^{-1}[q_0+\omega-v_{\mathrm{F}}(|\boldsymbol{q}+\boldsymbol{k}|-p_{\mathrm{F}})+\mathrm{i}\delta_2]^{-1} \tag{17.7}$$

式中 δ_1,δ_2 为无穷小附加项，它们的符号(在极点附近)根据下式确定：

$$\begin{aligned}&\operatorname{sign}\delta_1=\operatorname{sign}(q-p_{\mathrm{F}}),\\&\operatorname{sign}\delta_2=\operatorname{sign}(|\boldsymbol{q}+\boldsymbol{k}|-p_{\mathrm{F}}).\end{aligned} \tag{17.8}$$

δ_1 和 δ_2 的符号决定极点在复变量 q_0 的上半平面或下半平面上的位置. 在极点间夹紧 $\mathrm{d}q_0$ 积分的回路(实轴). 结果，积分方程的核(随之方程的解)将出现奇异性. 极点应位于回路的两侧，即位于不同的半平面上.

我们首先假定 $\boldsymbol{q}\cdot\boldsymbol{k}>0$，即 $\cos\theta>0$，这里 θ 为 $\boldsymbol{q}$ 和 $\boldsymbol{k}$ 的夹角. 如果 $q<p_{\mathrm{F}}$，$|\boldsymbol{q}+\boldsymbol{k}|>p_{\mathrm{F}}$，于是 $|\boldsymbol{q}+\boldsymbol{k}|>q$，并且 δ_1 和 δ_2 具有不同的符号($\delta_1<0,\delta_2>0$)，这是由于 k 的微小性等价于

$$p_F - k\cos\theta < q < p_F. \tag{17.9}$$

在(17.5)式中进一步对 dq_0 求积分时,可以用无穷远的半圆周(在上半平面或在下半平面全一样)将积分路线封闭起来,这时,积分便决定于被积式在相应的极点的留数. 同时,由于(17.9)的间隔狭窄(当 k 微小时),在积分号下 Γ 和 $\tilde{\Gamma}$ 的因子中可取 $k=0$,相应地对于各极点的位置来说(当 k,ω 微小时):$q_0\approx 0$.

换言之,在积分方程(17.5)核中极点因子的乘积(17.7),就其本身所起作用的意义来说,相当于 δ 函数:

$$A\delta(q_0)\delta(q-p_F),$$

其中系数 A 由如下积分决定:

$$A=\int\frac{Z^2 dq_0 dq}{[q_0-v_F(q-p_F)+i\delta_1][q_0+\omega-v_F(|\boldsymbol{q}+\boldsymbol{k}|-p_F)-i\delta_2]}.$$

当 q 位于(17.9)间隔之外时,则两个极点位于复变量 q_0 的同一个半平面上,而对 dq_0 的积分围道在另一个半平面上封闭,我们知道积分将为零. 但在(17.9)的区域内,在其中一个半平面上封闭积分围道,并对这个半平面上极点的留数计算积分,我们求得:

$$A=\int\frac{2\pi i Z^2 dq}{\omega-v_F(|\boldsymbol{q}+\boldsymbol{k}|-q)+i0}$$

[注意,在(17.9)的区域内 $\delta_1<0,\delta_2>0$]. 因为按条件(17.9),$q\approx p_F \gg k$,所以可取 $|\boldsymbol{q}+\boldsymbol{k}|-q\approx k\cos\theta$,再考虑到(17.9)的两侧界限,就有:

$$A=\frac{2\pi i Z^2 k\cos\theta}{\omega-kv_F\cos\theta}.$$

用同样方法不难证明,当 $\cos\theta<0$ 时,也可以得到 A 的这个表达式(但 i0 的符号不同,这时应在 $q>p_F$,$|\boldsymbol{q}+\boldsymbol{k}|<p_F$ 的区域内进行积分). 因此,方程(17.5)的核中有:

$$G(Q)G(Q+K)=\frac{2\pi i Z^2\boldsymbol{l}\cdot\boldsymbol{k}\delta(q_0)\delta(|\boldsymbol{q}|-p_F)}{\omega-v_F\boldsymbol{l}\cdot\boldsymbol{k}+i0\cdot\operatorname{sign}\omega}+\varphi(Q). \tag{17.10}$$

式中写出 $\boldsymbol{l}\cdot\boldsymbol{k}$ 以代替 $k\cos\theta$ ($\boldsymbol{l}=\boldsymbol{q}/q$),函数 φ(当小 K 时)不包含 δ 函数部分,因此其中可以取 $K=0$.

将(17.10)式代入(17.5)式,我们得到下列形式的基本积分方程:

$$\begin{aligned}\Gamma_{\gamma\delta,\alpha\beta}(K;P_1,P_2)&=\tilde{\Gamma}_{\gamma\delta,\alpha\beta}(P_1,P_2)-\\&-i\int\tilde{\Gamma}_{\gamma\zeta,\alpha\kappa}(P_1,Q)\varphi(Q)\Gamma_{\kappa\delta,\zeta\beta}(K;Q,P_2)\frac{d^4Q}{(2\pi)^4}+\\&+\frac{Z^2p_F^2}{(2\pi)^3}\int\tilde{\Gamma}_{\gamma\zeta,\alpha\kappa}(P_1,Q_F)\Gamma_{\kappa\delta,\zeta\beta}(K;Q_F,P_2)\frac{\boldsymbol{l}\cdot\boldsymbol{k}do_l}{\omega-v_F\boldsymbol{l}\cdot\boldsymbol{k}}.\end{aligned} \tag{17.11}$$

在最后一项中作代换:$d^4Q=q^2dqdo_ldq_0$(这里 do_l 为 $\boldsymbol{l}$ 方向上的立体角元),并对

$\mathrm{d}q\mathrm{d}q_0$取积分消去 δ 函数. 在这一项的函数 Γ 和 $\tilde{\Gamma}$ 中,宗量 Q 取费米面上的值: $Q_{\mathrm{F}}=(0,p_{\mathrm{F}}\boldsymbol{l})$.

应注意到方程(17.11)的核中因子 $\boldsymbol{l}\cdot\boldsymbol{k}/(\omega-v_{\mathrm{F}}\boldsymbol{l}\cdot\boldsymbol{k})$ 的特殊性质:当 $\boldsymbol{k}\to 0$, $\omega\to 0$ 时,它的极限与这时比值 ω/k 所趋近的极限有关. 因而方程的解亦将具有这种特性:函数 $\Gamma(K;P_1,P_2)$ 当 $K\to 0$ 时的极限依赖于 ω 和 $\boldsymbol{k}$ 趋近于零的方式.

我们以 $\Gamma^{\omega}(P_1,P_2)$ 表示极限:

$$\Gamma^{\omega}_{\gamma\delta,\alpha\beta}(P_1,P_2)=\lim_{K\to 0}\Gamma_{\gamma\delta,\alpha\beta}(K;P_1,P_2),\text{当 } k/\omega\to 0 \tag{17.12}$$

(在 §18 中我们将会看到,准粒子相互作用函数恰好与这个量有关). 当以这种方式过渡到极限时,(17.11)式中最后一个积分项的核变为零,所以 Γ^{ω} 满足方程:

$$\Gamma^{\omega}_{\gamma\delta,\alpha\beta}(P_1,P_2)=$$
$$=\tilde{\Gamma}_{\gamma\delta,\alpha\beta}(P_1,P_2)-\mathrm{i}\int\tilde{\Gamma}_{\gamma\zeta,\alpha\kappa}(P_1,Q)\varphi(Q)\Gamma^{\omega}_{\kappa\delta,\zeta\beta}(Q,P_2)\frac{\mathrm{d}^4Q}{(2\pi)^4}. \tag{17.13}$$

注意,由于(15.8)式,则

$$\Gamma^{\omega}_{\gamma\delta,\alpha\beta}(P_1,P_2)=\Gamma^{\omega}_{\delta\gamma,\beta\alpha}(P_2,P_1). \tag{17.14}$$

由(17.11)和(17.13)两个方程可以消掉 $\tilde{\Gamma}$. 消掉后,结果为:

$$\Gamma_{\gamma\delta,\alpha\beta}(K;P_1,P_2)=\Gamma^{\omega}_{\gamma\delta,\alpha\beta}(P_1,P_2)+$$
$$+\frac{Z^2p_{\mathrm{F}}^2}{(2\pi)^3}\int\Gamma^{\omega}_{\gamma\zeta,\alpha\kappa}(P_1,Q_{\mathrm{F}})\Gamma_{\kappa\delta,\zeta\beta}(K;Q_{\mathrm{F}},P_2)\frac{\boldsymbol{l}\cdot\boldsymbol{k}\mathrm{d}o_l}{\omega-v_{\mathrm{F}}\boldsymbol{l}\cdot\boldsymbol{k}}. \tag{17.15}$$

事实上,如果形式上将(17.3)式写成 $\tilde{\Gamma}=\hat{L}\Gamma^{\omega}$,则(17.11)式可写成:

$$\hat{L}\Gamma=\tilde{\Gamma}+\frac{Z^2p_{\mathrm{F}}^2}{(2\pi)^3}\int\tilde{\Gamma}\Gamma\frac{\boldsymbol{l}\cdot\boldsymbol{k}}{\omega-v_{\mathrm{F}}\boldsymbol{l}\cdot\boldsymbol{k}}\mathrm{d}o_l$$

将 $\tilde{\Gamma}=\hat{L}\Gamma^{\omega}$ 代入上式,并将算符 $\hat{L}^{-1}$ 作用到等式的两边,便得到(17.15)式.

现在我们按照下式引入函数 Γ^{k}:

$$\Gamma^{k}_{\gamma\delta,\alpha\beta}(P_1,P_2)=\lim_{K\to 0}\Gamma_{\gamma\delta,\alpha\beta}(K;P_1,P_2),\text{当 } \omega/k\to 0 \tag{17.16}$$

这个函数(乘以 Z^2)正是向前散射幅(即 $P_1,P_2\to P_1,P_2$ 的跃迁),它相应于费米面上由准粒子产生的真实物理过程:即留在该表面的准粒子的碰撞引起无能量改变的动量变化,因此过渡到动量传递为零($\boldsymbol{k}\to 0$)的极限,应在能量的传递严格等于零($\omega=0$)的情况下进行. 前面引入的函数 Γ^{ω},相应于动量传递严格等于零($\boldsymbol{k}=0$)时小能量传递的非物理"散射"的极限情况.

在(17.15)式中,取 $\omega=0$,再过渡到 $\boldsymbol{k}=0$ 的极限,并以 Z^2 乘等式的两边,则得:

$$Z^2\Gamma^{k}_{\gamma\delta,\alpha\beta}(P_1,P_2)=Z^2\Gamma^{\omega}_{\gamma\delta,\alpha\beta}(P_1,P_2)-$$

$$-\frac{p_{\mathrm{F}}^{2}}{v_{\mathrm{F}}(2\pi)^{3}}\int Z^{2}\Gamma^{\omega}_{\gamma\zeta,\alpha\kappa}(P_{1},Q_{\mathrm{F}})\cdot Z^{2}\Gamma^{k}_{\kappa\delta,\zeta\beta}(Q_{\mathrm{F}},P_{2})\mathrm{d}o_{l}.\tag{17.17}$$

因此，存在一个联系向前散射幅两种极限形式的普遍关系.

函数 Γ 的反对称性质(15.8)，给出 $P_1\to P_2$ 时 Γ^k 和 Γ^ω 行为的一个信息. 在该等式中，取 $P_1=P_2,\alpha=\beta$，我们得到：

$$\Gamma_{\gamma\delta,\alpha\alpha}(P_1+K,P_1-K;P_1,P_1)=0\tag{17.18}$$

(这里不对 α 求和!)①. 在此等式中，应谨慎进行向 Γ^ω 或 Γ^k 的过渡，因为在 Γ^ω 和 Γ^k 中，首先取 $K=0$，而在(17.18)式中，则首先取 $P_1=P_2$.

同时令 K 和 $P_1-P_2\equiv S=(s_0,s)$ 都是小量. 这样，除图(17.2)以外，下图也将是危险的：

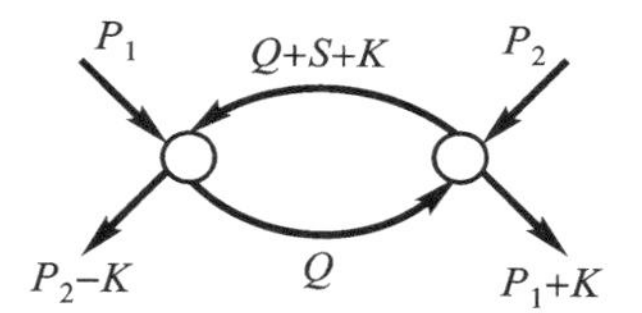

因此，当 $K,S\to0$ 时，函数 $\Gamma_{\gamma\delta,\alpha\alpha}$ 将依赖于两个“特殊”宗量：

$$x=\frac{\omega}{k},\quad y=\frac{s_0+\omega}{|\boldsymbol{s}+\boldsymbol{k}|}$$

当 $x=y$ 时，(17.18)式表示该函数变为零. 我们来研究费米面上 Γ 的值；这时 $\omega=s_0=0$，因而 $y=0$. 所以只有当 $x=0$ 时，在这个极限上才有等式(17.18). 换言之，在费米面上对于 Γ^k 的等式是成立的：

$$\Gamma^{k}_{\gamma\delta,\alpha\alpha}(P_1,P_1)=0\tag{17.19}$$

(N. D. Mermin, 1967).

§ 18　顶角函数与准粒子相互作用函数的关系

正如在定义单粒子格林函数的(7.9)式的矩阵元的结构中，包含粒子数为 $N\pm1$ 的中间态一样，在构成双粒子格林函数(矩阵元(15.1))中，也包含粒子数为 $N,N\pm1,N\pm2$ 的中间态②.

由于存在粒子数为 $N\pm1$ 的中间态，双粒子格林函数的极点与 G 函数的极

① 当只考虑准粒子自旋之间的交换相互作用时，所有 $\Gamma_{\gamma\delta,\alpha\alpha}$ 中仅仅 $\Gamma_{aa,aa}$ 不等于零. 这个论断表明，散射时自旋矢量具有不变性. 此论断也可以直接根据(2.4)形的表达式来验证.

② 例如，粒子数为 N 的状态在 T 乘积的算符序列 $\hat{\Psi}_3\hat{\Psi}_1^+\hat{\Psi}_4\hat{\Psi}_2^+$ 中出现. 而粒子数为 $N+2$ 的状态，相应于 $\hat{\Psi}_3\hat{\Psi}_4\hat{\Psi}_1^+\hat{\Psi}_2^+$ 这样的序列.

点(即与准粒子能量)是一致的. 但是,所对应的各因子,已在(15.7)式中以显形式被分解出来. 因此,以这个顶角公式所定义的函数 Γ,只具有对应于粒子数为 N 和 $N\pm2$ 的各态的极点. 这些态的角动量与基态的角动量之差为 0 或 1,因此相应于这些极点的元激发具有整数自旋(0 或 1),所以它们遵从玻色统计. 换句话说,顶角函数的各极点决定费米液体能谱的玻色支.

由粒子数不变的中间态产生的极点,相应于元激发是零声量子. 在图技术中,中间态相应于各图的不同断面,它们在图的某些外线之间将图分成两个部分. 在这种情况下,粒子数不变的诸中间态相应于图(17.3)的各断面,它们分别截断连接相邻的 $\tilde{\Gamma}$ 单元的一对实线;在这些状态中,粒子数的不变性表现在穿过断面两侧的线数是相同的. 通过这种截面所迁移的 4 维动量是:$(Q+K)-Q=K$;因此,粒子数不变的元激发则相应于变量为 K 的顶角函数 $\Gamma(K;P_1,P_2)$ 的极点.

在前面[推导(17.10)式时]我们看到,在 4 维矢量 Q 和 $Q+K$ 中的两个动量 $\boldsymbol{q}$ 和 $\boldsymbol{q}+\boldsymbol{k}$,其一应大于边界动量 p_F,而另一个应小于 p_F. 从另一方面来看,当基态激发时,在费米球外的只能是"粒子",而在球内的只能是"空穴". 就此意义可以说,费米液体中的零激发,可看作是粒子与空穴的束缚态①.

相应于 $N\pm2$ 个粒子中间态的元激发[它们相应于函数 $\Gamma(K;P_1,P_2)$ 对变量 P_1+P_2 的极点],可以看作两个粒子或两个空穴的束缚态. 但是,这种状态的存在(第五章将要说明),将使费米液体具有超流性,因而也需对图技术的全部数学工具作重要的改变.

因此,为了确定费米液体非超流能谱的玻色支,应当研究变量为 $K=(\omega,\boldsymbol{k})$ 的顶角函数 $\Gamma(K;P_1,P_2)$ 的极点. 每取一个 $\boldsymbol{k}$ 值,对应于极点便有一定的能量 $\omega=\omega(\boldsymbol{k})$,于是就确定了这些激发的色散律. 对于弱激发态,$\omega$ 和 $\boldsymbol{k}$ 都小,因此可以利用已得到的在 K 为小值的区域内函数 $\Gamma(K;P_1,P_2)$ 的方程.

在函数 Γ 的极点附近,方程(17.15)的左边及其右边的积分是非常大的量;而 $\Gamma^{\omega}(P_1,P_2)$ 项仍是有限的,因此可以略去. 其次应注意,在方程(17.15)中对函数 Γ 进行的运算没有涉及变量 P_2 及下标 β 和 δ,即它们在方程中只起不重要的参量作用. 最后,我们来研究在费米球面上的函数 Γ,即取 $P_1=(0,p_F\boldsymbol{n})$,其中 $\boldsymbol{n}$ 为变单位矢量. 基于所有上边这些论述,我们作出这样的结论:确定费米液体中的声激发,归结为求下列积分方程的本征值问题:

---

① 就问题的这种提法来说,在形式上与量子电动力学中(见第四卷 §125)电子和正电子束缚态能级的定义有许多共同之处. 特别是,方程(17.4—17.5)类似于第四卷的 Bethe - Salpeter 方程(125.10—125.11).

$$\chi_{\gamma\alpha}(\boldsymbol{n})=\frac{Z^2p_{\mathrm{F}}^2}{(2\pi)^3}\int\Gamma^{\omega}_{\gamma\zeta,\alpha\kappa}(\boldsymbol{n},\boldsymbol{l})\chi_{\kappa\zeta}(\boldsymbol{l})\frac{\boldsymbol{l}\cdot\boldsymbol{k}\mathrm{d}o_l}{\omega-v_{\mathrm{F}}\boldsymbol{l}\cdot\boldsymbol{k}},\tag{18.1}$$

式中$\chi_{\gamma\alpha}(\boldsymbol{n})$为辅助函数.

为改造这个方程,引入如下新的函数代替χ:

$$\nu_{\gamma\alpha}(\boldsymbol{n})=\frac{\boldsymbol{n}\cdot\boldsymbol{k}}{\omega-v_{\mathrm{F}}\boldsymbol{n}\cdot\boldsymbol{k}}\chi_{\gamma\alpha}(\boldsymbol{n}),\tag{18.2}$$

这时,方程(18.1)取如下形式:

$$(\omega-v_{\mathrm{F}}\boldsymbol{n}\cdot\boldsymbol{k})\nu_{\gamma\alpha}(\boldsymbol{n})=\boldsymbol{k}\cdot\boldsymbol{n}\frac{p_{\mathrm{F}}^2Z^2}{(2\pi)^3}\int\Gamma^{\omega}_{\gamma\zeta,\alpha\kappa}(\boldsymbol{n},\boldsymbol{n}')\nu_{\kappa\zeta}(\boldsymbol{n}')\mathrm{d}o'\tag{18.3}$$

(记号$\boldsymbol{l}$换成$\boldsymbol{n}'$).

这个方程的形状,同费米液体振动的动理学方程(4.10)完全一致. 将两个方程作对比,可导出准粒子相互作用函数与函数Γ^{ω}之间的下列对应关系:

$$f_{\gamma\delta,\alpha\beta}(p_{\mathrm{F}}\boldsymbol{n},p_{\mathrm{F}}\boldsymbol{n}')=Z^2\Gamma^{\omega}_{\gamma\delta,\alpha\beta}(\boldsymbol{n},\boldsymbol{n}').\tag{18.4}$$

因而弄清楚了函数f和准粒子散射性质之间的关系①.

等式(18.4)将f与非物理过程散射幅联系起来了. 现在利用公式(17.17)得出f同费米面上准粒子的"物理"向前散射幅之间的显示关系,我们把该散射幅表示成:

$$A_{\gamma\delta,\alpha\beta}(\boldsymbol{n}_1,\boldsymbol{n}_2)=Z^2\Gamma^{k}_{\gamma\delta,\alpha\beta}(\boldsymbol{n}_1,\boldsymbol{n}_2).\tag{18.5}$$

在费米面上,关系式(17.17)取如下形式:

$$A_{\gamma\delta,\alpha\beta}(\boldsymbol{n}_1,\boldsymbol{n}_2)=$$

$$=f_{\gamma\delta,\alpha\beta}(\boldsymbol{n}_1,\boldsymbol{n}_2)-\frac{p_{\mathrm{F}}^2}{(2\pi)^2v_{\mathrm{F}}}\int f_{\gamma\zeta,\alpha\chi}(\boldsymbol{n}_1,\boldsymbol{n}')A_{\chi\delta,\zeta\beta}(\boldsymbol{n}',\boldsymbol{n}_2)\frac{\mathrm{d}o'}{4\pi}.\tag{18.6}$$

函数A和f的自旋关系可以用泡利矩阵σ来表达. 在一般情况下,这两个函数可以包含四个矢量$\boldsymbol{n}_1,\boldsymbol{n}_2,\boldsymbol{\sigma}_1,\boldsymbol{\sigma}_2$的任何标量组合. 但如果粒子间的作用是交换相互作用,则可容许的标积只是$\boldsymbol{n}_1\cdot\boldsymbol{n}_2$和$\boldsymbol{\sigma}_1\cdot\boldsymbol{\sigma}_2$. 这样,函数$A$和$f$[如在(2.4)式中对待$f$的作法一样]可以表为:

$$\frac{p_{\mathrm{F}}^2}{\pi^2v_{\mathrm{F}}}f_{\gamma\delta,\alpha\beta}(\boldsymbol{n}_1,\boldsymbol{n}_2)=F(\vartheta)\delta_{\alpha\gamma}\delta_{\beta\delta}+G(\vartheta)\boldsymbol{\sigma}_{\gamma\alpha}\cdot\boldsymbol{\sigma}_{\delta\beta},$$

$$\frac{p_{\mathrm{F}}^2}{\pi^2v_{\mathrm{F}}}A_{\gamma\delta,\alpha\beta}(\boldsymbol{n}_1,\boldsymbol{n}_2)=B(\vartheta)\delta_{\alpha\gamma}\delta_{\beta\delta}+G(\vartheta)\boldsymbol{\sigma}_{\gamma\alpha}\cdot\boldsymbol{\sigma}_{\delta\beta},\tag{18.7}$$

其中系数F,G,B,C只是$\boldsymbol{n}_1$和$\boldsymbol{n}_2$之间夹角ϑ的函数. 将这些函数按勒让德多项式展开:

---

① 上述的一般推导属于Л. Д. 朗道的工作(1958). 稍早一些,А. Б. Мигдаи 和 В. М. Галицкий 对具体的(17.3)型图进行求和,从而得出弱非理想费米气体的动理学方程. 应当指出,在气体情况下,G函数中(在零级近似)只含有极点项,因而不存在消除非极点项的问题.

$$B(\vartheta)=\sum_{l=0}^{\infty}(2l+1)B_lP_l(\cos\vartheta),\cdots,\tag{18.8}$$

将(18.7—18.8)式代入(18.6)式,并算出积分(这时利用勒让德多项式加法定理),可得:

$$B_l=F_l(1-B_l),\ C_l=G_l(1-C_l).\tag{18.9}$$

这些公式建立了 f 和 A 的展开系数间的简单代数关系.

由稳定性条件(2.19—2.20)可导出类似的关于系数 B_l,C_l的不等式:

$$B_l<1,\ C_l<1.\tag{18.10}$$

此外,这些系数还满足由公式(17.19)得出的关系式:

$$B(0)+C(0)=0$$

或

$$\sum_{l=0}^{\infty}(2l+1)(B_l+C_l)=0.\tag{18.11}$$

等式(18.9),(18.11)连同条件(18.10)足以证明一个有趣的论断:在一切稳定的费米液体中,至少有一个(寻常的或有自旋的)轴对称的零声支①.

§19　格林函数微商恒等式

在有关格林函数的数学工具中,格林函数的微商和准粒子散射幅之间的某些恒等关系起着重要作用. 这些关系式的推导都是同样的,即算出在某一虚设的"外场"影响下格林函数的改变,而该外场对系统作用的结果预先是已知的.

因此,首先要算出在任意"外场"影响下格林函数的改变 δG. 这种场在哈密顿量中的对应项为:

$$\delta\hat{V}^{(1)}=\int\hat{\boldsymbol{\Psi}}_\alpha^+(t,\boldsymbol{r})\delta\hat{U}\hat{\boldsymbol{\Psi}}_\alpha(t,\boldsymbol{r})\mathrm{d}^3x,\tag{19.1}$$

其中 $\delta\hat{U}$ 为某一算符,它作用在 $\boldsymbol{r}$(也可以和时间 t 有关)的函数上.

当有外场存在时,格林函数已与两个 4 维动量 P_1 和 P_2 有关. 在图技术中,这种外场可用新的图元素——外虚线来表示:

P_2 ←—┆—— P_1

并且这种线相当于因子

$$-\mathrm{i}\delta U(P_2,P_1)=-\mathrm{i}\int\mathrm{e}^{\mathrm{i}P_2X}\delta\hat{U}\mathrm{e}^{-\mathrm{i}P_1X}\mathrm{d}^4X.\tag{19.2}$$

外场对于精确格林函数的第一级修正可表为两个骨架图之和:

① 见 N. D. Mermin, *Phys. Rev*, **159**, 161(1967).

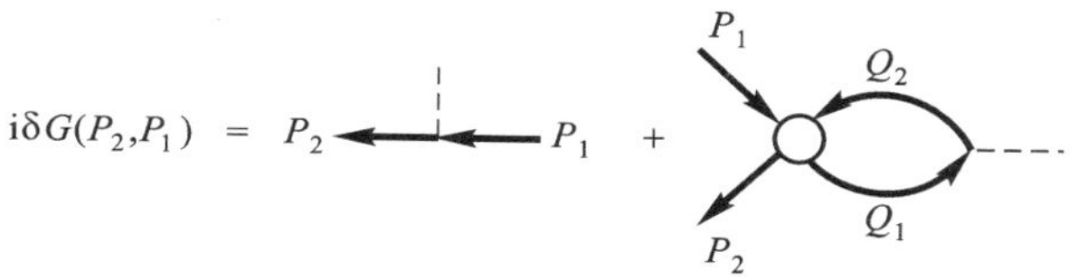

$$i\delta G(P_2,P_1) = P_2 \longleftarrow\!\!\vdots\!\!\longleftarrow P_1 + [\text{图}] \tag{19.3}$$

其中所有实线——粗线为精确 G 函数,小圆为精确顶角函数($i\Gamma$). 将该等式以解析形式写出来,则有

$$\begin{aligned}\delta G_{\beta\alpha}(P_2,P_1) &= G_{\beta\gamma}(P_2)\delta U(P_2,P_1)G_{\gamma\alpha}(P_1) - \\ &- iG_{\beta\gamma}(P_2)G_{\varepsilon\alpha}(P_1)\int\Gamma_{\gamma\delta,\varepsilon\zeta}(P_2,Q_1;P_1,Q_2)\times \\ &\times\delta U(Q_2,Q_1)G_{\zeta\kappa}(Q_2)G_{\kappa\delta}(Q_1)\frac{d^4Q_1}{(2\pi)^4},\end{aligned} \tag{19.4}$$

并且 $Q_2+P_1=P_2+Q_1$.

我们感兴趣的头两个恒等式与系统中粒子数守恒有关. 这一性质表现在系统哈密顿量中 ψ 算符是成对出现的,即对每个宗量 X,算符 $\hat{\Psi}^+(X)$ 和 $\Psi(X)$ 各出现一次.

现在对 ψ 算符进行规范变换:

$$\hat{\Psi}_\alpha(X) = \hat{\Psi}'_\alpha(X)e^{-i\chi(X)}, \quad \hat{\Psi}^+_\alpha = \hat{\Psi}'^+_\alpha e^{i\chi(X)}, \tag{19.5}$$

式中 $\chi(X)$ 为实函数①. 根据前面指出的哈密顿量的性质,如果 $\hat{\Psi}$ 遵从"薛定谔方程"(7.8),$\hat{\Psi}'$ 则遵从作如下代换的薛定谔方程:

$$\Delta\to(\nabla - i\nabla\chi)^2, \quad \frac{\partial}{\partial t}\to\frac{\partial}{\partial t} - i\frac{\partial\chi}{\partial t}.$$

当 $\chi=\delta\chi$ 为无穷小量时,方程的这个改变相当于给哈密顿量附加一"外场":

$$\delta\hat{U} = -\frac{\partial\delta\chi}{\partial t} + \frac{i}{2m}(\Delta\delta\chi + 2(\nabla\delta\chi)\nabla).$$

特别是,如果

$$\delta\chi(X) = \mathrm{Re}(\chi_0 e^{-iKX}), \quad K=(\omega,\boldsymbol{k})$$

(由于以后的运算具有线性,因此记号 Re 可以略去),所以

$$\delta U(P_2,P_1) = i(2\pi)^4\chi_0\delta^{(4)}(P_2-P_1-K)\left\{\omega - \frac{1}{2m}\boldsymbol{k}(\boldsymbol{p}_1+\boldsymbol{p}_2)\right\}. \tag{19.6}$$

另一方面,由 ψ 算符

$$\hat{\Psi}'_\alpha = \hat{\Psi}_\alpha(1+i\delta\chi), \quad \hat{\Psi}'^+_\alpha = \hat{\Psi}^+_\alpha(1-i\delta\chi)$$

---

① 这类似于量子电动力学中的规范变换(见第三卷)(111.8—111.9).

构成的格林函数与由算符 $\hat{\Psi}, \hat{\Psi}^+$ 构成的函数之差为：

$$\delta G_{\alpha\beta}(X_1, X_2) = \mathrm{i} G_{\alpha\beta}(X_1, X_2)[\delta\chi(X_1) - \delta\chi(X_2)],$$

或以傅里叶分量表示：

$$\delta G_{\alpha\beta}(P_2, P_1) = \int \delta G_{\alpha\beta}(X_1, X_2) \mathrm{e}^{\mathrm{i}(P_2X_1 - P_1X_2)} \mathrm{d}^4 X_1 \mathrm{d}^4 X_2 =$$

$$= \mathrm{i}[G_{\alpha\beta}(P_1) - G_{\alpha\beta}(P_2)] \delta\chi(P_2 - P_1), \tag{19.7}$$

式中

$$\delta\chi(P) = \int \delta\chi(X) \mathrm{e}^{\mathrm{i}PX} \mathrm{d}^4 X = (2\pi)^4 \chi_0 \delta^{(4)}(P - K).$$

因此，同一个变化 $\delta G_{\alpha\beta}$ 可表为两种形式：(19.7)式和(19.4)式[需要将(19.6)式的 δU 代入后者]．使这两个表达式相等，(经过 $G_{\alpha\beta} = G\delta_{\alpha\beta}$ 代换和重新表示某些变量之后)我们得到：

$$\delta_{\alpha\beta}[G(P+K) - G(P)] = G(P+K)G(P)\left\{\left[-\omega + \frac{\boldsymbol{k}\cdot(2\boldsymbol{p}+\boldsymbol{k})}{2m}\right]\delta_{\alpha\beta} + \right.$$

$$\left. + \mathrm{i}\int \Gamma_{\beta\delta,\alpha\delta}(K; P, Q) G(Q) G(Q-K)\left[\omega - \frac{\boldsymbol{k}\cdot(2\boldsymbol{q}-\boldsymbol{k})}{2m}\right]\frac{\mathrm{d}^4 Q}{(2\pi)^4}\right\}.$$

在这个等式中取 $\omega, \boldsymbol{k} \to 0$ 时的极限，便得到待求的恒等式；这时

$$G(P+K) - G(P) \to \omega \frac{\partial G}{\partial p_0} + \boldsymbol{k}\frac{\partial G}{\partial \boldsymbol{p}} \tag{19.8}$$

[式中 $P = (p_0, \boldsymbol{p})$]．在 $k/\omega \to 0$ 的条件下取此极限，我们得到第一个恒等式：

$$\delta_{\alpha\beta}\frac{\partial G(P)}{\partial p_0} = -\{G^2(P)\}_\omega\left[\delta_{\alpha\beta} - \mathrm{i}\int \Gamma^\omega_{\beta\delta,\alpha\delta}(P, Q)\{G^2(Q)\}_\omega \frac{\mathrm{d}^4 Q}{(2\pi)^4}\right], \tag{19.9}$$

这里引入了记号

$$\{G^2(P)\}_\omega = \lim_{\omega, \boldsymbol{k} \to 0} G(P)G(P+K), \text{当 } k/\omega \to 0 \text{ 时}. \tag{19.10}$$

用类似方法，在 $\omega/k \to 0$ 的条件下取极限，我们又得到一个恒等式：

$$\delta_{\alpha\beta}\frac{\partial G}{\partial \boldsymbol{p}} = \{G^2(P)\}_k\left[\frac{\boldsymbol{p}}{m}\delta_{\alpha\beta} - \mathrm{i}\int \Gamma^k_{\beta\delta,\alpha\delta}(P, Q)\frac{\boldsymbol{q}}{m}\{G^2(Q)\}_k \frac{\mathrm{d}^4 Q}{(2\pi)^4}\right], \tag{19.11}$$

其中引入了类似的记号 $\{G^2(P)\}_k$.

下面来研究给系统加上如下恒定场时格林函数的改变：

$$\delta\hat{U} = \delta U(\boldsymbol{r}) = U_0 \mathrm{e}^{\mathrm{i}\boldsymbol{k}\cdot\boldsymbol{r}}. \tag{19.12}$$

当 $\boldsymbol{k} \to 0$ 时，这个场在空间缓慢地改变，因此可以把它视为对系统的宏观影响．根据外场中的热力学平衡条件，应有 $\mu + \delta U =$ 常量(见第五卷 §25)；这就是说，当 $\boldsymbol{k} \to 0$ 时化学势 μ 改变一个小量 $-U_0$．格林函数相应的改变为：

$$\delta G_{\alpha\beta}(X_1, X_2) = -U_0 \delta_{\alpha\beta}\frac{\partial G(X_1 - X_2)}{\partial \mu}.$$

它的傅里叶分量[按(19.7)式的定义]：

$$\delta G_{\alpha\beta}(P_2,P_1) = -(2\pi)^4\delta^{(4)}(P_2-P_1)U_0\frac{\partial G(P_1)}{\partial\mu}.$$

另一方面,格林函数的这个改变也可以按公式(19.4)计算,这一次在公式中取

$$\delta U(P_2,P_1) = (2\pi)^4 U_0\delta^{(4)}(P_2-P_1-K),(K=0,\boldsymbol{k}).$$

在此情况下(恒定场,$\omega\equiv 0$),向 $\boldsymbol{k}\to 0$ 的极限过渡相应于 $\omega/k\to 0$ 的情形. 结果得到恒等式:

$$\delta_{\alpha\beta}\frac{\partial G(P)}{\partial\mu} = -\{G^2(P)\}_k\left[\delta_{\alpha\beta} - \mathrm{i}\int\Gamma^k_{\beta\delta,\alpha\delta}(P,Q)\{G^2(Q)\}_k\frac{\mathrm{d}^4Q}{(2\pi)^4}\right]. \tag{19.13}$$

最后,这一恒等式的出现,可作为系统伽利略不变性的结果. 为导出该恒等式,我们来研究动坐标系中的液体,此坐标系以微小速度 $\delta\boldsymbol{w}(t)=\boldsymbol{w}_0\mathrm{e}^{-\mathrm{i}\omega t}$ 随时间作缓慢运动. 变换到这个坐标系,等价于给系统加上外场,外场的算符为①:

$$\delta\hat{U} = -\delta\boldsymbol{w}\cdot\boldsymbol{p} = \frac{\mathrm{i}}{m}\delta\boldsymbol{w}\cdot\nabla. \tag{19.14}$$

或在动量表象中,

$$\delta U(P_2,P_1) = -\boldsymbol{p}_i\cdot\boldsymbol{w}_0(2\pi)^4\delta^{(4)}(P_2-P_1-K),\quad K=(\omega,0),$$

此表达式必须代入(19.4)式,然后取极限 $\omega\to 0$.

另一方面,当 $\omega\to 0$ 时,这里所指的是从一个惯性参考系向以恒定速度 $\delta\boldsymbol{w}$ 运动的另一惯性参考系作伽利略变换. 如果液体有能量为 $\varepsilon(\boldsymbol{p})$ 的元激发,那么在以速度 $\delta\boldsymbol{w}$ 相对于液体运动的参考系中,这个元激发的能量将为 $\varepsilon-\boldsymbol{p}\cdot\delta\boldsymbol{w}$②. 因此在新的参考系中,频率 p_0 应以 $p_0+\boldsymbol{p}\cdot\delta\boldsymbol{w}$ 的组合形式出现在函数 $G(F)$ 中(于是,使函数的极点移动 $-\boldsymbol{p}\cdot\delta\boldsymbol{w}$). 这样一来,

$$\delta G = \boldsymbol{p}\cdot\delta\boldsymbol{w}\,\frac{\partial G}{\partial p_0},$$

于是我们求得恒等式:

$$\delta_{\alpha\beta}\boldsymbol{p}\,\frac{\partial G(P)}{\partial p_0} = -\{G^2(P)\}_\omega\left\{\delta_{\alpha\beta}\boldsymbol{p} - \mathrm{i}\int\Gamma^\omega_{\beta\delta,\alpha\delta}(P,Q)\boldsymbol{q}\{G^2(Q)\}_\omega\frac{\mathrm{d}^4Q}{(2\pi)^4}.\right. \tag{19.15}$$

下面我们要运用得到的恒等式,特别是,运用于自由变量 $P=(p_0,\boldsymbol{p})$ 在费米面上的值为 $P_{\mathrm{F}}=(0,\boldsymbol{p}_{\mathrm{F}})$ 的情形. 将因子 $G^2(P)$ 从恒等式的右边移至左边,同时把 $G(P)$ 的微商换成 $G^{-1}(P)$ 的微商;这时在 $G(P)G(P+K)$ 中以什么方式趋于

---

① 变换到动坐标系时,需要在自由粒子经典拉格朗日函数 $L=mv^2/2$ 中作代换:$\boldsymbol{v}\to\boldsymbol{v}+\delta\boldsymbol{w}$,于是出现一个小增量(当 $\delta\boldsymbol{w}$ 很小时)$\delta\boldsymbol{L}=m\boldsymbol{v}\cdot\delta\boldsymbol{w}$. 相应地[见第一卷(40.7)],哈密顿函数增量为 $\delta\boldsymbol{H}=-\boldsymbol{p}\cdot\delta\boldsymbol{w}$,在量子力学中该增量相应于算符(19.14).

② 对照下面 §23 中更详细的讨论.

$K\to 0$的极限便是无关紧要的了.

另一方面,在费米面附近格林函数决定于本身的极点项,因此

$$G^{-1}(P)=\frac{1}{Z}[p_0-v_F(p-p_F)],$$

从而,在该表面上有:

$$\frac{\partial G^{-1}}{\partial p_0}=\frac{1}{Z},\quad \frac{\partial G^{-1}}{\partial \mu}=\frac{v_F}{Z}\frac{dp_F}{d\mu}.$$

结果,例如恒等式(19.9)和(19.13)在费米面上分别取如下形式:

$$\mathrm{i}\int \Gamma^{\omega}_{\beta\delta,\alpha\delta}(P_F,Q)\{G^2(Q)\}_{\omega}\frac{d^4Q}{(2\pi)^4}=\left(1-\frac{1}{Z}\right)\delta_{\alpha\beta},\tag{19.16}$$

$$\mathrm{i}\int \Gamma^{k}_{\beta\delta,\alpha\delta}(P_F,Q)\{G^2(Q)\}_{k}\frac{d^4Q}{(2\pi)^4}=\left(1-\frac{v_F}{Z}\frac{dp_F}{d\mu}\right)\delta_{\alpha\beta}.\tag{19.17}$$

§20 边界动量与密度关系的推导

前几节得到的诸关系式,对朗道费米液体理论的基本命题能够给出彻底的证明:即断定边界动量 p_F与液体密度 N/V 之间的关系,可由适用于理想气体的同样公式(1.1)给出.

这里证明的主旨在于,当化学势 μ 的变化为无穷小时,可独立计算 N 和 p_F 的改变,然后再将它们作对比.

根据(7.24)式,作为(在给定的体积 V 中)化学势函数的总粒子数,可由下列积分给出:

$$N=-2\mathrm{i}V\lim_{t\to -0}\int G(P)\mathrm{e}^{-\mathrm{i}p_0t}\frac{d^4p}{(2\pi)^4},\quad P=(p_0,\boldsymbol{p}).\tag{20.1}$$

因而微商

$$\frac{1}{V}\frac{dN}{d\mu}=-2\mathrm{i}\int\frac{\partial G(P)}{\partial\mu}\frac{d^4P}{(2\pi)^4}.\tag{20.2}$$

由于这个积分当 p_0大时($|p_0|\to\infty$ 时,$\partial G/\partial\mu\propto 1/p_0^2$)具有收敛性,因此在被积式中已不需要写出因子 $\mathrm{e}^{-\mathrm{i}p_0t}$. 将恒等式(19.13)(对 $\alpha=\beta$ 的值求和)中的 $\partial G/\partial\mu$代入积分后,我们求得:

$$\frac{1}{V}\frac{dN}{d\mu}=2\mathrm{i}\int\{G^2(P)\}_k\frac{d^4P}{(2\pi)^4}+\int\{G^2(P)\}_k\Gamma^k(P,Q)\{G^2(Q)\}_k\frac{d^4Pd^4Q}{(2\pi)^8}.$$

为简便起见,式中 $\Gamma=\Gamma_{\alpha\gamma,\alpha\gamma}$. 以下计算的目的,是将等式的右边部分只用沿费米面的积分表达出来.

首先,用(17.17)的表达式(其中将记号 Q_F换成 S_F)代替上面的第二个积分中的 Γ^k;

$$\frac{1}{V}\frac{\mathrm{d}N}{\mathrm{d}\mu}=2\mathrm{i}\int\{G^2(P)\}_k\frac{\mathrm{d}^4P}{(2\pi)^4}+\int\{G^2(P)\}_k\Gamma^\omega(P,Q)\{G^2(Q)\}_k\frac{\mathrm{d}^4P\mathrm{d}^4Q}{(2\pi)^8}-$$
$$-\frac{p_\mathrm{F}^2Z^2}{v_\mathrm{F}(2\pi)^3}\int\{G^2(P)\}_k\Gamma^\omega_{\alpha\zeta,\alpha\kappa}(P,S_\mathrm{F})\Gamma^k_{\kappa\gamma,\zeta\gamma}(S_\mathrm{F},Q)\{G^2(Q)\}_k\frac{\mathrm{d}^4P\mathrm{d}^4Q\mathrm{d}o_S}{(2\pi)^8}. \tag{20.3}$$

我们首先变换最后一项. 这一项的被积式中,只最后两个因子与 Q 有关;它们对 d^4Q 的积分决定于公式(19.17)(在费米面上,$S=S_\mathrm{F}$),因此这一项取如下形式:

$$\mathrm{i}\frac{p_\mathrm{F}^2Z^2}{v_\mathrm{F}(2\pi)^3}\int\{G^2(P)\}_k\Gamma^\omega(P,S_\mathrm{F})\frac{\mathrm{d}^4P\mathrm{d}o_S}{(2\pi)^4}\left(1-\frac{v_\mathrm{F}}{Z}\frac{\mathrm{d}p_\mathrm{F}}{\mathrm{d}\mu}\right).$$

其次我们记起,对 d^4P 取积分时,$G(P)G(P+K)$ 的极限值应按(17.10)式的意义来理解;所以 $\{G^2(P)\}_\omega=\varphi(P)$,而

$$\{G^2(P)\}_k=\{G^2(P)\}_\omega-\frac{2\pi\mathrm{i}Z^2}{v_\mathrm{F}}\delta(p_0)\delta(p-p_\mathrm{F}). \tag{20.4}$$

作此代换之后,则得:

$$\mathrm{i}\frac{p_\mathrm{F}^2Z^2}{v_\mathrm{F}(2\pi)^3}\left(1-\frac{v_F}{Z}\frac{\mathrm{d}p_\mathrm{F}}{\mathrm{d}\mu}\right)\left\{\int\{G^2(P)\}_\omega\Gamma^\omega(P,S_\mathrm{F})\frac{\mathrm{d}^4P\mathrm{d}o_S}{(2\pi)^4}-8\pi\mathrm{i}\bar{F}\right\},$$

其中,根据(18.4)式引入了准粒子相互作用函数,并利用了(2.6—2.7)式中由函数 $F(\vartheta)$ 表示的表达式 $f_{\alpha\xi,\alpha\xi}$;F 上面的横线表示对 $\mathrm{d}o/4\pi$ 求积分. 剩下的对 d^4P的积分,可由公式(19.16)给出,然后对 $\mathrm{d}o_S$求积分又得出因子 4π. 因而(20.3)式中的第三项等于:

$$-\frac{p_\mathrm{F}^2Z^2}{v_\mathrm{F}\pi^2}\left(\frac{v_\mathrm{F}}{Z}\frac{\mathrm{d}p_\mathrm{F}}{\mathrm{d}\mu}-1\right)\left\{1-\frac{1}{Z}+\bar{F}\right\}. \tag{20.5}$$

用类似的方法来变换(20.3)式中的第二项:先根据(20.4)式,用$\{G^2(P)\}_\omega$和$\{G^2(Q)\}_\omega$ 表达 $\{G^2(P)\}_k$ 和 $\{G^2(Q)\}_k$,此后再运用恒等式(19.9)和(19.16). 因而这一项等于

$$-2\mathrm{i}\int\frac{\partial G}{\partial p_0}\frac{\mathrm{d}^4P}{(2\pi)^4}-2\mathrm{i}\int\{G^2(P)\}_\omega\frac{\mathrm{d}^4P}{(2\pi)^4}+\frac{p_\mathrm{F}^2Z^2}{v_\mathrm{F}\pi^2}\left\{2\left(\frac{1}{Z}-1\right)-\bar{F}\right\}. \tag{20.6}$$

由于 $p_0\to\pm\infty$ 时 $G\to0$,所以对 $\mathrm{d}p_0$求积分时,第一个积分变为零.

最后,(20.3)式的第一项因代入(20.4)式后,而得出

$$2\mathrm{i}\int\{G^2(P)\}_\omega\frac{\mathrm{d}^4P}{(2\pi)^4}+\frac{p_\mathrm{F}^2}{v_\mathrm{F}}\frac{Z^2}{\pi^2}. \tag{20.7}$$

现在把所有的贡献(20.5—20.7)都加起来,我们求得:

$$\frac{1}{V}\frac{\mathrm{d}N}{\mathrm{d}\mu}=\frac{p_\mathrm{F}^2}{\pi^2}\frac{\mathrm{d}p_\mathrm{F}}{\mathrm{d}\mu}+\frac{p_\mathrm{F}^2Z}{\pi^2v_\mathrm{F}}\left\{1-\frac{\mathrm{d}p_\mathrm{F}}{\mathrm{d}\mu}v_\mathrm{F}(1+\bar{F})\right\}. \tag{20.8}$$

另一方面,在(2.14)式中取

$$\delta n' = \frac{\partial n'}{\partial p_{\mathrm{F}}}\delta p_{\mathrm{F}} = \delta(p - p_{\mathrm{F}})\delta p_{\mathrm{F}},$$

得出:

$$\frac{\mathrm{d}\mu}{\mathrm{d}p_{\mathrm{F}}} = v_{\mathrm{F}}(1 + \bar{F}), \tag{20.9}$$

我们强调,在推导(2.14)式时还没利用 p_{F} 与 N/V 的具体依赖关系,因此我们有权在这里利用此关系式[指(2.14)—译注]来寻求上述依赖关系[当然,等式(20.9)也可以借助于推导(20.8)式时用过的那些关于顶角函数的诸关系式得出来①].

考虑上面的等式我们看出,(20.8)式中的花括号变为零,所以

$$\frac{\mathrm{d}}{\mathrm{d}\mu}\frac{N}{V} = \frac{p_{\mathrm{F}}^2}{\pi^2}\frac{\mathrm{d}p_{\mathrm{F}}}{\mathrm{d}\mu} = \frac{\mathrm{d}}{\mathrm{d}\mu}\left[\frac{8\pi p_{\mathrm{F}}^3}{3(2\pi)^3}\right]. \tag{20.10}$$

当 $N/V \to 0$ 时,我们研究的对象则是气体,因此在这个极限下,p_{F} 与 N/V 的依赖关系不管怎样都应与气体的一致. 用这个条件可确定积分(20.10)式时出现的常数,于是最终我们得出了所求的关系式(1.1):

$$\frac{N}{V} = \frac{8\pi p_{\mathrm{F}}^3}{3(2\pi)^3}.$$

§21　近理想费米气体格林函数

为了举例说明图技术的应用方法,在§6 中用通常的微扰论已经研究过[B. M. Галицкий, 1958]的模型框架内,本节将用图技术计算近理想费米气体的格林函数. 注意这里所说的气体,是指粒子间具有斥力作用的气体,只要最终计算结果仅含散射幅,则§6 中描写的方法便允许将微扰论运用于这种相互作用.

§14 指出过,求格林函数归结为计算自能函数 $\Sigma_{\alpha\beta}(P)$. 在微扰论的一级和二级近似下,自能函数由(14.9)和(14.10)图的集合给出. 在此,把它们画成如下形状:

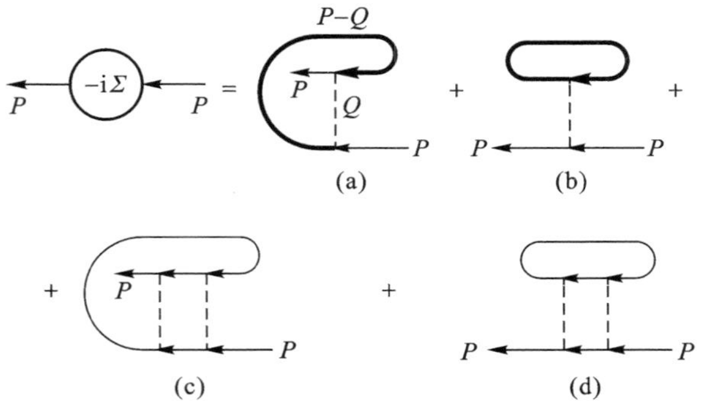

(a)　(b)　(c)　(d)　(21.1)

① 有效质量公式(2.11)可借助关系式(17.17)以及等式(19.11)和(19.15)推导出来.

图(21.1a—b)包括一级图(14.10a),(14.9a)和二级图(14.10b—c),(14.9b—c);后者与前者的区别,只在于对内实线的修正;这些实线在图(21.1a—b)中是以粗线表示的,因此它们所对应的不应是理想气体格林函数 $G^{(0)}$,而应是修正到一级项的函数 G. 最后,(21.1c—d)是(14.10d—e)的二级图. 所有的图经过变形,使其结构性质变得更为明显;这就是四外线图的"梯形"级数之前几项,在四外线图内有一对外线按不同方式相互"短路".

现在我们开始计算图(21.1a). 它的解析式为:

$$[-\mathrm{i}\Sigma(P)]_{\mathrm{a}}=\int U(Q)G(P-Q)\frac{\mathrm{d}^4Q}{(2\pi)^4},$$

$$Q=(q_0,\boldsymbol{q}),\ P=(\omega,\boldsymbol{p}) \tag{21.2}$$

(其中省略了公共因子 $\delta_{\alpha\beta}$). 我们首先对 $\mathrm{d}q_0$ 求积分. 但是,由于因子 $U(Q)\equiv U(\boldsymbol{q})$ 与 q_0 无关,而当 $|q_0|\to\infty$ 时 $G\propto 1/q_0$,所以必须预先明确积分方法. 为此,需要回顾图(21.1a)的来源,并注意图中的实线对应于同一个算符 $\hat{V}$ 内一对 ψ 算符的收缩. 这就是说,$\hat{\Psi}$ 和 $\hat{\Psi}^+$ 取在同一时刻,并且当收缩时 $\hat{\Psi}^+$ 位于 $\hat{\Psi}$ 的左边. 换言之,在坐标表象中产生的 G 函数,取在 $t=t_1-t_2\to-0$. 在动量表象中,这意味着对(21.2)式中的被积式添加一个在 $t\to-0$ 时取极限的因子 $\exp(-\mathrm{i}q_0t)$. 现在利用公式(7.20),则得:

$$[-\mathrm{i}\Sigma]_{\mathrm{a}}=\mathrm{i}\int U(\boldsymbol{q})N(\boldsymbol{p}-\boldsymbol{q})\frac{\mathrm{d}^3q}{(2\pi)^3}, \tag{21.3}$$

式中 $N(\boldsymbol{p})$ 为粒子的分布函数.

傅里叶分量 $U(\boldsymbol{q})$,只当 $q\geqslant 1/r_0$ 时才显著地依赖于 $\boldsymbol{q}$ 的大小,这里 r_0 为场 $U(r)$ 的作用半径;这些 q 值(对于稀薄气体来说)显然比 p_{F} 大得多,如果限于数值 $|p-p_{\mathrm{F}}|\ll 1/r_0$,则对于这些 $\boldsymbol{q}$ 值将有 $N(\boldsymbol{p}-\boldsymbol{q})\approx 0$. 因此(21.3)式中的 $U(\boldsymbol{q})$ 可以换成 $U(0)$,并从积分号下提出来①. 剩下的积分等于气体密度 $n(\mu)$ 的一半(给定自旋投影值!),因此 $[\Sigma]_{\mathrm{a}}=-n(\mu)U(0)/2$.

实线自身封闭的图(21.1b)给出了 $[\Sigma]_{\mathrm{b}}=n(\mu)U(0)$. 所以,两个图对 Σ 的贡献是:

$$[\Sigma]_{\mathrm{a,b}}=\frac{1}{2}n(\mu)U(0)=\frac{2\pi}{m}n(\mu)a, \tag{21.4}$$

式中 a 为根据(6.2)式定义的散射长度.

(21.4)式中也含有全部一级效应. 在这种近似下,$n(\mu)$ 应理解为理想气体密度 $n^{(0)}(\mu)$,因此,

---

① 于是不难看出,允许误差的相对数量级 $\sim(p_{\mathrm{F}}r_0)^2$,因此就连对 $p_{\mathrm{F}}r_0$ 下一个数量级的各项也影响不到.

$$\Sigma^{(1)} \equiv [\Sigma]^{(1)}_{\mathrm{a,b}} = \frac{2\pi}{m} n^{(0)}(\mu) a. \tag{21.5}$$

为了向前计算，我们引入作为辅助记号的函数 F，它由下列梯形图定义：

$P_3\gamma$　$P_4\delta$　$\mathrm{i}F$　$P_1\alpha$　$P_2\beta$　=　　+　　(21.6)

（照例，$P_1+P_2=P_3+P_4$）. 其解析形式为：

$$\mathrm{i}F_{\gamma\delta,\alpha\beta}(P_3,P_4;P_1,P_2) = \mathrm{i}\delta_{\alpha\gamma},\delta_{\beta\delta}(F^{(1)}+F^{(2)}), \tag{21.7}$$

其中

$$\mathrm{i}F^{(1)} = -\mathrm{i}U(P_3-P_1), \tag{21.8}$$

$$\mathrm{i}F^{(2)} = \int G^{(0)}(P')U(P_1-P')G^{(0)}(P_1+P_2-P')U(P'-P_3)\frac{\mathrm{d}^4P'}{(2\pi)^4}. \tag{21.9}$$

将两个图（21.1c—d）展开，并用 $F^{(2)}$ 把它们表达出来，可得：

$$[-\mathrm{i}\Sigma(P)]_{\mathrm{c,d}} = -\int G^{(0)}(Q)F^{(2)}(P,Q;Q,P)\frac{\mathrm{d}^4Q}{(2\pi)^4} + $$

$$+2\int G^{(0)}(Q)F^{(2)}(P,Q;P,Q)\frac{\mathrm{d}^4Q}{(2\pi)^4} \tag{21.10}$$

［其中以 $F^{(1)}$ 代替 $F^{(2)}$ 后，由这两个积分可得出（21.5）式］. 两个积分前符号的区别与图（21.1d）中封闭圈的存在有关；第一图中的 δ 因子给出 $\delta_{\alpha\gamma}\delta_{\gamma\beta}=\delta_{\alpha\beta}$，而第二图中的 δ 因子给出 $\delta_{\alpha\beta}\delta_{\gamma\gamma}=2\delta_{\alpha\beta}$.

现在来计算 $F^{(2)}$. 由于 $U(Q)$ 与 q_0 无关，所以对 $\mathrm{d}p_0'$ 求积分归结为

$$\int_{-\infty}^{\infty} G^{(0)}(P')G^{(0)}(P_1+P_2-P')\frac{\mathrm{d}p_0'}{2\pi}.$$

将（9.9）式 $G^{(0)}$ 代入这里（并考虑到 $|p_0'|\to\infty$ 时积分是收敛的），我们在复数 p_0' 的半平面上用无穷大的半圆圈来封闭积分围道；这时，只当两个函数 $G^{(0)}$ 的极点位于不同的半平面上，积分才不为零，即

$$\mathrm{sign}(p'-p_{\mathrm{F}}) = \mathrm{sign}(|\boldsymbol{p}_1+\boldsymbol{p}_2-\boldsymbol{p}'|-p_{\mathrm{F}}), \tag{21.11}$$

最后我们得到：

$$F^{(2)}(P_3,P_4;P_1,P_2) =$$

$$= -\int \frac{U(\boldsymbol{p}_1-\boldsymbol{p}')U(\boldsymbol{p}'-\boldsymbol{p}_3)\,\mathrm{sign}(p'-p_{\mathrm{F}})}{\omega_1+\omega_2+2\mu-\dfrac{1}{2m}[\boldsymbol{p}'^2+(\boldsymbol{p}_1+\boldsymbol{p}_2-\boldsymbol{p}')^2]+\mathrm{i}0\cdot\mathrm{sign}(p'-p_{\mathrm{F}})}\frac{\mathrm{d}^3p'}{(2\pi)^3}, \tag{21.12}$$

（式中 $\omega_1\equiv p_{10}$，$\omega_2\equiv p_{20}$）. 同时，为了自然地考虑到（21.11）式的要求，在被积式的分子中应作如下代换：

$$\mathrm{sign}(p'-p_{\mathrm{F}}) \to 1-\theta(\boldsymbol{p}')-\theta(\boldsymbol{p}_1+\boldsymbol{p}_2-\boldsymbol{p}')$$

其中 $\theta(\boldsymbol{p})$ 为阶跃函数(1.10).

我们在 §16 中已经看到,梯形图级数确定(真空中)双粒子相互散射幅. 因此(21.12)式包含对散射幅各一级项的修正. 将(21.8)式的 $F^{(1)}$ 作如下代换后,就能计及这个修正:

$$U(\boldsymbol{p}_3-\boldsymbol{p}_1)\rightarrow -\frac{4\pi}{m}\mathrm{Re}f(\boldsymbol{p}_3,\boldsymbol{p}_1)$$

(其中 f 为精确到二级的真空散射幅)①,同时从 $F^{(2)}$ 的表达式(21.12)中减去它在真空中数值的实部,即当 $p_F=0,\mu=0$ 时,数值 $\omega_1=p_1^2/2m,\omega_2=p_2^2/2m$,它们分别相应于两个真实的碰撞粒子的能量(图的"物理"外线). 此后便可以用能量为零时的值,即用散射长度 a,去代换 $-\mathrm{Re}\,f$②. 所以将有:

$$\begin{aligned}&F^{(2)}(P_3,P_4;P_1,P_2)=\\&=-\left(\frac{4\pi a}{m}\right)^2\int\left\{\frac{[1-\theta(\boldsymbol{p}')-\theta(\boldsymbol{p}_1+\boldsymbol{p}_2+\boldsymbol{p}')]}{\omega_1+\omega_2+2\mu-\dfrac{1}{2m}[p'^2+(\boldsymbol{p}_1+\boldsymbol{p}_2-\boldsymbol{p}')^2]+\mathrm{i}0\cdot\mathrm{sign}(p'-p_F)}-\right.\\&\qquad\left.-\mathrm{P}\frac{2m}{p_1^2+p_2^2-p'^2-(\boldsymbol{p}_1+\boldsymbol{p}_2-\boldsymbol{p}')^2}\right\}\frac{\mathrm{d}^3p'}{(2\pi)^3}.\end{aligned}\tag{21.13}$$

第二项中的记号 P,表示取主值积分;这是利用规则(8.11)分离出积分实部的结果.

因为(21.13)式对 P_1 和 P_2 是对称的,(21.10)式中的两个积分相等,因此

$$[-\mathrm{i}\Sigma(P)]_{c,d}=\int G^{(0)}(Q)F^{(2)}(P,Q;P,Q)\frac{\mathrm{d}^4Q}{(2\pi)^4}.$$

将(21.13)式的第一项代入上式时,如果

$$\mathrm{sign}(p'-p_F)=-\mathrm{sign}(q-p_F),\tag{21.14}$$

则对 $\mathrm{d}q_0$ 的积分不等于零,因此被积式的两个极点重新处于 q_0 的不同的半平面上. 将(21.13)式的第二项代入时,只有因子 $G_0(Q)$ 与 q_0 有关,利用公式(7.23)可求出对 $\mathrm{d}q_0$ 的积分,并给出 $N^{(0)}(\boldsymbol{q})$——理想气体粒子的分布函数,即阶跃函数 $\theta(\boldsymbol{q})$. 将(21.1a—d)全部图的贡献汇聚起来,结果我们得到:

$$\Sigma(\omega,\boldsymbol{p})=\frac{2\pi}{m}n(\mu)a+\Sigma^{(2)}(\omega,\boldsymbol{p}),\tag{21.15}$$

---

① 切勿将本节中的 f 与准粒子相互作用函数相混淆!

② 在(21.12)式中不能进行这种代换,因为 $\boldsymbol{p}'$ 很大时,将使积分发散. 但施行了上述减法之后(当 $p'\sim p_F$ 时)积分做该代换也已收敛,因而可以进行这种代换. 只减去积分的实部(相应地将 U 换成 $\mathrm{Re}\,f$)是为了避开与散射幅虚部有关的困难. 因为当动量很小时 $\mathrm{Re}\,f$ 按动量的偶次幂展开,而 $\mathrm{Im}\,f$ 按动量的奇次幂展开(见第三卷 §132). 所以考虑 f 的动量依赖关系时,将得出相对数量级为 $(q_Fa)^2$ 的修正,即这个修正是可以忽略的. 而将 U 换成 $-4\pi f/m$,则需考虑 f 的虚部,这时将得出相对数量级为 p_Fa 的修正.

式中

$$\Sigma^{(2)}(\omega,\boldsymbol{p})=\left(\frac{4\pi a}{m}\right)^2\int\left\{\frac{[1-\theta(\boldsymbol{p}')-\theta(\boldsymbol{p}+\boldsymbol{q}-\boldsymbol{p}')][\theta(\boldsymbol{q})-\theta(\boldsymbol{p}')]}{\omega+\mu+\frac{1}{2m}[q^2-p'^2-(\boldsymbol{p}+\boldsymbol{q}-\boldsymbol{p}')^2]+\mathrm{i}0\cdot\mathrm{sign}(p'-p_{\mathrm{F}})}-\right.$$
$$\left.-\mathrm{P}\frac{2m\theta(\boldsymbol{q})}{p^2+q^2-p'^2+(\boldsymbol{p}+\boldsymbol{q}-\boldsymbol{p}')^2}\right\}\frac{\mathrm{d}^3q\mathrm{d}^3p'}{(2\pi)^6}. \tag{21.16}$$

[积分号下第一项分子中的因子 $\theta(\boldsymbol{q})-\theta(\boldsymbol{p}')$，当满足条件(21.14)时则换成 $-\mathrm{sign}(q-p_{\mathrm{F}})$].

我们首先指出，Σ 具有虚部. 这个虚部可以借助规则(8.11)从(21.16)式中分解出来，并用下式表出：

$$\mathrm{Im}\,\Sigma(\omega,\boldsymbol{p})=-\left(\frac{4\pi a}{m}\right)^2\pi\int\{\theta(\boldsymbol{q})[1-\theta(\boldsymbol{p}')][1-\theta(\boldsymbol{p}+\boldsymbol{q}-\boldsymbol{p}')]-$$
$$-[1-\theta(\boldsymbol{q})]\theta(\boldsymbol{p}')\theta(\boldsymbol{p}+\boldsymbol{q}-\boldsymbol{p}')\}\times$$
$$\times\delta\left[\omega+\mu+\frac{1}{2m}(q^2-p'^2-(\boldsymbol{p}+\boldsymbol{q}-\boldsymbol{p}')^2)\right]\frac{\mathrm{d}^3q\mathrm{d}^3p'}{(2\pi)^6} \tag{21.17}$$

[考虑到 $\theta^2(\boldsymbol{p})\equiv\theta(\boldsymbol{p})$，已对花括号中的表达式作了变换].

准粒子能谱，可根据(14.13)式计算出来，即

$$\varepsilon(\boldsymbol{p})=\frac{p^2}{2m}+\frac{2\pi}{m}n(\mu)a+\Sigma^{(2)}\left(\frac{p^2}{2m}-\mu,\boldsymbol{p}\right) \tag{21.18}$$

(在 $\Sigma^{(2)}$ 中，按需要的精确度可取 $\varepsilon\approx p^2/2m$). Σ 的复数性表示激发有衰减($\mathrm{Im}\,\varepsilon\neq0$).

出现这种衰减，表明准粒子是不稳定的，这种不稳定性与准粒子可能有实际裂变过程有关. 准粒子可以放出自己的部分能量，并靠它产生准粒子对(粒子和空穴). 作为例子，我们来考查(21.17)式积分号下花括号中的第一项. 根据阶跃函数的性质，如果

$$p'>p_{\mathrm{F}},\quad|\boldsymbol{q}+\boldsymbol{p}-\boldsymbol{p}'|>p_{\mathrm{F}},\quad q<p_{\mathrm{F}},$$

则这一项不等于零. 这几个不等式对应于这样一种过程：在此过程中，初动量为 $\boldsymbol{p}(p>p_{\mathrm{F}})$ 的准粒子转变为动量为 $\boldsymbol{p}'$ 的状态($p>p'>p_{\mathrm{F}}$)，并且有 $\boldsymbol{p}-\boldsymbol{p}'$ 的动量传递给费米球内(动量 $q<p_{\mathrm{F}}$)的粒子，后者被激发到费米球外动量为 $\boldsymbol{q}+\boldsymbol{p}-\boldsymbol{p}'$ 的状态；这种转变相当于出现了动量为 $-\boldsymbol{q}$(空穴)和 $\boldsymbol{q}+\boldsymbol{p}-\boldsymbol{p}'$ 的两个新的元激发. (21.17)式中的 δ 函数，表明在这个过程中遵从能量守恒定律，其中 $\omega+\mu$ 起着准粒子初始能量 $\varepsilon(\boldsymbol{p})$ 的作用：

$$\varepsilon(\boldsymbol{p})=\varepsilon(\boldsymbol{p}')+[\varepsilon(\boldsymbol{q}+\boldsymbol{p}-\boldsymbol{p}')-\varepsilon(\boldsymbol{q})]$$

(此处，在一级近似下，只要取 $\varepsilon(\boldsymbol{p})=p^2/2m$ 就够了). 按照上面指出的意义，以该等式确定的能量 $\varepsilon(\boldsymbol{p})$，确实相应于费米球外($\varepsilon>\mu$)的准粒子.

与此类似，(21.17)式花括号内的第二项，是准粒子对产生于空穴的过程.

此项给出了能量为 $\varepsilon<\mu$ 的元激发的衰减. 用图技术语言来说,准粒子可能产生对,表现为可能通过截断三条实线(其中,两条同方向,第三条反方向)而将 G 函数图分成两部分. 在图(21.1c—d)中,这种分割是在两条虚线之间进行的.

弱非理想气体情况是特殊的(与任意费米液体的一般情况相比),原因在于,这种情况中的准粒子能谱,不仅在费米面附近而且在整个动量值域内都有意义:因为"气态参数" ap_F 本是一个很小的量,所以准粒子衰减($\mathrm{Im}\ \varepsilon$)相当小. 但是,这里我们只对两种极端情况得出最终的计算结果.

在费米面附近($|p-p_F|\ll p_F$),得到:

$$\mathrm{Re}\ \varepsilon=\mu+(p-p_F)p_F/m^*,$$

其中 μ 和 m^* 分别由(6.14)和(6.17)式决定. 得出的准粒子衰减为:

$$\mathrm{Im}\ \varepsilon=-\frac{1}{\pi m}(p_Fa)^2(p-p_F)^2\mathrm{sign}(p-p_F). \tag{21.19}$$

此表达式与 $(p-p_F)^2$ 成比例具有明显的来源:所出现的一个因子 $p-p_F$,乃是动量空间一个区域(薄球壳)的厚度,准粒子对所由产生的准粒子,其动量即属于此区域. 还有一个同样的因子,则是在其中产生准粒子对的壳层的厚度. 我们顺便指出,这些见解对任何费米液体都是适用的,因此在费米面附近总有 $\mathrm{Im}\ \varepsilon\propto(p-p_F)^2$①.

在大动量的情况下,$p\gg p_F$(但仍保持 $pa\ll 1$),我们有:

$$\varepsilon=\left(\frac{p^2}{2m}+\frac{2p_F^2}{3\pi m}p_Fa\right)-\mathrm{i}\,\frac{p_Fp}{3\pi m}(p_Fa)^2. \tag{21.20}$$

在两种情况下,比值 $\mathrm{Im}\ \varepsilon/\mathrm{Re}\ \varepsilon$ 都小. 当 $p\sim p_F$ 时,这个比值达到最大值,即使在这里它 $\sim(p_Fa)^2\ll 1$.

最后,我们引入弱非理想气体格林函数的重整化常数值. 该常数可用如下公式算出:

$$\frac{1}{Z}=1-\left.\frac{\partial\Sigma(\omega,\boldsymbol{p})}{\partial\omega}\right|_{\omega=0,p=p_F},$$

因而它等于

$$Z=1-\frac{8\ \ln 2}{\pi^2}(p_Fa)^2. \tag{21.21}$$

① 当温度不等于零时,将这个量对热平衡分布求平均,可得出准粒子衰减与 T^2 成比例的结果,关于这一点已在§1中讲过.

第三章

超　流　性

§22　玻色型量子液体中的元激发

现在我们开始研究具有另一种全然不同类型能谱的量子液体，这种能谱可称作**玻色型能谱**①.

这种能谱的特征是：元激发（液体处于基态时不存在）能逐个地产生和消失．但整个量子力学系统（在这种情况下是指整个量子液体）的角动量只能成整数改变．所以逐个产生的元激发应具有整数角动量，因而遵从玻色统计．凡是由自旋为整数的粒子所构成的量子液体（液体同位素^{4}He 就是这样），在任何情况下都具有这种类型的能谱.

为作比较，我们回忆一下：当用元激发谱的术语来描写费米液体时［处于基态的液体中不存在元激发（见§1末）］，这些元激发只能成对地产生或消失．正因为如此，才能使这种谱型中的元激发具有半整数自旋.

在量子玻色液体中，小动量p（即波长比原子间距大）的元激发相当于通常的流体动力学声波，即声子．这就是说，这些准粒子的能量是它们动量的线性函数：

$$\varepsilon = up, \tag{22.1}$$

式中u为液体中的声速．上式可由通常的公式$u^2 = \partial P/\partial \rho$得出，而且不需要明确是在温度$T$一定或在熵$S$一定的情况下取微商，因为$T \to 0$时，也有$S \to 0$②.

玻色液体中的元激发数，当$T \to 0$时趋近于零，并且在低温情况下，由于元激发的密度足够小，因而准粒子之间可以看作是无相互作用的，即它们构成了理想

---

① 这种量子液体理论，是Л.Д.朗道于1940—1941年随П·Л·卡皮查发现液氦的超流性之后创建的．这些发现，给全面发展现代量子液体物理奠定了基础.

② 在第五卷§71，§72中曾对固体中的元激发引入了声子的概念．必须强调，微观均匀系统（即液体）中元激发的动量是真实动量，而不是固体晶格的周期性场中那种准动量.

玻色气体. 所以玻色液体中元激发的统计平衡分布可由玻色分布公式(其中化学势等零,见第6页脚注)给出:

$$n(\boldsymbol{p}) = [\mathrm{e}^{\varepsilon(p)/T} - 1]^{-1}. \tag{22.2}$$

利用这个分布,并知道 $\varepsilon(p)$ 在 p 很小时的依赖关系,就可以算出液体接近于绝对零度的热力学量,在这样的温度下,液体中所有的元激发事实上都具有很小的能量,即都是声子. 利用固体在低温下热力学量的表达式(见第五卷§64),就可以立即写出相应的公式. 它们的区别只在于,代替固体中声波三个可能的(一个纵的、两个横的)极化方向的是,液体中只有一个(纵的)极化方向;因此所有热力学量的表达式都应除以3. 例如,对于液体的自由能,就有:

$$F = F_0 - V\frac{\pi^2 T^4}{90(\hbar u)^3}, \tag{22.3}$$

其中 F_0 为液体在绝对零度时的自由能. 液体的能量为

$$E = E_0 + V\frac{\pi^2 T^4}{30(\hbar u)^3}, \tag{22.4}$$

而热容量为

$$C = V\frac{2\pi^2 T^3}{15(\hbar u)^3}, \tag{22.5}$$

它与温度的三次方成正比.

声子的色散律(22.1),只在准粒子波长 $\hbar/p$ 大于原子间距时才成立. 当然随着动量的增加,$\varepsilon = \varepsilon(p)$ 曲线偏离了线性依赖关系;曲线的以后走向,将依赖于液体分子具体的相互作用规律,因此不可能用一般的形式确定.

在液氦中,元激发的色散律具有图2所示的形状:函数 $\varepsilon(p)$ 在开头的一段线性增长以后达到极大值,然后开始减小并在一定的动量值 p_0 处通过极小值①. 系统处于热平衡时,其中大多数元激发的能量都在函数 $\varepsilon(p)$ 各极小值附近的区域内,即在小 ε($\varepsilon = 0$ 附近)的区域内,以及在 $\varepsilon(p_0)$ 值的区域内. 所以这两个区域特别重要. 在 $p = p_0$ 点附近,函数 $\varepsilon(p)$ 可以按 $p - p_0$ 的幂展开. 在展开式中,不存在线性项,精确到二级项时有:

$$\varepsilon = \Delta + \frac{(p - p_0)^2}{2m^*}, \tag{22.6}$$

式中 $\Delta = \varepsilon(p_0)$,$m^*$ 为常数. 这种类型的准粒子称作**旋子**. 但是我们强调,这两种类型的准粒子——声子和旋子,只是对应于同一条曲线的不同线段而已,因而它们之间可以连续地转化.

---

① 这种形状的谱线是 Л. Д. 朗道(1947)基于对液氦热力学量的实验资料分析而首先提出来的;后来,这种谱线根据中子散射的实验事实已得到证明.

关于这种类型能谱的定性理论,已由费曼(R. P. Feynman,1954)给出;参看后面345页的注解.

液氦能谱参量的经验值(在密度 $\rho=0.145\ \mathrm{g/cm^3}$ 的情况下外推到零压强的值)为①:

$$u=2.4\times10^4\ \mathrm{cm/s},\quad \Delta=8.6\ \mathrm{K},\qquad(22.7)$$
$$p_0/\hbar=1.9\times10^8\ \mathrm{cm^{-1}},\quad m^*=0.14\ m(^4\mathrm{He}).$$

由于旋子能量总包含比 T 大的量 Δ,当温度低到可以把诸旋子称作"旋子气"时,后者的描写便可以用玻尔兹曼分布来代替玻色分布了. 据此,我们从下列的玻尔兹曼气体自由能公式出发来计算液氦热力学量的旋子部分:

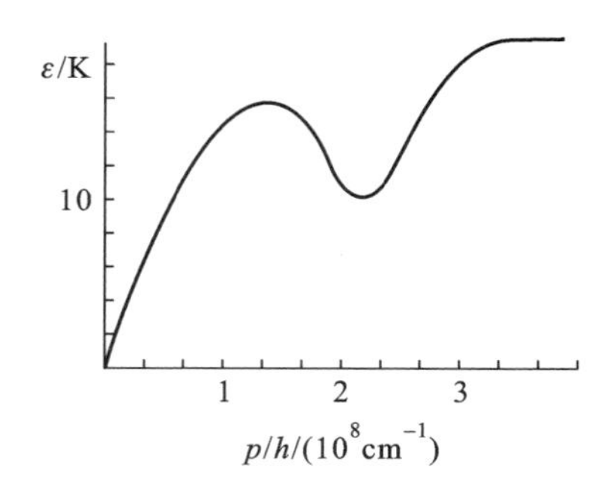

图 2

$$F=-NT\ln\frac{eV}{N}\int e^{-\varepsilon/T}d\tau,\quad d\tau=\frac{d^3p}{(2\pi\hbar)^3}$$

(见第五卷 §41). 此时应把这个公式中的 N 理解为液体中的旋子数. 但此数本身决定于热力学平衡条件,即决定于自由能取极小值的条件. 令 $\partial F/\partial N$ 等于零,我们求得旋子数为:

$$N_{旋}=V\int e^{-\varepsilon/T}d\tau\qquad(22.8)$$

(当然,它相当于化学势等于零的玻尔兹曼分布). 相应的自由能值为:

$$F_{旋}=-VT\int e^{-\varepsilon/T}d\tau.$$

现在应将(22.6)式代入这两个公式. 因为 $p_0^2\gg m^*T$,所以对 dp 积分时,可足够精确地将 p^2 换成 p_0^2,并将因子 p^2 提出积分号外. 被积函数为指数函数时,积分区域可以遍及 $-\infty$ 到 ∞ 之间. 最后我们得到:

$$N_{旋}=\frac{2(m^*T)^{1/2}p_0^2V}{(2\pi)^{3/2}\hbar^3}e^{-\Delta/T},\quad F_{旋}=-TN_{旋}.\qquad(22.9)$$

因此旋子对熵和热容量的贡献为:

① 我们还要指出,液氦在 $T=0$ 时的化学势之值为:$\mu=-7.16$ K.

$$S_{旋}=N_{旋}\left(\frac{3}{2}+\frac{\Delta}{T}\right),\quad C_{旋}=N_{旋}\left(\frac{3}{4}+\frac{\Delta}{T}+\frac{\Delta^2}{T^2}\right).\tag{22.10}$$

我们看到,各热力学量旋子部分的温度依赖关系基本上是指数函数形式的.因此,在足够低的温度下(对于液氦,大约低于 0.8 K),旋子部分小于声子部分,而在较高的温度下情况就改变了,这时旋子的贡献超过声子的贡献.

§ 23 超流性

具有上述类型能谱的量子液体有一种非凡的性质,称作超流性,即沿毛细管或狭缝流过时不显出任何黏性. 现在我们从研究绝对零度时的液体开始,这时液体处于它的基态,即未被激发的态.

我们来考查以恒定速度 $\boldsymbol{v}$ 沿毛细管流动的液体. 由于液体与管壁间的摩擦和液体本身的内摩擦,会发生液体动能的耗散,因而流动将逐渐变慢,这样就显出了黏性的存在.

最好在随液体一起流动的坐标系中来研究液体的流动. 在这个坐标系中氦是静止的,而毛细管壁则以速度 $-\boldsymbol{v}$ 运动. 在有黏性存在的情况下,静止的氦也会开始运动起来. 这在物理上是显然的,即液体被管壁粘附时,不可能刚开始就引起液体的整体运动. 运动的出现必然从逐渐激发内部运动开始,也就是从液体中出现元激发开始的.

我们假定在液体中出现一个动量为 $\boldsymbol{p}$,能量为 $\varepsilon(p)$ 的元激发. 于是,液体的能量 E_0(在液体最初处于静止的坐标系中)就等于这个元激发的能量 ε,而液体的动量 $\boldsymbol{P}_0$ 就等于元激发的动量 $\boldsymbol{p}$. 现在我们再改用毛细管处于静止的坐标系. 根据力学中熟知的能量和动量的变换公式,对于这个坐标系中液体的能量 E 和动量 P,我们有:

$$E=E_0+\boldsymbol{P}_0\cdot\boldsymbol{v}+\frac{Mv^2}{2},\quad \boldsymbol{P}=\boldsymbol{P}_0+M\boldsymbol{v},\tag{23.1}$$

其中 M 为液体的质量. 将 $\varepsilon,\boldsymbol{p}$ 代入上式以代换 $E_0,\boldsymbol{P}_0$,可写成:

$$E=\varepsilon+\boldsymbol{p}\cdot\boldsymbol{v}+\frac{Mv^2}{2}.\tag{23.2}$$

$Mv^2/2$ 这一项是流动液体的初动能:表达式 $\varepsilon+\boldsymbol{p}\cdot\boldsymbol{v}$ 是由于出现激发而引起的能量变化. 因为运动液体的能量应该减少,所以这个能量变化应当是负的:

$$\varepsilon+\boldsymbol{p}\cdot\boldsymbol{v}<0.$$

当给定 p 值时,不等式左边的量在 $\boldsymbol{p}$ 和 $\boldsymbol{v}$ 反平行时具有最小值;因此在任何情况下都应有 $\varepsilon-pv<0$,即

$$v>\frac{\varepsilon}{p}.\tag{23.3}$$

这个不等式至少对元激发动量 p 的某些值应当是满足的. 所以只要求出量

ε/p 的极小值，我们便得到沿毛细管运动的液体中可能出现激发的最终条件．从几何上来说，比值 ε/p 是从坐标原点（在 p,ε 平面内）到曲线 $\varepsilon=\varepsilon(p)$ 上某一点所引直线的倾角之正切．显然，它的极小值决定于从坐标原点向曲线所作的切线之切点．如果这个极小值不等于零，那么当流速不太大时，液体中不可能出现激发．这就是说，液体流动不会减慢，即液体显出超流现象．

上面得出的超流性存在的条件，就其实质来说，归结为要求曲线 $\varepsilon=\varepsilon(p)$ 不在坐标原点与横坐标轴相切（撇开可能性很小的情况：即曲线前方的某一点与该轴相切）．因此，任何能谱，只要其中足够小的激发是声子的话，都会引起超流性．

现在我们来研究温度不等于绝对零度（虽然接近于绝对零度）时的这种液体．在这种情况下，液体并不处于基态——它含有激发．这时上述讨论本身自然是有效的，因为在这些讨论中并没有直接利用液体最初处于基态这一情况．液体相对于管壁的运动，当满足上述条件时仍旧不能在液体中引起新的元激发．但是，有必要说明在液体中已有的激发是怎样出现的．

为此，我们想象"准粒子气体"作为一个整体以速度 $\boldsymbol{v}$ 相对于液体作平动．作整体运动气体的分布函数可以由静止气体的分布函数求出，这里只要把粒子的能量 ε 换成 $\varepsilon-\boldsymbol{p}\cdot\boldsymbol{v}$ 便可，其中 $\boldsymbol{p}$ 为粒子的动量．对于通常的气体来说，这种情况是伽利略相对性原理的直接结果，并且可以简易地借助由一个坐标系变换到另一个坐标系的方法予以证明．但在我们所研究的这种情况下，不能直接运用这样的论证，因为准粒子气体不是在真空中运动，而是"穿过液体"运动．虽然如此，从下面的讨论中可以看出，这种论断还是有效的．

设激发气体以速度 $\boldsymbol{v}$ 相对于液体运动．我们来考查这样一个坐标系（坐标系 K），在这个坐标系中激发气体作为整体处于静止，而液体相应地以速度 $-\boldsymbol{v}$ 运动．根据变换公式（23.1），液体在坐标系 K 中的能量 E 与在液体处于静止的坐标系（坐标系 K_0）中的能量 E_0 之间的关系式为：

$$E=E_0-\boldsymbol{P}_0\cdot\boldsymbol{v}+\frac{Mv^2}{2}.$$

设在液体中出现一个能量为 $\varepsilon(p)$（在坐标系 K_0 中）的元激发．这样，在坐标系 K 中液体的附加能量是 $\varepsilon-\boldsymbol{p}\cdot\boldsymbol{v}$，这就证明了上面所作的论断①．

因此准粒子气体（对于单位体积气体）的总动量为：

$$\boldsymbol{P}=\int\boldsymbol{p}n(\varepsilon-\boldsymbol{p}\cdot\boldsymbol{v})\mathrm{d}\tau.$$

① 对于玻色液体中的准粒子来说，$n(\varepsilon)$ 是分布函数（22.2）．应注意，超流动性条件 $\left(v<\frac{\varepsilon}{p}\right)$ 恰好与保证表达式 $n(\varepsilon-\boldsymbol{p}\cdot\boldsymbol{v})$ 对于任何能量都正定和有限的条件一致．

我们假定速度 $\boldsymbol{v}$ 很小，于是可以把被积式按 $\boldsymbol{p}\cdot\boldsymbol{v}$ 的幂展开. 当对矢量 $\boldsymbol{p}$ 的方向求积分时零次项消失了，而保留：

$$\boldsymbol{P}=-\int\boldsymbol{p}(\boldsymbol{p}\cdot\boldsymbol{v})\frac{\mathrm{d}n(\varepsilon)}{\mathrm{d}\varepsilon}\mathrm{d}\tau,$$

或对 $\boldsymbol{p}$ 的方向求平均后，得：

$$\boldsymbol{P}=\frac{\boldsymbol{v}}{3}\int\left(-\frac{\mathrm{d}n}{\mathrm{d}\varepsilon}\right)p^2\mathrm{d}\tau. \tag{23.4}$$

首先我们看到，准粒子气体的运动伴随着一定质量的迁移：单位体积气体的有效质量决定于(23.4)式中动量 $\boldsymbol{P}$ 与速度 $\boldsymbol{v}$ 之间的比例系数. 另一方面，譬如说当液体流经毛细管时，毫不妨碍准粒子同管壁发生碰撞和交换动量. 最终，激发气体将停止不动，就像任何通常的气体流经毛细管时的情况一样.

因此，我们得出下面的基本结论：当温度不等于绝对零度时，一部分质量的液体，其行为如同正常黏性液体一样，在运动时"黏附"在容器壁上；而其余部分质量液体的行为则如同无黏性超流液体. 此时极为重要的是，在"彼此穿过"的这两部分质量的液体之间没有摩擦，即它们之间不发生动量传递. 实际上，在研究作匀速运动的激发气体中的统计平衡时，我们得知：就存在一部分质量液体对于另一部分质量液体的相对运动. 但是，如果在热平衡态中能够发生任何相对运动，那就是说，运动时并不伴有摩擦.

我们强调，把液体当作正常的和超流的两"部分"的"混合体"来研究，只不过是便于描述量子液体中所发生的现象的一种表达方法而已. 这绝不意味着可以把液体真正分成两个部分. 正如用经典术语对量子现象所作的任何描述一样，它并不是完全适合的. 实际上应当说：在量子玻色液体中可以同时存在两种运动，其中每一种运动都与自己的有效质量有关(因此这两种质量之和等于液体总的真实质量). 这两种运动中，一种是"正常"运动，即具有与通常粘滞液体的运动相同的性质；而另一种是"超流"运动. 这两种运动彼此间不发生动量传递.

因此，就流体动力学的意义来讲，玻色液体的密度可以表示成正常部分与超流部分之和的形式：$\rho=\rho_n+\rho_s$，其中每一部分都与自己的流体动力学速度 $\boldsymbol{v}_n$ 和 $\boldsymbol{v}_s$ 有关. 超流运动的重要性质是它有标势性：

$$\nabla\times\boldsymbol{v}_s=0. \tag{23.5}$$

这一性质是下述事实的宏观表示：波长大的(即动量小的)元激发都是声量子——声子. 因此超流运动的宏观流体动力学，除声振动之外不允许有任何其它的振动①,并由条件(23.5)来保证(在 §26 中我们还要讨论它的根据)②.

当 $T=0$ 时,正常部分的密度 $\rho_n=0$;而液体只能作超流运动. 当温度不等于绝对零度时,ρ_n 由公式(23.6)给出:

$$\rho_n=\frac{1}{3}\int\left(-\frac{\mathrm{d}n}{\mathrm{d}\varepsilon}\right)p^2\mathrm{d}\tau. \tag{23.6}$$

为了计算声子对 ρ_n 的贡献,我们在(23.6)式中取 $\varepsilon=up$:

$$(\rho_n)_{声}=-\frac{1}{3u}\int_0^\infty\frac{\mathrm{d}n}{\mathrm{d}p}p^2\frac{4\pi p^2\mathrm{d}p}{(2\pi\hbar)^3},$$

进行分部积分后,得:

$$(\rho_n)_{声}=\frac{4}{3u}\int_0^\infty np\frac{4\pi p^2\mathrm{d}p}{(2\pi\hbar)^3}=\frac{4}{3u^2}\int\varepsilon n\mathrm{d}\tau.$$

这里剩下的积分不是别的,而是单位体积声子气体的能量;取(22.4)式的能量,最终得:

$$(\rho_n)_{声}=\frac{4E_{声}}{3u^2V}=\frac{2\pi^2T^4}{45\hbar^3u^5}. \tag{23.7}$$

为了计算旋子对 ρ_n 的贡献,应注意到:由于旋子可以用玻尔兹曼分布来描述,所以对于旋子来说 $\mathrm{d}n/\mathrm{d}\varepsilon=-n/T$,并由(23.6)式,我们有

$$(\rho_n)_{旋}=\frac{1}{3T}\int p^2n\mathrm{d}\tau=\frac{\overline{p^2}}{3T}\frac{N_{旋}}{V}.$$

我们假定 $\overline{p^2}=p_0^2$,这时仍具有足够的精确度,并取(22.9)式的 $N_{旋}$,我们得到:

$$(\rho_n)_{旋}=\frac{p_0^2N_{旋}}{3TV}=\frac{2(m^*)^{1/2}p_0^4}{3(2\pi)^{3/2}T^{1/2}\hbar^3}\mathrm{e}^{-\Delta/T} \tag{23.8}$$

当温度非常低时,声子对 ρ_n 的贡献比旋子的大得多. 在温度 0.6 K 时,两者的贡献大约相等,但温度稍高一些,旋子的贡献就占了优势.

随着温度的升高,越来越多质量的液体将变成正常液体. 当达到等式 $\rho_n=\rho$ 成立时的温度,超流性将完全消失. 该温度称作液体的 λ 点,它是第二级相变点③. 定量公式(23.7—23.8)在 λ 点附近当然是不适用的,因为在此处准粒子的浓度变得大了,所以准粒子这一概念本身在很大程度上已失去了意义.

我们还要谈谈溶解在液氦中杂质原子的行为问题;这里假定杂质的浓度如此之低,以致可以认为它的原子间无相互作用[Л. Д. Ландау, И. Я.

---

① 这里所指的是:液体是无界面的. 当存在自由表面时,也可能有表面毛细波出现(这将使表面张力具有一定的温度依赖关系——见习题1).

② 在本教程的另一卷(第六卷)中,对超流液体的流体动力学作了详细的叙述.

③ 温度低于这一点的液氦,称作氦Ⅱ. 诸 λ 点在 P,T 平面的相图上构成一条曲线. 这条曲线在 2.19 K时与液汽平衡曲线相交.

Померанчук,1948].

在液体中有杂质原子存在,将引起相应于这种原子在液体中运动的新的能谱支出现;当然,由于杂质原子与液体原子之间的强烈的相互作用,这种运动实际上是液体原子也参与了的集团效应. 这种运动可以用总的守恒动量 $\boldsymbol{p}$ 来描述. 因此,在液体中将出现新类型准粒子(其数目等于杂质原子数),这种准粒子能量 $\varepsilon_{杂}(p)$ 是动量的某一函数. 在热平衡的情况下,这些准粒子的能量将集中在函数 $\varepsilon_{杂}(p)$ 的各极小值中最小的一个附近. 事实上这里所说的杂质是指同位素 ^{3}He,一些经验资料指明,这个最小值位于 $p=0$ 处;在此位置附近,准粒子能量为

$$\varepsilon_{杂}(p)=\frac{p^2}{2m^*_{杂}}, \tag{23.9}$$

其中有效质量 $m^*_{杂}=2.8$ ^{3}He 原子质量.

杂质的准粒子同声子和旋子碰撞时发生相互作用,因此杂质准粒子也包含在液体正常部分的成分之中. 由于这些准粒子的浓度很小,它们的热分布为玻尔兹曼分布,并且它们对 ρ_n[按照(23.6)式的定义]的贡献可由如下公式给出:

$$(\rho_n)_{杂}=\frac{N_{杂}}{V}\ \frac{\overline{p^2}}{3T}=\frac{N_{杂}}{V}m^*_{杂}, \tag{23.10}$$

式中 $N_{杂}/V$ 是单位体积中杂质原子数.

习 题

1. 试求液氦在绝对零度附近时表面张力系数 α 对温度的依赖关系的极限规律(K. R. Atkins,1953).

解:系数 α 是液体单位表面积的自由能[见第五卷(154.6)式]. 这个量可按照第五卷的公式(64.1)算出来,式中频率 ω_α 现在与表面振动有关. 在二维的情况下,将求和改为(对振动的波矢量)求积分,需要引入因子 $\mathrm{d}^2k/(2\pi)^2$ 或 $2\pi k\mathrm{d}k/(2\pi)^2$. 进行分部积分后,我们求得:

$$\alpha=\alpha_0+T\int\ln(1-\mathrm{e}^{-\hbar\omega/T})\frac{k\mathrm{d}k}{2\pi}=\alpha_0-\frac{\hbar}{4\pi}\int\frac{k^2\mathrm{d}\omega}{\mathrm{e}^{\hbar\omega/T}-1}$$

(α_0 为 $T=0$ 时的表面张力系数). 在温度足够低的情况下,只有小频率即长波长的振动是主要的. 这种振动形成流体动力学的毛细波,对于这种情况来说,$\omega^2=\alpha k^3/\rho\approx\alpha_0k^3/\rho$($\rho$ 为液体的密度). 因此

$$\alpha=\alpha_0-\frac{\hbar}{4\pi}\left(\frac{\rho}{\alpha_0}\right)^{2/3}\int_0^\infty\frac{\omega^{4/3}\mathrm{d}\omega}{\mathrm{e}^{\hbar\omega/T}-1}.$$

(式中积分具有迅速的收敛性,因此允许将积分上限换成无穷大). 算出积分(见第五卷 §58 脚注)便得到如下结果:

$$\alpha = \alpha_0 - \frac{T^{7/3}\rho^{2/3}}{4\pi\hbar^{4/3}\alpha_0^{2/3}}\Gamma\left(\frac{7}{3}\right)\zeta\left(\frac{7}{3}\right) = \alpha_0 - 0.13\,\frac{T^{7/3}\rho^{2/3}}{\hbar^{4/3}\alpha_0^{2/3}}.$$

当温度低到可以把全部液体质量当作是超流质量时,这个结果就是液态^{4}He的了①.

2. 试求运动的超流液体中杂质粒子的色散律$\varepsilon_{杂}(p)$,已知在静止液体中该色散律为$\varepsilon_{杂}^{(0)}(p)$(J. Bardeen, G. Baym, D. Pines, 1967).

解:在静止液体中($T=0$时)加入动量为$\boldsymbol{p}_0$质量为m的杂质原子后,在液体原来静止的坐标系中液体的能量和动量分别是$E_0=\varepsilon_{杂}^{(0)}(p_0)$, $\boldsymbol{P}_0=\boldsymbol{p}_0$. 而在液体以速度$\boldsymbol{v}$运动的坐标系中,根据(23.1)式则有:

$$E=\varepsilon_{杂}^{(0)}(p_0)+\boldsymbol{p}_0\cdot\boldsymbol{v}+\frac{1}{2}(M+m)v^2,\quad \boldsymbol{P}=\boldsymbol{p}_0+(M+m)\boldsymbol{v},$$

由此可见,运动液体加入杂质原子时,其能量和动量的改变等于

$$\varepsilon_{杂}=\varepsilon_{杂}^{(0)}(p_0)+\boldsymbol{p}_0\cdot\boldsymbol{v}+\frac{mv^2}{2},\quad \boldsymbol{p}=\boldsymbol{p}_0+m\boldsymbol{v}$$

把$\varepsilon_{杂}$用$\boldsymbol{p}$表达之,我们求得:

$$\varepsilon_{杂}(\boldsymbol{p})=\varepsilon_{杂}^{(0)}(\boldsymbol{p}-m\boldsymbol{v})+\boldsymbol{p}\cdot\boldsymbol{v}-\frac{mv^2}{2}.$$

当小v值时,若精确到一次项,则对于(23.9)形式的能谱$\varepsilon_{杂}^{(0)}(p)$,我们有:

$$\varepsilon_{杂}(\boldsymbol{p})=\frac{p^2}{2m_{杂}^*}+\boldsymbol{v}\cdot\boldsymbol{p}\left(1-\frac{m}{m_{杂}^*}\right).$$

§24　液体中的声子

从声波的经典图像过渡到量子表述时,流体动力学量(液体的密度、速度等等)都要换成用声子的湮没算符$\hat{C}_k$和产生算符$\hat{C}_k^+$所表达的算符. 现在我们来推导这些物理量的表达公式.

应当注意,在声波的经典描述中,液体密度是要受到微振动的,振动频率和波矢量之间的关系为$\omega=uk$. 液体的速度$\boldsymbol{v}$和密度的变化部分$\rho'=\rho-\rho_0$(ρ_0为密度的平衡值)都是同一数量级的小量. 波动中的液体运动是有势的,即它可以用速度标势φ来描述,并按下式确定速度:

$$\boldsymbol{v}=\nabla\varphi,\tag{24.1}$$

液体的速度和密度之间是以连续性方程$\partial\rho'/\partial t=-\mathrm{div}(\rho\boldsymbol{v})\approx-\rho_0\mathrm{div}\,\boldsymbol{v}$或

$$\frac{\partial\rho'}{\partial t}=-\rho_0\boldsymbol{\Delta}\varphi\tag{24.2}$$

① 在费米液体(液^{3}He)中,由于$T\to0$时粘滞性无限增大,因而我们所研究类型的毛细波(如通常声音的体积波一样)是不存在的.

联系起来的. 声波中的液体能量,可由下列积分得出:

$$E=\int\left(\frac{\rho_0\boldsymbol{v}^2}{2}+\frac{u^2\rho'^2}{2\rho_0}\right)\mathrm{d}^3x. \qquad (24.3)$$

被积式中的第一项是动力学密度,而第二项是液体的内能;这两项分别是小量 $\boldsymbol{v}$ 和 ρ' 的平方项.

本来我们可以完全类似于处理晶体中的声子那样(见第五卷 §72)进行量子化手续. 但是,这里我们选择了多少不同的方法,它表明方法论上有某些可借鉴之处. 我们首先研究用微观变量(粒子的坐标)表达的液体的密度和速度算符.

在经典理论中,液体的密度 ρ 和质量流密度 $\boldsymbol{j}$ 可以表示对所有粒子取和的形式:

$$\rho(\boldsymbol{r})=\sum_a m_a\delta(\boldsymbol{r}_a-\boldsymbol{r}),\quad \boldsymbol{j}(\boldsymbol{r})=\sum_a \boldsymbol{p}_a\delta(\boldsymbol{r}_a-\boldsymbol{r})$$

($\boldsymbol{r}_a$和 $\boldsymbol{p}_a$为粒子的径矢量和动量);这两个函数对某一体积的积分,将分别给出该体积中液体的总质量和总动量. 当过渡到量子理论时,这两个函数将换成相应的算符. 密度算符具有同样的形式:

$$\hat{\rho}(\boldsymbol{r})=\sum_a m_a\delta(\boldsymbol{r}_a-\boldsymbol{r}), \qquad (24.4)$$

而流密度算符为

$$\hat{\boldsymbol{j}}(\boldsymbol{r})=\frac{1}{2}\sum_a\{\hat{\boldsymbol{p}}_a\delta(\boldsymbol{r}_a-\boldsymbol{r})+\delta(\boldsymbol{r}_a-\boldsymbol{r})\hat{\boldsymbol{p}}_a\}, \qquad (24.5)$$

式中$\hat{\boldsymbol{p}}_a=-\mathrm{i}\hbar\nabla_a$ 是粒子的动量算符①.

现在我们来求 $\boldsymbol{r}$ 和 $\boldsymbol{r}'$点算符$\hat{\boldsymbol{j}}(\boldsymbol{r})$和$\hat{\rho}(\boldsymbol{r}')$的对易规则;因为不同粒子的算符是可对易的,所以为简单起见,我们只研究(24.4—24.5)求和式中的一项. 展开对易子时,将 $\delta(\boldsymbol{r}_1-\boldsymbol{r})\nabla_1\delta(\boldsymbol{r}_1-\boldsymbol{r})$形的算符变成如下形状:

$$\delta(\boldsymbol{r}_1-\boldsymbol{r})\nabla_1\delta(\boldsymbol{r}_1-\boldsymbol{r}')=\delta(\boldsymbol{r}_1-\boldsymbol{r})(\nabla\delta(\boldsymbol{r}-\boldsymbol{r}'))+\delta(\boldsymbol{r}_1-\boldsymbol{r})\delta(\boldsymbol{r}_1-\boldsymbol{r}')\nabla_1.$$

这里第一项中的$\nabla\delta(\boldsymbol{r}-\boldsymbol{r}')$简单地表示 δ 函数的梯度;由于这一项里有$\delta(\boldsymbol{r}_1-\boldsymbol{r})$因子,因而可以用$\nabla\delta(\boldsymbol{r}-\boldsymbol{r}')$代替$\nabla_1\delta(\boldsymbol{r}_1-\boldsymbol{r}')$. 最后我们得到:

$$\hat{\boldsymbol{j}}(\boldsymbol{r})\hat{\rho}(\boldsymbol{r}')-\hat{\rho}(\boldsymbol{r}')\hat{\boldsymbol{j}}(\boldsymbol{r})=-\mathrm{i}\hbar\hat{\rho}(\nabla\delta(\boldsymbol{r}-\boldsymbol{r}')). \qquad (24.6)$$

现在我们根据定义

---

① 为简单起见,令系统由一个粒子构成. 可想而知,算符$\hat{\rho}(\boldsymbol{r})=m\delta(\boldsymbol{r}_1-\boldsymbol{r})$对波函数 $\psi(\boldsymbol{r}_1)$的态求平均,将得出$\int\psi^*(\boldsymbol{r}_1)\hat{\rho}\psi(\boldsymbol{r}_1)\mathrm{d}^3x_1=m|\psi(\boldsymbol{r})|^2$. 采用类似的方法,算符$\hat{\boldsymbol{j}}(\boldsymbol{r})$的平均可给出流密度的正确表达式:

$$(\hbar/2\mathrm{i})\{\psi^*(\boldsymbol{r})\nabla\psi(\boldsymbol{r})-\psi(\boldsymbol{r})\nabla\psi^*(\boldsymbol{r})\}.$$

$$\hat{\boldsymbol{j}} = \frac{1}{2}(\hat{\rho}\hat{\boldsymbol{v}} + \hat{\boldsymbol{v}}\hat{\rho})$$

引入液体速度算符$\hat{\boldsymbol{v}}$以代替$\hat{\boldsymbol{j}}$. 定义算符$\hat{\rho}$和$\hat{\boldsymbol{v}}$的对易规则要求:$\hat{\rho}$和$\hat{\boldsymbol{j}}$的对易子应得出表达式(24.6). 容易验证,为此要取

$$\hat{v}(\boldsymbol{r})\hat{\rho}(\boldsymbol{r}') - \hat{\rho}(\boldsymbol{r}')\hat{\boldsymbol{v}}(\boldsymbol{r}) = -\mathrm{i}\hbar(\nabla\,\delta(\boldsymbol{r}-\boldsymbol{r}')).$$

(此时应考虑到算符$\hat{\rho}(\boldsymbol{r})$和$\hat{\rho}(\boldsymbol{r}')$的明显的可对易). 最后,取 $\hat{v}(\boldsymbol{r}) = \nabla\hat{\varphi}(\boldsymbol{r})$,我们便得到密度算符和速度势算符之间的对易规则:

$$\hat{\varphi}(\boldsymbol{r})\hat{\rho}'(\boldsymbol{r}') - \hat{\rho}'(\boldsymbol{r}')\hat{\varphi}(\boldsymbol{r}) = -\mathrm{i}\hbar\delta(\boldsymbol{r}-\boldsymbol{r}') \tag{24.7}$$

(这里当然可以写出密度变化部分的算符$\hat{\rho}' = \hat{\rho} - \hat{\rho}_0$ 来代替$\hat{\rho}$). 规则(24.7)与粒子坐标和动量之间的对易规则相类似;就此意义来说,ρ'和 φ 这两个量在该情况下起着正则共轭的广义“坐标”和广义“动量”的作用.

利用建立对易规则(24.7)的表达式(24.4—24.5),我们现在来写出二次量子化表象中的算符$\hat{\varphi}$和$\hat{\rho}'$(即把这两个算符用声子的湮没算符和产生算符表达出来),同时要求它们满足规则(24.7). 对此可写成:

$$\hat{\varphi}(\boldsymbol{r}) = \frac{1}{\sqrt{V}}\sum_{k}\left(A_k\hat{C}_k\mathrm{e}^{\mathrm{i}\boldsymbol{k}\cdot\boldsymbol{r}} + A_k^*\hat{C}_k^+\mathrm{e}^{-\mathrm{i}\boldsymbol{k}\cdot\boldsymbol{r}}\right),$$

其中 A_k为待定系数;求和遍及大而有限的液体体积 V 内的所有波矢量之值①. 算符$\hat{C}_k$,$\hat{C}_k^+$遵从下列玻色对易规则:

$$\hat{C}_k\hat{C}_{k'}^+ - \hat{C}_{k'}^+\hat{C}_k = \delta_{kk'}. \tag{24.8}$$

为了今后引用,我们注意这两个算符不等于零的矩阵元为:

$$\langle n_k - 1|\hat{C}_k|n_k\rangle = \langle n_k|\hat{C}_k^+|n_k - 1\rangle = \sqrt{n_k}. \tag{24.9}$$

式中 n_k为声子状态的占有数.

然而,以下我们要用的不是薛定谔算符$\hat{\varphi}(\boldsymbol{r})$,而是海森堡算符$\hat{\varphi}(t,\boldsymbol{r})$. 只要在下列和式的每一项简单地引入频率为 $\omega = uk$ 的因子 $\exp(\pm\mathrm{i}\omega t)$,便容易从$\hat{\varphi}(\boldsymbol{r})$得到海森伯算符:

$$\hat{\varphi}(t,\boldsymbol{r}) = \frac{1}{\sqrt{V}}\sum_{k}\left(A_k\hat{C}_k\mathrm{e}^{\mathrm{i}(\boldsymbol{k}\cdot\boldsymbol{r}-kut)} + A_k^*\hat{C}_k^+\mathrm{e}^{-\mathrm{i}(\boldsymbol{k}\cdot\boldsymbol{r}-kut)}\right)$$

(对比 §9 的开头部分中对 ψ 算符所作的叙述). 密度算符$\hat{\rho}'(t,\boldsymbol{r})$应以关系式(24.2)与算符$\hat{\varphi}(t,\boldsymbol{r})$相联系,因此它可由同样的和式得出,但和式中的乘子应以 $\mathrm{i}A_k\rho_0 k/u$ 代替 A_k. 此后,需要在满足对易规则(24.7)的条件下确定乘子 A_k. 结果得到如下的最终表达式:

---

① 与粒子 ψ 算符不同,实量算符 φ 是厄米的,它同时包含声子的产生算符和湮没算符. 注意,这个性质(与量子电动力学的场算符的性质相同)与声子场中“粒子”数不守恒有关.

$$\hat{\varphi}(t,\boldsymbol{r}) = \sum_{k} \left(\frac{\hbar u}{2V\rho_0 k}\right)^{1/2} (\hat{C}_k \mathrm{e}^{\mathrm{i}(\boldsymbol{k}\cdot\boldsymbol{r}-ukt)} + \hat{C}_k^+ \mathrm{e}^{-\mathrm{i}(\boldsymbol{k}\cdot\boldsymbol{r}-ukt)}),$$

$$\hat{\rho}'(t,\boldsymbol{r}) = \sum_{k} \mathrm{i}\left(\frac{\rho_0 \hbar k}{2Vu}\right)^{1/2} (\hat{C}_k \mathrm{e}^{\mathrm{i}(\boldsymbol{k}\cdot\boldsymbol{r}-ukt)} - \hat{C}_k^+ \mathrm{e}^{-\mathrm{i}(\boldsymbol{k}\cdot\boldsymbol{r}-ukt)}). \tag{24.10}$$

事实上,将这两个表达式代入对易规则(24.7)的左边,并考虑到(24.8)式,便得到所要求的 δ 函数:

$$-\mathrm{i}\hbar \frac{1}{V} \sum_{k} (\hat{C}_k \hat{C}_k^+ - \hat{C}_k^+ \hat{C}_k) \mathrm{e}^{\mathrm{i}\boldsymbol{k}\cdot(\boldsymbol{r}-\boldsymbol{r}')} =$$

$$= -\frac{\mathrm{i}\hbar}{V} \sum_{k} \mathrm{e}^{\mathrm{i}\boldsymbol{k}\cdot(\boldsymbol{r}-\boldsymbol{r}')} \to -\frac{\mathrm{i}\hbar}{V} \int \mathrm{e}^{\mathrm{i}\boldsymbol{k}\cdot(\boldsymbol{r}-\boldsymbol{r}')} \frac{V\mathrm{d}^3 k}{(2\pi)^3} = -\mathrm{i}\hbar\delta(\boldsymbol{r}-\boldsymbol{r}').$$

同样不难证明,在(24.3)式的积分中以$\hat{\boldsymbol{v}} = \nabla\hat{\varphi}$和$\hat{\rho}'$代替 $\boldsymbol{v}$ 和 ρ',从而得到液体哈密顿量所应具有的形式:

$$\hat{H} = \sum_{k} u\hbar k \left(\hat{C}_k^+ \hat{C}_k + \frac{1}{2}\right),$$

其本征值等于 $\Sigma u\hbar k(n_k + 1/2)$. 这正符合能量为 $\varepsilon = u\hbar k$ 的声子的概念.

声波中的液体的能量表达式(24.3)乃是下列精确表达式的展开式中(在零次项以后)的头两项:

$$E = \int \left[\frac{\rho \boldsymbol{v}^2}{2} + \rho e(\rho)\right] \mathrm{d}^3 x$$

[式中 $e(\rho)$是单位质量液体的内能]. 在上述积分中将 $\boldsymbol{v}$ 和 ρ 分别换成$\hat{\boldsymbol{v}} = \nabla\hat{\varphi}$和$\hat{\rho} = \rho_0 + \hat{\rho}'$[式中$\hat{\varphi}$和$\hat{\rho}'$由(24.10)式定义],则该积分就可作为液体的精确哈密顿量:

$$\hat{H} = \int \left[\frac{\hat{\boldsymbol{v}} \cdot \hat{\rho}\hat{\boldsymbol{v}}}{2} + \hat{\rho} e(\hat{\rho})\right] \mathrm{d}^3 x \tag{24.11}$$

(把动能算符写成对称形式$\hat{\boldsymbol{v}} \cdot \hat{\rho}\hat{\boldsymbol{v}}/2$,以便成为厄米算符). 并且极为重要的是,$\rho$ 和 φ 恰好是正则共轭的"广义坐标和广义动量",因此必定能通过它们表达出哈密顿量. 这一点可从下述事实看出:(24.10)的两个算符所遵从的对易规则(24.7)是一个精确的规则,即在导出它的过程中,任何地方都没利用振动的微小性.

这个哈密顿量的展开式中更高级(三级以上)的各项表达了声振动的非简谐性,用声子图像的术语来说,就是描述了声子的相互作用. 这些项,对于同时改变若干声子占有数的跃迁都有矩阵元. 因而它们起着引起声子各种散射和裂变过程的微扰作用. 此时,算符$\hat{C}_k$和$\hat{C}_k^+$本身的矩阵元当然具有前面的(24.9)的形式,正如微扰论中通常的做法一样,这里是利用了使非微扰哈密顿量对角的表象. 我们列出三次项和四次项的表达式:

$$\hat{H}^{(3)} = \int \left[\frac{\hat{\boldsymbol{v}} \cdot \hat{\rho}' \hat{\boldsymbol{v}}}{2} + \left(\frac{\mathrm{d}}{\mathrm{d}\rho_0} \frac{u^2}{\rho_0} \right) \frac{\hat{\rho}'^3}{6} \right] \mathrm{d}^3 x, \tag{24.12}$$

$$\hat{H}^{(4)} = \frac{1}{24} \left(\frac{\mathrm{d}^2}{\mathrm{d}\rho_0^2} \frac{u^2}{\rho_0} \right) \int \hat{\rho}'^4 \mathrm{d}^3 x. \tag{24.13}$$

§25　简并近理想玻色气体

使用接近于绝对零度时的弱非理想玻色气体模型,可明显地看出玻色型能谱的基本性质. 在这一节里,采取类似于在 §6 中对费米气体的处理方法来研究这个模型①. 因而 §6 所作的关于简并近理想气体模型的普遍性质的全部叙述,同样也适用于现在所研究的情况. 比如说,弱非理想性[气体参数 $a(N/V)^{1/3} \ll 1$;a 为散射长度]的条件,可以照以前的一样,表述为粒子微小动量条件(6.1)的形式:$pa/\hbar \ll 1$②.

玻色子(假设它们是无自旋的)成对相互作用系统的哈密顿量,其形式与(6.6)式的区别只在于无自旋下标:

$$\hat{H} = \sum \frac{p^2}{2m} \hat{a}_p^+ \hat{a}_p + \frac{1}{2} \sum \langle \boldsymbol{p}_1' \boldsymbol{p}_2' | U | \boldsymbol{p}_1 \boldsymbol{p}_2 \rangle \hat{a}_{p_1'}^+ \hat{a}_{p_2'}^+ \hat{a}_{p_2} \hat{a}_{p_1} \tag{25.1}$$

(对全部动量下标求和). 粒子的湮没算符和产生算符现在满足对易规则:

$$\hat{a}_p \hat{a}_p^+ - \hat{a}_p^+ \hat{a}_p = 1.$$

也和 §6 中一样,按小动量的假定,将(25.1)中所有的矩阵元再用它们在零动量时的值来代替,于是

$$\hat{H} = \sum \frac{p^2}{2m} \hat{a}_p^+ \hat{a}_p + \frac{U_0}{2V} \sum \hat{a}_{p_1'}^+ \hat{a}_{p_2'}^+ \hat{a}_{p_2} \hat{a}_{p_1}. \tag{25.2}$$

把微扰论用于这个哈密顿量,出发点在于下述见解:在理想玻色气体的基态上,全部粒子都处在**凝聚体**中,即处于能量为零的态上占有数 $N_{p=0} \equiv N_0 = N$;当 $\boldsymbol{p} \neq 0$ 时,$N_p = 0$(见第五卷 §62). 近理想气体在基态和在各弱激发态上,占有数 N_p 不等于零,但远小于宏观大数 N_0. $\hat{a}_0^+ \hat{a}_0 = N_0 \approx N$ 远大于 1 的事实,意味着表达式

$$\hat{a}_0 \hat{a}_0^+ - \hat{a}_0^+ \hat{a}_0 = 1$$

小于 $\hat{a}_0$,$\hat{a}_0^+$ 的本身,因此忽略 $\hat{a}_0$ 和 $\hat{a}_0^+$ 的不可对易性时,便可以把它们看作普通的(等于 $\sqrt{N_0}$ 的)数.

运用微扰论,意味着现在要在形式上将(25.2)式的四重求和按小量 $\hat{a}_p$,$\hat{a}_p^+$

---

① 下面我们所阐明的方法属于 H. H. 博戈留波夫(1947). 他把这种方法运用到玻色气体,是首尾一贯以微观方式推导"量子液体"能谱的最早例证.

② 下面我们将会看到,在简并玻色气体中大多数粒子("凝聚体"除外)都具有动量 $p \sim \hbar\sqrt{aN/V}$,对于这样的动量,上面指出的不等式确是成立的.

($\boldsymbol{p}\neq 0$)的幂展开. 展开式的零次项等于

$$\hat{a}_0^+\hat{a}_0^+\hat{a}_0\hat{a}_0=a_0^4. \tag{25.3}$$

一次项是不存在的(由于在这类项里不能遵从动量守恒定律). 二次项为

$$a_0^2\sum_{p\neq 0}(\hat{a}_p\hat{a}_{-p}+\hat{a}_p^+\hat{a}_{-p}^++4\hat{a}_p^+\hat{a}_p). \tag{25.4}$$

限于精确到二次量时,可在(25.4)式中以总粒子数 N 代换 $a_0^2=N_0$. 在(25.3)这一项里,应估计到更精确的关系式:

$$a_0^2+\sum_{p\neq 0}\hat{a}_p^+\hat{a}_p=N.$$

结果,(25.3—25.4)式各项之和变为

$$N^2+N\sum_{p\neq 0}(\hat{a}_p\hat{a}_{-p}+\hat{a}_p^+\hat{a}_{-p}^++2\hat{a}_p^+\hat{a}_p).$$

把它代入(25.2)式,我们得到哈密顿量的下列表达式:

$$\hat{H}=\frac{N^2}{2V}U_0+\sum_p\frac{p^2}{2m}\hat{a}_p^+\hat{a}_p+\frac{N}{2V}U_0\sum_{p\neq 0}(\hat{a}_p\hat{a}_{-p}+\hat{a}_p^+\hat{a}_{-p}^++2\hat{a}_p^+\hat{a}_p). \tag{25.5}$$

此表达式的第一项,在一级近似下决定了气体的基态能量 E_0,而它对 N 的微商相应地为 $T=0$ 时的化学势 μ:

$$E_0=\frac{N^2}{2V}U_0,\quad \mu=\frac{N}{V}U_0. \tag{25.6}$$

(25.5)式中其余各项决定了对 E_0 的修正和气体弱激发态的能谱.

(25.5)式中的积分 U_0,还应当通过真实的物理量——散射长度 a 表达出来. 这在二次项中可以直接按照公式(6.2)得出:$U_0=4\pi\hbar^2a/m$. 而在第一项,则需要用更精确的公式(6.5)表达,该公式顾及了散射幅中的二级玻恩近似. 并且这里所指的是凝聚体两个粒子的碰撞问题,相应地应当在(6.5)式的求和中取 $\boldsymbol{p}_1=\boldsymbol{p}_2=0,\boldsymbol{p}_1'=-\boldsymbol{p}_2'\equiv\boldsymbol{p}$,因此有:

$$U_0=\frac{4\pi\hbar^2a}{m}\left(1+\frac{4\pi\hbar^2a}{V}\sum_{p\neq 0}\frac{1}{p^2}\right),$$

将此式代入(25.5)式,便得到哈密顿量:

$$\hat{H}=\frac{2\pi\hbar^2a}{m}\frac{N^2}{V}\left(1+\frac{4\pi\hbar^2a}{V}\sum_{p\neq 0}\frac{1}{p^2}\right)+$$
$$+\frac{2\pi\hbar^2a}{m}\frac{N}{V}\sum_{p\neq 0}(\hat{a}_p\hat{a}_{-p}+\hat{a}_p^+\hat{a}_{-p}^++2\hat{a}_p^+\hat{a}_p)+\sum_p\frac{p^2}{2m}\hat{a}_p^+\hat{a}_p. \tag{25.7}$$

为了确定能级,需要将算符 $\hat{a}_p,\hat{a}_p^+$ 作必要的线性变换,以使哈密顿量变成对角形. 现在我们引入新的算符 $\hat{b}_p,\hat{b}_p^+$,根据定义,

$$\hat{a}_p=u_p\hat{b}_p+v_p\hat{b}_{-p}^+,\quad \hat{a}_p^+=u_p\hat{b}_p^++v_p\hat{b}_{-p},$$

而且要求它们满足算符 $\hat{a}_p,\hat{a}_p^+$ 所满足的同样的对易关系:

$$\hat{b}_p\hat{b}_{p'} - \hat{b}_{p'}\hat{b}_p = 0, \quad \hat{b}_p\hat{b}_{p'}^+ - \hat{b}_{p'}^+\hat{b}_p = \delta_{pp'}.$$

不难看出,为此必定有:$u_p^2 - v_p^2 = 1$. 考虑到这一点,就可把线性变换写成如下形式:

$$\hat{a}_p = \frac{\hat{b}_p + L_p\hat{b}_{-p}^+}{\sqrt{1-L_p^2}}, \quad \hat{a}_p^+ = \frac{\hat{b}_p^+ + L_p\hat{b}_{-p}}{\sqrt{1-L_p^2}}. \tag{25.8}$$

量 L_p 应当这样确定,使哈密顿量中消掉非对角项($\hat{b}_p\hat{b}_{-p}$,$\hat{b}_p^+\hat{b}_{-p}^+$). 经简单的计算得出:

$$L_p = \frac{1}{mu^2}\left\{\varepsilon(p) - \frac{p^2}{2m} - mu^2\right\}, \tag{25.9}$$

其中引入了两个记号:

$$\varepsilon(p) = \left[u^2p^2 + \left(\frac{p^2}{2m}\right)^2\right]^{1/2}, \tag{25.10}$$

$$u = \left(\frac{4\pi\hbar^2 aN}{m^2V}\right)^{1/2}. \tag{25.11}$$

这时哈密顿量取如下形式:

$$\hat{H} = E_0 + \sum_{p\neq 0}\varepsilon(p)\hat{b}_p^+\hat{b}_p, \tag{25.12}$$

式中

$$E_0 = \frac{N}{2}mu^2 + \frac{1}{2}\sum_{p\neq 0}\left\{\varepsilon(p) - \frac{p^2}{2m} - mu^2 + \frac{m^3u^4}{p^2}\right\}. \tag{25.13}$$

由(25.12)形式的哈密顿量和算符 $\hat{b}_p$,$\hat{b}_p^+$ 的玻色对易关系可以推断:$\hat{b}_p^+$ 和 $\hat{b}_p$ 乃是遵从玻色统计,能量为 $\varepsilon(p)$ 的准粒子的产生算符和湮没算符. 对角算符 $\hat{b}_p^+\hat{b}_p$ 的本征值就是动量为 $\boldsymbol{p}$ 的准粒子数 n_p,而公式(25.10)决定了准粒子能量对动量的依赖关系(重新用 n_p 表示准粒子占有数,以区别于气体真实粒子占有数 N_p). 于是我们所研究气体的弱激发态能谱便完全确定.

量 E_0 是气体的基态能量. 以对 $V\mathrm{d}^3p/(2\pi\hbar)^3$ 求积分代替对离散的 $\boldsymbol{p}$ 值(在体积 V 中)求和,经计算得到下列表达式:

$$E_0 = \frac{2\pi\hbar^2 aN^2}{mV}\left[1 + \frac{128}{15}\sqrt{\frac{a^3N}{\pi V}}\right] \tag{25.14}$$

(李政道,杨振宁,1957). 关于气体(当 $T=0$ 时)的化学势,相应地有:

$$\mu = \frac{\partial E_0}{\partial N} = \frac{4\pi\hbar^2 aN}{mV}\left[1 + \frac{32}{3}\sqrt{\frac{a^3N}{\pi V}}\right]. \tag{25.15}$$

这两个公式是按 $(a^3N/V)^{1/2}$ 的幂展开的前两项. 但是下一项就不能再用上述方法计算了. 这一项应含有体积,如 V^{-2},而这一级的量值不仅与二重碰撞,而且也与三重碰撞有关.

当动量值很大($p \gg mu$)时,(25.10)式的准粒子能量趋于 $p^2/2m$,即趋于气体单个粒子的动能.

当动量很小时($p \ll mu$),则有 $\varepsilon \approx up$. 不难看到,系数 u 与气体中的声速相同,因此根据 § 22 的一般证明,这种表式也符合声子的情况. 当 $T=0$ 时,自由能与能量 E_0 相等,于是取 E_0 的展开式中的主要项,我们求得压强:

$$P = -\frac{\partial E}{\partial V} = \frac{2\pi\hbar^2 aN^2}{mV^2},$$

而得到的声速为 $u=\sqrt{\partial P/\partial\rho}$(式中 $\rho = mN/V$ 为气体的密度)并与(25.11)式相同.

应当指出,在我们所研究的玻色气体模型中,散射长度 a 一定是正值(粒子之间具有排斥相互作用). 这一点,在形式上由下述事实就可看出,即在已得出的能量公式中,当 $a<0$ 时将会出现虚数项. 条件 $a>0$ 的热力学意义是,在该玻色气体模型中它必须遵从不等式 $(\partial P/\partial V)_T<0$.

元激发(它们的占有数平均值为 $\bar{n}_p$)的统计分布,当温度不等于零时可简单地由玻色分布公式(22.2)得出. 气体真实粒子按动量的分布 $\bar{N}_p$ 可以用算符 $\hat{a}_p^+\hat{a}_p$ 求平均的方法算出来. 利用(25.8)式,并考虑到乘积 $\hat{b}_{-p}\hat{b}_p$ 和 $\hat{b}_p^+\hat{b}_{-p}^+$ 不具有对角矩阵元这一性质,可得:

$$\bar{N}_p = \frac{\bar{n}_p + L_p^2(\bar{n}_p+1)}{1-L_p^2}. \tag{25.16}$$

这个表达式,当然只在 $\boldsymbol{p}\neq 0$ 时才成立. 动量为零的粒子数为

$$\bar{N}_0 = N - \sum_{p\neq 0}\bar{N}_p = N - \frac{V}{(2\pi\hbar)^3}\int \bar{N}_p \mathrm{d}^3 p. \tag{25.17}$$

特别是,在绝对零度时所有 $n_p=0$,于是借助(25.9)式我们可由(25.16)式得到如下形式的分布函数①:

$$N_p = \frac{m^2u^4}{2\varepsilon(p)\{\varepsilon(p)+p^2/2m+mu^2\}} \tag{25.18}$$

(当 $T=0$ 时,N_p 的平均值与精确值相等;因此去掉了字母上的横线). 当然,玻色气体的非理想性,即使在绝对零度时也会出现动量不为零的粒子;很容易求出(25.17)式中的积分[其中 N_p 由(25.18)式确定],因而得出:

$$N_0 = N\left[1-\frac{8}{3}\sqrt{\frac{Na^3}{\pi V}}\right]. \tag{25.19}$$

---

① 应当指出,具有给定动量值的粒子数极大值($\sim p^2N_p$)位于 $p/\hbar \sim \sqrt{aN/V}$ 附近,这里由 $\varepsilon(p)$ 的一个极限表达式过渡到另一个极限表达式. 这种情况已在 90 页的注解中说过了.

最后，我们还要对这里所得的能谱作以下的说明：当 p 小时，微商 $\mathrm{d}^2\varepsilon/\mathrm{d}p^2>0$，就是说 $\varepsilon(p)$ 曲线从初始的切线 $\varepsilon=up$ 起向上弯曲．在这种情况下（见下面的§34）将发生能谱的不稳定性，这与准粒子（声子）可能具有的自发裂变有关．但是，由于相应的能级宽度很小（当 p 小时与 p^5 成正比），因而并不损及在所研究的近似程度下得到的表达式．

§26　凝聚体的波函数

在§23 里我们已经谈过，在液氦中超流性的出现或消失都是以第二级相变的方式发生的．这种相变总是与物体性质的某种质变有关．在液氦处于 λ 点的情况，这种质变可以用宏观方法描写为液体超流成分的出现或消失．以更深刻的微观观点来说，这里所指的乃是液体（真实的！）粒子按动量分布的确定性质．正是在超流液体中（与非超流液体不同），有限比率的粒子（具有宏观大的粒子数）具有严格等于零的动量；这些粒子在动量空间中构成了**玻色－爱因斯坦凝聚体**（或简称凝聚体）．注意，在理想玻色气体中，当 $T=0$ 时气体的全部粒子都变成凝聚体（见第五卷§62）而在近理想气体中，也几乎是所有粒子都变成凝聚体．在粒子间具有强烈相互作用的玻色液体这种情况，当 $T=0$ 时处于凝聚体中的粒子数的比率绝不能接近于 1．

现在我们要说明怎样用 ψ 算符的术语来描述玻色－爱因斯坦凝聚的性质．

对于理想玻色气体——无相互作用的玻色子系统，它的海森伯 ψ 算符可写成如下的显形式①：

$$\hat{\Psi}(t,\boldsymbol{r})=\frac{1}{\sqrt{V}}\sum_{p}\hat{a}_p\exp\left\{\frac{\mathrm{i}}{\hbar}\boldsymbol{p}\cdot\boldsymbol{r}-\frac{\mathrm{i}}{\hbar}\frac{p^2}{2m}t\right\}.\tag{26.1}$$

在§25 中我们已作过说明：可以忽略算符 $\hat{a}_0$ 和 $\hat{a}_0^+$ 的不可对易性，即把这两个算符看作是经典量．换言之，（26.1）式的部分 ψ 算符是普通的数，这一部分我们用 Ξ 来表达：

$$\hat{\Xi}=\frac{\hat{a}_0}{\sqrt{V}}.\tag{26.2}$$

为了表达任意玻色液体在一般情况的 ψ 算符的这种性质，应当指出，由于在凝聚体中总具有宏观上大数的粒子，所以当这个粒子数增减 1 时，实质上并不改变系统的状态，因此可以说，由于向凝聚体添入（或取出）一个粒子，结果由一定的 N 个粒子系统状态得出了 $N\pm1$ 个粒子系统"同样的"状态②．比如说，基态

---

① 见（9.3）式．我们假设气体粒子是无自旋的，因此没有自旋下标．在（26.1）式中，也考虑了理想玻色气体当 $T=0$ 时化学势 $\mu=0$，因此省略了指数中 $-\mu t/\hbar$ 这一项．

② 添入或取出粒子，应想象为进行得无限缓慢．这样就排除了变化的场对系统的激发．

仍然保持为基态. 使凝聚体中粒子数改变 1 的那部分 ψ 算符用$\hat{\Xi}$, $\hat{\Xi}^+$标记,因此按定义就有:

$$\hat{\Xi}|m,N+1\rangle=\Xi|m,N\rangle,\quad \hat{\Xi}^+|m,N\rangle=\Xi^*|m,N+1\rangle.$$

这里记号$|m,N\rangle$和$|m,N+1\rangle$表征系统中仅粒子数不同的两个"相同的"状态,而 Ξ 是某一复数. 这些论断在 $N\to\infty$ 的极限情况下是严格成立的. 因此, Ξ 这个量的定义应写成如下形式:

$$\lim_{N\to\infty}\langle m,N|\hat{\Xi}|m,N+1\rangle=\Xi,$$

$$\lim_{N\to\infty}\langle m,N+1|\hat{\Xi}^+|m,N\rangle=\Xi^*. \tag{26.3}$$

这是液体在给定的有限密度值 N/V 时趋于极限的.

如果把 ψ 算符表成:

$$\hat{\Psi}=\hat{\Xi}+\hat{\Psi}',\qquad \hat{\Psi}^+=\hat{\Xi}^++\hat{\Psi}'^+. \tag{26.4}$$

则算符的剩余("非凝聚体")部分(即$\hat{\Psi}'$, $\hat{\Psi}'^+$——译注)将使状态$|m,N\rangle$变为与其正交的状态,即矩阵元为①:

$$\lim_{N\to\infty}\langle m,N|\hat{\Psi}'|m,N+1\rangle=0,\quad \lim_{N\to\infty}\langle m,N+1|\hat{\Psi}'^+|m,N\rangle=0. \tag{26.5}$$

在 $N\to\infty$ 的极限,状态$|m,N\rangle$和$|m,N+1\rangle$之间的差别完全消失,就此意义来说, Ξ 这个量是算符$\hat{\Psi}$对这个态的平均值. 我们强调,此极限值有限是含有凝聚体的这种系统的特点.

等式(26.3)已透彻表明了$\hat{\Xi}$, $\hat{\Xi}^+$的"算符"性质,此外,可以认为它们与$\hat{\Psi}'$, $\hat{\Psi}'^+$可对易. 特别是,在对基态求任何平均时,算符$\hat{\Xi}$, $\hat{\Xi}^+$将代之以 Ξ, Ξ^*(即与经典量的行为相同). 我们再强调一次:由于凝聚体中粒子数是个宏观量,因而这种近似就意味着只忽略那些相对数量级很小的量 $1/N$②.

如果波函数的时间依赖关系决定于哈密顿量$\hat{H}'=\hat{H}-\mu\hat{N}$,那么 Ξ 这个量就与时间无关. 事实上,矩阵元$\langle m,N|\Xi|m,N+1\rangle$正比于

$$\exp\left\{-\frac{\mathrm{i}t}{\hbar}[E(N+1)-E(N)-(N+1)\mu+N\mu]\right\},$$

但这个指数函数的指数为零,因为精确到 $\sim 1/N$ 时, $E(N+1)-E(N)=\mu$.

在均匀的静止液体中, Ξ 同样也与坐标无关,因而适当地选取该复变量的相位,容易得出:

---

① 为了避免误会,我们再不厌其烦地提醒一次:这些等式只对应于"同样"态之间的跃迁!

② 特别是,取这种精确度时,对于系统中粒子数之差相同(不大的)的各不同状态之间的跃迁来说,应当认为算符$\hat{\Psi}'$的各跃迁矩阵元都相同.

$$\Xi = \sqrt{n_0}, \tag{26.6}$$

式中 n_0是单位体积液体中凝聚体的粒子数. 实际上,$\hat{\Xi}^+\hat{\Xi}$是凝聚体中的粒子数密度算符,而这个算符的平均值恰好是 n_0.

由于凝聚体的存在,使得玻色液体粒子的密度矩阵本质上有别于通常液体中的密度矩阵. 在均匀玻色液体的任意状态,密度矩阵以下列表达式定义:

$$N\rho(\boldsymbol{r}_1,\boldsymbol{r}_2) = \langle m,N|\hat{\Psi}^+(t,\boldsymbol{r}_2)\hat{\Psi}(t,\boldsymbol{r}_1)|m,N\rangle, \tag{26.7}$$

而且该函数只依赖于 $\boldsymbol{r}=\boldsymbol{r}_1-\boldsymbol{r}_2$这个差[见(7.13)]. 将(26.4)形式的 ψ 算符代入上式并考虑(26.3)式和(26.5)式的性质,我们得到:

$$N\rho(\boldsymbol{r}_1,\boldsymbol{r}_2) = n_0 + N\rho'(\boldsymbol{r}_1,\boldsymbol{r}_2). \tag{26.8}$$

"非凝聚体"密度矩阵 ρ'当 $|\boldsymbol{r}_1-\boldsymbol{r}_2|\to\infty$ 时趋近于零;但密度矩阵 ρ 这时趋近于有限的极限值 n_0/N. 这表明在超流液体中存在着通常液体所没有的"远程有序"性,而在通常的液体中当 $|\boldsymbol{r}_1-\boldsymbol{r}_2|\to\infty$ 时总是 $\rho\to 0$. 这就是使液体的超流相有别于非超流相的对称性质(В. Л. 金兹堡,Л. Д. 朗道,1950;O. Penrose,1950).

利用密度矩阵的傅里叶分量,按公式

$$N(\boldsymbol{p}) = N\int \rho(\boldsymbol{r})\mathrm{e}^{-i\boldsymbol{p}\cdot\boldsymbol{r}}\mathrm{d}^3x \tag{26.9}$$

[比较(7.20)式]可确定出液体粒子按动量的分布. 将(26.8)式中的 ρ 代入上式,得到:

$$N(\boldsymbol{p}) = (2\pi)^3 n_0\delta(\boldsymbol{p}) + N\int \rho'(\boldsymbol{r})\mathrm{e}^{-i\boldsymbol{p}\cdot\boldsymbol{r}}\mathrm{d}^3x. \tag{26.10}$$

带有 δ 函数的一项相应于动量严格等于零的粒子的有限概率.

如果在液体中发生超流运动,或液体处于非均匀且不稳定的外界条件下(但该条件只在比原子间距大的距离上才有重大的改变),那就仍旧会发生玻色-爱因斯坦凝聚,但已不能肯定液体将出现 $\boldsymbol{p}=0$ 的状态. 以前根据(26.3)式定义的量 Ξ,现在是坐标和时间的函数,它具有凝聚态中粒子波函数的意义. 它的归一化条件为 $|\Xi|^2=n_0$,因此可以把它表达成

$$\Xi(t,\boldsymbol{r}) = \sqrt{n_0(t,\boldsymbol{r})}\,\mathrm{e}^{i\Phi(t,\boldsymbol{r})}. \tag{26.11}$$

因为有宏观大数的粒子处于凝聚态,这个态的波函数变成为经典的宏观量①. 因此,在超流液体中将出现新的宏观态(其中包括热力学平衡态)的特性.

根据波函数(26.11)算出的流密度是:

$$\boldsymbol{j}_{凝聚} = \frac{i\hbar}{2m}(\Xi\nabla\Xi^* - \Xi^*\nabla\Xi) = \frac{\hbar}{m}n_0\nabla\Phi,$$

式中 m 为液体粒子的质量. 就上式本身意义来说,它是凝聚体粒子宏观的流密

① 这类似于每个态中光子的占有数很大时,电磁波场强变成了经典量的情况(对照第四卷 §5).

度,因而可以把它表为 $n_0\boldsymbol{v}_s$ 的形式,这里 $\boldsymbol{v}_s$ 是该运动的宏观速度. 对比两个表达式,得:

$$\boldsymbol{v}_s = \frac{\hbar}{m}\nabla \Phi. \tag{26.12}$$

因为这种运动可以在热力学平衡态(用量 Ξ 描述)发生,所以它是一种无耗散的运动,因此(26.12)式决定了超流运动速度. 这样一来,我们又得出在 § 23 中已经提到的超流运动的性质,即它的标势性. 同时,发现速度势 φ(在精确到常数因子时)与凝聚体波函数的相位是相等的:

$$\varphi = \frac{\hbar}{m}\Phi. \tag{26.13}$$

但是为了避免误解,应当强调:虽然凝聚体的速度与液体超流成分的速度相同(即使凝聚体和超流成分在 λ 点同时出现),凝聚体密度 mn_0 与超流成分密度 ρ_s 彼此绝不相同. 毫无疑问,绝没有理由把这两个量混为一谈,混淆这两个量的错误还可以由下列事实看出:在绝对零度时,液体全部质量都是超流的,然而绝非全部液体粒子都处于凝聚体中①.

§ 27　凝聚体密度对温度的依赖关系

凝聚体中粒子数密度在 $T=0$ 时最大,而温度升高时密度降低. 该密度对温度的依赖关系当 $T\to 0$ 时的极限规律,可借助研究宏观量——凝聚体波函数 Ξ 的涨落来求出(R. A. Ferrell, N. Menyhard, H. Schmidt, F. Schwabl, P. Szepfalusy, 1968).

首先应当提醒,Ξ 是个经典量,用量子力学形式表达时,它对应于算符 $\hat{\Psi}$. 因此,为了计算涨落原则上应该利用这个算符. 另一方面,在绝对零度附近长波振动在宏观量涨落谱中起着主要作用. 液体中这些振动乃是流体动力学宏观方程所描述的声波,因而有可能独立地使 Ξ 量子化来建立对应于这个量的算符.

在这种情况下,对于量 $\Xi = \sqrt{n_0}\exp(\mathrm{i}\Phi)$ 来说,直接与公式(26.13)的超流速度势有关的相位 Φ,在长波极限下涨落最强烈. 我们提醒一下,φ 和 Φ 这两个量都不是单值的,即它们有可加的任意常数. 因此,单值的量 $\sqrt{n_0}$ 只能通过 Φ 的微商表达,所以 $\sqrt{n_0}$ 的涨落的傅里叶分量将包含波矢 $\boldsymbol{k}$ 的多余的幂,即对于小 $\boldsymbol{k}$,该分量是很小的.

相位 Φ 与速度势 φ 的关系,可以直接将 Φ 与描写液体中声子分布的量联系起来. 为此,我们把 φ 因而也把 Φ 看作是二次量子化算符,并根据(24.10)式

---

① 事实上,液氦中凝聚体的密度,看来只是总液体密度的一小部分.

通过声子的产生算符和湮没算符将$\hat{\Phi}$展开：

$$\hat{\Phi}=\sum_{p}\left(\frac{mu}{2Vnp}\right)^{1/2}(\hat{C}_{p}e^{ip\cdot r/\hbar}+\hat{C}_{p}^{+}e^{-ip\cdot r/\hbar}). \tag{27.1}$$

（把非微扰的液体密度写成 $\rho=nm$ 的形式，这里 n 是粒子数密度，并略去下标 0）. 如上所述，宏观量 Ξ 的算符，即算符$\hat{\Psi}$的长波部分，可以表成如下形式：

$$\hat{\Psi}=\sqrt{n_0}\exp(i\hat{\Phi}), \tag{27.2}$$

式中 n_0为凝聚体的粒子数密度.

首先，我们利用这个公式来计算玻色液体的"非凝聚体"粒子（在小动量值的情况下）按动量的分布. 在单粒子的密度矩阵 $\rho(\boldsymbol{r}_1,\boldsymbol{r}_2)$ 中，当距离 $|\boldsymbol{r}_1-\boldsymbol{r}_2|$ 很大时，就可以利用 ψ 算符的长波表达式(27.2)：

$$N\rho(\boldsymbol{r}_1,\boldsymbol{r}_2)=\langle\hat{\Psi}^{+}(\boldsymbol{r}_2)\hat{\Psi}(\boldsymbol{r}_1)\rangle\approx n_0\langle e^{-i\hat{\Phi}^{+}(r_2)}e^{i\hat{\Phi}(r_1)}\rangle. \tag{27.3}$$

这里是对给定温度的液体状态取平均. 由于涨落很小，应当将这个表达式按$\hat{\Phi}$的幂展开，这时只保留前几个未消失的（二次）项. 考虑$\hat{\Phi}^{+}=\hat{\Phi}$，则得：

$$N\rho(\boldsymbol{r}_1,\boldsymbol{r}_2)=n_0-n_0\langle\hat{\Phi}^2(\boldsymbol{r})\rangle+n_0\langle\hat{\Phi}(\boldsymbol{r}_2)\hat{\Phi}(\boldsymbol{r}_1)\rangle. \tag{27.4}$$

第三项当$|\boldsymbol{r}_2-\boldsymbol{r}_1|\to\infty$ 时趋于零，并给出所求的密度矩阵的非凝聚体部分（在均匀液体中第二项根本与 $\boldsymbol{r}$ 无关，它给出对凝聚体密度的修正，稍后将用另一种方法计算这个修正）. 利用(27.1)式，可将非凝聚体部分变成如下形式：

$$N\rho'(\boldsymbol{r}_1,\boldsymbol{r}_2)=\frac{n_0mu}{2Vn}\sum_{p}\frac{1}{p}\{\langle\hat{C}_p^{+}\hat{C}_p\rangle e^{-ip\cdot(r_1-r_2)/\hbar}+\langle\hat{C}_p\hat{C}_p^{+}\rangle\cdot e^{ip\cdot(r_1-r_2)/\hbar}\}=$$

$$=\frac{n_0mu}{Vn}\sum_{p}\frac{1}{p}\left(n_p+\frac{1}{2}\right)e^{ip\cdot(r_1-r_2)/\hbar},$$

式中

$$n_p=[e^{pu/T}-1]^{-1}.$$

将求和变为求积分，有：

$$N\rho'(\boldsymbol{r}_1,\boldsymbol{r}_2)=\frac{n_0mu}{n}\int\frac{n_p+1/2}{p}e^{ip\cdot(r_1-r_2)/\hbar}\frac{d^3p}{(2\pi\hbar)^3} \tag{27.5}$$

当然，此表达式只对来自小动量 p（即 $\hbar/p$ 大于原子间距离）的贡献成立. (27.5)式中的被积式可直接确定粒子按动量的分布：

$$N(\boldsymbol{p})=\frac{n_0mu}{np}\left(n_p+\frac{1}{2}\right). \tag{27.6}$$

当 $T=0$ 时，此公式给出：

$$N(\boldsymbol{p})=\frac{n_0mu}{2np} \tag{27.7}$$

（J. Gavoret, Ph. Noziéres, 1964），当 $T\neq0$ 时，$up\ll T$；于是

$$N(\boldsymbol{p})=\frac{n_0 mT}{np^2}. \tag{27.8}$$

(P. C. Hohenberg, P. C. Martin, 1965)现在可以确定凝聚体密度对温度的依赖关系. 按定义,我们有:

$$n_0(T)=n-\int N(\boldsymbol{p})\frac{\mathrm{d}^3 p}{(2\pi\hbar)^3}. \tag{27.9}$$

如果直接将(27.6)式代入此公式,则积分由于零振动而发散. 这种情形,与(27.6)式不适用于大动量 p 有关,并意味着不能只用这种方法计算凝聚体在 $T=0$ 时的密度值,该密度值在这里应认为是给定的量. 为了确定所求的对温度的依赖关系,需要从 $n_0(T)$ 中减去它在 $T=0$ 时的值,这时积分已收敛. 结果我们得到:

$$\frac{n_0(T)-n_0(0)}{n_0(0)}=-\frac{mu}{n}\int\frac{n_p}{p}\frac{\mathrm{d}^3 p}{(2\pi\hbar)^3}=$$
$$=-\frac{mT^2}{2\pi^2 nu\hbar^3}\int_0^\infty\frac{x\mathrm{d}x}{\mathrm{e}^x-1}=-\frac{mT^2}{12nu\hbar^3}. \tag{27.10}$$

在计算时,我们忽略了液体总密度对温度的依赖关系;由于液体的热膨胀(与声子的激发有关)正比于更高的温度的幂次——T^4(见第五卷 § 67),所以作这样忽略是合理的①.

§ 28 超流密度在λ点附近的行为

在 § 23 中已经谈过,玻色液体的超流密度的比率 ρ_s/ρ 随着温度的升高而减小,并在第二级相变点(称作液体的 λ 点)变为零. λ 点的温度 T_λ 是压强 P 的函数;方程 $T=T_\lambda(P)$ 决定了 P,T 平面相图上诸 λ 点所构成的曲线.

在第二级相变的普遍理论中,物体状态的改变是以表征物体对称性质的序参数的行为来描述的. 对于玻色液体的 λ 相变来说,凝聚体波函数 Ξ 就起着这种参数的作用,在 § 26 中曾说过,它描述液体中的"远程有序"性. Ξ 是一个复数就说明:序参数有两个分量,并且系统的有效哈密顿量(见第五卷 § 147)只与 $|\Xi|^2$ 有关,也就是说,对于 $\Xi\to\mathrm{e}^{\mathrm{i}\alpha}\Xi$($\alpha$ 为任意实数)的变换,哈密顿量是不变的.

看来有关液氦中 λ 相变的实验资料证明:对这种相变,朗道相变理论得以适用的区域并不存在. 因为不论在 λ 点邻域的任何地方(即不论在 $|T-T_\lambda|\ll T_\lambda$ 范围内的任何地方)都不满足第五卷(146.15)这一判据. 因此,描述这种相

① 已得出的对于任何玻色液体都成立的各公式,当然与 § 25 中得出的弱非理想玻色气体的各公式是一致的. 在比较时,应考虑对于弱非理想气体来说 $n_0\approx n$,而 p 小的条件为:$p\ll mu\sim\hbar(an)^{1/2}$.

变的性质需要运用第二级相变的涨落理论，该理论可以将各种量对温度的依赖关系相互联系起来.

序参数（因而也包括凝聚体的密度 n_0）当 $T \to T_\lambda$ 时对温度的依赖关系由临界指数 β 给出（见第五卷 § 148）：

$$|\Xi| = \sqrt{n_0} \propto (T_\lambda - T)^\beta. \tag{28.1}$$

但我们更感兴趣的是超流密度 ρ_s 的行为问题，为计算 ρ_s，我们来研究这样的液体：在该液体中凝聚体波函数的相位 Φ 在空间作缓慢的变化. 这就是说，在液体中发生速度为(26.12)式的宏观超流运动，单位体积液体相应的动能为：

$$\frac{\rho_s v_s^2}{2} = \rho_s \frac{\hbar^2}{2m^2} (\nabla \Phi)^2. \tag{28.2}$$

此表达式也可以用于序参数的长波涨落. 根据标度不变性的假设，在相变点邻域决定涨落状况的唯一的长度参数，乃是涨落的关联半径 r_c. 因而，该参数也用来确定这样数量级的距离，在该距离内相位 Φ 的涨落变化的数量级为 1；所以，涨落速度平方的平均值随温度的变化规律为：

$$\overline{v_s^2} \propto r_c^{-2} \propto (T_\lambda - T)^{2\nu}.$$

式中 ν 为关联半径的临界指数. 另一方面，因为热力学量在相变点的特性恰好与长波涨落有关，自然可以认为：在该点的邻域，涨落动能(28.2)与液体热力学势的奇异部分一样按同样规律即 $(T_\lambda - T)^{2-\alpha}$（这里 α 是热容量 C_p 的临界指数）随温度改变. 因此求得：

$$\rho_s \overline{v_s^2} \propto \rho_s (T_\lambda - T)^{2\nu} \propto (T_\lambda - T)^{2-\alpha}.$$

从而 $\rho_s \propto (T_\lambda - T)^{2-\alpha-2\nu}$. 最后，考虑关系式

$$3\nu = 2 - \alpha \tag{28.3}$$

（根据标度不变性的假设得出——见第五卷 § 149），最终得到：

$$\rho_s \propto (T_\lambda - T)^{(2-\alpha)/3}. \tag{28.4}$$

此式将 λ 点附近的 ρ_s 和热容量分别对温度的依赖关系相互联系起来（B. D. Josephson, 1966）.

我们注意到从第五卷(148.13)和(148.17)可得出关系式：

$$\alpha + 2\beta + \nu(2 - \zeta) = 2. \tag{28.5}$$

其中 2β 为决定 n_0 对温度依赖关系的指数. 此(28.5)式可以表成

$$2\beta = (2 - \alpha)(1 - \zeta)/3.$$

的形式. 对于液氦，指数 α 和 ζ 事实上是很小的. 因此，相当精确地有 $2\beta \approx (2 - \alpha)/3 \approx 2/3$，于是

$$\rho_s \sim n_0 \sim (T_\lambda - T)^{2/3}.$$

鉴于(28.4)式的重要性，最好做另一更形式化的推导. 为此计算相位 Φ 涨

落的关联函数.

由于只对经典涨落感兴趣,我们首先求出与其相关的自由能的变化,因对能量和对自由能的微小附加值是相等的. 此变化可以根据(28.2)式直接写为

$$\Delta F=\rho_s\frac{\hbar^2}{2m^2}\int(\nabla\Phi)^2\mathrm{d}V \tag{28.6}$$

遵循第五卷 §116 在计算密度涨落关联函数时所用的方法,将 $\Delta\Phi$ 按坐标展成傅里叶级数:

$$\Delta\Phi=\sum_{\boldsymbol{k}}\Phi_{\boldsymbol{k}}\mathrm{e}^{\mathrm{i}\boldsymbol{k}\cdot\boldsymbol{r}},\qquad \Phi_{-\boldsymbol{k}}=(\Phi_{\boldsymbol{k}})^*. \tag{28.7}$$

将此式代入(28.6). 按 $\mathrm{d}V$ 积分的结果,对于 $\boldsymbol{k}\neq-\boldsymbol{k}'$的多项均为零. 剩下的积分归于乘以 V,因此得到

$$\Delta F=\rho_s\frac{\hbar^2}{2m^2}V\sum_{\boldsymbol{k}}r^2|\Phi_{\boldsymbol{k}}|^2.$$

根据热力学涨落的普遍理论,这表明

$$(|\Phi_{\boldsymbol{k}}|^2)=\frac{T}{V}\frac{m^2}{\rho_s\hbar^2}\frac{1}{k^2},\ \langle\Phi_{\boldsymbol{k}}\Phi_{\boldsymbol{k}'}\rangle=0,\ \boldsymbol{k}\neq\boldsymbol{k}' \tag{28.8}$$

现在可以将(28.7)式代入关联函数表达式 $\varphi(|\boldsymbol{r}_1-\boldsymbol{r}_2|)=\langle\Delta\Phi(\boldsymbol{r}_1)\Delta\Phi(\boldsymbol{r}_2)\rangle$,并用(28.8)式进行平均. 经简单计算得出

$$\varphi(r)=\frac{T}{V}\frac{m^2}{\rho_s\hbar^2}\sum_{\boldsymbol{k}}\frac{1}{k^2}\mathrm{e}^{\mathrm{i}\boldsymbol{k}\cdot\boldsymbol{r}}=T\frac{m^2}{\rho_s\hbar^2}\int\frac{1}{k^2}\mathrm{e}^{\mathrm{i}\boldsymbol{k}\cdot\boldsymbol{r}}\frac{\mathrm{d}^3k}{(2\pi)^3}. \tag{28.9}$$

利用单位电荷库仑势的傅里叶分量$\frac{4\pi}{k^2}$,即可写出积分答案:

$$\varphi(r)=T\frac{m^2}{4\pi\rho_s\hbar^2}\frac{1}{r}. \tag{28.10}$$

公式(28.10)适于 λ 点以下的一切温度(在足够大的距离上). 在邻近 T_λ,此公式适于 $r\ll r_c$的距离上在此区域可以忽略序参数模的较小的涨落并认为此参数的涨落等于 $\Delta\Xi=\mathrm{i}\sqrt{n_0}\Delta\varphi$. 于是,相位 $\varphi(r)$的关联函数乘以 n_0便与序参数的关联函数 $\rho(r)=\langle\Delta\Xi^*(\boldsymbol{r}_2)\Delta\Xi(\boldsymbol{r}_1)\rangle$一致了. (应指出,考虑 Ξ 的波函数意义,ρ 就是液体的密度矩阵.)在适用区域的边界,当 $r\sim r_c$序参数关联函数在数量级上应该跟普遍表达式(148.7)(参阅第五卷)相一致:

$$\rho(r)\sim r^{-(1+\zeta)}. \tag{28.11}$$

当 $r\sim r_c$,函数 $\rho(r)$等于 $n_0\varphi(r)$,便得出

$$\rho_s\sim n_0r_c^{-\zeta}\sim(T_\lambda-T)^{2\beta-\nu\zeta}.$$

利用(28.3)和(28.5)容易信服此温度依赖关系同(28.4)式一致.

§29 量子涡线

装在圆柱形容器中的普通液体,当圆筒绕自身轴旋转时,在与器壁的摩擦的

带动下其整体最终将随容器一起旋转起来. 但在超流液体中,只是它的正常成分才被带动旋转;而它的超流成分仍保持静止,其根据是:这种成分根本不能作整体旋转,因为这时会破坏超流运动的标势性①.

但是当转速足够大时,这种状态在热力学上是不利的. 热力学平衡条件是使

$$E_{旋} = E - \boldsymbol{M} \cdot \boldsymbol{\Omega} \tag{29.1}$$

取极小值,它是相对于转动坐标系的能量;E 和 $\boldsymbol{M}$ 分别为系统相对于静止坐标系的能量和角动量(见第五卷 §26). 此表达式中 $-\boldsymbol{M} \cdot \boldsymbol{\Omega}$ 的项,当 $\boldsymbol{\Omega}$ 足够大时,将使 $\boldsymbol{M} \cdot \boldsymbol{\Omega} > 0$ 的状态在热力学上比 $\boldsymbol{M} = 0$ 的状态有利.

因此,增大容器的转速时,最终必定产生超流运动. 这一论断与超流运动标势性的条件之间的外表上的矛盾,可用下述假设来消除:这种标势性,仅在液体中某些特殊的曲线即**涡线**上才受到破坏②. 在这些曲线的周围,液体进行所谓的**标势旋转**运动,因此在涡线外的整个体积中$\nabla \times \boldsymbol{v}_s = 0$.

液体中涡线的粗细具有原子尺度,依宏观的观点,应当把它们看作是无限细的线③. 涡线的存在与(26.12)的速度表达式并不矛盾,因为这个表达式假定$\boldsymbol{v}_s$在空间的变化充分缓慢,只有接近涡线时 $\boldsymbol{v}_s$的改变才可以任意地快[见下边公式(29.3)]. $\boldsymbol{v}_s$与 §23 中根据玻色液体能谱的性质所作的超流运动具有标势性的论述也不矛盾,因为涡线与一定的宏观大的能量相联系[见下边(29.8)式],而且有涡线的液体状态不能认为是弱激发态.

我们首先从纯运动学的观点来研究涡线,即当液体作标势性运动时,把涡线作为速度分布中一些奇异线. 每条涡线用速度沿环绕这条线的闭合回路的环流值(把它表为 $2\pi\kappa$)来表征:

$$\oint \boldsymbol{v}_s \cdot \mathrm{d}\boldsymbol{l} = 2\pi\kappa. \tag{29.2}$$

这个值与积分回路的选取无关. 事实上,如果 C_1 和 C_2 是两个环绕涡线的回路,则根据斯托克斯定理,速度沿两个回路的环流之差等于矢量$\nabla \times \boldsymbol{v}_s$通过 C_1 和 C_2 之间所张表面的通量;但由于这个表面在任何地方都不截断涡线,所以在表面的所有点上$\nabla \times \boldsymbol{v}_s = 0$,因此积分变成零. 由此得出,涡线不可能中断:它或是闭合的,或是终止于液体的界面上(而在无边界的液体中,它的两端延伸到无穷远). 实际上,如涡线具有自由端,就表明可能用回路 C 张紧表面,而此表面在任何地方都不会截断涡线. 因此(29.2)式左边的积分将变成零.

---

① 当液体以速度 $\boldsymbol{v} = \boldsymbol{\Omega} \times \boldsymbol{r}$ 作整体旋转时,式中 $\boldsymbol{\Omega}$ 为角速度,径矢 $\boldsymbol{r}$ 是从任意点起到转轴计得的. 此时$\nabla \times \boldsymbol{v} = 2\boldsymbol{\Omega} \neq 0$.

② 这个假设是由 L. Onsager 1949 年提出的,以后由费曼 R. P. Feynman,1955)予以发展.

③ 但是这一论点并不适合于 λ 点的邻域;这里涡线的粗细具有涨落关联半径的数量级.

条件(29.2)能定出绕涡线运动的液体中速度的分布．在无边界液体中具有直涡线的最简单情况下，各流线都是圆，圆的平面与涡线垂直，圆心位于圆的平面上．沿此曲线的速度环流等于 $2\pi r v_s$，因此

$$v_s = \frac{\kappa}{r}, \tag{29.3}$$

式中 r 为到涡线的距离．应当指出，在有势旋转的情况下，速度随着远离转轴（涡线）而降低，即与整体转动相反，在整体转动中速度与 r 成比例地增大．

对于任意形状的涡线来说，速度的分布由下列公式给出：

$$\boldsymbol{v}_s = \frac{\kappa}{2}\int \frac{\mathrm{d}\boldsymbol{l} \times \boldsymbol{R}}{R^3} \tag{29.4}$$

这里是沿涡线进行积分，$\boldsymbol{R}$ 是从 $\mathrm{d}\boldsymbol{l}$ 引向速度观测点的径矢①．当距涡线的距离小于涡线的曲率半径时，公式(29.4)自然近似地归结为(29.3)式．

我们曾经指出，公式(29.2—29.4)只是液体运动具有标势性的结果．在超流体中，涡线的量子本质表现为常数 κ 只能具有一系列确定的离散值．实际上，利用凝聚体波函数的相位 Φ 所表出的速度 $\boldsymbol{v}_s$ 的表达式(26.12)便可求得 $\boldsymbol{v}_s$ 的环流：

$$\oint \boldsymbol{v}_s \cdot \mathrm{d}\boldsymbol{l} = \frac{\hbar}{m}\Delta\Phi, \tag{29.5}$$

其中 $\Delta\Phi$ 为环绕回路时相位的改变．但由于波函数是单值的，当回到出发点时，它的相位改变只能是 2π 的整数倍．由此得到：

$$\kappa = n\hbar/m, \tag{29.6}$$

式中 n 是整数．下面我们会看到：实际上只有环流可能值为最小（$n=1$）的涡线，在热力学上才是稳定的．因此下面我们将取

$$\kappa = \hbar/m. \tag{29.7}$$

现在我们来求第一次出现涡线时圆筒容器的临界转速．根据对称的考虑，显然这条线将位于容器的轴线上．液体靠涡线的出现而改变的能量为：

$$\Delta E = \int \frac{\rho_s v_s^2}{2}\mathrm{d}V = \frac{\rho_s}{2}L\int v_s^2 \cdot 2\pi r\mathrm{d}r = L\rho_s\pi\kappa^2\int\frac{\mathrm{d}r}{r}$$

（L 是容器的长度）．这里，应当在容器的半径 R 和一定的 r 值之间的范围内对 $\mathrm{d}r$ 进行积分，r 近似等于数量级为原子距离的 a，在这种距离上宏观的分析已失去意义；由于积分呈对数发散，其数值对于 a 值的精确选择并不敏感，因此，

---

① 这个表达式可以直接从熟知的直线电流磁场的毕奥－萨伐尔公式类推出来．将(29.2)式速度的环流与直线电流 J 周围磁场 $\boldsymbol{H}$ 的环流 $\oint \boldsymbol{H}\mathrm{d}l = \frac{4\pi}{C}J$ 作比较，显然这两个问题具有形式上的巧合．因而将记号进行代换：$\boldsymbol{H}\to\boldsymbol{v}_s$，$J/C\to\kappa/2$，便可以从一个问题得出另一个问题．

$$\Delta E = L\pi\rho_s \frac{\hbar^2}{m^2}\ln\frac{R}{a} \tag{29.8}$$

(该表达式具有所谓对数精确度,即不仅要求比值 R/a 而且也要求它的对数很大)①. 旋转液体的角动量为:

$$M = \int \rho_s v_s r \mathrm{d}V = \rho_s \kappa \int \mathrm{d}V = L\pi R^2 \frac{\hbar}{m}\rho_s. \tag{29.9}$$

如果 $\Delta E_{旋} = \Delta E - M\Omega < 0$,即假如

$$\Omega > \Omega_{临界} = \frac{\hbar}{mR^2}\ln\frac{R}{a}, \tag{29.10}$$

则涡线的产生在热力学上是有利的.

由上述的讨论也能理解(29.6)式中 $n>1$ 的涡线呈现热力学不稳定的原因. 事实上,把数值 $n=1$ 换成 $n>1$ 时,能量 ΔE 将增大到 n^2 倍而角动量 M 将增大到 n 倍;这时 $\Delta E_{旋}$ 也明显地增加.

超过(29.10)式的临界值之后,继续增大圆筒容器的转速将产生新的涡线,并且当 $\Omega >> \Omega_{临界}$ 时这些涡线的数目就变得非常大. 此时诸涡线在容器的横截面趋于均匀分布,并在极限情况下涡线的总体将液体的整个超流部分模拟成刚体旋转②. 当给定大的 Ω 值,不难算出涡线的数目,这里要求环绕大量涡线的回路取速度环流之值等于液体当作刚体旋转时的速度环流. 如果这种回路在垂直于转轴的平面内包围单位面积,则

$$\oint \boldsymbol{v}_s \cdot \mathrm{d}\boldsymbol{l} = \nu \cdot 2\pi\kappa = 2\pi\nu\frac{\hbar}{m},$$

式中 ν 是涡线沿容器横截面的分布密度. 另一方面,液体作整体转动时 $\nabla \times \boldsymbol{v}_s = 2\boldsymbol{\Omega}$,并且这个环流也等于 $2\boldsymbol{\Omega}$. 使两个值相等,求得:

$$\nu = \frac{m\Omega}{\pi\hbar}. \tag{29.11}$$

涡线的出现,在某种意义上破坏了液体的超流性质. 构成液体正常成分的元激发将在涡线上发生散射,而将自己的部分动量传递给涡线(因而传递给液体的超流成分). 换言之,这意味着在液体的两种成分之间出现了**相互摩擦力**.

一般说来,涡线随着流动液体在空间移动. 当 $T=0$ 时,液体完全是超流的,而且每一条涡线元 $\mathrm{d}\boldsymbol{l}$ 都以它所在处液体具有的速度 $\boldsymbol{v}_s$ 运动. 但在温度不等于

---

① 一般地说,绕涡线的运动将伴有液体密度的某些改变. 在上述计算中忽略了这种改变,其理由可用下述事实证明:由于积分呈对数发散,所以对(29.8)式能量的主要贡献来自于大距离 r,但在该距离上密度的改变已经很小. 根据同样原因,也可以忽略液体内能的改变对 ΔE 的贡献.

② 此事不难证明,这只要指出:因为涡线的数目与 Ω 成比例地增长[见下边的(29.11)式],所以 $\Delta E_{旋} = \Delta E - M\Omega$ 的第二项与 Ω^2 成比例地增长,而第一项与 Ω 成比例地增长,因此当 $\Omega >> \Omega_{临界}$ 时可以把第一项忽略. 于是,取 $\Delta E_{旋}$ 为极小值归结为取 M 为极大值,这正是液体作刚体旋转时所能达到的.

零的情况下,作用给涡线的摩擦力将使前者相对于超流成分产生一定的移动速度.

旋转时产生的涡线具有直线形状.但液体流经毛细管、狭缝等物体可以同时形成闭合涡线——**涡环**.当流速超过一定的临界值时,涡环将引起超流动性的破坏.这些**临界速度**的实际大小与具体的流动条件有关;但它们远小于能使条件(23.3)受到破坏的数值.

直线形涡线能够就地停止在(远处)静止的液体中,与此相反,涡环能够相对于液体运动.每条涡线元的移动速度是所有其余线段在该线元所在点上形成的速度值 $\boldsymbol{v}_s$[按公式(29.4)确定];对于弯曲的涡线,一般说来这个数值不等于零.结果是,涡环作为整体不仅有确定的能量而且也有确定的动量,就此意义讲,它们是特殊类型的元激发.

习　题

1. 试求圆形涡环的运动速度和动量.

解:环的每个线元都以该点上的速度 $\boldsymbol{v}_s$ 运动,由于圆环是对称的,这个速度在环的所有点上都相同.因此算出在环的任何一点 P 上由所有其余部分形成的速度 $\boldsymbol{v}_s$ 就够了.环元 $\mathrm{d}\boldsymbol{l}$ 和从 $\mathrm{d}\boldsymbol{l}$ 至 P 点的矢径 $\boldsymbol{R}$ 都位于环的平面内;所以由公式(29.4)决定的 P 点上的速度垂直于环的平面(因此环移动时并不改变自己的形状和大小).

现在我们用角度 θ 来确定线元 $\mathrm{d}l$ 的位置(图3).于是

$$\mathrm{d}l = R_0\mathrm{d}\theta, R = 2R_0\sin\frac{\theta}{2}, \quad |\mathrm{d}\boldsymbol{l}\times\boldsymbol{R}| = R\sin\frac{\theta}{2}\mathrm{d}l$$

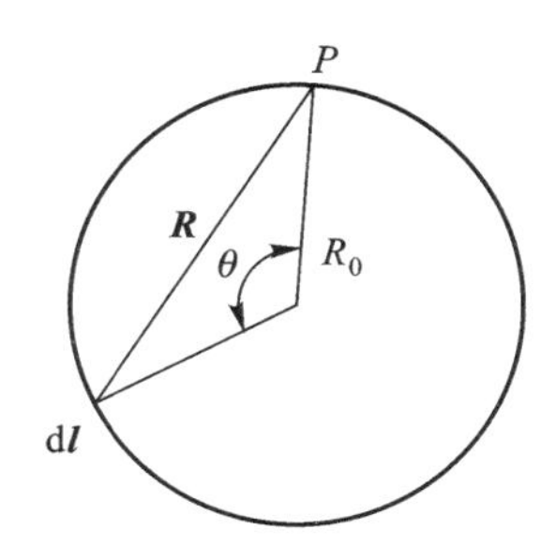

图 3

(式中 R_0 是环的半径),由(29.4)式我们求得环的速度 v 的表达式:

$$v = \frac{\kappa}{8R_0}2\int_0^{\pi}\frac{\mathrm{d}\theta}{\sin(\theta/2)}.$$

但是,这个积分在积分下限呈对数发散,必须在 $\theta \sim a/R_0$ 的数值处截断,该值对应于 P 点到线元 $\mathrm{d}l$ 的原子距离($\sim a$).积分以对数精确度定义在区域 $a/R_0 \ll \theta \ll \pi$ 内,并等于

$$\int_{\sim a/R_0}^{\sim 1}\frac{2\mathrm{d}\theta}{\theta} = 2\ln\frac{R_0}{a},$$

因此

$$v = \frac{\kappa}{2R_0}\ln\frac{R_0}{a} = \frac{\hbar}{2mR_0}\ln\frac{R_0}{a}. \tag{1}$$

以同样的对数精确度,涡环的能量为:

$$\varepsilon = 2\pi^2 R_0 \rho_s \frac{\hbar^2}{m^2} \ln \frac{R_0}{a} \tag{2}$$

[在公式(29.8)中，将 R 换成 R_0，将 L 换为 $2\pi R_0$]. 能量 ε 与速度 v 是以关系式 $\mathrm{d}\varepsilon/\mathrm{d}p = v$ 联系起来的，式中 p 是环的动量. 由此

$$\mathrm{d}p = \frac{\mathrm{d}\varepsilon}{v} = 4\pi^2 \rho_s \frac{\hbar}{m} R_0 \mathrm{d}R_0$$

(若保持对数精确度，则求微分时应把大的对数看作是常数)，所以

$$p = 2\pi^2 \rho_s \frac{\hbar}{m} R_0^2 \tag{3}$$

公式(2)，(3)以参数形式(参数为 R_0)确定了涡环能量 $\varepsilon(p)$ 的依赖关系.

应注意，由于得出公式(1)的积分具有对数特征，这个公式(其中的记号作了一定的变更)对于任何形状弯曲涡线的每条给定线元的移动速度 $\boldsymbol{v}$ 仍旧成立：

$$\boldsymbol{v} = \frac{\kappa}{2R_0} \boldsymbol{b} \ln \frac{\lambda}{a} \tag{4}$$

这里 $\boldsymbol{b}$ 为垂直于涡线在给定点的切平面的单位矢量(副法线矢量)；R_0 是涡线在该点的曲率半径；λ 为涡线曲率发生变化的特征距离.

2. 试求直线形**涡线微振动**的色散律(W. Thomson, 1880).

解：我们选取涡线作为 z 轴，并令矢量 $\boldsymbol{r} = (x, y)$ 表示涡线振动时线上各点的位移；它是 z 和时间 t 的函数，其形式为 $\exp[\mathrm{i}(kz - \omega t)]$. 涡线各点的速度可由公式(4)得出，在该情况下应把此公式中的 λ 理解为振动的波长($\lambda \sim 1/k$)：

$$\boldsymbol{v} = \frac{\mathrm{d}\boldsymbol{r}}{\mathrm{d}t} = -\mathrm{i}\omega \boldsymbol{r} = \frac{\kappa}{2} \ln \frac{1}{ak} \frac{\boldsymbol{b}}{R_0},$$

副法线矢量 $\boldsymbol{b} = \boldsymbol{t} \times \boldsymbol{n}$，这里 $\boldsymbol{t}$ 和 $\boldsymbol{n}$ 分别为曲线的切线和主法线的单位矢量. 根据熟知的微分几何公式，$\mathrm{d}^2\boldsymbol{r}/\mathrm{d}l^2 = \boldsymbol{n}/R_0$，此处 l 为沿曲线计得的长度. 当微振动时，涡线只呈微小的弯曲，因此可以取 $l \approx z$ 及 $\boldsymbol{t} = \boldsymbol{n}_z$(沿 z 轴的单位矢量)；于是

$$\frac{\boldsymbol{b}}{R_0} \approx \boldsymbol{n}_z \times \frac{\mathrm{d}^2\boldsymbol{r}}{\mathrm{d}z^2} = -k^2 \boldsymbol{n}_z \times \boldsymbol{r}.$$

因此，我们求得涡线的运动方程：

$$-\mathrm{i}\omega \boldsymbol{r} = -\frac{\kappa k^2}{2} \boldsymbol{n}_z \times \boldsymbol{r} \ln \frac{1}{ak}.$$

若表成展开式，上式可给出关于 x 和 y 的两个线性齐次方程的方程组；使这个方程组的行列式等于零，便得到所求的 ω 和 k 之间的关系：

$$\omega = \frac{\kappa k^2}{2} \ln \frac{1}{ak}.$$

§30　非均匀玻色气体

在§25 我们研究了粒子间有弱排斥的近理想玻色气体的性质. 然而，如气

体是空间非均匀的，这个系统就会出现新的重要量子特性. 本节我们将把理论推广到非均匀气体情况.

现在研究温度为绝对零度时的弱非理想气体. 在此气体中，几乎它的全部粒子都处于凝聚态. 用 Ψ 算符来表述，是指算符“非凝聚体”部分（$\hat{\Psi}'$）小于它的平均值，即小于凝聚体波函数 Ξ. 算符 $\hat{\Psi}(t,\boldsymbol{r})$ 满足“薛定谔方程”（7.8）. 如只考虑无自旋粒子的成对相互作用，此方程的形式如下（略去 $U^{(1)}$ 的上标（1）.）

$$\mathrm{i}\hbar\frac{\partial}{\partial t}\hat{\Psi}(t,\boldsymbol{r}) = \left(-\frac{\hbar^2}{2m}\Delta+\mu+U(\boldsymbol{r})\right)\hat{\Psi}(t,\boldsymbol{r}) + \\ +\int\hat{\Psi}^+(t,\boldsymbol{r}')U^{(2)}(\boldsymbol{r}-\boldsymbol{r}')\hat{\Psi}(t,\boldsymbol{r}')\,\mathrm{d}^3x'\,\hat{\Psi}(t,\boldsymbol{r}). \tag{30.1}$$

然而，在（30.1）式中简单地将 $\Psi(t,\boldsymbol{r})$ 换成 $\Xi(t,\boldsymbol{r})$，在一般情形是不正确的. 因为，这个代换并未考虑在粒子成对势作用半径量级的距离上有强烈的相互作用. 这个困难是可以回避的. 如 §6 和 §25 所为，形式上将真实相互作用势换成与散射长度 a 值相同并允许使用微扰论的势. 此时，在（30.1）式中将 $\hat{\Psi}$ 换成 Ξ 在所有距离上都是允许的. 这里认为函数 $\Xi(t,\boldsymbol{r})$ 在原子距离内变化很小. 我们可以将代换后的 $\Xi(t,\boldsymbol{r})$ 从积分号下提出来，于是该积分归结为 $\int U^{(2)}(r)\,\mathrm{d}^3x\equiv U_0$. 这样，得出形如下面的 $\Xi(t,\boldsymbol{r})$ 的待求方程

$$\mathrm{i}\hbar\frac{\partial}{\partial t}\Xi(t,\boldsymbol{r}) = \left(-\frac{\hbar^2}{2m}\Delta-\mu+U(\boldsymbol{r})\right)\Xi(t,\boldsymbol{r})+U_0|\Xi(t,\boldsymbol{r})|^2\Xi(t,\boldsymbol{r}). \tag{30.2}$$

如在 §25，现在我们应该认为描述原子间相互作用的常数 U_0 用精确的散射长度公式（6.2）表示成：

$$U_0=\frac{4\pi\hbar^2}{m}a. \tag{30.3}$$

应强调指出，凝聚体波函数 $\Xi(t,\boldsymbol{r})$，正如 §27 指出的，是经典宏观量，这时它所满足的方程（30.2）却显含普朗克常量 $\hbar$.

在定态，函数 Ξ 与时间无关（我们提醒，方程（30.1）已对应哈密顿量 $\hat{H}'=\hat{H}-\hat{N}\mu$）因此，这样的状态用下列方程①描述：

---

① E. P. Gross（1961）和 Л. П. Питаевский（1961）在讨论下面的玻色气体中的涡线问题时得出方程（30.2）和（30.4）. 类似（30.4）的方程，早先被 В. Л. Гинзбург 和 Л. П. Питаевский（1958）在 λ 点附近液氦超流理论中研究过. 在此二问题里系数的意义完全不同. 然而，此二方程形式上的相似性允许将对氦中涡线的解用于玻色气体. 这个解如图 4 所示.

$$\left(-\frac{\hbar^2}{2m}\Delta-\mu+U(\boldsymbol{r})\right)\Xi(\boldsymbol{r})+U_0|\Xi(\boldsymbol{r})|^2\Xi(\boldsymbol{r})=0 \tag{30.4}$$

应指出，在无外场时从方程(30.4)得出均匀气体化学势等于 $\mu=nU_0$（n 为气体密度）. 这对应于博戈留波夫理论的第一级近似(25.6).

所得方程的重要应用是近理想玻色气体涡线的结构问题. 正如指出过，液体中的涡线本身的粗细以原子距离来衡量. 然而在近理想玻色气体，情况就是另外的样子了. 这里，涡线“芯”所在介质的性质有显著变化. 在下边我们将看到，芯具有宏观粗细，它的结构可以用上边得到的方程来描述. 假如不存在外场，n 是无穷远处非微扰的气体密度. 设(30.3)式中 $\mu=nU_0$，得出方程

$$-\frac{\hbar^2}{2m}\Delta\Xi(\boldsymbol{r})+U_0\{|\Xi(\boldsymbol{r})|^2-n\}\Xi(\boldsymbol{r})=0. \tag{30.5}$$

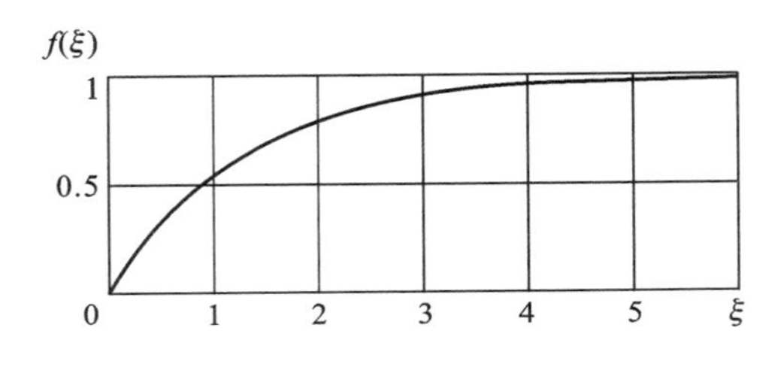

图 4

直线涡线对应如下形的解

$$\Xi=\sqrt{n}\,\mathrm{e}^{\mathrm{i}\varphi}f\left(\frac{r}{r_0}\right),\qquad r_0=\frac{\hbar}{\sqrt{2mU_0n}} \tag{30.6}$$

式中 r 和 φ 分别是到涡轴距离和绕轴极角. 此函数的相位对应于环流值(29.7). 平方 $|\Xi|^2$ 是凝聚体中粒子数密度. 在所讨论的近似下，此数密度与气体总密度一致. 当 $r\to\infty$，气体总密度应趋于给定的数值 n，而函数 f 相应地趋于 1.

引入一个量纲为 1 的变量 $\xi=r/r_0$，得出函数 $f(\xi)$ 的方程

$$\frac{1}{\xi}\frac{\mathrm{d}}{\mathrm{d}\xi}\left(\xi\frac{\mathrm{d}f}{\mathrm{d}\xi}\right)-\frac{f}{\xi^2}+f-f^3=0. \tag{30.7}$$

图 4 表示由方程(30.7)用数值积分得出的解. 当 $\xi\to0$ 时方程的解与 ξ 成正比地趋于零. 当 $\xi\to\infty$ 时，解按 $f=1-\dfrac{1}{2\xi^2}$的规律趋于 1.

参数 r_0 决定涡“芯”半径的数量级. 现在引入散射长度以代替 U_0，按照(6.2)式中 $U_0=4\pi\hbar^2a/m$，求得：

$$r_0\sim n^{-1/3}\eta^{-1/2}\gg n^{-1/3},$$

式中 $\eta=an^{1/3}$ 为气体参数. 如果气体参数足够小，则这个半径实际上大于原子

间距.

气体非均匀性起显著作用的另一个问题是气体在外场内的问题. 设气体处在势能 $U(\boldsymbol{r})<0$ 的引力场内(与此对应的实际实验情形是原子阻留于"磁阱"内). 基态波函数可以选为实的并满足方程(30.4). 在无穷远处函数应趋于零,而化学势 μ 从归一化条件来确定:

$$\int(\Xi(\boldsymbol{r}))^2\mathrm{d}^3x=N, \tag{30.8}$$

式中 N 为气体粒子总数. 在一般情况,方程(30.4)只能数值解. 然而存在两种极限情况,问题可以大大化简.

因为方程(30.4)中不同项的相对重要性决定于(30.6)式所定义的量 r_0 与气体"云"特征线度 R 之比. 简单的估算表明,含相互作用项 U_0 与含拉普拉斯算子 Δ 项之比的数量级为 $(R/r_0)^2$.

于是,当 $R\ll r_0$ 时相互作用完全不重要. 此时方程(30.4)就归于粒子在势 $U(\boldsymbol{r})$ 内的薛定谔方程. 这表明气体可以算作理想的,而且所有的原子都要凝聚,此状态对应于场 $U(\boldsymbol{r})$ 内的每个原子都处在基态.

相反的极限情况是:方程可以略去拉普拉斯算子 Δ,则气体密度简单地由下式给出

$$(\Xi(\boldsymbol{r}))^2=n(\boldsymbol{r})=\frac{1}{U_0}(\mu-U(\boldsymbol{r})) \tag{30.9}$$

此式表述化学势在外场内不变的经典条件. 我们注意到在这种近似下,气体有由方程 $\mu-U(\boldsymbol{r})=0$ 所决定的清楚的界限. 化学势在区域 $U(\boldsymbol{r})<\mu$ 上通过积分(30.9)式而求得

习 题

试求近理想玻色气体中的元激发谱,这里将元激发谱看作是凝聚体波函数微振动的色散律.

解:现在来研究 Ξ 在恒定平均值 $\sqrt{n}$ 附近的微振动:

$$\Xi=\sqrt{n}+A\mathrm{e}^{\mathrm{i}(\boldsymbol{k}\cdot\boldsymbol{r}-\omega t)}+B^*\mathrm{e}^{-\mathrm{i}(\boldsymbol{k}\cdot\boldsymbol{r}-\omega t)},$$

这里 A,B^* 是复数微振幅. 把这个表达式代入方程(30.2),其中外势 U 取为零. 使(30.2)式线性化并将带有不同指数因子的各项分开,则得方程组:

$$\begin{cases}\hbar\omega A=\dfrac{p^2}{2m}A+nU_0(A+B),\\[2ex]-\hbar\omega B=\dfrac{p^2}{2m}B+nU_0(A+B),\end{cases}$$

其中 $p=\hbar k$. 由此令方程组的行列式等于零,求得:

$$(\hbar\omega)^2=\left(\frac{p^2}{2m}\right)^2+\frac{p^2}{m}nU_0.$$

此式与(25.10)式相同.

§31　玻色液体的格林函数①

玻色液体格林函数这一数学工具的建立,在许多地方跟费米液体的同类工具类似.这里不再重复全部讨论,但我们首先引入一些基本定义和公式,并且着重指出它们的区别.这些区别既与不同的统计法有关,也与凝聚体的存在有关②.与本章上述几节一样,现在也假定液体粒子是无自旋的.

在定义玻色液体格林函数时,应当把算符表成(26.4)式,并将**凝聚体**部分从海森伯 ψ 算符中分离出去.格林函数用非凝聚体部分算符并根据

$$G(X_1,X_2)=-\mathrm{i}\langle T\hat{\Psi}'(X_1)\hat{\Psi}'^{+}(X_2)\rangle \tag{31.1}$$

定义,这里还用括号⟨…⟩表示对系统的基态求平均,T 是编时乘积记号.但这与费米子的情况不同,现在置换各 ψ 算符以使它们排在需要的位置时并不需改变乘积的符号,因此有与(7.10)式不同的形式:

$$\mathrm{i}G(X_1,X_2)=\begin{cases}\langle\hat{\Psi}'(X_1)\hat{\Psi}'^{+}(X_2)\rangle, & t_1>t_2;\\ \langle\hat{\Psi}'^{+}(X_2)\hat{\Psi}'(X_1)\rangle, & t_1<t_2.\end{cases} \tag{31.2}$$

平均值同(31.1)式是一样的,但应以全 ψ 算符代替非凝聚体部分算符,于是应得出:

$$-\mathrm{i}\langle T\hat{\Psi}(X_1)\hat{\Psi}^{+}(X_2)\rangle=-\mathrm{i}n_0+G(X_1,X_2), \tag{31.3}$$

式中 n_0 为凝聚体中粒子数密度③.在均匀液体中,函数 G 当然只与差值 $X=X_1-X_2$ 有关.

非凝聚体密度矩阵 ρ',可通过格林函数按照下式表达出来:

$$N\rho'(\boldsymbol{r}_1,\boldsymbol{r}_2)=\mathrm{i}G(t,\boldsymbol{r}_1;t_1+0,\boldsymbol{r}_2)=\mathrm{i}G(t=-0,\boldsymbol{r}) \tag{31.4}$$

[注意,与(7.18)式的总符号不同].其中当 $\boldsymbol{r}_1=\boldsymbol{r}_2$ 时,可得到非凝聚体粒子数总密度:

$$\frac{N}{V}-n_0=\mathrm{i}G(t=-0,\boldsymbol{r}=0) \tag{31.5}$$

---

① 在 §31— §33, §35 中用的是 $\hbar=1$ 的单位制.

② 将格林函数这一数学方法运用于具有凝聚体的玻色体系统,属于 C. T. Беляев(1958)的工作.

③ 像对待费米系统一样,我们将研究在给定化学势 μ 值(而不是给定 N)的情况下玻色系统的状态.相应地,(7.1)式的 $\hat{H}'=\hat{H}-\mu N$ 这个差起着系统的哈密顿量的作用.这时 ψ 算符的凝聚体部分与时间无关.

[比较(7.19)式].

现在还按照公式(7.21—7.22)变到动量表象中去. 函数 $G(\omega,\boldsymbol{p})$ 的归一化可用下列公式表出:

$$\frac{N}{V}=n_0+\mathrm{i}\lim_{t\to-0}\int G(\omega,\boldsymbol{p})\mathrm{e}^{-\mathrm{i}\omega t}\frac{\mathrm{d}\omega\mathrm{d}^3p}{(2\pi)^4} \tag{31.6}$$

[比较(7.24)式].

对于动量表象中的玻色系统格林函数,可以得到和 §8 中对于费米系统同样的展开式. 经完全类似的计算,首先得出公式:

$$G(\omega,\boldsymbol{p})=(2\pi)^3\sum_m\left\{\frac{A_m\delta(\boldsymbol{p}-\boldsymbol{p}_m)}{\omega+E_0(N)-E_m(N+1)+\mu+\mathrm{i}0}-\right.$$
$$\left.-\frac{B_m\delta(\boldsymbol{p}-\boldsymbol{p}_m)}{\omega-E_0(N)+E_m(N-1)+\mu-\mathrm{i}0}\right\}, \tag{31.7}$$

其中

$$A_m=|\langle 0|\hat{\psi}'(0)|m\rangle|^2,\quad B_m=|\langle m|\hat{\psi}'(0)|0\rangle|^2$$

[$\hat{\psi}'(\boldsymbol{r})$ 为非凝聚体的薛定谔算符]①. 为了导出这个展开式的最终形式,我们指出:在粒子数 N 不变的情况下,玻色系统的激发态能量和基态能量的恒为正的差值便定义为该系统中的激发能量 $\varepsilon_m(N)$. 考虑到 $E_0(N)+\mu\approx E_0(N+1)$,因此求得:

$$E_m(N+1)-E_0(N)-\mu\approx E_m(N+1)-E_0(N+1)=\varepsilon_m(N+1)>0,$$

$$E_m(N-1)-E_0(N)+\mu\approx E_m(N-1)-E_0(N-1)=\varepsilon_m(N-1)>0.$$

但是添入或取出一个粒子,只在相对数量级 $\sim\frac{1}{N}$ 的各项上系统的性质才发生变化. 对于宏观系统来说,这些项小得可以忽略,因此应当认为激发能 $\varepsilon_m(N\pm1)$ 和 $\varepsilon_m(N)$ 是相等的. 所以,最终求得:

$$G(\omega,p)=(2\pi)^3\sum_m\left\{\frac{A_m\delta_m(\boldsymbol{p}-\boldsymbol{p}_m)}{\omega-\varepsilon_m+\mathrm{i}0}-\frac{B_m\delta_m(\boldsymbol{p}-\boldsymbol{p}_m)}{\omega+\varepsilon_m-\mathrm{i}0}\right\}. \tag{31.8}$$

从而用获得(8.14)式的同样方法不难求出:对于玻色系统,格林函数的虚部永远是负的:

$$\operatorname{Im}G(\omega,p)<0. \tag{31.9}$$

格林函数当 $\omega\to\infty$ 时的渐近形式仍旧和费米系统的情况一样:

$$G(\omega,\boldsymbol{p})\to1/\omega,\quad 当|\omega|\to\infty 时 \tag{31.10}$$

---

① 公式(31.7)对应于公式(8.7). 因为粒子无自旋,所以现在没有 1/2 这一因子. 注意,(31.7)式第二项前的符号与(8.7)式不同.

[比较(8.15)式]. 在推导这个结果时应考虑如下对易规则:

$$\hat{\Psi}(t,\boldsymbol{r}_1)\hat{\Psi}^+(t,\boldsymbol{r}_2)-\hat{\Psi}^+(t,\boldsymbol{r}_2)\hat{\Psi}(t,\boldsymbol{r}_1)=\delta(\boldsymbol{r}_1-\boldsymbol{r}_2).$$

此式现在是以算符$\hat{\Psi}$和$\hat{\Psi}^+$的对易子代替反对易子①.

其次,进行如 §8 中所作的讨论,可得到一个主要结果,即格林函数的各极点确定元激发谱:

$$G^{-1}(\varepsilon,\boldsymbol{p})=0, \tag{31.11}$$

而且只应取这个方程的正根;和(8.16)式不同的是,这里不需要从 ε 中减去 μ.

格林函数在自身的极点附近具有下列形式:

$$G(\omega,\boldsymbol{p})\approx\frac{Z_\pm}{\omega\mp\varepsilon(\boldsymbol{p})},\quad Z_+>0, Z_-<0. \tag{31.12}$$

极点留数的符号与 ω 的符号一致,这一点是根据(31.8)式中系数 A_m, B_m 的正定性得出的[但留数的大小不受任何类似于费米系统(10.4)式那样条件的限制]. 和 §8 中的做法一样,利用表达式(31.12)不难证明:不等式(31.9)自然保证准粒子衰减系数的正定性,也就是说,当 ε 值向复数区域移动时,需要的符号是 $-\mathrm{Im}\,\varepsilon>0$.

非凝聚体粒子可能转为凝聚体以及进行相反的过程,除函数(31.1)之外,还将使玻色系统格林函数这一数学工具中自然也出现如下函数(我们在 §33 中将会看到):

$$\mathrm{i}F(X_1,X_2)=\langle N-2|T\,\hat{\Psi}'(X_1)\hat{\Psi}'(X_2)|N\rangle, \tag{31.13}$$

$$\mathrm{i}F^+(X_1,X_2)=\langle N|T\,\hat{\Psi}'^+(X_1)\hat{\Psi}'^+(X_2)|N-2\rangle=$$

$$=\langle N+2|T\,\hat{\Psi}'^+(X_1)\hat{\Psi}'^+(X_2)|N\rangle. \tag{31.14}$$

其中跃迁矩阵元是对于系统中总粒子数的变化的,记号$|N\rangle$表征 N 个粒子的系统的基态((31.14)式中最后一个等式在精确到数值 $\sim 1/N$ 的情况下是成立的,对比 95 页上的脚注). 这样定义的函数 F 和 F^+,称作**反常格林函数**. 现在我们来证明:在均匀并静止的液体中,函数 F 和 F^+ 彼此相等.

同函数 G 一样,均匀液体的函数 F 和 F^+ 只与差值 $X=X_1-X_2$ 有关②. 此时,由于置换 X_1 和 X_2 只能改变乘积中算符的排列顺序,而排列顺序总会由编时手

① 在函数 G 的定义中分离出去 ψ 算符的凝聚体部分在这里是无关紧要的,因为 δ 函数 $\delta(\omega)\delta(\boldsymbol{p})$ 在动量表象中对应于(31.3)式中的常数项 $-\mathrm{i}n_0$,它并不影响(31.10)式.

② 函数 F 与时间之和 t_1+t_2 无关,这一性质与哈密顿量的定义式$\hat{H}'=\hat{H}-\mu\hat{N}$中含有 $-\mu\hat{N}$这一项有关. 因而由不同粒子数系统能量本征值之差可消去这一项:

$$E(N+2)-E(N)\approx 2\partial E/\partial N=2\mu$$

相应地从算符 $\hat{\Psi}_1'\hat{\Psi}_2'$ 的矩阵元中消去因子 $\exp[-\mathrm{i}\mu(t_1+t_2)]$.

续建立. 所以

$$F(X)=F(-X). \tag{31.15}$$

当然,由此得出:在动量表象中 F 也是本身宗量的偶函数:

$$F(P)=F(-P). \tag{31.16}$$

其次,F 和 F^+ 之间确定的关系,是由静止液体海森伯 ψ 算符的下述性质得出的结果①:

$$\hat{\Psi}^+(t,\boldsymbol{r})=\tilde{\hat{\Psi}}(-t,-\boldsymbol{r}). \tag{31.17}$$

譬如说,令 $t_2>t_1$,而有:

$$\begin{aligned}\mathrm{i}F^+(X_1,X_2)&=\langle N+2|\hat{\Psi}'^+(X_2)\hat{\Psi}'^+(X_1)|N\rangle=\\&=\langle N|\tilde{\hat{\Psi}}'^+(X_1)\tilde{\hat{\Psi}}'^+(X_2)|N+2\rangle=\\&=\langle N|\hat{\Psi}'(-X_1)\hat{\Psi}'(-X_2)|N+2\rangle=\\&=\mathrm{i}F(-X_1,-X_2).\end{aligned}$$

或 $F^+(X)=F(-X)$. 考虑(31.15)式,从而得出所求的等式:

$$F^+(X)=F(X). \tag{31.18}$$

将函数 $F(X)$ 通过 ψ 算符的矩阵元表达出来后,便可以得到类似于(31.8)式的 $F(\omega,\boldsymbol{p})$ 的展开式,因而也可以阐明该函数的极点问题;但在这里我们不研究这个问题. 仅指出:函数 $F(\omega,\boldsymbol{p})$ 的极点与函数 $G(\omega,\boldsymbol{p})$ 的极点相同.

在本节的最后,我们将算出理想玻色气体的格林函数 $G^{(0)}$. 首先应当指出:因为在这种气体的基态,所有粒子都处凝聚体中,所以非凝聚体粒子的湮没算符 $\hat{\Psi}'$ 作用到基态波函数上,将使该波函数变成零. 因此函数 $G^{(0)}(t,\boldsymbol{r})$ 只有当 $t=t_1-t_2>0$ 时才不为零. [根据(31.2)式,如果产生算符 $\hat{\Psi}'^+$ 首先作用的话].

虽然对于理想气体来说化学势 $\mu=0$,但在这里把化学势 μ 视作预先未确定

① 这个问题,可用下述方法证明. 算符 $\hat{a}_p$, $\hat{a}_p^+$ 的一切不等于零的矩阵元都能定义为实量[见第三卷(64.7—8)];就此意义来说,这两个算符都是实的,即 $\hat{a}_p^+\equiv\tilde{\hat{a}}_p^*=\tilde{\hat{a}}_p$. 因此薛定谔 ψ 算符

$$\hat{\psi}(\boldsymbol{r})=V^{-1/2}\sum_p\hat{a}_p\mathrm{e}^{\mathrm{i}\boldsymbol{p}\cdot\boldsymbol{r}},$$

具有 $\hat{\psi}^+(\boldsymbol{r})=\tilde{\hat{\psi}}(-\boldsymbol{r})$ 这一性质. 由此也可得出海森伯算符

$$\hat{\Psi}(t,\boldsymbol{r})=\exp(\mathrm{i}\hat{H}t)\hat{\psi}(\boldsymbol{r})\exp(-\mathrm{i}\hat{H}t)$$

的等式(31.17),这是容易证明的,只要注意下列事实即可:对于无自旋相互作用系统,哈密顿量 $\hat{H}$ 是实的(因此 $\hat{H}^+=\hat{H}$),由于系统是各向同性的,所以 $\hat{H}(-\boldsymbol{r})=\hat{H}(\boldsymbol{r})$. 但是,需要强调一下:哈密顿量具有实数性,其意思是指,在液体中不存在宏观超流运动. 对于玻色凝聚系统,哈密顿量依赖于宏观参量——凝聚体波函数 Ξ. 在运动液体中,这个参量是复的,随之哈密顿量也是复的(但自然都是厄米的).

的自由参量时，我们不能使 $\mu=0$；这一点，对于在图技术中进一步将函数 $G^{(0)}$ 应用于任意液体时是很必要的，在这样的液体中 μ 恰好起这种参量作用，与此相应，算符 $\hat{\Psi}_0'(t,\boldsymbol{r})$ 可写成

$$\hat{\Psi}_0'(t,\boldsymbol{r})=\frac{1}{\sqrt{V}}\sum_{p\neq 0}\hat{a}_p\exp\left[\mathrm{i}\left(\boldsymbol{p}\cdot\boldsymbol{r}-\frac{p^2}{2m}t+\mu t\right)\right] \tag{31.19}$$

[与(26.1)式只差指数函数因子 $\mathrm{e}^{\mathrm{i}\mu t}$]. 按照(31.2)式，将此表达式代入 $G^{(0)}$ 的定义式时应注意：当取平均时（即取对角矩阵元），只有乘积 $\hat{a}_p\hat{a}_p^+$ 和 $\hat{a}_p^+\hat{a}_p$ 能够给出不等于零的结果；但因为在气体的基态时 $\boldsymbol{p}\neq 0$ 的粒子的一切状态的占有数都等于零，所以

$$\langle\hat{a}_p^+\hat{a}_p\rangle=0,\quad \langle\hat{a}_p\hat{a}_p^+\rangle=1.$$

然后以通常的方法由对 $\boldsymbol{p}$ 求和过渡为求积分，则得：

$$G^{(0)}(t,\boldsymbol{r})=\begin{cases}-\mathrm{i}\int\exp\left(-\mathrm{i}\dfrac{p^2}{2m}t+\mathrm{i}\mu t+\mathrm{i}\boldsymbol{p}\cdot\boldsymbol{r}\right)\dfrac{\mathrm{d}^3p}{(2\pi)^3}, & \text{当 } t>0 \text{ 时；}\\ 0, \text{当 } t<0 \text{ 时；} & \end{cases} \tag{31.20}$$

从而对于动量表象中的格林函数，有：

$$G^{(0)}(\omega,\boldsymbol{p})=-\mathrm{i}\int_0^\infty\exp\left(-\mathrm{i}\frac{p^2}{2m}t+\mathrm{i}\mu t+\mathrm{i}\omega t\right)\mathrm{d}t.$$

积分时应借助于公式

$$\int_0^\infty\mathrm{e}^{\mathrm{i}\alpha t}\mathrm{d}t=\frac{\mathrm{i}}{\alpha+\mathrm{i}0} \tag{31.21}$$

（在被积式中引入因子 $\mathrm{e}^{-\lambda t}$，其中 $\lambda>0$，此后取 $\lambda\to 0$ 的极限）. 最终

$$G^{(0)}(\omega,\boldsymbol{p})=\left(\omega-\frac{p^2}{2m}+\mu+\mathrm{i}0\right)^{-1}. \tag{31.22}$$

至于函数 F，则对于理想气体来说 $F^{(0)}(X)=0$，根据定义(31.13)式这是显而易见的，在(31.13)式中两个算符湮没了非凝聚体的粒子. 因此在动量表象中也有

$$F^{(0)}(\omega,\boldsymbol{p})=0. \tag{31.23}$$

此等式表明这一事实：当 $T=0$ 时，只是由于相互作用才出现非凝聚体粒子.

习　题

试求声子场的格林函数，该函数定义为

$$D(X_1,X_2)\equiv D(X_1-X_2)=-\mathrm{i}\langle T\hat{\rho}'(X_1)\hat{\rho}'(X_2)\rangle, \tag{1}$$

式中角括号表征按场的基态求平均；$\hat{\rho}'$ 为(24.10)式中的密度算符，编时乘积可按(31.2)式的规则展开.

解:把(24.10)式代入定义(1)时应注意:因为在基态上声子状态的所有占有数都等于零,所以只有平均值$\langle \hat{C}_k \hat{C}_k^+ \rangle = 1$ 不等于零. 然后由对 $\boldsymbol{k}$ 求和变为求积分,得:

$$D(t,\boldsymbol{r}) = \int \frac{\rho k}{2\mathrm{i}u} \mathrm{e}^{\mathrm{i}(\boldsymbol{k}\cdot\boldsymbol{r} \mp ukt)} \frac{\mathrm{d}^3 k}{(2\pi)^3},$$

这里指数中的"−"和"+"两个符号分别对应于 $t>0$ 和 $t<0$ 的情况(积分中对于 $t<0$ 的情况,积分变量进行了变换:$\boldsymbol{k} \to -\boldsymbol{k}$). 被积式(无因子 $\mathrm{e}^{\mathrm{i}\boldsymbol{k}\cdot\boldsymbol{r}}$时)就是函数 $D(t,\boldsymbol{r})$按坐标的傅里叶展开的分量. 同时也按时间将函数分解,便得到动量表象中的格林函数:

$$D(\omega,\boldsymbol{k}) = \frac{\rho k}{2\mathrm{i}u} \left\{ \int_0^{\infty} \mathrm{e}^{\mathrm{i}(\omega - uk)t} \mathrm{d}t + \int_{-\infty}^{0} \mathrm{e}^{\mathrm{i}(\omega + uk)t} \mathrm{d}t \right\},$$

借助公式(31.21)求出积分,则得:

$$D(\omega,\boldsymbol{k}) = \frac{\rho k}{2u} \left[\frac{1}{\omega - uk + \mathrm{i}0} - \frac{1}{\omega + uk - \mathrm{i}0} \right] = \frac{\rho k^2}{\omega^2 - u^2 k^2 + \mathrm{i}0}.$$

§ 32 玻色液体的图技术

下面建立用于计算玻色系统格林函数的图技术,这和在 § 12— § 13 中对于费米系统的作法是一样的. 同以前一样,我们来定出图技术规则. 这个系统分子间的成对相互作用以如下算符描述:

$$\hat{V}(t) = \frac{1}{2} \int \hat{\Psi}^+(t,\boldsymbol{r}_1) \hat{\Psi}^+(t,\boldsymbol{r}_2) U(\boldsymbol{r}_1 - \boldsymbol{r}_2) \hat{\Psi}(t,\boldsymbol{r}_2) \hat{\Psi}(t,\boldsymbol{r}_1) \mathrm{d}^3 x_1 \mathrm{d}^3 x_2. \tag{32.1}$$

具有凝聚体的玻色液体的特点,首先在于全部海森伯 ψ 算符都应当表为 $\hat{\Psi} = \hat{\Psi}' + \varXi$的形式,其中$\hat{\Psi}'$为非凝聚体部分,$\varXi$ 是凝聚体波函数,对于静止液体来说,$\varXi$ 只是一个实数$\sqrt{n_0}$①. 作这样的代换之后,算符(32.1)可以分解为由四个到零个算符$\hat{\Psi}'$(连同相应因子$\sqrt{n_0}$的附加数)的各项所构成的级数.

在 § 12 中关于变到相互作用绘景的所有叙述仍然完全有效,而借助维克定理(与以前不同的,只是现在在求平均的乘积中置换 ψ 算符不需要变号)可以将得到的表达式实行进一步展开. 但是算符(32.1)分解成各种不同项,它们将导致在费曼图中出现新的图元素. 我们可以立刻写出最终的动量表象中的这些图元素.

① 应当强调:因为这个量是从精确的海森伯 ψ 算符分离出来的,所以 n_0 是 $T=0$ 时液体中凝聚体密度的精确值.

在图的每个顶点上，同以前一样汇聚了三条线：一条虚线［相当于具有4－动量 $Q=(q_0,\boldsymbol{q})$ 的因子 $-\mathrm{i}U(Q)$］和两条粒子线——一条入射线及一条出射线．但这时应当将凝聚体粒子和非凝聚体粒子区别开来．各实线现在对应于非凝聚体粒子，这种线［具有4－动量 $P=(\omega,\boldsymbol{p})$］同以前一样对应于因子 $\mathrm{i}G^{(0)}(P)$．凝聚体粒子线则以波纹线来表示；用这些线来描述4－动量 $P=0$，它们相应于因子 $\sqrt{n_0}$①．因此，出现了四种形式的顶点：

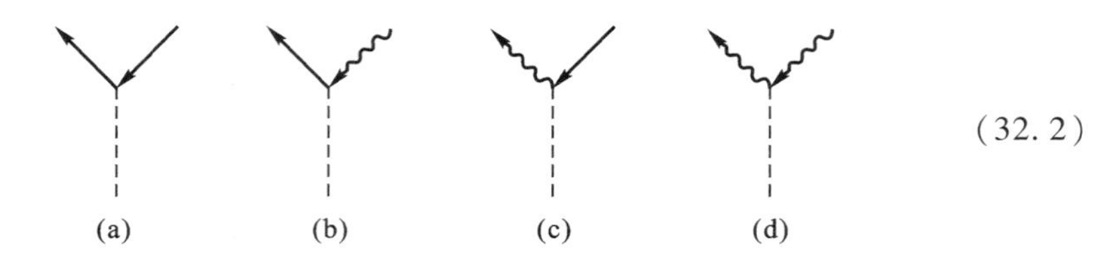

(32.2)

（带有一条或两条波纹线的顶点称作**不完全顶点**）．在每个顶点上必须满足“4－动量守恒定律”；因此在顶点 b 和 c 上虚线的4－动量与实线的4－动量是相等的，而在顶点 d 上4－动量等于零．波纹线永远是图的外线，即与图相连接的只是线的一端，而另一端则保持自由．

进入格林函数 $G(P)$ 定义中的每一个图都有两条4－动量 P 的实外线（入射线和出射线），此外还可以有一定的偶数条波纹外线；各图中的入射外线和出射外线的总数是相同的（以此来表达系统中凝聚体和非凝聚体粒子总数的守恒）．像费米系统一样（也因为同样的理由——见§13），只有不能分解为两个（或更多个）不相连的子图的图才是允许的．但与费米系统情况不同的是，这里要改变共同符号的定义规则，按这种规则，$\mathrm{i}G$ 中所含的图都有相同的符号（即取消48页上的规则3）．

图中每一条虚线在自己的两端都有完全的或不完全的顶点．但这不会是(32.2d)类型的两个顶点，因为其中连一个实外线也没有，这种图形根本不能与格林函数图相连．并且也不可能是(32.2d)与(32.2c)［或(32.2d)与(32.2b)］类型的顶点，因为当存在三条波纹外线时，图形中顶点上4－动量的守恒会使得第四条外线的4－动量也变成零，也就是说，我们能得出具有凝聚体全部四条（波纹线的）外线的图形．

然而，按以前叙述的规则建立的微扰论，它的每一级中有相当数目的图总是变成零．其消失的原因是：理想玻色气体处于基态时不存在非凝聚体粒子．这一点，如果我们仔细考查坐标表象中图的来源，就更清楚了，因为所有 $\langle\hat{\Psi}'^{+}\hat{\Psi}'\rangle$ 形

① 更准确地说，入射到顶点的波纹线相应于因子 Ξ，而出射线相应于因子 Ξ^*，由于 Ξ 是个实数，所以这两个因子实际上是相同的．

的收缩都等于零,括号中非凝聚体粒子的湮没算符位于右边,并首先作用在基态上;剩下的只是$\langle \hat{\Psi}' \hat{\Psi}'^{+} \rangle$形的收缩①.

例如,"自身封闭"的实线图都将变成零,因为这种线来自非凝聚体粒子密度$\langle \hat{\Psi}'^{+}(t,\boldsymbol{r}) \hat{\Psi}'(t,\boldsymbol{r}) \rangle$的收缩. 其次,以虚线封闭的实线图:

都等于零. 这种线来自同一个相互作用算符$\hat{V}(t)$里两个ψ算符的收缩$\langle \hat{\Psi}'^{+}(t,\boldsymbol{r}_2) \hat{\Psi}'(t,\boldsymbol{r}_1) \rangle$.(其中$\hat{\Psi}'^{+}$位于$\hat{\Psi}'$的左边).

最后,由实线和虚线按一定顺序构成的封闭圈图(而且实线的指向沿整个圈图都相同)所组装的一切图都等于零. 现在我们来画出这类圈图. 在线段的端点旁标出ψ算符的时间宗量:

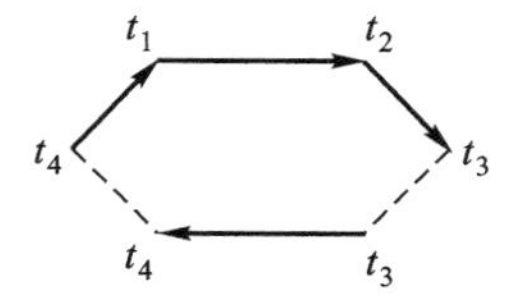

图中每条虚线端点上的宗量都相同②. 与实线对应的函数$G^{(0)}$的宗量等于差值$t_2-t_1, t_3-t_2, t_4-t_3, t_1-t_4$;对于任何封闭圈图,这些差值之和等于零,因此即使其中的一个差值是负的,对应的函数$G^{(0)}$也变为零.

上述规则也适用于确定反常格林函数的图,不同的只是:两条实外线,对于函数F来说一定是出射线,或对于函数F^{+}来讲一定是入射线. 相应地,在这些图中入射波纹线数和出射波纹线数变得不相等了,但要使所有出射线的总数仍等于入射线的总数. 一条实外线描述4-动量P,而另一条描述——4-动量$-P$[这里P是待求的函数$F(P)$或$F^{+}(P)$的宗量]③;根据整个图的"4-动量守恒定律"这两种线的4-动量之和应当等于零.

按图技术计算的格林函数包含两个参数——化学势μ和凝聚体密度n_0;这两个参数还应当与液体密度$n=N/V$联系起来.

直接由格林函数的定义得出的公式(31.6)是这三个量之间的一个关系式. 下面得到的方程(33.11)可作为第二关系式,该方程用图技术概念术语明显地

---

① 按同样的理由,两个粒子在真空中散射的某些图也变成零——见§16.

② 应注意:在虚线图的空间-时间表象中,与1和2两点对应的因子是$iU(X_1-X_2)$,它含有$\delta(t_1-t_2)$.

③ 因为F是宗量的偶函数,所以P的共同符号的选取在这里是无关紧要的.

表达出化学势 μ.

§ 33　自能函数

现在我们详细考查格林函数图的结构,为此像在 § 14 中对费米系统的作法一样,在讨论中引入**自能函数**的概念,即采用的方法是研究一切带有两条实外线的图的集合. 这些图都不可能只截断一条实线就分成两个部分. 但与 § 14 有所不同,就图的外线指向来说,现在可能出现不同的情况:除了带有一条入射线和一条出射线的图外,还存在带有两条出射线或两条入射线的图. 与此相应,就产生了三种自能部分:

$-\mathrm{i}\Sigma_{11}$ (P, P)　　$-\mathrm{i}\Sigma_{20}$ ($-P$, P)　　$-\mathrm{i}\Sigma_{02}$ (P, $-P$)　　(33.1)

(这些记号中,Σ 的第一个下标表征入射实外线数,第二个下标表征出射实外线数). 自能图,除了实外线,一般地说也有波纹线的(凝聚体的)自由端线. 这些端线包含在自能函数的定义中,这里自能函数是以圆圈表示的. 下边我们将会看到,函数 $\Sigma_{02}(P)$ 和 $\Sigma_{20}(P)$ 实际上是相等的:

$$\Sigma_{02}(P)=\Sigma_{20}(P). \tag{33.2}$$

还要立即指出,因为 P 和 $-P$ 以对称形式包含在这些函数的定义中,它们是自身宗量的偶函数:

$$\Sigma_{02}(P)=\Sigma_{20}(-P). \tag{33.3}$$

作为示例,我们画出函数 Σ_{11} 和 Σ_{02} 的开头两级微扰论中所有不等于零的图:

(33.4)

(33.5)

现在我们列出用自能函数表达的精确的函数 G 和 F 的方程.

用微扰论的术语来说,差值 $G(P)-G^{(0)}(P)$ 可用无穷多个链条图之和表达出来,其形状为:

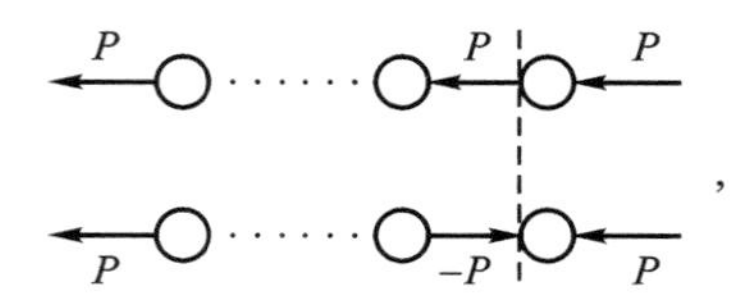

,

它们是由不同数量的小圈组成的,圈间用正向和反向(相对于两个端线而言)的箭头以一切可能的方式连接起来.用同样方法,也可将精确的函数 F(函数 $F^{(0)}\equiv 0$)以链条图之和表示出来,链条图中两边上的箭头的指向相反:

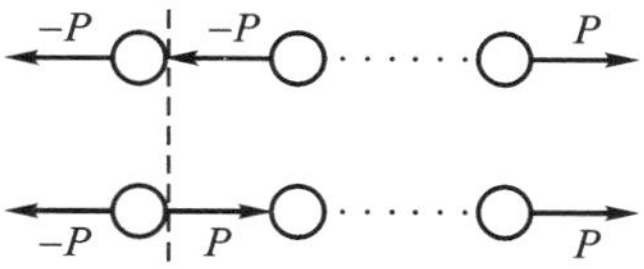

如果从所有这些链条图中沿竖直虚线所示的地方切断边缘的环节(小圆圈连同箭头),则剩余图的边缘箭头的指向相同的图集合又将与精确的函数 G 一致,而边缘上箭头的指向相反的图集合则与精确的函数 F 一致.

现在我们引入以单向和双向粗箭头表示的这些函数的图记号:

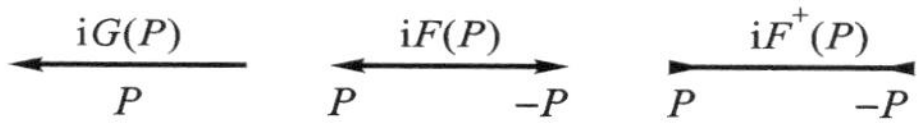

$$\mathrm{i}G(P),\quad \mathrm{i}F(P),\quad \mathrm{i}F^{+}(P) \tag{33.6}$$

于是,上述论断可写成由骨架图组成的图等式的形式:

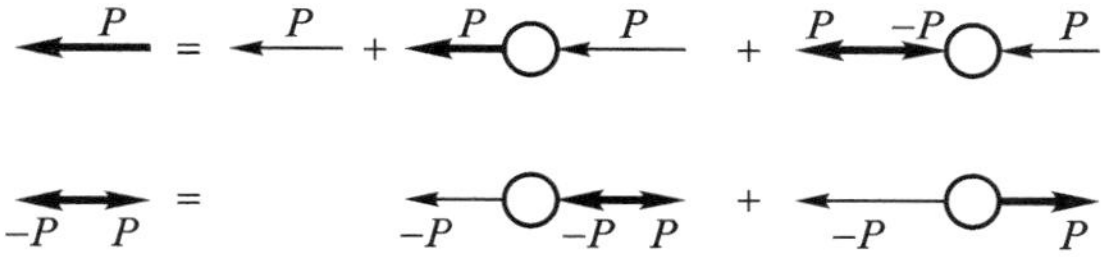

(33.7)

[对比类似的方程(14.4)].将这两个等式写成解析形式,得:①

$$G(P)=[1+\Sigma_{11}(P)G(P)+\Sigma_{20}(P)F(P)]G^{0}(P), \tag{33.8}$$
$$F(P)=G^{(0)}(-P)[\Sigma_{11}(-P)F(P)+\Sigma_{02}(P)G(P)].$$

求解这两个关于 G 和 F 的方程,并将 $G^{(0)}$ 的表达式(31.22)代入,便得到所求的函数:

$$G(P)=\frac{1}{D}\left[\omega+\frac{p^{2}}{2m}-\mu+\Sigma_{11}(-P)\right],$$
$$F(P)=-\frac{1}{D}\Sigma_{02}(P), \tag{33.9}$$

式中

$$D=[\Sigma_{02}(P)]^{2}-$$
$$-\left[\Sigma_{11}(P)-\omega-\mathrm{i}0+\frac{p^{2}}{2m}-\mu\right]\left[\Sigma_{11}(-P)+\omega-\mathrm{i}0+\frac{p^{2}}{2m}-\mu\right]. \tag{33.10}$$

① 我们也可以写出 G 和 F^{+} 类似的方程组,而该方程组与(33.8)式的区别,只是互换了 Σ_{02} 和 Σ_{20}.因为 $F=F^{+}$,所以由此可得出等式(33.2).

我们强调一下,这些关系式不依赖于自能函数的内部结构,所以也与粒子间具有成对相互作用这一假设无关,因此它们对于任何玻色液体都是正确的.

液体中与动量 $\boldsymbol{p}$ 有关的元激发能量,决定于函数 G 和 F 对于变量 ω 的极点. 当 $\boldsymbol{p}$ 很小时,这些元激发是声子,它们的能量同 $\boldsymbol{p}$ 一起趋于零. 因此函数(33.10)当 $\boldsymbol{p}=0,\omega=0$ 时应变成零. 由此我们求得等式:

$$[\Sigma_{11}(0)-\mu]^2=\Sigma_{02}^2(0),$$

此式作为 μ 的方程有两个根,其中之一应取

$$\mu=\Sigma_{11}(0)-\Sigma_{02}(0). \tag{33.11}$$

实际上,在长波极限下 ψ 算符由(27.2)式给出,非凝聚体部分算符 $\hat{\Psi}'=\hat{\Psi}-\sqrt{n_0}\approx \mathrm{i}\sqrt{n_0}\hat{\Phi}$,因此 $\hat{\Psi}'^{+}=-\hat{\Psi}'$,从而 $F\approx-G$;后一等式,当取(33.11)式时恰好得到满足,这时(33.9)式中的各分子(在 $P\to 0$ 的极限情况下)只差一个符号. 等式(33.11)就是第二关系式(见 §32 末),它同关系式(31.6)一起可以把参数 μ 和 n_0 通过液体的密度 n 表达出来.

进一步将表达式(33.10)按 ω 和 $\boldsymbol{p}$ 展成幂级数,便可决定在宗量 ω 和 $\boldsymbol{p}$ 为小值范围内的格林函数的形式. 这时应该考虑到:标量函数 Σ_{11} 和 Σ_{02} 可按 $\boldsymbol{p}^2$ 的幂展开,而对全部宗量为偶函数的 Σ_{02},它的展开式也只包含变量 ω 的偶次幂. 将(33.10)式表为

$$D=\left\{\omega+\frac{1}{2}[\Sigma_{11}(P)-\Sigma_{11}(-P)]\right\}^2-$$
$$-\left\{\frac{p^2}{2m}-\mu+\frac{1}{2}[\Sigma_{11}(P)+\Sigma_{11}(-P)]\right\}^2+\Sigma_{02}^2(P),$$

我们可以立即得出结论:展开式的前几个未消掉的项都具有 $D=$ 常数$(\omega^2-u^2p^2+\mathrm{i}0)$的形式,其中 u 是一个常数,显然它是液体中的声速. 同时应当指出:由于(33.11)式,(33.9)式中的各分子当 $\omega,\boldsymbol{p}\to 0$ 时只差一个符号,因而求得:

$$G=-F=\frac{\text{常数}}{\omega^2-u^2p^2+\mathrm{i}0}.$$

根据这个格林函数,算出 $\boldsymbol{p}$ 很小时的粒子动量分布 $N(\boldsymbol{p})$,并把它与我们已知的分布(27.7)对比,则能确定出分子中的常数值. 积分

$$N(\boldsymbol{p})=\mathrm{i}\lim_{t\to-0}\int_{-\infty}^{\infty}G(\omega,\boldsymbol{p})\mathrm{e}^{-\mathrm{i}\omega t}\frac{\mathrm{d}\omega}{2\pi}$$

[对比(7.23)式]可采用在上半平面内以无穷远的半圆周封闭积分围道的方法计算出来(对比 §7 最末的讨论),该积分相应地决定于 $\omega=-up+\mathrm{i}0$ 极点上的留数. 最后我们得到 $N(\boldsymbol{p})=$ 常数$/2up$,将它与(27.7)式对比,即得出常数 $=n_0mu^2/n$. 因

此,最终求得 ω 和 $\boldsymbol{p}$ 为很小值时格林函数表为下式:

$$G = -F = \frac{n_0 m u^2}{n(\omega^2 - u^2 p^2 + \mathrm{i}0)}. \tag{33.12}$$

应当指出,在精确到可差归一化系数的情况下,该函数与声子场格林函数相等(见 § 31 中的习题),这个结论是十分自然的,因为在 ω 和 $\boldsymbol{p}$ 为很小值的范围内,玻色液体中的全部元激发都是声子.

最后,我们演示所得公式用于研究 § 25 中近理想玻色气体粒子成对相互作用的模型. 在微扰论的一级近似下,Σ_{11} 和 Σ_{02}决定于(33.4)的前两个图及(33.5)的第一个图. 将它们写成解析形式,得到:

$$\Sigma_{11} = n_0[U_0 + U(\boldsymbol{p})], \quad \Sigma_{02} = n_0 U(\boldsymbol{p}).$$

在同样的精确度下,这两个公式中的凝聚体密度 n_0 可以换成气体的总密度 n. 在 § 25 中已指出,在这个模型中气体粒子的动量可认为是很小的,与此相应,各傅里叶分量 $U(\boldsymbol{p})$可用它们在 $\boldsymbol{p}=0$ 时的值 U_0 来代换. 于是

$$\Sigma_{11} = 2nU_0, \quad \Sigma_{02} = nU_0. \tag{33.13}$$

将这两个表达式代入(33. 11)式,得出 $\mu = nU_0$,它与(25. 6)式符合. 若代入(33.9—33. 10)式,则得到格林函数的下列两个公式:

$$G(\omega,\boldsymbol{p}) = \frac{\omega + p^2/2m + nU_0}{\omega^2 - \varepsilon^2(p) + \mathrm{i}0}, \quad F(\omega,\boldsymbol{p}) = \frac{-nU_0}{\omega^2 - \varepsilon^2(p) + \mathrm{i}0}, \tag{33.14}$$

式中

$$\varepsilon(p) = \left[\left(\frac{p^2}{2m}\right)^2 + \frac{p^2}{m} nU_0\right]^{1/2}.$$

从这两个函数分母的形式显然可看出 $\varepsilon(p)$就是元激发能量,这符合以前用另一种方法得到的结果(25. 10—25. 11).

§ 34　准粒子的裂变

量子液体中一个准粒子具有有限寿命(发生衰减),与它同其它准粒子发生碰撞或它自发裂变成两个(或更多个)新的准粒子有关. 当温度 $T\to 0$ 时,衰减的第一个原因消失了(因为碰撞概率跟准粒子数密度一起趋于零),这样,衰减只能由准粒子的裂变才会发生.

现在来研究动量为 $\boldsymbol{p}$ 的准粒子裂变为二的情况. 如果 $\boldsymbol{q}$ 是所出现的准粒子之一的动量,则另一个准粒子的动量为 $\boldsymbol{p}-\boldsymbol{q}$,能量守恒定律给出如下条件:

$$\varepsilon(p) = \varepsilon(q) + \varepsilon(|\boldsymbol{p}-\boldsymbol{q}|). \tag{34.1}$$

可以看出,在 p 值的某一范围内,这个等式对于任何 $\boldsymbol{q}$ 都不满足;这时,这个范围内

的准粒子根本不会衰减(当然,假如也不能裂变为更多的准粒子).

随着 p 的改变,当 $p=p_c$(裂变阈)时,会首次出现方程(34.1)的根.这时将发生衰减.

首先应当指出:在 $p=p_c$ 这一点,方程(34.1)的右边作为 $\boldsymbol{q}$ 的函数是具有极值的.事实上,令 $\varepsilon(q)+\varepsilon(|\boldsymbol{p}-\boldsymbol{q}|)$ 在给定 p 值时的极值是 $E(p)$(为了明确起见,我们将把它看作是极小值).于是,方程

$$\varepsilon(p)-E(p)=\varepsilon(q)+\varepsilon(|\boldsymbol{p}-\boldsymbol{q}|)-E(p)$$

的右边是非负的.因此,当 p 值满足 $\varepsilon(p)-E(p)<0$ 时,方程显然没有根;而只在 $p=p_c$ 这一点才有根出现,在该点上 $\varepsilon(p_c)=E(p_c)$.

将方程(34.1)表为对称形式:

$$\varepsilon(p)=\varepsilon(q_1)+\varepsilon(q_2),\quad \boldsymbol{q}_1+\boldsymbol{q}_2=\boldsymbol{p},$$

我们发现,方程右边的极值条件可以写成 $\partial\varepsilon/\partial\boldsymbol{q}_1=\partial\varepsilon/\partial\boldsymbol{q}_2$ 或

$$\boldsymbol{v}_1=\boldsymbol{v}_2, \tag{34.2}$$

也就是说,在阈点上两个裂变出的准粒子具有相同的速度.这里可以分为以下几种情况(Л. П. 皮塔耶夫斯基,1959).

a) 当 $p=p_0$ 时,玻色液体中准粒子的速度等于零,而 p_0 对应于图 2 曲线上旋子的极小值.因此,如果 $\boldsymbol{v}_1=\boldsymbol{v}_2=0$,其意思是指:在阈点上准粒子裂变为两个动量为 p_0、能量为 Δ 的旋子.相应地,发生裂变的准粒子的能量 $\varepsilon(p_c)=2\Delta$,而它的动量 p_c 是以 $\boldsymbol{p}_c=\boldsymbol{p}_{01}+\boldsymbol{p}_{02}$,即 $2p_0\cos\theta=p_c$ 这一条件与 p_0 联系起来,这里 2θ 是两个旋子飞出的夹角.由此得出,在所有情况下必有:

$$p_c<2p_0. \tag{34.3}$$

b) 假若速度 $\boldsymbol{v}_1=\boldsymbol{v}_2\neq0$,并且与它们相应的动量 $\boldsymbol{q}_1$ 和 $\boldsymbol{q}_2$ 是有限的,其意思是指:在阈点上的裂变产生两个具有共线(平行或反平行的)动量的准粒子①.

c) 如果速度 $\boldsymbol{v}_1$ 和 $\boldsymbol{v}_2$ 均不为零,但动量之一(譬如说 $\boldsymbol{q}_1$)在阈点附近趋于零,那么相应于该动量的准粒子是声子,并且速度 $v_1=u$.此时可有这样的阈点,超过此点便可以由准粒子产生声子.在阈点上声子的能量等于零,准粒子速度刚刚达到声速(速度 $v_1=v_2=u$ 全相同).

d) 最后还有一种特殊情况,即一个声子裂变成两个声子,而且阈点就是能谱的始点 $p=0$.但是这种裂变只当能谱起始一段(声子段)的曲率具有确定的符号[应为 $\mathrm{d}^2\varepsilon(p)/\mathrm{d}p^2>0$]时才可能,也就是说 $\varepsilon(p)$ 曲线必须从起始的切线 $\varepsilon=up$ 起向上弯曲.这不难证明,现在将这一段能谱表为如下形式:

$$\varepsilon(p)\approx up+\alpha p^3, \tag{34.4}$$

---

① 由于液体是各向同性的,准粒子动量 $\boldsymbol{p}$ 及其速度 $\boldsymbol{v}=\partial\varepsilon/\partial\boldsymbol{p}$ 取向共线,但方向可能相同也可能相反.

该式除线性项以外也计入了按小动量的幂展开的下一项①. 于是由能量守恒方程(34.1)得出:

$$u(p-q-|\boldsymbol{p}-\boldsymbol{q}|)=-\alpha(p^3-q^3-|\boldsymbol{p}-\boldsymbol{q}|^3).$$

在阈点附近与准粒子起始动量 $\boldsymbol{p}$ 成小角 θ 的方向射出一个声子;在方程的左边,有:

$$p-q-|\boldsymbol{p}-\boldsymbol{q}|\approx-\frac{pq}{p-q}(1-\cos\theta). \tag{34.5}$$

在方程的右边,只要令 $|\boldsymbol{p}-\boldsymbol{q}|\approx p-q$,就可以求得:

$$u(1-\cos\theta)=3\alpha(p-q)^2, \tag{34.6}$$

由此可见,应当是 $\alpha>0$.

我们在下面(§35)将会看到:在 a)和 b)两种情况,函数 $\varepsilon(p)$ 不可能在阈点以后延拓,因此这一点是能谱的终点. 但在 c)和 d)两种情况,辐射长波声子的准粒子,其裂变会导致弱衰减的出现,这可以借助微扰论来确定②.

现在我们来计算由一个声子裂变成两个声子的衰减(第 d 种情况). 由(24.12)式给出的哈密顿量的各三次项中,都有这种过程的矩阵元. 对于由动量为 $\boldsymbol{p}$ 的一个声子的初态(i)到动量为 $\boldsymbol{q}_1$ 和 $\boldsymbol{q}_2$ 的两个声子的末态(f)的跃迁,微扰算符的矩阵元等于

$$V_{fi}=\frac{1}{\mathrm{i}}\delta(\boldsymbol{p}-\boldsymbol{q}_1-\boldsymbol{q}_2)\frac{3!(2\pi\hbar)^3}{2(2V)^{3/2}}\left(\frac{u}{\rho}pq_1q_2\right)^{1/2}\left\{1+\frac{\rho^2}{3u^2}\frac{\mathrm{d}}{\mathrm{d}\rho}\frac{u^2}{\rho}\right\} \tag{34.7}$$

(略去了无微扰密度 ρ_0 的下标0). 注意其中有 $(pq_1q_2)^{1/2}$ 这一因子;由于它很小(指的是长波声子的裂变),因而保证可以运用微扰论③.

在 1 s 内裂变的微分概率由下列公式给出:

$$\mathrm{d}\omega=\frac{2\pi}{\hbar}|V_{fi}|^2\delta(E_f-E_i)\frac{V^2\mathrm{d}^3q_1\mathrm{d}^3q_2}{(2\pi\hbar)^6}.$$

[见第三卷(43.1)式]. 把(34.7)式代入上式时将出现 δ 函数的平方;应把它理解

---

① 由声振动的色散方程可将频率平方 ω^2 确定为波矢量函数. 与此相应,将声子能量的平方 $\varepsilon^2(p)$ 按动量 $\boldsymbol{p}$ 的幂作正则展开;由于液体是各向同性的,所以从 $\sim\boldsymbol{p}^2$ 项开始应按 $\boldsymbol{p}^2$ 的幂展开. 因而,函数 $\varepsilon(p)$ 本身的展开式便含有 p 的奇次幂.

② 上面所列举的各种情况中,究竟哪几种实际上能够实现,这有赖于准粒子谱 $\varepsilon(p)$ 曲线的具体走向. 关于液氦(^{4}He)的一些实验资料,证明了在压强小于 15 个大气压时有开始不大一段声子谱存在,在这一段里具有第 d)种情况的不稳定性. 液氦谱终止于第 a)种情况的点上.

③ 计算矩阵元(34.7)时,应考虑到:声子算符 $\hat{c}_p$ 和 $\hat{c}_p^+$ 中的每一个都可以从 $\hat{\rho}'$ 或 $\boldsymbol{v}$ 的三个因子中任选一个;因此出现因子 3!. (34.7)式中的 δ 函数是由积分 $\exp[\mathrm{i}(\boldsymbol{p}-\boldsymbol{q}_1-\boldsymbol{q}_2)\boldsymbol{r}/\hbar]$ 因子而产生的. 最后注意,$\boldsymbol{p}$, $\boldsymbol{q}_1$ 和 $\boldsymbol{q}_2$ 的方向几乎重合.

为①.

$$[\delta(\boldsymbol{p}-\boldsymbol{q}_1-\boldsymbol{q}_2)]^2=\frac{V}{(2\pi\hbar)^3}\delta(\boldsymbol{p}-\boldsymbol{q}_1-\boldsymbol{q}_2),\qquad(34.8)$$

剩下的一个 δ 函数被对 d^3q_2 的积分消掉了;这里也取 $E_i=up, E_f=u(q_1+q_2)$,我们得到:

$$w=\frac{1}{2}\left\{1+\frac{\rho^2}{3u^2}\frac{\mathrm{d}}{\mathrm{d}\rho}\frac{u^2}{\rho}\right\}^2\cdot\frac{9\pi}{4\hbar\rho}\int pq_1(p-q_1)\delta(p-q_1-|\boldsymbol{p}-\boldsymbol{q}_1|)\frac{\mathrm{d}^3q_1}{(2\pi\hbar)^3}$$

(当分别对 d^3q_1 和 d^3q_2 积分时,考虑两个声子的全同性,答案应除以2).最后,把 δ 函数的宗量表达成(34.5)式,并对 $\mathrm{d}^3q_1=2\pi q_1^2\mathrm{d}q_1\mathrm{d}\cos\theta$(在 $q_1\leqslant p$ 的区域)进行积分,可求得裂变的总概率:

$$w=\frac{3p^5}{320\pi\rho\hbar^4}\left\{1+\frac{\rho^2}{3u^2}\frac{\mathrm{d}}{\mathrm{d}\rho}\frac{u^2}{\rho}\right\}^2,\qquad(34.9)$$

声子的衰减系数 $\gamma\equiv-\mathrm{Im}\ \varepsilon=\hbar w/2$. 其中,对于近理想玻色气体来说,根据(25.11)式,$u^2/\rho\approx4\pi\hbar^2a/m^3$ 这一数值与密度无关.在这种情况下

$$\gamma=\frac{3p^5}{640\pi\hbar^3\rho}\qquad(34.10)$$

(С. Т. Беляев,1958).

对于第 c)种情况在阈点附近准粒子辐射声子的过程来说,微扰算符的形式可借助研究声波中准粒子能量的改变来确定.这种能量改变由两部分组成:

$$\delta\varepsilon(\boldsymbol{p})=\frac{\partial\varepsilon}{\partial\rho}\rho'+\boldsymbol{v}\cdot\boldsymbol{p}.$$

第一项与液体密度的变化有关,准粒子能量依赖于作为参量的液体密度.第二项(其中 $\boldsymbol{v}$ 是声波中液体的速度)是由于液体宏观运动而形成的准粒子能量的改变;因为在阈点附近辐射出的声子波长大于准粒子的波长,所以可以认为:准粒子处于均匀液流之中,于是准粒子能量的改变就可如§23 初段所述给以确定.在 $\delta\varepsilon$ 中使 $\boldsymbol{v}=\nabla\varphi$,将 ρ'换成二次量子化算符(24.10),并将 $\boldsymbol{p}$ 换成准粒子动量算符$\hat{\boldsymbol{p}}=-\mathrm{i}\hbar\nabla$,即可得到微扰算符:

$$\hat{V}=\frac{\partial\varepsilon}{\partial\rho}\hat{\rho}'+\frac{1}{2}(\hat{\boldsymbol{v}}\cdot\hat{\boldsymbol{p}}+\hat{\boldsymbol{p}}\cdot\hat{\boldsymbol{v}})\qquad(34.11)$$

(在第二项中把乘积加以对称化,以使其成为厄米形式).其次,可像上面处理声子裂变一样来计算声子辐射的概率(见习题).

---

① 实际上,δ 函数 $\delta(\boldsymbol{k})$ 产生于积分 $\int e^{i\boldsymbol{k}\cdot\boldsymbol{r}}\mathrm{d}^3r/(2\pi)^3$. 如果计算 $\boldsymbol{k}=0$ 时的另一个同样的积分(因为已有了一个 δ 函数),并且遍及有限体积 V 进行积分,则得到 $V/(2\pi)^3$;这就是公式(34.8)所表达的.

习 题

1. 试求动量为 p(接近于阈值 p_c)的准粒子辐射声子的概率,这时准粒子速度达到声速.

解:准粒子在动量为 $\boldsymbol{p}$ 和 $\boldsymbol{p}'$ 两个状态(平面波)间跃迁,同时产生一个声子(动量为 $\boldsymbol{q}$),对这一情况取算符(34.11)的矩阵元.在阈点附近,声子的动量 $q \ll p_c$,而 $\boldsymbol{q}$ 的方向几乎与 $\boldsymbol{p}$ 的方向重合①.考虑到这一点,即可求出:

$$V_{fi} = -\mathrm{i}(2\pi\hbar)^3\delta(\boldsymbol{p}-\boldsymbol{q}_1-\boldsymbol{q}_2)\frac{A}{V^{3/2}}\left(\frac{qu}{2\rho}\right)^{1/2},$$

式中

$$A = p_c + \frac{\rho}{u}\frac{\partial\varepsilon}{\partial\rho}\bigg|_{p=p_c},$$

因而声子辐射的微分概率为

$$\mathrm{d}w = \frac{\pi q u}{\hbar\rho}A^2\delta[\varepsilon(p)-\varepsilon(|\boldsymbol{p}-\boldsymbol{q}|)-uq]\frac{\mathrm{d}^3q}{(2\pi\hbar)^3}$$

(动量的 δ 函数已被对 d^3p' 的积分消掉).把 δ 函数的宗量写成近似形式 $-uq(1-\cos\theta)$ 并对 d^3q 进行积分,则得:

$$w = \frac{2A^2(p-p_c)^3}{3\pi\rho\hbar^4}.$$

2. 初速度为 $\boldsymbol{v}$ 的中子在液体内散射.试求此时可以产生动量为 $\boldsymbol{p}$,能量为 $\varepsilon(p)$ 的激发的条件.

解:在所考察的过程中能量和动量守恒可以写成如下的方程(m 为中子质量,$\boldsymbol{P}$ 为其初动量):

$$\frac{\boldsymbol{P}^2}{2m} - \frac{(\boldsymbol{P}-\boldsymbol{p})^2}{2m} = \varepsilon(p),$$

或

$$Vp\cos\theta = \varepsilon(p) + \frac{p^2}{2m},$$

这里 θ 是 $\boldsymbol{P}$,$\boldsymbol{p}$ 间夹角,于是待求的条件为

$$V \geqslant \frac{\varepsilon(p)}{p} + \frac{p}{2m}.$$

---

① 为了明确起见,我们研究声子恰好以这个方向(而不是相反方向)被辐射时的情况.对此,函数 $\varepsilon(p)$ 在阈点附近应有如下形式:

$$\varepsilon(\boldsymbol{p}) \approx \varepsilon(p_c) + (p-p_c)u + \alpha(p-p_c)^2$$

(线性项的符号为正).根据能量守恒定律不难证明:当 $\alpha > 0$ 以及 $p > p_c$ 时才能发生声子辐射;辐射出的声子动量取遍 $0 \leqslant q \leqslant 2(p-p_c)$ 间隔内的一切值.

§ 35 能谱在其终点附近的性质

这一节我们将研究在元激发裂变成两个准粒子的阈点附近玻色液体谱的性质,但这两个准粒子当中一个也不是声子[§ 34 中的 a)和 b)两种情况]①. 与产生声子的裂变相反,对于 a),b)两种情况微扰论是不适用的,并且研究这两种裂变时需要阐明液体的格林函数在阈点处的奇异性质. 另一方面,使我们只对这些奇异性感兴趣这一事实,便允许更大程度地使用图解法,因而简化了计算过程. 比如说,可以不必区别 G 和 F 这两个函数(因为它们的解析性质是相同的),因而可以认为只存在一种格林函数;若考虑 G 和 F 之间的区别,只会使方程中出现若干个同类项(按其解析性质划分),但这并不影响所得的结果.

我们感兴趣的格林函数的奇异性与一个准粒子裂变成另外两个准粒子有关,这一事实用图技术的术语来说,就是指奇异性出自如下形状的图:

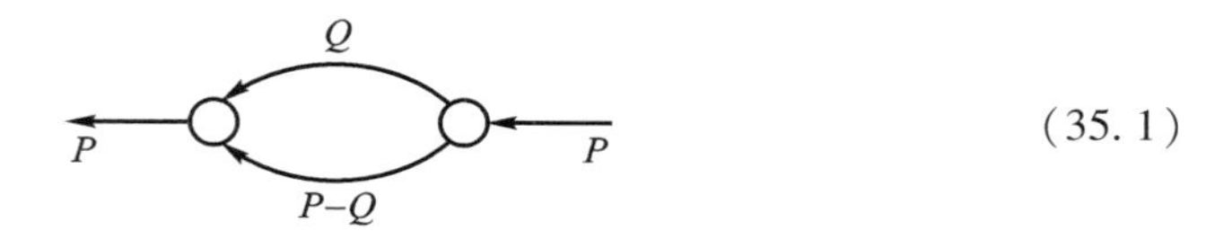

(35.1)

这些图可以切断两条实线而被截开,也就是说,各图本身包含双粒子的中间态. 在这些图中对中间 4 - 动量 $Q=(q_0,\boldsymbol{q})$ 进行积分. 并且就产生奇异性来说,Q 和 $P-Q$ 的值域起决定性作用,而裂变出的准粒子(裂变产物)就以这些动量在阈点附近产生出来. 对于所要阐明的理论来说下述论断是重要的:对于格林函数$G(Q)$,这个 4 - 动量值域并不是奇异的,因为在这个值域内 $G(Q)$ 具有通常的极点的形式:

$$G(Q)\equiv G(q_0,\boldsymbol{q})\propto[q_0-\varepsilon(q)+\mathrm{i}0]^{-1}, \tag{35.2}$$

其中函数 $\varepsilon(q)$ 是裂变出的准粒子能量,它不具有奇异性. 这个值域的物理特殊性,只在于其中一个准粒子能和另一个准粒子"粘"在一起;但这个过程在绝对零度时是不可能发生的,因为这时不存在真实的激发. 格林函数的奇异域只是原来的准粒子裂变阈附近的一些 P 值[图(35.1)的外线].

图(35.1)中的两条连接线对应于因子 $G(Q)G(P-Q)$,而对 Q 进行积分. 这里,因为只有 Q 的小值域是重要的,所以图中其余的因子在求积分时可以当作常量,并等于它们在阈值 $Q=Q_c$ 时的值②. 因此,在图中出现用积分表达的因

① 这一节的内容属于 Л. П. 皮塔耶夫斯基的工作(1959).

② 对这个论点应该作明确解释. 因为,因子 $G(Q)G(P-Q)$ 与决定$(\boldsymbol{p},\boldsymbol{q})$平面位置的角 φ 无关. 所以对 $\mathrm{d}\varphi$ 求积分归结为将待积式其余部分对 φ 求平均,此后 d^4Q 便可以理解为 $2\pi q^2\mathrm{d}q_0\mathrm{d}q\mathrm{d}\cos\theta$. 在这种对 d^4Q 的积分中,小值域恰恰是重要的. 对于下面计算的其它类似场合也应注意此点.

子：

$$\Pi(P)=\frac{\mathrm{i}}{(2\pi)^4}\int\frac{\mathrm{d}^4 Q}{[q_0-\varepsilon(q)+\mathrm{i}0][\omega-q_0-\varepsilon(|\boldsymbol{p}-\boldsymbol{q}|)+\mathrm{i}0]}$$

式中 $P=(\omega,p)$. 借助于在复数 q_0 的一个半平面内用无穷远半圆封闭积分围道的方法来完成对 $\mathrm{d}q_0$ 的积分，于是得出：

$$\Pi(P)=\frac{1}{(2\pi)^3}\int\frac{\mathrm{d}^3 q}{\omega-\varepsilon(q)-\varepsilon(|\boldsymbol{p}-\boldsymbol{q}|)+\mathrm{i}0} \tag{35.3}$$

下面我们还要分析这个积分，现在需要用它将所求的精确函数 $G(P)$ 表达出来，为此应把所有(35.1)形的图累加起来.

函数 $G(P)$ 可以写成戴森图方程：

P = P + P Q P−Q P (35.4)

这里粗线表示精确函数 $\mathrm{i}G$，细线表示这个函数的“非奇异”部分，后者由“切断两条线”而不能截开的图形的集合所定义的. (35.4)式右边第二项表示(35.1)图形的集合. 这时白小环代表精确的“三端”顶角函数[用 $\Gamma(Q,P-Q,P)$ 标记]，阴影小环代表该函数的非奇异部分，这个部分已经消去了因切断两条实线而被截开的图①. 如上所述，对 d^4Q 求积分会出现因子 $\Pi(P)$，并且图中其余的因子可代之以它们的 $Q=Q_c$ 时的值. 所以等式(35.4)就是：

$$G(P)=a(P)+b(P)G(P)\Gamma_c(P)\Pi(P) \tag{35.5}$$

式中 $\Gamma_c(P)=\Gamma(Q_c,P-Q_c,P)$，而 $a(P)$，$b(P)$ 是 $P=P_c$ 阈点附近的两个正则函数.

在(35.5)式中出现的 G 和 Γ_c 是两个奇异函数，为了通过 Π 将它们表达出来，还需要有一个方程. 注意，将精确的顶角函数 Γ 表示成“梯形”级数

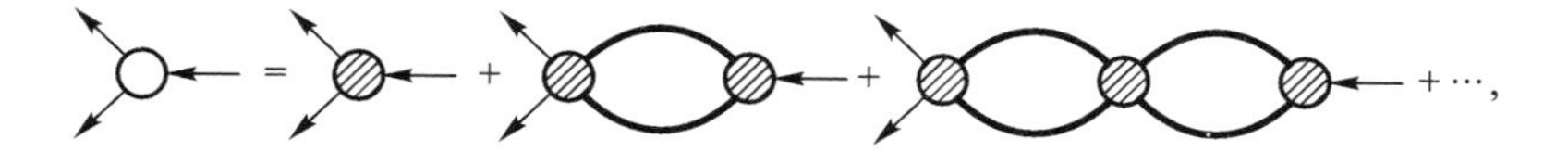

我们就得到这一方程，上列级数与四端顶角函数的级数(17.3)类似. 级数之和可给出方程：

① 这里所说的情况与量子电动力学中的戴森方程相似(见第四卷 § 107)：同那里一样，所有必要的图的集合都是只修正一个顶角函数而得到的.

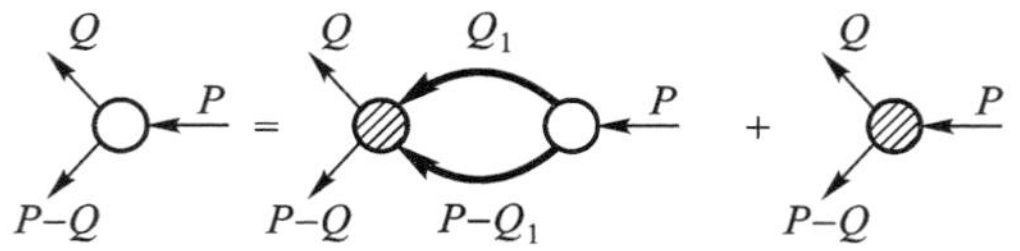

[比较(17.4)];当 $Q \approx Q_c$ 时,这一方程可给出如下的解析式:

$$\Gamma_c(P) = c(P) + d(P)\Pi(P)\Gamma_c(P),$$

式中 $c(P)$,$d(P)$是正则函数.现在从上述两个方程中消去 Γ_c,我们便得到所求的格林函数通过 Π 的表达式:

$$G^{-1}(P) = \frac{A(P)\Pi(P)}{1 + B(P)\Pi(P)} + C(P), \tag{35.6}$$

这里 A, B, C 也都是 $P = P_c$ 附近的正则函数.

对不同类型的准粒子裂变作进一步计算有不同的情况.

a) 裂变成两个旋子的阈

在这种情况下,阈点附近裂变粒子的能量 $\varepsilon(q)$ 由公式(22.6)给出,于是(35.3)式的积分取如下形式:

$$\Pi(\omega, q) = \\ = \int \left\{ \omega - 2\Delta - \frac{1}{2m^*}\left[(q - p_0)^2 + (|\boldsymbol{p} - \boldsymbol{q}| - p_0)^2\right] \right\}^{-1} \frac{\mathrm{d}^3 q}{(2\pi)^3}. \tag{35.7}$$

为求积分我们引入两个新的变量 q'_z, q'_ρ,根据定义,有

$$q_x = (p_0 \sin\theta + q'_\rho)\cos\varphi, \quad q_y = (p_0\sin\theta + q'_\rho)\sin\varphi,$$

$$q_z = p_0\cos\theta + q'_z,$$

并且 z 轴沿 $\boldsymbol{p}$ 的方向,角 θ 决定于等式 $2p_0\cos\theta = p$.在阈点附近 q'_z, q'_ρ 很小,因而以所需的精确度有:

$$q \approx p_0 + q'_\rho \sin\theta + q'_z\cos\theta,$$

$$|\boldsymbol{p} - \boldsymbol{q}| \approx p_0 + q'_\rho\sin\theta - q'_z\cos\theta,$$

$$\mathrm{d}^3 q \approx p_0 \sin\theta \mathrm{d}q'_\rho \mathrm{d}q'_z \mathrm{d}\varphi,$$

这时(35.7)式中花括号内的表达式取下列形式:

$$\left\{\omega - 2\Delta - \frac{1}{m^*}(q'^2_\rho \sin^2\theta + q'^2_z\cos^2\theta)\right\}.$$

再作一次变量代换:

$$q'_\rho \sin\theta = \sqrt{m^*}\rho\cos\psi, \quad q'_z\cos\theta = \sqrt{m^*}\rho\sin\psi,$$

然后对 ψ 积分,可求得:

$$\Pi(\omega, \boldsymbol{p}) = -\frac{m^* p_0}{2\pi\cos\theta}\int \frac{\rho\mathrm{d}\rho}{-\omega + 2\Delta + \rho^2}.$$

ρ 很大时，式中积分的发散性只与所作的若干忽略有关，因而是无关重要的；当 ρ^2 的某一值 $\gg |2\Delta-\omega|$ 时，积分的截断只对 Π 的正则部分有贡献. 我们感兴趣的这个函数的奇异部分产生于积分下限附近区域，于是我们求得奇异部分：

$$\Pi \propto \ln \frac{1}{2\Delta-\omega}. \tag{35.8}$$

当 $2\Delta-\omega$ 值很小时，这个对数很大；把(35.8)式代入(35.6)式并按对数的负幂次展开，我们得到：

$$G^{-1}(\omega,p)=b+c\ln^{-1}\frac{a}{2\Delta-\omega},$$

式中 a,b,c 是 ω 和 $\boldsymbol{p}$ 的新正则函数. 在阈点($p=p_c$)发生裂变的准粒子能量等于 2Δ. 因为准粒子能量决定于函数 G^{-1} 的零点，就是说 $G^{-1}(2\Delta,p_c)=0$，对此也应有 $b(2\Delta,p_c)=0$. 但是，将正则函数 $b(\omega,p)$ 按差 $p-p_c$ 与差 $\omega-2\Delta$ 的整数幂展开；将正则函数 $a(\omega,p)$ 和 $c(\omega,p)$ 也换成它们在阈点上的值，最后我们得到阈点附近区域内格林函数的如下表达式：

$$G^{-1}(\omega,\boldsymbol{p})=\beta\left[p-p_c+\alpha\ln^{-1}\frac{a}{2\Delta-\omega}\right]. \tag{35.9}$$

其中 a,α,β 是常数.

令这个表达式等于零，我们即得到阈点附近能谱 $\varepsilon(p)$ 的形式. 假如不可裂变区域位于 $p<p_c,\varepsilon<2\Delta$ 的范围，则常数 α 和 a 必为正数，因而方程 $G^{-1}=0$ 这里具有不衰减的解：

$$\varepsilon=2\Delta-a\exp\left(-\frac{\alpha}{p_c-p}\right). \tag{35.10}$$

我们看到，能谱曲线终于阈点，并且在该点具有无限阶的水平切线. 但在 $p>p_c$ 的区域内，方程 $G^{-1}=0$ 既没有实数解，也没有 $p\approx p_c$ 时 $\varepsilon\approx 2\Delta$ 的复数解. 就此意义来说，能谱曲线根本不可能延拓到阈点之后，而只能终止于该点①.

b）裂变成具有平行动量的两个准粒子的阈

因为在阈点(当 $p=p_c$ 时)，表达式 $\varepsilon(q)+\varepsilon(|\boldsymbol{p}-\boldsymbol{q}|)$ 作为 $\boldsymbol{q}$ 的函数应具有极小值，所以在阈点附近该式有如下形式：

$$\begin{aligned}&\varepsilon(q)+\varepsilon(|\boldsymbol{p}-\boldsymbol{q}|)=\\&=\varepsilon_c+v_c(p-p_c)+\alpha(\boldsymbol{q}-\boldsymbol{q}_0)^2+\beta(\boldsymbol{q}-\boldsymbol{q}_0,\boldsymbol{p}_c)^2,\end{aligned} \tag{35.11}$$

式中 α,β 是常数；v_c 是在阈点因裂变而产生的每个准粒子的速度，$\boldsymbol{q}_0$ 是一个准粒子的动量. 将(35.11)式代入(35.3)式，并按照

① 在 123 页的注解中已经指出：在液氦的情况下，能谱恰好终止于这种点(图 2 中的曲线具有水平切线并逐渐接近于直线 $\varepsilon=2\Delta$).

$$\boldsymbol{\rho} = \boldsymbol{q} - \boldsymbol{q}_0, \quad \boldsymbol{\rho}\boldsymbol{p}_c = \rho p_c \cos\psi$$

引入新的积分变量,得:

$$\Pi(\omega,\boldsymbol{p}) = \frac{1}{(2\pi)^2}\int \frac{\rho^2 \mathrm{d}\rho \mathrm{d}\cos\psi}{\varepsilon - \varepsilon_0 - v_c(p-p_c) - \alpha\rho^2 - \beta\rho^2 p_c^2\cos^2\psi}$$

这个积分在阈点具有平方根的奇异性:

$$\Pi \propto [v_c(p-p_c) - (\varepsilon - \varepsilon_c)]^{1/2}. \tag{35.12}$$

把上式代入(35.6)式,我们便求得阈点附近区域内的格林函数:

$$G^{-1}(\omega,\boldsymbol{p}) = A(\omega,\boldsymbol{p}) + B(\omega,\boldsymbol{p})[v_c(p-p_c) - (\omega - \varepsilon_c)]^{1/2}.$$

因为 $G^{-1}(\varepsilon_c,\boldsymbol{p}_c) = 0$,而 A 和 B 是正则函数,所以将 A,B 按 $p-p_c$ 和 $\omega-\varepsilon_c$ 的幂展开,最终求得:

$$G^{-1} \propto [v_c(p-p_c) - (\omega-\varepsilon_c)]^{1/2} + [a(p-p_c) + b(\omega-\varepsilon_c)], \tag{35.13}$$

式中 a,b 是常数.

能谱的形状决定于方程 $G^{-1}(\varepsilon,\boldsymbol{p}) = 0$. 现在我们来寻求该方程形如 $\varepsilon - \varepsilon_c = v_c(p-p_c) +$ 常数 $(p-p_c)^2$ 的解,为使方程当 $p<p_c$ 时有解,必须有 $a+bv_c>0$,于是

$$\varepsilon = \varepsilon_c + v_c(p-p_c) - (a+bv_c)^2(p-p_c)^2. \tag{35.14}$$

在同样条件下,在 $p>p_c$ 的区域内,方程 $G^{-1}=0$ 不具有 $p\approx p_c$ 时 $\varepsilon\approx\varepsilon_c$ 的解. 因此,在这种情况下能谱也止于阈点.

§35* 二维系统的超流性

作为二维玻色系统的液氦薄膜具有非常独特的性质. 首先要指出的是,在二维情况只当 $T=0$ 时才存在凝聚体. 温度无论如何低但是在有限①的情况,凝聚体的密度等于零. 因为,如将(27.8)式的 $N(\boldsymbol{p})$ 代入等于非凝聚体粒子数的积分 $\int N(\boldsymbol{p})\,\frac{\mathrm{d}^2 p}{(2\pi\hbar^2)}$ 中,则在小 $\boldsymbol{p}$ 区域此积分将要对数发散. 该公式在此区域本应是正确的. 这个矛盾表明:在二维情况作为推导公式基础的假设本身是不正确的. 此假设宣称"在有限温度时存在凝聚体".

这里的状态与二维晶体情形相类似(见第五卷 §137)例如,在晶体中原子位移的涨落冲毁了晶格,与此相似,相位的涨落消灭了凝聚体. 两种系统在形式上相似之处,在于在两种情形下在能量的表达式中能量所依赖的各种量都只能以微商的形式出现. 在第一种情况下,是指原子的各位移矢量本身不能包含在能量之中,因为对于系统的整体位移,能量具有不变性. 在第二种情况下,是指凝聚体波函数的相位本身不能包含在能量之中,因为相位不是单值的. 事实是,能量

---

① 这些断言也适于二维玻色理想气体,不难论证当 $T\to 0$ 时在二维情况这种气体的化学势为零.

只依赖于这些量的梯度，并且最终将导致涨落的发散.

我们在第五卷 § 138 中已经看到：在二维晶体中，涨落的对数发散会导致系统中关联函数慢的（按幂规律）减衰. 与此相似，在二维玻色系统中，密度矩阵 (26.7) 当 $|\boldsymbol{r}_1-\boldsymbol{r}_2|\to\infty$ 时不像存在凝聚体时趋于一个常数极限，而只是按幂规律减小（J. W. Kane, L. Kadanov, 1967.）

过渡到对问题的定量研究，我们引入一些记号. 用 d_s 表示二维超流密度，即单位面积的质量. 对于宏观厚度的氦层，此量可以写成 $d_s=\rho_s L$. 这里 ρ_s 是通常的体超流密度. 对于薄膜，不存在这种关系，此薄膜的参量根本不能用体性质来定义.

凝聚体波函数当 $T=0$ 时写成如下形式

$$\Xi=\sqrt{\nu_0}\,\mathrm{e}^{\mathrm{i}\Phi},$$

这里引入 $T=0$ 时凝聚体的表面密度 ν_0. 在有限温度时相位 Φ 应该当成涨落量，此量并对涨落进行平均. 这些涨落的概率是

$$w=\exp\left[-\frac{\Delta F}{T}\right], \tag{35*.1}$$

此时自由能 ΔF 等于液体的动能（比较(28.6)）：

$$\Delta F=d_s\frac{\hbar^2}{2m^2}\int(\nabla\Phi)^2\mathrm{d}S.$$

当有限温度时凝聚体波函数应定义成 $\langle\Xi\rangle$. 然而，此量根据本节开头说过的是等于零. 为证明此点我们利用第五卷 § 111 的习题所得的结果. 根据这个结果，对于变量 y 的具有平均值为零的线性齐次函数，有公式（这里 y 遵守高斯统计法）：

$$\langle\exp(y)\rangle=\exp(\langle y^2\rangle/2). \tag{35*.2}$$

（在量子情况，这个论断对于遵守维克定理的算符是正确的. 这一点在第八卷 § 127 计算德拜 - 瓦勒（Debye - Waller）因子时利用过.）将公式(35*.2)用于 Ξ 的平均，得

$$\langle\Xi\rangle=\sqrt{\nu_0}\exp(-\langle\Delta\Phi\rangle/2)=\sqrt{\nu_0}\exp(-\varphi(0)^2), \tag{35*.3}$$

式中 $\varphi(r)$ 是 § 28 引入的相位涨落的关联函数.（相位的无关重要的平均值可设为零）. 二维情况 $\varphi(r)$ 的表达式可从三维公式(28.9)用明显的替换方法得到. 结果是

$$\varphi(r)=T\frac{m^2}{d_s\hbar^2}\int\frac{1}{k^2}\mathrm{e}^{\mathrm{i}\boldsymbol{k}\cdot\boldsymbol{r}}\frac{\mathrm{d}^2k}{(2\pi)^2} \tag{35*.4}$$

这个积分对任意 r 在小值 k 都发散，所以(35*.3)的右侧为零.

现在来计算系统的密度矩阵①,根据定义,它等于

$$\rho(|\boldsymbol{r}_1-\boldsymbol{r}_2|)=\langle \Xi^*(\boldsymbol{r}_2)\Xi(\boldsymbol{r}_1)\rangle=\nu_0\langle \exp[\mathrm{i}(\Delta\Phi(\boldsymbol{r}_1)-\Delta\Phi(\boldsymbol{r}_2))]\rangle$$

(当然,与(35*.3)一样,不可将指数函数按相位涨落展开),再一次应用公式(35*.2)来平均,得

$$\rho(|\boldsymbol{r}_1-\boldsymbol{r}_2|)=\nu_0\exp[-\langle(\Delta\Phi(\boldsymbol{r}_1)-\Delta\Phi(\boldsymbol{r}_2))^2\rangle/2].$$

方括号中的表达式显然等于:

$$\langle(\Delta\Phi(\boldsymbol{r}_1)\Delta\Phi(\boldsymbol{r}_2)-(\Delta\Phi(\boldsymbol{r}_1))^2\rangle,$$

因此

$$\rho(r)=\nu_0\exp[\varphi(r)-\varphi(0)].$$

根据(35*.4)

$$\varphi(r)-\varphi(0)=T\frac{m^2}{d_s\hbar^2}\int\frac{1}{k^2}(\mathrm{e}^{\mathrm{i}\boldsymbol{k}\cdot\boldsymbol{r}}-1)\frac{\mathrm{d}^2k}{(2\pi)^2} \qquad (35^*.5)$$

此积分在小值 k 是收敛的. 在大值 k 的发散与 $k\geqslant k_{\max}\sim T/\hbar u$($u$ 为声速)时不能用涨落经典理论有关,因此,积分应在此 k 值处截断. 结果,给积分主要贡献的值域为

$$k_{\max}\geqslant k\geqslant 1/r,$$

在此值域具有对数精确度可以略去括号内的指数函数项. 之后经简单的积分,得

$$\varphi(r)-\varphi(0)=-T\frac{m^2}{2\pi d_s\hbar^2}\ln\frac{1}{rk_{\max}}.$$

密度矩阵的最后形式为

$$\rho(r)=\nu_0\frac{1}{(rk_{\max})^{\eta}} \qquad (35^*.6)$$

这里衰减指数为

$$\eta=T\frac{m^2}{2\pi d_s\hbar^2}. \qquad (35^*.7)$$

当然,密度矩阵按幂规律(35*.6)缓慢下降的液体在定性方面与普通液体是不同的. 后者的密度矩阵按指数函数下降. 要讲的理论的核心假设认为:具有缓慢下降关联的液体是超流的. 虽然,凝聚体粒子的数目等于零,而超流密度 d_s 却不是零(当然,这个假定是在推导显含 d_s 的公式(35*.6),(35*.7)时做出的. 这里重要的是 d_s 有限的假定不能与以下的假定相矛盾,即凝聚体内的粒子数为零)

实际上,冲毁凝聚体的是相位长波涨落、此涨落在空间几乎均匀地改变相位,并不影响液体的力学性质. 这一点是很清楚的,如果注意到大量出现作为有

① 下面的计算与二维晶体密度涨落关联函数的计算相类似(第五卷 §138).

势流的超流,即速度沿闭合围道的环流等于零. 这等价于相位单值性的要求. 此要求不会被相位的长波涨落所破坏. 然而,破坏它的是在围道内自发产生量子涡线. 这种过程在三维物体内是不可能产生的,因为涡线在这种情况下具有宏观长度. 从而能量也是如此. 而涡线具有原子数量级的能量,它横穿原子厚度的膜,可用热方式激发涡线. 这种"点状"涡线乃是二维系统独特的一类元激发,它与普通激发不同之处在于它的能量对数地依赖膜的面积. 这导致只当温度高于确定的相变温度时,才能经由热方式产生涡线. ①

首先应指出,产生涡线在热力学上是有利的,如果这降低自由能. 产生涡线供自由能变化 $\Delta F = \Delta E - T\Delta S$,这里 ΔE 是涡线给能量的贡献,ΔS 是给熵的贡献. 在(29.8)式将 $L\rho_s$ 换以 d_s,得出

$$\Delta E = \pi d_s \frac{\hbar^2}{m^2}\ln\frac{R}{a} = \frac{\pi}{2}d_s\frac{\hbar^2}{m^2}\ln\frac{\sigma}{\sigma_0},$$

这里 $\sigma = \pi R^2$ 是膜的面积,$\sigma_0 = \pi a^2$,熵 ΔS 决定于相空间体积的对数,对于涡线则为面积的对数,涡线的状态由它在平面上的两个坐标来确定. 于是

$$\Delta F = \frac{\pi}{2}d_s\frac{\hbar^2}{m^2}\ln\frac{\sigma}{\sigma_0} - T\ln\frac{\sigma}{\sigma_1}. \tag{35*.8}$$

熵表达式中对数号下的分母 σ_1 具有面积量纲,其数量级等于 σ_0. 以对数精确度可设 $\sigma_1 = \sigma_0$,如 $\Delta F < 0$,即如果

$$T > T_c = \frac{\pi}{2}d_s\frac{\hbar^2}{m^2} \tag{35*.9}$$

则产生涡线是有利的. (J. M. Kosterlitz, D. Thouless, 1972)

应强调,普通型激发(例如旋子或激发原子)的熵,其表达式也有面积的对数. 相反的,"普通型"激发的能量却与面积无关. 因此它的产生在热力学方面总是有利的. 在任意的,无论如何低的温度总有一些这类的激发,而在 $T < T_c$ 时涡线数严格等于零.

也要指出一种重要的情况,薄膜因为存在宏观角动量,在热力学方面是无利的,定会产生等量的反向环流的涡线,于是平均角动量等于零. 可以将涡线的产生看做涡旋束缚对的解离过程.

因为,在 §29 所指出的,出现涡线表明超流的破坏,当温度高于 T_c,超流便消失. T_c 是过渡到基态的相变温度、然而这种相变不同于第一、第二级相变乃是二维系统所特有的. 超流密度 d_s 在相变点以跃变形式变成零. 低于相变点,此密度以普适关系式(35*.9)与相变温度 T_c 自然相联系.

按照(35*.7)和(35*.9)两式,密度矩阵的衰减指数 η 在相变点等于 1/4,

① 所述的理由分别由 В. Л. Березинский(1970)和 J. M. Kosterlitz, D. Thouless(1972)独立提出的.

于是

$$\rho(r) \sim r^{-\frac{1}{4}}. \tag{35*.10}$$

高于相变点，由于 $d_s = 0$ 此函数呈指数衰减.

下面我们将看到，当从上方接近相变点，涡线密度按指数规律趋近于零. 相应地，涡旋以指数微小的形式贡献给热力学各函数，于是在相变点热力学函数的一切微商都是连续的. 在宏观厚度的膜内（此时 $d_s = \rho_s L$）情形就变得特殊了. 当远离 λ 点，$\rho_c \sim \rho$，如按（35*.9）估算，温度 T_c 是高的. 二维系统在这里无论如何都不会出现. 然而，随着向 λ 点的接近，ρ_s 会减少，最终达到

$$\rho_s(T) = (2Tm^2/\pi L\hbar^2) \approx (2T_\lambda m^2/\pi L\hbar^2).$$

在此温度，膜将失去本节所述机制的超流性. 于是，在厚膜内形成涡旋的相变将发生在略低于 λ 点处，膜越厚，越靠近 λ 点.

上述现象不仅是超流氦所特有，而且可以出现在其他二维系统. 在这些系统涨落破坏了远程有序性，结果产生具有缓慢减弱关联的状态. 例如在第五卷 § 137 讲过的二维晶膜. 此时，与膜平面相垂直的位错起着涡线的作用. 此位错能量形如 $A\ln(\sigma/\sigma_0)$. ①相应地当温度 $T_c = A$ 时产生相变. 当 $T > T_c$ 在膜内会有位错的有限密度. 在此膜内位错的运动可能形成位错流. 在此意义下，位错的行为有如液体，其相变是熔解. 虽然相变点附近位错数目不多，在无位错之处，就会有足够多的“固态”区域.

涡线数目由涡线化学势等于零的条件来确定. 为了写出化学势的表达式，我们注意到，自由能（35*.8）的附加项就是化学势. 不过那里所写的是膜面积上总共只有一条涡线的情况. 过渡到单位面积上有 N 条涡线，只需将总面积 σ 换成一条涡线所占有面积（即除以 N）就行了. 代替 σ_c 和 σ_1 引入另外两个参量 N_0 和 ε_0（在 T_c 附近它们可认为是恒量），则得出涡线的化学势.

$$\mu_v = \left[\frac{\pi\hbar^2}{2m^2}d_s(T) - T\right]\ln\frac{N_0}{N} + \varepsilon_0. \tag{35*.11}$$

（根据量的数量级 $N_0 \sim \sigma_0^{-1}$，$\varepsilon_0 \sim T_c$.）

当 $T = T_c$ 对数前的系数等于零，当 $T > T_c$ 它应为负，此系数变为零的规律不能从一般的议论中建立起来. 据第二级相变涨落理论的精神，我们推测，变为零是按某种幂规律发生的：

$$\left[\frac{\pi\hbar^2}{2m^2}d_s(T) - T\right] \sim (T - T_c)^\nu,$$

式中 ν 是某一临界指数，从化学势等于零的表达式，得出在高于相变点的情况下

① 参照第七卷 § 27 习题 2. 在此题所讨论位错模型是在各向同性固体中 $A = L\mu b^2/8\pi$，其中 μ 是位移模量，b 是位错的伯格斯矢量（Burgers vector），L 是膜厚.

涡线的平衡数目与温度的关系：

$$N = N_0 \exp\left[-\frac{b}{(T - T_c)^\nu} \right]. \tag{35*.12}$$

当 $T \to T_c$，我们说过，此数是指数函数性地变小.

涡旋之间的距离 $\xi \sim N^{-1/2}$ 以及涨落的关联半径可同时被确定. 在此半径上发生密度矩阵的指数性衰减. 我们见到，在相变点附近这个半径将指数性地增大.

第四章

有限温度时的格林函数

§36　有限温度时的格林函数①

宏观系统格林函数在温度不等于零时的定义与温度等于零时的定义是不同的，其区别仅在于将按封闭系统的基态求平均换成了按吉布斯分布求平均：现在用记号$\langle \cdots \rangle$表示

$$\langle \cdots \rangle = \sum_{n} w_n \langle n | \cdots | n \rangle, w_n = \exp\left(\frac{\Omega - E'_n}{T}\right). \tag{36.1}$$

这里是按系统所有的（用不同的能量 E_n 和不同的粒子数 N_n 描述的）态进行求和，$E'_n = E_n - \mu N_n$，$\langle n | \cdots | n \rangle$是第 n 态的对角矩阵元. 用这种方式定义的平均值是热力学变量 T, μ, V 的函数.

研究有限温度格林函数的解析性质（Л. Д. 朗道，1958）时最好利用所谓推迟格林函数及超前格林函数. 这样可使格林函数的解析性质变得更为简单②. 为了明确起见，我们首先说明费米系统的情况.

推迟格林函数定义为：

$$\mathrm{i}G^R_{\alpha\beta}(X_1, X_2) = \begin{cases} \langle \hat{\Psi}_\alpha(X_1)\hat{\Psi}^+_\beta(X_2) + \hat{\Psi}^+_\beta(X_2)\hat{\Psi}_\alpha(X_1) \rangle, & t_1 > t_2, \\ 0, & t_1 < t_2. \end{cases} \tag{36.2}$$

对于微观均匀的非铁磁性系统，当没有外场时，这个函数（像通常的 $G_{\alpha\beta}$一样）归结为只与 $X = X_1 - X_2$ 这个差有关的标量函数：

$$G^R_{\alpha\beta}(X_1, X_2) = \delta_{\alpha\beta} G^R(X), \quad G^R = \frac{1}{2} G^R_{\alpha\alpha}. \tag{36.3}$$

---

① 在 §36—§38 中我们采用 $\hbar = 1$ 的单位制.

② 一般用上标 R 和 A（来自于英语 retarded 和 advanced）来区分这两个函数.

现在用通常的方法变到动量表象. 但因为 $t<0$ 时 $G^R(t,\boldsymbol{r})=0$,所以在

$$G^R(\omega,\boldsymbol{p})=\iint_0^\infty \mathrm{e}^{\mathrm{i}(\omega t-\boldsymbol{p}\cdot\boldsymbol{r})}G^R(t,\boldsymbol{r})\mathrm{d}t\mathrm{d}^3x \tag{36.4}$$

这一定义式中,实际上只需从 0 到∞对 t 求积分. 移动变量 ω 到上半平面仅仅是改善这个积分的收敛性. 因此(36.4)式的积分在 ω 的上半平面内定义一个不具奇异性的解析函数①. 但在下半平面内,函数 G^R 是借助于解析延拓的方法来定义的,这里该函数有极点(见下文).

对于函数 G^R,我们可以得到类似于§8 中对 $T=0$ 时导出函数 G(8.7)式那种形式的展开式.

把 ψ 算符乘积的矩阵元 $\langle n|\cdots|n\rangle$ 按矩阵乘法规则展开,并把矩阵元表达成(8.4)的形状,我们得到:

$$\begin{aligned}\mathrm{i}G^R(t,\boldsymbol{r}) &= \\ &=\frac{1}{2}\sum_{n,m}w_n\{\mathrm{e}^{-\mathrm{i}(\omega_{mn}t-\boldsymbol{k}_{mn}\cdot\boldsymbol{r})}\langle n|\hat{\psi}_\alpha(0)|m\rangle\langle m|\hat{\psi}_\alpha^+(0)|n\rangle+\\ &\quad+\mathrm{e}^{\mathrm{i}(\omega_{mn}t-\boldsymbol{k}_{mn}\cdot\boldsymbol{r})}\langle n|\hat{\psi}_\alpha^+(0)|m\rangle\langle m|\hat{\psi}_\alpha(0)|n\rangle\},\end{aligned}$$

式中

$$\omega_{mn}=E'_m-E'_n,\quad \boldsymbol{k}_{mn}=\boldsymbol{P}_m-\boldsymbol{P}_n.$$

对于花括号中的两项来说,对 n 和 m 求和有某些不同的意义:第一项里,处于 n 和 m 态的粒子数以关系式 $N_m=N_n+1$ 相联系;而第二项里,是以 $N_m=N_n-1$ 相联系. 在第二个求和式中互换下标 m 和 n 便可以消除这个差异. 同时注意到

$$\langle n|\hat{\psi}_\alpha(0)|m\rangle\langle m|\hat{\psi}_\alpha^+(0)|n\rangle=|\langle n|\hat{\psi}_\alpha(0)|m\rangle|^2\equiv A_{mn},$$

我们即得出如下形式的完整表达式:

$$\mathrm{i}G^R(t,\boldsymbol{r})=\frac{1}{2}\sum_{n,m}w_n\mathrm{e}^{-\mathrm{i}(\omega_{mn}t-\boldsymbol{k}_{mn}\cdot\boldsymbol{r})}A_{mn}(1+\mathrm{e}^{-\omega_{mn}/T}),\quad t>0 \tag{36.5}$$

最后,计算(36.4)式的积分时应作一下(同§8 中一样的)代换:$\omega\to\omega+\mathrm{i}0$,最终求得:

$$G^R(\omega,\boldsymbol{p})=\frac{(2\pi)^3}{2}\sum_{m,n}w_n\frac{A_{mn}\delta(\boldsymbol{p}-\boldsymbol{k}_{mn})}{\omega-\omega_{mn}+\mathrm{i}0}(1+\mathrm{e}^{-\omega_{mn}/T}). \tag{36.6}$$

应注意:这个表达式的全部极点(按照上边说的)都分布在实轴下面,即在 ω 的下半平面之内.

上述性质足以用来建立函数的实部和虚部之间的一定的关系,即所谓

① 对照一下第五卷§123 中关于函数 $\alpha(\omega)$的类似讨论. G^R 和 α 这两个函数具有相同的解析性质当然不是偶然的:从第五卷的(126.8)式来看,该式就是用相似的方法通过一定的算符对易子表达出来的.

Kramers - Kronig 关系，或称作**色散关系**：

$$\mathrm{Re}\ G^R(\omega,\boldsymbol{p}) = \frac{1}{\pi}\int_{-\infty}^{\infty}\frac{\mathrm{Im}\ G^R(u,\boldsymbol{p})}{u-\omega}\mathrm{d}u \tag{36.7}$$

[见第五卷 §123 中关于 $\alpha(\omega)$ 同样关系式的推导]. 对于上式，只要借助公式(8.11)在(36.6)式中分离出实部及虚部来直接检验，便可确信它的正确性. 还应指出，考虑到公式(8.11)可以将(36.7)式重写成如下形式：

$$G^R(\omega,\boldsymbol{p}) = \frac{1}{\pi}\int_{-\infty}^{\infty}\frac{\rho(u,\boldsymbol{p})}{u-\omega-\mathrm{i}0}\mathrm{d}u, \tag{36.8}$$

式中

$$\rho(u,\boldsymbol{p}) = -4\pi^4\sum_{m,n} w_n A_{mn}\delta(u-\omega_{mn})\delta(\boldsymbol{p}-\boldsymbol{k}_{mn})(1+\mathrm{e}^{-\omega_{mn}/T}).$$

当 ω 为实数时，则有 $\rho = \mathrm{Im}\ G^R$.

表达式(36.8)，当趋于"宏观极限" $V\to\infty$（比值 N/V 一定）时，具有更深刻的意义. 在这个极限下，各极点 ω_{mn} 都汇合在一起，因而函数 $\rho(u)$ 对于一切 u 值都不等于零(但不简单地等于各离散点上的 δ 函数之和). 这时公式(36.8)可直接确定在 ω 上半平面内及实轴上的 $G^R(\omega)$. 为确定在 ω 下半平面内的 $G^R(\omega)$，必须进行积分的解析延拓，因而应当改变积分围道的形状，以使围道总是从下面绕过 $u=\omega$ 这一点. 这时 $G^R(\omega)$ 在下半平面内距实轴为有限距离处可以有奇点，积分围道被"夹"于极点 $u=\omega$ 和分子的奇点之间.

现在用类似的方法引入**超前格林函数**，按照定义：

$$\mathrm{i}G^A_{\alpha\beta}(X_1,X_2) = \begin{cases} 0, & t_1 > t_2; \\ -\langle\hat{\Psi}_\alpha(X_1)\hat{\Psi}^+_\beta(X_2)+\hat{\Psi}^+_\beta(X_2)\hat{\Psi}_\alpha(X_1)\rangle, & t_1 < t_2. \end{cases} \tag{36.9}$$

动量表象中的函数 $G^A(\omega,\boldsymbol{p})$ 是变量 ω 的解析函数，它在下半平面内没有奇点. 它的展开式不同于(36.6)式的地方在于改变了分母中 i0 前的符号. 这就是说，在实轴上 $G^A(\omega) = G^{R*}(\omega)$，而在 ω 整个平面内，

$$G^A(\omega^*) = G^{R*}(\omega). \tag{36.10}$$

$\omega\to\infty$ 时，函数 G^R 和 G^A 与 G 一样都按如下规律趋于零：

$$G^R, G^A \to 1/\omega, \quad \text{当} |\omega|\to\infty \text{时}. \tag{36.11}$$

我们提醒一下[见(8.15)式的推导]，这个渐近表达式的系数(为 1)决定于函数在 $t_2=t_1$ 时跃变之值；这个跃变值与温度无关，并且对于所有三个函数 G^R, G^A, G 都是相同的，根据它们的定义，这一点是很显然的.

为了建立用上述方法引入的函数 G^R, G^A 与通常的格林函数

$$\mathrm{i}G_{\alpha\beta}(X_1,X_2) = \langle T\,\hat{\Psi}_\alpha(X_1)\hat{\Psi}^+_\beta(X_2)\rangle \tag{36.12}$$

之间的关系,我们可获得此格林函数类似于(36.5)的展开式.经过上面所进行的完全类似的计算,便得出如下结果①:

$$G(\omega,\boldsymbol{p}) = -\frac{(2\pi)^3}{2}\sum_{m,n} w_n A_{mn}\delta(\boldsymbol{p}-\boldsymbol{k}_{mn}) \times \times \left\{\frac{1}{\omega_{mn}-\omega}(1+\mathrm{e}^{-\omega_{mn}/T}) + \mathrm{i}\pi\delta(\omega-\omega_{mn})(1-\mathrm{e}^{-\omega_{mn}/T})\right\} \tag{36.13}$$

比较(36.13)和(36.6)两式,我们求得:

$$\left.\begin{array}{l} G^R(\omega,\boldsymbol{p}) \\ G^A(\omega,\boldsymbol{p}) \end{array}\right\} = \mathrm{Re}\ G(\omega,\boldsymbol{p}) \pm \mathrm{i}\coth\frac{\omega}{2T}\mathrm{Im}\ G(\omega,\boldsymbol{p}). \tag{36.14}$$

这时,仍从上述的表达式(36.13)可以看出:

$$\mathrm{sign}\,\mathrm{Im}\ G(\omega,p) = -\mathrm{sign}\ \omega. \tag{36.15}$$

应当注意,函数 G(与 G^R 和 G^A 不同)不是 ω 的解析函数.

当 $T\to 0$ 时,有 $\coth(\omega/2T)\to\mathrm{sign}\ \omega$,因而由(36.14)式得出:在实轴上

$$G = \begin{cases} G^R, & \omega > 0; \\ G^A, & \omega < 0. \end{cases} \tag{36.16}$$

所以,$T=0$ 时的函数 $G(\omega)$ 乃是两个不同的解析函数:右实半轴上的 $G^R(\omega)$ 和左实半轴上的 $G^A(\omega)$ 当 $|\mathrm{Im}\ \omega|\to 0$ 时是 $G(\omega)$ 在 ω 的两个实半轴上的极限值.

现在不难写出理想费米气体的函数 G^R, G^A 的表达式.只需要注意:这两个函数都遵从同一个方程(9.6),而在推导这个方程的过程中只利用了函数在 $t_1=t_2$ 时的跃变值.由于 $G^{(0)R}$ 的极点位于实轴下方,而 $G^{(0)A}$ 的极点位于实轴上方,因而绕过极点的方式是熟知的.由此得出下式:

$$G^{(0)R,A}(\omega,\boldsymbol{p}) = \left(\omega - \frac{p^2}{2m} + \mu \pm \mathrm{i}0\right)^{-1}. \tag{36.17}$$

上式在温度等于零时和在有限温度时都成立.根据(36.14)式,我们求得函数 $G^{(0)}$ 为:

$$G^{(0)}(\omega,\boldsymbol{p}) = P\frac{1}{\omega - p^2/2m + \mu} - \mathrm{i}\pi\tanh\frac{\omega}{2T}\cdot\delta\left(\omega - \frac{p^2}{2m} + \mu\right). \tag{36.18}$$

当 $T\to 0$ 时,我们又回到了公式(9.7),该式与(36.17)式的区别就是将 $\pm\mathrm{i}0$ 换成了 $\mathrm{i}0\cdot\mathrm{sign}\ \omega$.

现在我们对玻色系统引入类似的公式.推迟格林函数和超前格林函数分别定义为:

---

① 改用动量表象时,对 t 的积分可分成从 $-\infty$ 到 0 和从 0 到 ∞ 两部分,并且在其中一个积分里交换求和指标 m,n.

$$iG^R(X_1,X_2)=$$

$$=\begin{cases}\langle \hat{\Psi}(X_1)\hat{\Psi}^+(X_2)-\hat{\Psi}^+(X_2)\hat{\Psi}(X_1)\rangle, & t_1>t_2;\\ 0, & t_1<t_2.\end{cases}$$

$$iG^A(X_1,X_2)=$$

$$=\begin{cases}0, & t_1>t_2;\\ -\langle \hat{\Psi}(X_1)\hat{\Psi}^+(X_2)-\hat{\Psi}^+(X_2)\hat{\Psi}(X_1)\rangle, & t_1<t_2.\end{cases} \quad (36.19)$$

假如我们这时所谈的是温度超过 λ 点的情况,则在这两定义式中将出现全 Ψ 标符;当温度低于 λ 点时,定义式则与非凝聚体算符有关.代替(36.6)式,现在有:

$$G^R(\omega,\boldsymbol{p})=(2\pi)^3\sum_{m,n}w_n\frac{A_{mn}\delta(\boldsymbol{p}-\boldsymbol{k}_{mn})}{\omega-\omega_{mn}+i0}(1-e^{-\omega_{mn}/T}), \quad (36.20)$$

这个函数与 G 的关系,由下列公式给出:

$$G^R(\omega,\boldsymbol{p})=\mathrm{Re}\,G(\omega,\boldsymbol{p})+i\tanh\frac{\omega}{2T}\cdot\mathrm{Im}\,G(\omega,\boldsymbol{p}), \quad (36.21)$$

并且在实轴上有

$$\mathrm{Im}\,G(\omega,\boldsymbol{p})<0, \quad (36.22)$$

[函数 G 由(31.1)式定义,并以按吉布斯分布求平均代替按基态求平均].对于理想玻色气体来说,函数 G^R 由同样的公式(36.17)给出,而函数 G 为:

$$G^{(0)}(\omega,\boldsymbol{p})=P\frac{1}{\omega-p^2/2m+\mu}-i\pi\coth\frac{\omega}{2T}\cdot\delta\left(\omega-\frac{p^2}{2m}+\mu\right). \quad (36.23)$$

格林函数在温度不等于零时的物理意义与 $T=0$ 时的物理意义基本上相同.当然,格林函数 G 与粒子动量分布之间的关系式(7.23)以及 G 与密度矩阵之间的关系式(7.18),(31.4)仍旧成立.

这里,关于格林函数的极点与元激发能量相合的论断也仍然有效(但因为函数 G 本身不是解析的,所以这时讨论解析函数 G^R 在 ω 的下半平面内的极点或讨论函数 G^A 在 ω 的上半平面内的极点更为合适).这个论断(像§8 中的情况一样)可重新由展开式(36.6)得出.虽然在这个展开式的不同项里现在会出现系统任意两个态之间的跃迁频率 ω_{mn},但是在趋于宏观极限之后,同以前的情况一样,仍保留的极点只对应于由基态到具有一个元激发的各态的跃迁.两个激发态之间的跃迁不会使宏观单粒子格林函数中出现极点,正如由基态到具有多于一个准粒子态的跃迁不会引起极点的出现一样(见§8).因为这些态的能量之差并不单值地决定于它们的动量之差.

还应强调一下:当温度不等于零时,准粒子寿命不仅与它们本身的不稳定性有关,而且也与它们之间的相互碰撞有关.由这两种原因引起的衰减必须是微弱的,这样,准粒子的概念继续有意义.

§37 温度格林函数

为了建立计算有限温度时格林函数的图技术，需要从 ψ 算符的海森伯绘景变到相互作用绘景，这同在 §12 中的做法是一样的. 这时我们重新得到的表达式与(12.12)式的差别，只在于求平均不是对基态进行的. 但是，这一差别是很重要的：与由(12.12)式变到(12.14)式的做法不一样，现在对算符 $\hat{S}^{-1}$ 的平均不可能与对其余因子的平均再分离开来；问题在于，非基态在算符 $\hat{S}^{-1}$ 的作用下并不自然地变为其本身，而是变成具有同样能量的一些激发态的一定的叠加(包括准粒子所有可能的相互散射过程的结果). 这种情形，将使得图技术变得极为复杂，即因 $\hat{S}^{-1}$ 中的 ψ 算符也参与收缩而产生一些新的项.

但是，可以改变格林函数的定义，以避免产生类似的复杂情况. 根据这种定义建立起来的数学工具，是松原(T. Matsubara, 1955)研究的成果，很适宜于计算宏观系统的热力学量.

我们按下面定义引入所谓**松原 ψ 算符**①：

$$\begin{aligned}\hat{\Psi}_{\alpha}^{\mathrm{M}}(\tau,\boldsymbol{r})&=\mathrm{e}^{\tau\hat{H}'}\hat{\psi}_{\alpha}(\boldsymbol{r})\mathrm{e}^{-\tau\hat{H}'},\\ \hat{\bar{\Psi}}_{\alpha}^{\mathrm{M}}(\tau,\boldsymbol{r})&=\mathrm{e}^{\tau\hat{H}'}\hat{\psi}_{\alpha}^{+}(\boldsymbol{r})\mathrm{e}^{-\tau\hat{H}'}.\end{aligned}\tag{37.1}$$

式中 τ 是辅助实变量；这两个算符，从纯形式观点来看，与海森伯算符的区别在于后一种算符中是把实变量 t 换成虚数 $-\mathrm{i}\tau$②. 例如在(7.8)式中作代换：$\hat{\Psi}\to\hat{\Psi}^{\mathrm{M}}$，$\hat{\Psi}^{+}\to\hat{\bar{\Psi}}^{\mathrm{M}}$，$\mathrm{i}\partial/\partial t\to-\partial/\partial\tau$，便得到(37.1)式的两个算符所遵从的方程. 像用海森伯 ψ 算符定义通常的格林函数一样，借助上述两个算符可定义新的格林函数 $\mathscr{G}$：

$$\mathscr{G}_{\alpha\beta}(\tau_1,\boldsymbol{r}_1;\tau_2,\boldsymbol{r}_2)=-\langle T_{\tau}\,\hat{\Psi}_{\alpha}^{\mathrm{M}}(\tau_1,\boldsymbol{r}_1)\hat{\bar{\Psi}}_{\beta}^{\mathrm{M}}(\tau_2,\boldsymbol{r}_2)\rangle,\tag{37.2}$$

这里记号 T_{τ} 表示"τ 编时"，即按 τ 从右至左增大的次序排列算符(在费米系统的情况下，置换一次算符时需改变符号)；括号 $\langle\cdots\rangle$ 表征按吉布斯分布求平均. 将定义(37.2)写成如下形式后，即可把这个分布表示成显形式：

$$\mathscr{G}_{\alpha\beta}=-\mathrm{Tr}\{\hat{w}T_{\tau}\,\hat{\Psi}_{\alpha}^{\mathrm{M}}(\tau_1,\boldsymbol{r}_1)\hat{\bar{\Psi}}_{\beta}^{\mathrm{M}}(\tau_2,\boldsymbol{r}_2)\},$$

---

① 这一节里我们写出的公式将同时用于费米系统和玻色系统(高于 λ 点). 用记号来区别时，上标对应于费米系统，下标对应于玻色系统. 此外，对于玻色系统应略去自旋下标.

② 我们强调一下：鉴于这一区别，算符 $\hat{\bar{\Psi}}^{\mathrm{M}}$ 与 $\hat{\Psi}^{\mathrm{M}+}$ 绝不相同.

$$\hat{w} = \exp\left(\frac{\Omega - \hat{H}'}{T}\right), \tag{37.3}$$

式中 Tr 表示所有对角矩阵元的和. 用这种方式定义的格林函数称作**温度格林函数**, 以区别于"通常的"函数 G(故把 G 称作**时间格林函数**).

像函数 $G_{\alpha\beta}$ 一样, 非铁磁系统的函数 $\mathscr{G}_{\alpha\beta}$ 在无外磁场时归结为标量: $\mathscr{G}_{\alpha\beta} = \mathscr{G}\delta_{\alpha\beta}$. 对于空间均匀系统来说, 该函数与 $\boldsymbol{r}_1$ 和 $\boldsymbol{r}_2$ 的关系又归结为与 $\boldsymbol{r} = \boldsymbol{r}_1 - \boldsymbol{r}_2$ 这一差值的关系.

同样不难看出: 就定义(37.3)本身来说, 函数 $\mathscr{G}$ 只与 $\tau = \tau_1 - \tau_2$ 这一差值有关. 例如, 令 $\tau_1 < \tau_2$; 于是就有①:

$$\mathscr{G} = \pm\frac{1}{(2)}\mathrm{e}^{\Omega/T}\mathrm{Tr}\{\mathrm{e}^{-\hat{H}'/T}\mathrm{e}^{\tau_2\hat{H}'}\hat{\psi}_\alpha^+(\boldsymbol{r}_2)\mathrm{e}^{(-\tau_2+\tau_1)\hat{H}'}\hat{\psi}_\alpha(\boldsymbol{r}_1)\mathrm{e}^{-\tau_1\hat{H}'}\},$$

或者在记号 Tr 下循环置换因子:

$$\mathscr{G} = \pm\frac{1}{(2)}\mathrm{e}^{\Omega/T}\mathrm{Tr}\{\mathrm{e}^{-(1/T+\tau)\hat{H}'}\hat{\psi}_\alpha^+(\boldsymbol{r}_2)\mathrm{e}^{\tau\hat{H}'}\hat{\psi}_\alpha(\boldsymbol{r}_1)\}, \quad \tau < 0. \tag{37.4}$$

由此, 上述的说法是显然的.

事实上, 变量 τ 的取值只在如下有限区间内:

$$-1/T \leqslant \tau \leqslant 1/T, \tag{37.5}$$

并且当 $\tau < 0$ 时和 $\tau > 0$ 时, 函数 $\mathscr{G}(\tau)$ 的值可以用简单的关系式联系起来. 当 $\tau = \tau_1 - \tau_2 > 0$ 时, 作类似于(37.4)式的推导, 求得:

$$\mathscr{G} = -\frac{1}{(2)}\mathrm{e}^{\Omega/T}\mathrm{Tr}\{\mathrm{e}^{-(1/T-\tau)\hat{H}'}\hat{\psi}_\alpha(\boldsymbol{r}_1)\mathrm{e}^{-\hat{\tau}\hat{H}'}\hat{\psi}_\alpha^+(\boldsymbol{r}_2)\} =$$

$$= -\frac{1}{(2)}\mathrm{e}^{\Omega/T}\mathrm{Tr}\{\mathrm{e}^{-\tau\hat{H}'}\hat{\psi}_\alpha^+(\boldsymbol{r}_2)\mathrm{e}^{-(1/T-\tau)\hat{H}'}\hat{\psi}_\alpha(\boldsymbol{r}_1)\}, \tau > 0$$

把此式与(37.4)式作比较, 则得:

$$\mathscr{G}(\tau) = \mp\mathscr{G}\left(\tau + \frac{1}{T}\right), \quad \tau < 0 \tag{37.6}$$

[由于(37.5)式, 右边函数的宗量当 $\tau < 0$ 时是正的].

现在我们把函数 $\mathscr{G}(\tau, \boldsymbol{r})$ 按坐标展成傅里叶积分, 并按 τ[在(37.5)式的区间内]展成傅里叶级数②:

$$\mathscr{G}(\tau, \boldsymbol{r}) = T\sum_{s=-\infty}^{\infty}\int \mathrm{e}^{\mathrm{i}(\boldsymbol{p}\cdot\boldsymbol{r} - \zeta_s\tau)}\mathscr{G}(\zeta_s, \boldsymbol{p})\frac{\mathrm{d}^3 p}{(2\pi)^3}, \tag{37.7}$$

其中, 对于费米系统

---

① 括号中的因子 2 是对费米系统的, 对于玻色体系统应换成 1.

② А. А. Абрикосов, Л. П. Горъков, И. Е. Дзялошинский(1959)及 Е. С. Фрадкин(1959)引入了这种方法.

$$\zeta_s=(2s+1)\pi T \tag{37.8a}$$

对于玻色系统

$$\zeta_s=2s\pi T \tag{37.8b}$$

$(s=0,\pm1,\pm2,\cdots)$；这时自然满足条件(37.6). 对(37.7)式的逆变换，具有如下形式：

$$\mathscr{G}(\zeta_s,\boldsymbol{p})=\int_0^{1/T}\int \mathrm{e}^{-\mathrm{i}(\boldsymbol{p}\cdot\boldsymbol{r}-\zeta_s\tau)}\mathscr{G}(\tau,\boldsymbol{r})\,\mathrm{d}^3x\mathrm{d}\tau \tag{37.9}$$

[考虑到(37.6)及(37.8)式，在 $-1/T\leqslant\tau\leqslant1/T$ 范围的积分变为从 0 到 $1/T$ 的积分].

进行类似于 §36 中所作的一些计算，可以把 $\mathscr{G}(\zeta_s,\boldsymbol{p})$ 通过薛定谔 ψ 算符的矩阵元表达出来. 计算的结果为：

$$\mathscr{G}(\zeta_s,\boldsymbol{p})=\frac{(2\pi)^3}{(2)}\sum_{m,n}w_n\frac{A_{mn}\delta(\boldsymbol{p}-\boldsymbol{k}_{mn})}{\mathrm{i}\zeta_s-\omega_{mn}}(1\pm\mathrm{e}^{-\omega_{mn}/T}). \tag{37.10}$$

由此，首先可以看出：

$$\mathscr{G}(-\zeta_s,\boldsymbol{p})=\mathscr{G}^*(\zeta_s,\boldsymbol{p}). \tag{37.11}$$

其次将(37.10)式与 G^R 的两个展开式(36.6)和(36.20)作对比，我们求得：

$$\mathscr{G}(\zeta_s,\boldsymbol{p})=G^R(\mathrm{i}\zeta_s,\boldsymbol{p}),\quad \zeta_s>0. \tag{37.12}$$

在 139 页上已说过，条件 $\zeta_s>0$ 来源于表达式(36.6)和(36.20)只在 ω 的上半平面内才直接成立. 因此，在傅里叶分量中温度格林函数与在 ω 的虚轴上离散点处所取的推迟格林函数相同. 特别是，由这个结论可以立即写出理想气体温度格林函数的表达式，将 ω 换成 $\mathrm{i}\zeta_s$，由(36.17)式可得：

$$\mathscr{G}^{(0)}(\zeta_s,\boldsymbol{p})=\left(\mathrm{i}\zeta_s-\frac{p^2}{2m}+\mu\right)^{-1}. \tag{37.13}$$

下一节将要讲述计算函数 $\mathscr{G}(\zeta_s,\boldsymbol{p})$ 的图技术. 为了确定函数 $G^R(\omega,\boldsymbol{p})$(因而特别是为了确定系统的能谱)，需要建立一个解析函数，该函数应在 $\omega=\mathrm{i}\zeta_s$ 点与 $\mathscr{G}(\zeta_s,\boldsymbol{p})$ 相同，并在 ω 的上半平面内没有奇点. 假如补充上 $|\omega|\to\infty$ 时 $G^R(\omega,\boldsymbol{p})\to0$ 这一要求，则这套手续就是唯一的[见(36.11)式]. 然而在具体的情况下，这种解析延拓可能伴有一定的困难. 但计算热力学量时并不需要进行解析延拓.

例如，为了计算势 Ω，可以根据对密度矩阵按吉布斯分布取平均的表达式

$$N\rho_{\alpha\beta}(\boldsymbol{r}_1,\boldsymbol{r}_2)=\pm\mathscr{G}_{\alpha\beta}(\tau_1,\boldsymbol{r}_1;\tau+0,\boldsymbol{r}_2) \tag{37.14}$$

来进行. [该式显然由定义(37.2)得出；比较(7.17)]. 取 $\boldsymbol{r}_2=\boldsymbol{r}_1$(并对 $\alpha=\beta$ 求和后)，我们得到系统的密度

$$\frac{N}{V}=\pm T\sum_{s=-\infty}^{\infty}\int\mathscr{G}(\zeta_s,\boldsymbol{p})\mathrm{e}^{-\mathrm{i}\zeta_s\tau}\frac{\mathrm{d}^3p}{(2\pi)^3}\bigg|_{\tau\to-0}, \tag{37.15}$$

该表达式将 N 定义为 μ,T,V 的函数,然后对等式 $N=-\partial\Omega/\partial\mu$ 求积分即可算出 $\Omega(\mu,T,V)$.

§ 38 温度格林函数的图技术

建立计算温度格林函数 $\mathscr{G}$ 的图技术同在 § 12, § 13 中对时间格林函数 G 的处理方法是类似的.松原 ψ 算符的定义(37.1)与海森伯算符的定义之区别,只不过是在形式上将 it 换成 τ,这一事实允许在许多方面利用直接类比法.

首先我们引入"相互作用绘景"中的松原算符,这些算符与(37.1)式的区别,是把精确的哈密顿量 $\hat{H}'$ 换成自由粒子的哈密顿量 $\hat{H}'_0$:

$$\hat{\Psi}^{\mathrm{M}}_{0\alpha}(\tau,\boldsymbol{r})=\exp(\tau\hat{H}'_0)\hat{\psi}_\alpha(\boldsymbol{r})\exp(-\tau\hat{H}'_0). \tag{38.1}$$

算符 $\hat{\Psi}^{\mathrm{M}}_{0\alpha}$ 和 $\hat{\Psi}^{\mathrm{M}}$ 之间的关系是由松原 S 矩阵来实现的,它的建立类似于(12.8)式:

$$\hat{\sigma}(\tau_2,\tau_1)=T_\tau\exp\left\{-\int_{\tau_1}^{\tau_2}\hat{V}_0(\tau)\mathrm{d}\tau\right\}, \tag{38.2}$$

式中

$$\hat{V}_0(\tau)=\exp(\tau\hat{H}'_0)\hat{V}\exp(-\tau\hat{H}'_0) \tag{38.3}$$

是相互作用绘景中的相互作用算符.但是,以前在 § 12 中,$\hat{\Psi}$ 和 $\hat{\Psi}_0$ 之间的联系是在 $t=-\infty$ 时"加入"相互作用的初始条件下建立起来的,而现在 $\hat{\Psi}^{\mathrm{M}}$ 和 $\hat{\Psi}^{\mathrm{M}}_0$ 当 $\tau=0$ 时相重合应起着"初始条件"的作用.相应地,代替(12.11)式可写成:

$$\hat{\Psi}^{\mathrm{M}}_\alpha(\tau)=\hat{\sigma}^{-1}(\tau,0)\hat{\Psi}^{\mathrm{M}}_{0\alpha}(\tau)\hat{\sigma}(\tau,0). \tag{38.4}$$

把此式代入格林函数的定义(37.3)中;为明确起见,取 $\tau_1>\tau_2$,我们有:

$$\mathscr{G}_{\alpha\beta}(\tau_1,\tau_2)=$$

$$=-\mathrm{Tr}\{\hat{w}\hat{\sigma}^{-1}(\tau_1,0)\hat{\Psi}^{\mathrm{M}}_{0\alpha}(\tau_1)\hat{\sigma}(\tau_1,0)\hat{\sigma}^{-1}(\tau_2,0)\hat{\overline{\Psi}}^{\mathrm{M}}_{0\beta}(\tau_2)\hat{\sigma}(\tau_2,0)\}$$

(为简单起见,没有写出宗量 $\boldsymbol{r}_1,\boldsymbol{r}_2$).注意,当 $\tau_1>\tau_2>\tau_3$ 时,

$$\hat{\sigma}(\tau_1,\tau_3)=\hat{\sigma}(\tau_1,\tau_2)\hat{\sigma}(\tau_2,\tau_3),$$

$$\hat{\sigma}(\tau_2,\tau_1)\hat{\sigma}^{-1}(\tau_3,\tau_1)=\hat{\sigma}(\tau_2,\tau_3),$$

我们把上式重新写成如下形式:

$$\mathscr{G}_{\alpha\beta}(\tau_1,\tau_2)=-\mathrm{Tr}\left\{\hat{w}\hat{\sigma}^{-1}\left(\frac{1}{T},0\right)\times\right.$$

$$\left.\times\left[\hat{\sigma}\left(\frac{1}{T},\tau_1\right)\hat{\Psi}^{\mathrm{M}}_{0\alpha}(\tau_1)\hat{\sigma}(\tau_1,\tau_2)\hat{\overline{\Psi}}^{\mathrm{M}}_{0\beta}(\tau_2)\hat{\sigma}(\tau_2,0)\right]\right\},$$

方括号中的各因子是从右至左按增大次序排列的.因此可以写成:

$$\mathscr{G}_{\alpha\beta}(\tau_1,\tau_2)=-\mathrm{Tr}\{\hat{w}\hat{\sigma}^{-1}[T_\tau\hat{\Psi}^{\mathrm{M}}_{0\alpha}(\tau_1)\hat{\overline{\Psi}}^{\mathrm{M}}_{0\beta}(\tau_2)\hat{\sigma}]\}, \tag{38.5}$$

其中

$$\hat{\sigma} \equiv \hat{\sigma}\left(\frac{1}{T}, 0\right).$$

不难验证:写成这种形式的表达式当 $\tau_1 < \tau_2$ 时仍然成立.

不同于(12.12)式的是:在(38.5)式中包含多余的(吉布斯)因子,除此之外,仍按相互作用粒子系统的各态进行平均. 下面我们证明,这两个差异将“相互抵消”,因而可回复到完全类似于(12.14)的形式. 为此,我们利用公式

$$e^{-\tau \hat{H}'} = e^{-\tau \hat{H}_0'} \hat{\sigma}(\tau, 0), \tag{38.6}$$

此式是把(38.1)式代入(38.4)式,随后将得到的表达式同 $\hat{\Psi}^{M}$ 的定义(37.1)作比较而得出的. 借助于上式,在(38.5)式中作如下代换:

$$e^{-\hat{H}'/T} \hat{\sigma}^{-1}\left(\frac{1}{T}, 0\right) = e^{-\hat{H}_0'/T}.$$

把因子 $e^{\Omega/T}$ 从记号 Tr 下提出来,再把它从分子移到分母上,并表示成:

$$e^{-\Omega/T} = \mathrm{Tr}\, e^{-\hat{H}'/T} = \mathrm{Tr}\, e^{-\hat{H}_0'/T} \hat{\sigma}\left(\frac{1}{T}, 0\right)$$

末了,以 $\exp(\Omega_0/T)$(这里 Ω_0 是在同样的 μ, T, V 值时理想气体的热力学势)乘分子和分母,我们最终得到:

$$\mathscr{G}_{\alpha\beta}(\tau_1, \tau_2) = -\frac{1}{\langle \hat{\sigma} \rangle_0} \langle T_\tau\, \hat{\Psi}^{M}_{0\alpha}(\tau_1) \hat{\bar{\Psi}}^{M}_{0\beta}(\tau_2) \hat{\sigma} \rangle_0. \tag{38.7}$$

这里,按无相互作用粒子系统的各态进行平均:

$$\langle \cdots \rangle_0 = \mathrm{Tr}\{\hat{w}_0 \cdots\}$$

显然这个结果与(12.14)式相似.

为了变到微扰论的图,同§13中的作法一样,我们将表达式(38.7)按相互作用算符 $\hat{V}_0(\tau)$ 的幂展开. 对于粒子间呈现成对相互作用的系统来说,这个算符与(13.2)式的区别只是把海森伯算符 $\hat{\Psi}_0, \hat{\Psi}_0^+$ 换成了松原算符 $\hat{\Psi}^{M}, \hat{\bar{\Psi}}^{M}$. ψ 算符乘积的平均值重新按维克定理展开(即用所有可能的方式来选取算符的成对收缩);用§13中的同样的讨论,可以证明在这种情况下这个定理是适用于宏观极限的.

因此,现在产生的图技术规则与§13中所得到的,对于 $T=0$ 时的图技术规则完全类似. 图表示法也丝毫不差地保持原样. 只不过图的解析读法规则有一点儿改变.

在坐标表象中,每一条由点2进入点1的实线都相当于一个因子 $-\mathscr{G}^{(0)}_{\alpha\beta}(\tau_1, \boldsymbol{r}_1; \tau_2, \boldsymbol{r}_2)$(带有负号). 每一条连接点1和点2的虚线对应于一个因子 $-U(\boldsymbol{r}_1 - \boldsymbol{r}_2)\delta(\tau_1 - \tau_2)$. 图的各内点的一切变量 $\tau, \boldsymbol{r}$,要在整个空间对 d^3x 积

分,并在由 0 到 $1/T$ 的界限内对 $\mathrm{d}\tau$ 积分.

为了变到动量表象,需要把所有的函数 $\mathscr{G}^{(0)}$ 展成(37.7)式的形式. 对全部内变量 $\boldsymbol{r}$ 求积分之后,在图的每个顶点都出现一个表征动量守恒定律($\sum \boldsymbol{p}=0$)的 δ 函数. 此外,在每个顶点上还出现如下形式的积分:

$$T\int_0^{1/T}\exp\{-\mathrm{i}\tau(\zeta_{s1}+\zeta_{s2}+\zeta_{s3})\}\,\mathrm{d}\tau.$$

这个积分[考虑到(37.8)式]只当 $\sum\zeta_s=0$ 时才不为零,并且在这种情况下等于1. 因此,在每个顶点上也遵从离散频率守恒定律. 现在每条实线与因子 $-\mathscr{G}_{\alpha\beta}^{(0)}(\zeta_s,\boldsymbol{p})$ 相对应(但自身封闭的实线重新对应于因子 $n^{(0)}(\mu,T)$——理想气体在 μ,T 一定时的密度). 每一条虚线相应于因子 $-U(\boldsymbol{q})$. 所有顶点上的守恒定律都考虑到之后,对余下的全部不确定的动量和频率作如下形式的积分并求和:

$$T\sum_{s=-\infty}^{\infty}\int\frac{\mathrm{d}^3p}{(2\pi)^3}\cdots$$

公共系数(包含在 $-\mathscr{G}_{\alpha\beta}$ 中的图均带此系数),在费米系统情况下等于 $(-1)^L$,这里 L 是图中闭合实线的圈数. 在玻色系统情况下,此系数等于1.

当然,在这种图技术中(像在 $T=0$ 时的图技术一样)也可以进行部分求和以及引入名种图"单元". 比如说,可以定义顶角部分,它是通过双粒子格林函数表达出来的. 这个顶角部分是以类似于(15.14)式的戴森方程与函数 $\mathscr{G}$ 联系起来的. 我们不必写出这些公式,因为这些公式的推导完全类似于 $T=0$ 时图技术的情形.

当变到 $T=0$ 的情况时,在松原图中对 s 的求和变为对 ζ 的积分,因而松原图技术就变为与第二章所讲的普通图技术非常类似的技术. 但不同的是,当 ζ 为实数时松原函数与相应的虚半轴上 G^R 和 G^A 的值相同[见(37.11—37.12)式]. 为过渡到 $T=0$ 时通常的图技术,还需要把积分围道一直转到与 ω 的实轴相重合.

第五章

超 导 性

§39 超流费米气体 能谱

在第一章所叙述的朗道理论都只与一种费米液体有关,即只与不产生超流现象而有能谱的液体有关.对于量子费米液体来说,这种谱型并不是唯一可能的,现在我们开始研究具有另一类型能谱的费米系统.采用粒子间有吸引作用的简并近理想费米气体的简单模型(这是可以作完全的理论研究的),可以最鲜明地说明这种能谱的起源及其基本性质①.

粒子间呈现排斥作用的弱非理想费米气体已在§6中讨论过了.初看起来,在那一节里所进行的计算,对于粒子间的排斥作用情况和吸引作用情况(即散射长度 a 为正值和负值时)在同等程度上都是正确的.但实际上,在吸引作用($a<0$)的情况下,用这种方法求出的系统的基态,对于一定的改组(改变基态的性质和降低能量)是不稳定的.

这种不稳定性的物理本质在于粒子都倾向于"成对":在 $\boldsymbol{p}$ 空间中,位于费米面附近并具有大小相等、方向相反动量和反平行自旋的粒子对,都倾向于形成束缚态,这就是所谓的**库珀**(L. N. Cooper, 1957)**效应**.奇妙的是,在费米气体中粒子间的吸引作用无论有多弱都会产生这种效应.

正是由于这种效应,在讨论有排斥作用的费米气体问题中曾使用过的适于气体单个粒子自由态的算符集合 $\hat{a}_{p\alpha}$, $\hat{a}_{p\alpha}^{+}$,现在已不能作为微扰论最初的正确近似了②.现在需要立即引入新的算符来代替上述算符,我们寻求的是下列线性组

---

① 这个问题是超导理论的基础,该理论是由 J. Bardeen, L. N. Cooper 和 J. R. Schrieffer 于(1957)建立的.下面叙述的解法属于 Н. Н. Боголюбов (1958)的工作.

② 指出微扰论(就§6中运用的形式来说)不适于具有自旋投影为 $\pm 1/2$ 和动量为 $\boldsymbol{p}_2 \approx -\boldsymbol{p}_1$ 的粒子对,也就指明 $\vartheta=\pi$ 处存在奇点,用这种理论得到的准粒子相互作用函数的表达式(6.16)就具有这种奇点;这种奇点只在反平行自旋的情况下才存在,而这些自旋对应于算符 $\boldsymbol{\sigma}_1\boldsymbol{\sigma}_2$ 的本征值等于 -3.

合形式的算符：

$$\hat{b}_{p-}=u_p\hat{a}_{p-}+v_p\hat{a}^{+}_{-p,+},\qquad (39.1)$$
$$\hat{b}_{p+}=u_p\hat{a}_{p+}-v_p\hat{a}^{+}_{-p,-},$$

上述形式合并了具有相反动量和相反自旋（投影）的粒子的算符（下标 + 和 - 表示自旋投影的两个值）；由于气体是各向同性的，系数 u_p，v_p 只能依赖于动量 $\boldsymbol{p}$ 的绝对值. 为使这些新算符对应于准粒子的产生和湮没，它们应同以前的算符一样遵从同样的费米对易规则：

$$\hat{b}_{p\alpha}\hat{b}^{+}_{p\alpha}+\hat{b}^{+}_{p\alpha}\hat{b}_{p\alpha}=1,\qquad (39.2)$$

而所有其它的算符对都是反对易的（下标 α 注明两个自旋投影值）. 对此，变换系数应遵从如下条件：

$$u_p^2+v_p^2=1\qquad (39.3)$$

（适当地选择相因子能够使 u_p，v_p 都成为实数）. 这时，对（39.1）式的逆变换具有如下形式：

$$\hat{a}_{p+}=u_p\hat{b}_{p+}+v_p\hat{b}^{+}_{-p,-},\qquad (39.4)$$
$$\hat{a}_{p-}=u_p\hat{b}_{p-}-v_p\hat{b}^{+}_{-p,+}.$$

根据同样原因（具有相反动量和相反自旋的一列粒子之间的相互作用起主要作用），在哈密顿量（6.7）的第二个求和式中，我们只保留 $\boldsymbol{p}_1=-\boldsymbol{p}_2\equiv\boldsymbol{p}$，$\boldsymbol{p}_1'=-\boldsymbol{p}_2'\equiv\boldsymbol{p}'$ 的一些项：

$$\hat{H}=\sum_{p\alpha}\frac{p^2}{2m}\hat{a}^{+}_{p\alpha}\hat{a}_{p\alpha}-\frac{g}{V}\sum_{pp'}\hat{a}^{+}_{p'+}\hat{a}^{+}_{-p',-}\hat{a}_{-p',-}\hat{a}_{p+},\qquad (39.5)$$

式中重新引入了“耦合常数” $g=4\pi\hbar^2|a|/m$（散射长度 $a<0$）.

在以下的计算中，最好再一次采用通常的方法，不必明显考虑系统中粒子数的不变性：现在引入差 $\hat{H}'=\hat{H}-\mu\hat{N}$ 作为新哈密顿量，这里

$$\hat{N}=\sum_{p\alpha}\hat{a}^{+}_{p\alpha}\hat{a}_{p\alpha}$$

是粒子数算符；其次，原则上可利用平均值 $\bar{N}$ 等于给定系统中的粒子数这一条件来确定化学势.

我们还引入记号

$$\eta_p=\frac{p^2}{2m}-\mu,\qquad (39.6)$$

因为 $\mu=p_F^2/2m$，所以在费米面附近

$$\eta_p=v_F(p-p_F),\qquad (39.7)$$

式中 $v_F=p_F/m$. 从表达式（39.5）减去 $\mu\hat{N}$，于是我们把原哈密顿量写为

$$\hat{H}' = \sum_{p\alpha} \eta_p \hat{a}^+_{p\alpha}\hat{a}_{p\alpha} - \frac{g}{V}\sum_{pp'} \hat{a}^+_{p'+}\hat{a}^+_{-p',-}\hat{a}_{-p,-}\hat{a}_{p+}. \tag{39.8}$$

我们在这个哈密顿量中进行(39.4)式的变换. 利用关系式(39.2—39.3)和可把求和下标 $\boldsymbol{p}$ 换成 $-\boldsymbol{p}$,得到:

$$\hat{H}' = 2\sum_p \eta_p v_p^2 + \sum_p \eta_p(u_p^2 - v_p^2)(\hat{b}^+_{p+}\hat{b}_{p+} + \hat{b}^+_{p-}\hat{b}_{p-}) +$$

$$+2\sum_p \eta_p u_p v_p(\hat{b}^+_{p+}\hat{b}^+_{-p,-} + \hat{b}_{-p,-}\hat{b}_{p+}) - \frac{g}{V}\sum_{p,p'}\hat{B}^+_{p'}\hat{B}_p \tag{39.9}$$

$$\hat{B}_p = u_p^2\hat{b}_{-p,-}\hat{b}_{p+} - v_p^2\hat{b}^+_{p+}\hat{b}^+_{-p,-} + v_p u_p(\hat{b}_{-p,-}\hat{b}^+_{-p,-} - \hat{b}^+_{p+}\hat{b}_{p+}).$$

在熵一定时,利用系统能量 E 取最小值的条件来选择系数 u_p, v_p. 熵由组合表达式来定义;

$$S = -\sum_{p\alpha}[n_{p\alpha}\ln n_{p\alpha} + (1-n_{p\alpha})\ln(1-n_{p\alpha})].$$

因此上述条件与在准粒子占有数 $n_{p\alpha}$一定时能量取最小值是等价的.

在哈密顿量(39.9)中,对角矩阵元只具有含乘积

$$\hat{b}^+_{p\alpha}\hat{b}_{p\alpha} = n_{p\alpha}, \quad \hat{b}_{p\alpha}\hat{b}^+_{p\alpha} = 1 - n_{p\alpha}$$

的一些项. 因此我们求得:

$$E = 2\sum_p \eta_p v_p^2 + \sum_p \eta_p(u_p^2 - v_p^2)(n_{p+} + n_{p-}) -$$

$$-\frac{g}{V}\left[\sum_p u_p v_p(1 - n_{p+} - n_{p-})\right]^2. \tag{39.10}$$

把这个表达式对参数 u_p[这时考虑(39.3)的关系]取变分,我们便得到极小值的条件:

$$\frac{\delta E}{\delta u_p} = -\frac{2}{v_p}(1 - n_{p+} - n_{p-})[2\eta_p u_p v_p -$$

$$-\frac{g}{V}(u_p^2 - v_p^2)\sum_{p'} u_{p'}v_{p'}(1 - n_{p'+} - n_{p'-})] = 0,$$

从而求得方程

$$2\eta_p u_p v_p = \Delta(u_p^2 - v_p^2), \tag{39.11}$$

式中 Δ 表示求和:

$$\Delta = \frac{g}{V}\sum_p u_p v_p(1 - n_{p+} - n_{p-}). \tag{39.12}$$

由(39.11)和(39.3)式,通过 η_p 和 Δ 表达 u_p, v_p:

$$\left.\begin{matrix} u_p^2 \\ v_p^2 \end{matrix}\right\} = \frac{1}{2}\left(1 \pm \frac{\eta_p}{\sqrt{\Delta^2 + \eta_p^2}}\right). \tag{39.13}$$

将这两个值代入(39.12)式,即得到确定 Δ 的方程:

$$\frac{g}{2V}\sum_{p}\frac{1-n_{p+}-n_{p-}}{\sqrt{\Delta^2+\eta_p^2}}=1.$$

在热平衡的情况下,准粒子占有数与自旋方向无关并由费米分布(化学势等于零,见 6 页的注解)给出:

$$n_{p+}=n_{p-}\equiv n_p=[\mathrm{e}^{\varepsilon/T}+1]^{-1}. \tag{39.14}$$

再将求和变为对 $\boldsymbol{p}$ 空间求积分,我们把这个方程写成

$$\frac{g}{2}\int\frac{1-2n_p}{\sqrt{\Delta^2+\eta_p^2}}\frac{\mathrm{d}^3p}{(2\pi\hbar)^3}=1. \tag{39.15}$$

现在转而研究上面得出的几个关系式. 我们看到,量 Δ 在所研究类型的能谱理论中起主要作用. 现在首先计算 $T=0$ 时这个量的数值(用 Δ_0 表示).

当 $T=0$ 时,准粒子是不存在的,因此 $n_p=0$,方程(39.15)取如下形式:

$$\frac{g}{2(2\pi\hbar)^3}\int\frac{4\pi p^2\mathrm{d}p}{\sqrt{\Delta_0^2+\eta_p^2}}=1. \tag{39.16}$$

应立即指出,当 $g<0$ 时,即在粒子间呈现排斥作用的情况下(方程两边的符号显然是不同的),这个方程显然不可能有 Δ_0 的解.

满足 $\Delta_0 \ll v_F|p_F-p| \ll v_Fp_F\sim\mu$ 的动量区域对(39.16)式中的积分提供主要贡献,并且积分具有对数性质(结果证实 Δ_0 比 μ 小). 当某一 $\eta=\tilde{\varepsilon}\sim\mu$ 时截断对数积分,我们有①

$$\int\frac{p^2\mathrm{d}p}{[\Delta_0^2+v_F^2(p_F-p)^2]^{1/2}}\approx\frac{p_F^2}{v_F}\int\frac{\mathrm{d}\eta}{(\Delta_0^2+\eta^2)^{1/2}}\approx\frac{2p_F^2}{v_F}\ln\frac{\tilde{\varepsilon}}{\Delta_0}.$$

因此求得:

$$\frac{gmp_F}{2\pi^2\hbar^3}\ln\frac{\tilde{\varepsilon}}{\Delta_0}=1. \tag{39.17}$$

从而

$$\Delta_0=\tilde{\varepsilon}\exp\left(-\frac{2\pi^2\hbar^3}{gmp_F}\right)=\tilde{\varepsilon}\exp\left(-\frac{\pi\hbar}{2p_F|a|}\right), \tag{39.18}$$

这个表达式也可以写成

$$\Delta_0=\tilde{\varepsilon}\exp(-2/g\nu_F), \tag{39.19}$$

式中 $\nu_F=mp_F/\pi^2\hbar^3$ 是费米面上单位能量间隔的粒子状态数($\nu\mathrm{d}\varepsilon$ 是 $\mathrm{d}\varepsilon$ 间隔内的状态数).

---

① 当 $p\gg p_F$ 时 $\eta_p\propto p^2$,因而(39.16)式中的积分就写出的形式来看,将同 p 一样发散. 但实际上这个发散是虚假的,将常数 g(即散射长度 a)和相互作用势之间的关系重整化,即可消除此发散,这和 §6 及 §25 中的处理方法是一样的. 连续进行这样相当复杂的计算还可以求出截断参数 $\tilde{\varepsilon}$ 和化学势 μ 之间的比例系数:$\tilde{\varepsilon}=(2/e)^{7/3}\mu=0.49\mu$[参看 Л. П. Горьков, Т. К. Мелик – Бархударов, ЖЭТФ, 40, 1452 (1961)].

使我们最感兴趣的是系统能谱即元激发能量 $\varepsilon_{p+}=\varepsilon_{p-}\equiv\varepsilon(\boldsymbol{p})$ 的形式. 现在我们根据准粒子占有数改变时整个系统能量的变化[即把(39.10)式中的 E 对 $n_{p\alpha}$ 取变分]来求 $\varepsilon(\boldsymbol{p})$ 的形式. 因为 u_p,v_p 的值已由 E 对它们的微商等于零这一条件选定了,所以可在 u_p,v_p 一定的情况下把 E 对 $n_{p\alpha}$ 取变分. 因此

$$\varepsilon=\left(\frac{\delta E}{\delta n_{p\alpha}}\right)_{u_p v_p},$$

利用(39.11—39.13)式计算微商,便得到如下简单的结果:

$$\varepsilon(p)=\sqrt{\Delta^2+\eta_p^2}. \tag{39.20}$$

我们看到,准粒子能量不可能小于 $p=p_{\mathrm{F}}$ 时所达到的 Δ 值. 换言之,系统的激发态与基态隔着一个能隙. 具有半整数自旋时,准粒子都必定成对出现. 就此意义可以说,能隙的大小等于 2Δ. 我们注意到这是一个指数函数性的小量:因为 $p_{\mathrm{F}}|a|/\hbar\ll 1$,所以与 μ 相比 Δ_0 是指数函数小量. 也应指出,表达式(39.18)不可能按小参数——耦合常数 g 的幂展开;g 包含在指数函数的指数的分母中,因此 $g=0$ 的值是函数 $\Delta_0(g)$ 的本性奇点.

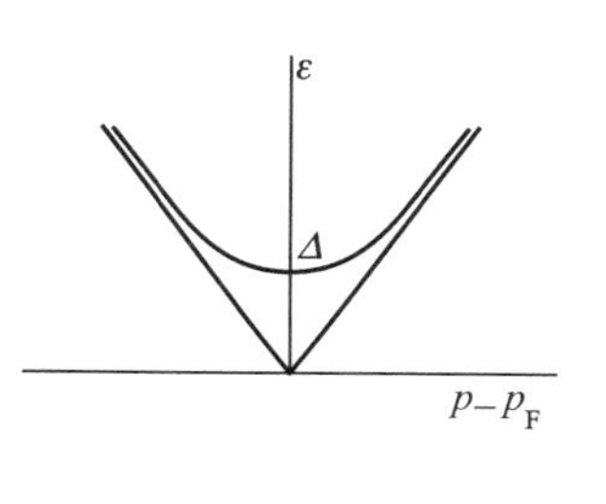

图 5

(39.20)式的能谱遵从 §23 中建立的超流条件:ε/p 的最小值不等于零. 因此粒子间相互吸引的费米气体必定具有超流性质.

在图 5 中将超流情况下准粒子的色散规律(上面的曲线)和正常费米系统的色散规律作了对比. 在后一种情况下,这种规律(根据 §1 结尾所作的解释)是用 $\varepsilon=v_{\mathrm{F}}|p-p_{\mathrm{F}}|$ 的两条直线表示出来的.

能隙 Δ 的大小与温度有关,这就是说能谱形式本身与准粒子的统计分布有关——与正常型费米液体的情况类似. 因为当温度升高时准粒子占有数增加(趋于1),所以从方程(39.15)就可以看出,这时 Δ 减小并在某一有限温度 T_c 时变为零:系统由超流状态变成正常状态. 这个转变点就是第二级相变(类似于超流玻色液体的 λ 转变).

在简并费米气体的能谱中有能隙存在,它是本节开头已经讲到的"成对"效应的表现. 2Δ 的大小可以看作是库珀对的束缚能,即分离这种粒子对时所需的能量.

哈密顿量(39.5)(如 §6 所指出的)只考虑 s 单态(即粒子的相对运动轨道角动量等于零,并且自旋反向平行)上粒子对间的相互作用. 总自旋等于零时,粒子对的行为同玻色型组成物一样能够以任意数目①聚集在(整体运动的)最低

① 原文为有限数目——译者注.

能级（即总动量为零的能级）. 就这样的直观解释来看，这种现象完全类似于玻色气体中粒子在零能态的聚集（玻色－爱因斯坦凝聚）；在这种情况下，凝聚体是成对粒子的集合.

当然不应赋予束缚对的概念以过多的字面上的意义. 更准确地说，应谈及 $\boldsymbol{p}$ 空间中粒子对各态之间的关联，这种关联使合动量为零的粒子对以有限概率出现. 在关联区域内，动量的弥散值 δp 对应于 Δ 量级的能量，即 $\delta p \sim \Delta/v_F$. 相应长度 $\xi \sim \hbar/\delta p \sim \hbar v_F/\Delta$，用来确定具有关联动量的粒子之间距离的数量级. 当 $T=0$ 时，这个长度（称作**相干长度**）为

$$\xi_0 \sim \frac{\hbar v_F}{\Delta_0} \sim \frac{\hbar}{p_F}\exp\left(\frac{\pi\hbar}{2p_F|a|}\right). \tag{39.21}$$

因为对简并费米气体 $\hbar/p_F$ 在数量级上与原子间距相同，所以我们看到，ξ_0 比原子间距大得多. 特别是，这种情况直观地表明了束缚对的概念不是无条件的.

库珀效应的发生与费米面的存在有密切关系，该面 $T=0$ 时在 $\boldsymbol{p}$ 空间的占据状态限定了有限区域；有一个重要情况是：在这个表面上，单位能量间隔的状态数不等于零. 这种关系表现于决定能隙 Δ_0 大小的公式（39.19）之中，这里当 $\nu_F\to 0$ 时 Δ_0 变为零.

§40 超流费米气体 热力学性质

现在我们从计算能隙大小与温度的关系来着手研究超流费米气体的热力学性质. 把方程（39.15）重写成如下形式：

$$-1+\frac{g}{2}\int\frac{d^3p}{\varepsilon(2\pi\hbar)^3} = g\int\frac{n_p d^3p}{\varepsilon(2\pi\hbar)^3}.$$

我们注意到，方程左边的积分与 $T=0$ 时积分的差别，仅在于把 Δ_0 换成 Δ. 因此考虑到（39.17）式我们看出，方程左边等于 $\frac{gp_F m}{2\pi^2\hbar^3}\ln\frac{\Delta_0}{\Delta}$. 把（39.14）式中的 n_p 代入方程的右边并对 $dp=d\eta/v_F$ 进行积分：

$$\ln\frac{\Delta_0}{\Delta} = \int_{-\infty}^{\infty}\frac{d\eta}{\varepsilon(e^{\varepsilon/T}+1)} \equiv 2I\left(\frac{\Delta}{T}\right), \tag{40.1}$$

式中

$$I(u) = \int_0^{\infty}\frac{dx}{\sqrt{x^2+u^2}\left(\exp\sqrt{x^2+u^2}+1\right)}$$

（由于积分收敛得很快，积分限可以扩大到 $\pm\infty$）.

在低温($T \ll \Delta_0$)范围内容易算出积分①,并得到:

$$\Delta = \Delta_0\left(1 - \sqrt{\frac{2\pi T}{\Delta_0}}\mathrm{e}^{-\Delta_0/T}\right). \tag{40.2}$$

但在相变点附近区域内 Δ 很小,于是积分 $I(\Delta/T)$ 展开式的前几项给出②:

$$\ln\frac{\Delta_0}{\Delta} = \ln\frac{\pi T}{\gamma\Delta} + \frac{7\zeta(3)}{8\pi^2}\frac{\Delta^2}{T^2}. \tag{40.3}$$

由此首先可以看出:当温度在

$$T_c = \gamma\Delta_0/\pi = 0.57\Delta_0, \tag{40.4}$$

它小于简并温度 $T_0 \sim \mu$ 时,Δ 变成零. 然后取一级 $T_c - T$,可得:

$$\Delta = T_c\left[\frac{8\pi^2}{7\zeta(3)}\left(1 - \frac{T}{T_c}\right)\right]^{1/2} = 3.06T_c\sqrt{1 - \frac{T}{T_c}}. \tag{40.5}$$

下面剩下的是计算气体的热力学量. 首先,我们研究低温范围内的情况.

为了计算在此范围内的热容量,从公式

$$\delta E = \sum_p \varepsilon(\delta n_{p+} + \delta n_{p-}) = 2\sum_p \varepsilon\delta n_p$$

出发是最简便的,此式表示对准粒子占有数取变分时系统总能量的改变. 将公式

---

① 当 u 很大时,$I(u)$ 按 $1/u$ 的展开式的第一项为:

$$I(u) \approx \int_0^\infty \frac{\mathrm{d}x}{u}\exp\left[-u\left(1 + \frac{x^2}{2u^2}\right)\right] = \left(\frac{\pi}{2u}\right)^{1/2}\mathrm{e}^{-u}.$$

② 对于积分 $I(u)$ 的展开式来说,当 $u \to 0$ 时我们可以从展开式中加上和减去如下积分:

$$I_1 = \frac{1}{2}\int_0^\infty \left(\frac{1}{\sqrt{x^2 + u^2}} - \frac{1}{x}\tanh\frac{x}{2}\right)\mathrm{d}x,$$

于是 $I = I_1 + I_2$,其中

$$I_2 = \frac{1}{2}\int_0^\infty \left(\frac{1}{x}\tanh\frac{x}{2} - \frac{1}{\sqrt{x^2 + u^2}}\tanh\frac{\sqrt{x^2 + u^2}}{2}\right)\mathrm{d}x.$$

在 I_1 中可以简单地求出第一项的积分,而对第二项进行分部积分,求得:

$$2I_1 = -\ln\frac{u}{2} + \frac{1}{2}\int_0^\infty \frac{\ln x}{\cosh^2(x/2)}\mathrm{d}x,$$

式中的积分等于 $2\ln(\pi/2\gamma)$(这里 $\ln\gamma = C = 0.577$——欧拉常数),因此 $2I_1 = \ln(\pi/\gamma u)$.

积分 I_2 当 $u = 0$ 时变成零. 此积分按 u^2 展开式的第一项为:

$$I_2 = -\frac{u^2}{4}\int_0^\infty \frac{\mathrm{d}x}{x}\left(\frac{1}{x}\tanh\frac{x}{2}\right).$$

把展开式

$$\tanh\frac{x}{2} = 4x\sum_{n=0}^\infty [\pi^2(2n+1)^2 + x^2]^{-1}$$

(此式的推导,可参看 163 页的注解)代入前一式中,得:

$$2I_2 = 4u^2\sum_{n=0}^\infty \int_0^\infty \frac{\mathrm{d}x}{[(2n+1)^2\pi^2 + x^2]^2} = \frac{u^2}{\pi^2}\sum_{n=0}^\infty (2n+1)^{-3} = u^2\frac{7\zeta(3)}{8\pi^2}.$$

除以 δT 并由求和变为求积分,即得热容量:

$$C = V\frac{mp_{\mathrm{F}}}{\pi^2\hbar^3}\int_{-\infty}^{\infty}\varepsilon\frac{\partial n}{\partial T}\mathrm{d}\eta.$$

当 $T \ll \Delta$ 时,准粒子分布函数 $n\approx \mathrm{e}^{-\varepsilon/T}$,准粒子能量 $\varepsilon\approx\Delta_0+\eta^2/2\Delta_0$;进行简单的积分,便得出如下结果:

$$C = V\frac{\sqrt{2}\,mp_{\mathrm{F}}\Delta_0^{5/2}}{\pi^{3/2}\hbar^3T^{3/2}}\mathrm{e}^{-\Delta_0/T}. \tag{40.6}$$

所以当 $T\to0$ 时热容量按指数函数规律减小,这是能谱中存在能隙的直接结果.

根据热力学势 Ω 来作进一步的计算是方便的,因为我们所作的全部研究都是在系统化学势(不是系统的粒子数)为已知的情况下进行的①. 现在我们利用公式

$$\left(\frac{\partial\Omega}{\partial\lambda}\right)_{T,V,\mu} = \left\langle\frac{\partial\hat{H}}{\partial\lambda}\right\rangle, \tag{40.7}$$

式中 λ 是描述系统的某一参量[对比第五卷(11.4),(15.11)两式];现在,我们取哈密顿量(39.8)第二项中的耦合常数 g 作为这种参量. 这一项的平均值由公式(39.10)中的最末项给出,根据(39.12)式,它等于 $-V\Delta^2/g\propto g$. 因此有

$$\frac{\partial\Omega}{\partial g} = -\frac{V\Delta^2}{g^2}.$$

当 $g\to0$ 时能隙 Δ 趋于零. 因此,将这个等式在从 0 到 g 的界限内对 $\mathrm{d}g$ 求积分,我们便求得超流态的热力学势与在同样温度下正常态($\Delta=0$)时热力学势值之差②:

$$\Omega_s-\Omega_n = -V\int_0^g\frac{\Delta^2}{g^2}\mathrm{d}g. \tag{40.8}$$

根据微小附加量的一般定理(见第五卷(24.16)式),修正量(40.8)式用相应的变量表达时,对于所有的热力学势都是相同的.

在绝对零度时 $\Delta=\Delta_0$,于是根据(39.18)式我们有:

$$\frac{\mathrm{d}\Delta_0}{\mathrm{d}g} = \frac{2\pi^2\hbar^3\Delta_0}{mp_{\mathrm{F}}g^2}.$$

在(40.8)式中,把对 $\mathrm{d}g$ 求积分变为对 $\mathrm{d}\Delta_0$ 求积分,我们便求得超流系统和正常

---

① 不要把气体自身的化学势与等于零的准粒子气体化学势混为一谈!

② 这里有必要对我们从一开始就作的忽略给以注释. 在哈密顿量(39.8)中,当 $g=0$ 时根本不存在粒子间的相互作用,因而可以想到:我们得到的是理想费米气体,而不是“正常”非理想气体. 但实际上在哈密顿量(39.8)中已经作了忽略,此后就不可能再谈及能量绝对值的计算了. 相互作用项已被省略,(这些项对于求能谱的形状及差值 $\Omega_s-\Omega_n$ 是无关紧要的,)它们对能量的贡献大于指数函数小量(40.8)[这恰好是与 Ng 成正比的贡献,它由公式(6.13)给出].

系统基态能级之差的如下表达式：

$$E_s - E_n = -V\frac{mp_F}{4\pi^2\hbar^3}\Delta_0^2. \tag{40.9}$$

这个差值的负号，表示本节开头曾提到的在气体粒子间呈现吸引作用时“正常”基态具有不稳定性. 对于单个粒子，(40.9)式的差值为 $\sim\Delta^2/\mu$.

现在我们转到相反的情况：$T\to T_c$. 将等式(40.3)对 g 求微分，得：

$$\frac{7\zeta(3)}{4\pi^2T^2}\Delta\mathrm{d}\Delta = \frac{\mathrm{d}\Delta_0}{\Delta_0} = \frac{2\pi^2\hbar^3}{mp_F}\frac{\mathrm{d}g}{g^2}.$$

由此式将 $\mathrm{d}g/g^2$ 代入公式(40.8)，并将其理解为自由能的差：

$$F_s - F_n = -V\frac{7\zeta(3)mp_F}{8\pi^4\hbar^3T^2}\int_0^\Delta \Delta^3\mathrm{d}\Delta,$$

考虑到(40.5)式，最终有

$$F_s - F_n = -V\frac{2mp_FT_c^2}{7\zeta(3)\hbar^3}\left(1-\frac{T}{T_c}\right)^2. \tag{40.10}$$

从而熵差：

$$S_s - S_n = -V\frac{4mp_FT_c}{7\zeta(3)\hbar^3}\left(1-\frac{T}{T_c}\right).$$

当 $T\to T_c$ 时，热容量差趋于有限值：

$$C_s - C_n = V\frac{4mp_FT_c}{7\zeta(3)\hbar^3}. \tag{40.11}$$

就是说，在相变点要经历一个跃变，并且 $C_s > C_n$. 正常态热容量(取一级近似)可由理想气体公式得出[见第五卷(58.6)式]；通过 p_F 表达的热容量的形式为 $C_n = Vmp_FT/3\hbar^3$. 因此，在相变点热容量之比为

$$\frac{C_s(T_c)}{C_n(T_c)} = \frac{12}{7\zeta(3)} + 1 = 2.43. \tag{40.12}$$

对于气体的超流性来说，气体的特征是把密度 ρ 分为正常部分和超流部分. 根据(23.6)式，密度的正常部分：

$$\rho_n = -\frac{8\pi}{3(2\pi\hbar)^3}\int p^4\frac{\mathrm{d}n}{\mathrm{d}\varepsilon}\mathrm{d}p \approx -\frac{p_F^4}{3\pi^2\hbar^3v_F}\int_{-\infty}^{\infty}\frac{\mathrm{d}n}{\mathrm{d}\varepsilon}\mathrm{d}\eta,$$

利用公式

$$\rho = \frac{mN}{V} = \frac{8\pi p_F^3 m}{3(2\pi\hbar)^3},$$

把气体总密度与 p_F 联系起来了，因此

$$\frac{\rho_n}{\rho} = -2\int_0^{\infty}\frac{\mathrm{d}n}{\mathrm{d}\varepsilon}\mathrm{d}\eta. \tag{40.13}$$

这个积分不需要特意去计算，因为可以把它化为已知的函数 $\Delta(T)$. 将方程(40.1)对 T 求微商，并把得到的积分与(40.13)式比较，即可证实：

$$\frac{\rho}{\rho_n}=1-\frac{\Delta}{T\Delta'}. \tag{40.14}$$

把极限公式(40.2)，(40.5)代入上式，得：

$$T\to 0:\quad \frac{\rho_n}{\rho}=\left(\frac{2\pi\Delta_0}{T}\right)^{1/2}\mathrm{e}^{-\Delta_0/T}, \tag{40.15}$$

$$T\to T_c:\quad \frac{\rho_s}{\rho}=2\left(1-\frac{T}{T_c}\right). \tag{40.16}$$

最后，关于得出的公式对温度的适用范围还必须作两点说明.

当接近于相变点 T_c 时，准粒子的相互作用过程(在上述理论中未加考虑)就变得重要了；在这种情况下，由于出现第二级相变点特有的热力学量的奇异性，这些过程确是极为重要的. 在充分接近相变点时，上面得出的那些公式最后当然并不适用. 但由于存在小参数(耦合常数 g)，这种情况在我们所研究的模型里只当 T_c-T 的值非常小时才开始出现；在 §45 中我们还要更详细地讨论这个问题.

像在超流玻色液体中一样，在我们所研究的费米气体中(与具有排斥作用的费米气体相反，比较 §4)可以传播声音(声速为 $u\sim p_F/m$，并以通常方式决定于介质的压缩性). 这就是说，除了这里所研究的费米型激发谱以外，在这种气体的能谱中也有声子的(玻色)激发支. 由声子决定的热容量与 T^3 成比例，比例系数较小. 但是当 $T\to 0$ 时这种热容量最后必定超过按指数函数减小的热容量(40.6).

§41 超流费米气体的格林函数

现在我们来建立适用于超流费米系统的格林函数数学方法①.

在 §26 中我们曾看到，用 ψ 算符术语表述时，玻色系统中的玻色－爱因斯坦凝聚，是由连结两个状态的矩阵元存在不等于零的极限值(当粒子数 $N\to\infty$ 时)表达出来的，而这两个态的差别只是 N 变化一个 1. 这种论点的物理意义在于：使凝聚体减少或增加一个粒子并不改变宏观系统的状态.

在超流费米系统的情况下，上述论点也应适用于由库珀对构成的凝聚体：在凝聚体中变化一个库珀对时，系统的状态不会改变. 在数学上，这一点是由两个粒子湮没算符之乘积 $\hat{\Psi}_\beta(X_2)\hat{\Psi}_\alpha(X_1)$ 的矩阵元和与它呈厄米－共轭的粒子对产生算符之乘积 $\hat{\Psi}^+_\alpha(X_1)\hat{\Psi}^+_\beta(X_2)$ 的矩阵元存在不等于零的极限值($N\to\infty$ 时)表

① 本节中讲述的方法是 Л. П. Горьков 的工作(1958).

达出来的.这些矩阵元将系统各“相同”状态联系起来了,这些状态的差别仅在于系统中减少或增加了一副粒子对:

$$\lim_{N\to\infty}\langle m,N|\hat{\Psi}_\beta(X_2)\hat{\Psi}_\alpha(X_1)|m,N+2\rangle =$$

$$=\lim_{N\to\infty}\langle m,N+2|\hat{\Psi}_\alpha^+(X_1)\hat{\Psi}_\beta^+(X_2)|m,N\rangle^* \neq 0 \qquad (41.1)$$

以下我们将略去取极限的记号;为简单起见,我们也略去对角矩阵指标 m,这里的 m 是对不同粒子数系统的“相同”态编号的.

像§31 中的玻色系统情况一样,在超流费米系统的格林函数数学工具中,会出现几个不同的函数.除了通常的格林函数

$$\mathrm{i}G_{\alpha\beta}(X_1,X_2)=\langle N|T\,\hat{\Psi}_\alpha(X_1)\hat{\Psi}_\beta^+(X_2)|N\rangle \qquad (41.2)$$

之外,还必须引入几个“反常”函数,根据定义,

$$\mathrm{i}F_{\alpha\beta}(X_1,X_2)=\langle N|T\,\hat{\Psi}_\alpha(X_1)\hat{\Psi}_\beta(X_2)|N+2\rangle,$$

$$\mathrm{i}F_{\alpha\beta}^+(X_1,X_2)=\langle N+2|T\,\hat{\Psi}_\alpha^+(X_1)\hat{\Psi}_\beta^+(X_2)|N\rangle. \qquad (41.3)$$

因为 $F_{\alpha\beta}$ 和 $F_{\alpha\beta}^+$ 中的每一个函数都是由两个相同的算符排列成的,所以

$$F_{\alpha\beta}(X_1,X_2)=-F_{\beta\alpha}(X_2,X_1),$$

$$F_{\alpha\beta}^+(X_1,X_2)=-F_{\beta\alpha}^+(X_2,X_1). \qquad (41.4)$$

我们提醒一下,根据统计学基本原理,不论按封闭系统定态的精确波函数求平均或利用吉布斯分布求平均,统计平均的结果都一样.所不同的,只是在第一种情况下平均结果用能量 E 和粒子数 N 表达,而在第二种情况下是用 T 和 μ 表达的.对于本节今后的讨论来说,第一种方法更方便.

在§39 所研究的费米气体模型中,束缚对都处于单态.束缚对的产生算符矩阵元或湮没算符矩阵元的自旋依赖关系,归结为单位反对称旋量:

$$g_{\alpha\beta}=\begin{pmatrix} 0 & 1 \\ -1 & 0 \end{pmatrix}. \qquad (41.5)$$

因此我们把函数(41.3)写成①

$$F_{\alpha\beta}=g_{\alpha\beta}F(X_1,X_2),\quad F_{\alpha\beta}^+=g_{\alpha\beta}F^+(X_1,X_2). \qquad (41.6)$$

同时由于(41.4)式,F 和 F^+ 对 X_1 和 X_2 是对称的.但是非铁磁系统的格林函数 $G_{\alpha\beta}$ 的自旋依赖关系,可化为 $G_{\alpha\beta}=\delta_{\alpha\beta}G$.在宏观静止的均匀系统中,格林函数 G,F 和 F^+ 仅仅依赖于各点的坐标差和时刻差(见 112 页的注解①).

---

① 比较 29 页的注解.虽然按自己的自旋结构来看 $G_{\alpha\beta}$ 是二阶混合旋量,而函数 $F_{\alpha\beta}$ 和 $F_{\alpha\beta}^+$ 则分别是逆变和协变旋量.

在§26引入的函数$\Xi(X)$具有凝聚体中粒子的波函数意义,与此同样,可以把函数$iF(t,\boldsymbol{r}_1;t,\boldsymbol{r}_2)$看作是凝聚体中结成库珀对的粒子的波函数.于是函数

$$\Xi(X)=iF(X,X) \tag{41.7}$$

就是这些库珀对作整体运动的波函数.由定义(41.3),(41.5)不难看出,这时$F^+(X,X)=i\Xi^*(X)$.在宏观静止的稳定系统中,函数$\Xi(X)$归结为常数;适当选择ψ算符的相位,可使这个常数为实数.

现在我们来计算以这种方式定义的粒子间呈现弱吸引作用的费米气体的格林函数.

海森伯ψ算符遵从方程(7.8).因为在我们所研究的气体中粒子间力的作用半径很小,在这个方程的积分项中可以取因子$\hat{\Psi}(t,\boldsymbol{r}')$在$\boldsymbol{r}'=\boldsymbol{r}$点的值,并把它们从积分号下提出来;这时方程取如下形式①:

$$i\frac{\partial\hat{\Psi}_\alpha}{\partial t}=-\left(\frac{\nabla^2}{2m}+\mu\right)\hat{\Psi}_\alpha-g\,\hat{\Psi}_\gamma^+\,\hat{\Psi}_\gamma\,\hat{\Psi}_\alpha. \tag{41.8}$$

取这个方程各项的厄米共轭形式,我们便得出算符$\hat{\Psi}^+$的类似方程:

$$i\frac{\partial\hat{\Psi}_\alpha^+}{\partial t}=\left(\frac{\nabla^2}{2m}+\mu\right)\Psi_\alpha^+ +g\,\hat{\Psi}_\alpha^+\,\hat{\Psi}_\gamma^+\,\hat{\Psi}_\gamma. \tag{41.9}$$

将表达式(41.8)代入微商$\partial G_{\alpha\beta}/\partial t$[(9.5)式]中,得到方程:

$$\begin{gathered}\left(i\frac{\partial}{\partial t}+\frac{\nabla^2}{2m}+\mu\right)G_{\alpha\beta}(X-X')-\\-ig\langle N|T\,\hat{\Psi}_\gamma^+(X)\,\hat{\Psi}_\gamma(X)\,\hat{\Psi}_\alpha(X)\,\hat{\Psi}_\beta^+(X')|N\rangle=\delta_{\alpha\beta}\delta^{(4)}(X-X').\end{gathered} \tag{41.10}$$

[比较(15.12)式].这里出现四个ψ算符乘积的对角矩阵元,根据矩阵的乘法规则,可以分别写成两对算符的矩阵元乘积之和.从所有这些乘积中,我们只保留其中粒子数改变为$N\leftrightarrow N+2$这种跃迁的矩阵元项,而略去其余所有各项:

$$\begin{gathered}\langle N|T\,\hat{\Psi}_\gamma^+\,\hat{\Psi}_\gamma\,\hat{\Psi}_\alpha\,\hat{\Psi}_\beta^{+\prime}|N\rangle\to\langle N|T\,\hat{\Psi}_\gamma\,\hat{\Psi}_\alpha|N+2\rangle\langle N+2|T\,\hat{\Psi}_\gamma^+\,\hat{\Psi}_\beta^{+\prime}|N\rangle=\\=-F_{\gamma\alpha}(X,X)F_{\gamma\beta}^+(X,X')=-\delta_{\alpha\beta}F(0)F^+(X-X')\end{gathered} \tag{41.11}$$

[在最后的变换中,利用了表达式(41.5)].在物理上,这一项对应于粒子的配对,其数量级与凝聚体密度相同.

但是我们要强调一下,上述做法同在弱非理想玻色气体的情况下所作的忽略有原则区别.在弱非理想玻色气体中,当$T=0$时,几乎全部粒子都处于凝聚体

---

① 如§39一样,我们利用记号g作为耦合常数,它与常数$-U_0=-\int U\mathrm{d}^3x$相等.我们把拉普拉斯算符写成$\nabla^2$以免和能隙$\Delta$相混淆.在本节和下一节中,我们取$\hbar=1$.

中,仅仅由于粒子的微弱相互作用而出现非凝聚粒子,其数量颇少. 在费米系统的情况下,恰恰相反,凝聚体本身是由于粒子的微弱相互作用才出现的,因此它只包含少部分粒子. 换言之,在作(41.11)式的代换时被舍去的项是不少的,它们多于保留的项. 此时被舍去的项只对计算系统基态能级的修正有用,在此我们并不感兴趣,但是这些保留项将导致本质上一种新的效应——改变能谱的性质(对此可比较 154 页的注解).

经(41.11)式的代换之后,方程(41.10)可化为如下形式:

$$\left(\mathrm{i}\frac{\partial}{\partial t}+\frac{\nabla^2}{2m}+\mu\right)G(X)+g\Xi F^+(X)=\delta^{(4)}(X) \qquad (41.12)$$

[函数的宗量 $X-X'$ 换成 X,根据定义(41.7),常数 $\mathrm{i}F(0)$ 用 Ξ 表示]. 这里包含两个未知函数 $G(X)$ 和 $F^+(X)$,因此为了算出这两个函数必需再有一个方程.

我们算出微商

$$\mathrm{i}\frac{\partial F^+_{\alpha\beta}(X-X')}{\partial t}=\left\langle N+2\left|T\frac{\partial\hat{\Psi}^+_\alpha(X)}{\partial t}\hat{\Psi}^+_\beta(X')\right|N\right\rangle,$$

便得到这个方程;这里没出现含 δ 函数项[类似于(9.5)式中的第二项],因为函数 $F^+_{\alpha\beta}(X-X')$[与函数 $G_{\alpha\beta}(X-X')$ 相反]当 $t=t'$ 时是连续的①. 把(41.9)式代入上式,并像(41.11)式一样重新将凝聚项分出来,最终我们得到方程

$$\left(\mathrm{i}\frac{\partial}{\partial t}-\frac{\nabla^2}{2m}-\mu\right)F^+(X)+g\Xi^*G(X)=0, \qquad (41.13)$$

其中包含(41.12)式中同样的两个函数 G 和 F^+;所以由这两个方程便足以算出这两个函数(但是为了计算 F,还需要用同样方法再导出一个方程).

我们把这两个方程变到动量表象,这里仍用通常方法引进傅里叶分量 $G(P)$ 和 $F^+(P)$:

$$\begin{aligned}(\omega-\eta_p)G(P)+g\Xi F^+(P)&=1,\\(\omega+\eta_p)F^+(P)+g\Xi^*G(P)&=0.\end{aligned} \qquad (41.14)$$

式中 $P=(\omega,\boldsymbol{p})$,$\eta_p=p^2/2m-\mu$. 应当指出,由于 $F^+(X)$ 是偶函数,它的傅里叶分量也是偶函数:$F^+(P)=F^+(-P)$.

由两方程消去函数 F^+,便得出 G 的方程:

$$(\omega^2-\eta_p^2-\Delta^2)G(P)=\omega+\eta_p, \qquad (41.15)$$

其中引入了记号

$$\Delta=g|\Xi|. \qquad (41.16)$$

---

① 只要采用类似于在 §9 中对 $G_{\alpha\beta}$ 的处理方法算出函数 $F^+_{\alpha\beta}$ 的跃变,并注意算符 $\hat{\Psi}^+_\alpha(t,\boldsymbol{r})$ 与 $\hat{\Psi}^+_\beta(t,\boldsymbol{r}')$ 是反对易的,就很容易证明这一点.

方程(41.15)的形式解：

$$G(P)=\frac{\omega+\eta_p}{\omega^2-\varepsilon^2(p)}=\frac{u_p^2}{\omega-\varepsilon(p)}+\frac{v_p^2}{\omega+\varepsilon(p)},\tag{41.17}$$

式中 $\varepsilon(p)=\sqrt{\Delta^2+\eta_p^2}$，$u_p$ 和 v_p 由公式(39.13)给出．从此可以看出，由格林函数的正极点所确定的元激发谱由函数 $\varepsilon(p)$ 给出，即我们又得到(39.20)式的结果．同时我们也看到，能隙 Δ 和库珀对作整体运动的凝聚体波函数的模，原来是彼此成比例的两个量．

但是 $G(P)$ 的表达式(41.17)还是不完全的，因为式中没有确定环绕极点的方式．换句话说，函数 G 的虚部仍旧是不确定的；这一部分含有 δ 函数 $\delta(\omega\pm\varepsilon)$，因此在方程(41.15)中乘以 $\omega^2-\varepsilon^2$ 时就被消去了．

当 $T=0$ 时，环绕极点的规则，可采用将表达式(41.17)与展开式(8.7)作直接对比的方法建立起来：在极点为正和极点为负的各项中，需要将变量分别换成 $\omega+\mathrm{i}0$ 和 $\omega-\mathrm{i}0$；于是(41.17)式取如下形式：

$$G(\omega,\boldsymbol{p})=\frac{u_p^2}{\omega-\varepsilon(p)+\mathrm{i}0}+\frac{v_p^2}{\omega+\varepsilon(p)-\mathrm{i}0}=$$

$$=\frac{\omega+\eta_p}{(\omega-\varepsilon+\mathrm{i}0)(\omega+\varepsilon-\mathrm{i}0)}.\tag{41.18}$$

现在从(41.14)的第二个方程将 F^+ 表示出来，我们得到：

$$F^+(\omega,\boldsymbol{p})=\frac{-g\Xi^*}{(\omega-\varepsilon+\mathrm{i}0)(\omega+\varepsilon-\mathrm{i}0)}.\tag{41.19}$$

另一方面，按照定义则有

$$\mathrm{i}\Xi^*\equiv F^+(X=0)=\iint_{-\infty}^{\infty}F^+(P)\frac{\mathrm{d}\omega\,\mathrm{d}^3p}{(2\pi)^4}.\tag{41.20}$$

将(41.9)式代入上式，在上半平面内用无限远半圆来封闭围道以实现对 $\mathrm{d}\omega$ 的积分，此后通过极点 $\omega=\varepsilon$ 上的留数将积分表达出来．约去 Ξ^* 之后，最终我们便得出确定 Δ_0 的等式(39.16)．

$T\neq0$ 时，求格林函数的虚部比较复杂．为建立对变量 ω 具有正确解析性质的函数 $G(\omega,\boldsymbol{p})$，我们首先写出推迟函数 $G^R(\omega,\boldsymbol{p})$；它在上半平面内应当是解析函数，因此在(41.17)式中把 ω 换成 $\omega+\mathrm{i}0$ 即可得出．这个函数的虚部：

$$\operatorname{Im}G^R=-\pi[u_p^2\delta(\omega-\varepsilon)+v_p^2\delta(\omega+\varepsilon)].$$

待求函数 G 的虚部，可由上式并利用公式(36.14)得出，根据(36.14)式，

$$\operatorname{Im}G(\omega,\boldsymbol{p})=\tanh\frac{\omega}{2T}\operatorname{Im}G^R(\omega,\boldsymbol{p})=$$

$$=-(1-2n_p)\pi[u_p^2\delta(\omega-\varepsilon)-v_p^2\delta(\omega+\varepsilon)],$$

式中 n_p 是费米分布函数(39.14)(利用此公式，我们便可以从按系统已给的定

态求平均过渡到按吉布斯分布求平均). 具有这个虚部的函数 G 可写成如下形式:

$$G(\omega,\boldsymbol{p}) = \frac{u_p^2}{\omega - \varepsilon + \mathrm{i}0} + \frac{v_p^2}{\omega + \varepsilon - \mathrm{i}0} + 2\pi \mathrm{i} n_p [u_p^2 \delta(\omega - \varepsilon) - v_p^2 \delta(\omega + \varepsilon)], \tag{41.21}$$

现在我们求得函数 $F^+(\omega,\boldsymbol{p})$ 为

$$F^+(\omega,\boldsymbol{p}) = F^+(\omega,\boldsymbol{p})|_{T=0} - \frac{\mathrm{i}\pi g \Xi n_p}{\varepsilon}[\delta(\omega - \varepsilon) + \delta(\omega + \varepsilon)], \tag{41.22}$$

其中第一项对应于 $T=0$ 的函数(41.19). 将此表达式代入(41.20)式并进行积分,我们便回到确定 $\Delta(T)$ 的方程(39.15).

方程(41.14),可类似于超流玻色系统的方程(33.7)表示成费曼图形式. 这时函数 G,F 和 F^+ 将用同(33.6)中一样的图元素——单向和双向箭头表示出来. (41.14)式的两个方程可写成:

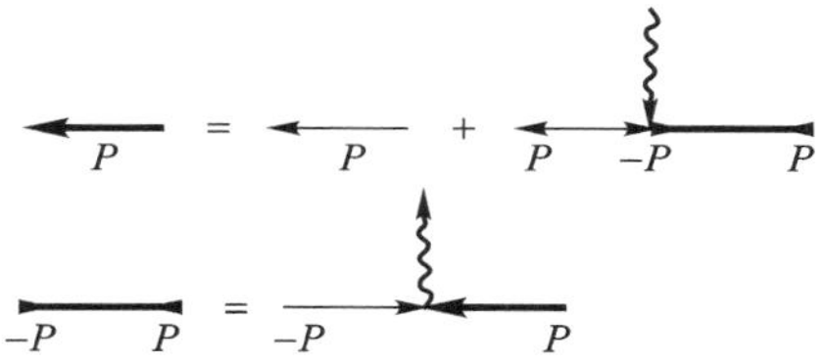

(41.23)

其中细箭头对应于因子 $\mathrm{i}G^{(0)}(P)$, $G^{(0)}(P)$ 是理想费米气体格林函数. 入射和出射于顶点的波纹线分别对应于因子 $\mathrm{i}g\Xi$ 和 $-\mathrm{i}g\Xi^*$. 将(41.23)式与(33.7)式进行比较,我们看到 $\mathrm{i}g\Xi$, $-\mathrm{i}g\Xi^*$ 这两个因子对应于自能函数 $\mathrm{i}\Sigma_{02}$ 和 $\mathrm{i}\Sigma_{20}$,也就是说,它们是这两个量的一级近似. 应当指出,新的图元素(双向箭头和波纹线)只限于超流费米系统的图技术这一特殊性;与玻色系统情况不同,这里不出现"三叉"顶点. 因此这里图技术比用于超流玻色系统的要简单得多,并更接近于"通常"的图技术.

§ 42 超流费米气体的温度格林函数

在 § 41 中曾运用通常的"时间"格林函数来确定超流费米气体的能谱. 然而,对于解决更复杂的问题(首先是研究处于外场中系统的性质),用温度格林函数这一数学工具(А. А. Абрикосов, Л. П. Горьков, 1958)就更为方便.

温度函数 $\mathscr{G}_{\alpha\beta}$ 和用于正常费米气体时一样,由公式(37.3)定义. 但温度函数 $\mathscr{F}_{\alpha\beta}$ 和 $\bar{\mathscr{F}}_{\alpha\beta}$(对应于时间函数 $F_{\alpha\beta}$ 和 $F^+_{\alpha\beta}$)是用类似于(41.3)式的公式来定义的:

$$\mathscr{F}_{\alpha\beta}(\tau_1 \boldsymbol{r}_1;\tau_2,\boldsymbol{r}_2) = \sum_m \langle m,N \mid \hat{w} T_\tau \hat{\Psi}^{\mathrm{M}}_{\alpha 1} \hat{\Psi}^{\mathrm{M}}_{\beta 2} \mid m,N+2\rangle,$$
$$\bar{\mathscr{F}}_{\alpha\beta}(\tau_1,\boldsymbol{r}_1;\tau_2,\boldsymbol{r}_2) = \sum_m \langle m,N+2 \mid \hat{w} T_\tau \bar{\hat{\Psi}}^{\mathrm{M}}_{\alpha 1} \bar{\hat{\Psi}}^{\mathrm{M}}_{\beta 2} \mid m,N\rangle. \tag{42.1}$$

这两个函数的自旋依赖关系以因子 $g_{\alpha\beta}$[与(41.5)式一样]的形式分离出来①：

$$\mathscr{F}_{\alpha\beta} = g_{\alpha\beta}\mathscr{F},\quad \bar{\mathscr{F}}_{\alpha\beta} = -g_{\alpha\beta}\bar{\mathscr{F}}. \tag{42.2}$$

同 $\mathscr{G}$ 一样，函数 $\mathscr{F}$ 和 $\bar{\mathscr{F}}$ 只与差值 $\tau=\tau_1-\tau_2$ 有关，并遵从关系式(37.6)(取上面符号)：

$$\mathscr{F}(\tau) = -\mathscr{F}\left(\tau+\frac{1}{T}\right),\quad \bar{\mathscr{F}}(\tau) = -\bar{\mathscr{F}}\left(\tau+\frac{1}{T}\right). \tag{42.3}$$

因此，这两个函数按 τ 展开的傅里叶级数只包含奇数"频率"(37.8a)：$\zeta_s=(2s+1)\pi T$.

$\tau=0$ 时的松原 ψ 算符与 $t=0$ 时的海森伯算符一致：

$$\hat{\Psi}^{\mathrm{M}}(\tau=0,\boldsymbol{r}) = \hat{\Psi}(t=0,\boldsymbol{r}).$$

将函数 $\mathscr{F}$, $\bar{\mathscr{F}}$ 的定义同 F, F^+ 的定义作对比，因此求得：

$$\mathscr{F}(0,\boldsymbol{r};0,\boldsymbol{r}) = \Xi(\boldsymbol{r}),\quad \bar{\mathscr{F}}(0,\boldsymbol{r};0,\boldsymbol{r}) = \Xi^*(\boldsymbol{r}). \tag{42.4}$$

这里应把 Ξ 理解为按吉布斯分布求平均(即用系统温度表达)的凝聚体波函数.

现在我们证明，如何借助温度格林函数才能重新得出温度不等于零时的超流费米气体的能谱.

像推导方程(41.12—41.13)一样，我们可以推导出温度函数 $\mathscr{G}$，$\mathscr{F}$ 和 $\bar{\mathscr{F}}$ 的方程. 其中，把对 t 求微商换成对 τ 求微商，而利用异于(41.8—41.9)(其中将 $\mathrm{i}t$ 换成 τ)的方程来代替它们. 像(41.11)式一样，从 4 个松原算符乘积的平均值中分解出含有粒子数改变 2 的跃迁矩阵元的各项. 结果我们得到方程：

$$\left\{\begin{aligned}&\left(-\frac{\partial}{\partial\tau}+\frac{\nabla^2}{2m}+\mu\right)\mathscr{G}(\tau,\boldsymbol{r};\tau',\boldsymbol{r}') + g\Xi\bar{\mathscr{F}}(\tau,\boldsymbol{r};\tau',\boldsymbol{r}') =\\ &\qquad = \delta(\tau-\tau')\delta(\boldsymbol{r}-\boldsymbol{r}')\\ &\left(\frac{\partial}{\partial\tau}+\frac{\nabla^2}{2m}+\mu\right)\bar{\mathscr{F}}(\tau,\boldsymbol{r};\tau',\boldsymbol{r}') - g\Xi^*\mathscr{G}(\tau,\boldsymbol{r};\tau',\boldsymbol{r}') = 0\end{aligned}\right. \tag{42.5}$$

转到傅里叶分量之后，这两个方程取如下形式：

$$\begin{aligned}&(\mathrm{i}\zeta_s-\eta_p)\mathscr{G}(\zeta_s,\boldsymbol{p}) + g\Xi\bar{\mathscr{F}}(\zeta_s,\boldsymbol{p}) = 1,\\ &-(\mathrm{i}\zeta_s+\eta_p)\bar{\mathscr{F}}(\zeta_s,\boldsymbol{p}) - g\Xi^*\mathscr{G}(\zeta_s,\boldsymbol{p}) = 0.\end{aligned} \tag{42.6}$$

---

① 与(41.6)式中符号相同的情况不同，定义式中 $\mathscr{F}$ 与 $\bar{\mathscr{F}}$ 的符号相反是合理的，因为定义(42.1)没有(41.3)式中的因子 i.

这两个方程的解：

$$\mathscr{G}(\zeta_s,\boldsymbol{p}) = -\frac{\mathrm{i}\zeta_s+\eta_p}{\zeta_s^2+\varepsilon^2}, \tag{42.7}$$

$$\bar{\mathscr{F}}(\zeta_s,\boldsymbol{p}) = \frac{g\Xi^*}{\zeta_s^2+\varepsilon^2} = F^+(\mathrm{i}\zeta_s,\boldsymbol{p}), \tag{42.8}$$

这里又有 $\varepsilon^2=\Delta^2+\eta_p^2,\Delta=g\Xi$（而且这个解是唯一确定的，它根本不包含函数 G 和 F^+ 中的任何 δ 函数）.

确定能谱中存在能隙的条件，现在可以从如下等式得出：

$$\Xi^* = \bar{\mathscr{F}}(\tau=0,\boldsymbol{r}=0) = T\sum_{s=-\infty}^{\infty}\int\bar{\mathscr{F}}(\zeta_s,\boldsymbol{p})\frac{\mathrm{d}^3p}{(2\pi)^3}.$$

或代入(42.8)式后，得：

$$\frac{gT}{(2\pi)^3}\sum_{s=-\infty}^{\infty}\int\frac{\mathrm{d}^3p}{\zeta_s^2+\varepsilon^2(p)}=1. \tag{42.9}$$

为实行对 s 求和，可用公式①：

$$\sum_{s=-\infty}^{\infty}[(2s+1)^2\pi^2+a^2]^{-1}=\frac{1}{2a}\tanh\frac{a}{2}, \tag{42.10}$$

因而得出与(39.15)相同的等式：

$$\frac{g}{2}\int\frac{1}{\varepsilon}\tanh\frac{\varepsilon}{2T}\frac{\mathrm{d}^3p}{(2\pi)^3}=1. \tag{42.11}$$

§ 43　金属的超导性

1911 年由卡末林·昂内斯(H. Kamerlingh Onnes)发现的金属的超导现象乃是金属中电子费米液体的超流性，它类似于我们在前几节中所研究的简并费米气体的超流性. 虽然，在许多重要方面电子液体同费米气体是本质上不同的物理系统，但是与能谱性质有关的主要物理因素，在两种情况下仍然是相同的. 现在我们用定性的方式讨论这样一个问题：上边所研究的模型究竟有哪些特点，可以在多大程度上转用于金属中的电子.

金属的一个重要特性是，其电子的能谱是各向异性的，这与我们所研究的费米气体具有各向同性的能谱是相反的. 但是，这种情况并不妨碍库珀现象的产生，对于后者而言，一个极为重要的事实是：存在界限分明的费米面（不论其形状如何），而面上状态数密度都是有限的. 动量相反和自旋相反的电子必须具有

---

① 为得出这个公式，我们写出

$$\frac{1}{(2s+1)^2\pi^2+a^2}=\frac{1}{2a}\left[\frac{1}{a+\mathrm{i}\pi(2s+1)}+\frac{1}{a-\mathrm{i}\pi(2s+1)}\right]=$$
$$=\frac{1}{2a}\int_0^\infty \mathrm{e}^{-ax}[\mathrm{e}^{-\mathrm{i}\pi(2s+1)x}+\mathrm{e}^{\mathrm{i}\pi(2s+1)x}]\mathrm{d}x,$$

并在积分号下对几何级数求和即可.

相同的能量,即两个电子应同位于一个费米面上.这一要求,由于对时间反演的对称性而自然得到保证.因此可以说,由于时间的相互反演而得出的各态中的电子都将配成对.

下一个问题是金属中电子相互作用的符号问题.按最简化意义可以说,这种相互作用是由原子间距上受屏蔽的库仑排斥作用和通过晶格的相互作用形成的.后一种相互作用,可描写为交换虚声子的结果,并具有吸引的性质(§64).如果这种相互作用"占优势",金属在足够低的温度下将变成超导体.

重要的是,通过交换声子而相互作用的仅仅是处于费米面附近 p 空间中较窄层内的那些电子;这个层的厚度 $\sim \hbar\omega_D$ 并小于电子的化学势 μ(ω_D 是晶体的德拜频率).因此,若用弱非理想费米气体模型去描述超导性,则需要将(39.19)式中的截断参量 $\tilde{\varepsilon}$ 理解为①:

$$\tilde{\varepsilon} \sim \hbar\omega_D \tag{43.1}$$

(做代替 $\tilde{\varepsilon} \sim \mu$).

至于说到相互作用微弱这一假设,实际上对于一切超导体都有

$$T_c \ll \hbar\omega_D \ll \mu. \tag{43.2}$$

但是,§39 中所作的假设更强:耦合常数 g 是个小量,它使(39.19)式中量纲为 1 的指数函数的值变大.现在这种要求可表成如下条件:

$$\ln(\hbar\omega_D/T_c) \gg 1. \tag{43.3}$$

这里不仅比值 $\hbar\omega_D/T_c$ 要大,而且它的对数也必须大.这个条件实际上未能得到很好的满足②.

考虑到金属中的电子液体与弱非理想费米气体模型的所有实际差别,超导理论就变得非常复杂了.但同时发现,基于上述模型的简单理论,已经在许多方面对超导体的性质不仅定性地甚至定量地作出很好的描述.前面已经提到,这个理论是由 Bardeen,Cooper 和 Schrieffer 建立的;因此,把粒子间呈现微弱吸引作用的费米气体模型,称作 **BCS 模型**.

上面讲到的这些都属于"普通的"或"低温的"超导体.1986 年贝德诺兹(J. G. Bednorz)和穆勒(K. A. Müller)发现新的一类物质——"高温超导体".这些物质多数是铜、稀土金属的氧化物,可有高的转变温度——高于 100 K,而费米能并不高,为 1 000 K 数量级.但是,对这种有趣现象现在尚未建立较完整的理论、甚至对超导的相互作用本质也不完全清楚.

§44 超导电流

在电中性超流液体(液氦)中有两种运动,它们对应于超导金属中能同时流

---

① 因而积分(39.16)在大动量时发散的问题就消除了(对照 150 页上的注解).

② 比值 $\hbar\omega_D/T_c$ 大约在对 Pb 为 10 到对 Al 和 Cd 为 300 的范围内变动.

动的两种电流. **超导电流**不传热也不伴有能量耗散,因而它能在热力学平衡系统中产生;**正常电流**与释放焦耳热有关. 我们把超导电流密度和正常电流密度记为 $\boldsymbol{j}_s$ 和 $\boldsymbol{j}_n$;总电流密度 $\boldsymbol{j}=\boldsymbol{j}_s+\boldsymbol{j}_n$.

只要从出现新的宏观量——凝聚体波函数 $\Xi(t,\boldsymbol{r})$ 这一事实本身出发,不论什么样的特殊模型都能对超导电流性质作出许多重要论断.

同 §26 节一样,我们引入函数 $\Xi(t,\boldsymbol{r})$ 的相位 Φ:

$$\Xi(t,\boldsymbol{r})=|\Xi|\mathrm{e}^{\mathrm{i}\Phi}. \tag{44.1}$$

就液氦来说,相位 Φ 梯度按(26.12)式确定超流速度 $\boldsymbol{v}_s$,与此类似,在超导体情况下相位梯度则确定观测量——超导电流密度. 由于金属是各向异性的,一般说来,$\boldsymbol{j}_s$ 的方向与 $\nabla\Phi$ 的方向并不相同,而这两个矢量各分量之间的关系由某二阶张量确定. 但是,为避免非原则地复杂化起见,这里我们只局限于讨论金属晶体的立方对称情况.

这时,二阶张量归结为一个标量,而 $\boldsymbol{j}_s$ 和 $\nabla\Phi$ 之间的关系归结为简单的正比关系. 我们把它写成:

$$\boldsymbol{j}_s=\frac{e\hbar}{2m}n_s\ \nabla\Phi. \tag{44.2}$$

按定义,这里 $e=-|e|$ 是电子电荷,m 为电子的真实质量. 这样定义的量 n_s(温度的函数)称作**超导电子数密度**;该量在这里所起的作用,类似于液氦中的超流分量密度. 我们强调一下,n_s 与库珀对凝聚体密度绝不是一回事,正像液氦中 ρ_s 不同于凝聚体原子密度①.

公式(44.2)[同液氦的公式(26.12)一样]要求在空间中相位的变化充分缓慢. 虽然,在玻色液体情况下只要求相位在原子间距上缓变,但在这里要求条件明显更强了. 相干长度 $\xi_0\sim\hbar v_{\mathrm{F}}/\Delta_0$ 对超流费米液体起着特征线度的作用,相位 Φ 在这个距离(大于原子间距)上应当有小的改变②.

如果超导体处于外磁场中,则 $\boldsymbol{j}_s$ 和 Φ 之间的关系就复杂了;这里,我们研究恒定场(对时间)的情况. 下面,需要对公式(44.2)加以必要的修改,对此可以从理论的规范不变性的要求出发进行说明.

这一要求是:一切被观测的物理量,在磁场矢势作规范变换:

$$\boldsymbol{A}\to\boldsymbol{A}+\nabla\chi(\boldsymbol{r}) \tag{44.3}$$

---

① (44.2)式中写出的系数,在自由超流费米气体(BCS)模型中,可使 mn_s 与 §40 中算出的量 ρ_s 一致. ρ_s 这样确定时,电流密度 $\boldsymbol{j}_s$ 应表达为 $\boldsymbol{j}_s=en_s\boldsymbol{v}_s$,式中 $\boldsymbol{v}_s$ 是超流运动速度. 至于 $\boldsymbol{v}_s$ 与相位梯度的关系,可用等式 $\boldsymbol{v}_s=(\hbar/2m)\nabla\Phi$ 来表达;这里二倍质量 $2m$[代换(26.12)式中的 m],是因为凝聚体由成对粒子构成.

② 应当强调,这里出现的恰好是与温度无关的恒定参量长度 ξ_0;以后将给出这个判据的严格论证(见 §51 的结尾).

时,保持不变,式中$\chi(\boldsymbol{r})$是任意坐标函数. 这时,ψ算符同波函数有相同的变换法则:

$$\hat{\Psi}\rightarrow\hat{\Psi}\exp\left(\frac{ie}{\hbar c}\chi\right),\quad \hat{\Psi}^{+}\rightarrow\hat{\Psi}^{+}\exp\left(-\frac{ie}{\hbar c}\chi\right). \tag{44.4}$$

式中e是用ψ算符描述的粒子的电荷(见第三卷(111.9)式)[1]. 作为乘积$\hat{\Psi}\hat{\Psi}'^{+}$或$\hat{\Psi}\hat{\Psi}'$的矩阵元的格林函数$G(X,X')$和$F(X,X')$可按下式变换:

$$\begin{aligned} G(X,X')&\rightarrow\exp\left\{\frac{ie}{\hbar c}\left[\chi(\boldsymbol{r})-\chi(\boldsymbol{r}')\right]\right\}G(X,X'),\\ F(X,X')&\rightarrow\exp\left\{\frac{ie}{\hbar c}\left[\chi(\boldsymbol{r})+\chi(\boldsymbol{r}')\right]\right\}F(X,X'). \end{aligned} \tag{44.5}$$

此时

$$\Xi=iF(X,X)\rightarrow\exp\left(\frac{2ie}{\hbar c}\chi\right)\Xi.$$

即凝聚体波函数的相位

$$\Phi\rightarrow\Phi+\frac{2e}{\hbar c}\chi(\boldsymbol{r}). \tag{44.6}$$

关系式(44.2)对这样的相位变换,并非是不变的. 为了达到所要求的不变性,此式应增加一个含磁场矢势的项:

$$\boldsymbol{j}_s=\frac{\hbar e}{2m}n_s\left(\nabla\Phi-\frac{2e}{\hbar c}\boldsymbol{A}\right) \tag{44.7}$$

括号中第二项的二倍电荷,表示超导体的电子是成对出现的.

这个表达式,足以解释超导体的主要宏观性质——将磁场排出超导体之外[迈斯纳(Meissner)效应][2].

我们现在研究处于弱磁场中的均匀超导体,这里假定磁场值小于破坏超导性的临界磁场H_c. 这个条件,消除了磁场对n_s值的重要影响. 假设物体处于热力学平衡态,因此正常电流不存在了,故$\boldsymbol{j}_s=\boldsymbol{j}$[3]. 现在对等式(44.7)两边施行$\nabla\times$运算,并注意$\nabla\times\boldsymbol{A}=\boldsymbol{B}$——物体中的磁感应,我们便得到**伦敦方程**:

$$\nabla\times\boldsymbol{j}=-\frac{e^2n_s}{mc}\boldsymbol{B} \tag{44.8}$$

---

① 由于在二次量子化的哈密顿量(7.7)中ψ算符以$\hat{\Psi}(X)$和$\hat{\Psi}^{+}(X)$这样一对算符的形式出现,所以作(44.3—44.4)的变换时,上述哈密顿量的变换,就跟通常的(非算符的)波函数这样变换时通常的哈密顿量变换一样. (44.3—44.4)形式的变换,实际上在§19中就已经用过了.

② 唯象超导体电动力学,在本教程的另一卷中讲述,见第八卷第六章.

③ 此后,在本章内各处都做这种假设,因此$\boldsymbol{j}$在这里都是超导电流密度.

(F. London, H. London, 1935)①.

这是超导体特有的方程. 我们再用普遍的麦克斯韦方程:

$$\nabla \times \boldsymbol{B} = \frac{4\pi}{c}\boldsymbol{j}, \tag{44.9}$$

$$\nabla \cdot \boldsymbol{B} = 0. \tag{44.10}$$

将(44.9)式中的$\boldsymbol{j}$代入(44.8)式,并注意由于(44.10)式,$\nabla\times(\nabla\times)\boldsymbol{B} = -\Delta\boldsymbol{B}$,于是得到超导体中的磁场方程:

$$\Delta\boldsymbol{B} = \delta^{-2}\boldsymbol{B} \tag{44.11}$$

式中引入记号

$$\delta^2 = mc^2/4\pi e^2 n_s. \tag{44.12}$$

我们利用这个方程来求超导体内靠近表面处场的分布,而这个表面看作平面;现在选取这个平面作为 yz 面,而 x 轴指向物体内部. 根据这些条件,场的分布只与一个坐标 x 有关,因而由(44.10)式我们有 $\mathrm{d}B_x/\mathrm{d}x = 0$;于是从(44.11)式自然得出 $B_x = 0$. 方程(44.11)现在具有 $\mathrm{d}^2\boldsymbol{B}/\mathrm{d}x^2 = \boldsymbol{B}/\delta^2$ 的形式,由此

$$\boldsymbol{B}(x) = \mathfrak{H}\,\mathrm{e}^{-x/\delta}, \tag{44.13}$$

式中矢量$\mathfrak{H}$平行于表面.

我们看到,磁场向超导体深处按指数函数衰减,并只穿透 $\sim\delta$ 的距离. 这个长度是宏观量,但小于大尺度样品的一般线度($\delta \sim 10^{-6}$—10^{-5} cm),因此磁场实际上只穿透很薄的表面层. 长度 δ 称作场的**伦敦穿透深度**. 应当强调,这个长度是一个直接可测的量,它具有完全确定的意义,这与参量 n_s 的约定意义是不同的.

但是上面所导出的结果,需要一个重要的附加条件. 出发的公式(44.7),只在所有的物理量在空间作充分缓变的条件下才能适用:物理量在其间发生重大改变的特征距离,应当远远大于相干长度 $\xi_0$②. 就是说,在这种情况下应有

$$\delta \gg \xi_0. \tag{44.14}$$

当然,这一要求并不影响对于从超导体中排出磁场这一事实的证明,因为假如不排出磁场会导致逻辑上的矛盾. 本来,在这种情况下磁场的变化是非常缓慢的,于是方程(44.11)就会适用. 但具体的方程(44.11)以及由它得出的场的衰减规律(44.13),只当遵从条件(44.14)时才成立.

在超导体中,当满足不等式 $\delta \gg \xi_0$ 时,称作**伦敦情况**,在相反情况下当 $\delta \ll \xi_0$ 时,叫做**皮帕德(Pippard)情况**(在这种情况下,磁场向超导体深处的衰减规律

---

① 上述方程(44.8)是 Л. Д. 朗道推导的(1941).

② 我们提醒一下,磁感应 $\boldsymbol{B}$ 本身是按物理无限小的体积元求平均的真实微观磁场强度,各体积元的尺度仅大于晶格常数.

将在§52中研究). 当 $T \to T_c$ 时,超导电子密度 $n_s \to 0$,因此 $\delta \to \infty$ 所以在充分接近转变点处,总是属于伦敦情况. 但当 $T \to 0$ 时,δ 和 ξ_0 之间的关系将依赖于金属的具体性质①.

最后,我们还要研究表达式(44.7)的一个推论,它不依赖 δ 和 ξ_0 之间的关系.

从宏观超导体电动力学我们知道,如果磁通量通过超导圆环的孔道,则这种通量在物体状态作任意变化(而不破坏它的超导性)时,始终是不变的;这时假定,超导圆环是大尺度的,它的直径和厚度大于相干长度和场的穿透深度. 现在证明,"冻"在圆环的孔道里磁通量值,只能是某一基本"通量量子"的整数倍(F. London,1954).

在物体深处(超出场的穿透范围)电流密度 $\boldsymbol{j}=0$;但矢势不为零——只是它的旋度即磁感应强度 $\boldsymbol{B}$ 等于零. 我们选取任一闭合回路 C,它包围圆环的孔道并在远离物体表面的地方通过物体的内部;这样选取,可保证遵从公式(44.7)的适用条件——相位 $\boldsymbol{\Phi}$ 和势 $\boldsymbol{A}$ 在空间的变化充分缓慢. 矢量 $\boldsymbol{A}$ 沿回路 C 的环流与通过回路平面的磁感应通量(即通过圆环孔道的通量 ϕ)相等:

$$\oint \boldsymbol{A} \cdot \mathrm{d}\boldsymbol{l} = \int (\nabla \times \boldsymbol{A}) \cdot \mathrm{d}\boldsymbol{f} = \int \boldsymbol{B} \cdot \mathrm{d}\boldsymbol{f} \equiv \phi.$$

另一方面,使表达式(44.7)等于零,并把它沿回路进行积分,我们得到:

$$\oint \boldsymbol{A} \cdot \mathrm{d}\boldsymbol{l} = \frac{\hbar c}{2e} \oint \nabla \boldsymbol{\Phi} \cdot \mathrm{d}\boldsymbol{l} = \frac{\hbar c}{2e} \delta \boldsymbol{\Phi}.$$

式中 $\delta\boldsymbol{\Phi}$ 是环绕回路时波函数相位的改变. 但由于要求这个函数具有单值性,因而相位的改变只能是 2π 的整数倍. 所以我们得出如下结果:

$$\phi = n\phi_0, \quad \phi_0 = \frac{\pi \hbar c}{|e|} = 2 \times 10^{-7}\ \mathrm{Gs} \cdot \mathrm{cm}^2 (\text{高斯} \cdot \text{厘米}^2). \tag{44.15}$$

式中 n 是整数. ϕ_0 值是基本**磁通量子**.

磁通量的量子化也有另外一方面的涵义:它将导致总电流 J 发生离散值,而 J 在无外场时可以流过超导环. 事实上,电流 J 产生通过圆环孔道的磁通量,其值等于 LJ/c,这里 L 是自感系数. 使这个通量等于 $n\phi_0$,便求得电流的可能值:

$$J = \frac{c\phi_0}{L} n = \frac{\pi \hbar c^2}{|e| L} n. \tag{44.16}$$

与磁通量子相反,"总电流量子"同自感 L 一起依赖于圆环的形状和大小.

习 题

试求磁场中半径为 $R \ll \delta$ 的超导小球在伦敦情况下的磁矩.

---

① 例如,在周期系的过渡族纯金属及某些中间金属化合物中,在整个温度范围内都发生伦敦情况. 在非过渡族纯金属中,远离 T_c 时发生皮帕德情况.

解：当 $R \ll \delta$ 时，可以认为球内磁场是恒定的，并等于外场 $\mathfrak{H}$. 如果选取矢势为 $\boldsymbol{A}=1/2\,\mathfrak{H}\times\boldsymbol{r}$，则可简单取

$$\boldsymbol{j}=-(n_s e^2/mc)\boldsymbol{A},$$

[即取(44.7)式中的 $\Phi=0$]；这时，在球表面上电流正常成分的消失($\boldsymbol{n}\cdot\boldsymbol{j}=0$)的边界条件自然得到满足. 磁矩可按如下积分算出：

$$\boldsymbol{M}=\frac{1}{2c}\int \boldsymbol{r}\times\boldsymbol{j}\mathrm{d}V,$$

沿球的体积求积分后，便得：

$$\boldsymbol{M}=-\frac{R^5}{30\delta^2}\mathfrak{H}.$$

§45 金兹堡－朗道方程

描述磁场中超导体行为的完整理论，是非常复杂的. 但是在相变点附近的温度范围内，情况就大大简化了. 这里，有可能建立不仅适用于弱磁场也适用于强磁场的比较简单的方程组①.

在朗道第二级相变的一般理论中，“非对称”相与“对称”相的区别是用序参数描述的，此参数在相变点变为零(见第五卷 §142). 对于超导相来说，序参数自然就是凝聚体波函数 Ξ. 从原则上看，为避免不必要的复杂化，我们把金属晶体看作是立方对称的；在 §44 中曾经指出，在这种情况下超导态是用标量 n_s——超导电子密度来描述的. 对于这种情况，选择与 Ξ 成比例的量作为序参数更为方便，我们把这个量记为 ψ，并遵从归一化条件 $|\psi|^2=n_s/2$. ψ 这个量的相位与函数 Ξ 的相位相同：

$$\psi=\sqrt{\frac{n_s}{2}}\mathrm{e}^{\mathrm{i}\Phi}. \tag{45.1}$$

超导电流密度(44.2)，用 ψ 表达时可写成如下形式：

$$\boldsymbol{j}_s=\frac{e\hbar}{m}|\psi|^2\nabla\Phi=-\frac{\mathrm{i}e\hbar}{2m}(\psi^*\nabla\psi-\psi\nabla\psi^*). \tag{45.2}$$

该理论的出发点是：把超导体自由能表达成函数 $\psi(\boldsymbol{r})$ 的泛函. 根据朗道理论的一般原理，将自由能密度在相变点附近按微小的序参数 ψ 及其对坐标微商的幂展开，便可得到这个表达式. 下面我们首先研究无磁场情况下的超导体.

序参数 ψ 就其本身的意义来说，是与格林函数 $F(X,X)\equiv-\mathrm{i}\Xi(X)$ 成比例的量，它不是单值函数：因为函数 $F(X,X)$ 是由两个 $\hat{\Psi}$ 算符构成的，所以任意改

① 下边所叙述的理论，属于金兹堡(В. Л. Гинзбург)和 Л. Д. 朗道 1950 年的工作. 绝妙的是，这个理论在超导性微观理论出现以前就已经用唯象方法建立起来了.

变这两个算符的相位，如$\hat{\Psi}\to\hat{\Psi}e^{i\alpha/2}$，都将使函数 F 的相位改变 α. 当然，物理量不应当依赖于这种任意性，也就是说，它们对于复序参数的变换 $\psi\to\psi e^{i\alpha}$，应当是不变的. 有这一要求，就消除了自由能展开式中 ψ 的奇次方项.

这个展开式的具体形式，是按照第二级相变普遍理论（见第五卷 § 146）中的同样理由建立起来的. 这里不再重复这些讨论，我们直接写出超导体总自由能的如下展开式①：

$$F=F_n+\int\left\{\frac{\hbar}{4m}|\nabla\psi|^2+a|\psi|^2+\frac{b}{2}|\psi|^4\right\}\mathrm{d}V, \tag{45.3}$$

其中 F_n 是处于正常态（即 $\psi=0$ 时）的自由能；b 是只与物质密度有关（而与温度无关）的正系数；a 值与温度的关系有如下规律：

$$a=(T-T_c)\alpha, \tag{45.4}$$

并在相变点变成零；根据超导相对应于 $T<T_c$ 的范围，所以系数 $\alpha>0$；(45.3)式中 $|\nabla\psi|^2$ 的系数是这样选定的：使电流具有表达式(45.2)的形式（见下面）②. 在(45.3)式中只出现 ψ 的一阶微商，这与 ψ 在空间作充分缓变的假设有关.

对于均匀超导体来说，在无外场的情况下，参数 ψ 与坐标无关. 这时，表达式(45.3)可化为

$$F=F_n+aV|\psi|^2+\frac{bV}{2}|\psi|^4. \tag{45.5}$$

当 $T<T_c$ 时，$|\psi|^2$ 的平衡值决定于此表达式最小值的条件：

$$|\psi|^2=-\frac{a}{b}=\frac{\alpha}{b}(T_c-T), \tag{45.6}$$

即与温度有关的超导电子密度在相变点按线性规律变成零.

将(45.6)式的值代回(45.5)式，我们便求得超导态和正常态自由能的差：

$$F_s-F_n=-V\frac{\alpha^2}{2b}(T_c-T)^2. \tag{45.7}$$

将此式对温度求微商，从而求得熵差，然后又可求出在相变点的热容量的跃变③：

① 我们只提醒一下，这里写出的梯度项的形式与假定晶体具有立方对称性有关. 在较低对称性的情况下，这一项就会有更一般的由微商 $\partial\psi/\partial x_i$ 构成的二次形式.

② 这种选择（其中包括视 m 为电子的真实质量），当然没有什么深刻意义，其约定性与(44.2)式中定义 n_s 的情形是一样的.

③ 将 $|\psi|^2=\rho_s/2m$ 的公式(45.6)和热容量跃变公式(45.8)与 BCS 模型中相同量的公式(40.16)和(40.11)作对比，便可以求出这个模型中的系数 α 和 b（Л. П. Горьков，1959）：

$$\alpha=6\pi^2T_c/7\zeta(3)\mu=7.04\times T_c/\mu,\quad b=\alpha T_c/n.$$

这里利用了粒子数密度 $n=\rho/m$ 及化学势 μ（当 $T=0$ 时）与理想气体边界动量的关系：

$$n=p_F^3/3\pi^2\hbar^3,\quad \mu=p_F^2/2m.$$

$$C_s - C_n = V\frac{\alpha^2 T_c}{b}. \tag{45.8}$$

在相变点附近，差式(45.7)乃是自由能的小附加量. 根据小附加量定理(第五卷§15)(表达成温度和压强的函数以代替温度和体积的函数)给出热力学势的差 $\Phi_s - \Phi_n$. 另一方面，根据超导体热力学的一般公式[见第八卷(55.7)式]，这个差与 $-VH_c^2/8\pi$ 的值相同，其中 H_c 是破坏超导性的临界场. 因此，我们求得在相变点附近临界场的温度依赖关系的如下规律①：

$$H_c = \left(\frac{4\pi a^2}{b}\right)^{1/2} = \left(\frac{4\pi\alpha^2}{b}\right)^{1/2}(T_c - T). \tag{45.9}$$

在有磁场的情况下，自由能表达式(45.3)应当在两个方面加以改变. 第一，需要给被积式增加一项磁场能密度 $\boldsymbol{B}^2/8\pi$(这里 $\boldsymbol{B} = \nabla\times\boldsymbol{A}$ 是物体中的磁感应强度). 第二，需要改变梯度项，以满足规范不变性的要求. 在上一节里曾经证明，这个条件将使凝聚体波函数的相位梯度 $\nabla\boldsymbol{\Phi}$ 必须代之以差 $\nabla\boldsymbol{\Phi} - (2e\boldsymbol{A}/\hbar c)$. 在此，是指需要作如下代换：

$$\nabla\psi = e^{i\Phi}\nabla|\psi| + i\psi\nabla\boldsymbol{\Phi} \to \nabla\psi - \frac{2ie}{\hbar c}\boldsymbol{A}\psi,$$

因此，我们得出如下的基本表达式：

$$F = F_{n0} + \int\left\{\frac{\boldsymbol{B}^2}{2\pi} + \frac{\hbar^2}{4m}\left|\left(\nabla - \frac{2ie}{\hbar c}\boldsymbol{A}\right)\psi\right|^2 + a|\psi|^2 + \frac{b}{2}|\psi|^4\right\}dV. \tag{45.10}$$

(F_{n0} 是无磁场时处于正常态的物体的自由能). 应当强调，这个表达式中的系数 $2ie/\hbar c$ 不再有任意性(与上边指出的系数 $\hbar^2/4m$ 的选择具有约定性不同). 式中的二倍电子电荷是库珀对效应的结果(Л. П. Горьков，1959)；当然，这个系数不可能用纯唯象方法确定出来.

现在，为寻求用以确定超导体中波函数 ψ 和磁场分布的微分方程，我们取作为三个独立函数：ψ，ψ^* 和 $\boldsymbol{A}$ 的泛函的自由能极小值.

复量 ψ 是两个实量的集合；因此，在取变分时需要把 ψ 和 ψ^* 看作独立函数. 将积分对 ψ^* 取变分，并把 $(\nabla\psi - 2ie\boldsymbol{A}/\hbar c)\nabla\delta\psi^*$ 项的积分作变换后进行分部积分，我们得到：

---

① 在 BCS 模型中：

$$H_c = 2.44(mp_F/\hbar^3)^{1/2}(T_c - T), \quad 当\ T\to T_c\ 时；$$

我们再得出这个模型中的 $T=0$ 时的 H_c 值：

$$H_c = 0.99T_c(mp_F/\hbar^3)^{1/2}.$$

[使(40.9)式的能量差等于 $-VH_c^2/8\pi$ 即得到此值].

$$\delta F = \int \left\{ -\frac{\hbar^2}{4m}\left(\nabla - \frac{2\mathrm{i}e}{\hbar c}\boldsymbol{A}\right)^2\psi + a\psi + b|\psi|^2\psi \right\}\delta\psi^* \mathrm{d}V +$$
$$+\frac{\hbar^2}{4m}\oint\left(\nabla\psi - \frac{2\mathrm{i}e}{\hbar c}\boldsymbol{A}\psi\right)\delta\psi^* \cdot \mathrm{d}\boldsymbol{f}. \qquad (45.11)$$

第二个积分是沿物体表面取的. 令 $\delta F = 0$,对于任意的 $\delta\psi^*$,作为体积积分等于零的条件,我们得到如下方程:

$$\frac{1}{4m}\left(-\mathrm{i}\hbar\nabla - \frac{2e}{c}\boldsymbol{A}\right)^2\psi + a\psi + b|\psi|^2\psi = 0 \qquad (45.12)$$

(再把积分对 ψ 取变分时,将得到它的复共轭方程,就是说给不出任何新的结果).

同样地,把积分对 $\boldsymbol{A}$ 取变分可得到麦克斯韦方程:

$$\nabla\times\boldsymbol{B} = \frac{4\pi}{c}\boldsymbol{j}, \qquad (45.13)$$

其中电流密度由下式给出:

$$\boldsymbol{j} = -\frac{\mathrm{i}e\hbar}{2m}(\psi^*\nabla\psi - \psi\nabla\psi^*) - \frac{2e^2}{mc}|\psi|^2\boldsymbol{A}. \qquad (45.14)$$

此式与(44.7)式是一致的(我们写出 $\boldsymbol{j}$ 以代替 $\boldsymbol{j}_s$,因为在热力学平衡时不存在正常电流). 应当注意,由(45.13)式得出连续性方程 $\nabla\cdot\boldsymbol{j} = 0$;考虑到方程(45.12),直接微分(45.14)式也可以得出这个方程.

方程(45.12—45.14)组成了完整的**金兹堡 - 朗道方程组**.

这些方程的边界条件,可根据变分 δF 中沿物体表面的积分等于零的条件得出. 因此,由(45.11)式便得到边界条件:

$$\boldsymbol{n}\cdot\left(-\mathrm{i}\hbar\nabla\psi - \frac{2e}{c}\boldsymbol{A}\psi\right) = 0, \qquad (45.15)$$

式中 $\boldsymbol{n}$ 是物体表面的法向矢量. 应注意,由于这个条件,(45.14)式的电流法向分量当然也应当变为零:$\boldsymbol{n}\cdot\boldsymbol{j} = 0$①.

---

① 在(45.15)式的边界条件下,ψ 本身并不变成零,看来对于物体边界上的波函数来说,当然应该如此. 这种情况与下述原因有关:实际上 ψ 只在距表面为原子尺度的距离上才变到零;其实,这样的距离在金兹堡 - 朗道理论中是看作可以忽略的小量. (详见 P. G. 德让《金属与合金的超导性》. 俄文版为 Де Жен. Сверхпроводимость металлов и сплавов. - м. : мир, 1968, с. 230 - 232.)

这里导出的条件(45.15),实质上适用于超导体与真空的边界. 此条件对于超导体与电介质的边界仍然有效,但对于不同金属(其中,一个是超导金属,另一个是正常金属)之间的分界面是不适用的——在这个条件中没有考虑超导电子对正常金属的局部穿透效应. 在这种情况下,(45.15)式需要换成与 $\boldsymbol{n}\cdot\boldsymbol{j} = 0$ 相容的具有更一般形式的条件:

$$\boldsymbol{n}\cdot\left(-\mathrm{i}\hbar\nabla\psi - \frac{2e}{c}\boldsymbol{A}\psi\right) = \frac{\mathrm{i}\psi}{\lambda}. \qquad (45.15\mathrm{a})$$

式中 λ 是实常数(具有长度量纲);但是对这个常数的估计,则要求更详细的微观的探讨.

至于场的边界条件,则根据方程(45.13),并考虑在整个空间(一直到物体表面为止)电流密度 $\boldsymbol{j}$ 的有限性,可得出磁感应强度切向分量 $\boldsymbol{B}_t$ 具有连续性.再从方程

$$\nabla \cdot \boldsymbol{B}=0$$

得出磁感应强度法向分量 B_n 的连续性.换言之,边界条件要求整个矢量 $\boldsymbol{B}$ 是连续的.

在弱磁场中可以忽略磁场对 $|\psi|^2$ 的影响,并认为(45.6)式的 $|\psi|^2$ 在物体各点等于常数值.于是把(45.14)式代入(45.13)式(随后对方程两边施行 $\nabla\times$ 运算)便得到伦敦方程(44.11),其中穿透深度

$$\delta=\left[\frac{mc^2b}{8\pi e^2|a|}\right]^{1/2}=\left[\frac{mc^2b}{8\pi e^2\alpha(T_c-T)}\right]^{1/2}. \tag{45.16}$$

除此长度之外,金兹堡-朗道方程还包含一个特征长度:无磁场时序参数 ψ 的涨落关联半径;我们把它记为 $\xi(T)$.根据已知的涨落理论公式(见第五卷§146),此半径可用自由能(45.3)中的系数表达出来:

$$\xi(T)=\frac{\hbar}{2(m|a|)^{1/2}}=\frac{\hbar}{2(m\alpha)^{1/2}(T_c-T)^{1/2}}. \tag{45.17}$$

金兹堡-朗道方程所描写的序参数 ψ 和磁场发生重要变化的距离,其数量级由特征长度(45.16—45.17)确定.这时,一般来说 δ 是磁场的特征长度,而 $\xi(T)$ 是 ψ 分布的特征长度.这两个长度应当远远大于"束缚对尺度"ξ_0,以满足所有物理量在空间作充分缓变的假设.因为当按 $(T_c-T)^{-1/2}$ 的规律趋于相变点时这两个长度增大,所以在相变点附近,一般地说这个条件可被满足(见下文).

在所讨论的理论中,**金兹堡-朗道参数**起着重要作用,它定义为上述两个长度之比、是与温度无关的常数:

$$\kappa=\frac{\delta(T)}{\xi(T)}=\frac{mcb^{1/2}}{(2\pi)^{1/2}|e|\hbar}. \tag{45.18}$$

按数量级来说,$\kappa\sim\delta_0/\xi_0$,这里 ξ_0 是相干长度(39.21),δ_0 为绝对零度时伦敦穿透深度.同时我们还指出,公式

$$\kappa=2\sqrt{2}\frac{|e|}{\hbar c}H_c(T)\delta^2(T) \tag{45.19}$$

是借助(45.9)和(45.16)式得出的,κ 是直接通过观测量表达的.

各方程的形式已经建立,我们现在来讨论它们的适用范围.

从低温方面来看,方程的适用范围无论如何要受条件 $T_c-T\ll T_c$ 的限制,这也是把序参数视为小量的条件,因而是把自由能进行全部展开的基础.这个条件保证了遵从不等式 $\xi(T)\gg\xi_0$,但在参数 κ 值小的超导体而又遵守不等式

$\delta(T) \gg \xi_0$的情况下,条件是比较苛刻些①;在这些情况下,从不等式 $\delta \gg \xi_0$ 可得到如下条件:

$$T_c - T \ll \kappa^2 T_c. \tag{45.20}$$

从 $T \to T_c$ 方面来看,方程的适用性只受朗道的相变理论一般适用条件的限制,这个条件与序参数涨落的增大有关. 然而,此时这个条件是非常弱的. 实际上,用展开式(45.3)的系数可以把条件表达成如下不等式:

$$T_c - T \gg \frac{b^2 T_c^2}{\alpha(\hbar^2/m)^3}$$

(见第五卷(146.15)). 例如,借助 BCS 模型中的 b 和 α 值估算不等式右边的表达式,得:

$$(T_c - T)/T_c \gg (T_c/\mu)^4. \tag{45.21}$$

由于比值 $T_c/\mu \sim 10^{-3}$—10^{-4}非常小,可以认为实际上一直到相变点都满足这个条件. 而超导相和正常相之间的第二级相变的涨落区实际上是不存在的.

习 题

有厚度为 $d \ll \xi, \delta$ 的平面膜,求平行于平面膜并可使超导性遭到破坏的磁场的临界值(В. Л. 金兹堡,Л. Д. 朗道,1950)②.

解:我们选取膜的中间平面作为 xz 面,其中 x 轴沿磁场方向. 在场$B \equiv B_x(y)$(沿垂直膜的 y 轴变化)的方程(45.13)中,可以认为 ψ = 常数. 于是电流表达式(45.14)中的第一项消去了,因而对(45.13)式施行 $\nabla \times$ 运算便得到方程 $B'' = \theta^2 B/\delta^2$,其中 $\theta = \psi/\psi_0$, $\psi_0^2 = |a|/b$,这个方程对 y 的对称解:

$$B(y) = \mathfrak{H}\frac{\cosh(y\theta/\delta)}{\cosh(d\theta/2\delta)} \approx \mathfrak{H}\left[1 + \frac{y^2 - (d/2)^2}{2\delta^2}\theta^2\right]$$

($\mathfrak{H}$ 是外场). 这个场对应于电流的分布

$$j = j_z = -\frac{c}{4\pi}B' \approx -\frac{c\theta^2\mathfrak{H}}{4\pi\delta^2}y.$$

但方程(45.12)中,ψ 对 y 的依赖关系不能完全忽略,因为小的微商$\partial^2\psi/\partial y^2$在这里实际上要乘以 $\hbar/m|a| \sim \xi^2$,因而具有大的因子$(\xi/d)^2$(由于条件 $d \ll \xi$);此时在这个方程中却可以忽略势 $A = A_z(y)$,因为它将导致小量 d/ξ 的更高次项. 为了避免研究 ψ 对 y 的依赖关系,我们把方程(45.12)对膜的厚度求平均;这时对 y 的微商由于膜表面上的边界条件$\partial\psi/\partial y = 0$ 而消失了. 再注意:

① 作为例子,我们引用几个纯金属的 κ 值:Al—0.01,Sn—0.13,Hg—0.16,Pb—0.23.

② 关于小球的同样问题,见 §47.

$$-\frac{\partial^2\psi}{\partial z^2}\approx\left(\frac{mj}{|e|\hbar|\psi|^2}\right)^2\psi.$$

因为函数 ψ 的相位与 z 有关(以及 ψ 的梯度与电流的联系),所以用 ψ 约简后,得:

$$\frac{m\overline{j^2}}{4e^2|\psi|^4}-|a|+b|\psi|^2=0.$$

式中

$$\overline{j^2}=\frac{1}{d}\int_{-d/2}^{d/2}j^2\mathrm{d}y=\frac{c^2d^2\theta^4\mathfrak{H}^2}{3(8\pi)^2\delta^4}.$$

再利用表达式(45.9)和(45.16),便得到方程

$$\frac{1}{24}\left(\frac{\mathfrak{H}d}{H_c\delta}\right)^2=1-\frac{|\psi|^2}{\psi_0^2}.$$

此式确定了磁场中膜的 ψ 值. ψ 为零时的场值,就是膜的临界场值 H_c^f. 它与大尺度超导体的临界场 H_c 的关系有如下等式:

$$H_c^f=\sqrt{24}H_c\delta/d.$$

在我们所研究的条件下,磁场破坏超导性是借助于第二级相变,因为随 $\mathfrak{H}$ 连续增大时 ψ 就变成零. 这是完全自然的,因为 $d\ll\delta$ 时磁场实际上会穿透超导膜,所以不存在发生第一级相变的原因,而这第一级相变恰恰是场突然穿透物体时发生的.

§46 超导相与正常相边界上的表面张力

金兹堡-朗道方程还可以用来计算同一金属样品中的超导(s)相和正常(n)相边界上的表面张力(В. Л. 金兹堡,Л. Д. 朗道,1950),将表面张力与描述物质体积性质的量联系起来. 应注意,这种边界存在于磁场中处于所谓中间态的金属样品之中,因为两相的一切区别归结为:其中一相 $\psi\neq0$,而另一相 $\psi=0$,所以它们之间的转变是在某一层内连续完成的,因而可用金兹堡-朗道方程描述,方程的边界条件只适于这个层两边的大距离上.

我们现在来研究金属的 n 相和 s 相之间的平面分界面. 选取这个界面作为 yz 面,使 x 轴指向 s 相的深处;因而两相中所有物理量的分布只与坐标 x 有关. 场的矢势的选取仍然是非单值的,使它遵从 $\nabla\cdot\boldsymbol{A}=0$ 这一规范;在我们所研究的情况下,这是 $\mathrm{d}A_x/\mathrm{d}x=0$,由此看来,可取 $A_x=0$. 根据对称的理由,显然矢量 $\boldsymbol{A}$ 处处都位于同一个平面内;令此面为 xy 平面,所以 $A_y\equiv A$,于是磁感应强度矢量位于 xz 平面内,而且

$$B\equiv B_z=A' \tag{46.1}$$

(撇号表示对 x 的微商).

其次,我们把方程(45.13)重新写成宏观电动力学中通常的形式:$\nabla\times\boldsymbol{H}=0$,这里是按照

$$\boldsymbol{H}=\boldsymbol{B}-4\pi\boldsymbol{M},\quad c\nabla\times\boldsymbol{M}=\boldsymbol{j}$$

引入场强 $\boldsymbol{H}$ 的①. 此时,由此方程可得出 $H=$常量. 远离分界面,在正常相的深处磁感应强度与场强相等,而且正好等于临界值:$B=H=H_c$(忽略正常相的磁化率). 所以在整个空间将有 $H\equiv H_z=H_c$.

我们忽略在超导相变时物质密度的变化,因而认为物体内部密度(以及温度)都是常数②. 我们用 f 记作单位体积的自由能(以区别于整个物体的自由能 F). 在恒定的温度和密度的情况下,并且忽略表面效应时,微分

$$\mathrm{d}f=\frac{\boldsymbol{H}}{4\pi}\mathrm{d}\boldsymbol{B}\tag{46.2}$$

(见第八卷 §31). 由此可见,如果附加一个要求:$\boldsymbol{B}$ 不变,则在这些条件下也将得出

$$\tilde{f}=f-\frac{\boldsymbol{H}\cdot\boldsymbol{B}}{4\pi}\tag{46.3}$$

是不变的. 所以对积分 $\tilde{F}=\int\tilde{f}\,\mathrm{d}V$(来自 $\tilde{F}$ 的可变部分)的全部贡献,仅仅决定于分界面的存在. 现在认为这个贡献属于单位面积界面,因此我们便能算出用积分表达的表面张力系数:

$$\alpha_{ns}=\int_{-\infty}^{\infty}(\tilde{f}-\tilde{f}_n)\,\mathrm{d}x,\tag{46.4}$$

式中常数 $\tilde{f}_n$ 是远离分界面(例如在正常相深处)的 $\tilde{f}$ 值.

对于正常相来说,自由能 $f_n=f_{n0}+B^2/8\pi=f_{n0}+H_c^2/8\pi$,因此

$$\tilde{f}_n=f_n-\frac{H_c^2}{4\pi}=f_{n0}-\frac{H_c^2}{8\pi}=f_{n0}-\frac{a^2}{2b}.$$

[在最后的等式中,已考虑到(45.9)式]. 但任何点上的 $\tilde{f}$ 值都是用自由能密度表达出来的,如:

$$\tilde{f}=f-\frac{H_cB}{4\pi}.$$

现在利用公式(45.10),我们求得表面张力的如下公式:

---

① 为了避免误解起见,应注意在第八卷 §53 中关于不适宜把物理量 $\boldsymbol{H}$ 引用到超导体电动力学中的注释. 在超导体电动力学中,把磁场的穿透范围看作是无限薄的. 而金兹堡 - 朗道方程正好适应于这个范围的结构.

② 严格地说:相平衡时,沿整个系统内部化学势(而不是密度)处处为常数. 因此考虑密度的变化时,需要研究的并不是自由能,而是热力学势 Ω.

$$\alpha_{ns} = \int_{-\infty}^{\infty} \left\{ \frac{B^2}{8\pi} + \frac{\hbar^2}{2m}\left(|\psi'|^2 + \frac{4e^2}{\hbar^2 c^2}A^2 |\psi|^2 \right) + \right.$$

$$\left. + a|\psi|^2 + \frac{b}{2}|\psi|^4 - \frac{H_c B}{4\pi} + \frac{a^2}{2b} \right\} dx. \tag{46.5}$$

果然,不论是在正常相的深处($x \to -\infty$)(此处 $\psi = 0, B = H_c$),或是在超导相的深处($x \to \infty$)(此处 $|\psi|^2 = -a/b, B = 0$),被积式都变成零.

应当注意,在(46.5)式的被积式中,由于 $A_x = 0$,$\mathrm{i}\boldsymbol{A}\nabla\psi$ 这一项消失了. 从(45.12)式中消失同样的项,因此剩下的是具有实系数的方程;所以这个方程的解可以选为实的,在下文中就将这样做. 因此在电流密度表达式(45.14)中,消掉了第一项,而保留

$$\boldsymbol{j} = -\frac{2e^2}{mc}\psi^2 \boldsymbol{A}. \tag{46.6}$$

此外,我们引入几个量纲为 1 的量来代替变量 x 和函数 $A(x)$,$\psi(x)$:

$$\bar{x} = \frac{x}{\delta}, \quad \bar{\psi} = \psi\sqrt{\frac{b}{|a|}}, \quad \bar{A} = \frac{A}{H_c \delta}, \quad \bar{B} = \frac{d\bar{A}}{d\bar{x}} = \frac{B}{H_c}. \tag{46.7}$$

在这一节里,以下我们只运用这些量,为简单起见,略去这些字母上的横线. 方程(45.12)用这种变量表达时,取如下形式:

$$\psi'' = \kappa^2 \left[\left(\frac{A^2}{2} - 1 \right)\psi + \psi^3 \right]. \tag{46.8}$$

方程(45.13)结合(46.6)式中的 $\boldsymbol{j}$,便得出

$$A'' = A\psi^2. \tag{46.9}$$

我们所研究的问题中这些方程的边界条件(对应于 $x \to -\infty$ 和 $x \to \infty$ 时的 n 相和 s 相)为:

$$\begin{aligned} &\psi = 0, \quad B = A' = 1, \quad \text{当 } x = -\infty \text{ 时};\\ &\psi = 1, \quad A' = 0, \quad \text{当 } x = \infty \text{ 时}. \end{aligned} \tag{46.10}$$

不难检验,方程(46.8—46.9)都具有初积分:

$$2\kappa^{-2}\psi'^2 + (2 - A^2)\psi^2 - \psi^4 + A'^2 = \text{常数} = 1, \tag{46.11}$$

式中常数值根据边界条件确定①.

最后,(46.5)式取如下形式:

$$\alpha_{ns} = \frac{\delta H_c^2}{8\pi}\int_{-\infty}^{\infty} \left[\frac{2}{\kappa^2}\psi'^2 + (A^2 - 2)\psi^2 + \psi^4 + (A' - 1)^2 \right] dx =$$

$$= \frac{\delta H_c^2}{4\pi}\int_{-\infty}^{\infty} \left[\frac{2}{\kappa^2}\psi'^2 + A'(A' - 1) \right] dx \tag{46.12}$$

---

① 由条件(46.10)自然得到:当 $x \to \pm\infty$ 时,同样 $\psi' = 0$,而由这些条件和方程(46.9)则得. 当 $x \to \infty$ 时,$A'' = 0$ 和 $A = 0$[确定的值 $A(\infty)$ 是由于选取实 ψ 的结果].

[变为第二个等式时,利用了由(46.11)式表达的 ψ^4 这一项].

我们进而研究上述的几个方程. 首先考查 $\kappa \ll 1$ 的情况(通常适用于超导纯金属). 这个不等式表示:$\delta(T) \ll \xi(T)$,也就是说,磁场明显变化的距离小于函数 $\psi(x)$ 变化的特征距离.

在图 6 中,概括地表示出场和 ψ 在这种情况下的分布图. 在场很强的区域内,$\psi=0$,然后场急剧地减弱,而函数 $\psi(x)$ 开始在 $x \sim 1/\kappa$ 的距离内向无磁场的方向缓慢改变. 在(46.11)式中,取 $A=0$,我们求得方程

$$\psi' = \frac{\kappa}{\sqrt{2}}(1-\psi^2),$$

此方程应当在 $x=0$ 处 $\psi=0$ 的条件下有解,$x=0$ 点是在场减弱区

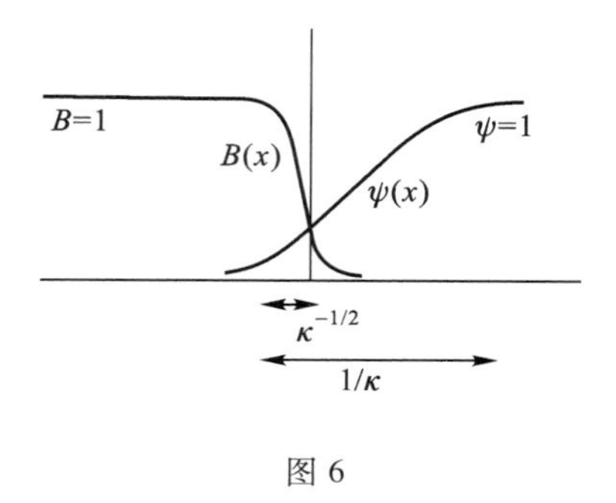

图 6

域内某处选取的. 这个解是

$$\psi = \tanh(\kappa x/\sqrt{2}). \tag{46.13}$$

用这个函数(并且 $A=0$)算出(46.12)式的积分,得:

$$\alpha_{ns} = \frac{H_c^2\delta}{3\sqrt{2}\pi\kappa} = \frac{H_c^2}{8\pi}\frac{1.9\delta}{\kappa}. \tag{46.14}$$

此值误差的产生是由于忽略了场减弱区域对积分的贡献. 为了估计这个区域的宽度 $\delta_1$① 我们指出:一方面,根据方程(46.9),$\delta_1^{-2} \sim \psi^2$. 另一方面,公式(46.13)按其数量级来看,在 $x \sim \delta_1$ 的区域边界上也仍然成立,因而 $\psi \sim \kappa\delta_1$. 从这两个关系式我们求得 $\delta_1 \sim \kappa^{-1/2}$. 而这个区域对表面张力的贡献是 $\sim H_c^2\delta\kappa^{-1/2}$,即小于(46.14)式的值,它们的比仅为 $\sim \kappa^{1/2}$ [因此(46.14)式的精度是不高的].

当参数 κ 增大时,表面张力系数经过零而变成负值. 这一点从下述事实便看

---

① 应当强调,这个宽度不同于场从真空到超导体的穿透深度! 从真空进到超导体时,在场的穿透区域内 $\psi \sim 1$,当从 n 相穿透时,场在小 ψ 区域内减弱,

得出来：当 κ 值足够大时，在任何情况下都存在不等式 $\alpha_{ns}<0$. 事实上，在这个问题中函数 $\psi(x)$ 变化的特征距离不可能小于 $A(x)$ 变化的距离，因为 A 变化本身就导致 ψ 的变化；所以当 κ 较大时(46.12)式中积分号下的 ψ'^2/κ^2 项可以忽略不计，但由于 $0<A'<1$(即在通常的单位中，$0<B<H_c$)，所以被积式是负的. 现在我们证明，当

$$\kappa=1/\sqrt{2} \tag{46.15}$$

时，α_{ns}将变为零.

为此，我们把 α_{ns}的表达式改写成如下形式：

$$\alpha_{ns}=\frac{H_c^2\delta}{8\pi}\int_{-\infty}^{\infty}[(A'-1)^2-\psi^4]\mathrm{d}x \tag{46.16}$$

[此式得自(46.12)式的初积分，其中利用 ψ'^2 项的分部积分并随之代入(46.8)式的 ψ'']. 假如被积式恒等于零，即如果

$$A'-1=-\psi^2, \tag{46.17}$$

则积分显然变成零(此等式中取相反符号是不可能的，因为场 $B=A'$随 x 的增大应当减小). 由(46.17)和(46.9)两式消去 ψ，求得方程

$$A''=A(1-A'), \tag{46.18}$$

此方程的解(在 $x=-\infty$ 时 $A'=1$ 及 $x=\infty$ 时 $A=0$ 的边界条件下)确定了场的分布；因为有(46.17)式，于是 ψ 的边界条件(46.10)自然得到满足. 实际上不求解方程(46.18)便足以证明：当 $\kappa^2=1/2$ 时，还未被利用的方程(46.8)或其初积分(46.11)，自然也被满足. 把(46.17)式代入(46.9)式，得到 $\psi'=-A\psi/2$；这个 ψ' 值连同(46.17)中的 A'事实上恒满足 $\kappa^2=1/2$ 时的等式(46.11).

习　题

对于参数 $\kappa\ll1$ 的超导体，试求弱磁场中场对穿透深度的一级修正.

解：我们选取超导体表面为 yz 面，其中 z 轴沿外场$\mathfrak{H}$ 的方向，并使 x 轴指向物体的内部，场和 ψ 在超导体中的分布由方程(46.8—46.9)确定，现在需要求解边界条件为

$$\psi'=0,\quad B=A'=\mathfrak{H},\quad 当\ x=0\ 时；$$
$$\psi'=1,\quad A=0,\quad 当\ x=\infty\ 时$$

的方程(46.8—46.9)[其中第一个边界条件就是条件(45.15)]. 我们来寻求如下形式的解：

$$\psi=1+\psi_1(x),\quad A=-\mathfrak{H}e^{-x}+A_1(x),$$

式中 ψ_1,A_1 是 $\kappa=0$ 时解的小修正，这个解对应于场按伦敦规律(44.13)的衰减. 对于修正量 ψ_1，我们有方程

$$\psi''_1 = 2\kappa^2\psi_1 + \frac{1}{2}\kappa^2\mathfrak{H}^2 e^{-2x},$$

考虑到边界条件,因而

$$\psi_1 = \frac{1}{8}\kappa^2\mathfrak{H}^2 e^{-2x} - \frac{1}{4\sqrt{2}}\kappa\mathfrak{H}^2 e^{-\sqrt{2}\kappa x} \tag{1}$$

现在我们写出关于 A_1 的方程:

$$A''_1 = A_1 - 2\mathfrak{H}e^{-x}\psi_1,$$

对于式中的 ψ_1,只需把 κ 一次方的(1)式第二项代入上式便可. 考虑到边界条件($A_1'=0$,当 $x=0$ 时)并且在此可以忽略系数中 κ 的高次项,我们求得

$$A_1 = -\frac{1}{8}\mathfrak{H}^3[(1+\kappa\sqrt{2})e^{-x} - e^{-(1+\sqrt{2}\kappa)x}] \tag{2}$$

因而求出了场对超导体深度方向的衰减规律的修正. 我们引入有效穿透深度 δ_{eff},根据定义,

$$\mathfrak{H}\delta_{\text{eff}} = \int_0^\infty B(x)\,dx = -A(0) = \mathfrak{H} - A_1(0).$$

恢复到通常的单位时,由(2)式可得:

$$\delta_{\text{eff}} = \delta\left[1 + \frac{\kappa}{4\sqrt{2}}\left(\frac{\mathfrak{H}}{H_c}\right)^2\right].$$

§ 47 两类超导体

表面张力 α_{ns}的符号,对超导体的性质有重要影响. 据此,把所有超导体分为两类:$\alpha_{ns}>0$ 的为第一类超导体,$\alpha_{ns}<0$ 的为第二类超导体. 因为 α_{ns}的符号决定于金兹堡–朗道参数 κ 的值,所以第一类对应于(在 T_c 附近)$\kappa<1/\sqrt{2}$的值,而第二类对应于 $\kappa>1/\sqrt{2}$的值①.

我们现在研究大尺度圆柱形超导体于纵向外磁场 $\mathfrak{H}$ 中的情况. 如果属于第一类超导体,则当场增强并达到临界值 H_c 时,它将经受第一级相变. 这时表面张力的作用(同一切第一级相变时一样),仅在于阻碍新相的首批晶核的形成,因而也就可能在场稍许超过 H_c 时保持亚稳的 s 相.

如果属于第二类超导体,那么在场达到 H_c 值之前,在热力学上就有利于产生 n 相的"掺杂";并且体积能的增大将被所产生的晶核的负表面能抵消. 习惯上把能使这两种能量相消的场的下限值记为 H_{c1},并称作**下临界场**. 同样,在大外场的情况下,从正常态金属开始,我们将得到称作**上临界场**的某个值 $H_{c2}>$

① 超导纯金属元素属于第一类超导体. 超导合金以及 § 43 讲到的高温超导体属于第二类超导体. 关于在合金中 $\kappa>1/\sqrt{2}$的假设,是 Л. Д. 朗道首先提出来的.

H_c，小于这个值，在热力学上有利于 s 相“掺杂”的产生，这又是依靠负边界能量的优势．因此，在场的某个区间 $H_{c1} < \mathfrak{H} < H_{c2}$ 内，可以说超导体处于**混合态**①．处于这种状态的超导体，其性质逐渐由 H_{c1} 时的纯超导性变到 H_{c2} 时的纯正常传导性；同时，发生磁场对超导体的逐渐穿透．H_c 值仅取决于 n 相和 s 相体积能之间的对比关系，而此值本身在这里没有什么值得重视的．

当然，两个临界场与温度有关，并当 $T = T_c$ 时它们都变为零．由此可得出图 7 中所画的第二类超导体的相图（图中的虚曲线见下面）．

在金兹堡－朗道理论范围内，即使没有预先查明混合态结构的性质，也可以确定出上临界场．这一点，通过下列问题便足以看得出来，当磁场稍小于 H_{c2} 时，s 相的晶核只能具有小的序参数 ψ 值（显然，当 $\mathfrak{H} \to H_{c2}$ 时，$\psi \to 0$）．因此这些晶核的状态可以用 ψ 的线性化的金兹堡－朗道方程来描述．略去（45.12）式中的非线性项，我们得到方程：

$$\frac{1}{4m}\left(-\mathrm{i}\hbar\nabla - \frac{2e}{c}\boldsymbol{A}\right)^2\psi = |a|\psi, \qquad (47.1)$$

并且可以将 $\boldsymbol{A}$ 理解为 $\psi = 0$ 时均匀场 $\mathfrak{H}$ 的矢势，这时物体处在正常态，外场对它完全穿透．

但是（47.1）式，就其本身的形式来看，只不过是磁场中质量为 $2m$，电荷为 $2e$ 的粒子的薛定谔方程，其中 $|a|$ 起着能级的作用；这两个问题的边界条件也是相同的：无穷远处，$\psi = 0$．我们知道（见第三卷 § 112），在均匀磁场中运动粒子能量的最小值是 $E_0 = \hbar\omega_H/2$，这里 $\omega_H = 2|e|\mathfrak{H}/2mc$（从此值起能谱是连续的）．由两个问题之间具有的相似性得出：方程（47.1）所描述的 s 相的晶核，只有当

$$|a| > \frac{|e|\hbar}{2mc}\mathfrak{H}$$

时才能存在，因此临界场 $H_{c2} = 2mc|a|/|e|\hbar$．借助于表达式（45.9），（45.17）和（45.18），此公式可以写成

$$H_{c2} = \sqrt{2}\,\kappa H_c \qquad (47.2)$$

（А. А. Абрикосов，1952）．

无穷远处的边界条件为 $\psi = 0$ 的方程（47.1），它的解对应于在远离样品表面的深处形成 s 相晶核．我们指出，表面的存在有助于晶核形成，因此甚至在 $\mathfrak{H} > H_{c2}$ 的情况下也能在薄表面层内产生晶核（D. Saint－James，P. G. De Gennes，1963）．

描述物体表面（视为平面）附近 s 相晶核的方程（47.1）的解，在物体表面上应满足边界条件 $\partial\psi/\partial x = 0$（即 $A_x = 0$ 时的条件（45.15）]，这里 x 是沿表面法线

---

① 勿把混合态同在样品和外磁场的一定配置下产生的第一类超导体的中间态混为一谈！

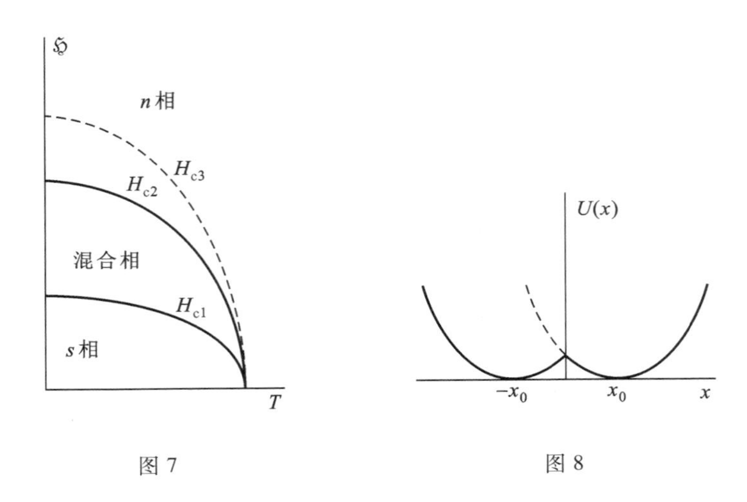

图 7　　　　图 8

方向的坐标. 为了建立所要的量子力学类比,我们提醒一下:上边所利用的粒子在均匀磁场中的运动问题,同样等价于粒子一维抛物线势阱

$$U = \frac{2m}{2}\omega_H^2(x - x_0)^2$$

中的运动问题,式中 x_0 是对应于"轨道中心"的常数(见第三卷 §112). 我们现在来研究一个双势阱,它是由对 $x=0$ 平面(图 8)对称分布的两条相同的抛物线势阱构成的. 在这种场中,对应于基态粒子的波函数 $\psi(x)$ 没有零值而且是 x 的偶函数;这种函数自然满足 $x=0$ 时 $\psi'=0$ 的条件. 此时,双势阱中粒子的基态能级位于单势阱中的基态能级以下①;转到关于晶核问题时,由此也可证明上述在表面附近容易形成晶核的论断.

对双势阱中的能级进行数值计算,得出的结果是:能级的最小值(决定于参数 x_0)为 $0.59E_0$. 重复导致公式(47.2)的讨论,我们得出产生 s 相表面晶核的场的上限值位于 $H_{c3} = H_{c2}/0.59$ 附近,即

$$H_{c3} = 1.7H_{c2} = 2.4\kappa H_c. \tag{47.3}$$

因此,在 H_{c2} 和 H_{c3} 之间的场区域内将出现表面超导现象;这个区域的边界如图 7 中的虚线所示. 正常相表面附近超导层的厚度具有 $\xi(T)$ 的数量级. 根据同样的量子力学类比不难得出上述估计,因为势阱中(在能级 E_0 上)粒子的波函数集中在 $x \sim \hbar/\sqrt{mE_0}$ 区域内,把 E_0 换成 $|a|$ 即可得出相应的晶核尺寸,根据

① 这一点与 $x<0$ 的半空间内的势能低于单势阱(图 8 中的虚线)内的势能有关. 例如,参考第三卷 §50 的习题 3.

(45.17)式,它与 $\xi(T)$ 是相同的.

上边所说的都是关于第二类超导体的.但是这样引入的临界场 H_{c2} 和 H_{c3},对第一类超导体也具有确定的物理意义.

如果 κ 位于 $1/\sqrt{2}=0.71>\kappa>0.59/\sqrt{2}=0.42$ 区域内,则 $H_{c2}<H_c$,但 $H_{c3}>H_c$.虽然在这种情况下并不产生混合相,但在 H_c 和 H_{c3} 之间的场区间内却存在表面超导性.

最后,按得出结论的意义来看,当 κ 为任何值时,(47.2)式的 H_{c2} 的值都将确定场的上限,而在这个场中可以形成 ψ 值为任意小的 s 相晶核.因此,在场 $\mathfrak{H}<H_{c2}$ 中的第一类超导体内(其中 $H_{c2}<H_c$),在热力学上不利的正常相是完全不稳定的.但在 $H_{c2}<\mathfrak{H}<H_c$ 区间内,正常相可以作为亚稳态而存在:在这个场区间内,从 n 相到 s 相的第一级相变,只能借助于 ψ 为有限值的 s 相晶核的产生,但晶核的产生受到两相界面上的正表面张力的阻碍(В.Л.金兹堡,1956).

习　　题

试求半径为 $R\ll\delta$ 的超导小球的临界场(В.Л.金兹堡,1958).

解:同薄膜中的情况一样——(见§45的习题),此时发生超导性的破坏,是由于第二级相变.我们所求的小球的临界场是这样的场值:低于它,n 相便失去稳定性而形成 s 相晶核像正文中所说的一样,这归结于寻求薛定谔方程(47.1)的最小本征值.在 $R\ll\delta$ 的条件下,这个本征值可以借助于关于外场的微扰论求出,此时无微扰波函数 $\psi=$ 常数(晶核占据整个小球体积).于是本征值单纯就由微扰算符 $(2e\boldsymbol{A}/c)^2/4m$ 的平均值来确定[当 $\psi=$ 常数时,算符 $(\mathrm{i}e\hbar/mc)(\boldsymbol{A}\cdot\nabla)$ 的平均值等于零].这时,均匀场的矢势应当取 $\boldsymbol{A}=\mathfrak{H}\times\boldsymbol{r}/2$ 的形式;正是在这种规范下,$\psi=$ 常数的解在小球表面上满足边界条件(45.15),这个条件归结于要求 $\boldsymbol{n}\cdot\boldsymbol{A}=0$.进行平均,得到

$$E_0=\frac{e^2}{4mc^2}\frac{2}{3}\mathfrak{H}^2\,\overline{r^2}=\frac{e^2\mathfrak{H}^2R^2}{10mc^2}.$$

同正文一样,利用条件 $E_0=|a|$ 即可求出临界场,得出的结果为:

$$H_c^{(\text{球})}=\sqrt{20}H_c\delta/R.$$

之所以允许利用微扰论,为如下事实所证实.已得出的 E_0 值(当 $\mathfrak{H}=H_c^{(\text{球})}$ 时),在 $R\ll\delta$ 的条件下,确实小于随后的本征值,此值对应于小球体积中已经变化的波函数,并且有 $\hbar^2/mR^2$ 的数量级.

§48 混合态的结构

像上一节一样,我们重新研究圆柱形第二类超导体样品于纵向磁场 $\mathfrak{H}$ 中的

情形. 我们现在阐明处在少许超过下临界场 H_{c1} 的磁场中物体的混合态结构①.

在这种情况下,基本超导相中掺入一些正常相的晶核. 为了获得最大的热力学的有利性,这些晶核(在负表面张力的情况下!)应具有尽可能大的表面. 因此自然是这样的结构:其中 n 相的晶核是一些平行于场方向的线. 在这些线(称作**涡线**)的附近,既聚集有穿透物体的磁场,也有围绕涡线的环形超导电流.

外场越接近 H_{c1},物体中这些涡线越少,而各线之间的距离也越大. 当距离足够大时,§44 中最后所叙述的见解便适用于各单独的涡线. 根据这个见解,聚集在涡线附近的总磁通量必定是基本磁通量量子 $\phi_0=\pi\hbar c/|e|$ 的整数倍;下边我们将会看到,涡线具有最小可能的通量(只有 ϕ_0)在热力学上是有利的. 正是 ϕ_0 的有限性给正常相晶核继续的分裂规定了极限.

当外场从小增大并达到 H_{c1} 值时,在圆柱体内将出现一条涡线. 我们现在写出决定这个时机的热力学条件. 这时,首先并不去注意涡线本身的结构,而只考虑与涡线有关的某一(正的!)能量;我们把属于单位长度涡线的这个能量记为 ε(以后将算出这个能量值).

显然,圆柱形物体在纵向外场中,磁感应强度 $\boldsymbol{B}$ 也处处沿圆柱体的轴线方向. §46 中引入的宏观场强 $\boldsymbol{H}=\boldsymbol{B}-4\pi\boldsymbol{M}$ 也是如此. 于是由方程 $\nabla\times\boldsymbol{H}=0$ 得出:$\boldsymbol{H}$ 沿圆柱体截面(因此整个体积)处处不变;由于 $\boldsymbol{H}$ 的切向分量的连续性边界条件,这个恒定值与外场相等:$\boldsymbol{H}=\mathfrak{H}$. 所以,我们需要研究在给定物体的体积、温度和场强 $\boldsymbol{H}$ 的情况下物体的热力学平衡. 这种平衡的条件是:热力学势 $\tilde{F}$ 对指定的变量取极小值(见第八卷 §31). 令 $\tilde{F}_s$ 是超导圆柱体的热力学势(因为在超导相中 $\boldsymbol{B}=0$,所以 $\tilde{F}_s$ 与自由能 F_s 相等). 这时,具有一条涡线的圆柱体的热力学势为

$$\tilde{F}=\tilde{F}_s+L\varepsilon-\int\frac{\boldsymbol{H}\cdot\boldsymbol{B}}{4\pi}\mathrm{d}V=F_s+L\varepsilon-\frac{\mathfrak{H}}{4\pi}\int\boldsymbol{B}\mathrm{d}V.$$

$L\varepsilon$ 项是涡线的自由能(L 是线的长度,它与圆柱体长度相同),最后一项是热力学势 $\tilde{F}$ 与自由能 F 的差别. 因为物体中的磁感应强度 $\boldsymbol{B}$ 只集聚在涡线附近,所以 $\int B\mathrm{d}V=L\phi_0$,这里 ϕ_0 是通过涡线截面的磁感应通量. 因此

$$\tilde{F}=\tilde{F}_s+L\varepsilon-\frac{L\phi_0\mathfrak{H}}{4\pi}.\tag{48.1}$$

当 $\tilde{F}_s$ 的附加量为负值时,产生涡线在热力学上有利. 若使附加量等于零,我们便求得外场的临界值:

① 这一节里(以及本节的习题中)所讲述的结果,是属于 A. A. Абрикосов 的工作(1957).

$$H_{c1} = 4\pi\varepsilon/\phi_0. \tag{48.2}$$

我们现在来研究单个的涡线结构. 我们只限于讨论当

$$\kappa \gg 1 \tag{48.3}$$

即 $\delta \gg \xi$ 时的重要情况. ξ 的长度确定涡线“蕊”半径的数量级, $|\psi|^2$ 在这个长度内从零(对应于涡线轴线上的正常态)变到对应于基本 s 相的有限值; 在距涡线轴线的大距离 r 上, $|\psi|^2$ 保持恒定①. 而磁感应强度 $B(r)$ 变化得相当缓慢, 只在 $r \sim \delta \gg \xi$ 的距离上才衰减. 换言之, 全部磁通量基本上穿过涡线蕊以外的区域, 这里 $|\psi|^2$ = 常数(图 9).

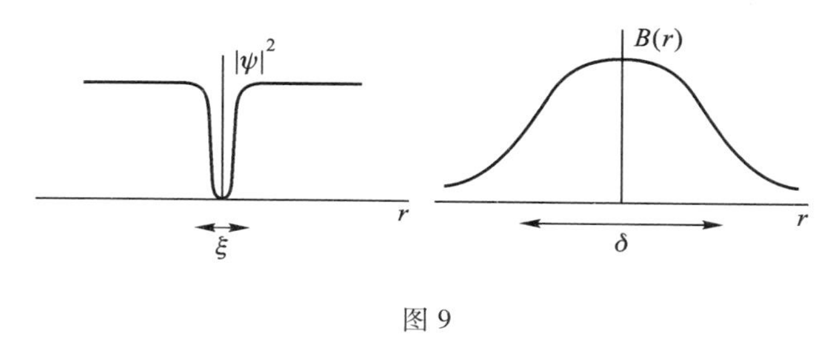

图 9

对于上述情况, 可以运用伦敦方程(应注意, 方程的适用性与温度向 T_c 的趋近无关)求出场的分布. 在这里为了赋予方程以所需要的形式, 首先改写联系波函数相位与超导电流密度的公式(44.7):

$$\boldsymbol{A} + \delta^2 \nabla \times \boldsymbol{B} = \frac{\phi_0}{2\pi} \nabla \Phi, \tag{48.4}$$

此式中引入了穿透深度 δ, 并把 $\boldsymbol{j}$ 用磁感应强度表示出来 $\boldsymbol{j} = c\nabla \times \boldsymbol{B}/4\pi$. 这里伦敦近似相当于假设 δ = 常数. 我们将等式(48.4)沿闭合回路 C 求积分, 该回路围绕涡线并在离涡线轴线为 $r \gg \xi$ 的距离上通过. 根据斯托克斯定理, 将 $\boldsymbol{A}$ 的积分变换成对回路所围的面积的积分, 我们得到:

$$\int \boldsymbol{B} \cdot d\boldsymbol{f} + \delta^2 \oint \nabla \times \boldsymbol{B} \cdot d\boldsymbol{l} = \phi_0, \tag{48.5}$$

将第二个积分也作同样的变换, 可写成

$$\int [\boldsymbol{B} + \delta^2 \nabla \times (\nabla \times \boldsymbol{B})] \cdot d\boldsymbol{f} = \phi_0 \tag{48.6}$$

等式右边写出对应于相位只增加一个 2π 的(不等于零的)最小可能值. 如果回路 C 在离涡线为 $r \gg \delta$ 的距离上通过, 此处场和电流已经可以认为是不存在的, 则(48.5)式中的第二个积分便可以忽略, 因而我们看到, ϕ_0 与聚集在单个涡线周围的总磁感应通量是相同的. 但涡线的轴线本身是一条奇异线, 环绕奇异线时

① 在这一节里, 字母 r 表示圆柱坐标, 即到轴线的距离.

将改变波函数的相位.

因为对于任一回路 C(满足上面指出的条件)等式(48.6)都应得到满足,所以根据这个等式应当有:

$$\boldsymbol{B}+\delta^2\ \nabla\times(\nabla\times\boldsymbol{B})=\boldsymbol{B}-\delta^2\boldsymbol{\Delta B}=\phi_0\delta(\boldsymbol{r}),\tag{48.7}$$

式中 $\boldsymbol{r}$ 是涡线横截平面内的二维径矢.在这个方程的右边记入 δ 函数的形式,表示这里 $\sim\xi$ 的距离都看作是零.在整个空间里,除 $\boldsymbol{r}=0$ 的线以外,(48.7)式与伦敦方程(44.11)是一致的,但对于描述涡线,需要 $\boldsymbol{r}=0$ 时具有奇异性的解.

在 $\delta\gg r\gg\xi$ 的区域内,距离轴线为 r 处的场的分布可以由(48.5)式直接求出.我们选取这个区域中的半径为 r 的圆周作为回路 C.通过这个回路的磁感应通量[(48.5)式左边的第一项]仅仅是全部磁通量的一小部分,即它的 $\sim(r/\delta)^2$ 部分;因而我们把它略去不计.在第二项中 $\mathrm{d}\boldsymbol{l}$ 是圆周的长度元,因为矢量 $\boldsymbol{B}$ 的方向沿着 z 轴(以涡线的轴线为柱坐标系的轴)因而它只与 r 有关,所以

$$\boldsymbol{l}\cdot(\nabla\times\boldsymbol{B})=(\boldsymbol{l}\times\nabla)\cdot\boldsymbol{B}=-\frac{\partial B_z}{\partial r}=-\frac{\mathrm{d}B}{\mathrm{d}r},$$

($\boldsymbol{l}$ 是与圆周相切的单位矢量).因此我们获得方程:

$$\boldsymbol{l}\cdot(\nabla\times\boldsymbol{B})=-\frac{\mathrm{d}B}{\mathrm{d}r}=\frac{\phi_0}{2\pi r\delta^2}.\tag{48.8}$$

由此

$$B(r)=\frac{\phi_0}{2\pi\delta^2}\ln\frac{\delta}{r},\quad \xi\ll r\ll\delta.\tag{48.9}$$

由于这种关系具有对数性质,积分上限(在此处应当是 $B\approx0$)可以规定与所研究的距离 r 的上界相一致.

为了将求得的分布延拓在 $r\gtrsim\delta$ 的区域,我们运用对一切 $r\gg\xi$ 都适用的方程(48.7).把拉普拉斯算符在柱坐标中展开,[考虑到 $B=B_z(r)$],我们可将方程(当 $r\neq0$ 时)重写成如下形式:

$$B''+\frac{1}{r}B'+\delta^{-2}B=0,$$

当 $r\to\infty$ 时这个方程具有递减的解:

$$B(r)=\text{常数}\times K_0(r/\delta).$$

式中 K_0 是马克多纳(Macdonald)函数[即虚宗量的汉克尔(Hankel)函数].常系数通过与解(48.9)的“接合”来确定:这时需利用熟知的 $z\ll1$ 时的极限表达式 $K_0(z)\approx\ln(2/z\gamma)$,而 $\gamma=\mathrm{e}^c=1.78$.于是最终有

$$B(r)=\frac{\phi_0}{2\pi\delta^2}K_0\left(\frac{r}{\delta}\right),\quad r\gg\xi.\tag{48.10}$$

特别是,借助熟悉的 $z\to\infty$ 时的渐近表达式 $K_0(z)\approx(\pi/2z)^{1/2}\mathrm{e}^{-z}$,便求得远离涡

线轴线的衰减规律：

$$B(r)=\frac{\phi_0}{(8\pi r\delta^3)^{1/2}}e^{-r/\delta}. \tag{48.11}$$

我们注意到超导体中和液氦中（§29）涡线的性质很相似. 在这两种情况都谈及了奇异线，绕这些奇异线环绕时将改变凝聚体波函数的相位. 在液氦中环绕涡线超流运动的环形轨道，相当于超导体中的环形电流；超流运动的速率 v_s 按 $1/r$ 的规律减小，超导电流密度也按同样规律减小，如：

$$j=\frac{c}{4\pi}|\nabla\times\boldsymbol{B}|=\frac{c\phi_0}{8\pi^2\delta^2 r}. \tag{48.12}$$

这种吻合是完全自然的，因为两种情况这些规律都是存在奇异线的直接结果. 不过，在液氦中上述 $v_s(r)$ 的依赖关系可延伸到任何距离，而在超导体中当 $r\gg\delta$ 时 $j(r)$ 便按指数规律减小. 这一差别与电子液体的带电性有关，因为带电粒子运动会产生磁场，同样地，这种运动也屏蔽磁场（如果粒子的电荷 e 趋于零，则穿透深度 $\delta\to\infty$）.

现在可以计算涡线的自由能. 蕊外（$r\gg\xi$）的空间区域对自由能的贡献，由对这个区域所取的积分给出：

$$F_{涡}=\frac{1}{8\pi}\int\boldsymbol{B}^2\mathrm{d}V+\frac{\delta^2}{8\pi}\int(\nabla\times\boldsymbol{B})^2\mathrm{d}V. \tag{48.13}$$

事实上，将这个表达式对 $\boldsymbol{B}$ 取变分（当给定温度，即给定 δ 时），我们便直接得到 $r\neq0$ 的伦敦方程（48.7）①.（48.13）式中的第二个积分，在 $\delta\gg r\gg\xi$ 区域的两个边界上呈对数发散，它远大于第一个积分. 把（48.8）式中的 $|\nabla\times\boldsymbol{B}|$ 代入上式，我们得到单位长度涡线的能量：

$$\varepsilon=\left(\frac{\phi_0}{4\pi\delta}\right)^2\ln\frac{\delta}{\xi}. \tag{48.14}$$

此式具有对数准确度，即不仅要求 $\delta/\xi\gg1$，而且也要求 $\ln(\delta/\xi)\gg1$；正是由于有这种准确度，才可以忽略涡线蕊对 ε 的贡献.

特别是，由（48.14）式的结果能够证明上边得出的论断，即产生具有最小磁通量值的涡线在热力学上是有利的. 事实上，因为涡线的自由能与同涡线有关的磁通量的平方成比例，所以对于磁通量为 $n\phi_0$ 的涡线来说，在能量中将出现一个因子 n^2；再把这样的涡线分解成 n 条磁通量为 ϕ_0 的涡线时，将使能量赢余 n 倍.

---

① （48.13）式中的第二项用电流 $\boldsymbol{j}$ 表达时取如下形式：

$$2\pi c^2\delta^2\int\boldsymbol{j}^2\mathrm{d}V=\int\frac{\rho_s\boldsymbol{v}_s^2}{2}\mathrm{d}V.$$

在第二个表达式中再作代换：$\delta^2=mc^2/(4\pi e^2 n_s)$，并按 $\boldsymbol{j}=e\rho_s\boldsymbol{v}_s/m$ 引入超流分量的密度和速度.（见165页的注解），我们看到，这一项可看作是超导电子的动能.

将(48.14)式代入(48.2)式,我们求得下临界场

$$H_{c1}=\frac{\phi_0}{4\pi\delta^2}\ln\frac{\delta}{\xi},\tag{48.15}$$

当 $T\to T_c$ 时,考虑到(45.19)式,上式也可以写成

$$H_{c1}=H_c\frac{\ln\kappa}{\sqrt{2}\kappa}①.\tag{48.16}$$

随着外场的增强,涡线数量增多,因而磁场对超导体的穿透增强了.在计算涡线之间的相互作用时,热力学平衡对应于涡线的一定的有序分布,后者构成了二维格子(在圆柱体的截面内)②.在任何涡线数密度下,每一条涡线的轴线仍旧是一直线,环绕这条轴线波函数的相位将改变 2π.磁感应强度对圆柱体截面的平均值

$$\bar{B}=\nu\phi_0,\tag{48.17}$$

式中 ν 是通过单位截面积的涡线数.事实上,如果把关系式(48.4)沿样品整个截面的回路求积分,那么便得出方程(48.5),其右边为 $S\nu\phi_0$(S 是截面积);方程左边的第一个积分是总磁感应通量 $S\bar{B}$,而第二个积分是边缘效应,它小于第一个积分,它们的比值为 $\sim\delta/R$(R 是截面的线度),因此它可以忽略不计;当然,这里重要的是:在距离为 $\sim\delta$ 处环绕涡线的磁场将发生衰减.

只要各涡线之间的距离 d 大于关联半径 ξ,就可以断言:涡线磁场是单纯叠加的.事实上,当 $d\gg\xi$ 时,仍然可以划出包围任何数目涡线的回路,并使它处处在远离涡线蕊(距离 $\gg\xi$)的地方通过.在这种回路上满足伦敦近似条件(δ 不变),因此我们又重新获得稍异于(48.7)式的方程,其中右边的 δ 函数换成宗量为到每条涡线距离的 δ 函数之和.由于这个方程是线性的,因而便得出上述论断.

当外场接近于 H_{c2} 时,涡线间的距离就可以同 ξ 相比较了.这一点,也可以从临界场表达式(47.2)本身清楚地看出来,如果借助(45.9)及(45.16—45.18)式,可将(47.2)式写成

$$H_{c2}=\phi_0/2\pi\xi^2,\tag{48.18}$$

此式对应于集中在面积为 $\sim\xi^2$ 上的通量 ϕ_0.

当 $\mathfrak{H}=H_{c2}$ 时,发生第二级相变,超导性消失了.就这种相变的一般理论的实质来说,可以断言:作为外场函数的序参数 ψ 将按 $|\psi|^2\propto H_{c2}-\mathfrak{H}$ 的规律变为零.另一方面,物质的磁化强度 $M=(B-H)/4\pi$ 自身(系与 ψ 的相位选取无关的

① 因为这个函数是根据假设 $\ln\kappa\gg1$ 导出的,当 $\kappa\sim1$ 时绝不能用它!其中,当 $\kappa=1/\sqrt{2}$ 时,场 H_{c1}(和 H_{c2} 一样)自然应与 H_c 相等.

② 看来,涡线在格点形成等边三角形时格子最为有利.

量)在这个区域内与$|\psi|^2$成比例. 考虑到$\mathfrak{H}=H_{c2}$时必有$B=H_{c2}$,因此我们得到超导体中的磁感应强度B在相变点附近依赖于外场的如下线性规律:

$$B-H_{c2}\propto\mathfrak{H}-H_{c2}. \tag{48.19}$$

习 题

1. 试计算彼此相距$d\gg\xi$的两条涡线的相互作用能.

解:我们将两条涡线系统的自由能表达式(48.13)变换一下形式:其中只在每一条单独涡线附近进行积分. 为此,利用方程(48.7),我们写出:

$$\boldsymbol{B}^2+\delta^2(\nabla\times\boldsymbol{B})^2=\delta^2\{-\boldsymbol{B}\cdot\nabla\times(\nabla\times\boldsymbol{B})+(\nabla\times\boldsymbol{B})^2\}=\delta^2\ \nabla\cdot(\boldsymbol{B}\times\nabla\times\boldsymbol{B})$$

把体积积分变换成如下积分:

$$F_{\text{双涡线}}=\frac{\delta^2}{8\pi}\int_{f_1+f_2}[\boldsymbol{B}\times(\nabla\times\boldsymbol{B})]\cdot\mathrm{d}\boldsymbol{f}, \tag{1}$$

此式是沿包围涡线蕊的圆柱形表面f_1和f_2(其小半径为r_0;$\xi\ll r_0\ll\delta$)取的积分. 当$d\gg\xi$时,涡线磁场是可加的,即$\boldsymbol{B}=\boldsymbol{B}_1+\boldsymbol{B}_2$. 涡线的相互作用能,由积分(1)中同时与$\boldsymbol{B}_1$和$\boldsymbol{B}_2$有关的部分给出:

$$L\varepsilon_{12}=\frac{\delta^2}{8\pi}\left\{\int(\boldsymbol{B}_2\times\nabla\times\boldsymbol{B}_1)\cdot\mathrm{d}\boldsymbol{f}_1+\int(\boldsymbol{B}_1\times\nabla\times\boldsymbol{B}_2)\cdot\mathrm{d}\boldsymbol{f}_2\right\}$$

(当$r_0\to0$时,$\int(\boldsymbol{B}_2\times\nabla\times\boldsymbol{B}_1)\cdot\mathrm{d}\boldsymbol{f}_2$形状的积分趋于零). 利用(48.8)和(48.10)式而得出:

$$\varepsilon_{12}=2\frac{\delta^2}{8\pi}2\pi r_0\frac{\phi_0}{2\pi r_0\delta^2}B(d)=\frac{\phi_0^2}{8\pi^2\delta^2}K_0\left(\frac{d}{\delta}\right),$$

特别是,在距离$d\gg\xi$处:

$$\varepsilon_{12}=\frac{\phi_0^2}{2^{7/2}\pi^{3/2}\delta^2}\left(\frac{\delta}{d}\right)^{1/2}\mathrm{e}^{-d/\delta}. \tag{2}$$

2. 如圆柱体样品截面的平均磁感应强度为$\bar{B}$,试求$\bar{B}$对混合态中外场$\mathfrak{H}$的依赖关系. 处于这种状态时,各涡线都分布在彼此相距$d\gg\delta$的地方,这时,在样品的截面内构成等边三角形格子.

解:等边三角形的面积等于$\sqrt{3}d^2/4$(d是边长),而涡线数等于格子中三角形数的一半(N个三角形有$3N$个格点,但格子中每一格点是属于六个最相邻的三角形的),因此$\nu=2/\sqrt{3}d^2$.

处于混合态的物体,其单位体积的热力学势为

$$\tilde{f}=\tilde{f}_s-\frac{\phi_0}{4\pi}\nu(-H_{c1}+\mathfrak{H})+\frac{1}{2}\sum_{i,k}\varepsilon_{ik}.$$

式中第二项对应于表达式(48.1)[其中H_{c1}由(48.2)式给出];在第三项中,ε_{12}

是两条涡线的相互作用能，并对穿过单位面积的全部涡线进行求和. 因为当 $d \gg \delta$ 时 ε_{12} 按指数规律减小，所以求和式中只考虑相邻成对的那些线就足够了. 在三角形格子中，每条涡线有 6 个最相邻的线，因此

$$\frac{1}{2}\sum_{i,k}\varepsilon_{ik}=\frac{6}{2}\sum_{i}\varepsilon_{i1}=3\nu\varepsilon_{12}(d).$$

把上题公式(2)中的 ε_{12} 代入上式，得：

$$\tilde{f}=\tilde{f}_s+\frac{\phi_0}{2\sqrt{3}\pi\delta^2}\left[-\frac{\mathfrak{H}-H_{c1}}{a^2}+\frac{3\phi_0}{2\sqrt{2\pi}\delta^2}\frac{l^{-a}}{a^{5/2}}\right],$$

式中 $a=\dfrac{d}{\delta}$，a 与 $\mathfrak{H}$ 的依赖关系决定于函数 $\tilde{f}(a)$ 取极小值的条件；由此得出：

$$\mathfrak{H}-H_{c1}=\frac{3\phi_0}{4\sqrt{2\pi}\delta^2}\sqrt{a}\,\mathrm{e}^{-a}. \tag{3}$$

(这里省略了 $1/a \ll 1$ 的更高次项). 这个方程连同等式 $\bar{B}=\nu\phi_0$，即

$$a=(2\phi_0/\sqrt{3}\delta^2\bar{B})^{1/2}.$$

可确定待求的依赖关系 $\bar{B}(\mathfrak{H})$. 应注意，当 $\mathfrak{H}\to H_{c1}$ 时，微商 $\mathrm{d}\bar{B}/\mathrm{d}\mathfrak{H}$ 按

$$\frac{\mathrm{d}\bar{B}}{\mathrm{d}\mathfrak{H}}\propto\frac{1}{\mathfrak{H}-H_{c1}}\ln^{-3}\frac{1}{\mathfrak{H}-H_{c1}}.$$

这一规律趋于无穷大.

§49 高于相变点的抗磁磁化率

在 §45 末曾经指出，序参数 ψ 的涨落在 T_c 附近的温区变大，而超导体的这个温区是非常狭窄的. 在该区域以外，热力学量涨落的修正，一般地说是很小的. 但是，对于高于相变点的金属的磁化率来说，这些修正还是很重要的：由于涨落，即使有相当少数的超导电子出现，便能对磁化率有贡献. 这种贡献大于远离相变点的正常金属所提供的，后者的磁化率通常是很小的①.

现在我们研究处在弱外磁场($\mathfrak{H} \ll H_c$)中温度超过 T_c 点但在该点附近的金属. 这里，序参数的平衡值 $\psi=0$，为了算出 ψ 的涨落需要运用金兹堡－朗道理论中的自由能. 这时，在表达式(45.10)中(注意：涨落很小)只保留 ψ 的平方项，而略去 $|\psi|^4$ 的项，并把 $\boldsymbol{A}$ 理解为均匀场 $\mathfrak{H}$ 的矢势，与 ψ 的涨落相关的磁感应强度 $\boldsymbol{B}$ 的涨落是 ψ 的平方项(由于电流密度 $\boldsymbol{j}$ 取平方). 因此，忽略 $\boldsymbol{B}$ 的涨落时，在 $\boldsymbol{B}^2/8\pi$ 项中就可以将 $\boldsymbol{B}$ 理解为磁感应强度的(热力学)平均值. 所以在有涨落的

① 这个效应是 В. В. Шмидт(V. V. Shmidt)(1966)指出的.

情况下,金属总自由能的变化由如下的表达式——ψ 的泛函给出①:

$$\Delta F[\psi]=\int\left\{\frac{1}{4m}\left|\left(-\mathrm{i}\hbar\nabla-\frac{2e}{c}\boldsymbol{A}\right)\psi\right|^{2}+a|\psi|^{2}\right\}\mathrm{d}V \tag{49.1}$$

为计算对自由能的涨落的贡献 ΔF,需要把泛函(49.1)视为"等效哈密顿量",由此根据公式

$$\exp\left(-\frac{\Delta F}{T}\right)=\int\exp\left(-\frac{\Delta F[\psi]}{T}\right)D\psi \tag{49.2}$$

可求出 ΔF,这里是对 $\psi(\boldsymbol{r})$ 的全部分布求泛函积分(见第五卷 §147). 这一积分,实际上可以这样实现:将 ψ 展成某一完备的本征函数系,并对这个展开式的无穷多个系数求积分. 在无外场的均匀系统的情况下,可以简单地展成平面波(例如,参看第五卷 §147 中的习题).

但在目前的情况下,应按哈密顿量(49.1)的"薛定谔方程"

$$\frac{1}{4m}\left(-\mathrm{i}\hbar\nabla-\frac{2e}{c}\boldsymbol{A}\right)^{2}\psi=E\psi \tag{49.3}$$

的本征函数进行展开. 在 §47 中曾经指出,这个方程与均匀磁场中粒子(质量为 $2m$,电荷为 $2e$)运动薛定谔方程在形式上是一致的. 方程的本征函数用一个离散的(n)和两个连续的(p_x,p_z)量子数编号,而本征值只与 n 和 p_z(z 轴沿 $\mathfrak{H}$ 的方向)有关,并由如下公式给出:

$$E\left(n+\frac{1}{2},p_z\right)=\left(n+\frac{1}{2}\right)\frac{|e|\hbar}{mc}\mathfrak{H}+\frac{p_z^2}{4m}, \tag{49.4}$$

不同本征函数(具有给定的 n,$\mathrm{d}p_z$ 区间内的 p_z 和所有可能的 p_x 值)的数目为

$$V\frac{2|e|\mathfrak{H}}{(2\pi\hbar)^2c}\mathrm{d}p_z$$

(见第三卷 §112).

为简便起见,我们把量子数 n,p_z,p_x 的集合用一个记号 q 来表示,因而我们将函数 $\psi(\boldsymbol{r})$ 的展开式写成

$$\psi=\sum_q c_q\psi_q(\boldsymbol{r}), \tag{49.5}$$

式中 $c_q=c'_q+\mathrm{i}c''_q$ 是任意的复系数,而本征函数满足归一化条件:$\int|\psi|^2\mathrm{d}V=1$(这里是按金属体积求积分).

将展开式(49.5)代入(49.1)式,首先可把对体积求积分变为对 q 求和. 事实上,将第一项进行分部积分,便得出(49.1)式的如下形式:

---

① 为避免误解起见,我们强调指出:对于超导体,磁场并不是在第五卷 §144 中所引入的那种意义的"外场"h. 后者,本来应当以 $-h(\psi+\psi^*)$ 项的形式包含在自由能之中,但在目前的情况下显然是不可能的,因为这样的项对于 ψ 的相位的选取不是不变的.

$$\Delta F[\psi]=\int\left\{\psi^{*}\frac{1}{4m}\left(-\mathrm{i}\hbar\nabla-\frac{2e}{c}\boldsymbol{A}\right)^{2}\psi+\psi^{*}a\psi\right\}\mathrm{d}V$$

将(49.5)式代入上式，并考虑到每一个函数 ψ_q 都满足方程(49.3)(其中 $E=E_q$)，以及不同 q 的本征函数是相互正交的，我们便得：

$$\Delta F[\psi]=\sum_{q}|c_q|^{2}(E_q+a).\tag{49.6}$$

(49.2)式中的泛函积分是指对所有 $\mathrm{d}c'_q\mathrm{d}c''_q$ 求积分. 作(49.6)式的代换之后，按所有这些变量分开积分，因而得出：

$$\exp\left(-\frac{\Delta F}{T}\right)=\prod_{q}\frac{\pi T}{E_q+a},$$

或

$$\Delta F=-T\sum_{q}\ln\frac{\pi T}{E_q+a}.\tag{49.7}$$

用量子数 n 和 p_z 的术语，此表达式可写成

$$\Delta F=-V\frac{2|e|T\mathfrak{H}}{(2\pi\hbar)^{2}c}\sum_{n}\int_{-\infty}^{\infty}\ln\frac{\pi T}{E(p_z,n+1/2)+a}\mathrm{d}p_z.\tag{49.8}$$

这个求和式当 E 很大时是发散的，但这种发散实际上是虚假的，并只与这一情况有关：原来的公式(49.1)仅在函数 $\psi(\boldsymbol{r})$ 缓慢改变(即在 $\sim\xi_0$ 的距离上 ψ 的变化很小)时才适用. 用本征值 E_q 的术语，其意思是只允许 $E_q\ll\hbar^{2}/m\xi_0^{2}$. 在满足所提条件的某大 N 处截断对 n 的求和，我们利用泊松公式

$$\sum_{n=0}^{N}f\left(n+\frac{1}{2}\right)\approx\int_{0}^{N}f(x)\mathrm{d}x-\frac{1}{24}f'(x)\Big|_{0}^{N}$$

[见第五卷(59.10)式]于(49.8)式时，不难理解：这个公式第一项的积分给出与 $\mathfrak{H}$ 无关的对自由能的贡献；这一项对磁化率的计算并不需要，因而我们把它略去. 而在第二项中现在可以取 $N\to\infty$ (因此答案中去掉了截断参数)①：

$$\Delta F=V\frac{e^{2}T_c\mathfrak{H}^{2}}{48\pi^{2}\hbar mc^{2}}\int_{-\infty}^{\infty}\frac{\mathrm{d}p_z}{a+p_z^{2}/4m},$$

最终求积分后，

$$\Delta F=V\frac{e^{2}T_c\mathfrak{H}^{2}}{24\pi\hbar c^{2}\sqrt{ma}},\tag{49.9}$$

从而磁化率

$$\chi=-\frac{1}{V}\frac{\partial^{2}\Delta F}{\partial\mathfrak{H}^{2}}=-\frac{e^{2}T_c}{12\pi\hbar c^{2}(m\alpha)^{1/2}(T-T_c)^{1/2}}.\tag{49.10}$$

(H. Schmidt, 1968; A. Schmid, 1969). 我们看到，当温度接近于相变点时磁化率

---

① 在系数中取 $T\approx T_c$. 当 T 在 T_c 附近时，这个积分中的几个重要的值 $p_z\sim\sqrt{ma}\sim\hbar/\xi(T)\ll\hbar/\xi_0$，即它们都满足所提出的条件.

将随$(T-T_c)^{-1/2}$而增大. 在这个区域内,(49.10)式是对正常金属磁化率的主要贡献.

习 题

1. 一薄膜(厚度$d \ll \xi(T)$)处于垂直于其平面的弱磁场中,试求当温度$T > T_c$,$T-T_c \ll T_c$时薄膜的磁矩.

解: 膜的有限厚度使得(49.4)式中的量子数p_z具有离散性,并且对于薄膜来说,在(49.7)式中应只限于$p_z=0$的值(第一个不等于零的值已经是$p_z \sim \hbar/d$,因此$E \sim \hbar^2/md^2 \gg \hbar^2/m\xi^2 \sim a$). 对给定$n$和$p_z$(以及所有可能的$p_x$)的本征函数的个数是$2|e|\mathfrak{H}S/2\pi\hbar c$,其中$S$是膜的面积;因此(49.7)式中对$q$的求和应理解为$(\mathfrak{H}S/\pi\hbar c)\sum\limits_n$. 应用到泊松公式求和,可得如下结果:

$$\Delta F = S\frac{e^2 T_c \mathfrak{H}^2}{24\pi mc^2 a},$$

薄膜的磁矩

$$M = -\frac{\partial \Delta F}{\partial \mathfrak{H}} = -S\frac{e^2 T_c \mathfrak{H}}{12\pi mc^2 \alpha(T-T_c)}.$$

应当注意,这个磁矩当$T \to T_c$时比在无界金属的情况增大得要快一些.

2. 在上题的条件下,再求半径$R \ll \xi(T)$的小球的磁矩(В. В. Шмидт, 1966).

解: 在这种情况下,方程(49.3)的全部本征值中重要的只有一个,它对应于本征函数$\psi=$常数. 它等于$E_0 = e^2R^2\mathfrak{H}^2/10mc^2$,且为最小(关于这一点,请参看§47习题中的全部讨论). (49.7)的求和式归结为一项,于是磁矩

$$M \approx -\frac{T_c}{a}\frac{\partial E_0}{\partial \mathfrak{H}} = \frac{e^2 T_c R^2 \mathfrak{H}}{5mc^2 \alpha(T-T_c)}.$$

§50 约瑟夫森效应

我们来研究被电介质薄层隔开的两块超导体. 对于电子来说,这个薄层乃是一个势垒,如果这个层足够薄,就存在电子借助于量子隧道效应穿透势垒的有限概率. 即使势垒透射系数很小,只要不等于零就具有原则性的意义:这时两块超导体成为一个统一系统,因而可用统一的凝聚体波函数来描述. 这种情形引起的效应,是约瑟夫森(B. D. Josephson,1962)首先预言的.

系统凝聚体波函数的统一,其意思是指:在无外加电势差的情况下,通过两块超导体之间的结,可以有超导电流流过. 和在各超导体内一样,电流密度由凝聚体波函数的相位梯度来确定,可见,流过结的超导电流密度j与结两边的相位

Φ_2 和 Φ_1 的差值有关①. 因为 $\Phi_2-\Phi_1$ 的各差值都相差 2π 的整数倍时,物理上它们是相等的,显然函数

$$j=j(\Phi_{21}),\quad \Phi_{21}=\Phi_2-\Phi_1 \tag{50.1}$$

应该是以 2π 为周期的周期函数. 时间反演的运算将改变电流密度 j 的符号,同时也改变相位 Φ_{21} 的符号(因为各波函数可换成自己的复共轭函数). 这就是说,函数(50.1)必定是奇函数并当 $\Phi_{21}=0$ 时变成零. 当然,$j(\Phi_{21})$ 作为有界函数,它有自己的极大值和极小值,当相位差改变时函数也在这两个值之间改变,由于是奇函数,这二值的绝对值是相同的;我们用 $\pm j_m$ 表示它们.

应当注意,写出(50.1)式的前提是在结内要忽略电流的固有磁场对电流的影响. 否则,就应以规范不变的表达式

$$\Phi_2-\Phi_1-\frac{2e}{\hbar c}\int_1^2 A_x\mathrm{d}x$$

来代换差值 Φ_{21}. 由于电介质层的厚度非常小,连续函数 $A_x(x)$ 在这里的积分容易满足可被忽略的条件(势 A_x 在结两边的值可以认为相同).

在整个温度范围内,函数 $j(\Phi_{21})$ 的形式,只能根据微观理论来确定. 这里我们仅限于在金兹堡-朗道理论的适用范围内,作唯象的研究.

假如电子完全不能通过结,那么每一块超导体的波函数 ψ 在结自己的端面上都应满足边界条件(45.15):

$$\frac{\partial\psi_1}{\partial x}-\frac{2\mathrm{i}e}{\hbar c}A_x\psi_1=0,$$

$$\frac{\partial\psi_2}{\partial x}-\frac{2\mathrm{i}e}{\hbar c}A_x\psi_2=0.$$

势垒的有限透射率和结的边界上 ψ 值的有限性,将导致在这两个条件的右边出现不等于零的、与结另一边的 ψ 值有关的表达式. 由于在相变点 T_c 附近 ψ 很小,因而在这些函数中可限于取 ψ 的线性项,即写成

$$\frac{\partial\psi_1}{\partial x}-\frac{2\mathrm{i}e}{\hbar c}A_x\psi_1=\frac{\psi_2}{\lambda},\quad \frac{\partial\psi_2}{\partial x}-\frac{2\mathrm{i}e}{\hbar c}A_x\psi_2=\frac{\psi_1}{\lambda}. \tag{50.2}$$

系数 $1/\lambda$ 与势垒的透射率成比例. 等式(50.2)应当满足对时间反演对称的要求:两个等式应当在作 $\psi\to\psi^*$,$\boldsymbol{A}\to-\boldsymbol{A}$ 的变换时仍旧成立;从而得出,常数 λ 是实数[这时,把等式(50.2)作上述变换,两等式便直接与各自的复共轭式一致].

把公式(45.14)应用于结的任何一边(譬如说,1 边),即可确定通过结的超导电流值和函数 ψ 的相位差之间的关系:

---

① 为了使通过结的超导电流具有可观测到的值,电介质层的厚度实际上应当非常小:$\sim 10^{-7}$ cm. 这样的距离甚至小于超导体中最小的特征参数长度——相干长度 ξ_0. 就此意义来说,电介质层应当看作是无限薄的层,而层内相位的行为,在理论上根本还未出现.

$$j = -\frac{\mathrm{i}e\hbar}{2m}\left(\psi_1^* \frac{\partial\psi_1}{\partial x} - \psi_1 \frac{\partial\psi_1^*}{\partial x}\right) - \frac{2e^2}{mc}A_x\psi_1^*\psi_1$$

将边界条件(50.2)中的$\frac{\partial\psi_1}{\partial x}$代入上式,便得:

$$j = -\frac{\mathrm{i}e\hbar}{2m\lambda}(\psi_1^*\psi_2 - \psi_1\psi_2^*).$$

对于两块同样金属间的结来说,ψ_1 和 ψ_2 这两个量仅仅是相位不同而已;于是,我们求得电流密度:

$$j = j_m \sin \Phi_{21}, \quad j_m = \frac{e\hbar}{m\lambda}|\psi|^2. \tag{50.3}$$

当接近于相变点时,$|\psi|^2$ 和 $T_c - T$ 一样趋于零;因此,通过结的最大电流密度也按同样规律趋于零①.

现在让外电源给隧道结加上一定的电势差,即在结内有了电场 $\boldsymbol{E}$. 这里我们用一个标势(这里用 V 表示)来描述这个电场:$\boldsymbol{E} = -\nabla V$. 这个场对通过结的超导电流的影响,根据规范不变性的要求就能解释明白.

在无电场($V=0$)的情况下,波函数的相位与时间无关:$\partial\Phi/\partial t = 0$②. 为了把这个等式推广到有电场的情形,我们指出:普遍的关系式对于标势的规范变换

$$V \to V - \frac{1}{c}\frac{\partial\chi(t)}{\partial t} \tag{50.4}$$

应当是不变的,这里并未涉及到矢势(假定它与时间无关). 这里恰好和导出变换(44.3),(44.6)时的做法一样,我们发现:和 V 变换的同时,波函数的相位应按

$$\Phi \to \Phi + \frac{2e}{\hbar c}\chi(t) \tag{50.5}$$

进行变换. 因而显然,关系式

$$\frac{\partial\Phi}{\partial t} + \frac{2e}{\hbar}V = 0 \tag{50.6}$$

是规范不变的,当 $V=0$ 时,此式变成$\frac{\partial\Phi}{\partial t} = 0$.

---

① 基于 BCS 模型的微观理论证明:在任何温度下,j 和 Φ_{21} 之间都有(50.3)式这种关系. 该理论可以将 j_m 同处于正常态的两块金属之间接触区的电阻联系起来. 关于这一理论的讲述,可以从下书中查到:И. О. Кулик,И. К. Янсон 著超导隧道结构中的约瑟夫森效应. 莫斯科:科学出版社,1970. 英译本:I. O. Kulik, I. K. Yanson. The Josephson Effect in Superconductive Tunneling Structures. Israel Program for Scientific Translations, Jerusalem, 1972.

② 我们提醒一下(比较 112 页上的注解),因为系统的哈密顿量 H 换成 $H' = \hat{H} - \mu\hat{N}$,时间因子 $\exp(-2\mathrm{i}\mu t/\hbar)$ 便从波函数中消失.

在电场与时间无关的情况下，将等式(50.6)积分，得：

$$\Phi=\Phi^{(0)}-\frac{2e}{\hbar}Vt,$$

式中 $\Phi^{(0)}$ 与时间无关. 所以，如果给结加上恒定的电势差 V_{21}，则结上的相位差

$$\Phi_{21}=\Phi_{21}^{(0)}-\frac{2e}{\hbar}V_{21}t.$$

将此式代入(50.3)式，我们求得通过结的超导电流

$$j=j_m\sin\left(\Phi_{21}^{(0)}-\frac{2e}{\hbar}V_{21}t\right). \tag{50.7}$$

我们得出一个极好的结果：给隧道结加上恒定的电势差，便能出现频率为

$$\omega_j=\frac{2}{\hbar}|eV_{21}| \tag{50.8}$$

的交变超导电流.

在结内消耗的功率由乘积 jV_{21} 给出，它对时间的平均值等于零，也就是说外电源不存在惯常的能量支出——无能量耗散的超导电流本应如此. 但是应当强调，当存在外电动势时，也有一定的伴有能量耗散的正常电流(V_{21}小时很弱)流经结.

因为 j 对 Φ_{21} 具有周期性依赖关系，以及 Φ_{21} 对时间具有线性依赖关系，从这一事实就可以得出通过结的超导电流以频率(50.8)作周期性变化的结论；这个结论与对电势差大小的任何假设均无关系. 但具体的公式(50.7)，只在频率 ω_j 小于超导性特征频率 $\Delta/\hbar$，即在

$$\hbar\omega_j=2|eV|\ll\Delta(T)$$

的条件下才成立.

习　　题

一电路由电阻 R 和具有隧道结的超导体串联而成，电路中作用一电动势 V_0，试写出电路中的电流方程.

解：电路的总电压降 $V_0=RJ+V_{21}$，其中 J 是流经电路的电流，V_{21} 是结上的电势差①. 将 $J=J_m\sin\Phi_{21}$ 和(50.6)式中的 V_{21} 代入此式，得：

$$\frac{\hbar}{2|e|}\frac{\partial\Phi_{21}}{\partial t}=V_0-RJ_m\sin\Phi_{21}.$$

应注意，用这个方程所描述的交变电流具有非正弦性质.

§51　超导体中电流与磁场的关系

当一切物理量在物体体积内处处缓变的极限情况(伦敦情况)下，在§44中

① 在小 V_0 的情况下，我们忽略了超导体中微弱的正常电流.

曾得到超导体中电流和磁场之间的关系式；这时，假定磁场是弱场，即小于它的临界值，我们现在对此问题在静磁场于空间作任意变化的一般情况进行研究，这时仍假定磁场是弱场，所谓“任意”，在这里是指：场在 $\sim\xi_0$ 的距离上可以有显著的改变[当然，在数量级为晶格常数的距离上场的变化仍然是小的；因此介质（金属）的不均匀性在原子距离上是无关紧要的].

在一般情况下，无界的介质中电流和磁场之间的关系，用如下积分公式表达：

$$j_i(\boldsymbol{r}) = -\int Q_{ik}(\boldsymbol{r}-\boldsymbol{r}')A_k(\boldsymbol{r}')\mathrm{d}^3x', \tag{51.1}$$

式中核 Q_{ik} 只与介质本身的性质有关①.（51.1）式的线性关系相应于磁场微弱这一假设.

我们知道，电流密度可以看作是系统能量对矢势的变分微商：当 A 取变分时，系统哈密顿函数的改变为

$$\delta H = -\frac{1}{c}\int \boldsymbol{j}\cdot\delta\boldsymbol{A}\,\mathrm{d}^3x$$

（见第三卷（115.1）式）. 因此（51.1）式中的核 Q_{ik} 是二级变分微商，对二重微商[对 $A_i(\boldsymbol{r})$ 和 $A_k(\boldsymbol{r}')$ 的微分]次序的对称性表现在：

$$Q_{ik}(\boldsymbol{r}-\boldsymbol{r}') = Q_{ki}(\boldsymbol{r}'-\boldsymbol{r}). \tag{51.2}$$

将 $\boldsymbol{A}(\boldsymbol{r})$ 和 $\boldsymbol{j}(\boldsymbol{r})$ 展成傅里叶积分，我们可以写出（51.1）式的傅里叶分量：

$$j_i(\boldsymbol{k}) = -Q_{ik}(\boldsymbol{k})A_k(\boldsymbol{k}), \tag{51.3}$$

其中由于有（51.2）式，$Q_{ik}(\boldsymbol{k}) = Q_{ki}(-\boldsymbol{k})$.

函数 $Q_{ik}(\boldsymbol{k})$ 的一些重要性质，只要根据规范不变性的要求即可得出. 在作规范变换 $\boldsymbol{A}(\boldsymbol{r})\to\boldsymbol{A}(\boldsymbol{r})+\nabla\chi(\boldsymbol{r})$ 或取傅里叶分量

$$\boldsymbol{A}(\boldsymbol{k})\to\boldsymbol{A}(\boldsymbol{k})+\mathrm{i}\boldsymbol{k}\chi(\boldsymbol{k})$$

的情况下，电流 $\boldsymbol{j}$ 不应改变. 这就是说，张量 $Q_{ik}(\boldsymbol{k})$ 必须与波矢量正交：

$$Q_{ik}(\boldsymbol{k})k_k = 0. \tag{51.4}$$

特别是，在立方对称晶体中，Q_{ik} 的张量关系归结为 δ_{ik} 和 k_ik_k 形的一些项；于是，由（51.4）式得：

$$Q_{ik} = \left(\delta_{ik}-\frac{k_ik_k}{k^2}\right)Q(\boldsymbol{k}), \tag{51.5}$$

式中 $Q(\boldsymbol{k})$ 是标量函数.

下面我们选取势的规范：$\nabla\cdot\boldsymbol{A}(\boldsymbol{r}) = 0$，对于傅里叶分量，即指 $\boldsymbol{k}\cdot\boldsymbol{A}(\boldsymbol{k}) = 0$. 因此电流和势的关系（51.3）归结为等式

---

① 关于无界介质问题，在这个关系中只具有形式上的意义. 它的实际意义是，以后可以把它的结果应用于有界介质的问题——见下一节.

$$\boldsymbol{j}(\boldsymbol{k}) = -Q(\boldsymbol{k})\boldsymbol{A}(\boldsymbol{k}), \tag{51.6}$$

即只用标量函数 $Q(\boldsymbol{k})$便可确定这一关系.

伦敦情况对应于 $\boldsymbol{k}\to 0$ 时 $Q(\boldsymbol{k})$的极限表达式. 对方程(44.8)

$$\nabla \times \boldsymbol{j} = -\frac{e^2 n_s}{mc}\nabla \times \boldsymbol{A}$$

的两边施行$\nabla\times$运算,并考虑等式$\nabla\cdot\boldsymbol{A}=0$,则不难求得这个表达式. 注意到由于连续性方程以及$\nabla\cdot\boldsymbol{j}=0$,故得:

$$\Delta\boldsymbol{j} = -\frac{e^2 n_s}{mc}\Delta\boldsymbol{A}.$$

因而在无界空间中,对于处处有限的函数$\boldsymbol{j}(\boldsymbol{r})$和$\boldsymbol{A}(\boldsymbol{r})$可得:

$$\boldsymbol{j}(\boldsymbol{r}) = -\frac{e^2 n_s}{mc}\boldsymbol{A}(\boldsymbol{r}). \tag{51.7}$$

即每一点的电流值仅决定于该点的矢势值. 傅里叶分量$\boldsymbol{j}(\boldsymbol{k})$和$\boldsymbol{A}(\boldsymbol{k})$之间也有同样的等式,将它与(51.6)式对比即可得到与 $\boldsymbol{k}$ 无关的 $Q(\boldsymbol{k})$的表达式①:

$$Q(\boldsymbol{k}) = \frac{e^2 n_s}{mc} = \frac{c}{4\pi\delta_L^2},\quad \text{当 } \boldsymbol{k}\to 0. \tag{51.8}$$

本节的以下内容是计算 BCS 模型中的 $Q(\boldsymbol{k})$. 我们已经说过,这个模型指的是粒子(电子)间呈弱相互吸引的各向同性的简并费米气体. 同时假定这些粒子都以自己的电荷 e 与磁场发生相互作用.

在§42 中曾写出无外场情况下的费米气体的温度格林函数方程(42.5). 磁场的引入是在(7.7)式的哈密顿量$\hat{H}^{(0)}$中以算符变换$\nabla\to\nabla-\mathrm{i}e\boldsymbol{A}/c$ 的方式实现的②. 因此在$\hat{\Psi}$的方程(7.8)中也进行同样的变换,相应地在类似的$\hat{\Psi}^{+}$方程中需作变换$\nabla\to\nabla+\mathrm{i}e\boldsymbol{A}/c$;显然,对于$\hat{\Psi}^{\mathrm{M}}$ 和$\hat{\bar{\Psi}}^{\mathrm{M}}$ 的方程,也如此变换. 自旋项($\sim\boldsymbol{\sigma}\cdot\boldsymbol{H}$),对应于电子磁矩与磁场的直接相互作用,因为该项很小,在哈密顿量和方程中可以忽略不计. 算符∇作用在函数 $\mathscr{G}(\tau,\boldsymbol{r};\tau',\boldsymbol{r}')$和 $\mathscr{F}(\tau,\boldsymbol{r};\tau',\boldsymbol{r}')$上时,相应于将算符$\hat{\Psi}^{\mathrm{M}}(\tau,\boldsymbol{r})$和$\hat{\bar{\Psi}}^{\mathrm{M}}(\tau,\boldsymbol{r})$取微商. 因此,在方程(42.5)中也是借助于同样的变换$\nabla\to\nabla\mp\mathrm{i}e\boldsymbol{A}/c$ 而引进磁场的.

有外场存在时,将破坏系统的空间均匀性,因此格林函数对宗量 $\boldsymbol{r}$ 和 $\boldsymbol{r}'$的依赖关系已不属于对 $\boldsymbol{r}-\boldsymbol{r}'$的依赖关系;但格林函数对 τ 和 τ'的依赖关系,仍旧只是通过差 $\tau-\tau'$来表达:

---

① 在这一节及以下各节中把伦敦穿透深度记为 δ_L.

② 本节以下的叙述中[在方程(51.9—51.19)中]取 $\hbar=1$.

$$\left.\begin{aligned}\left\{\mathrm{i}\zeta_s+\frac{1}{2m}\left[\nabla-\frac{\mathrm{i}e}{c}\boldsymbol{A}(\boldsymbol{r})\right]^2+\mu\right\}\mathscr{G}(\zeta_s;\boldsymbol{r},\boldsymbol{r}')+g\Xi\bar{\mathscr{F}}(\zeta_s;\boldsymbol{r},\boldsymbol{r}')=\delta(\boldsymbol{r}),\\\left\{-\mathrm{i}\zeta_s+\frac{1}{2m}\left[\nabla+\frac{\mathrm{i}e}{c}\boldsymbol{A}(\boldsymbol{r})\right]^2+\mu\right\}\bar{\mathscr{F}}(\zeta_s;\boldsymbol{r},\boldsymbol{r}')-g\Xi^*\mathscr{G}(\zeta_s;\boldsymbol{r},\boldsymbol{r}')=0.\end{aligned}\right\}\tag{51.9}$$

在弱磁场的情况下(这里我们只研究这种情况),这两个方程可以线性化;我们取:

$$\begin{aligned}\mathscr{G}&=\mathscr{G}^{(0)}+\mathscr{G}^{(1)},\\\bar{\mathscr{F}}&=\bar{\mathscr{F}}^{(0)}+\bar{\mathscr{F}}^{(1)}\end{aligned}\tag{51.10}$$

(两式中第一项是无外场时的函数值,而第二项是场的线性微小修正量).因而两个方程中只保留 $\boldsymbol{A}$ 的一级小量的项.

此时应注意:存在外场时,凝聚体波函数 Ξ 也要改变,在这种情况下,它不归结为一个常量.但是,当我们选取

$$\nabla\cdot\boldsymbol{A}=0\tag{51.11}$$

这种矢势规范时,改变并不复杂.事实上,标量函数 Ξ 中对不变的 $\Xi^{(0)}$ 值的一级修正只与 $\nabla\cdot\boldsymbol{A}$ 成比例,并在(51.11)条件下变成零.因此,在满足所需准确度的情况下,在各线性方程中可以取 $g\Xi=g\Xi^{(0)}\equiv\Delta$,式中 Δ(实量)是无外场情况下气体能谱中的能隙.

结果,(51.9)式的线性化方程取如下形式:

$$\left.\begin{aligned}&\left(\mathrm{i}\zeta_s+\frac{\nabla^2}{2m}+\mu\right)\mathscr{G}^{(1)}(\zeta_s;\boldsymbol{r},\boldsymbol{r}')+\Delta\bar{\mathscr{F}}^{(1)}(\zeta_s;\boldsymbol{r},\boldsymbol{r}')=\\&\qquad=\frac{\mathrm{i}e}{mc}\boldsymbol{A}(\boldsymbol{r})\nabla\mathscr{G}^{(0)}(\zeta_s;\boldsymbol{r}-\boldsymbol{r}'),\\&\left(-\mathrm{i}\zeta_s+\frac{\nabla^2}{2m}+\mu\right)\bar{\mathscr{F}}^{(1)}(\zeta_s;\boldsymbol{r},\boldsymbol{r}')-\Delta\mathscr{G}^{(1)}(\zeta_s;\boldsymbol{r},\boldsymbol{r}')=\\&\qquad=-\frac{\mathrm{i}e}{mc}\boldsymbol{A}(\boldsymbol{r})\nabla\bar{\mathscr{F}}^{(0)}(\zeta_s;\boldsymbol{r}-\boldsymbol{r}').\end{aligned}\right\}\tag{51.12}$$

由于这两个关于 $\boldsymbol{A}$ 的方程是线性的,只要对场的一个傅里叶分量求解便可,即

$$\boldsymbol{A}(\boldsymbol{r})=\boldsymbol{A}(\boldsymbol{k})\mathrm{e}^{\mathrm{i}\boldsymbol{k}\boldsymbol{r}},\quad\boldsymbol{k}\cdot\boldsymbol{A}(\boldsymbol{k})=0.\tag{51.13}$$

$\boldsymbol{A}(\boldsymbol{r})$取这种形式时,我们可以立即把函数 $\mathscr{G}^{(1)}$ 和 $\bar{\mathscr{F}}^{(1)}$ 对 $\boldsymbol{r}+\boldsymbol{r}'$ 的依赖关系分离出来,取:

$$\begin{aligned}\mathscr{G}^{(1)}(\zeta_s;\boldsymbol{r},\boldsymbol{r}')&=g(\zeta_s;\boldsymbol{r}-\boldsymbol{r}')\mathrm{e}^{\mathrm{i}\boldsymbol{k}\cdot(\boldsymbol{r}+\boldsymbol{r}')/2},\\\bar{\mathscr{F}}^{(1)}(\zeta_s;\boldsymbol{r},\boldsymbol{r}')&=f(\zeta_s;\boldsymbol{r}-\boldsymbol{r}')\mathrm{e}^{\mathrm{i}\boldsymbol{k}\cdot(\boldsymbol{r}+\boldsymbol{r}')/2}.\end{aligned}\tag{51.14}$$

这样,(51.12)式中的第一个方程分离之后取如下形式:

$$\left[\mathrm{i}\zeta_s+\frac{1}{2m}\left(\nabla+\frac{\mathrm{i}}{2}\boldsymbol{k}\right)^2+\mu\right]g(\zeta_s;\boldsymbol{r}-\boldsymbol{r}')+\Delta f(\zeta_s;\boldsymbol{r}-\boldsymbol{r}')=$$

$$=\frac{\mathrm{i}e}{mc}\boldsymbol{A}(\boldsymbol{k})\mathrm{e}^{\mathrm{i}\boldsymbol{k}\cdot(\boldsymbol{r}-\boldsymbol{r}')/2}\nabla\mathscr{G}^{(0)}(\zeta_s;\boldsymbol{r}-\boldsymbol{r}').$$

对于第二个方程也同样如此.我们现在将函数 g 和 f 对 $\boldsymbol{r}-\boldsymbol{r}'$ 进行傅里叶变换.最终,我们得到下面的代数方程组:

$$\left.\begin{aligned}&\left[\mathrm{i}\zeta_s-\frac{1}{2m}\left(\boldsymbol{p}+\frac{\boldsymbol{k}}{2}\right)^2+\mu\right]g(\zeta_s,\boldsymbol{p})+\Delta f(\zeta_s,\boldsymbol{p})=\\&=-\frac{e}{mc}\boldsymbol{p}\cdot\boldsymbol{A}(\boldsymbol{k})\mathscr{G}^{(0)}\left(\zeta_s,\boldsymbol{p}-\frac{\boldsymbol{k}}{2}\right),\\&\left[-\mathrm{i}\zeta_s-\frac{1}{2m}\left(\boldsymbol{p}+\frac{\boldsymbol{k}}{2}\right)^2+\mu\right]f(\zeta_s,\boldsymbol{p})-\Delta g(\zeta_s,\boldsymbol{p})=\\&=\frac{e}{mc}\boldsymbol{p}\cdot\boldsymbol{A}(\boldsymbol{k})\bar{\mathscr{F}}^{(0)}\left(\zeta_s,\boldsymbol{p}-\frac{\boldsymbol{k}}{2}\right).\end{aligned}\right\}\qquad(51.15)$$

利用函数 $\mathscr{G}^{(0)}$ 和 $\bar{\mathscr{F}}^{(0)}$ 的表达式(42.7—42.8)作简单的变换之后,便得出这两个方程的解:

$$g(\zeta_s,\boldsymbol{p})=-\frac{e}{mc}\boldsymbol{p}\cdot\boldsymbol{A}(\boldsymbol{k})\frac{(\mathrm{i}\zeta_s+\eta_+)(\mathrm{i}\zeta_s+\eta_-)+\Delta^2}{(\zeta_s^2+\varepsilon_+^2)(\zeta_s^2+\varepsilon_-^2)}.\qquad(51.16)$$

式中 $\varepsilon_\pm=\varepsilon(\boldsymbol{p}\pm\boldsymbol{k}/2)$, $\eta_\pm=\eta(\boldsymbol{p}\pm\boldsymbol{k}/2)$[下面我们不再需要函数 $f(\zeta_s,\boldsymbol{p})$].

现在我们来计算电流.为此,我们需把熟知的二次量子化表象中的电流密度的算符表达式①

$$\hat{\boldsymbol{j}}=\frac{\mathrm{i}e}{2m}[(\nabla\hat{\Psi}_\alpha^+)\hat{\Psi}_\alpha-\hat{\Psi}_\alpha^+(\nabla\hat{\Psi}_\alpha)]-\frac{e^2}{mc}\boldsymbol{A}\,\hat{\Psi}_\alpha^+\,\hat{\Psi}_\alpha$$

作为计算的依据.

为了把这个算符变到松原绘景中去,只要把海森伯算符 $\hat{\Psi},\hat{\Psi}^+$ 换成松原算符 $\hat{\Psi}^{\mathrm{M}},\hat{\bar{\Psi}}^{\mathrm{M}}$ 即可.回顾一下格林函数的定义(37.2),我们发现:电流密度(算符 $\hat{j}$ 的对角矩阵元,按吉布斯分布求平均)可以写成:

$$\boldsymbol{j}(\boldsymbol{r})=2\frac{\mathrm{i}e}{2m}[(\nabla'-\nabla)\mathscr{G}(\tau,\boldsymbol{r};\tau',\boldsymbol{r}')]_{\substack{r'=r\\ \tau'=\tau+0}}-\frac{e^2}{mc}\boldsymbol{A}(\boldsymbol{r})n,\qquad(51.17)$$

式中 n 是粒子数密度(因子 2 是来自于 $\mathscr{G}_{\alpha\alpha}=2\mathscr{G}$).

将 $\mathscr{G}=\mathscr{G}^{(0)}+\mathscr{G}^{(1)}$ 代入(51.17)式时,$\mathscr{G}^{(0)}$ 项消失了,因为对于均匀且各向

---

① 见第三卷§115.这里省略了粒子自旋对电流的贡献项.对于非铁磁系统来说(这时格林函数 $\mathscr{G}_{\alpha\beta}=\delta_{\alpha\beta}\mathscr{G}$),这一项在求平均时变为零.

同性的系统来说 $\mathscr{G}^{(0)}(\boldsymbol{r}-\boldsymbol{r}')$ 是偶函数，它的微商当 $\boldsymbol{r}-\boldsymbol{r}'=0$ 时变成零. 同样地把 $\boldsymbol{j}$ 按 $\tau-\tau'$ 进行傅里叶展开，得：

$$\boldsymbol{j}(\boldsymbol{r})=\frac{\mathrm{i}e}{m}T\sum_{s=-\infty}^{\infty}\left[(\nabla'-\nabla)\mathscr{G}^{(1)}(\zeta_s;\boldsymbol{r},\boldsymbol{r}')\right]_{\boldsymbol{r}'=\boldsymbol{r}}-\frac{e^2n}{mc}\boldsymbol{A}(\boldsymbol{r}),$$

把(51.13)和(51.14)式中的 $\boldsymbol{A}(\boldsymbol{r})$ 和 $\mathscr{G}^{(1)}$ 代入之后，则有：

$$\boldsymbol{j}(\boldsymbol{k})=\frac{2eT}{m}\sum_{s=-\infty}^{\infty}\int\boldsymbol{p}g(\zeta_s,\boldsymbol{p})\frac{\mathrm{d}^3p}{(2\pi)^3}-\frac{ne^2}{mc}\boldsymbol{A}(\boldsymbol{k}).$$

将(51.16)式中的 $g(\zeta_s,\boldsymbol{p})$ 代入上式，最好立即考虑矢量 $\boldsymbol{j}(\boldsymbol{k})$ 和 $\boldsymbol{A}(\boldsymbol{k})$ 的横向性，并在垂直于 $\boldsymbol{k}$ 的平面内对 $\boldsymbol{p}_{\perp}$ 的方向求平均，所用的公式为

$$\overline{\boldsymbol{p}_{\perp i}\boldsymbol{p}_{\perp k}}=\frac{p^2}{2}\sin^2\theta\left(\delta_{ik}-\frac{k_ik_k}{k^2}\right),$$

式中 θ 是 $\boldsymbol{k}$ 和 $\boldsymbol{p}$ 之间的夹角. 结果我们求得确定 $\boldsymbol{j}(\boldsymbol{k})$ 和 $\boldsymbol{A}(\boldsymbol{k})$ 之间关系的函数 $Q(\boldsymbol{k})$ 的如下表达式：

$$Q(\boldsymbol{k})=\frac{e^2T}{m^2c}\sum_{s=-\infty}^{\infty}\int p^2\sin^2\theta\frac{(\mathrm{i}\zeta_s+\eta_+)(\mathrm{i}\zeta_s+\eta_-)+\Delta^2}{(\zeta_s^2+\varepsilon_+^2)(\zeta_s^2+\varepsilon_-^2)}\cdot\frac{\mathrm{d}^3p}{(2\pi)^3}+\frac{ne^2}{mc},\tag{51.18}$$

$$\varepsilon_\pm^2=\eta_\pm^2+\Delta^2,\quad \eta_\pm=\frac{1}{2m}\left(\boldsymbol{p}\pm\frac{\boldsymbol{k}}{2}\right)^2-\mu.$$

这里所写的积分和求和从表面上看是发散的. 虽然这种发散实际上是虚假的，但是在计算时要慎重：在消除发散以前，计算结果甚至可能与求积分与求和的次序有关.

但这种困难可以避开，只要事先考虑到这一明显的情况便可：当 $\Delta=0$ 时定有 $Q=0$，即在正常金属中根本不存在超导电流. 因此，只要从(51.18)式中减去 $\Delta=0$ 时的同样的表达式，我们就不用更改答案了：

$$Q(\boldsymbol{k})=\frac{e^2T}{m^2c}\sum_{s=-\infty}^{\infty}\int p^2\sin^2\theta\left\{\frac{(\mathrm{i}\zeta_s+\eta_+)(\mathrm{i}\zeta_s+\eta_-)+\Delta^2}{(\zeta_s^2+\varepsilon_+^2)(\zeta_s^2+\varepsilon_-^2)}-\right.$$
$$\left.-\frac{1}{(\mathrm{i}\zeta_s-\eta_+)(\mathrm{i}\zeta_s-\eta_-)}\right\}\frac{\mathrm{d}^3p}{(2\pi)^3}.\tag{51.19}$$

这个表达式已很好地收敛，因而其中可以按任意次序求积分和求和.

首先应当指出：我们感兴趣的 $\boldsymbol{k}$ 值很小，其意思是 $k\ll p_{\mathrm{F}}$；此不等式简单地表明这一事实：超导体中磁场和电流发生改变的特征距离远大于粒子间距（即远大于 $\sim 1/p_{\mathrm{F}}$）.

我们先在(51.19)式中对 $\mathrm{d}p$ 求积分. 这个积分基本上集中在费米面附近的动量窄域之内，即在 $|p-p_{\mathrm{F}}|\sim k$ 的区域内. 在这个区域里，

$$\eta_\pm\approx\eta\pm\frac{1}{2}v_{\mathrm{F}}k\cos\theta\approx v_{\mathrm{F}}(p-p_{\mathrm{F}})\pm\frac{1}{2}v_{\mathrm{F}}k\cos\theta,$$

被积式中的因子 p^2 可以换成 p_F^2,而把对 d^3p 求积分换为对 $2\pi m p_F d\eta d\cos\theta$ 求积分. 此后,(51.19)式花括号中的第二项对 $d\eta$ 的积分将变成零,因为积分路线现在可以在 η 的复平面内由无限远半圆周封闭而成,因而积分变成零是被积式的两个极点位于同一个半平面(是上半平面或下半平面取决于 ζ_s 符号)内的结果.(51.19)式的第一项对 $d\eta$ 的积分是容易的,此后只剩下对变量 $x=\cos\theta$ 的积分. 再根据等式 $p_F^3=3\pi^2 n$ 引入密度 n,我们得到最终的结果(用通常的单位):

$$\left.\begin{aligned} Q(\boldsymbol{k}) &= \frac{3\pi T n e^2}{4mc}\sum_{s=-\infty}^{\infty}\int_{-1}^{1}\frac{\Delta^2(1-x^2)\,dx}{[\zeta_s^2+\Delta^2+(\hbar v_F kx/2)^2](\zeta_s^2+\Delta^2)^{1/2}} \\ \zeta_s &= (2s+1)\pi T \end{aligned}\right\} \tag{51.20}$$

(J. Bardeen, L. N. Cooper, J. R. Schrieffer, 1957)①

在 k 值很小的极限情况下($k\xi_0 \ll 1$,其中 $\xi_0 \sim \hbar v_F/\Delta_0 \sim \hbar v_F/T_c$ 是相干长度),可以证明:表达式(51.20)归结为与 k 无关的伦敦表达式(51.8);这里我们将不讨论此问题.

在相反的极限情况下,这时 $k\xi_0 \gg 1$,在(51.20)式的积分中 $x \lesssim T_c/\hbar k v_F \ll 1$ 区域是主要的. 因此被积式分子中的 x^2 与 1 相比可以忽略,然后,由于积分收敛得快,因而积分可以从 $-\infty$ 扩大到 ∞. 结果求得:

$$Q(\boldsymbol{k}) = \frac{3\pi^2 n e^2 T}{2mc\hbar v_F k}\sum_{s=-\infty}^{\infty}\frac{\Delta^2}{\zeta_s^2+\Delta^2}.$$

利用(42.10)式进行求知,我们可将此公式表为②

$$Q(\boldsymbol{k}) = \frac{c\beta}{4\pi k},$$

$$\beta = \frac{4\pi n e^2}{mc^2}\frac{3\pi^2}{4\hbar v_F}\Delta\,\mathrm{th}\frac{\Delta}{2T}, \quad k\xi_0 \gg 1 \tag{51.21}$$

当 $T \ll T_c$ 时,有 $n_s \approx n$,$\Delta \approx \Delta_0$,于是 $\beta \sim 1/\delta_L^2\xi_0$. 当 $T_c - T \ll T_c$ 时,能隙 Δ 很小,因此 $\tanh(\Delta/2T) \approx \Delta/2T_c$;考虑到式(40.4—40.5),(40.16),我们又重新得出 $\beta \sim 1/\delta_L^2\xi_0$. 所以,在从 0 到 T_c 的整个温度范围内都有

$$\beta \sim 1/\delta_L^2\xi_0. \tag{51.22}$$

因而,函数 $Q(\boldsymbol{k})$ 在 $k \lesssim 1/\xi_0$ 区域内大致保持不变(其中,在 $\boldsymbol{k}=0$ 点附近按 k^2 的幂作正则展开);超出这个区域,函数 $Q(\boldsymbol{k})$ 是衰减的,并当 $k \gg 1/\xi_0$ 时按

---

① 这里所讲的借助温度格林函数获得这一结果的方法,是属于 A. A. Абрикосов 和 Л. П. Горьков (1958)的工作.

② 这种形式的公式,是 A. B . Pippard, 1953 年还在微观超导理论建立之前,根据定性的考虑提出来的.

$1/k$ 的规律衰减. 函数 $Q(\boldsymbol{k})$ 的这种行为对应于坐标函数 $Q(\boldsymbol{r})$,后者在 $r\leqslant\xi_0$ 的区域内(按 $1/r^2$)规律衰减得慢,超出这个区域则按指数规律很快地衰减. 因此,磁场和电流之间的关联总是延伸在 $\sim\xi_0$ 的距离上. 应当强调,这一论断在从零到 T_c 的整个温度范围内都成立. 因而,在§44 中所作关于超导性特征长度 ξ_0 的普适性的论断,在此我们得到了证明.

§52 磁场对超导体的穿透深度

现在我们把上一节得出的结论应用于外磁场对超导体的穿透问题(这一问题的伦敦近似情况曾在§44 讨论过).

设超导体的界限为占据 $x>0$ 半空间的平面,而外场 $\mathfrak{H}$(随之也有超导体内的磁感应强度 $\boldsymbol{B}$)平行于表面并沿 z 轴方向. 于是所有的量只与坐标 x 有关,此时电流 $\boldsymbol{j}$ 和矢势 $\boldsymbol{A}$(在 $\nabla\cdot\boldsymbol{A}=0$ 规范内)都沿 y 轴方向. 麦克斯韦方程 $\nabla\times\boldsymbol{B}=-\Delta\boldsymbol{A}=4\pi\boldsymbol{j}/c$ 归结为

$$A''(x)=-\frac{4\pi}{c}j(x),\quad x>0. \tag{52.1}$$

式中的"$'$"表示对 x 的微商.

对于入射到金属表面的电子而言,这个方程的边界条件与金属表面的物理性质有关. 最简单的情况,是电子从金属表面作镜面反射. 显然,遵从这种反射定律时,半空间问题等价于无界介质问题,在这个问题中,场 $A(x)$ 沿 $x=0$ 平面的两边对称分布 $[A(x)=A(-x)]$. 这时,作为 x 奇函数的微商 $A'(x)$,当 $x=0$ 时不连续,并当 x 通过零时改变符号. 换言之,无界介质问题中半空间平面上的条件 $B=A'=\mathfrak{H}$ 对应于条件

$$A'(+0)-A'(-0)=2\mathfrak{H}. \tag{52.2}$$

将方程(52.1)乘以 e^{-ikx},并将它在从 $-\infty$ 到 ∞ 的界限内对 dx 积分. 在方程的左端写出

$$\int_{-\infty}^{\infty}A''e^{-ikx}dx=\int_{-\infty}^{0}(A'e^{-ikx})'dx+\int_{0}^{\infty}(A'e^{-ikx})'dx+ik\cdot\int_{-\infty}^{\infty}A'e^{-ikx}dx.$$

头两项积分共同给出 $-2\mathfrak{H}$,而末项已经可以简单地分部积分,因为函数 $A(x)$ 在 $x=0$ 处连续. 结果我们得出等式

$$2\mathfrak{H}+k^2A(k)=\frac{4\pi}{c}j(k),$$

式中 $A(k)$ 和 $j(k)$ 分别是定义在整个空间中的函数 $A(x)$ 和 $j(x)$ 的傅里叶分量. 因此可用关系式 $j(k)=-Q(k)A(k)$ 把这两个量联系起来,这里 $Q(k)$ 由上一节中得出的公式给出. 所以,我们求得场的傅里叶分量

$$A(k)=-\frac{2\mathfrak{H}}{k^2+4\pi Q(k)/c}. \tag{52.3}$$

穿透深度 δ 定义为①：

$$\delta=\frac{1}{\mathfrak{H}}\int_0^{\infty}B(x)\,\mathrm{d}x=-\frac{A(x=0)}{\mathfrak{H}}. \tag{52.4}$$

将 $A(x=0)$ 用傅里叶分量 $A(k)$ 表达出来，并将(52.3)式的 $A(k)$ 代入，我们有

$$\delta=-\frac{1}{\mathfrak{H}}\int_{-\infty}^{\infty}A(k)\frac{\mathrm{d}k}{2\pi}=\frac{1}{\pi}\int_{-\infty}^{\infty}\frac{\mathrm{d}k}{k^2+4\pi Q(|k|)/c}. \tag{52.5}$$

在这个积分中，$k^2\sim4\pi Q/c$ 的 k 的值域起主要作用. 在伦敦情况（当 $\delta_L\gg\xi_0$ 时），这些值很小，即当 $k\xi_0\ll1$. 这时 $Q(k)$ 由与 k 无关的表达式(51.8)给出，因而求(52.5)式的积分自然得出 $\delta=\delta_L$.

相反，在皮帕德情况（当 $\delta_L\ll\xi_0$ 时），重要的是积分中 $k\gg1/\xi_0$ 的值. 这里，$Q(k)$ 由表达式(51.21)给出，于是求(52.5)式的积分得：

$$\delta=\delta_p=4/3^{3/2}\beta^{1/3}, \tag{52.6}$$

考虑到(51.22)式，因此我们求得皮帕德穿透深度

$$\delta_p\sim(\delta_L^2\xi_0)^{1/3}. \tag{52.7}$$

上述计算都属于电子由金属表面作镜面反射的情况. 但是，在伦敦情况下穿透深度根本与电子的反射定律无关，这一点只要从 §44 中的 δ_L 值的推导来看就清楚了；当 $\delta\gg\xi_0$ 时，金属表面结构的细节是无关紧要的.

但就在皮帕德情况下，穿透深度对反射定律的依赖实际上也很不显著. 例如，在与镜面反射相反的漫反射的情况下（这时电子以任何方向入射，反射电子的速度方向，都是各向同性的），δ_p 值只不过是镜反射时的 9/8 倍.

§53　超导合金

杂质，对超导体比对正常金属性质的影响更为深刻. 只要杂质原子浓度 x 还小，对正常金属热力学量的修正就不大，只有当 $x\sim1$ 时，即当杂质原子间的平均距离可与晶格常数 a 相比较时这种修正才变大起来. 应当强调，这里我们所说的，当然是指电子对热力学量的贡献，并且所谈到的热力学量都是被传导电子在动量空间量子态分布的平均密度所决定的那些（例如：热容量及弱磁场中的磁化率等）.

在超导金属中还有另一种图像. 这一情形与存在比 a 大的特征长度参数——相干长度 ξ_0 有关. 由于电子在杂质原子上的散射会破坏电子间的关联性，只要电子的自由程可与 ξ_0 相比较时，超导体性质就能发生显著的改变；但这时浓度 x 仍然很小. 这里我们将定性地讲述为了一般了解这些低浓度合金性质

---

① 在场按指数规律衰减的情况下，这种定义与(44.13)式的定义是一致的.

所必需的主要结论①.

设杂质原子不具有角动量,因而也无磁矩(非顺磁杂质).在这种情况下,杂质对无外磁场的超导体的热力学性质只有微弱的影响.因为这种杂质并不破坏时间反演的对称性.实际上,以一定方式配置的杂质原子与电子的相互作用,可以用某一势场 $U(\boldsymbol{r})$ 给以描述.根据克拉默斯(Kramers)定理,在这种场中电子的能级仍然是二重简并的,并且这些能级所对应的状态恰好是彼此为时间反演的态,因此这些态上的电子可以构成库珀对.这种情况,和以前讲过的一样,将发生在界限分明的费米面附近.所不同的是,这个面现在不是给动量空间中的占有态限定界限,而是给场 $U(\boldsymbol{r})$ 内量子数空间中的占有态限定界限;在杂质浓度很低的情况下,费米面附近的量子态密度的变化很小.

因此显然,按杂质原子的位置求平均之后所得到的公式,与纯超导体理论得到的公式只差 x 微量级的修正.特别是,忽略这些无关紧要的修正,并不改变相变点温度 T_c 和在该点热容量的跃变值.因此也不改变金兹堡-朗道方程中系数的比值 α^2/b[见(45.8)];这个方程的形式本身同杂质的存在与否根本无关,不论对纯超导体或对超导合金,方程都以同样的准确程度成立.

另一方面,超导体的磁性质,尤其是磁场的穿透深度,当 $l\sim\xi_0$ 时就会发生显著的改变.我们现在来估计一下穿透深度,这时假定:即使杂质浓度 $x\ll1$,自由程仍有 $l\ll\xi_0$(A. B. Pippard,1953).

电子与杂质原子发生碰撞时,会消除在 $r\gtrsim l$ 距离上电子在运动中的关联.这就是说,超导体中电流和场之间的积分关系式中的核 $Q(r)$,在 $r\sim l\ll\xi_0$ 距离上就已按指数规律衰减.相应地,在动量表象中函数 $Q(k)$ 在 $k\lesssim1/l$ 区域内现在保持为一个常数.这个常数值,可以在 $kl\sim1$ 的情况下,通过与公式(51.21)(当 $k\gg1/l\gg1/\xi_0$ 时仍然成立)的"接合"来确定.因此我们求得:

$$Q(k)\sim\frac{ne^2}{mc}\frac{l\Delta}{\hbar v_F}\tanh\frac{\Delta}{2T},\quad 当\ kl\lesssim1\ 时. \tag{53.1}$$

穿透深度 δ 由 $k\sim1/\delta$ 时的关系式 $k^2\sim Q(k)/c$ 确定(见§52).利用(53.1)式,得:

$$\delta\sim\delta_L^{(纯)}(T=0)\left[\frac{\xi_0}{l\tanh(\Delta/2T)}\right]^{1/2}\sim\delta_L^{(纯)}(T)\left(\frac{\xi_0}{l}\right)^{1/2}. \tag{53.2}$$

并且若使这个公式成立,应当满足不等式 $\delta\gg l$,后者保证利用(53.1)式是合理的;上标(纯)表示无杂质情况下物理量之值,ξ_0 值也是指纯超导体之值.表达式(53.2)也可以表成伦敦公式,这时要将公式中的超导电子数密度理解为

---

① A. A. Абрикосов 和 Л. П. Горьков 建立的全部超导合金理论是相当复杂的,并超出了本书的范围.请参看原始论文:ЖЗТФ35,1588(1958);36,319(1959).

$$n_s \sim n_s^{(纯)} \xi_0 / l \tag{53.3}$$

如用金兹堡－朗道方程的系数 α 和 b 来表述，则关系式(53.2)就是[见(45.16)]：

$$\frac{b}{\alpha} \sim \left(\frac{b}{\alpha}\right)_{纯} \frac{\xi_0}{l},$$

再考虑到上面指出的比值 α^2/b 与杂质存在与否无关，我们求得：

$$\alpha \sim \alpha_{纯} \xi_0/l, \quad b \sim b_{纯}(\xi_0/l)^2. \tag{53.4}$$

根据(45.17)式，由此我们有关联半径

$$\xi(T) \sim \xi(T)_{纯}(l/\xi_0)^{1/2} \tag{53.5}$$

以及(45.18)式的参数

$$\kappa \sim \kappa_{纯} \xi_0/l \gg \kappa_{纯}. \tag{53.6}$$

当自由程充分小时，$\kappa > 1/\sqrt{2}$，因此足够“脏”的超导体属于第二类超导体.

金兹堡－朗道方程对“脏”超导体的适用范围，从低温方面来看，实际上只限于条件 $T_c - T \ll T_c$. 所需的不等式 $\delta(T) \gg l$，在这种情况下等价于更弱的条件

$$\frac{T_c - T}{T_c} \ll \kappa_{纯}^2 \left(\frac{\xi_0}{l}\right)^3 \sim \kappa^2 \frac{\xi_0}{l}.$$

最后，我们提一下顺磁杂质超导体的性质. 这些杂质会破坏系统对时间反演的对称性，因而也破坏了电子的成对现象(当存在磁矩时，时间反演出要求改变磁矩的符号，即实质上是指把一个物理系统换成另一个物理系统). 这些杂质对超导体性质影响的定量量度，乃是导致自旋方向改变(与杂质原子发生交换作用所引起)的散射的自由程 l_s. 当浓度 x 达到临界值时，$l_s \sim \xi_0$，超导性就消失了.

但是，事实上数量级相同的临界浓度有两个. 当取其中小的 x_1 时，能谱中的能隙 Δ 将变成零；而凝聚体波函数 Ξ 只在某一浓度 $x_2 > x_1$ 时才变为零. 在浓度为 x_1 和 x_2 之间的范围内，将发生**无能隙**超导性. 因为推导 §44 中的伦敦方程时，只是利用了存在凝聚体波函数和考虑了规范不变性这一事实，所以显然，超导体的主要性质——存在超导电流，有迈斯纳(Meissner)效应——在这个浓度范围内仍然保留. 就超导体平衡性质来说，由于热容量对温度不按指数规律变化，能谱里便不出现能隙. 应当指出，这里与 §23 中的朗道超流准则并不发生矛盾，因为这个准则根本不适于无序系统(即我们所研究的合金类型)，这是由于元激发不是用一定的动量来表征的①.

① 关于无能隙超导性理论的论述，请参看原始论文：А. А. Абрикосов, Л. П. Горьков, ЖЭТФ39, 1781(1960).

§54 粒子对的轨道角动量不等于零时的库珀效应

我们不只一次地说过，在费米系统中产生超流性的基础是库珀效应——在费米面上相互吸引的粒子构成束缚态（即组成粒子对）. 对于费米气体来说，吸引作用的条件可以表达为要求散射长度 $a=\int Ud^3x$ 具有负值，也就是说，处于相对运动轨道角动量为零（$l=0$）的状态的两个粒子的散射幅具有正值（在小能量情况下，正是这个态给散射以主要贡献）.

但是，正确而更有力的论断是：不论轨道角动量 l 为何值，只要相互作用具有吸引性质，就会发生粒子成对现象（结果就产生超流性）（Л. Д. 朗道，1959）. 应当强调，在讲到各向同性系统（液体或气体）时，可以按 l 值给状态分类.

现在对费米气体来证明这一论断，这里所用的方法是：只根据系统（正常费米气体）在温度 $T>T_c$ 时的性质，在原则上能够确定出向超流态转变的温度 T_c.

在 §18 中曾提到，在正常费米系统格林函数这一数学工具中，粒子对的束缚态能量可表现为顶角函数 Γ 的极点；对于温度顶角函数（$T\neq 0$ 时）也是一样，该函数我们用 $\mathscr{T}$ 来表示. 当出现这种极点之后，整个这个数学工具事实上就不用了. 但我们还是把它应用于最初的时刻，这时，温度降低并当 $T=T_c$ 时初次出现极点，而且粒子对的束缚能在这一时刻应等于零；超流态和正常相的状态这时是一致的.

在如下的骨架图上：

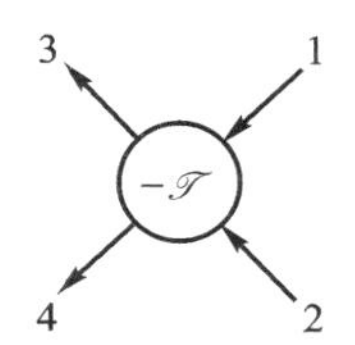

圆圈表示 $-\mathscr{T}$. 相变点 T_c 这样来确定：按照上边指出的理由，它是在

$$\zeta_{s1}=\zeta_{s2}=0,\quad \boldsymbol{p}_1+\boldsymbol{p}_2=0 \tag{54.1}$$

的情况下，$\mathscr{T}$ 具有极点时的温度. 第一个等式表示，成对粒子都处于费米面上，而粒子对的束缚能等于零；第二个等式的意思是，成对粒子具有相反的动量.

不论粒子间的吸引作用多么微弱，都能产生粒子对. 显然，为产生极点，必须使顶角函数的微扰论级数的一些项在（54.1）条件下并当 $T_c\to 0$ 时（当吸引弱时，T_c 也小）含有发散的积分；否则，所有对一级近似有限项的修正，在任何温度下都将明显地小于这一项，而且不可能出现极点.

梯形图级数

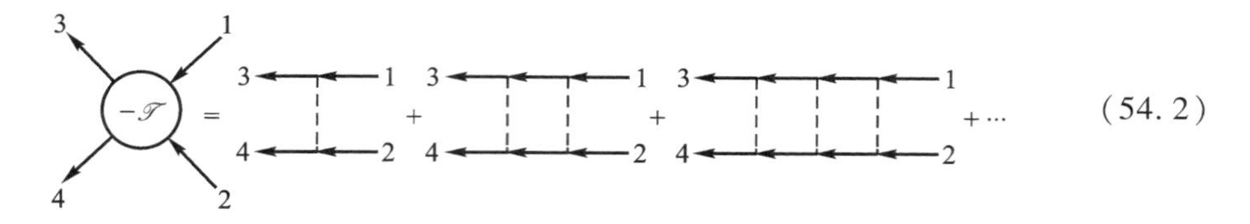

(54.2)

将满足这一要求. 随后将会看到,在从第二个图起的全部图中,由于增加虚线所带来的微小相互作用,在上述意义下,被积分的发散所补偿①.

把从(17.3)式变到(17.4)式时曾用过的方法应用于这个级数后,我们发现,等式(54.2)等价于图方程

(54.3)

图的自由端线和内线对应于(54.3)图[已考虑到条件(54.1)]中所示的各宗量:

$$P_1 = (0, \boldsymbol{p}_1), \quad P_3 = (0, \boldsymbol{p}_3), \quad Q = (\mathrm{i}\zeta_s, \boldsymbol{q}).$$

理想气体格林函数的自旋依赖关系分离成 $\mathscr{G}_{\alpha\beta}^{(0)} = \delta_{\alpha\beta}\mathscr{G}^{(0)}$ 的形式,而顶角函数(没有反对称化!)的自旋依赖关系为

$$\mathscr{T}_{\gamma\delta,\alpha\beta}(P_3, P_4; P_1, P_2) = \delta_{\alpha\gamma}\delta_{\beta\delta}\mathscr{T}(P_3, P_4; P_1, P_2)$$

将图(54.3)按§38中所指出的规则展开并缩并自旋因子,我们即得到关于函数$\mathscr{T}$的积分方程

$$\begin{aligned}&\mathscr{T}(\boldsymbol{p}_3 - \boldsymbol{p}_3; \boldsymbol{p}_1, -\boldsymbol{p}_1) + \\ &+ T\sum_{s=-\infty}^{\infty}\int U(\boldsymbol{p}_3 - \boldsymbol{q})\mathscr{G}^{(0)}(\zeta_s, \boldsymbol{q})\mathscr{G}^{(0)}(-\zeta_s, -\boldsymbol{q}) \times \\ &\times \mathscr{T}(\boldsymbol{q}, -\boldsymbol{q}; \boldsymbol{p}_1, -\boldsymbol{p}_1)\frac{\mathrm{d}^3 q}{(2\pi)^3} = U(\boldsymbol{p}_1 - \boldsymbol{p}_3).\end{aligned} \tag{54.4}$$

此方程中的求和及积分中,离散变量 ζ_s 的一些小的值和费米面附近的诸 $\boldsymbol{q}$ 值最为重要(见下文). 因此,在积分号下的因子 U 和 $\mathscr{T}$ 中可以取 $\zeta_s = 0$ 及 $q = p_{\mathrm{F}}$. 在费米面上还有矢量 $\boldsymbol{p}_1$ 和 $\boldsymbol{p}_3$. 所以,方程(54.4)中函数 $\mathscr{T}$ 和 U 的每一个,都只与一个独立变量——费米面上三个矢量 $\boldsymbol{p}_1, \boldsymbol{p}_3$ 和 $\boldsymbol{q}$ 中的任意两个之间的夹角

① 本来还需绘出图(54.2)因交换端线3和4而补充的同样的图级数,以使顶角函数对它的自旋和轨道宗量反对称化. 但这里为了达到确定 T_c 的目的,可以不必这样做,因为在顶角函数的这两部分中会同时出现极点.

有关.

现在我们可以求解方程(54.4),为此将 U 和 $\mathscr{T}$ 按勒让德多项式展成级数:

$$
\begin{aligned}
U(\vartheta) &= \sum_{l=0}^{\infty}(2l+1)a_l P_l(\cos\vartheta),\\
\mathscr{T}(\vartheta) &= \sum_{l=0}^{\infty}(2l+1)\mathscr{T}_l P_l(\cos\vartheta).
\end{aligned}
\tag{54.5}
$$

式中 ϑ 是上述三个矢量中任意两矢量之间的夹角. 将这两个展开式代入(54.4)式,并借助于球函数相加定理按方向求积分,得:

$$
\mathscr{T}_l(1+a_l\Pi)=a_l,\tag{54.6}
$$

式中

$$
\begin{aligned}
\Pi &= T\sum_{s=-\infty}^{\infty}\int|\mathscr{G}^{(0)}(\zeta_s,\boldsymbol{q})|^2\frac{d^3q}{(2\pi)^3}=\\
&=\frac{T}{(2\pi)^3}\sum_{s=-\infty}^{\infty}\int\frac{d^3q}{\zeta_s^2+\eta_q^2}.
\end{aligned}
\tag{54.7}
$$

函数 $\mathscr{G}^{(0)}$ 取自(37.13)式,而 $\eta_q=q^2/2m-\mu\approx v_F(q-p_F)$. 根据求和公式(42.10),则有:

$$
\Pi=\frac{1}{2(2\pi)^3}\int\tanh\frac{\eta_q}{2T}\frac{d^3q}{\eta_q}.\tag{54.8}
$$

对 $dq=d\eta/v_F$ 的积分,在积分上限处的发散是虚假的(见 150 页上的注解),因而积分应当在某个 $\eta\approx\tilde{\varepsilon}_l$ 处截断①. 但当 $T\to0$ 时,积分在下限处也呈对数发散,即有 $\ln(1/T)$ 的行为.

由(54.6)式可见,在

$$
1+a_l\Pi=0\tag{54.9}
$$

的条件下,$\mathscr{T}_l$ 将变为无穷大(即 $\mathscr{T}$ 有极点). 方程(54.9)同在 $l=0$ 值时确定粒子成对的相变点的方程(42.11)在形式上是一致的,所不同的只是要把后一方程中的"耦合常数"g 换成 $-a_l$[对比(42.11)式];若把此公式理解为确定 T_c 的方程,还需在公式中取 $\Delta=0$,这样 $\varepsilon(p)$ 便与 η_p 相同了. 因此我们看到,只要有一个 a_l 值是负的,顶角函数就有极点;这时相变温度

$$
T_c^{(l)}=\frac{\gamma}{\pi}\tilde{\varepsilon}_l\exp\left(-\frac{2}{|a_l|\nu_F}\right)\tag{54.10}
$$

[比较(40.4)和(39.19)式]. 假如 l 取一系列不同的值,且 $a_l<0$,则相变发生在

① 由于(54.7)式中对 s 的求和很快地收敛,所以在求和式中实际上重要的只有小的 ζ_s 值,而对 dq 积分的对数性质,则证实 q 接近于 p_F 的假设是正确的.

对应于最大的 $|a_l|$ 的温度 T_c^l. ①

可以证明,在一切由电中性原子组成的费米气体(或液体)中,只要 l 值足够大,a_l 在任何情况下都必定是负值(Л. П. Питаевский,1959). 原因是,中性原子的相互作用,总会发生在大距离范围上,在这样距离内相互作用具有吸引的性质,即所谓范德瓦尔斯吸引.

在实际存在的这类液体——液态 ^{3}He 同位素中,产生超流性,看来有赖于 $l=1$ 时的粒子对②. 这里我们不去详细研究超流相的结构,而只是简单地讨论一下如何选择区分超流相与正常相的序参数. 当高于相变点时等于零、而低于相变点时不等于零的物理量,是反常格林函数 $F_{\alpha\beta}(t,\boldsymbol{r}_1;t,\boldsymbol{r}_2)\equiv F_{\alpha\beta}(\boldsymbol{r}_1-\boldsymbol{r}_2)$;在 §41 中曾指出,它起着束缚粒子对的波函数的作用. 它在费米面上(即当 $\boldsymbol{p}=2p_F\boldsymbol{n}$ 时)的傅里叶分量 $F_{\alpha\beta}(\boldsymbol{p})$ 是方向 $\boldsymbol{n}$ 的函数(和在 $l=0$ 时粒子对的情况一样,它不是常数). 因为 ψ 算符是反对易的,函数 $F_{\alpha\beta}(\boldsymbol{n})$ 对于粒子交换当然是反对称的:

$$F_{\alpha\beta}(\boldsymbol{n})=-F_{\beta\alpha}(-\boldsymbol{n}).$$

在粒子对构成 $l=1$ 的情况下(对任何奇数值角动量也一样),$F_{\alpha\beta}$ 是 $\boldsymbol{n}$ 的奇函数,因此 $F_{\alpha\beta}$ 是一个对称旋量. 这就是说,粒子对的自旋等于 1,对于 l 为奇数的两个全同费米子的状态来说,本应如此. 二阶对称旋量等价于一个矢量,我们用 $\boldsymbol{d}$ 来表示它. 在 $l=1$ 的情况下,$\boldsymbol{d}$ 对 $\boldsymbol{n}$ 的依赖关系应当符合于勒让德多项式 $\mathrm{P}_l(\cos\theta)$,即具有线性关系:$d_i=\psi_{ik}n_k$. 于是复二阶张量 ψ_{ik}(不一定是对称的!)可以描述超流相. 实际上存在两种不同的液态 ^{3}He 的超流相,而它们是用张量 ψ_{ik} 的不同形式加以区别的.

---

① 应当指出,假如所有的 $a_l>0$,则不会发生相变现象,并且 $\mathscr{T}_l$ 的公式(54.6)在直到 $T=0$ 的任何温度都能成立. 当 $T\to 0$ 时所有 $\mathscr{T}_l$ 都按 $\mathscr{T}_l\propto 1/|\ln T|$ 的规律趋于零. 正如 24 页的注解中提到的事实:动量相反的粒子的函数 $\mathscr{T}$(还有准粒子相互作用函数 f),当 $T\to 0$ 时变成零.

② 在温度 $\sim 10^{-3}$K 时,发生相变. 应当指出,小的 T_c 保证存在一个区域,可以将正常费米液体理论应用于液态 ^{3}He.

第六章

晶格中的电子

§55 周期场中的电子

晶体中各原子的电子壳层彼此强烈地相互作用. 因此,已经不能说单个原子的能级,而只能说整个晶体全部原子的电子壳层集体的能级. 对于不同类型的固体,其电子能谱的性质不同. 作为研究这些能谱的准备步骤,还必需讨论单电子在空间周期外电场(晶格模型)的行为,这是一个更加公式化的问题,将在§55—§60中阐述.

场的周期性意味着:场在平移任何形为 $\boldsymbol{a}=n_1\boldsymbol{a}_1+n_2\boldsymbol{a}_2+n_3\boldsymbol{a}_3$ 的矢量保持不变(其 $\boldsymbol{a}_1,\boldsymbol{a}_2,\boldsymbol{a}_3$ 是晶格的基周期(基格矢);n_1,n_2,n_3 是整数)

$$U(\boldsymbol{r}+\boldsymbol{a})=U(\boldsymbol{r}), \tag{55.1}$$

因此,描写在此场内电子运动的薛定谔方程. 对于任意变换 $\boldsymbol{r}\to\boldsymbol{r}+\boldsymbol{a}$ 也是不变的. 由此得到,如果 $\psi(\boldsymbol{r})$ 是某一定态的波函数,那么 $\psi(\boldsymbol{r}+\boldsymbol{a})$ 也是描写同样电子状态的薛定谔方程的解. 这表明,两个函数是一致的,其精度只差一个常数因子:$\psi(\boldsymbol{r}+\boldsymbol{a})=$ 常数 $\cdot\,\psi(\boldsymbol{r})$. 显然,常数的模应等于1,否则,当无限次重复位移 $\boldsymbol{a}$(或者 $-\boldsymbol{a}$)时,波函数将趋向无穷大. 具有这样性质的函数的一般形式为:

$$\psi_{s\boldsymbol{k}}(\boldsymbol{r})=\mathrm{e}^{\mathrm{i}\boldsymbol{k}\cdot\boldsymbol{r}}u_{s\boldsymbol{k}}(\boldsymbol{r}). \tag{55.2}$$

其中 $\boldsymbol{k}$ 是任意(实数)常矢量,而 $u_{s\boldsymbol{k}}$ 是周期函数

$$u_{s\boldsymbol{k}}(\boldsymbol{r}+\boldsymbol{a})=u_{s\boldsymbol{k}}(\boldsymbol{r}), \tag{55.3}$$

这个结果首先由布洛赫(F. Bloch,1929)获得;(55.2)形式的波函数称为**布洛赫函数**,因此周期场中的电子常常叫做布洛赫电子.

一般说来,在给定 $\boldsymbol{k}$ 值时,薛定谔方程有各种解的无穷系列,这与电子能量 $\varepsilon(\boldsymbol{k})$ 各种离散值的无穷系列相对应,$\psi_{s\boldsymbol{k}}$ 的下标 s 标志这些解,这种下标(**能带序号**)也应刻划函数 $\varepsilon=\varepsilon_s(\boldsymbol{k})$ 的不同分支——即电子在周期场内的色散律. 在每个带内能量取遍一定的有限区间值.

对于不同的带,这些区间或被“能隙”所隔开或部分地交叠;在后一种情况下,交叠区域里的每个能量值对应于各带中不同的 $\boldsymbol{k}$ 值. 这在几何上表明:对应于两个交叠带 s,s' 的等能面位于 $\boldsymbol{k}$ 空间的不同区域. 能带交叠形式上表示简并——不同态具有相同的能量. 但是,既然这些态对应不同的 $\boldsymbol{k}$ 值,那么,在能谱中就不会有任何奇异性. 应该将带的交叉跟交叠的一般情形区别开来,交叉时 $\varepsilon_s(\boldsymbol{k})$ 和 $\varepsilon_{s'}(\boldsymbol{k})$ 之值在相同的点 $\boldsymbol{k}$ 上是相同的(等能面交叉). 通常只把这种情况理解为简并;交叉使能谱中出现一定的奇异性.

当然,具有不同的 s 或 $\boldsymbol{k}$ 的一切函数 $\psi_{s\boldsymbol{k}}$ 都相互正交,特别是,由 s 不同而 $\boldsymbol{k}$ 相同的 $\psi_{s\boldsymbol{k}}$ 的正交性中得出函数 $u_{s\boldsymbol{k}}$ 的正交性. 此时,由于函数的周期性,积分按晶格的一个元胞体积 v 进行已足够了;相应的归一化为

$$\int u_{s'\boldsymbol{k}}^{*} u_{s\boldsymbol{k}} \mathrm{d}v = \delta_{ss'}, \tag{55.4}$$

当平移变换 $\boldsymbol{r} \to \boldsymbol{r}+\boldsymbol{a}$ 时,矢量 $\boldsymbol{k}$ 的意义在于用来决定波函数的行为. 用 $\mathrm{e}^{\mathrm{i}\boldsymbol{k}\cdot\boldsymbol{a}}$ 乘波函数

$$\psi_{s\boldsymbol{k}}(\boldsymbol{r}+\boldsymbol{a}) = \mathrm{e}^{\mathrm{i}\boldsymbol{k}\cdot\boldsymbol{a}}\psi(\boldsymbol{r}), \tag{55.5}$$

由此立即得到,量 $\boldsymbol{k}$ 按其定义不是单值的:差任一个倒格矢 $\boldsymbol{b}$ 的动量值,都会使波函数具有相同的行为(因子 $\exp\{\mathrm{i}(\boldsymbol{k}+\boldsymbol{b})\boldsymbol{a}\} = \exp(\mathrm{i}\boldsymbol{k}\cdot\boldsymbol{a})$). 换言之,这样一些 $\boldsymbol{k}$ 值在物理上是等价的,它们对应于同一个电子态,即同一个波函数. 可以说,函数 $\psi_{s\boldsymbol{k}}$(在倒格子中)是下标 $\boldsymbol{k}$ 的周期函数:

$$\psi_{s,\boldsymbol{k}+\boldsymbol{b}}(\boldsymbol{r}) = \psi_{s\boldsymbol{k}}(\boldsymbol{r}), \tag{55.6}$$

能量也是周期性的:

$$\varepsilon_s(\boldsymbol{k}+\boldsymbol{b}) = \varepsilon_s(\boldsymbol{k}). \tag{55.7}$$

函数(55.2)式同自由电子波函数——平面波 $\psi = 常数 \times \exp(\mathrm{i}\boldsymbol{p}\cdot\boldsymbol{r}/\hbar)$ 有某种相似性. 这时恒矢量 $\hbar\boldsymbol{k}$ 作为守恒量. 我们又得出电子在周期场内**准动量**的概念(如第五卷 §71 中的声子). 我们着重指出,在这种情况下根本不存在真正的守恒动量,因为在外场内动量守恒定律是不成立的. 但是,绝妙的是在周期场内,电子仍然可以用某一恒矢量来表征.

在给定的准动量为 $\hbar\boldsymbol{k}$ 的定态上,真实动量以各种概率可有无穷多个 $\hbar(\boldsymbol{k}+\boldsymbol{b})$ 形式的值. 这是因为,空间周期函数展成傅里叶级数,含有形为 $\mathrm{e}^{\mathrm{i}\boldsymbol{b}\cdot\boldsymbol{r}}$ 的各项:

$$u_{s\boldsymbol{k}}(\boldsymbol{r}) = \sum_{\boldsymbol{b}} a_{s,\boldsymbol{k}+\boldsymbol{b}} \mathrm{e}^{\mathrm{i}\boldsymbol{b}\cdot\boldsymbol{r}}$$

因此波函数(55.2)分解为平面波

$$\psi_{s\boldsymbol{k}}(\boldsymbol{r}) = \sum_{\boldsymbol{b}} a_{s,\boldsymbol{k}+\boldsymbol{b}} \mathrm{e}^{\mathrm{i}(\boldsymbol{k}+\boldsymbol{b})\cdot\boldsymbol{r}}, \tag{55.8}$$

展开系数仅依赖于$(\boldsymbol{k}+\boldsymbol{b})$之和的事实,表明在倒格子中的周期性质(55.6). 需要着重指出,这个事实[连同性质(55.6)]不是加给波函数的条件,而是场 $U(\boldsymbol{r})$

的周期性的自然结果.

矢量 $\boldsymbol{k}$ 在物理上的一切不同值皆分布于倒格子的一个元胞内. 这个元胞的"体积"等于$(2\pi)^3/v$,其中 v 是晶格本身的元胞体积. 另一方面,用 $\boldsymbol{k}/2\pi$ 空间的体积来决定与其对应的(物体每单位体积的)状态数. 因此,每个能带里的状态数等于 $1/v$,即等于晶体单位体积中的元胞数.

函数 $\varepsilon_s(\boldsymbol{k})$ 除了在 $\boldsymbol{k}$ 空间内的周期性外,还有与晶格方向对称性(晶类)相对应的转动和反射对称性. 并且,不论在此晶类中是否存在对称中心,总有

$$\varepsilon_s(-\boldsymbol{k})=\varepsilon_s(\boldsymbol{k}), \tag{55.9}$$

这个性质是时间反演对称性的结果. 事实上,由于这个对称性,如果 $\psi_{s\boldsymbol{k}}$ 是电子的定态波函数,那么其复数共轭函数 $\psi_{s\boldsymbol{k}}^*$ 也是描写同一能量的某个态. 但在平移时,$\psi_{s\boldsymbol{k}}^*$ 要乘以 $\mathrm{e}^{-\mathrm{i}\boldsymbol{k}\cdot\boldsymbol{a}}$,即与其对应的准动量是 $-\boldsymbol{k}$①.

下面我们研究周期场内的两个电子. 把它们看成一个波函数为 $\psi(\boldsymbol{r}_1,\boldsymbol{r}_2)$ 的系统,我们发现,在平移时这个波函数应该乘以 $\mathrm{e}^{\mathrm{i}\boldsymbol{k}\cdot\boldsymbol{a}}$ 型的因子. 这里,$\boldsymbol{k}$ 可称为系统的准动量. 另一方面,电子间的距离很大时,波函数 $\psi(\boldsymbol{r}_1,\boldsymbol{r}_2)$ 归结为单电子波函数之积,且在平移时乘以 $\mathrm{e}^{\mathrm{i}\boldsymbol{k}_1\boldsymbol{a}}\mathrm{e}^{\mathrm{i}\boldsymbol{k}_2\boldsymbol{a}}$. 由于要求此因子的这两种写法一致,我们得到

$$\boldsymbol{k}=\boldsymbol{k}_1+\boldsymbol{k}_2+\boldsymbol{b} \tag{55.10}$$

特别是,由此得出:在周期场中运动的两个电子碰撞时,其准动量之和的守恒性精确到可差一个倒格矢:

$$\boldsymbol{k}_1+\boldsymbol{k}_2=\boldsymbol{k}_1'+\boldsymbol{k}_2'+\boldsymbol{b}. \tag{55.11}$$

在定义电子平均速度时,还要说明准动量和真实动量间进一步的相似性. 计算平均速度,需要知道 $\boldsymbol{k}$ 表象中的速度算符 $\hat{\boldsymbol{v}}=\dot{\hat{\boldsymbol{r}}}$. 在此表象中,算符作用在任意波函数按本征函数 $\psi_{s\boldsymbol{k}}$ 展开的系数 $C_{s\boldsymbol{k}}$ 上:

$$\psi=\sum\int C_{s\boldsymbol{k}}\psi_{s\boldsymbol{k}}\mathrm{d}^3k. \tag{55.12}$$

首先求算符 $\hat{\boldsymbol{r}}$. 我们有恒等式:

$$\boldsymbol{r}\psi=\sum_s\int C_{s\boldsymbol{k}}\boldsymbol{r}\psi_{s\boldsymbol{k}}\mathrm{d}^3k=\sum_s\int C_{s\boldsymbol{k}}\left(-\mathrm{i}\frac{\partial\psi_{s\boldsymbol{k}}}{\partial\boldsymbol{k}}+\mathrm{i}\mathrm{e}^{\mathrm{i}\boldsymbol{k}\cdot\boldsymbol{r}}\frac{\partial u_{s\boldsymbol{k}}}{\partial\boldsymbol{k}}\right)\mathrm{d}^3k.$$

对第一项分部积分,在第二项中将周期函数 $\partial u_{s\boldsymbol{k}}/\partial\boldsymbol{k}$(类似 $u_{s\boldsymbol{k}}$ 本身)按同一个 $\boldsymbol{k}$ 的正交函数系 $u_{s\boldsymbol{k}}$ 展开:

$$\frac{\partial u_{s\boldsymbol{k}}}{\partial\boldsymbol{k}}=-\mathrm{i}\sum_{s'}\langle s\boldsymbol{k}|\boldsymbol{\Omega}|s'\boldsymbol{k}\rangle u_{s'\boldsymbol{k}}. \tag{55.13}$$

---

① 在能带交叠时,严格说来,由这些论证只能得到 $\varepsilon_s(-\boldsymbol{k})=\varepsilon_{s'}(\boldsymbol{k})$,其中 s 和 s' 是某能带的序号. 然而,适当地规定函数 $\varepsilon(\boldsymbol{k})$ 的各不同分支的序号,总可获得(55.9)式.

其中$\langle s\boldsymbol{k}|\boldsymbol{\Omega}|s'\boldsymbol{k}\rangle$是常系数. 得到

$$\boldsymbol{r}\psi = \sum_{s}\int \mathrm{i}\psi_{sk}\frac{\partial C_{sk}}{\partial \boldsymbol{k}}\mathrm{d}^3k + \sum_{ss'}\int C_{sk}\langle s\boldsymbol{k}|\boldsymbol{\Omega}|s'\boldsymbol{k}\rangle\psi_{s'k}\mathrm{d}^3k =$$

$$= \sum_{s}\int\left\{\mathrm{i}\frac{\partial C_{sk}}{\partial \boldsymbol{k}} + \sum_{s'}\langle s'\boldsymbol{k}|\boldsymbol{\Omega}|s\boldsymbol{k}\rangle C_{s'k}\right\}\psi_{sk}\mathrm{d}^3k.$$

另一方面,按算符 $\hat{\boldsymbol{r}}$ 的定义,应该有

$$\hat{\boldsymbol{r}}\psi = \sum_{s}\int(\hat{\boldsymbol{r}}C_{sk})\psi_{sk}\mathrm{d}^3k.$$

与已得表达式比较,则得

$$\hat{\boldsymbol{r}} = \mathrm{i}\frac{\partial}{\partial \boldsymbol{k}} + \hat{\boldsymbol{\Omega}} \tag{55.14}$$

其中(厄米)算符 $\hat{\boldsymbol{\Omega}}$ 由其矩阵$\langle s'\boldsymbol{k}|\boldsymbol{\Omega}|s\boldsymbol{k}\rangle$给出. 重要的是,这个矩阵对指标 $\boldsymbol{k}$ 是对角的,因此算符 $\hat{\boldsymbol{\Omega}}$ 同算符 $\hat{\boldsymbol{k}}\equiv\boldsymbol{k}$ 是可对易的.

按一般的原则,电子的速度算符是由 $\hat{\boldsymbol{r}}$ 算符同哈密顿算符的对易关系得到的. 在 $\boldsymbol{k}$ 表象内,哈密顿算符 $\hat{H}$ 是元素为 $\varepsilon_s(\boldsymbol{k})$ 的对角矩阵,其指标是 $\boldsymbol{k}$ 和能带序号 s①. 而只作用在变量 $\boldsymbol{k}$ 的算符$\partial/\partial\boldsymbol{k}$ 是对指标 s 的对角矩阵. 因此表式

$$\hat{\boldsymbol{v}} = \frac{\mathrm{i}}{\hbar}(\hat{H}\hat{\boldsymbol{r}} - \hat{\boldsymbol{r}}H) = -\frac{1}{\hbar}\left(\hat{H}\frac{\partial}{\partial \boldsymbol{k}} - \frac{\partial}{\partial \boldsymbol{k}}\hat{H}\right) + \hat{\dot{\boldsymbol{\Omega}}}$$

中的第一项是对角矩阵,其矩阵元是:

$$-\frac{1}{\hbar}\left(\varepsilon_s(\boldsymbol{k})\frac{\partial}{\partial \boldsymbol{k}} - \frac{\partial}{\partial \boldsymbol{k}}\varepsilon_s(\boldsymbol{k})\right) = \frac{1}{\hbar}\frac{\partial\varepsilon_s(\boldsymbol{k})}{\partial \boldsymbol{k}}.$$

$\dot{\boldsymbol{\Omega}}$ 矩阵元同 $\boldsymbol{\Omega}$ 矩阵元的关系是

$$\langle s\boldsymbol{k}|\dot{\boldsymbol{\Omega}}|s'\boldsymbol{k}\rangle = \frac{\mathrm{i}}{\hbar}[\varepsilon_s(\boldsymbol{k}) - \varepsilon_{s'}(\boldsymbol{k})]\langle s\boldsymbol{k}|\boldsymbol{\Omega}|s'\boldsymbol{k}\rangle.$$

这个表达式在 $s=s'$时变为零,即 $\dot{\boldsymbol{\Omega}}$ 没有按能带序号的对角元. 这样一来,终于求得电子速度的矩阵元:

$$\langle s\boldsymbol{k}|\boldsymbol{v}|s\boldsymbol{k}\rangle = \frac{\partial\varepsilon_s(\boldsymbol{k})}{\hbar\partial \boldsymbol{k}},\quad \langle s\boldsymbol{k}|\boldsymbol{v}|s'\boldsymbol{k}\rangle = \langle s\boldsymbol{k}|\dot{\boldsymbol{\Omega}}|s'\boldsymbol{k}\rangle,(s\neq s'). \tag{55.15}$$

这个矩阵的对角元是速度在有关态上的平均值. 于是,此值作为准动量的函数表示为

$$\bar{\boldsymbol{v}}_s = -\frac{\partial\varepsilon_s(\boldsymbol{k})}{\hbar\partial \boldsymbol{k}}, \tag{55.16}$$

它完全类似于通常的经典关系.

---

① 确切地,应该说成 $\boldsymbol{k}s$ 表象. 我们记得,在这个表象中的波函数 C_{sk} 并非完全任意的,它们应该对 $\boldsymbol{k}$ 为周期函数.

迄今为止，我们的叙述都没有涉及电子的自旋. 当忽略相对论效应（自旋与轨道的相互作用）时，考虑自旋将单纯地使准动量值为 $\boldsymbol{k}$ 的每一能级产生二度简并，即在空间某一确定方向自旋有两个投影值. 当考虑自旋 - 轨道相互作用时，情况随晶格是否有反演中心而不同.

周期场中电子的自旋 - 轨道相互作用用算符表示则为

$$\hat{H}_{sl}=\frac{\mathrm{i}\hbar^{2}}{4m^{2}c^{2}}(\boldsymbol{\sigma}\times\nabla U)\cdot\nabla, \tag{55.17}$$

其中 $\boldsymbol{\sigma}$ 是泡利矩阵（参阅第Ⅳ卷 § 33）. 这个算符作用的波函数是一阶旋量 $\psi_{sk\alpha}$，其中 α 是旋量指标. 根据 Kramers 定理（参阅第三卷 § 60），对任何电场（其中包括周期场），复数共轭旋量 $\psi_{sk\alpha}$ 和 $\psi^{*}_{sk\alpha}$ 总是描绘同一能量的两个不同的态. 因为，此时函数 $\psi^{*}_{sk\alpha}$ 对应于准动量 $-\boldsymbol{k}$，所以我们重新（现在已经计及自旋 - 轨道相互作用）得到(55.9)型的关系

$$\varepsilon_{s\sigma}(-\boldsymbol{k})=\varepsilon_{s\sigma'}(\boldsymbol{k}), \tag{55.18}$$

其中指标 σ 和 σ' 用以区分两个不同（时间反演）的自旋态①.

当然，等式(55.18)并不意味着前面说过的那种简并，因为能量在等式两侧分属于不同的 $\boldsymbol{k}$ 值. 但是，如果晶格具有反演中心，那么 $\boldsymbol{k}$ 和 $-\boldsymbol{k}$ 的状态便有相同的能量. 这时我们得到等式 $\varepsilon_{s\sigma}(\boldsymbol{k})=\varepsilon_{s\sigma'}(\boldsymbol{k})$，这再一次表明准动量确定的每一能级有二度简并.

除了与时间反演对称有关的简并外，周期场中的电子还可能有晶格空间对称所引起的简并. 这些问题后面在 § 68 里将要阐述.

习　　题

1. 试求在如图 10 所示的周期场内做一维运动的电子的色散规律（R. Kronig, W. G. Penney, 1930）

解：在阱 Ⅰ 的区域（$0<x<a$），波函数为

$$\psi=c_{1}\mathrm{e}^{\mathrm{i}\kappa_{1}x}+c_{2}\mathrm{e}^{-\mathrm{i}\kappa_{1}x},\quad \kappa_{1}=\sqrt{2m\varepsilon}/\hbar, \tag{1}$$

而在势垒 Ⅱ 的区域（$-b<x<0$），波函数为

$$\psi=c_{3}\mathrm{e}^{\mathrm{i}\kappa_{2}x}+c_{4}\mathrm{e}^{-\mathrm{i}\kappa_{2}x},\quad \kappa_{2}=\sqrt{2m(\varepsilon-U_{0})}/\hbar. \tag{2}$$

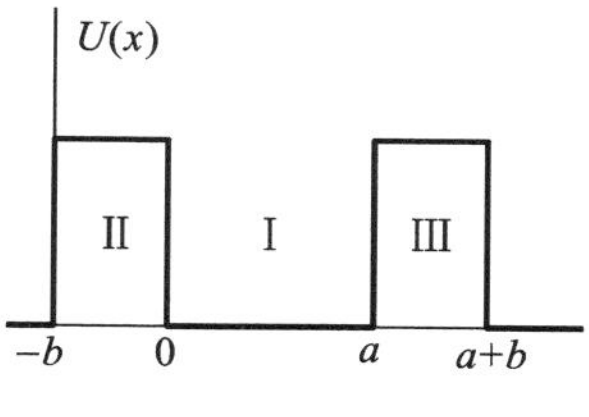

在另一个势垒 Ⅲ 的区域，要求波函数与(2)只是相因子 $\mathrm{e}^{\mathrm{i}k(a+b)}$ 不同（$a+b$ 是场周期）：

图 10

① 计及自旋 - 轨道相互作用，自旋投影算符同哈密顿算符已经不可对易. 所以这个投影不守恒，因而，严格说来，自旋态不可用这个数来表征.

$$\psi = e^{ik(a+b)}\left[c_3 e^{i\kappa_2(x-a-b)} + c_4 e^{-i\kappa_2(x-a-b)}\right] \tag{3}$$

ψ 和 ψ' 在点 $x=0$ 和 $x=a$ 的连续性条件，对于 $c_1, \cdots, c_4$ 给出四个方程；这些方程的相容性条件导致色散方程

$$\cos k(a+b) = \cos \kappa_1 a \cdot \cos \kappa_2 b - \frac{1}{2}\left(\frac{\kappa_1}{\kappa_2} + \frac{\kappa_2}{\kappa_1}\right)\sin \kappa_1 a \cdot \sin \kappa_2 b. \tag{4}$$

这个方程不是以显形式确定待求的关系 $\varepsilon(k)$. 在 $\varepsilon < U_0$ 时，κ_2 为虚值，于是方程应写成下列形式

$$\cos k(a+b) = \cos \kappa_1 a \cdot \cosh|\kappa_2 b| + \frac{1}{2}\left(\frac{|\kappa_2|}{\kappa_1} - \frac{\kappa_1}{|\kappa_2|}\right)\sin \kappa_1 a \cdot \sinh|\kappa_2 b|. \tag{5}$$

如果在(5)式中，在 $U_0 b = 常数 \equiv Pa$ 条件下取极限 $U_0 \to \infty$，$b \to 0$，则得色散方程

$$\cos ka = \cos \kappa_1 a + \frac{Pma^2}{\hbar^2}\frac{\sin \kappa_1 a}{\kappa_1 a}. \tag{6}$$

这个方程解决了 δ 函数各峰组成的周期场

$$U(x) = aP \sum_{a} \delta(x - an)$$

内的能谱问题. 在图 11 上用图解法给出方程(6)的根的分布. 这里描绘的是方程右侧作为 $\kappa_1 a$ 的函数的图像. 当函数取遍 ±1 间的所有值时，方程的根值跑遍横轴上粗线段所表示的区域.

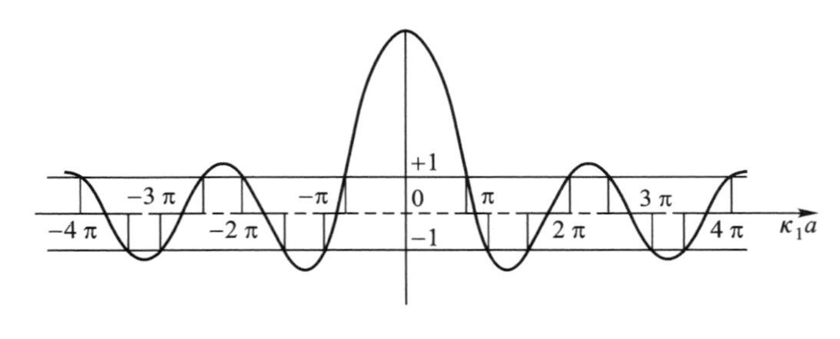

图 11

2. 试求弱周期场 $U(x)$ 内粒子一维运动的色散规律.

解：将场看作微扰，从零级近似出发，粒子进行以平面波

$$\psi^{(0)}(x) = (Na)^{-1/2} e^{ikx}$$

描写的自由运动(归一化取成在 Na 长度上有一个粒子，a 是场的周期)；粒子的能量 $\varepsilon^{(0)} = \hbar^2 k^2/2m$. 将周期场 $U(x)$ 表示成傅里叶级数的形式：

$$U(x) = \sum_{-\infty}^{\infty} U_n e^{2\pi i n x/a}$$

这个场对平面波所取的矩阵元只在波矢为 k 和 $k'=k+2\pi n/a$ 的态间跃迁才不为零，此时 $U_{k'k}=U_n$.

在微扰论的一级近似下，能量的修正是由一与 k 无关的常量对角矩阵元 $\varepsilon^{(1)}=U_{kk}=U_0$ 给出的，即能量的原点只作位移而已. 但是，在 $k=\pi n/a(n=\pm1,\pm2,\cdots)$ 值的邻域，能级是个例外，在这些点上 k 与 $k'=k-2\pi n/a$ 的值只差一符号. 因此，能量 $\varepsilon^{(0)}(k)$ 和 $\varepsilon^{(0)}(k')$ 是一致的. 于是，在这些值的邻域中，能量相近状态之间的跃迁矩阵元不为零. 为了定出修正值，就需要借助于本征值相近情形的微扰论方法(参阅第三卷 § 79)，第三卷的(79.4)式给出答案. 根据该公式，现在有

$$\varepsilon_n(k)=\frac{1}{2}[\varepsilon^{(0)}(k)+\varepsilon^{(0)}(k-K_n)]\pm$$

$$\pm\left\{\frac{1}{4}[\varepsilon^{(0)}(k)-\varepsilon^{(0)}(k-K_n)]^2+|U_n|^2\right\}^{\frac{1}{2}},$$

其中 $K_n=2\pi n/a$，并删去了可加常数 U_0；平方根前符号的选择应满足如下的要求：当远离 $k=\pm k_n/2$ 值时，函数 $\varepsilon(k)$ 应过渡到 $\varepsilon^{(0)}(k)$. + 号和 − 号分别对应于值域 $|k|>|k_n/2|$ 和 $|k|<|k_n/2|$，在点 $k=\pm k_n/2$ 上函数 $\varepsilon(k)$ 经历数值为 $2|U_n|$ 的跳跃. 在图 12a 上，描绘出的能量 $\varepsilon(k)$ 是作为变量 k 的函数，k 的取值范围为 $-\infty$ 到 ∞. 如果将 k 值(准动量)取在 $\pm\pi/a$ 之间，就得到图 12b，其中绘出头两条能带.

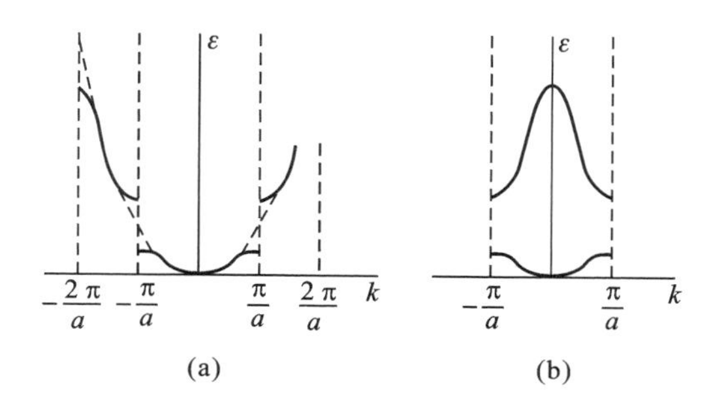

图 12

我们注意到图 12(同图 11 一样)的能带并不交叠，这是周期场中一维运动的普遍特性. 每个能级(按 k 的符号)是二重简并的，在一维运动时完全不能出现更大的简并度. 我们还要指出，在一维运动情况，每个能带的边界[能量 $\varepsilon(k)$ 的最小值和最大值]对应于数值 $k=0$ 和 $k=\pi/a$. 这是因为，在禁戒区间相对应的能量，其波函数在平移一个周期 a 时，需乘以某一实数因子(因此在无穷远处波函数变为无穷大)，而在能量的允许区间，在平移时，波函数需乘以因子 e^{ika}.

于是，在禁戒区间和允许区间之间的边界上，这个因子应同时为模等于 1 的实数. 由此得出 ka 等于零或等于 π.

3. 试求下述一维周期场内粒子的色散规律，这个场是满足准经典条件的一列对称势阱（因此粒子透过势阱间势垒的概率很小）.

解：类似求解双势阱中能级分裂（第三卷 §50 习题 3）问题的步骤. $\psi_0(x)$ 是描写在一个势阱中运动（具有某一能量 ε_0，图 13）的归一化波函数，也就是说从势阱两侧离开边界时波函数按指数函数衰减；这个函数是实函数，而且可以是变量 x 的偶函数或奇函数. 对于周期场内运动的粒子，正确的零级近似波函数是求和式

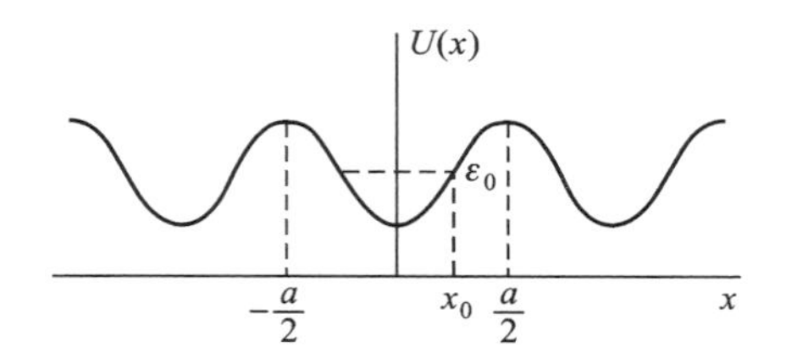

图 13

$$\psi_k(x) = C \sum_{-\infty}^{\infty} e^{ikax}\psi_0(x - an), \tag{1}$$

共中 C 是归一化常数（当平移 $x \to x + a$ 时，这个函数应该乘以因子 e^{ika}）.

写出薛定谔方程

$$\psi_k'' + \frac{2m}{\hbar^2}[\varepsilon(k) - U(x)]\psi_k = 0,$$

$$\psi_0'' + \frac{2m}{\hbar^2}[\varepsilon_0 - U(x)]\psi_0 = 0.$$

第一个方程乘以 ψ_0，第二个方程乘以 ψ_k，逐项相减，并在界限 $-a/2, a/2$ 内（图 13）对 dx 积分. 我们指出，因为乘积 $\psi_0(x)\psi_0(x - an)$ 在 $n \neq 0$ 时处处很小，那么

$$\int_{-a/2}^{a/2} \psi_k(x)\psi_0(x)\,dx \approx C.$$

我们得出

$$\varepsilon(k) - \varepsilon_0 = \frac{\hbar^2}{2mC}[\psi_0'\psi_k - \psi_0\psi_k']_{-a/2}^{a/2}.$$

在求和式(1)中，当 $x = a/2$ 时应当只保留 $n = 0$ 和 $n = 1$ 的项，并且根据函数 $\psi_0(x)$ 的偶奇性 $\psi_0\left(-\frac{a}{2}\right) = \pm\psi_0\left(\frac{a}{2}\right)$，有

$$\psi_k(a/2) = C\psi_0(a/2)(1 \pm e^{ika}),$$

$$\psi_k'(a/2) = C\psi_0'(a/2)(1 \mp e^{ika}).$$

同样，在 $x=-a/2$ 时，只应保留 $n=0$ 和 $n=1$ 的项. 结果得到

$$\varepsilon(k)-\varepsilon_0=\pm\frac{2\hbar^2}{m}\psi_0\left(\frac{a}{2}\right)\psi_0'\left(\frac{a}{2}\right)\cos ka.$$

这里尚需代入值

$$\psi_0\left(\frac{a}{2}\right)=\left[\frac{m\omega}{2\pi p(a/2)}\right]^{1/2}\exp\left[-\frac{1}{\hbar}\int_{x_0}^{a/2}|p(x)|\mathrm{d}x\right],$$

$$\psi_0'\left(\frac{a}{2}\right)=\frac{p(a/2)}{\hbar}\psi_0\left(\frac{a}{2}\right).$$

其中 ω 是粒子在势阱中振动的经典频率；x_0 是与能量 ε_0 对应的反转点. 最后得到

$$\varepsilon(k)-\varepsilon_0=\pm\frac{\hbar\omega}{\pi}\sqrt{D}\cos ka,\quad D=\exp\left[-\frac{4}{\hbar}\int_{x_0}^{a/2}|p(x)|\mathrm{d}x\right].$$

这样一来，在孤立势阱中运动粒子的每一能级 ε_0，将展成宽度为 $2\hbar\omega D^{1/2}/\pi$ 的细能带，这个宽度决定于两个势阱间势垒的透射系数 D.

§56 外场对晶格中电子运动的影响

我们研究晶格上施以一恒定磁场 $\boldsymbol{H}$ 时电子的运动. 在坐标表象内，电子在周期场 $U(\boldsymbol{r})$ 内的哈密顿量为

$$\hat{H}=\frac{\hat{\boldsymbol{p}}^2}{2m}+U(\boldsymbol{r}).\tag{56.1}$$

（其中 $\hat{\boldsymbol{p}}=-\mathrm{i}\hbar\nabla$ 是真实动量的算符），由此出发，按通常方式引进外磁场后

$$\hat{H}=\frac{1}{2m}\left(\hat{\boldsymbol{p}}-\frac{e}{c}\boldsymbol{A}\right)^2+U(\boldsymbol{r}),\tag{56.2}$$

其中 $\boldsymbol{A}(\boldsymbol{r})$ 是场的矢势. 但是，在场足够弱的情况下，过渡到准动量表象，可以使问题得到合理的简化.

鉴于晶格中电子能带结构可以有多种多样的形式，因此只能以相当粗糙的方法对于弱外场的条件进行一般的描述. 设电子在施加外场之前处于某个确定的（第 s 个）能带中，我们用 ε_0 表示作为这个能带特征的能量最低值，例如，能带的特征宽度或到邻近能带的距离［即给定 $\boldsymbol{k}$ 时的差值 $\varepsilon_s(\boldsymbol{k})-\varepsilon_{s'}(\boldsymbol{k})$］. 如果认为磁场是弱场，无论如何必须满足条件

$$\hbar\omega_H\ll\varepsilon_0,\tag{56.3}$$

其中“拉摩频率”$\omega_H\sim|e|H/m^*c$，而 $m^*\sim\hbar k/v$ 是电子的有效质量.①

如已述及，在无外场时晶格中电子在 $\boldsymbol{k}$ 表象的哈密顿量是元素为 $\varepsilon_s(\boldsymbol{k})$ 的

---

① 频率更精确的定义由后面公式(57.7)给出. 对于金属中的传导电子（参阅后面的§61）特征值 $k\sim1/a$（a是晶格常数）；再取 $\varepsilon_0\sim\hbar^2/m^*a^2$，我们得到与不等式 $r_H\gg a$ 等价的条件(56.3)，其中“轨道半径”$r_H\sim v/\omega_H$.

对角矩阵.在有外场时,电子的哈密顿量还将包含矢势 $\boldsymbol{A}(\boldsymbol{r})$ 及其对坐标的微商,即场强 $\boldsymbol{H}$(而在非均匀场时,还有场强的高阶微商);在 $\boldsymbol{k}$ 表象中函数 $\boldsymbol{A}(\boldsymbol{r})$ 改为算符 $\hat{\boldsymbol{A}}=\boldsymbol{A}(\hat{\boldsymbol{r}})$,其中 $\hat{\boldsymbol{r}}$ 算符由(55.14)式给出.

矢势 $\boldsymbol{A}(\boldsymbol{r})$ 是坐标的增函数(对于均匀场,遵从线性规律).鉴于势的这种增长,甚至对于弱场,势在无限大系统(晶格中的电子)的哈密顿量中也不是微扰.因此,即使弱磁场也会明显改变广延系统的性质——使连续谱变成离散谱(能级量子化,参阅 §58).而弱场(不同于势)的强度只带来小的修正项.

我们指出,在忽略这些修正项时,只由一些规范不变性的要求便可用一般形式阐明哈密顿量同场势的关系.因我们研究的是恒定场,所以当势和波函数进行与时间无关的变换

$$\boldsymbol{A}\to\boldsymbol{A}+\nabla f,\quad \psi\to\psi\exp\left(\frac{\mathrm{i}e}{\hbar c}f\right) \tag{56.4}$$

时,利用方程的不变性就足够了.这里 $f(\boldsymbol{r})$ 是坐标的任意函数[参阅第三卷(111.8-9)式].

在弱场中,势 $\boldsymbol{A}(\boldsymbol{r})$ 是坐标的缓变函数.由于要阐述这个缓变性所起的作用,我们首先研究恒定势场这种极限情况:$\boldsymbol{A}(\boldsymbol{r})=$ 常量 $=\boldsymbol{A}_0$(当然,恒定势是虚构的,此时不存在真实的场,因此谈到的是一个形式的变换).从 $\boldsymbol{A}=0$ 过渡到 $\boldsymbol{A}=\boldsymbol{A}_0$ 等价于 $f=\boldsymbol{A}_0\cdot\boldsymbol{r}$ 时的变换(56.4);因此代替原来(在 $\boldsymbol{A}=0$ 时)本征函数

$$\psi_{sk}=u_{sk}\mathrm{e}^{\mathrm{i}\boldsymbol{k}\cdot\boldsymbol{r}} \tag{56.5}$$

的是新哈密顿量的本征函数

$$u_{sk}(\boldsymbol{r})\exp\left\{\mathrm{i}\left(\boldsymbol{k}+\frac{e}{\hbar c}\boldsymbol{A}_0\right)\boldsymbol{r}\right\}.$$

由此可见,为了赋予准动量以原来的意义(平移时决定波函数相位改变的量)必须取 $\boldsymbol{k}+e\boldsymbol{A}_0/\hbar c=\boldsymbol{K}$;这样,定义的量 $\boldsymbol{K}$ 可称为**广义准动量**.此时,新本征函数写为

$$\psi_{sK}=u_{s,\boldsymbol{K}-e\boldsymbol{A}_0/\hbar c}(\boldsymbol{r})\mathrm{e}^{\mathrm{i}\boldsymbol{K}\cdot\boldsymbol{r}}.$$

与这些函数相对应的电子能量为:$\varepsilon_s(\boldsymbol{k})=\varepsilon_s(\boldsymbol{K}-e\boldsymbol{A}_0/\hbar c)$.现在我们能够断定:势 $\boldsymbol{A}(\boldsymbol{r})$ 虽非恒定,但在空间缓慢变化时,“零级”波函数近似(对场强而言)是

$$\psi_{sK}=u_{s,\boldsymbol{K}-e\boldsymbol{A}(\boldsymbol{r})/\hbar c}\mathrm{e}^{\mathrm{i}\boldsymbol{K}\cdot\boldsymbol{r}}. \tag{56.6}$$

(由于 $\boldsymbol{A}$ 是变化的,u 已经不是严格的周期函数).①现在,能量 $\varepsilon_s(\boldsymbol{K}-e\boldsymbol{A}/\hbar c)$ 应

---

① 如果按函数系 ψ_{sk} 展开函数(56.6),那么,一般说来,在展开式内要包括不同 s 的函数.但是,应强调指出,这决不意味着真跃迁到另一个能带,而只表明波函数在恒定场影响下的变化;由此联想到,恒定场根本不会引起使能量改变的真实跃迁.为阐明这种情况,应注意到:虽然场是微弱的,但与此相关的态分类的改变(其中包括准动量与能量的对应)却是明显的.

当看成是在 $\boldsymbol{K}$ 表象构成哈密顿量的算符. 此时,在同样的近似下,应把 $\hat{\boldsymbol{r}}$ 理解为算符 $\hat{\boldsymbol{r}}=\mathrm{i}\partial/\partial\boldsymbol{K}$,而把定义式(55.14)中第二项 $\hat{\boldsymbol{\Omega}}$ 删去. 实际上,算符 $\mathrm{i}\partial/\partial\boldsymbol{K}$ 作用于波函数时,按数量级看,是用“轨道线度”r_H 乘以波函数. 而 r_H 随场的减弱而增大,至于算符 $\hat{\boldsymbol{\Omega}}$ 作用于波函数,其结果并不包含这种增大的因子. 在这个意义上,算符 $\hat{\boldsymbol{\Omega}}$ 在弱场中较 $\mathrm{i}\partial/\partial\boldsymbol{K}$ 小. 另一方面,因为算符 $\partial/\partial\boldsymbol{K}$ 按能带序号是对角的,则哈密顿量也是对角的.

这样,我们得出结论:晶格中的电子于弱磁场(在 $\boldsymbol{K}$ 表象中)用哈密顿量

$$\hat{H}_s=\varepsilon_s\left[\boldsymbol{K}-\frac{e}{\hbar c}\boldsymbol{A}(\boldsymbol{r})\right],\quad \hat{\boldsymbol{r}}=\mathrm{i}\frac{\partial}{\partial\boldsymbol{K}}\tag{56.7}$$

来描述(R. Peierls,1933). 于是,在这个近似下完全类似于在动量表象内自由粒子的哈密顿量中引进磁场的方法.

因为不能确定不可对易算符(矢量 $\hat{\boldsymbol{k}}=\boldsymbol{K}-e\hat{\boldsymbol{A}}/\hbar c$ 的分量)的作用顺序,所以(56.7)还不能完全确定. 而作用顺序的确定应该保证哈密顿量的厄米性. 原则上总是可以做到的,只要把(在倒格子中的)周期函数 $\varepsilon_s(\boldsymbol{k})$ 展成傅里叶级数型

$$\varepsilon_s(\boldsymbol{k})=\sum_{\boldsymbol{a}}A_{s\boldsymbol{a}}\mathrm{e}^{\mathrm{i}\boldsymbol{k}\cdot\boldsymbol{a}}\tag{56.8}$$

即可(按正格子的所有矢量 $\boldsymbol{a}$ 求和). 在这个级数的每一项的指数函数里用 $\hat{\boldsymbol{k}}$ 代替 $\boldsymbol{k}$,将只剩下一个算符(矢量 $\hat{\boldsymbol{A}}$ 在 $\boldsymbol{a}$ 上的投影). 因此不出现作用顺序问题,一切都归结于这一算符的幂. 当然,这样的“厄米化”方法不是唯一的. 然而,重要的在于不同方法间的差别已超出所考虑的近似范围. 因为在上述的近似中,算符 $\hat{k}_x,\hat{k}_y,\hat{k}_z$ 的对易子都是小量. 例如,对于均匀场算符

$$\hat{\boldsymbol{A}}=\frac{1}{2}\boldsymbol{H}\times\hat{\boldsymbol{r}}=\frac{\mathrm{i}}{2}\boldsymbol{H}\times\frac{\partial}{\partial\boldsymbol{K}}\tag{56.9}$$

容易直接计算出来. 对易子

$$\hat{k}_x\hat{k}_y-\hat{k}_y\hat{k}_x=\mathrm{i}\frac{e}{\hbar c}H_z,\cdots\tag{56.10}$$

正比于微小场强 $\boldsymbol{H}$.

算符 $\hat{\boldsymbol{r}}=\mathrm{i}\partial/\partial\boldsymbol{K}$ 与 $\hat{\boldsymbol{K}}\equiv\boldsymbol{K}$ 的对易规则和“自由”粒子(无晶格)的坐标与广义动量的对易规则完全一样. 因此计算算符 $\hat{\boldsymbol{r}}$ 和 $\hat{\boldsymbol{K}}$ 与哈密顿量的对易子,自然导致算符方程

$$\hbar\dot{\hat{\boldsymbol{K}}}=-\frac{\partial\hat{H}}{\partial\hat{\boldsymbol{r}}},\quad \dot{\hat{\boldsymbol{r}}}=\frac{\partial\hat{H}}{\hbar\partial\boldsymbol{K}}\tag{56.11}$$

这组方程具有通常的哈密顿方程的形式[其计算可参阅第三卷的公式(16.4–5)].

我们再说一遍，(56.7)式的哈密顿量近似的含意，是其中忽略了与场强 $\boldsymbol{H}$ 有关的各项以及不含数量级为轨道线度 r_H 的大因子项. 在高级的近似中，结果还可以表示为某个有效的哈密顿量 $\hat{H}_s(\boldsymbol{K}-e\hat{\boldsymbol{A}}/\hbar c,\boldsymbol{H})$ 的形式，它按能带序号是对角的，并且已经不能仅通过函数 $\varepsilon_s(\boldsymbol{k})$ 来表达①.

在忽略自旋－轨道相互作用时，计及电子自旋将使哈密顿量中出现通常描述磁矩同场的相互作用的项 $-\beta\boldsymbol{\sigma}\cdot\boldsymbol{H}$，其中 $\boldsymbol{\sigma}$ 是泡利矩阵，而 $\beta=|e|\hbar/2mc$ 是玻尔磁子. 如果晶体具有反演中心，自旋－轨道相互作用只改变电子的磁矩，因此自旋同磁场的相互作用为

$$-\beta\sigma_i H_k\xi_{ik}(\boldsymbol{k}). \tag{56.12}$$

实际上，在这种情况下对于同时进行时间反演和空间反射，哈密顿量必须是不变的. 在这种变换下，应该进行 $\boldsymbol{H}\to-\boldsymbol{H}$ 和 $\boldsymbol{\sigma}\to-\boldsymbol{\sigma}$ 的变换而使 $\boldsymbol{k}$ 保持不变. (56.12)式是满足所提要求的普遍表达式. 当然，张量 $\xi_{ik}(\boldsymbol{k})$ 是不能在普遍形式下进行计算的.

最后，我们讲一讲给晶格施加弱电场 $\boldsymbol{E}$ 时电子的行为. 弱场的条件是指电场中在距离 $\sim a$ 上电子所获得的能量小于特征能量 ε_0：$|e|Ea\ll\varepsilon_0$.

与磁场的情形一样，最起作用的项是含坐标增函数的项，即电场标势 $\varphi(\boldsymbol{r})$ 的项. 利用类似前面的讨论，也能以一般的形式阐明哈密顿量与 $\varphi(\boldsymbol{r})$ 的关系. 实际上，施加一个虚构的恒定势 $\varphi=\varphi_0$ 等价于在薛定谔方程中给能量附加一个常数 $e\varphi_0$；这个常数项也加在所有的本征值 $\varepsilon_s(\boldsymbol{k})$ 上. 当势 $\varphi(\boldsymbol{r})$ 不恒定，但在空间中缓变时，类似的算符项应追加一个 $\boldsymbol{k}$ 表象中的有效哈密顿量：

$$\hat{H}_s=\varepsilon_s(\boldsymbol{k})+e\varphi(\hat{\boldsymbol{r}}). \tag{56.13}$$

§57　准经典轨道

我们把上节获得的结果运用到电子在磁场中进行准经典运动这一重要情况. 如所周知，准经典条件是：粒子的德布罗意波长在粒子的线度上变化很小. 现在，这个条件等价于不等式：

$$r_H\gg\lambda, \tag{57.1}$$

即轨道的曲率半径远大于波长 $\lambda\sim 1/k$②.

---

① 计算修正项的简单例子将在 §59 中给出. 以 $\boldsymbol{H}$ 的幂级数形式得到哈密顿量的正规方法，以及此级数带头项的一般表式在论文：B. I. Blount, Phys. Rev. 126, 1636(1962)；Soliod State Physics, 卷 13, 页 306(1963)中都有表述. 我们指出，如果晶体具有反演中心，则级数始于 $\boldsymbol{H}^2$ 项(参阅 §59).

② 一般说来，这个条件强于条件(56.3). 但如果 $k\sim 1/a$(金属中传导电子就是这种情况)，则两个条件变为一致. 而且，实际上总可以得到满足. 在 $r_H\sim c\hbar k/|e|H\sim c\hbar/a|e|H$ 时，条件 $r_H\gg a$ 导致要求 $H\ll c\hbar/|e|a^2\sim 10^8$—$10^9$ Oe(奥斯特).

在准经典条件下,粒子轨道的概念便有意义了.轨道由运动方程来确定,而运动方程是用相应的经典量

$$\hbar\dot{\boldsymbol{K}}=-\frac{\partial H}{\partial \boldsymbol{r}},\quad \boldsymbol{v}=\frac{\partial H}{\hbar\partial \boldsymbol{K}},\quad H=\varepsilon\left(\boldsymbol{K}-\frac{e}{\hbar c}\boldsymbol{A}(\boldsymbol{r})\right)$$

代替(56.11)式中的算符而得出的(为了简化略去下标 s).我们展开这些方程,以"动理学的准动量":

$$\boldsymbol{k}=\boldsymbol{K}-\frac{e}{\hbar c}\boldsymbol{A}(\boldsymbol{r})$$

替换广义准动量 $\boldsymbol{K}$.

我们有

$$\frac{\hbar\mathrm{d}\boldsymbol{k}}{\mathrm{d}t}+\frac{e}{c}\frac{\mathrm{d}\boldsymbol{A}(\boldsymbol{r})}{\mathrm{d}t}=-\frac{\partial H}{\partial \boldsymbol{r}}=\frac{e}{c}v_i\frac{\partial A_i}{\partial \boldsymbol{r}}.$$

在此写出 $\mathrm{d}\boldsymbol{A}/\mathrm{d}t=(\boldsymbol{v}\cdot\nabla)\boldsymbol{A}$,并注意到

$$(v_i\nabla)A_i-(\boldsymbol{v}\cdot\nabla)\boldsymbol{A}=\boldsymbol{v}\times(\nabla\times\boldsymbol{A})=\boldsymbol{v}\times\boldsymbol{H},$$

便获得运动方程

$$\frac{\hbar\mathrm{d}\boldsymbol{k}}{\mathrm{d}t}=\frac{e}{c}\boldsymbol{v}\times\boldsymbol{H},\quad \boldsymbol{v}=\frac{\partial\varepsilon(\boldsymbol{k})}{\hbar\partial\boldsymbol{k}}\tag{57.2}$$

这个方程只由于另一种 $\varepsilon(\boldsymbol{k})$ 关系而与通常的经典洛伦兹方程不同,其中代替简单的二次函数的是复杂的周期函数;相应地,关系式 $\boldsymbol{v}(\boldsymbol{k})$ 也是这种复杂的周期函数.自然,这种情形要使电子运动的性质产生重大变化.

我们研究电子在均匀磁场内的运动,用 $\boldsymbol{v}$ 乘方程(57.2),用通常的方法求出 $\hbar\boldsymbol{v}\cdot\mathrm{d}\boldsymbol{k}/\mathrm{d}t=\mathrm{d}\varepsilon/\mathrm{d}t=0$.再用 $\boldsymbol{H}$ 乘方程(57.2).得到 $\mathrm{d}(\boldsymbol{H}\cdot\boldsymbol{k})/\mathrm{d}t=0$.这样,电子在晶格内运动如同自由电子在磁场内运动一样:

$$\varepsilon=\text{常量},\quad k_z=\text{常量}.\tag{57.3}$$

(z 轴沿磁场 $\boldsymbol{H}$ 的方向).等式(57.3)决定电子在 $\boldsymbol{k}$ 空间的轨道.几何上,这个轨道是垂直于磁场的平面与等能面 $\varepsilon(\boldsymbol{k})$ = 常量相截的截口曲线.

等能面会有各种形式.在每个倒格子原胞内,这些等能面可以有几个彼此不相连的叶片.这些叶片可以是单连通的或是多连通的,可以是闭的或是开的.为了阐述后一种区别,最好来研究周期地延伸在整个倒格子的等能面.在每一个倒格子原胞里有相同的闭空腔,而开的等能面连续地通过整个格子并延伸至无穷远①.

等能面的截面由无穷多个截口曲线构成.这里既包括倒格子一个原胞范围内等能面不同叶片的截口曲线,也包括在不同原胞内重复叶片的截口曲线.

---

① 为避免误解,应当指出,倒格子原胞不能这样选取,即所有本质不同的(即不是周期性重复的)一些闭空腔处在一个原胞内而不被原胞界面截开.

如果等能面的叶片是闭的,那么它的所有截面也都是闭曲线.如果叶片是开的,那么它的各截面既可以是闭的,也可以是开的(即连续地延伸到整个倒格子).

运动的准经典性也意味着**磁击穿**(magnetic breakdown)的概率很小,即电子的准动量不大可能跃变式地从一个截口曲线过渡到另一个截口曲线(在本节最后我们还要讨论磁击穿概率很小的条件).于是,当忽略这个可能性时,电子就只在等能面的一个截口曲线上运动.

现在我们详细研究在准动量空间内沿封闭轨道的运动.显然,这是时间上的周期运动;我们来确定它的周期.

把方程(57.2)投影到与场垂直的平面 k_x,k_y 上,得到

$$\frac{\mathrm{d}l_k}{\mathrm{d}t}=\frac{|e|H}{c\hbar}v_\perp,\quad v_\perp=\sqrt{v_x^2+v_y^2},$$

其中 $\mathrm{d}l_k=\sqrt{\mathrm{d}k_x^2+\mathrm{d}k_y^2}$ 是 $\boldsymbol{k}$ 轨道的线元.由此得到

$$t=\frac{c\hbar}{|e|H}\int\frac{\mathrm{d}l_k}{v_\perp}.$$

如果轨道是封闭的,则运动周期由对轨道全路径的积分

$$T=\frac{c\hbar}{|e|H}\oint\frac{\mathrm{d}l_k}{v_\perp}\tag{57.4}$$

给出.这个表达式可用下面的方法变为更直观的形式.

用平面 $k_z=$ 常量截等能面 $\varepsilon=$ 常量,其截面积取为 $S(\varepsilon,k_z)$.在这个平面上两个路径 $\varepsilon=$ 常量和 $\varepsilon+\mathrm{d}\varepsilon=$ 常量之间的环宽在路径的每一点上是

$$\frac{\mathrm{d}\varepsilon}{|\partial\varepsilon/\partial\boldsymbol{k}_\perp|}=\frac{\mathrm{d}\varepsilon}{\hbar v_\perp},$$

因而这个环的面积是

$$\mathrm{d}S=\mathrm{d}\varepsilon\oint\frac{\mathrm{d}l_k}{\hbar v_\perp},$$

由此可见,(57.4)式中的积分,正是偏微商 $\partial S/\partial\varepsilon$.于是,运动周期为

$$T=\frac{c\hbar^2}{|e|H}\frac{\partial S(\varepsilon,k_z)}{\partial\varepsilon},\tag{57.5}$$

(W. Shockley,1950).在此,自然地引进称为晶格中电子的**回旋质量**:

$$m^*=\frac{\hbar^2}{2\pi}\frac{\partial S}{\partial\varepsilon},\tag{57.6}$$

电子在轨道上的回转频率通过这个量用公式

$$\omega_H=|e|H/m^*c\tag{57.7}$$

表出,它同自由电子拉摩频率著名公式的区别只是将质量换成 m^*. ①

但是,我们强调指出,晶格中电子的回旋质量不是恒量,而是 ε 和 k_z 的函数,所以各个电子的回旋质量也不同.还注意到,这个量可正可负;在前者电子作为荷负电的粒子沿轨道运动,后者是作为荷正电的粒子——空穴——在运动.与此相应地说成**电子轨道**和**空穴轨道**.

到目前为止,我们讲过的是在 $\boldsymbol{k}$ 空间的电子轨道.但是,容易看出,准动量空间中的轨道和普通空间中的轨道间存在密切的联系.运动方程(57.2)改写成形式

$$\hbar \mathrm{d}\boldsymbol{k} = -\frac{|e|}{c}\mathrm{d}\boldsymbol{r} \times \boldsymbol{H}.$$

积分后(适当地选取坐标 $\boldsymbol{r}$ 和准动量 $\boldsymbol{k}$ 的原点)得到

$$\hbar \boldsymbol{k} = -\frac{|e|}{c}\boldsymbol{r} \times \boldsymbol{H}. \tag{57.8}$$

由此看出,普通空间中轨道的 xy 投影,本质上是 $\boldsymbol{k}$ 轨道的再现,只是取向和比例不同而已;从 $\boldsymbol{k}$ 轨道经变换

$$k_x \rightarrow \frac{-|e|H}{\hbar c}y, \quad k_y \rightarrow \frac{|e|H}{\hbar c}x,$$

便得出普通空间轨道.除此之外,在普通空间有以速度 $v_z = \partial\varepsilon/\hbar\partial k_z$ 沿 z 轴的运动.如果在 $\boldsymbol{k}$ 空间的轨道是封闭的,那么普通空间轨道就是以场方向为轴的螺旋线.如果轨道是开口的,则甚至在普通空间中轨道在 xy 平面上的投影也是开口的,就是说,在这个平面上运动可通向无限远.

再说一下晶格处于恒定均匀电场 $\boldsymbol{E}$ 中电子的准经典运动.由准经典方程 $\hbar\dot{\boldsymbol{k}} = e\boldsymbol{E}$,我们有

$$\boldsymbol{k} = \boldsymbol{k}_0 + \frac{e\boldsymbol{E}}{\hbar}t, \tag{57.9}$$

再根据能量守恒定律,有

$$\varepsilon(\boldsymbol{k}) - e\boldsymbol{E}\cdot\boldsymbol{r} = \text{常量}. \tag{57.10}$$

但是,能量 $\varepsilon(\boldsymbol{k})$ 是在有限区间 $\Delta\varepsilon$(能带宽度)内取值的;因此,从(57.10)式得出,在均匀电场内的电子沿场方向做有限运动:电子在这个方向以振幅 $\Delta\varepsilon/|e|E$ 振动.如果电场平行于任一个倒格子的周期 $\boldsymbol{b}$,则运动就是频率为 $\omega = 2\pi|e|E/\hbar b$ 的周期运动;当 $b \sim 1/a$ 时,有 $\hbar\omega_E \sim |e|Ea$.对于场方向任意这种一般情况,运动是准周期的.

最后我们讨论前述可以忽略磁击穿的条件.如果这些轨道在某处反常地接

① 自由电子的等能面是半径为 $\varepsilon = \hbar^2k^2/2m$ 的球面,它的截面是面积为 $S = \pi(2m\varepsilon\hbar^{-2} - k_z^2)$ 的圆,所以微商 $\partial S/\partial\varepsilon = 2\pi m/\hbar^2$,因而 $m^* = m$.

近,那么从一条轨道过渡到另一条轨道(在 $\boldsymbol{k}$ 空间)的概率自然就大.这样的情况出现在:当轨道与具有自交叉的轨道相接近时,或者轨道在等能面两叶交叉点附近.(也就是简并点附近)通过时.这些情况的轨道的典型图像如图 14 所示:轨道间的间隙 δk 小于整个轨道的特征线度.而在其最近处的轨道曲率半径 R_k,一般说来,与 δk 同数量级.借助量子隧道效应可以从一条轨道过渡到另一条轨道.如果 δk 大于距离 Δk_x(在这个距离上,波函数在经典不可到达的轨道之间的区域内要衰减),这个过渡概率不大(按指数函数).

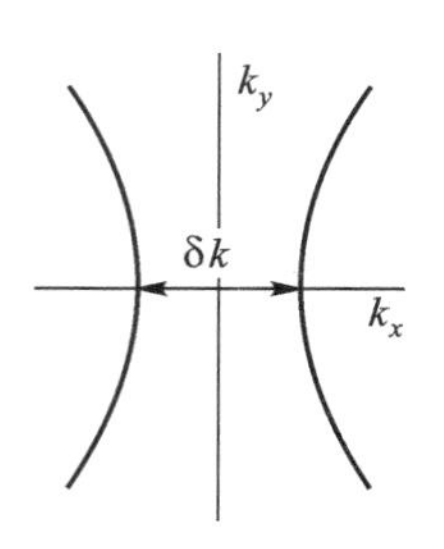

图 14

利用电子在磁场内的运动与在某个势场 $U(x)$ 内的一维运动的相似性可以估计出 Δk_x.这个相似性来源于:根据(56.10)式,算符 $\hat{q}\equiv\hat{k}_x\hbar c/|e|H$ 和 $\hat{p}\equiv\hbar\hat{k}_y$ 所满足的对易关系同坐标和动量的对易关系一致.在最接近点附近,轨道是抛物线.它们类似于均匀场($U=-Fx$)中一维运动的抛物线相轨道(x,p),其方程为 $p^2/2m=Fx$(如果 x 自转向点算起).在这种情况,在反转点后的距离 $\Delta x\sim(\hbar^2/mF)^{1/3}$ 上的波函数将衰减掉(见第三卷 §24);引入相轨道的曲率半径 $R\sim(\mathrm{d}^2x/\mathrm{d}p^2)^{-1}\sim mF$,可写出 $\Delta x\sim(\hbar^2/R)^{1/3}$.根据所指出的类似性,可借代换 $\Delta x\to\hbar c\Delta k_x/|e|H$, $R\to R_k\hbar|e|H/c$ 得出待求量 Δk_x.于是获得 $\Delta k_x\sim(|e|H/\hbar c)^{2/3}(\delta k)^{-1/3}$,并且,条件 $\Delta k_x\ll\delta k$ 变为

$$|e|H/\hbar c\ll(\delta k)^2 \tag{57.11}$$

的形式.

§58　准经典能级

我们看到,处在外磁场中晶格里的电子在 $\boldsymbol{k}$ 空间沿闭合轨道的经典运动,对应着普通空间中与磁场 $\boldsymbol{H}$ 垂直的平面上的有限运动.当过渡到量子力学时,在每一个纵向准动量 k_z 的确定值都出现离散的能级.这些能量值由准经典量子化的一般规则确定.

我们选择均匀磁场(方向沿 z 轴)的矢势形如:$A_x=-Hy, A_y=A_z=0$.这时,广义准动量的分量为

$$K_x=k_x+\frac{|e|}{c\hbar}Hy,\quad K_y=k_y,\quad K_z=k_z, \tag{58.1}$$

坐标 x 是循环变量,因此,广义准动量的 x 分量守恒:

$$K_x=k_x+\frac{|e|}{c\hbar}Hy=\text{常量}. \tag{58.2}$$

根据玻尔-索末菲量子化规则(参阅第三卷 §48),写出条件

$$\frac{1}{2\pi}\left|\oint K_y \mathrm{d}y\right| = n, \tag{58.3}$$

这里的积分取运动的一个周期,并假定 n 是大的正整数①. 根据公式(58.1－2)将 $K_y = k_y$ 和 $\mathrm{d}y = -(c\hbar/|e|H)\mathrm{d}k_x$ 代入,我们得到

$$\frac{c\hbar}{2\pi|e|H}\left|\oint k_y \mathrm{d}k_x\right| = n. \tag{58.4}$$

现在,这里的积分取在 $\boldsymbol{k}$ 空间中的闭合轨道上. 这个积分正是轨道包围的面积,也是前节引入的被平面 k_z = 常量截得等能面的截面积 $S(\varepsilon, k_z)$.

于是,最终得到

$$S(\varepsilon, k_z) = 2\pi\frac{|e|H}{c\hbar}n. \tag{58.5}$$

(И. М. Лифщиц,1951;L. Onsager,1952). 这个条件以非显示的形式确定出能级 $\varepsilon_n(k_z)$. 于是,能带(为简单计我们不写出序号 s)分解为**朗道次能带**的离散系列,其中各条次能带都是以连续变量 k_z 值来区别的.

如所周知,准经典的量子化条件由于引入一修正项而更加准确,这个修正项归结为对一个大的量子数 n 附加数量级为 1 的数. 为确定这个修正项,需要考察(58.3)式中限定积分范围的各"转向点"附近的运动.

在电子轨道上 $K_y = k_y$ 与 y 的关系,当给定 k_z 值并在 k_x = 常量时由方程

$$\varepsilon(\boldsymbol{k}) = \varepsilon\left(K_x - \frac{|e|H}{c\hbar}y, k_y, k_z\right) = \text{常量} \tag{58.6}$$

来确定;转向点 $y = y_0$ 由速度 $v_y = \partial\varepsilon/\hbar\partial k_y$ 变为零的条件来确定. 在这点附近,按 $y - y_0$ 的幂展开方程(58.6)而得出

$$-\frac{|e|H}{c\hbar}\left(\frac{\partial\varepsilon}{\partial k_x}\right)_0(y - y_0) + \frac{1}{2}\left(\frac{\partial^2\varepsilon}{\partial k_y^2}\right)_0(k_y - k_{y_0})^2 = 0.$$

其中 $k_{y_0} = k_y(y_0)$. 由此可见,按平方根定律

$$k_y - k_{y_0} = \pm A\sqrt{y - y_0}.$$

来逼近转向点(为明确起见,我们认为经典不可到达区域在 $y < y_0$). 但是,这个定律正是准经典量子化中通常导出修正项的方法(参阅第三卷 §47, §48)所涉及的定律. 于是(58.5)的精确规则为

$$S(\varepsilon, k_z) = 2\pi\frac{|e|H}{c\hbar}\left(n + \frac{1}{2}\right). \tag{58.7}$$

---

① 在均匀磁场内运动,与矢势选择无关的浸渐不变量是积分 $\frac{1}{2\pi}\oint \boldsymbol{K}_i \cdot \mathrm{d}\boldsymbol{r}$,其中 $\boldsymbol{K}_i$ 是与场垂直平面上的广义准动量的投影(对比第二卷 §21). 矢势 $\boldsymbol{A}$ 在所选的情况下,积分 $\oint K_x \mathrm{d}x = K_x\oint \mathrm{d}x = 0$,所以浸渐不变量同(58.3)式中的积分一致.

从推导中知道(基于函数(58.6)的展开),为了使精确的量子化规则变得有效,轨道需要充分远离函数 $\varepsilon(\boldsymbol{k})$ 的各奇点(其中包括复数的支点). 在轨道附近处处不应破坏准经典条件(特别是速度 $\partial\varepsilon/\partial\boldsymbol{k}$ 的 x,y 投影不要变为零)①. 最后,必须注意到作为一切推导基础的哈密顿量(56.7)是近似的. 如果格子有反演中心,哈密顿量的修正项便是场强的二次函数,因而不影响条件(58.7). 但是,若不存在反演中心,哈密顿量的修正项便是 $\boldsymbol{H}$ 的线性函数:在这种情况下,(58.7)中的修正项 1/2 便失去意义,因为哈密顿量的近似性也会造成同数量级的误差. ②

两个相邻能级的间隔 $\Delta\varepsilon$ 与大数 n 改变 1 相对应. 于是 $\Delta\varepsilon$ 由等式

$$\Delta S = \frac{\partial S}{\partial \varepsilon}\Delta\varepsilon = \frac{2\pi |e| H}{\hbar c} \tag{58.8}$$

来确定. 引入周期运动的经典频率 ω_H,根据(57.7)我们得到

$$\Delta\varepsilon = \hbar\omega_H. \tag{58.9}$$

应强调指出,频率 ω_H 本身是 $\varepsilon(n,k_z)$ 的函数. 因此,相继的能级 ε_n(在给定 k_z 时)不是严格等间隔的,这和自由电子情况不一样,在那里 ω_H 是常数.

能级与守恒量 K_x 无关(与磁场中的自由电子一样——参阅第三卷 §112),表明它们是简并的. 如果设想晶格具有大而有限的体积 V,那么简并度将是有限数. 在区间 dk_z 且 n 为给定时,状态数为 $V\Delta S\cdot dk_z/(2\pi)^3$,其中 ΔS 是量子数为 n 和 $n+1$ 的两条轨道间所包平面 $k_z=$ 常量的面积. 这个面积由公式(58.8)给出,于是,我们得到所求状态数的表达式

$$\frac{V dk_z}{(2\pi)^2}\frac{|e|H}{c\hbar}, \tag{58.10}$$

——这同自由电子情况的公式一样.

在磁场中能级简并的明显原因在于:能量与电子"拉摩轨道中心"在空间内的位置无关. 对于自由电子这个简并是精确的. 对于晶格中的电子它只可能是近似的:这是因为存在非均匀(周期)的电场,在晶格原胞中"轨道中心"的不同位置已不再等价. 这一情况必然导致朗道能级的某些分裂.

考虑电子的自旋将使每个能级分裂成两个;忽略自旋-轨道耦合时,这两个成分被恒定间隔 $2\beta H$ 所分离(如自由电子一样),其中 β 是玻尔磁子:

$$\varepsilon_{n\sigma}(k_z) = \varepsilon_n(k_z) + \sigma\beta H, \quad \sigma = \pm 1. \tag{58.11}$$

---

① 两条轨道反常接近点附近,这些条件与磁击穿概率要小的要求一致.

② 对于自由电子(参考 225 页的注),根据朗道关于磁场中自由电子的著名公式(第Ⅲ卷 §112),条件(58.7)给出

$$\varepsilon = \hbar\omega_H\left(n+\frac{1}{2}\right) + \hbar^2 k_z^2/2m, \quad \omega_H = |e|H/mc$$

如果晶体具有反演中心,当考虑自旋-轨道相互作用时,上述情况仍然成立.此时,无场存在的电子态对自旋是简并的,而磁场则消除这个简并.若用 $\beta\xi_n(k_z)$ 替换 β[其中 $\xi_n(k_z)$ 表示电子磁矩的变化],结果也能得到(58.11)同样的公式.

§ 59 晶格中电子的有效质量张量

我们研究 $\boldsymbol{k}$ 空间 $\boldsymbol{k}=\boldsymbol{k}_0$ 的点,在这个点上电子的能量 $\varepsilon_s(\boldsymbol{k})$ 有极值;特别是,与能带的顶和底对应的点就是这样的点.如果在这样的点上没有简并(只有对自旋可能存在克拉默斯简并才是例外,参考 § 55 末),那么,在该点附近的函数 $\varepsilon_s(\boldsymbol{k})$ 可以按差 $\boldsymbol{q}=\boldsymbol{k}-\boldsymbol{k}_0$ 的幂作正则展开.这样展开的首批项是二次项:

$$\varepsilon_s(\boldsymbol{k})=\varepsilon_s(\boldsymbol{k}_0)+\frac{\hbar^2}{2}m_{ik}^{-1}q_iq_k. \tag{59.1}$$

(59.1)式中的系数张量 m_{ik}^{-1} 的逆张量是 m_{ik},它称为电子在格子中的**有效质量张量**.下面来阐明,如何用 k_0 点的布洛赫函数 $\psi_{s\boldsymbol{k}_0}$ 所构成的矩阵元来表示这个张量.

当忽略自旋-轨道相互作用时,电子的哈密顿量是(56.1)式的形式.我们将

$$\psi_{s\boldsymbol{k}}=\mathrm{e}^{\mathrm{i}(\boldsymbol{k}_0+\boldsymbol{q})\cdot\boldsymbol{r}}u_{s\boldsymbol{k}}\equiv\mathrm{e}^{\mathrm{i}\boldsymbol{q}\cdot\boldsymbol{r}}\varphi_{s\boldsymbol{k}} \tag{59.2}$$

形式的波函数代入此哈密顿量的薛定谔方程.此时方程为

$$\left\{-\frac{\hbar^2}{2m}\boldsymbol{\Delta}+U(\boldsymbol{r})+\left[\frac{\hbar}{m}\boldsymbol{q}\cdot\hat{\boldsymbol{p}}+\frac{\hbar^2q^2}{2m}\right]\right\}\varphi_{s\boldsymbol{k}}=\varepsilon_s(\boldsymbol{k})\varphi_{s\boldsymbol{k}}, \tag{59.3}$$

其中 $\hat{\boldsymbol{p}}=-\mathrm{i}\hbar\nabla$,是真实动量的算符.

在 $\boldsymbol{k}=\boldsymbol{k}_0$ 点的附近,矢量 $\boldsymbol{q}$ 是个小量,因此(59.3)式方括号里的表达式可以看成微扰算符.在零级近似,当 $\boldsymbol{q}=0$ 时函数 $\varphi_{s\boldsymbol{k}}$ 同函数 $\varphi_{s\boldsymbol{k}_0}$ 一致.因此,通常的微扰理论可以通过此函数所构成的矩阵元来表达对能量的修正.

因为 $\boldsymbol{k}_0$ 是极值点,就不存在关于 $\boldsymbol{q}$ 的线性修正项.就是说,对角矩阵元等于零,即

$$\langle s\boldsymbol{k}_0|\boldsymbol{p}|s\boldsymbol{k}_0\rangle=0. \tag{59.4}$$

为了确定关于 $\boldsymbol{q}$ 的二次修正项,必须考虑一级微扰算符中 q^2 的项,以及二级微扰论中 $\boldsymbol{q}$ 的项.结果得到 $\varepsilon_s(\boldsymbol{k})$ 的公式(59.1),其中

$$m_{ik}^{-1}=\frac{\delta_{ik}}{m}+\frac{1}{m^2}\sum_{s'}{}'\frac{(p_i)_{ss'}(p_k)_{s's}+(p_k)_{ss'}(p_i)_{s's}}{\varepsilon_{s'}(\boldsymbol{k}_0)-\varepsilon_s(\boldsymbol{k}_0)} \tag{59.5}$$

按所有 $s\neq s'$ 进行求和①. 为了简化对矩阵元的描述,这里和今后将略去对角指标 $\boldsymbol{k}_0$: $\boldsymbol{p}_{ss'}\equiv\langle s\boldsymbol{k}_0|\boldsymbol{p}|s'\boldsymbol{k}_0\rangle$. 我们指出,若能带靠得近时(即 $\varepsilon_{s'}-\varepsilon_s$ 是小量),(59.5)的第二项可以大于第一项,由此有效质量将小于 m.

现在假设给晶体施加一均匀磁场 $\boldsymbol{H}$. 这时,在(59.1)中用算符

$$\hat{\boldsymbol{q}}=\boldsymbol{Q}-\frac{e}{\hbar c}\hat{\boldsymbol{A}},\quad \hat{\boldsymbol{A}}=\frac{1}{2}\boldsymbol{H}\cdot \mathrm{i}\frac{\partial}{\partial \boldsymbol{Q}},\tag{59.6}$$

替换 $\boldsymbol{q}$,根据(56.7)式便得到哈密顿量:

$$\hat{H}_s^{(0)}=\varepsilon_s(\boldsymbol{k}_0)+\frac{\hbar^2}{2}m_{ik}^{-1}\hat{q}_i\hat{q}_k.\tag{59.7}$$

它作用在广义准动量 $\boldsymbol{Q}$ 的函数上,自然它与原来的公式(59.1)有同样适用的能量区域. 这就是说,除掉弱场条件(56.3)外,还假设所研究的朗道能级的位置不很高. 在这个意义上,应该将 $\boldsymbol{q}$ 和 $\boldsymbol{Q}$ 这两个量看成是小量(甚至在弱场,矢势 $\boldsymbol{A}$ 也有增大的特点,不能认为 $\boldsymbol{A}$ 小于 $\boldsymbol{Q}$).

哈密顿量中在(59.7)式以后的各项均包含"纯粹"形式的 $\boldsymbol{H}$ 场(即不伴有算符 $\partial/\partial\boldsymbol{Q}$). 这样一些项已经不能只从规范不变性的考虑中得到. 我们来确定这些项中的首项,它是 $\boldsymbol{H}$ 的线性项. 此时,由于这个线性项较小,在计算它的时候可以假定 $\boldsymbol{Q}=0$.

首先在不考虑自旋-轨道相互作用时,我们来研究所提出的课题. 我们所感兴趣的是 $\boldsymbol{H}$ 的线性项,它只可能在电子的原始的精确哈密顿量(56.2)中关于 $\boldsymbol{A}$ 的线性项里出现,就是说它出现在用波函数 $\psi_{s\boldsymbol{k}_0}$ 对表达式

$$-\frac{e}{2mc}(\hat{\boldsymbol{p}}\cdot\boldsymbol{A}+\boldsymbol{A}\cdot\hat{\boldsymbol{p}})=-\frac{e}{mc}\boldsymbol{A}\cdot\hat{\boldsymbol{p}}\tag{59.8}$$

的求平均中(等式与已选的 $\nabla\cdot\boldsymbol{A}=0$ 的规范有关). 这在哈密顿量(59.7)中导致附加项

$$H_s^{(1)}=-\boldsymbol{M}\cdot\boldsymbol{H},\tag{59.9}$$

其中

$$\boldsymbol{M}=\frac{e}{2mc}\langle s\boldsymbol{k}_0|\boldsymbol{r}\times\boldsymbol{p}|s\boldsymbol{k}_0\rangle,\tag{59.10}$$

正好是电子在态 $s\boldsymbol{k}_0$ 上磁矩的平均值. 我们强调指出,修正项(59.9)可以附加在哈密顿量(59.7)上,而不必担心这个效应已经部分地在(59.6)的替换中考虑到了;事实上,式(59.7)中 $\boldsymbol{H}$ 的线性项在 $\boldsymbol{Q}=0$ 时根本不存在.

考虑到(59.4)式,$\boldsymbol{p}$ 不存在对角矩阵元,按照矩阵乘法规则我们把式(59.10)分开写出得

---

① 不存在按 $\boldsymbol{k}'$ 的求和,因为根据(55.15)式,动量 $\boldsymbol{p}=m\boldsymbol{v}$ 没有对于 $\boldsymbol{k}$ 的非对角矩阵元,因此所有的中间态都与同一个准动量 $\boldsymbol{k}_0$ 有关.

$$M_x=\frac{e}{2mc}\sum_{s'}{}'\left[(\Omega_y)_{ss'}(p_z)_{s's}-(\Omega_z)_{ss'}(p_y)_{s's}\right],$$

(对于 M_y,M_z 也类似);情况正应如此,哈密顿量(59.7)的修正项通过算符 $\boldsymbol{\Omega}$ 的矩阵元来表示.借助关系式

$$\boldsymbol{\Omega}_{s's}=\frac{\boldsymbol{p}_{s's}}{\mathrm{i}(\varepsilon_{s'}-\varepsilon_s)},$$

可将 $\boldsymbol{M}$ 改写成如下形式

$$M_x=\frac{\mathrm{i}e}{2mc}\sum_{s'}{}'\frac{(p_z)_{ss'}(p_y)_{s's}-(p_y)_{ss'}(p_z)_{s's}}{\varepsilon_{s'}(\boldsymbol{k}_0)-\varepsilon_s(\boldsymbol{k}_0)},\cdots \tag{59.11}$$

我们注意到,如果晶体具有反演中心,那么,$\boldsymbol{M}$ 以及整个修正式(59.9)都变为零.事实上,同时进行时间反演和空间反演,电子的状态(不考虑自旋时)是不变的,因此等式(59.11)的右侧也就不变;而磁矩在此变换下应该变号.

现在,我们计及晶体中的自旋－轨道相互作用,给哈密顿量(56.1)附加(55.17)的自旋－轨道项 $\hat{H}_{sl}$,这将改变方程(59.3)中关于 $\boldsymbol{q}$ 的线性项:在这一项中算符 $\hat{\boldsymbol{p}}$ 变成

$$\hat{\boldsymbol{\pi}}=\hat{\boldsymbol{p}}+\frac{\hbar}{4mc^2}\boldsymbol{\sigma}\times\nabla U. \tag{59.12}$$

算符 $\hat{\boldsymbol{\pi}}$ 有简单的物理意义:哈密顿量(包括 $\hat{H}_{sl}$)同 $\boldsymbol{r}$ 直接对易,无磁场时我们得到

$$\hat{\dot{\boldsymbol{r}}}=\frac{\hat{\boldsymbol{\pi}}}{m}. \tag{59.13}$$

类似地,当有磁场时,在原来的哈密顿量(也包括 $\hat{H}_{sl}$)中进行通常的代换 $\hat{\boldsymbol{p}}\to\hat{\boldsymbol{p}}-e\boldsymbol{A}/c$,我们得到关于 $\boldsymbol{A}$ 的线性项形如 $-e\hat{\boldsymbol{\pi}}\cdot\boldsymbol{A}/mc$,它跟(59.8)的区别也是将 $\hat{\boldsymbol{p}}$ 换成 $\hat{\boldsymbol{\pi}}$.对磁矩(59.11)还应追加一项自由电子的自旋磁矩,因此有

$$M_x=\beta\langle s\boldsymbol{k}_0|\sigma_x|s\boldsymbol{k}_0\rangle+\frac{\mathrm{i}e}{2mc}\sum_{s'}{}'\frac{(\pi_z)_{ss'}(\pi_y)_{s's}-(\pi_y)_{ss'}(\pi_z)_{s's}}{\varepsilon_{s'}-\varepsilon_s} \tag{59.14}$$

考虑到自旋－轨道相互作用,这个表达式的第二项甚至在有反演中心的晶体里也绝不等于零.事实上,时间和空间同时改变符号会导致自旋方向相反的状态.因此,如果在这种变换时改变符号,整个表达式(59.14)仅应归结为对算符 $\beta\sigma_i\xi_{ix}(\boldsymbol{k})$ 的平均(对照(56.12)式).

当自旋 - 轨道相互作用可以看成微扰时,①我们来计算张量 ξ_{ik},改写(55.17)如下列形式

$$\hat{H}_{sl} = \boldsymbol{\sigma} \cdot \hat{\boldsymbol{\chi}}, \quad \hat{\boldsymbol{\chi}} = \frac{i\hbar^2}{4m^2c^2}\nabla U \times \nabla. \tag{59.15}$$

把(59.9)和(59.15)看成微扰,我们来求能量的二级微扰论的修正项,此时只剩下对于(59.9)和(59.15)的交叉项.这个修正项(仍然是一个关于自旋变量的算符——矩阵)具有(56.12)的形式,其张量 ξ_{ik} 等于

$$\xi_{ik} = \delta_{ik} + \frac{1}{2}\sum_{s'}{}' \frac{(\chi_i)_{ss'}(L_k)_{s's} + (L_k)_{ss'}(\chi_i)_{s's}}{\varepsilon_{s'} - \varepsilon_s} \tag{59.16}$$

其中 $\hbar\hat{\boldsymbol{L}} = \boldsymbol{r} \times \hat{\boldsymbol{p}}$.

上述一切都是关于自旋以外的非简并态的.如果在 $\boldsymbol{k} = \boldsymbol{k}_0$ 时有简并,那么,为了确定能量,需要组成直到二级微扰[方程(59.3)中的方括号]的久期方程(即根据第三卷公式(39.4)).如此,得出的久期方程的性质与 $\boldsymbol{k}_0$ 点的对称性有关.我们在§68还要讨论这个问题.

习　　题

粒子在任意方向的磁场内具有平方色散律(59.1),试求其准经典能级.

解:将张量 m_{ik} 化为对角型,并从极值点(为明确起见取极小值)开始计算能量和动量.这时

$$\varepsilon(\boldsymbol{k}) = \frac{\hbar^2}{2}\left(\frac{k_1^2}{m_1} + \frac{k_2^2}{m_2} + \frac{k_3^2}{m_3}\right). \tag{1}$$

其中 m_1, m_2, m_3 是张量 m_{ik} 的主值(正值),用 $\boldsymbol{n}$ 表示场 $\boldsymbol{H}$ 方向的单位矢,有

$$k_z = \boldsymbol{n} \cdot \boldsymbol{k} = n_1k_1 + n_2k_2 + n_3k_3 \tag{2}$$

(n_1, n_2, n_3 是场对张量 m_{ik} 主轴的方向余弦),我们需要求出平面(2)在椭球体(1)内那部分的面积;它可以表成对椭球体(1)取的积分:②

$$S = \int \delta(\boldsymbol{n} \cdot \boldsymbol{k} - k_z)\,\mathrm{d}^3k. \tag{3}$$

---

① $\hat{H}_{sl}$ 的表达式(55.17)是按相对论比值 $(v/c)^2$ 展开的第一项.因此,在一定意义上它总是小量.但是,这个微小性对于现在这个具体能带中运用微扰论并无关系.因此 $\hat{H}_{sl}$ 在所研究的问题里并不能总认为是小的微扰.

② 令 $f(x,y,z)$ = 常量是填充某一体积的曲面族.$\mathrm{d}l$ 是曲面族内两个无限接近曲面间的距离:$\mathrm{d}l = \mathrm{d}f/|\nabla f|$,这两个曲面间的体积 $\mathrm{d}V = S(f)\,\mathrm{d}l$,其中 $S(f)$ 是给定 f 值的曲面面积.以 δ 函数 $\delta(f)$ 乘以等式 $S(f)\,\mathrm{d}f = |\nabla f|\,\mathrm{d}V$,再对体积取按 $\mathrm{d}f$ 的积分,于是得曲面 $f(x,y,z) = 0$ 的面积形如:$S(0) = \int |\nabla f|\delta(f)\,\mathrm{d}^3x$.在我们的情况下,$|\nabla f| = 1$,由此得到表达式(3).

代换变量 $\hbar k_i=(2\varepsilon m_i)^{1/2}q_i$，积分变为

$$S=(2\varepsilon)^{3/2}\hbar^{-3}(m_1m_2m_3)^{1/2}\int\delta(\boldsymbol{\nu}\cdot\boldsymbol{q}-k_z)\,\mathrm{d}^3q.$$

这里矢量 $\boldsymbol{\nu}$ 在 $\boldsymbol{q}$ 空间的分量为 $\nu_i=(2\varepsilon m_i)^{1/2}n_i/\hbar$，积分按球($\boldsymbol{q}^2=1$)体积进行. 积分容易在以 $\boldsymbol{\nu}$ 为轴的柱坐标系内完成，于是给出

$$S(\varepsilon,k_z)=\frac{2\pi}{\hbar^2}m_\perp\left(\varepsilon-\frac{\hbar^2k_z^2}{2m_\parallel}\right),$$

其中

$$\begin{aligned}m_\parallel&=m_1n_1^2+m_2n_2^2+m_3n_3^2\\ m_\perp&=(m_1m_2m_3/m_\parallel)^{1/2}.\end{aligned}\tag{4}$$

代入(58.7)中，求得能级

$$\varepsilon_n(k_z)=\frac{|e|\hbar H}{m_\perp c}\left(n+\frac{1}{2}\right)+\frac{\hbar^2k_z^2}{2m_\parallel}.\tag{5}$$

§ 60　磁场内晶格中电子状态的对称性

本节我们研究磁场中布洛赫电子的波函数平移对称的普遍性质，这一讨论是精确的，它不涉及任何近似(例如弱场条件或准经典条件).

施加均匀磁场并不改变系统的物理平移对称性：在空间它仍保持周期性. 但是，也有独特情况：此时电子哈密顿量(56.2)失去自己的对称性. 原因是哈密顿量中包含的不是恒定的场强 $\boldsymbol{H}$，而是与坐标有关且不具周期性的矢势 $\boldsymbol{A}(\boldsymbol{r})$.

哈密顿量失去不变性自然使波函数在平移时的变换规律变得复杂起来. 对于均匀场的矢势我们选择规范：

$$\boldsymbol{A}=\frac{1}{2}\boldsymbol{H}\times\boldsymbol{r}.\tag{60.1}$$

且令 $\psi(\boldsymbol{r})$ 是哈密顿量 $\hat{H}(\boldsymbol{r})$ 的某个本征函数. 在平移 $\boldsymbol{r}\to\boldsymbol{r}+\boldsymbol{a}$ 时($\boldsymbol{a}$ 是晶格的某一周期)这个函数变为 $\psi(\boldsymbol{r}+\boldsymbol{a})$，但是，它已经是哈密顿量 $\hat{H}(\boldsymbol{r}+\boldsymbol{a})$ 的本征函数[而 $\hat{H}(\boldsymbol{r}+\boldsymbol{a})$ 不同于 $\hat{H}(\boldsymbol{r})$]. 因为矢势已经进行了代换：

$$\boldsymbol{A}(\boldsymbol{r})\to\boldsymbol{A}(\boldsymbol{r}+\boldsymbol{a})=\boldsymbol{A}(\boldsymbol{r})+\frac{1}{2}\boldsymbol{H}\times\boldsymbol{a}.$$

为了找到待求的变换规律，需要回到原来的哈密顿量. 进行规范变换

$$\boldsymbol{A}\to\boldsymbol{A}+\nabla f,\quad f=-\frac{1}{2}(\boldsymbol{H}\times\boldsymbol{a})\cdot\boldsymbol{r}$$

即可达到. 这时，波函数根据(56.4)式来变换

$$\psi\to\psi\exp(\mathrm{i}ef/\hbar c).$$

所有这些操作的结果都表示成 $\hat{T}_a\psi(\boldsymbol{r})$，于是得到

$$\hat{T}_a\psi(\boldsymbol{r})=\psi(\boldsymbol{r}+\boldsymbol{a})\exp\left[\frac{\mathrm{i}}{2}\boldsymbol{r}\cdot(\boldsymbol{h}\times\boldsymbol{a})\right],\tag{60.2}$$

其中 $\boldsymbol{h}=|e|\boldsymbol{H}/\hbar c$,而 $\hat{T}_a$ 称为磁平移算符. 如果 $\psi(\boldsymbol{r})$ 是薛定谔方程 $\hat{H}(\boldsymbol{r})\psi=\varepsilon\psi$ 的解,那么(60.2)式也是这个方程对于同一个能量 ε 的解(R. Peierls,1933).

由定义(60.2)容易得出结论:

$$\hat{T}_a\hat{T}_{a'}=\hat{T}_{a+a'}\omega(\boldsymbol{a},\boldsymbol{a}'),$$

$$\omega(\boldsymbol{a},\boldsymbol{a}')=\exp\left[-\frac{\mathrm{i}}{2}\boldsymbol{h}\cdot(\boldsymbol{a}\times\boldsymbol{a}')\right]\tag{60.3}$$

交换 $\boldsymbol{a}$ 和 $\boldsymbol{a}'$时,因子 $\omega(\boldsymbol{a},\boldsymbol{a}')$ 的幂指数改变符号;因此,一般说来,算符 $\hat{T}_a$ 和 $\hat{T}_{a'}$ 不可对易:

$$\hat{T}_a\hat{T}_{a'}=\hat{T}_{a'}\hat{T}_a\exp[-\mathrm{i}\boldsymbol{h}\cdot(\boldsymbol{a}\times\boldsymbol{a}')].\tag{60.4}$$

于是,两个算符 $\hat{T}_a$ 和 $\hat{T}_{a'}$的乘积一般说来与算符 $\hat{T}_{a+a'}$相差一个相因子. 按照数学术语这意味着:算符 $\hat{T}_a$ 所实现的并非平移群的通常表示,而是投影表示,这些表示的基是磁场中布洛赫电子的定态波函数①. 于是,能级的分类应该按照平移群的不可约投影表示来进行,就像无场时按照此群的不可约的通常表示进行分类一样.

与此相关,我们记得,平移群是阿贝尔群(它全部元素都是可对易的),因此,它所有的不可约的通常表示都是一维的. 每个这种表示的基函数 ψ 在平移时仅需乘以某一相因子,并且对于相继两次的平移,这个因子应该等于每次单独平移的因子之积. 这就是说

$$\hat{T}_a\psi=\mathrm{e}^{\mathrm{i}\boldsymbol{k}\cdot\boldsymbol{a}}\psi,$$

其中 $\boldsymbol{k}$ 是常矢量;这个矢量(电子的准动量)是给不可约表示分类的参量.

当磁场满足条件

$$\boldsymbol{h}=4\pi\frac{p}{q}\frac{\boldsymbol{a}_3}{v},\tag{60.5}$$

时,可以对平移群的不可约投影表示进行完全分类(E. Brown,1964;J. Zak,1964). 其中 p 和 q 是两个互为素数的任意整数;$\boldsymbol{a}_3$ 是晶格三个任选基周期 $\boldsymbol{a}_1$,$\boldsymbol{a}_2$,$\boldsymbol{a}_3$ 中之一;$v=(\boldsymbol{a}_1\times\boldsymbol{a}_2)\cdot\boldsymbol{a}_3$ 是晶格原胞的体积. 换言之,磁场必须顺着晶格周期的某一方向,而 $hv/4\pi a_3$ 必须是有理数. 等式(60.5)乘以 $\boldsymbol{a}_1\times\boldsymbol{a}_2$,并可将此

---

① 关于群投影表示,我们在第五卷 §134 中已经遇到过. 我们记得,算符 $\hat{G}$ 所实现的表示本来就称为群 G 的投影表示. 算符 $\hat{G}$ 之间的关系与群 G 相应元素之间的关系只在精确到相差一个相因子的意义下才是一致的:如果 $G_1G_2=G_3$,则对于算符有 $\hat{G}_1\hat{G}_2=\omega_{12}\hat{G}_3$,这里只要求 ω_{12} 的模必须等于 1.

条件表成下列形式

$$\boldsymbol{h}\cdot(\boldsymbol{a}_1\times\boldsymbol{a}_2)=4\pi p/q. \tag{60.6}$$

为了给平移群的不可约投影表示分类,重要的是从这个群中能分离出子群(称它为**磁子群**),对于这个子群,不再是投影表示,而是通常表示.在遵守条件(60.6)的情况下,形如

$$\boldsymbol{a}_m=n_1\boldsymbol{a}_1+n_2q\boldsymbol{a}_2+n_3\boldsymbol{a}_3 \tag{60.7}$$

具有整系数 n_1,n_2,n_3 的平移集合便是这样的子群.事实上,当矢量 $\boldsymbol{h}$ 顺着 $\boldsymbol{a}_3$ 方向且满足条件(60.6)时,对于所有这类平移,(60.3)式的指数因子变为零或者是 2π 的整数倍,于是所有的因子 $\omega(\boldsymbol{a},\boldsymbol{a}')=1$①.平移(60.7)的集合形成基周期为 $\boldsymbol{a}_1,q\boldsymbol{a}_2,\boldsymbol{a}_3$ 的格子(称为磁格子).于是,磁倒格子相应地有周期 $\boldsymbol{b}_1,\boldsymbol{b}_2/q,\boldsymbol{b}_3$,其中 $\boldsymbol{b}_1,\boldsymbol{b}_2,\boldsymbol{b}_3$ 是倒格子的基周期.磁子群不可约的通常表示如同整个的平移群一样是一维的;它们用波矢量(准动量)$\boldsymbol{K}$ 表征,波矢量所有非等价值都包含在磁倒格子的一个原胞中.

令 $\psi^{(1)}$ 是准动量为 $\boldsymbol{k}^{(1)}\equiv\boldsymbol{K}$ 的一个这样表示中的基函数.对于该函数

$$\hat{T}_{a_m}\psi^{(1)}(\boldsymbol{r})=\mathrm{e}^{\mathrm{i}\boldsymbol{k}^{(1)}\cdot\boldsymbol{a}_m}\psi^{(1)}(\boldsymbol{r}). \tag{60.8}$$

在以周期 $\boldsymbol{a}_2$ 平移(不包括在磁子群中)时,我们由 $\psi^{(1)}$ 获得具有别的准动量的函数 $\psi^{(2)}$.为了确定这个准动量,我们利用(60.4)式和(60.8)式可以写出

$$\hat{T}_{a_m}\psi^{(2)}=\hat{T}_{a_m}\hat{T}_{a_2}\psi^{(1)}(\boldsymbol{r})=\exp(-\mathrm{i}\boldsymbol{h}\cdot[\boldsymbol{a}_m\times\boldsymbol{a}_2])\hat{T}_{a_2}\hat{T}_{a_m}\psi^{(1)}(\boldsymbol{r})=$$
$$=\exp\{-\mathrm{i}\boldsymbol{a}_m\cdot[\boldsymbol{a}_2\times\boldsymbol{h}]+\mathrm{i}\boldsymbol{a}_m\cdot\boldsymbol{k}^{(1)}\}\hat{T}_{a_2}\psi^{(1)}(\boldsymbol{r})$$

或者最后写成

$$\hat{T}_{a_m}\psi^{(2)}(\boldsymbol{r})=\mathrm{e}^{\mathrm{i}\boldsymbol{k}^{(2)}\cdot\boldsymbol{a}_m}\psi^{(2)}(\boldsymbol{r}),$$

其中

$$\boldsymbol{k}^{(2)}=\boldsymbol{k}^{(1)}-\boldsymbol{a}_2\times\boldsymbol{h}=\boldsymbol{K}-2\frac{p}{q}\boldsymbol{b}_1$$

(在最后的等式中代入(60.5)式并引入倒格子周期 $2\pi\boldsymbol{a}_2\times\boldsymbol{a}_3/v=\boldsymbol{b}_1$).其次应该区分 q 为奇数值和偶数值的两种情况②.

令 q 为奇数.再重复进行 $q-2$ 次平移 $\boldsymbol{a}_2$,我们共获得 q 个不同的函数,它们的准动量分别为

$$\boldsymbol{k}^{(1)}=\boldsymbol{K},\quad \boldsymbol{k}^{(2)}=\boldsymbol{K}-2\frac{p}{q}\boldsymbol{b}_1,\ \cdots,\ \boldsymbol{k}^{(q)}=\boldsymbol{K}-2\frac{p(q-1)}{q}\boldsymbol{b}_1, \tag{60.9}$$

① 一般说来,磁子群的选择不是唯一的;可以选择形如 $\boldsymbol{a}_m=n_1q_1\boldsymbol{a}_1+n_2q_2\boldsymbol{a}_2+n_3\boldsymbol{a}_3$ 的任意的平移集合来替代(60.7)式,其中 q_1,q_2 是满足 $q_1q_2=q$ 的整数.

② 在 $q=1$ 时,磁子群同完全平移群一致.于是,如果 $\boldsymbol{h}$ 是 $4\pi\boldsymbol{a}_3/v$ 的整数倍,则平移群不可约投影表示同不可约的通常表示一致,而且电子态的分类与不存在场时的也一致.

减去矢量 $\boldsymbol{b}_1$ 的适当的整数倍，这些准动量值按顺序变成下列各值：

$$\boldsymbol{k}=\boldsymbol{K},\quad \boldsymbol{K}+\frac{1}{q}\boldsymbol{b}_1,\quad \boldsymbol{K}+\frac{2}{q}\boldsymbol{b}_1,\quad \cdots,\quad \boldsymbol{K}+\frac{q-1}{q}\boldsymbol{b}_1, \tag{60.10}$$

这 q 个函数可实现平移群的 q 维不可约投影表示. 当 $\boldsymbol{K}$ 取遍边长分别为 $\boldsymbol{b}_1/q$, $\boldsymbol{b}_2/q$, $\boldsymbol{b}_3$ 的原胞中所有数值（此时，准动量 $\boldsymbol{k}^{(1)}$, $\boldsymbol{k}^{(2)}$, …取遍边长分别为 $\boldsymbol{b}_1$, $\boldsymbol{b}_2/q$, $\boldsymbol{b}_3$ 的原胞中的值）时，我们得到所有的非等价表示.

现在，令 q 为偶数. 这时，在序列(60.9)中第$(q/2+1)$个值就等于 $\boldsymbol{K}-p\boldsymbol{b}_1$. 此值与 $\boldsymbol{K}$ 的差别只是倒格子周期 $\boldsymbol{b}_1$ 的整数倍. 换句话说，共有 $q/2$ 个非等价的 $\boldsymbol{k}$ 值；它们是以 $q/2$ 代换 q 而由(60.10)式给出的. 因此，在这种情况下不可约表示是 $q/2$ 维的，并且 $\boldsymbol{K}$ 取遍以 $2\boldsymbol{b}_1/q$, $\boldsymbol{b}_2/q$, $\boldsymbol{b}_3$ 为边长的原胞中之值.

这些结果允许我们在施加磁场时[满足(60.5)式的条件]对晶格中的电子能谱变化的特征作出下述结论：在无磁场时，能谱由离散的能带组成，每个能带的能量 $\varepsilon(\boldsymbol{k})$ 是准动量的函数，准动量取遍倒格子原胞中的所有值. 在施加磁场时，每条能带分裂为 q 个次能带，每个次能带的所有能级在 q 为奇数时都有 q 重简并，在 q 为偶数时都有 $q/2$ 重简并. 次能带的能量可以表示为矢量 $\boldsymbol{K}$ 的函数 $\varepsilon(\boldsymbol{K})$, $\boldsymbol{K}$所取的值为一个倒格胞的 $1/q^2$（在奇数 q 时）或 $2/q^2$（在偶数 q 时）.

上述景象对于磁场的大小和方向在一定意义上是极为敏感的. 事实上，不论怎样靠近能使(60.5)式得到满足（对某一定的 p,q）的 $\boldsymbol{H}$ 值，总存在满足同一条件但 q 却大得多的情况下的场强值. 因此可以用尽量少改变场强的方法，来使次能带的数目变得尽量多. 但应当强调，这决不意味在所观察的物理性质中也有这样的不稳定性. 这些物理性质主要不取决于具体的晶带结构，而取决于状态数按很小但有限的能量间隔内的分布；当场的变化不大时，这种分布也变化不大. 因为强烈变化的并不是状态能量，而是状态的分类. 后者的变化是由准动量的定义域的改变所引起的.

§61　正常金属的电子谱

在正常（非超导的）金属的实际晶体里，电子形成量子费米液体，这种液体在第一章里已经描述过了. 但是，在这里由于不是“自由的”各向同性液体，而是晶格的各向异性周期场内的液体，于是出现一系列区别.

自由费米液体的能谱，是类比于理想费米气体的谱建立起来的. 与此类似，金属中电子费米液体谱也类比于“晶格中”理想“气体”的谱来建立的. 准动量做为守恒量的出现仅与体系的空间周期性有关（有如真实动量的守恒是整个空间均匀性的结果一样）. 因此，在 §55 中所列举的性质自然也可转移为金属中电子液体谱能级分类的特性，其中粒子（电子）的角色移给了准粒子.

在绝对零度时，周期场中的理想费米气体粒子占满直到某个界限值 ε_{F}（在

$T=0$时同化学势的数值相等)的所有低能级 ε,决定 ε_F 的条件是 $\varepsilon \leqslant \varepsilon_F$ 的状态数等于全部电子数. 这时,属于一切 $\boldsymbol{k}$ 值的 $\varepsilon_s(\boldsymbol{k})<\varepsilon_F$ 的能带完全被占满,而 $\varepsilon_s(\boldsymbol{k})>\varepsilon_F$的能带是空的,而方程

$$\varepsilon_s(\boldsymbol{k})=\varepsilon_F \tag{61.1}$$

有解的能带将部分地被充填. 在 $\boldsymbol{k}$ 空间,方程(61.1)决定了费米分界面,这个面把每个带被填满的态和空态分开.

类似地,实际金属在 $\boldsymbol{k}$ 空间也存在一个曲面,使准粒子填满的态的区域(在 $T=0$ 时)与空态分开;在面的一侧准粒子的能量 $\varepsilon>\varepsilon_F$,而在另一侧 $\varepsilon<\varepsilon_F$. 但是,我们知道(参看 §1),费米液体里的准粒子概念只在费米面附近才有实际的物理意义,在那里元激发的衰减较小. 因此,关于(在描述理想费米气体谱时出现的)满带的概念在实际的电子液体中便失去字面上的意义.

费米面附近的那些准粒子称为**传导电子**. 一般情况下,它们的能量是准动量的线性函数,类似(1.12)式有

$$\varepsilon(\boldsymbol{k})-\varepsilon_F \approx \hbar(\boldsymbol{k}-\boldsymbol{k}_F)\boldsymbol{v}_F, \tag{61.2}$$

其中 $\boldsymbol{k}_F$ 是费米面上的点,而

$$\hbar\,\boldsymbol{v}_F=\left(\frac{\partial\varepsilon}{\partial\boldsymbol{k}}\right)_{\boldsymbol{k}=\boldsymbol{k}_F} \tag{61.3}$$

是传导电子在该点的速度. ①

在温度不等于零时,费米面附近也应有传导电子分布的"弥散区". 由此产生费米液体理论的适用条件:$T \ll \hbar k_F v_F$,其中 k_F 和 v_F 是费米面的线度和在费米面上的速度特征量. 通常线度 k_F 与倒格胞的线度有相同的数量级,因此 $k_F\sim 1/a$(例外的是所谓半金属——参看下面). 为了估算,再取 $v_F\sim\hbar k_F/m$,则得出条件:$T \ll 10^4-10^5$ K,实际上这个条件总是可以满足的.

事实上,所有金属都有带反演中心的晶格. 根据 §55 末所述,传导电子(具有给定 $\boldsymbol{k}$ 值)的所有能级对自旋都是二重简并的(这里所说的金属既不是铁磁的,也不是反铁磁的).

费米面的形状和配置是具体金属的重要特征. 不同金属的费米面,一般说来,有各种各样极为复杂的形状. 费米面可以由几个不相连的叶构成,这些叶可以是单连通的或多连通的,闭的或开的(可与 §55 所讲的等能面进行大致的比较).

费米面的封闭叶可以分为两种类型,一种是限定准粒子的满态(在 $T=0$ 时)区域(在 $\varepsilon<\varepsilon_F$ 的腔内部),另一种限定准粒子空态的区域($\varepsilon>\varepsilon_F$). 但是,如

---

① 在 §2,从伽利略不变性的考虑中得到型如(2.11)的"自由"费米液体有效质量的公式当然与晶格中的电子液体无关.

果认为第二种情况是“空腔”被“准空穴”所填满，这两种情况就可以用类似的方法描述；于是，系统向激发态的跃迁可以描写为准空穴从费米面内部向外部的跃迁. 此时的费米面称为**空穴**费米面，以区别于第一种情况的**电子**费米面.①两种准粒子——电子和空穴——之间的物理区别，当它们在外场中运动时就明显表露出来. 例如，在磁场中运动时，用来决定准经典轨道的空穴（或电子）费米面的一切截面，都属于§57所讲的那种空穴（或电子）类型.

§1谈过的各向同性“自由”费米液体中费米面是球面，根据朗道的定理(1.1)，其半径由液体密度决定. 对于金属中的电子液体也有类似的关系，但由于跟晶格周期性有关的特性，使这个关系的表述有某些改变.

金属电子数取晶格一个原胞中的比较方便；令 n 是一个原胞所有原子中的电子总数. 我们用 τ_F 表示费米面填充侧（即 $\varepsilon<\varepsilon_F$ 一侧）的一个倒格胞的总体积. 这里总字的含义是：如果与费米面各叶对应的各填充区域部分交叠，那么它们仍然应该独立求和. 我们约定，体积 τ_F 以倒格胞本身的体积为单位进行量度. 从关于区域交叠的说明可知：如此定义的量 τ_F 可以超过1.

我们感兴趣的命题——Luttinger定理（对于金属它可代替朗道定理）可用下列等式表示：

$$n_c \equiv 2\tau_F = n-2l, \tag{61.4}$$

其中 l 是某一整数($l\geqslant 0$). 对晶格里的理想气体模型，这个数有简单的意义：倒格胞中的两个（因有两个自旋态）电子，相应于每条能带全被充满，因此 $2l$ 是占据 l 条低能带的电子数；而差 $n-2l$ 是部分充填带中的电子数. 公式(61.4)所表示的事实绝非平凡，类似的情况在考虑到电子间有相互作用时也出现.②按照金属的定义，整数 n_c 不等于零.

假设在金属中只有（电子的和空穴的）封闭的费米面的叶. 我们用 $\tau_-^{(s)}$ 和 $\tau_+^{(s)}$ 表示电子腔和空穴腔对 τ_F 的贡献：

$$\tau_F = \sum_s \tau_-^{(s)} + \sum_s \tau_+^{(s)}$$

（求和分别对所有电子的叶和所有空穴的叶进行）. 量 $\tau_-^{(s)}$ 与电子腔的体积一致，而空穴腔的体积是 $1-\tau_+^{(s)}$. 我们引进电子型准粒子数和空穴型准粒子数

$$n_- = 2\sum_s \tau_-^{(s)}, \quad n_+ = 2\sum_s \left(1-\tau_+^{(s)}\right).$$

在 n 是偶数（从而 n_c 也是偶数）时，可以有这种情况. 即 n_c 等于空穴腔数的两倍. 容易相信，此时等式(61.4)归结为等式

① 但是，我们强调指出，为避免误会，“空穴”一词在这里的含义不同于§1末用另一种方法描述费米液体谱时所使用的含义（那里称为空穴的只是系统激发时在填满区内形成的空位）.

② 这一命题的严格推导可参看 J. M Luttinger, *Phys. Rev.* 119,1153(1960).

$$n_- = n_+ . \tag{61.5}$$

准粒子数和准空穴数相等的金属称为**补偿**金属.

我们注意到,当精确满足等式(61.5)时,量 n_- 和 n_+ 本身可以是任意的,可以包括任意小. 当所有费米面腔的体积与倒格胞的体积相比都很小时,金属称为**半金属**.①但是,传导电子的数目有一个下限,低于这个下限,金属型的电子谱就要变得不稳定,因而也就不能再存在下去(这种情况可参看 §66 末).

金属的热力学量由晶格部分和电子部分构成. 后者的热力学关系决定于费米面附近的准粒子[色散定律(61.2)]. 这个关系的特点自然也和理想费米气体或各向同性的费米液体一样(比较 §1);公式中的差别,只是由于准粒子在非球形(现在就是这种情况)费米面附近的状态数不同而已.

我们用 $\nu d\varepsilon$ 表示金属单位体积在能量间隔 $d\varepsilon$ 内的状态数. 在能量分别为 ε_F 和 $\varepsilon_F + d\varepsilon$ 的两个无限接近等能面之间,$\boldsymbol{k}$ 空间的体积元等于 $df d\varepsilon / \hbar v_F$,其中 df 是费米面的面积元,而 v_F 是矢量 $\boldsymbol{v}_F = \partial\varepsilon / \hbar\partial\boldsymbol{k}$ 对此面的垂直分量. 因此

$$\nu_F = \frac{2}{(2\pi)^3} \int \frac{df}{\hbar v_F}. \tag{61.6}$$

这里对一个倒格胞内费米面的所有叶进行积分(在开放的费米面情况,胞面本身当然不包括在积分区域内).

量值(61.6)代替了热力学量中对于自由粒子气体(费米面是球面)的下列表达式

$$\frac{2}{(2\pi\hbar)^3} \frac{4\pi p_F^2}{p_F / m} = \frac{m p_F}{\pi^2 \hbar^3},$$

例如,金属热力学势 Ω 的电子部分(比较第五卷 §58)是

$$\Omega_e = \Omega_{0e} - \frac{\pi^2}{6} \nu_F V T^2 , \tag{61.7}$$

其中 Ω_{0e} 是 $T=0$ 时的热力学势值. 将(61.7)式第二项当做 Ω_{0e} 的小附加项,根据关于小附加项的定理,对于热力学势 Φ 也能写出类似的公式:

$$\Phi_e = \Phi_{0e} - \frac{\pi^2}{6} \nu_F V T^2 \tag{61.8}$$

现在认为式中的 ν_F 和 V 是通过 P 表达的("零级"近似,即在 $T=0$ 时).

由(61.8)式确定熵,而后再确定热容量,我们求得

$$C_e = \frac{\pi^2}{3} \nu_F V T. \tag{61.9}$$

---

① 例如对于铋:$n_- = n_+ \sim 10^{-5}$.

热容量的晶格部分与 T^3 成比例(在温度小于德拜温度 Θ 时);因此在充分低的温度时,电子对热容量的贡献变成主要的了. ①

根据同样原因,在这个温度范围电子对金属热膨胀的贡献也成为主要的了.由(61.8)式决定体积 $V=\partial\Phi/\partial P$,而后再确定热膨胀系数 α,得到

$$\alpha=\frac{1}{V}\left(\frac{\partial V}{\partial T}\right)_P=-T\frac{\pi^2}{3V}\frac{\partial(V\nu_F)}{\partial P}, \tag{61.10}$$

我们注意到,在这里(也如在 $T\gg\Theta$ 范围一样——见第五卷 §67)关系式

$$\frac{\alpha V}{C}=-\frac{\partial\ln(V\nu_F)}{\partial P}$$

与温度无关.

§62　金属中电子的格林函数

§56—§58 的讨论所涉及的是晶格中单个电子的运动,在晶格上还有外磁场的作用.现在我们证明,那里所获得的结果对于实际金属电子液体中的准粒子(传导电子)本质上仍然是正确的,只是关系式中的某些量的定义有些改变[Ю. А. Бычков, Л. П. Горьков, 1961; J. M. Luttinger, 1961].适于普遍研究电子液体的数学工具是格林函数.

在第二章中对于"自由"费米液体发展了这个工具.我们将阐明,对晶格中的液体这个工具在哪些点上要改变.

电子液体(在温度 $T=0$ 时)的格林函数还是通过公式(7.9)的电子海森伯 ψ 算符定义的,其中的平均按金属的基态进行.由于时间的均匀性,这个函数与宗量 t_1 和 t_2 的关系仅通过 $t=t_1-t_2$ 来表示.现在,对液体来说,由于存在晶格外场,空间均匀性便遭到破坏.因此,格林函数不仅与差值 $\boldsymbol{r}_1-\boldsymbol{r}_2$ 有关.可以立即断言,格林函数对于 $\boldsymbol{r}_1$ 和 $\boldsymbol{r}_2$ 同时平移同一个(任意的)晶格周期来说是不变的.下面我们在 $\omega,\boldsymbol{r}$ 表象中研究格林函数,也就是我们引入对于 t 的傅里叶分量:$G_{\alpha\beta}(\omega;\boldsymbol{r}_1,\boldsymbol{r}_2)$.原则上,正是这个函数能够确定金属中电子液体的能谱.把 §8 中的讨论重新运用到目前情况(不再进行全部计算).

在 §8 中指出过,系统的均匀性允许完全定义 ψ 算符的矩阵元与坐标的关系,因而能够在空间-时间表象中写出形如(8.5—8.6)的格林函数的一般表达式;然后,从这里它可以过渡到展开式(8.7)形状的动量表象.

对于晶格中的电子液体,只对晶格周期平移(即当 $\boldsymbol{r}=\boldsymbol{a}$ 时)才有表成等式(8.3)的矩阵元的不变性.自然,这将减小与坐标关系的确定性:代替(8.4)式,

---

① 展开(61.9)式的小参量是比值 T/ε_F,展开晶格热容量的小参量是比值 T/Θ.因此,热容量的这两部分在 $T^2\sim\Theta^3/\varepsilon_F$ 就有同程度的大小.

至少可以断定

$$\langle 0|\hat{\Psi}_{\alpha}(t,\boldsymbol{r})|m\boldsymbol{k}\rangle=\chi_{\alpha m\boldsymbol{k}}^{(+)}(\boldsymbol{r})\exp(-\mathrm{i}\omega_{m0}(\boldsymbol{k})t),$$
$$\langle m\boldsymbol{k}|\hat{\Psi}_{\alpha}(t,\boldsymbol{r})|0\rangle=\chi_{\alpha m,-\boldsymbol{k}}^{(-)}(\boldsymbol{r})\exp(\mathrm{i}\omega_{m0}(\boldsymbol{k})t),\tag{62.1}$$

其中

$$\chi_{\alpha m\boldsymbol{k}}^{(+)}(\boldsymbol{r})=\mathrm{e}^{\mathrm{i}\boldsymbol{k}\cdot\boldsymbol{r}}u_{\alpha m\boldsymbol{k}}(\boldsymbol{r}),$$
$$\chi_{\alpha m,\boldsymbol{k}}^{(-)}(\boldsymbol{r})=\mathrm{e}^{\mathrm{i}\boldsymbol{k}\cdot\boldsymbol{r}}v_{\alpha m\boldsymbol{k}}(\boldsymbol{r}).\tag{62.2}$$

$\boldsymbol{k}$ 是态的准动量；m 是其余特征性量子数的集合，而 u 和 v 是晶格中坐标的一些周期函数（我们只写出发自基态——0 态——的跃迁矩阵元）. 函数 $\chi^{(+)}$ 和 $\chi^{(-)}$ 的性质，类似于周期场中电子的布洛赫函数. 通过这些矩阵元表示格林函数，然后变换到对时间的傅里叶分量（类似于 §8 所做的），现在代替(8.7)式，我们得到展式

$$G_{\alpha\beta}(\omega;\boldsymbol{r}_1,\boldsymbol{r}_2)=\sum_{m,\boldsymbol{k}}\left\{\frac{\chi_{\alpha m\boldsymbol{k}}^{(+)}(\boldsymbol{r}_1)\chi_{\beta m\boldsymbol{k}}^{(+)*}(\boldsymbol{r}_2)}{\omega+\mu-\varepsilon_{m\boldsymbol{k}}^{(+)}+\mathrm{i}0}+\frac{\chi_{\alpha m\boldsymbol{k}}^{(-)}(\boldsymbol{r}_1)\chi_{\beta m\boldsymbol{k}}^{(-)*}(\boldsymbol{r}_2)}{\omega+\mu-\varepsilon_{m\boldsymbol{k}}^{(-)}-\mathrm{i}0}\right\}\tag{62.3}$$

$\varepsilon^{(+)}$ 和 $\varepsilon^{(-)}$ 的意义同前；在第二项中进行了 $\boldsymbol{k}\to-\boldsymbol{k}$ 的变换.

在金属的费米面附近有不衰减的单粒子的元激发，表明当 ε 接近 μ 时，状态的能量只与 $\boldsymbol{k}$ 有关. 对于这些状态，函数 $G_{\alpha\beta}(\omega;\boldsymbol{r}_1,\boldsymbol{r}_2)$ 在 $\omega=\varepsilon(\boldsymbol{k})-\mu$ 处有极点. 在极点附近它的形式是

$$G_{\alpha\beta}(\omega;\boldsymbol{r}_1,\boldsymbol{r}_2)=\frac{\chi_{\alpha\boldsymbol{k}}(\boldsymbol{r}_1)\chi_{\beta\boldsymbol{k}}^{*}(\boldsymbol{r}_2)}{\omega+\mu-\varepsilon(\boldsymbol{k})+\mathrm{i}0\cdot\operatorname{sign}\omega},\tag{62.4}$$

当对自旋有简并时还应该对两个自旋态求和.

根据格林函数来确定能谱，原则上归结为某个积分－微分线性算符的本征值问题.

对所研究的问题，在坐标空间的图技术基本原则仍然同通常的费米液体的情况一样. 尤其是，若引入自能函数 $\Sigma_{\alpha\beta}(t,\boldsymbol{r}_1,\boldsymbol{r}_2)$（作为 §14 定义的图的集合之和），可以把格林函数 $G_{\alpha\beta}(t,\boldsymbol{r}_1,\boldsymbol{r}_2)$ 写成级数(14.3)的形式，这个级数求和就成为图方程(14.4). 这些图上的细实线表示自由电子（既不同其它电子也不同晶格相互作用）的格林函数 $G_{\alpha\beta}^{(0)}(t,\boldsymbol{r}_1-\boldsymbol{r}_2)$. 根据(9.6)式，这个函数满足方程

$$\left(\mathrm{i}\frac{\partial}{\partial t}+\frac{\Delta_1}{2m}+\mu\right)G_{\alpha\beta}^{(0)}(t,\boldsymbol{r}_1-\boldsymbol{r}_2)=\delta_{\alpha\beta}\delta(t)\delta(\boldsymbol{r}_1-\boldsymbol{r}_2),$$

从左侧用算符(…)作用于方程(14.4)，然后变换到按时间的傅里叶分量，我们得到待求的方程

$$\left(\omega+\mu+\frac{\Delta_1}{2m}\right)G_{\alpha\beta}(\omega;\boldsymbol{r}_1,\boldsymbol{r}_2)-\int\Sigma_{\alpha\gamma}(\omega,\boldsymbol{r}_1,\boldsymbol{r}')G_{\gamma\beta}(\omega;\boldsymbol{r}',\boldsymbol{r}_2)\mathrm{d}^3x'=$$
$$=\delta_{\alpha\beta}\delta(\boldsymbol{r}_1-\boldsymbol{r}_2).\tag{62.5}$$

在格林函数的极点（对变量 ω）附近，方程的右方可以略去，便获得齐次积

分 - 微分方程,其本征值则给出系统的能谱. 这时,任何运算都不涉及指标 β 和变量 $\boldsymbol{r}_2$,即它们在方程里不是重要的参数. 因此,为确定能谱方程可以写为①

$$\left(\omega+\mu+\frac{\Delta_1}{2m}\right)\chi_\alpha(\boldsymbol{r})-\int\Sigma_{\alpha\gamma}(\omega;\boldsymbol{r},\boldsymbol{r}')\chi_\gamma(\boldsymbol{r}')\,\mathrm{d}^3x'\equiv(\omega-\hat{L})\chi(\boldsymbol{r})=0. \tag{62.6}$$

对于金属中电子的费米液体,它代替通常的薛定谔方程. 如前所述,根据 $\omega=\varepsilon(\boldsymbol{r})-\mu$,上式的本征值确定了能谱;相应的本征函数就是(62.4)式中的函数 $\chi_{\alpha k}(\boldsymbol{r})$[将(62.4)直接代入(62.5)会清楚地看出这一点]. 因为在费米面附近的激发衰减少,在小 ω 的情形下,算符 $\hat{L}$ 是厄米的(精确到数量级为 ω 的项).

为了过渡到有弱外磁场的情况,应该指出,在矢势规范变换时 ψ 算符如波函数一样进行变换[比较(44.3—44.4)]. 因此格林函数 $G_{\alpha\beta}(\omega;\boldsymbol{r}_1,\boldsymbol{r}_2)$ 如 ψ 函数的乘积 $\psi(\boldsymbol{r}_1)\psi^*(\boldsymbol{r}_2)$ 一样进行变换. 这意味着(62.6)中的函数 $\chi(\boldsymbol{r})$ 也必须如通常的 ψ 函数一样进行变换. 但是,仿效 §56 中的讨论,容易发现在那里利用到的只是:晶格的周期性、规范变换的一般性质以及能谱由某个哈密顿量的本征值所决定;哈密顿量现在由公式(62.6)中的算符 $\hat{L}$ 来充任. ②显然,因此所得的结果,即由无外场的能谱向有弱场的能谱过渡的规则,也是相同的:新的能谱由哈密顿量

$$\varepsilon\left(\boldsymbol{K}-\frac{e}{\hbar c}\boldsymbol{A}(\hat{\boldsymbol{r}})\right),\quad \hat{\boldsymbol{r}}=\mathrm{i}\frac{\partial}{\partial\boldsymbol{K}} \tag{62.7}$$

的本征值所确定. 其中 $\varepsilon(\boldsymbol{k})$ 是无场时的谱. 自然,现在的函数 $\varepsilon(\boldsymbol{k})$ 的意义不同于它在(56.7)式中的,在后者已考虑到系统中所有电子的集体相互作用.

其次,因为在 §57, §58 对准经典情况的研究是完全建筑在形如(62.7)式的哈密顿量上的,所以,这些结果可直接移到电子液体上. 但是,这时产生一个问题,即什么是作用给传导电子上的场强(或矢势 $\boldsymbol{A}$). 严格说来,这应该是所有的电子在该点 $\boldsymbol{r}$ 形成的场(以及外场)的精确微观值. 但是,在准经典情况下发生相互作用的区域的特征线度 r_H("轨道的拉摩半径")大于电子间距(同晶格常量 a 一致)的数量级. 这个事实导致对微观场的自动平均. 这个平均的起源能够用下面的讨论来说明.

---

① 对于微观均匀的费米液体,在动量表象中,这个方程归结为方程(14.13)

$$\omega+\mu=\varepsilon^{(0)}(\boldsymbol{p})+\Sigma(\omega,\boldsymbol{p})$$

② 这里可以指出一个重要的区别:(62.2)中的算符 $\hat{L}$ 依赖于 ω. 其实,这只表明哈密顿量不是以显示的方式写出. 在小 ω 情况下(在费米面附近)展开 $\hat{L}\approx\hat{L}_0+\omega\hat{L}_1$,然后用算符 $(1-\hat{L}_1)^{-1}$ 左乘方程 $\hat{L}_0\chi=\omega(1-\hat{L}_1)\chi$,也可过渡到显式.

我们将微观场强表示成它的平均值(按宏观电动力学所用的术语它是磁感应强度 $\boldsymbol{B}$)与迅速变化部分 $\widetilde{\boldsymbol{H}}$ 之和的形式. 相应于均匀场 $\boldsymbol{B}$ 的矢势,在轨道线度的全部范围内将增大,并取特征值 $\sim Br_H$. 在距离 $\sim a$ 上相应于振荡场 $\widetilde{\boldsymbol{H}}$ 的势不会系统地增大,并且只取值 $\sim Ba$,这个值同 Br_H 比较可以忽略. 在 §56 中讲解时,恰是场势决定电子运动的量子化. 于是我们得出结论:只考虑均匀磁感应 $\boldsymbol{B}=\nabla\times\boldsymbol{A}$的势 $\boldsymbol{A}$ 已足够了,这个 $\boldsymbol{B}$ 正是作用给电子的场(D. Shoenberg,1962). 在下面(§63 末)我们将看到,这个事实在金属磁化时将导致某些新的现象.

于是,金属电子液体的准经典量子化规则可写成

$$S(\varepsilon,k_z)=\frac{2\pi|e|}{\hbar c}B\left(n+\frac{1}{2}\right), \tag{62.8}$$

式中 $S(\varepsilon,k_z)$是金属的传导电子真实等能面的截面积(在它的费米面附近).

像具有反演中心①晶格中的单电子问题一样,考虑传导电子的自旋将使磁场中的能级分裂为两个分量:

$$\varepsilon_{n\sigma}(k_z)=\varepsilon_n(k_z)+\sigma\beta\xi(k_z)B, \quad \sigma=\pm1. \tag{62.9}$$

量 $\xi(k_z)$是在准经典轨道上对某个函数 $\xi(\boldsymbol{k})$的平均结果. 这时,可充分精确地认为所有轨道都位于费米面上,因此平均的结果只与 k_z 有关. 我们强调指出,对于电子费米液体,量 $\xi(k_z)$不等于 1(自由电子之值),不仅与自旋-轨道相互作用有关,而且也与电子之间的交换作用有关.

§63 迪·哈斯-范·阿耳芬效应

在弱磁场中($\beta B\ll T$,β 是玻尔磁子,$\boldsymbol{B}$ 是磁感应强度),金属的磁化率不能以普遍形式计算出来. 其原因是在费米液体的理论框架内只能研究磁化率的顺磁(自旋)部分:这部分决定于费米面附近的传导电子,因为分布在深部的电子的自旋相互抵消. 对磁化率抗磁(轨道)有贡献的是全部电子,其中包括分布在深部的电子,在那里费米液体理论中的准粒子概念已失去意义. 但是,这两部分磁化率,一般说来有相同的数量级,有实际物理意义的只是它们之和.

我们进而讨论"强"场,这时

$$T\lesssim\beta B\ll\mu, \tag{63.1}$$

即朗道能级的间隔可以同温度相比拟,但仍然小于化学势. 在这种情况下,磁化率的顺磁部分和抗磁部分已完全不能分开,但是这里的情况发生了变化,即金属的磁化强度对场强显现出振荡关系[迪·哈斯-范阿耳芬(de Haas van Alphen)效应]②. 磁化强度的单调部分在这里也与金属中的全部电子有关,并且不可能

① 实际上,一切金属的晶格都具有反演中心.

② 对比第五卷 §60,在那里对理想电子气研究了这个效应.

在费米液体理论的框架内进行计算. 而磁化强度的振荡部分,正像我们将要看见的,只由费米面附近的传导电子决定,因而可在普遍形式下进行研究(И. М. Лифшиц, А. М. Косевич, 1955). 这里我们所感兴趣的正是这一部分.

磁化强度对磁场的振荡关系是电子轨道运动能级量子化的结果. 但是,被量子化的只是与电子沿闭合轨道(在 $\boldsymbol{k}$ 空间)运动所对应的状态. 因此,对热力学量振荡部分的贡献只来自等能面封闭截面上的传导电子,该截面是垂直场方向的平面所截取的. 我们认为,在这些截面上满足准经典性条件,即被等式(62.8)所定义的数 n 是个大数:

$$\hbar cS/|e|B \gg 1. \tag{63.2}$$

对于金属中典型的费米面截面的线度 $\sim 1/a$,因此 $S \sim a^{-2}$,则条件(63.2)显然能满足[比较 222 页上的注释).

考虑自旋时,准经典能级由表达式(62.9)给出,其中 $\varepsilon_n(k_z)$ 是方程(62.8)的解;与每个能级对应的状态数由公式(58.10)给出. 因此,决定热力学势 Ω(是 μ, T 和系统的体积 V 的函数)的配分函数含于下式中

$$\Omega = -T\frac{|e|BV}{4\pi^2\hbar c}\sum_n \int \sum_{s,\sigma} \ln\left\{1+\exp\frac{\mu-\varepsilon_{n\sigma}^{(s)}(k_z)}{T}\right\}\mathrm{d}k_z, \tag{63.3}$$

下标 s 是等能面各叶编号;为了简化,以后我们略去这个下标以及对它的求和号. 所有等能面的叶的全部不同的截面所在的区间(即除去周期性重复),就是对 $\mathrm{d}k_z$ 进行积分的区间.

首先我们从 Ω 中分离出随场振荡的部分(用 $\widetilde{\Omega}$ 来表示),借助于泊松公式①变换求和式(63.3):

$$\frac{1}{2}F(0) + \sum_{n=1}^{\infty} F(n) = \int_0^{\infty} F(x)\,\mathrm{d}x + 2\mathrm{Re}\sum_{l=1}^{\infty}\int_0^{\infty} F(x)\,\mathrm{e}^{2\pi ilx}\mathrm{d}x. \tag{63.4}$$

用于(63.3)的这个公式,其第一项对 Ω 给出非振荡的贡献;略去它,我们写出

$$\widetilde{\Omega} = -\frac{|e|BVT}{4\pi^2 c\hbar}2\mathrm{Re}\sum_{l=1}^{\infty}\sum_{\sigma=\pm1}\tilde{I}_{l\sigma}, \tag{63.5}$$

其中 $\tilde{I}_{l\sigma}$ 是积分的振荡部分:

$$\tilde{I}_{l\sigma} = \int_0^{\infty}\mathrm{d}n\int \ln\left\{1+\exp\frac{\mu_\sigma-\varepsilon_n(k_z)}{T}\right\}\mathrm{e}^{2\pi iln}\mathrm{d}k_z. \tag{63.6}$$

并引进记号 $\mu_\sigma = \mu - \sigma\beta\xi B$.

为了进一步的变换,我们引入函数

---

① 参看第五卷 §60. 在(63.4)中求和项 $F(0)$ 带有 1/2 系数是无关紧要的,因为在求和式(63.3)中,反正重要的只有 n 大的项.

$$n(\varepsilon,k_z)=\frac{c\hbar S(\varepsilon,k_z)}{2\pi|e|B}-\frac{1}{2}\tag{63.7}$$

[比较(62.8)式],并且从(63.6)中按 dn 的积分过渡到按 dε 的积分:

$$\tilde{I}_{l\sigma}=\int_0^\infty\int\ln\left\{1+\exp\frac{\mu_\sigma-\varepsilon}{T}\right\}e^{2\pi i l n}\frac{\partial n}{\partial\varepsilon}dk_z d\varepsilon.\tag{63.8}$$

对 dε 的积分下限是任意选择的(取为零),因为积分反正只在 $\varepsilon=\mu_\sigma$ 附近才是主要的.

由于 $n(\varepsilon,k_z)$ 是一个大的函数,(63.8)中被积式的指数因子是 k_z 的快速振荡函数,这些振荡使对 dk_z 的积分消失,因此对积分的主要贡献来自使函数 $n(\varepsilon,k_z)$ 变化最慢的变量 k_z(因而振荡也最慢)的各区间. 换言之,对积分的主要贡献来自 n(在每个给定值 ε 时,n 作为 k_z 的函数)的极值点附近的区域. 令 $k_{z,\mathrm{ex}}(\varepsilon)$ 是其中的一个这样的点;在此点附近用鞍点法计算积分:把指数函数的指数写为

$$n(\varepsilon,k_z)\approx n_{\mathrm{ex}}(\varepsilon)+\frac{1}{2}\left(\frac{\partial^2 n}{\partial k_z^2}\right)_{\mathrm{ex}}(k_z-k_{z,\mathrm{ex}})^2,$$

$$n_{\mathrm{ex}}(\varepsilon)=n(\varepsilon,k_{z,\mathrm{ex}}(\varepsilon)).$$

而在非指数函数因子中我们取 $k_z=k_{z,\mathrm{ex}}$ 时的值. 结果得到,每个极值点对积分的贡献为

$$\int_0^\infty\ln\left(1+\exp\frac{\mu_\sigma-\varepsilon}{T}\right)\frac{dn_{\mathrm{ex}}}{d\varepsilon}\frac{1}{\sqrt{l}}\left|\frac{\partial^2 n}{\partial k_z^2}\right|_{\mathrm{ex}}^{-\frac{1}{2}}\cdot\exp\left(2\pi i l n_{\mathrm{ex}}\pm\frac{i\pi}{4}\right)d\varepsilon.$$

因为在极值点 $\partial n/\partial k_z=0$,允许用 d$n_{\mathrm{ex}}$/d$\varepsilon$ 代替 $\partial n(\varepsilon,k_z)/\partial\varepsilon$. 在指数函数中指数的+号和-号对应于 $k_{z,\mathrm{ex}}$ 是函数 $n(\varepsilon,k_z)$① 的极小值点或极大值点. 用分部积分变换此表达式,写出

$$\frac{dn_{\mathrm{ex}}}{d\varepsilon}\exp(2\pi i l n_{\mathrm{ex}})d\varepsilon=\frac{1}{2\pi i l}d\exp(2\pi i l n_{\mathrm{ex}}(\varepsilon)),$$

并考虑到缓变函数 $|\partial^2 n/\partial k_z^2|_{\mathrm{ex}}$ 可以不必微商,积分项并不给出依赖于场的振荡关系,略去这一项,我们有

$$\tilde{I}_{l\sigma}=\sum_{\mathrm{ex}}\frac{e^{\pm i\pi/4}}{2\pi i T l^{3/2}}\int_0^\infty\frac{\exp(2\pi i l n_{\mathrm{ex}})d\varepsilon}{\left[1+\exp\left(\frac{\varepsilon-\mu_\sigma}{T}\right)\right]|\partial^2 n/\partial k_z^2|_{\mathrm{ex}}^{\frac{1}{2}}}.\tag{63.9}$$

这里对所有极值点求和(极值点的意义在下面还要讨论).

被积式分子中的因子 $\exp(2\pi i l n_{\mathrm{ex}})$ 是 ε 的快速振荡函数. 除掉能使分母迅速变化的 $\varepsilon-\mu_\sigma\sim T$ 的区域外,这些振荡处处使对 dε 的积分消失. 而函数 $n_{\mathrm{ex}}(\varepsilon)$

① $\int e^{iaz^2}dz$ 型的鞍点积分的计算是借助于下列代换进行的,$z=ue^{i\pi/4}$,在 $a>0$ 时,或 $z=ue^{-i\pi/4}$,在 $a<0$ 时,然后对 du 的积分扩展成自 $-\infty$ 到 $+\infty$.

在这个区域内是缓慢变化的,因而能够表示成如下的形式.

$$n_{ex}(\varepsilon)\approx n_{ex}(\mu_\sigma)+n'_{ex}(\mu_\sigma)(\varepsilon-\mu_\sigma),$$

因子$|\partial^2 n/\partial k_z^2|_{ex}^{-1/2}$可直接以其在$\varepsilon=\mu_\sigma$处之值来代替. 然后,由对$\varepsilon$的积分转到对$x=(\varepsilon-\mu_\sigma)/T$的积分,且以$-\infty$替换积分下限$-\mu_\sigma/T$(因为$\mu/T>>1$),我们得到①

$$\tilde{I}_{l\sigma}=-\sum_{ex}\frac{\exp[2\pi i l n_{ex}(\mu_\sigma)\pm i\pi/4]}{2l^{3/2}|\partial^2 n/\partial k_z^2|_{ex,\mu_\sigma}^{1/2}}\cdot\operatorname{arsinh}[2\pi^2 lTn'_{ex}(\mu_\sigma)].$$

这个表达式按$\sigma=\pm1$求和时,处处(除指数因子外)可以把μ_σ换成μ,因为按照(63.1)的假设$\beta B<<\mu$. 在(指数性的)相因子中这样的替换是不允许的,这是因为函数$n_{ex}(\varepsilon)$较大,其宗量较小的变化也要造成相位显著的变化;但是,在这里将$n_{ex}(\mu\pm\beta B)$按βB幂展开到线性项已足够.

$$\sum_\sigma\tilde{I}_{l\sigma}=-\sum_{ex}\frac{\exp[2\pi i l n_{ex}(\mu)\pm i\pi/4]}{l^{3/2}|\partial^2 n/\partial k_z^2|_{ex,\mu}^{1/2}}\times$$
$$\times\operatorname{arsinh}[2\pi^2 lTn'_{ex}(\mu)]\cos[2\pi l\beta B\xi_{ex}n'_{ex}(\mu)]. \qquad (63.10)$$

其中$\xi_{ex}=\xi(k_{zex})$. 尚须说明此表达式内各量的意义,并需将其代入(63.5)式.

根据(63.7)式的定义,函数$n_{ex}(\varepsilon)$与作为k_z函数的等能面$S(\varepsilon,k_z)$的截面极值$S_{ex}(\varepsilon)$有关,其值在$\varepsilon=\mu$时是费米面极值截面. 在图15上绘出费米面的哑铃形极值(两个极大和一个极小)截面;它们垂直于箭头所指的场方向. 在(63.10)式对ex求和是对所有费米叶面的极值闭合截面进行的. 为了简化公式的书写,我们引入传导电子在它沿极值闭合轨道运动时的回旋质量. 根据(57.6)的定义,这个质量为

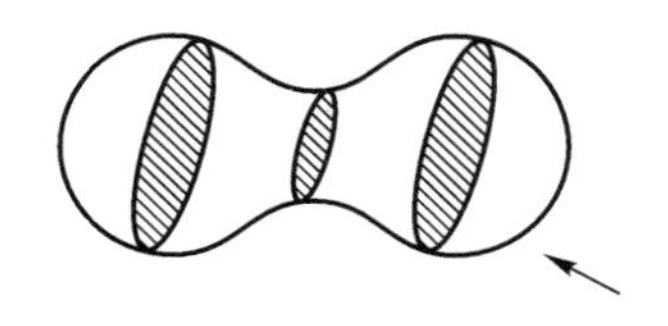

图 15

$$m^*=\frac{\hbar^2}{2\pi}\frac{\partial S(\varepsilon,k_z)}{\partial\varepsilon}\bigg|_{\mu,k_{zex}}=\frac{\hbar^2}{2\pi}S'_{ex}(\mu)$$

其中$S_{ex}(\varepsilon)=S[\varepsilon,k_{zex}(\varepsilon)]$;最后的等式又与极值点处$\partial S(\varepsilon,k_z)/\partial k_z=0$相联系.

结果,我们得出热力学势振荡部分的最后公式

---

① 利用了积分值

$$I\equiv\int_{-\infty}^{\infty}\frac{e^{i\alpha z}dz}{e^z+1}=-\frac{i\pi}{\sinh\pi\alpha}.$$

在z复平面上由实轴、直线$\operatorname{Im}Z=2\pi$和无穷远的两侧线段组成围道,积分在此围道进行便可得出此公式(为保证收敛,在两侧线段上以$\alpha-i0$代替实参量α),沿此围道的积分决定于极点$Z=i\pi$处的留数. 由此得出$I-e^{-2\pi\alpha}I=-2\pi ie^{-\pi\alpha}$.

$$\left.\begin{aligned}\widetilde{\Omega} &= \sum_{\rm ex}\sum_{l=1}^{\infty}(-1)^l\Omega_l\cos\left\{\left(l\frac{\hbar^2 S_{\rm ex}}{2m\beta B}\pm\frac{\pi}{4}\right)\right\},\\ \Omega_l &= \frac{2V(m\beta B)^{5/2}}{\pi^{7/2}\hbar^3 m^* l^{5/2}}\left|\frac{\partial^2 S(\mu,k_z)}{\partial k_z^2}\right|_{\rm ex}^{-1/2}\frac{\lambda}{\sinh\lambda}\cos\left(\pi l\frac{m^*}{m}\xi_{\rm ex}\right),\\ \lambda &= l\pi^2 Tm^*/m\beta B\end{aligned}\right\}\tag{63.11}$$

（m 是电子的真实质量，余弦宗量的 + 号或 − 号对应于极小截面或极大截面）. ①

磁化强度 $\boldsymbol{M}$（单位体积的磁矩）由微商算出②

$$\boldsymbol{M} = -\frac{1}{V}\frac{\partial\Omega}{\partial\boldsymbol{B}}.\tag{63.12}$$

这时，(63.11) 式中要微商的只是变化最快的因子一余弦. 由于费米面的各向异性（m^* 和 $S_{\rm ex}$ 与场方向有关），一般说来，$\boldsymbol{M}$ 的方向与 $\boldsymbol{B}$ 的不相重合. 我们得出纵向（沿场方向）磁化强度的振荡部分：

$$\widetilde{M}_z = \sum_{\rm ex}\sum_{l=1}^{\infty}(-1)^{l+1}M_l\sin\left\{\left(l\frac{\hbar^2 S_{\rm ex}}{2m\beta B}\pm\frac{\pi}{4}\right)\right\},$$

$$M_l = \frac{B^{1/2}(m\beta)^{3/2}S_{\rm ex}}{\pi^{7/2}m^* l^{3/2}\hbar}\left|\frac{\partial^2 S(\mu,k_z)}{\partial k_z^2}\right|_{\rm ex}^{-1/2}\frac{\lambda}{\sinh\lambda}\cos\left(\pi l\frac{m^*}{m}\xi_{\rm ex}\right).\tag{63.13}$$

表达式 (63.11) 和 (63.13) 是磁场的复杂振荡函数，并且一般说来，这些函数包含各种周期的项：来自费米面的每个极值截面的项都有一个关于变量 $1/B$ 的周期，它等于

$$\Delta\frac{1}{B} = \frac{4\pi m\beta}{\hbar^2 S_{\rm ex}} = \frac{2\pi|e|}{c\hbar S_{\rm ex}}.\tag{63.14}$$

我们注意到，这些周期都与温度无关.

振幅与温度的关系由因子 $\lambda/\sinh\lambda$ 来确定. 当 $\lambda \gg 1$ 时，振幅按指数衰减，

---

① 自由电子气的费米面是半径为 $k_{\rm F} = \sqrt{2m\mu}/\hbar$ 的球面，$S_{\rm ex} = \pi k_{\rm F}^2$，而公式 (63.11) 过渡到第五卷 §60 中的公式 (60.15).

② 对 $\boldsymbol{B}$ 的微商需要进行说明. 应用下面的方法能够得到公式 (63.12). 当场的矢势作无限小的变化时，系统的哈密顿量的变化是

$$\delta\hat{H} = \frac{1}{c}\int\hat{\boldsymbol{j}}\delta\boldsymbol{A}\,\mathrm{d}V,$$

其中 $\hat{\boldsymbol{j}}$ 是流密度算符[参看第三卷 (115.1) 式]. 用 $\delta\hat{H}$ 的平均值可以得到热力学势 Ω 的变化（当 μ, T, V 已给时）. 但是系统的量子化不是用精确的微观场 $\boldsymbol{H}$（§62 中已指出），而是用它的宏观平均值 $\boldsymbol{B}$ 确定的. 就是说在 $\delta\hat{H}$ 中也应该将 $\boldsymbol{A}$ 理解成平均场 $\boldsymbol{B}$ 的矢势. 于是，变分 $\delta\boldsymbol{A}$ 可以从平均号下提出来，因而

$$\delta\Omega = \langle\delta H\rangle = -\frac{1}{c}\int\langle\hat{\boldsymbol{j}}\rangle\delta\boldsymbol{A}\,\mathrm{d}V.$$

现在，根据定义 $\langle\boldsymbol{j}\rangle = c\nabla\times\boldsymbol{M}$ 引入磁矩，进行分部积分，我们得到

$$\delta\Omega = -\delta\boldsymbol{B}\int\boldsymbol{M}\,\mathrm{d}V.$$

实际上振荡消失. 当 $\lambda \leqslant 1$ 时,因子 $\lambda/\sinh\lambda \sim 1$,因此振幅的数量级由 Ω_l 和 M_l 中其余的因子来确定,下面的所有估算都属于这种情况.

为了粗略的估计,我们取

$$m^* \sim m, \quad \mu \sim \hbar^2 k_F^2/m, \quad S \sim k_F^2$$

其中 $k_F \sim 1/a$,是费米面的线度. 于是得出

$$\widetilde{\Omega} \sim V\frac{(m\beta B)^{5/2}}{\hbar^3} \sim Vn\mu\left(\frac{\beta B}{\mu}\right)^{5/2}, \quad \widetilde{M} \sim n\beta\left(\frac{\beta B}{\mu}\right)^{1/2}. \tag{63.15}$$

其中 $n \sim k_F^3$ 是电子数密度. 当涉及磁化强度与场是单调关系的那部分(以$\overline{M}$标记),可以进行估算,这只要取

$$\overline{M} \sim \bar{\chi}B \sim \beta^2\frac{mk_F}{\hbar^2}B \sim n\beta\frac{\beta B}{\mu}. \tag{63.16}$$

其中$\bar{\chi}$是磁化率的"单调"部分,比如按照电子气在弱场中的磁化率公式(参看第五卷 §59)估算. 相应的热力学势的单调部分是$\overline{\Omega} \sim V\,\overline{M}B \sim Vn\mu(\beta B/\mu)^2$. 对比所写出的表达式,表明热力学势的振荡部分小于它的磁性单调部分:

$$\widetilde{\Omega}/\overline{\Omega} \sim (\beta B/\mu)^{1/2} \ll 1.$$

尤其小于它在无磁场时的值 $\Omega_0 \sim Vn\mu$:$\widetilde{\Omega}/\Omega_0 \sim (\beta B/\mu)^{5/2}$. 相反地,磁化强度的振荡部分远大于其单调部分

$$\widetilde{M}/\overline{M} \sim (\mu/\beta B)^{1/2} \gg 1.$$

应该指出,所有上述磁化振荡的理论是关于理想晶体电子液体的,在理论中未考虑传导电子在声子和在晶格缺陷(如杂质原子)上的散射过程可能带来的影响. 这些过程导致电子能量的不确定性:$\Delta\varepsilon \sim \hbar/\tau \sim \hbar v_F/l$(其中 τ 是两次碰撞间隔的时间;l 是自由程;v_F 是电子速度). 细锐能级的弥散也导致磁化振荡的平滑化. 允许忽略散射过程的条件在于能量的不确定值 $\Delta\varepsilon$ 小于能级间隔,也就是说,必须有:

$$\hbar\omega_B \gg \hbar v_F l. \tag{63.17}$$

在 $T\to 0$ 时(条件(63.1))允许有任意小的 B 值[确切地说只是条件(63.17)所限定之值]. 此时磁化强度 $\widetilde{M}$,原则上可以同磁感应强度 B 相比较[因为 $\widetilde{M}/B \sim \bar{\chi}(\mu/\beta B)^{1/2}$],但是,磁化率 $\chi = \delta M/\delta H$① 早已变大(对其模来说). 实际上,还要指出,应该微商的只是振荡因子,于是得出

$$|\tilde{\chi}| \sim \bar{\chi}(\mu/\beta B)^{3/2}. \tag{63.18}$$

在这样情况下,磁化强度的振荡使宏观场强 $H = B - 4\pi M(B)$ 与磁感应强度 B 的关系曲线相继出现一系列的弯曲,有如图 16 所示(A. B. Pippard, 1963). 但

① 为了避免不必要的繁杂,以后当定性讨论所出现的效应时,我们不考虑各向异性的影响.

是，热力学稳定性条件要求①

$$\left(\frac{\partial H}{\partial B}\right)_{T,\mu}>0.$$

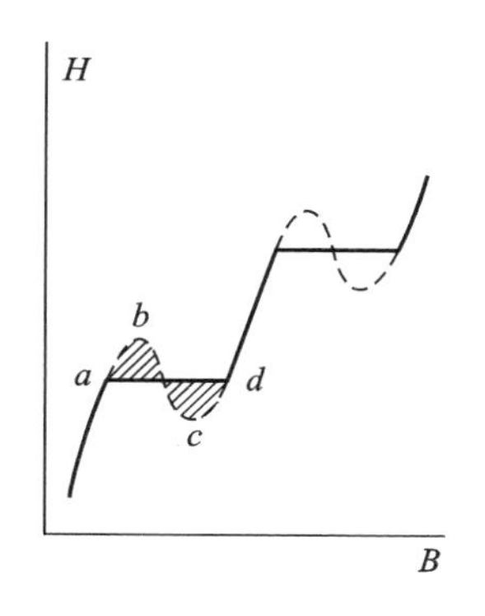

图 16

因此与 bc 段曲线对应的状态是不可能的. 这里出现的情况与压强对体积的曲线关系上出现折弯时使物质产生相变（比较第五卷 §84，§152）有完全类似的地方. $H(B)$ 的平衡曲线实际上对应于水平的直线线段 ad，它使图上的两部分阴影面积相等；ab 段和 cd 段则对应于亚稳态.

假如金属样品是圆柱体的，它的轴与外场 $\mathfrak{H}$ 同方向. 这时，圆柱体内的磁场强度 H 同 $\mathfrak{H}$ 相等，并且随着 $\mathfrak{H}$ 的增大，物体将经历一系列的相变，此时磁感应强度有阶跃式的变化：每次当达到例如 a 点时，磁感应强度突然地由 B_a 变到 B_d②. 如果样品是与磁场垂直的平薄板，则物体将被分割为一些具有不同磁感应强度的交替层（**抗磁畴**）. 这完全类似于将中间态的超导体分为正常层和超导层（J. H. Condon，1966）. 这时，外场 $\mathfrak{H}$ 等于磁感应强度对各层的平均值. 例如，在区间 $B_a<\mathfrak{H}<B_d$，薄板分成磁感应强度为 B_a 和 B_d 两层，随着 $\mathfrak{H}$ 的增加，B_d 层的体积增加，而 B_a 层的体积则相应减少.

§64 电子－声子相互作用

迄今为止，我们研究晶格中的传导电子，都未涉及它同晶格振动（即声子）的相互作用. 这个相互作用表明如下的事实，晶格的形变改变了场，而电子在这个场中运动；场的这个变化称为**形变势**.

电子－声子的相互作用在半导体和金属的动理学现象中起决定性的作用，但是在这里，我们感兴趣的只是这个相互作用对电子能谱定性的影响. 为了研究相互作用，最好避开与晶格的各向异性以及与微观非均匀性有关的复杂情况. 换句话说，我们所研究的介质是看作微观均匀的各向同性的液体，与此对应的，在介质中只能发生纵向声振动.

对于形变的一级近似，这个简化模型的形变势表成下式

$$U_{\text{形变}}(r)=\frac{1}{\rho}\int W(\boldsymbol{r}-\boldsymbol{r}')\rho'(\boldsymbol{r}')\,\mathrm{d}^3x', \tag{64.1}$$

其中 ρ' 是介质密度的变化部分（而 ρ 是恒定的平衡值）. 函数 $W(\boldsymbol{r}-\boldsymbol{r}')$ 在数量级

① 对比第Ⅷ卷 §18，在那里对于电学导出类似的条件.

② 各相之间分界面的表面能假定为正.

为原子间距 a 的长度上要减小. 我们进一步简化(64.1)式,注意到,同波矢为 $k \ll 1/a$的声子作用时,此距离可以认为等于零. 即取 $W = w\delta(\boldsymbol{r}-\boldsymbol{r}')$,其中 w 是常数,则 $U_{形变} = w \cdot \rho'(\boldsymbol{r})/\rho$. 在量子理论二次量子化表象里,这个势作为电子-声子相互作用的哈密顿量可写成

$$\hat{H}_{电声} = \frac{w}{\rho}\int \hat{\Psi}_{\alpha}^{+}(t,\boldsymbol{r})\hat{\rho}'(t,\boldsymbol{r})\hat{\Psi}_{\alpha}(t,\boldsymbol{r})\,\mathrm{d}^3x, \tag{64.2}$$

其中 $\hat{\Psi},\hat{\Psi}^{+}$ 是电子算符,而 $\hat{\rho}'$是描写声子场的海森伯密度算符:对于自由(同电子无作用)的声子,此算符由(24.10)式给出.

在格林函数的数学工具中,用于电子-声子相互作用的,除了电子格林函数 G 外,还有如下定义的声子格林函数

$$D(X_1,X_2) \equiv D(X_1-X_2) = -\mathrm{i}\langle T\hat{\rho}'(X_1)\hat{\rho}'(X_2)\rangle. \tag{64.3}$$

此时,编时乘积按玻色子情形的规则(31.2)来展开. 对于自由声子,在动量表象中的格林函数是

$$D^{(0)}(\omega,\boldsymbol{k}) = \frac{\rho k}{2u}\left\{\frac{1}{\omega-uk+\mathrm{i}0}-\frac{1}{\omega+uk-\mathrm{i}0}\right\} = \frac{\rho k^2}{\omega^2-u^2k^2+\mathrm{i}0} \tag{64.4}$$

(参阅 §31 中的习题;在中间的公式里取 $\hbar = 1$).

我们把电子-声子相互作用看成微扰,可以根据算符(64.2)来建立图技术. 这同 §13 中对费米子配对相互作用所做过的一样,不再重复全部的讨论,而叙述所得到的(在动量表象中的)作图规则①.

图的基本元素是电子线(实线)和声子线(虚线). 每一条线都用一定的"4-动量"来描述. 4-动量为 P 的电子线对应于因子 $\mathrm{i}G_{\alpha\beta}^{(0)} = \mathrm{i}\delta_{\alpha\beta}G^{(0)}(P)$,即自由电子格林函数. 4-动量为 K 的声子线对应于因子 $\mathrm{i}D^{(0)}(K)$,即自由声子格林函数. 图的每个顶点会聚两条实线和一条虚线;每个顶点还有一个附加因子 $-\mathrm{i}w/\rho$.

例如,电子格林函数的第一级修正用下图描绘②

(64.5)

其对应的解析式为

---

① 电子-声子相互作用算符的表达式(64.2)的构造类似于量子电动力学中的电子——光子相互作用算符的构造,因此,两种情况的图技术规则也相似.

② 由于 $D^{(0)}(0) = 0$ 而不存在自封闭电子线的图[类似图(13.13a)]. 这里意味着,在 $\omega\to 0$ 之前即已过渡到极限 $\boldsymbol{k}\to 0$. 这反映如下的事实:在哈密顿量的定义(64.2)中,已经包含坐标空间内对 d^3x 的积分(此时刚好表示过渡到 $\boldsymbol{k}\to 0$),因此,这个积分在对时间积分之前便完成了. 在哈密顿量中应用微扰论时便出现这个对时间的积分.

$$i\delta G(P)=-\frac{w^2}{\rho^2}[G^{(0)}(P)]^2\int G^{(0)}(P-K)D^{(0)}(K)\frac{d^4K}{(2\pi)^4},\tag{64.6}$$

声子格林函数的第一级修正用下图描述

(64.7)

其解析式则为

$$i\delta D(K)=2\frac{w^2}{\rho^2}[D^{(0)}(K)]^2\int G^{(0)}(P)G^{(0)}(P-K)\frac{d^4P}{(2\pi)^4}\tag{64.8}$$

(系数 2 产生于自旋因子的缩并：$\delta_{\alpha\beta}\delta_{\beta\alpha}=2$；与存在一个闭合费米子圈相应也要计及因子 -1，比较 §13).

我们来证明，金属中电子－声子的相互作用在费米面附近将导致电子间"有效引力"的出现. 这可以直观地描绘成一个电子放出虚声子而被另一个电子所吸收(J. Bardeen, 1950; H. Fröhlich, 1950).

我们研究两个电子交换虚声子而实现散射的图：

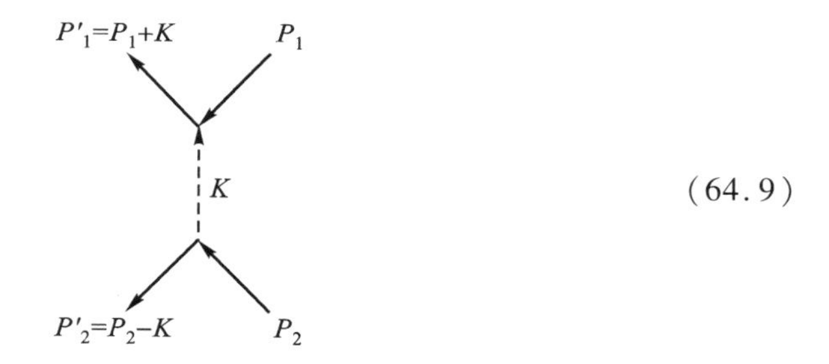

(64.9)

4－动量 $P=(\varepsilon-\mu,\boldsymbol{p})$, $K=(\omega,\boldsymbol{k})$, μ 是 $T=0$ 时电子的化学势，它等于界面能量 ε_F. 与此图对应的顶角函数为

$$\Gamma_{\gamma\delta,\alpha\beta}=\Gamma\delta_{\alpha\gamma}\delta_{\beta\delta},\quad i\Gamma=\left(-\frac{iw}{\rho}\right)^2 iD^{(0)}(K),$$

或

$$\Gamma=-\frac{w^2k^2}{\rho(\omega^2-u^2k^2+i0)}\tag{64.10}$$

此时 $\hbar\omega=\varepsilon_1'-\varepsilon_1$, $\hbar\boldsymbol{k}=\boldsymbol{p}_1'-\boldsymbol{p}_1$.

按数量级，费米面附近电子的动量 $p\sim p_F\sim\hbar/a$. 声子动量 $\hbar k\sim\hbar/a$ 和能量 $\hbar uk\sim\hbar u/a\sim\hbar\omega_D$ 对应于电子的散射角 ~1，其中 ω_D 是德拜频率(对于金属 $\hbar\omega_D\ll\varepsilon_F$). 另一方面，电子不能给出比 $\varepsilon-\varepsilon_F$ 还大的能量. 因此，如果对于两个电子都有 $|\varepsilon-\varepsilon_F|\ll\omega_D$，则显然有

$$\Gamma\approx w^2/\rho u^2>0.\tag{64.11}$$

考虑到 Γ 的意义是散射幅(§16),我们见到,它的符号对应于粒子间有引力.要强调指出,这个结果只适于动量空间费米面附近薄层(其宽度按能量来说 $\sim \hbar\omega_D$)内的电子.在金属超导理论中确定截断参数的大小时在§43中已经利用过这个情况①.

§65 电子-声子相互作用对金属中电子能谱的影响

现在我们研究电子-声子相互作用对金属中电子能谱影响的问题②.

在§14中已证明,对费米型能谱色散律 $\varepsilon(\boldsymbol{p})$ 的修正(与自由费米系对比),由下列差式决定

$$\delta\varepsilon(\boldsymbol{p}) = \Sigma(\varepsilon-\mu,\boldsymbol{p}) - \Sigma(0,\boldsymbol{p}), \tag{65.1}$$

其中 $\Sigma = G^{(0)-1} - \varepsilon^{-1}$ 是自能函数.在这种情况下所说的是与声子相互作用引起的修正,而各个粒子(电子)"直接"作用是谱的"非微扰"部分.根据(64.6)式,有③

$$\Sigma(P) = -\delta G^{-1} = \delta G/[G^{(0)}]^2 = \\ = \mathrm{i}\frac{w^2}{\rho^2}\int G^{(0)}(P-K)D^{(0)}(K)\frac{\mathrm{d}^4K}{(2\pi)^4} \tag{65.2}$$

但是现在应该把 $G^{(0)}$ 理解为电子间彼此相互作用的格林函数.在其极点附近这个函数为

$$G^{(0)}(\varepsilon-\mu,\boldsymbol{p}) = Z[\varepsilon-\mu-v_F^{(0)}(p-p_F)+\mathrm{i}0\cdot\mathrm{sign}(\varepsilon-\mu)]^{-1} \tag{65.3}$$

[参阅(10.2)式];v_F 的上标(0)表明这个量还没计及电子-声子相互作用的影响.

现在,我们的目的是估算量值(65.1),即积分

$$\delta\varepsilon = \frac{\mathrm{i}w^2}{\rho^2}\int\{G^{(0)}(\varepsilon-\mu-\omega,\boldsymbol{p}-\boldsymbol{k}) - G^{(0)}(-\omega,\boldsymbol{p}-\boldsymbol{k})\}\cdot \\ \cdot D^{(0)}(\omega,\boldsymbol{k})\frac{\mathrm{d}^4K}{(2\pi)^4} \tag{65.4}$$

由下面的计算可以看到,对这个积分起主导作用的是来自动量 $\boldsymbol{p}-\boldsymbol{k}$ 和能量 $\varepsilon-\omega$ 靠近费米面附近的区域($\boldsymbol{p}$ 和 ε 的本身也是这样),即 $k \ll p_F$, $\omega \ll \mu$.根据这个原因,函数 $G^{(0)}$ 可以使用(65.3)式.

在 $\boldsymbol{k}$ 空间内,沿 $\boldsymbol{p}$ 方向取极轴的球坐标系中,我们有 $\mathrm{d}^4K = 2\pi k^2\mathrm{d}k\mathrm{d}\omega\mathrm{d}\cos\theta$,其中 θ 是 $\boldsymbol{k}$ 和 $\boldsymbol{p}$ 的夹角.引进变量 $p_1 = |\boldsymbol{p}-\boldsymbol{k}|$ 替代 $\cos\theta$;注意到 $p_1^2 = p^2 + k^2 -$

---

① 当谈到常数 w 时,为了粗略估计金属的 w,可以指出,电子能量的变化应该达到它本身的数量级($\sim\varepsilon_F$),于是密度的变化 $\rho' \sim \rho$.因此 $w \sim \varepsilon_F$.

② 这一节所叙述的结果属于 А. Б. Мигдал 的工作(1958).

③ 在中间的公式中取 $\hbar = 1$.

$2pk\cos\theta$,我们有

$$\mathrm{d}^4K = 2\pi k^2\mathrm{d}k\mathrm{d}\omega p_1\mathrm{d}p_1/pk \approx 2\pi k\mathrm{d}k\mathrm{d}\omega\mathrm{d}p_1$$

(取 $p_1 \approx p \approx p_F$).

在(65.4)的被积式中只是花括号的因子才与 p_1 有关系,花括号等于

$$\{\cdots\} = -(\varepsilon-\mu)Z[\varepsilon-\mu-\omega-v_F^{(0)}(p_1-p_F)+\mathrm{i}0\cdot\mathrm{sign}(\varepsilon-\mu-\omega)]^{-1}[-\omega-v_F^{(0)}(p_1-p_F)-\mathrm{i}0\cdot\mathrm{sign}\,\omega]^{-1}.$$

由于对 $\mathrm{d}(p_1-p_F)$ 的积分迅速收敛,可以把积分扩展到 $\pm\infty$;引入变量 $\eta = v_F^{(0)}(p_1-p_F)$,我们得到积分

$$\int\{\cdots\}\mathrm{d}p_1 = -\frac{(\varepsilon-\mu)Z}{v_F^{(0)}}\times$$

$$\times\int_{-\infty}^{\infty}\frac{\mathrm{d}\eta}{[\eta-(\varepsilon-\mu-\omega)-\mathrm{i}0\cdot\mathrm{sign}(\varepsilon-\mu-\omega)][\eta+\omega+\mathrm{i}0\cdot\mathrm{sign}\,\omega]}.$$

如果被积式中的两个极点处在实轴的同一侧,那么积分等于零(使积分围道在另一半面上封闭,就会相信这一点).因此,仅当 $\varepsilon-\mu>\omega>0$ 或者 $\varepsilon-\mu<\omega<0$ 时积分才不等零,在第一种情况积分值为 $-2\pi\mathrm{i}Z/v_F^{(0)}$,第二种情况为 $2\pi\mathrm{i}Z/v_F^{(0)}$.再考虑 $D^{(0)}(\omega,\boldsymbol{k})$ 对变量 ω 是偶函数,于是得到

$$\delta\varepsilon = \frac{Zw^2}{8\pi^2\rho u v_F^{(0)}}\iint_0^{|\varepsilon-\mu|}\left[\frac{1}{\omega-uk+\mathrm{i}0}-\frac{1}{\omega+uk-\mathrm{i}0}\right]k^2\mathrm{d}\omega\mathrm{d}k. \qquad (65.5)$$

表达式的实部和虚部分别对应于准粒子(传导电子)谱的修正和准粒子的衰减.首先研究衰减.

按照规则(8.11)从(65.5)中分离出虚部,我们得到

$$-\mathrm{Im}\,\delta\varepsilon = \frac{Zw^2}{8\pi\rho u v_F^{(0)}}\int k^2\mathrm{d}k \qquad (65.6)$$

对 k 的积分是从 0 到 $|\varepsilon-\mu|/u$ 的区域内进行的,(65.5)式的被积式的极点 $\omega = uk$ 位于这个区域的 0 到 $|\varepsilon-\mu|$ 的间隔内.因此(在通常的单位制中)

$$-\mathrm{Im}\,\delta\varepsilon = \frac{Zw^2|\varepsilon-\mu|^3}{24\pi\hbar^3\rho u^4 v_F^{(0)}} \qquad (65.7)$$

对这个量进行粗略估计,我们发现,参量 $v_F^{(0)}$ 和 w 起源于电子,因此在数量级上只通过原子间距 a 和电子质量 m 就可表达:$v_F^{(0)} \sim p_F/m \sim \hbar/am$,$\omega \sim \varepsilon_F \sim \hbar^2/ma^2$(参阅 252 页的注解①).密度 ρ 和声速 u 还与离子的质量 M 有关,并且 $\rho \propto M$,$u \propto M^{-1/2}$,因而 $\rho u^4 \propto 1/M$.所以对衰减的估计可写成下式:

$$-\mathrm{Im}\,\delta\varepsilon \sim |\varepsilon-\mu|^3(\hbar\omega_D)^{-2}, \qquad (65.8)$$

其中德拜频率 $\omega_D \sim u/a \propto M^{-1/2}$.

严格说来,(65.8)式的估计与 $|\varepsilon-\mu| \ll \hbar\omega_D$ 相关,这时(65.6)式的积分按 $k < |\varepsilon-\mu|/\hbar u \ll \omega_D/u$ 范围进行.这里实际利用了我们用过的声子色散律 $\omega =$

ku,但是,对于数量级的粗略估计甚至在 $\varepsilon-\mu\sim\hbar\omega_{\mathrm{D}}$ 的区域边界处也可以使用(65.8)式,在这里估算给出

$$-\operatorname{Im}\delta\varepsilon\sim\hbar\omega_{\mathrm{D}}\sim|\varepsilon-\mu|. \tag{65.9}$$

最后,当 $\varepsilon-\mu\gg\hbar\omega_{\mathrm{D}}$ 时,(65.6)式的积分域与 $\varepsilon-\mu$ 无关,因为极点 $\omega=uk\leqslant\omega_{\mathrm{D}}$ 总是位于 0 到 $\varepsilon-\mu$ 的间隔中. 在这种情况下 $\int k^2\mathrm{d}k\sim(\omega_{\mathrm{D}}/u)^3$,衰减为

$$-\operatorname{Im}\delta\varepsilon\sim\hbar\omega_{\mathrm{D}}\ll\varepsilon-\mu. \tag{65.10}$$

表达式(65.8—65.10)确定一种与电子辐射声子有关的特有的衰减①. 我们看到,当 $|\varepsilon-\mu|\ll\hbar\omega_{\mathrm{D}}$ 时,在十分靠近费米面处,根据(65.8)式,衰减不大($|\operatorname{Im}(\varepsilon-\mu)|\ll|\varepsilon-\mu|$),致使传导电子这一准粒子概念有完全确切的意义. 而在 $\varepsilon-\mu\sim\hbar\omega_{\mathrm{D}}$ 区域,准粒子的衰减便可与其本身的能量相比拟,谱要弥散而且在很大程度上谱将失去意义. 但是,在离费米面有更大的距离时,在 $\varepsilon-\mu\gg\hbar\omega_{\mathrm{D}}$ 时(当然仍有 $\varepsilon-\mu\ll\mu$),根据(65.10)式,衰减保持同样的绝对值,又变得比能量 $\varepsilon-\mu$ 小,因此准粒子又获得确定的意义. 当然,除由传导电子产生的声子衰减外也总有电子与电子的碰撞而产生的衰减. 这个衰减是一切正常费米液体所特有的(§1),它正比于 $(\varepsilon-\mu)^2$,其数量级为 $(\varepsilon-\mu)^2/\mu$,就是说在理论应用的范围内总是小的.

现在我们估算对 ε(即对能谱本身)的实部的修正.

在(65.5)式中对 $\mathrm{d}\omega$ 积分的实部给出它的主值

$$\operatorname{Re}\int_0^{|\varepsilon-\mu|}D^{(0)}(\omega,\boldsymbol{k})\mathrm{d}\omega=\frac{\rho k}{2u}P\int_0^{|\varepsilon-\mu|}\left\{\frac{1}{\omega-uk}-\frac{1}{\omega+uk}\right\}\mathrm{d}\omega=$$

$$=\frac{\rho k}{2u}\ln\left|\frac{\varepsilon-\mu-uk}{\varepsilon-\mu+uk}\right|.$$

因此,对于 $\operatorname{Re}\delta\varepsilon$ 我们有(通常单位)

$$\operatorname{Re}\delta\varepsilon=\frac{Z\omega^2}{8\pi^2\rho uv_{\mathrm{F}}^{(0)}}\int k^2\ln\left|\frac{\varepsilon-\mu-\hbar uk}{\varepsilon-\mu+\hbar uk}\right|\mathrm{d}k. \tag{65.11}$$

在 $\varepsilon-\mu\gg\hbar\omega_{\mathrm{D}}$ 时,被积表达式中的对数 $\sim\hbar uk/(\varepsilon-\mu)$,因此整个积分估算为 $\hbar uk_{\max}^3/(\varepsilon-\mu)\sim\hbar u/a^3(\varepsilon-\mu)$. 还注意到,由于在(65.11)式的分母中存在因子 ρ,整个表达式 $\propto 1/M$,得出估算

$$\operatorname{Re}\delta\varepsilon\sim(\hbar\omega_{\mathrm{D}})^2/(\varepsilon-\mu)\ll\varepsilon-\mu.$$

于是,在这种情况下对谱的修正相当小,因此在费米面上以"无微扰"速度值 $v_{\mathrm{F}}^{(0)}$ 给出谱的表达式:

$$\varepsilon-\mu\approx v_{\mathrm{F}}^{(0)}(p-p_{\mathrm{F}}),\quad 当\ \varepsilon-\mu\gg\hbar\omega_{\mathrm{D}}. \tag{65.12}$$

---

① 在准粒子产生低频声子时,能量守恒由等式 $(\partial\varepsilon/\partial\boldsymbol{k})\delta\boldsymbol{k}=\boldsymbol{v}\delta\boldsymbol{k}=u\delta k$ 来表达;它只在 $v>u$ 时才成立. 在金属里,因为 $v_{\mathrm{F}}\gg u$,此条件总能得到满足.

在 $\varepsilon-\mu \ll \hbar\omega_D$ 的区域,(65.11)式中的对数 $\sim(\varepsilon-\mu)/\hbar uk$,而积分的估算为 $(\varepsilon-\mu)k_{max}^2/\hbar u \sim (\varepsilon-\mu)/\hbar ua^2$. 结果,整个表达式(65.11)与 $\varepsilon-\mu$ 成正比,其系数与离子质量 M 无关(因乘积 ρu^2 与 M 无关). 这就是说,这个区域的谱的类型还是:

$$\varepsilon-\mu \approx v_F(p-p_F), \quad \text{当 } \varepsilon-\mu \ll \hbar\omega_D. \tag{65.13}$$

但速度 v_F 与 $v_F^{(0)}$ 的差别在数量级上同速度本身同大①.

因此,金属电子的费米型能谱用两个不同的速度值 v_F 和 $v_F^{(0)}$ 来表征,一个用在费米面的极邻近处($\varepsilon-\mu \ll \hbar\omega_D$),而另一个用在 $\varepsilon-\mu \gg \hbar\omega_D$ 时. 低温($T \ll \hbar\omega_D$)金属的热力学性质由(65.13)式中的参量 v_F 来表述. 对于频率 $\omega \gg \omega_D$ 时的金属光学性质一类的现象则由速度 $v_F^{(0)}$ 来确定.

习　题

确定金属中由电子吸收所致的长波($k \ll p_F$)声子的衰减.

解: 根据(64.8)式,对声子格林函数的修正由积分

$$i\delta D^{-1}(\boldsymbol{K}) = -\frac{2w^2}{\rho^2}\int G^{(0)}(P)G^{(0)}(P-K)\frac{d^4P}{(2\pi)^4},$$

$$P=(P_0,\boldsymbol{p}), \quad K=(\omega,\boldsymbol{k})$$

给出. 但是,在 G 函数中还必须考虑与电子-短波声子相互作用有关的修正. 根据正文所述,这些修正只不过归之为用函数 G 替换 $G^{(0)}$,不同于(65.3)的只是将速度 $v_F^{(0)}$ 换成 v_F,以及将重整化常数 Z 换成另一个 Z'. 对于小 K 时的乘积 $G^{(0)}(P)G^{(0)}(P-K)$ 可以利用公式(17.10). 对 dp_0dp 的积分归结为消除 δ 函数,此后还留下对 $d\cos\theta$(θ 是 $\boldsymbol{p}$ 和 $\boldsymbol{k}$ 的夹角)的积分

$$\delta D^{-1}(\omega,\boldsymbol{k}) = -\frac{Z'^2w^2p_F^2k}{2\pi^2\rho^2}\int_{-1}^{1}\frac{\cos\theta d\cos\theta}{\omega-v_Fk\cos\theta+i0}$$

(取 $\omega>0$). 极点 $\cos\theta=\omega/kv_F$ 位于积分区域内(因 $v_F>u$),而积分的虚部为

$$\mathrm{Im}\,\delta D^{-1} = \frac{Z'^2w^2p_F^2\omega}{2\pi\rho^2v_F^2k},$$

声子色散律由方程 $D^{(0)-1}+\delta D^{-1}=0$ 的根来确定,由此得到(在通常单位制中)

$$\omega = uk(1-i\alpha), \quad \alpha = \frac{Z'^2w^2p_F^2}{4\pi\hbar^3\rho uv_F^2}.$$

(我们对实部 ω 的修正不感兴趣). 乘积 $\rho u \propto \sqrt{M}$,因此粗略估计时 $\alpha \sim \sqrt{m/M}$,

---

① 当然,在这些条件下运用微扰论的一级近似,严格地说并不正确. 但是,考虑进一步的近似并不改变所得结果的性质:当第一级修正达到1的程度时,其余的修正也是这个程度.

即衰减总是小的.

§ 66 固体电介质的电子谱

非磁性电介质晶体的电子能谱的特性在于:第一激发能级距基态能级有一有限的距离;换句话说,基态能级和激发能谱之间存在能隙(对于一般电介质其数量级是几个电子伏).

电介质晶体中的元激发可以直观地描述成原子的激发态,但是这个激发态不是属于任何确定的原子的.晶格的平移对称性总要导致"集体"激发,这个集体激发在晶体内有如从一个原子跳往另一个原子进行传播.与其它情况一样,这些激发可以认为是有确定能量和准动量的准粒子(此时称为**激子**).像所有准粒子一样,这些激子是一个一个出现的,激子具有整数角动量,因而遵守玻色统计①.

在准动量 $\boldsymbol{k}$ 一定时,激子的能量可以取遍一系列不同的离散值 $\varepsilon_s(\boldsymbol{k})$.当准动量在一个倒格胞中取值时,每个函数 $\varepsilon_s(\boldsymbol{k})$ 要在激子的某个**能带**中取值;不同的能带可以部分地交叠.每个函数 $\varepsilon_s(\boldsymbol{k})$ 的最小值都不等于零.

除激子以外,电介质中还存在其它类型的电子激发.可以认为它们来自单个原子的电离结果.每次这样的电离在电介质中都要导致两个独立传播的准粒子,即传导电子和"空穴"的出现.空穴就是在原子中缺少一个电子,因此它的行为有如带正电的粒子.这里讲到电子和空穴的运动,实际上我们指的是电介质电子的某种集体的激发态,与激子态相反,这些激发态伴有负的或正的元电荷的迁移.

电子和空穴具有半整数自旋,因而遵守费米统计.但是,我们强调指出,电介质的电子-空穴谱绝没有金属费米型电子谱的特征.此特征在于:在 $\boldsymbol{k}$ 空间存在边界费米面,电子的准动量就位于边界费米面的附近.在所考虑的情况根本不存在任何类似的面,因此同时出现的电子和空穴可以有任意的准动量.

仔细研究元激发的衰减,就可理解两种谱型之间更深刻的区别.在费米液体中任何处在费米面之外的准粒子都能产生一对新的激发(粒子和空穴),因此这些准粒子也都具备有限的寿命.当其离开费米面时,这寿命很快地减小(此外,金属中的电子还可辐射声子,参阅 § 65).在 $T=0$ 时,理想晶格的电介质中,单个电子(或空穴)的衰减在能量最小值上方的有限间隔内严格等于零②.事实上,在任何情况下的电子-空穴对的形成都需要有限的能量消耗(因为存在能隙 Δ,参阅下面内容).准粒子只有在它的速度 v 不小于声速 u 时才可能辐射声子(声

---

① 关于激子的概念是 Я. И. Френкелъ(1931)首先引进的.

② 当然,在有限温度时,总有因在其它准粒子上散射而引起的衰减.

学辐射)(参阅 254 页上的注释).

传导电子和空穴的能量可能值 $\varepsilon^{(e)}(\boldsymbol{k})$ 和 $\varepsilon^{(h)}(\boldsymbol{k})$ 也占据能带. 在电介质中电子和空穴的能量最小可能值之和 $\Delta=\varepsilon_{\min}^{(e)}+\varepsilon_{\min}^{(h)}$ 通常称之为能隙宽度. 因为电子和空穴同时出现和消失,那么,不是单个的 $\varepsilon_{\min}^{(e)}$ 和 $\varepsilon_{\min}^{(h)}$ 值,而是这个和才具有实际意义;通常约定 $\varepsilon_{\min}^{(h)}=0$. 无论准动量 $\boldsymbol{k}=\boldsymbol{k}_0$ 是相同或是不同,电子和空穴的能量都可以达到最小值;准动量相同的情况称为**直接**能隙,而不同的情况称为**间接**能隙. 如果带中的能级不简并.(或者作为时间反演对称的结果,对自旋只有二重简并),那么函数在其极小值附近的形式是

$$\begin{aligned}\varepsilon^{(e)}(\boldsymbol{k})&=\Delta+\frac{1}{2}m_{ik}^{(e)-1}q_iq_k,\\ \varepsilon^{(h)}(\boldsymbol{k})&=\frac{1}{2}m_{ik}^{(h)-1}q_iq_k,\end{aligned}\tag{66.1}$$

其中 $\boldsymbol{q}=\boldsymbol{k}-\boldsymbol{k}_0$,而 $m_{ik}^{(e)}$ 和 $m_{ik}^{(h)}$ 是电子和空穴的有效质量张量.

在文献中电子能带常常简称之为**导带**,而代替空穴带的称之为**价带**,在晶体的基态,价带完全被电子填满. 这时,产生电子和空穴这一对准粒子,可以认为电子从价带跃迁到导带的结果,而在放弃的位置留下空穴.

在较大(同原子相比)的距离上,电子和空穴按库仑定律相互吸引. 因此它们能够形成束缚态. 被束缚的电子和空穴的总体是电中性准粒子,即激子. 在给定准动量时,电子+空穴系统的离散能级对应于束缚态. 每条能级对应于激子的一个能带. 这样一来,激子能量便位于电子-空穴激发能的下面(因此,在本节初指出的能隙的含义与量 Δ 不相一致,而是小于它,其差等于激子的最大束缚能)①.

在弱束缚态这一极限情况下,电子和空穴之间的平均距离大于晶格常数 a 时,激子的能级便容易算得;这样的激子称为**瓦尼尔-莫特**(Wannier-Mott)**激子**. 在相反的极限情况,电子和空穴之间的距离为原子的数量级时,称为**弗仑克尔**(Frenkel)**激子**;当然,弗仑克尔激子只在形式上看成是电子和空穴的束缚态.

我们研究立方对称的电介质晶体. 对于瓦尼尔-莫特激子,可以认为电子和空穴是按库仑定律相互吸引的,而晶体中其余原子的作用只归结为均匀电介质背景,它使相互作用减小到 $1/\varepsilon$,这里 ε 是晶体的电容率(对应于激子束缚能数量级的频率值);换言之,电子与空穴的相互作用能写成 $U=-e^2/\varepsilon r$ 的形式. 在能谱中设能隙是直接的,并且为了简单起见我们认为电子和空穴能量的最小值在 $\boldsymbol{k}=0$ 处. 在立方晶体中有效质量张量归结为标量常数 m_e 和 m_h,因此

$$\varepsilon^{(e)}(\boldsymbol{k})=\Delta+\frac{\hbar^2k^2}{2m_e},\quad \varepsilon^{(h)}(\boldsymbol{k})=\frac{\hbar^2k^2}{2m_h}.\tag{66.2}$$

---

① 但是因为电子和空穴能够复合而放出声子和光子,激子状态的寿命是有限的.

在 § 56 末已经指出，当晶格处于在空间缓慢变化的外电场时，用薛定谔方程来描述粒子在晶格内的运动，其哈密顿量中函数 $\varepsilon(\boldsymbol{k})$ 起着动能的作用. 因为在这种情况下函数 $\varepsilon^{(e)}(\boldsymbol{k})-\Delta$ 和 $\varepsilon^{(h)}(\boldsymbol{k})$ 在形式上同通常的自由粒子的动能一致，于是我们所研究的系统的薛定谔方程在形式上便与按库仑相互作用的普通双粒子系统的薛定谔方程一致，即与氢原子问题的薛定谔方程一致. 因此，我们可以立刻写出系统的能级，即如下形式的激子能量

$$\varepsilon_n^{(ex)}(\boldsymbol{k})-\Delta=\frac{\hbar^2k^2}{2(m_e+m_h)}-\frac{me^4}{2\varepsilon^2\hbar^2n^2} \tag{66.3}$$

(G. H. Wannier, 1937). 这个表达式的第一项是激子以准动量 $\boldsymbol{k}$ 作为"整体"运动的能量，第二项是激子中电子和空穴的束缚能[$m=m_em_h/(m_e+m_h)$ 是系统的折合质量]当 $\boldsymbol{k}$ 已给时，随着能量向连续谱边界增大的同时，系统离散谱的能级便稠密起来. 公式(66.3)的适用条件是"轨道半径"值要充分大，即 $r_{ex}\sim\hbar^2\varepsilon n^2/me^2\gg a$. 这个条件对于大 n 显然满足. 但是在大 ε 的晶体中对于 $n\sim1$，此条件也满足①.

在本节最后，我们再谈谈 § 61 中关于传导电子的数密度在半金属中存在下限的论断.

电介质中，在 $T=0$ 时不存在电子和空穴，它们可能形成束缚态，这意味着只能出现能谱的新分支. 在补偿金属中这种可能性意味着：具有自由电子和自由空穴的态不是最低的态，即金属型能谱是不稳定的. 在电子和空穴之间存在别的准粒子而屏蔽库仑相互作用，这就消除了形成束缚态的可能性. 换句话说，准粒子间的平均距离必须与激子的线度 r_{ex}（在其基态）同数量级或者更小. 我们注意到，对于金属，由这个要求所建立的电子和空穴数密度的允许下限，随它们的有效质量之减小而下降.

§ 67　半导体中的电子和空穴

纯净（或称**本征**）的半导体晶体的能谱与电介质能谱的区别仅在于量的方面，即前者能隙值 Δ 较小，因此在通常温度下，半导体中存在相当大的（与电介质相比）载流子密度. 显然，这个差别是有条件的，并且也与我们所感兴趣的温度区域有关②. 在**杂质**（或**合金**）半导体中杂质原子是电子或空穴的补充源，对于给晶格提供电子（**施主杂质**）或从晶格接受电子（**受主杂质**）的杂质原子，其能隙比基本谱的能隙小.

---

① 值得注意的是，能带上边缘（极大值）附近有效质量是负的，能够形成两个电子（或两个空穴）的束缚态. 这些态的能量位于禁戒区域内高于双电子总能量极大值的地方.

② 我们写出某些半导体的能隙值 Δ：Si—1.17 eV，Ge—0.74 eV，InSb—0.24 eV，GeAs—1.52 eV，PbS—0.29 eV. 对于典型电介质金刚石 $\Delta=5.4$ eV.

我们要详细讨论半导体(或电介质)中能隙大小 Δ 与传导电子密度以及与空穴密度间的关系.

电子(e)和空穴(h)成对地产生和消失,从热力学观点看,可以当作"化学反应"$e+h\rightleftharpoons 0$(晶体的基态起"真空"作用)按普遍规则(参阅第五卷 §101)这个反应的热力学平衡条件可写成下式

$$\mu_e+\mu_h=0, \tag{67.1}$$

其中 μ_e 和 μ_h 是电子和空穴的化学势. 鉴于半导体中(在 $T\ll\Delta$ 时)的电子密度(n_e)和空穴密度(n_h)都不算大,它们的费米分布可相当精确地归结为玻尔兹曼分布,因此电子和空穴形成经典气体①. 那么用通常的方式(见第五卷 §101)根据条件(67.1)便得到质量作用定律,据此定律,平衡密度之积

$$n_en_h=K(T), \tag{67.2}$$

式中的右方是只与基本晶格性质有关的温度函数. 在此晶格的原子上产生与湮灭电子和空穴;这个函数与是否有杂质无关. 我们计算函数 $K(T)$,为了明确起见. 电子和空穴的能量采用准动量平方的函数(66.1).

单位体积内的电子按准动量的分布由玻尔兹曼分布给出

$$\exp\left(\frac{\mu_e-\varepsilon_e(\boldsymbol{k})}{T}\right)2\frac{d^3k}{(2\pi)^3}$$

(因子 2 是考虑到自旋的两个取向). 实行代换

$$2\frac{d^3k}{(2\pi)^3}\longrightarrow\frac{\sqrt{2}m_e^{3/2}}{\pi^2\hbar^3}\sqrt{\varepsilon_e-\Delta}\,d\varepsilon_e,$$

便过渡到按能量的分布,其中 $m_e=(m_1m_2m_3)^{1/3}$,而 m_1,m_2,m_3 是有效质量张量 $m_{ik}^{(e)}$ 的主值. 于是,单位体积的总电子数是

$$n_e=\frac{\sqrt{2}m_e^{3/2}}{\pi^2\hbar^3}e^{\mu_e/T}\int_\Delta^\infty\sqrt{\varepsilon_e-\Delta}\,e^{-\varepsilon_e/T}d\varepsilon_e$$

(鉴于快速收敛,积分可扩展到无穷大). 计算积分,得出

$$n_e=2\left(\frac{m_eT}{2\pi\hbar^2}\right)^{3/2}e^{(\mu_e-\Delta)/T}. \tag{67.3}$$

类似地,得到

$$n_h=2\left(\frac{m_hT}{2\pi\hbar^2}\right)^{3/2}e^{\mu_h/T}. \tag{67.4}$$

最后,把两个式子相乘且考虑到(67.1)式,获得所求的结果

① 在常温下,半导体中电子和空穴的密度 $10^{13}\sim10^{17}\ \mathrm{cm}^{-3}$,而在金属中它们的密度为 $10^{22}\sim10^{23}\ \mathrm{cm}^{-3}$.

$$n_e n_h = \frac{(m_e m_h)^{3/2}}{2\pi^3 \hbar^6} T^3 e^{-\Delta/T}. \tag{67.5}$$

在本征半导体中,全部电子和空穴都成对出现:

$$n_e = n_h = \frac{(m_e m_h)^{3/4}}{\sqrt{2}\pi^{3/2} \hbar^3} T^{3/2} e^{-\Delta/2T}. \tag{67.6}$$

取式(67.6)和式(67.3)相等,求得电子的化学势①.

$$\mu_e = \frac{\Delta}{2} + \frac{3T}{4} \ln \frac{m_h}{m_e}. \tag{67.7}$$

至于讲到电子和空穴对半导体热力学量的贡献,在 $T \ll \Delta$ 时它是指数型微小. 考虑到产生一个电子-空穴对,需要接近 Δ 的能量,电子-空穴给内能的贡献为 $E_{eh} \approx V n_e \Delta$,这里 n_e 取自(67.6)式. 这个量与晶格对晶体能量的贡献相比常可忽略不计.

§ 68 简并点附近的电子谱

在这一节我们用简单的例子证明,如何从对称的考虑出发求出半导体(或电介质)中电子和空穴在 $\boldsymbol{k}$ 空间(倒格子)某些特定点附近能谱的类型;这些特定点是按其对称性选出来的②.

我们研究的晶格属于立方晶类 O_h,因而对 $\boldsymbol{k}=0$ 点(即倒格子立方晶胞的顶点)附近的能谱感兴趣,这个点具有完全点群 O_h 的固有对称性.

作为第一个例子,我们研究不计电子自旋的能谱,并假定能带中的能级恰好在 $\boldsymbol{k}=0$ 点上是二重简并的,并属于群 O_h 的不可约表示 E_g③. 离开 $\boldsymbol{k}=0$ 点简并便消除;问题是寻求这一点附近的色散律 $\varepsilon(\boldsymbol{k})$ 的全部分支.

在 § 59 中说明过,在 $\boldsymbol{k}$ 空间怎样才能把对某个 $\boldsymbol{k}=\boldsymbol{k}_0$ 点的偏离当成微扰. 微扰算符的具体形式在这里对于我们是无关紧要的. 只要知道每一级小量 $\boldsymbol{q}=\boldsymbol{k}-\boldsymbol{k}_0$(在本情况下 $\boldsymbol{k}_0=0$,因之 $\boldsymbol{q}\equiv\boldsymbol{k}$)对能量修正式的结构就够了. 第一级修正项由 $\boldsymbol{k}\cdot\hat{\boldsymbol{\gamma}}$ 型算符的矩阵元(对应于同一简并能级各状态之间的跃迁)构成的久期方程来确定,其中 $\hat{\boldsymbol{\gamma}}$ 是某个矢量算符. 在本情况下,由于在对称群内存在反演中心,算符 $\hat{\boldsymbol{\gamma}}$ 所有的矩阵元显然为零,因此不存在 $\boldsymbol{k}$ 的一级效应(对比第五卷 § 136),对能量按 $\boldsymbol{k}$ 的二级修正由下列算符的矩阵元所组成的久期方程来确定

$$\hat{V} = \hat{\gamma}_{ik} k_i k_k \tag{68.1}$$

---

① 在文献中这个量常常称为费米能级. 但是,我们着重指出,半导体中电子的化学势绝不具有在金属中才存在的界限能的含义.

② 不考虑电子的自旋时,这个问题在形式上与晶体中声子能谱的问题相同. 参阅第五卷 § 136.

③ 点群表示的记号见第三卷 § 95, § 99.

这里 $\hat{\gamma}_{ik}$ 是某个厄米算符的张量(对 i,k 下标对称);其中包含哈密顿量在微扰论二级近似中的 $\boldsymbol{k}$ 的线性修正项,也包含一级近似中的 $\boldsymbol{k}$ 的二次修正项.在算符(68.1)的矩阵元中显然有不为零的.但是,由于对称性的要求,矩阵元之间有一定的关系.

在对称操作时,就其变换规律来说,作为表示 E_g 基底的波函数可以选取

$$\psi_1 \sim x^2+\omega y^2+\omega^2 z^2,\quad \psi_2 \sim x^2+\omega^2 y^2+\omega z$$

的形式,其中

$$\omega = e^{2\pi i/3},\quad \omega^2=\omega^*,\quad 1+\omega+\omega^2=0.$$

在这里符号 ~ 代表"变换如"的意思.绕立方的空间对角线转动 C_3,使坐标按照 $x,y,z\to z,x,y$ 变换;此时,函数 ψ_1,ψ_2 进行如下变换

$$C_3:\psi_1\to\omega\psi_1,\quad \psi_2\to\omega^2\psi_2,$$

绕立方体棱的转动 C_4^x($x,y,z\to x,-z,y$ 的变换)函数按照

$$C_4^x:\psi_1\to\psi_2,\quad \psi_2\to\psi_1$$

变换,等等.在坐标反演时,x,y,z 改变符号,而函数 ψ_1,ψ_2 不变.

由此容易得出,非对角分量 $\hat{\gamma}_{ik}$ 的所有矩阵元都为零,而对角分量的矩阵元归结为两个独立的实常数:

$$\langle 1|\gamma_{xx}|1\rangle=\langle 2|\gamma_{xx}|2\rangle=\langle 1|\gamma_{yy}|1\rangle=\cdots\equiv A.$$

$$\langle 1|\gamma_{xx}|2\rangle=\langle 2|\gamma_{xx}|1\rangle\equiv B,\langle 1|\gamma_{yy}|2\rangle=\omega B.\langle 1|\gamma_{zz}|2\rangle=\omega^2 B,$$

现在算符(68.1)的矩阵元为

$$\langle 1|V|1\rangle=\langle 2|V|2\rangle=Ak^2,$$

$$\langle 1|V|2\rangle=\langle 2|V|1\rangle^*=B(k_x^2+\omega k_y^2+\omega^2 k_z^2).$$

用这些矩阵元构成久期方程并求解,我们得到能谱的两个分支:

$$\varepsilon_{1,2}(k)-\varepsilon(0)=Ak^2\pm B[k^4-3(k_x^2k_y^2+k_x^2k_z^2+k_y^2k_z^2)]^{1/2}.\qquad(68.2)$$

除立方体对角线($k_x=k_y=k_z$)外,在一切方向上离开 $\boldsymbol{k}=0$ 点,都可使简并消除①.

作为另一个例子,我们研究具有电子自旋的能谱;此时对称群的双值(旋量)表示与能级相对应.假设在 $\boldsymbol{k}=0$ 点,与群 O_h 的不可约表示 D_u'(或 D_g')②相对应,能级是四重简并的.

这样表示的基函数可以选择如角动量 $j=3/2$ 的本征函数 $\psi_m^j(m=-j,\cdots,j)$

---

① 对于表示 E_u(在 $\boldsymbol{k}=0$ 点)也可得到与(68.2)相同的结果.在该点附近色散律对于如下一些不同的表示总是相同的,这些表示的区别只在于乘上任意的一维群表示(在该情况下 $E_u=E_g\times A_{1u}$).显然,在这些情况下在不同的基函数之间的跃迁矩阵元以同样的关系相互联系.

② 对于金刚石、硅和锗的空穴能带底就有这种情况,这些物质有同一类型的晶格.

一样变换的函数①. 这件事情，允许我们运用下述方法而使问题的求解大大简化（J. M. Luttinger，1956）.

对于四维表示，算符（68.1）的矩阵是 4×4 的，有 16 个元素. 所有这样的矩阵都可表为 16 个已知的线性无关的 4×4 矩阵的线性组合. 作为这样的矩阵，我们选

$$\hat{j}_x, \hat{j}_x^2, \{\hat{j}_x, \hat{j}_y\}_+, \quad \hat{j}_x^3, \{\hat{j}_x, \hat{j}_y^2-\hat{j}_z^2\}_+,$$

并且循环置换指标 x,y,z，这有 15 个矩阵，再一个矩阵为 $\{\hat{j}_x,\{\hat{j}_y,\hat{j}_z\}_+\}_+$（记号 $\{\cdots\}_+$ 表示反对易）. 这里 $\hat{j}_x,\hat{j}_y,\hat{j}_z$ 是角动量 $j=3/2$ 的笛卡儿分量对四个函数 $\psi_m^{3/2}$ 所取的矩阵. 另一方面，这样选择基函数时必须认为算符 $\hat{j}_x,\hat{j}_y,\hat{j}_z$ 在转动和反射时作为轴矢量的分量进行变换. 这个事实允许将算符 $\hat{V}$ 写成 k_x,k_y,k_z 的二次型，它由对群 O_h 所有变换都是不变的表达式构成：

$$\hat{V}=\beta_1\boldsymbol{k}^2+4\beta_2(k_x^2\hat{j}_x^2+k_y^2\hat{j}_y^2+k_z^2\hat{j}_z^2)+$$
$$+\beta_3(k_xk_y\{\hat{j}_x,\hat{j}_y\}_++k_yk_z\{\hat{j}_y,\hat{j}_z\}_++k_xk_z\{\hat{j}_z,\hat{j}_x\}_+), \tag{68.3}$$

其中 β_1,β_2,β_3 是实常数.

现在，算符（68.3）对于函数

$$\psi_1\sim\psi_{3/2}^{3/2}, \quad \psi_2\sim\psi_{1/2}^{3/2}, \quad \psi_3\sim\psi_{-1/2}^{3/2}, \quad \psi_4\sim\psi_{-3/2}^{3/2}$$

的矩阵元，根据熟知的角动量矩阵元[由第三卷公式（29.7—29.10）给出]容易算出. 这样的计算得出下面的表达式

$$\left.\begin{aligned}
&V_{11}=V_{44}=(\beta_1+3\beta_2)(k_x^2+k_y^2)+(\beta_1+9\beta_2)k_z^2,\\
&V_{22}=V_{33}=(\beta_1+7\beta_2)(k_x^2+k_y^2)+(\beta_1+\beta_2)k_z^2,\\
&V_{12}=-V_{34}=\frac{\sqrt{3}}{2}\beta_3k_z(k_y+\mathrm{i}k_x),\\
&V_{13}=V_{24}=2\sqrt{3}\beta_2(k_y^2-k_x^2)+\frac{\sqrt{3}}{2}\beta_3\mathrm{i}k_xk_y,\\
&V_{14}=V_{23}=0.
\end{aligned}\right\} \tag{68.4}$$

注意到能级显然不会完全分裂——还必须保留二重（克拉默斯型）简并，久期方程的构成就可以得到简化. 就是说，久期方程的每个根 $\lambda\equiv\varepsilon(\boldsymbol{k})-\varepsilon(0)$（矩阵 $\hat{V}$ 的本征值）将是重根. 换句话说，每个本征值 λ 将有两个线性无关的一组量 $\varphi_n(n=1,2,3,4)$ 与之对应，它们是方程

$$\sum_n V_{nm}\varphi_m=\lambda\varphi_n \tag{68.5}$$

---

① 在第三卷 §99 的习题中已证明全旋转群的不可约表示 $D^{(3/2)}$ 对群 O 仍保持为不可约的，并与其表示 D' 一致.

的解. 于是叠加这两组量,我们可以给量 φ_n 附加一个补充条件,特别是使一个量为零,如取 $\varphi_4=0$,则 $n=4$ 的方程(68.5)给出

$$V_{41}\varphi_1+V_{42}\varphi_2+V_{43}\varphi_3=0.$$

由此把 φ_3 值代入 $n=1,2$ 的方程中,获得只有两个未知 φ_1 和 φ_2 的两个齐次方程的方程组:

$$\begin{pmatrix} V_{11}-V_{41}V_{13}/V_{43} & V_{12}-V_{42}V_{13}/V_{43} \\ V_{21}-V_{41}V_{23}/V_{43} & V_{22}-V_{42}V_{23}/V_{43} \end{pmatrix}\begin{pmatrix}\varphi_1\\ \varphi_2\end{pmatrix}=\lambda\begin{pmatrix}\varphi_1\\ \varphi_2\end{pmatrix}$$

($n=3$ 的方程并无新意). 于是 4×4 矩阵的本征值问题归结为 2×2 矩阵的问题. 为它构成久期方程并解之[V_{nm} 值取自(68.4)式],得到

$$\lambda=\frac{1}{2}(V_{11}+V_{22})\pm\left[\frac{1}{4}(V_{11}-V_{22})^2+|V_{12}|^2+|V_{13}|^2\right]^{1/2},$$

最后得到

$$\varepsilon_{1,2}(\boldsymbol{k})-\varepsilon(0)=Ak^2\pm[Bk^4+C(k_x^2k_y^2+k_x^2k_z^2+k_y^2k_z^2)]^{1/2}, \qquad (68.6)$$

其中

$$A=\beta_1+5\beta_2,\quad B=16\beta_2^2,\quad C=3\left(\frac{1}{4}\beta_3^2-16\beta_2^2\right).$$

(G. Dresselhaus, A. E. Kip 和 C. Kittel, 1955). 在各个方向上离开 $\boldsymbol{k}=0$ 点,能级都发生分裂①.

我们简述一下,在磁场中在能带简并底附近描述粒子行为的方程具有何种形式的问题. 为了明确起见,我们将考虑本节研究的第二种情况——能谱(68.6).

直接利用按一般规则(56.7)由(68.6)式所构成的哈密顿量,就要碰到与 $\boldsymbol{k}=0$ 点附近能谱的非解析性困难. 如果不在(68.6)式而在矩阵型的哈密顿量(68.3)内进行代换 $\boldsymbol{k}\to\hat{\boldsymbol{k}}=\boldsymbol{K}-e\hat{\boldsymbol{A}}/\hbar c$,(为了保持其厄米性,此时应该对 $\boldsymbol{k}$ 的分量进行对称化),这些困难是可以避免的. 然后,哈密顿量的每个矩阵元变成线性微商算符,它不仅作用在自旋指标上,也作用在方程(68.5)中函数 $\varphi_n(\boldsymbol{K})$ 的宗量上,于是,这些方程变为四个线性微分方程的方程组.

存在磁场时,为了计及自旋效应,必须给哈密顿量(68.3)增加一些直接与 $\boldsymbol{H}$ 有关的项,这些项不是由规范不变性的考虑中确定的. 因为认为场是弱场,附加项必须是 $\boldsymbol{H}$ 的线性项;这时由于假设 $\boldsymbol{k}$ 小,这些项不应与 $\boldsymbol{k}$ 有关(对比 § 59). 在此情况下,这些项对于晶体的一切对称变换是不变的,其普遍形式是

$$\beta_4\boldsymbol{H}\cdot\hat{\boldsymbol{j}}+\beta_5(H_x\hat{j}_x^3+H_y\hat{j}_y^3+H_z\hat{j}_z^3). \qquad (68.7)$$

---

① 我们指出,将微扰论应用于只有一个简并能级的状态时,应假定分裂的间隔 $\varepsilon(\boldsymbol{k})-\varepsilon(0)$ 小于到相邻能带的距离,其中也包括自旋-轨道相互作用而产生的分裂.

在本节结束时，我们提出一个有意思的情况：设在简并点 $\boldsymbol{k}_0$ 相切的两个带中一个是导带，另一个是价带．这样一种谱型中的能隙等于零；为了产生动量接近于 $\boldsymbol{k}_0$ 的电子和空穴，任意小的能量已足够．在一定意义上，这样的晶体是介于电介质和金属之间的过渡性物质．能隙虽然不存在，但是电子和空穴的状态只在 $\boldsymbol{k}$ 空间的一个点上才没被分开．可以说，这种金属，其费米面被“收缩”成一个点 $\boldsymbol{k}_0$．$T=0$ 时，在这种**无能隙半导体**①内不存在载流子，但是在低温时载流子数按幂的规律而不是按指数规律增长．在 $\boldsymbol{k}_0$ 点附近不可能单从对称性的考虑来建立能谱的形式；电子和空穴的库仑相互作用使得这一点上的微扰矩阵元出现奇异性②．

① 锡的晶态之一——灰锡就是例子．

② 这个问题的详细研究请参阅：А. А. Абрикосов，С. Д. Бенеславский，ЖЭТФ59，1280（1970）．

第七章

磁　　性

§ 69　铁磁体中的磁矩运动方程

晶体的磁性结构使其能谱出现特殊的分支，在研究这些能谱时，我们首先回忆磁性物质中相互作用的一些特性.

铁磁体内相互作用的基本形式是原子的交换作用，由其导致自发磁化. 这种相互作用的特点在于它与磁化对晶格的取向无关：在考虑到系统波函数的对称性，交换相互作用是电子静电相互作用的结果，并与总自旋①的方向无关.

最简单的铁磁系统是晶格中的原子具有磁矩的电介质，并且磁矩平行时恰好在能量上是有利的，以此来确定交换相互作用的符号（"铁磁化"），这时，系统基态是所有的自旋平行的状态. 确切地说，处于基态时系统的总自旋在某一方向的投影等于最大的可能值 $\sum s_a$（对所有原子求和），其中 s_a 是一个原子的自旋. 事实上，交换作用的哈密顿量 $\hat{H}_{交换}$ 与系统的总自旋算符 $\hat{S}$ 可对易，也就是与投影算符 $\hat{S}_z$ 可对易（因为 $\hat{H}_{交换}$ 与各个自旋的方向无关，而算符 $\hat{S}$ 是自旋空间中的转动算符）. 因此基态应有确定的 S_z 值，而能量的最小值对应于 S_z 的最大值. 我们指出，这时每个原子自旋的投影 s_z 等于其最大值 s_a，因此基态的磁矩等于自身的"额面"值 $\sum\mu_a$，其中 μ_a 是一个原子的磁矩. 但是，这个性质被更弱的、相对论性相互作用所破坏.

复杂一些的情况是物体的磁化强度不等于额面值. 尤其，不是所有原子间的相互作用都是铁磁性的时候，可能由两个相反磁化的亚晶格形成结构，亚晶格磁化强度不同，因此不能完全抵消；具有这种结构的物质称为铁氧体（完全抵消的情况，称为反铁磁体）.

① 对于铁磁体，旋磁比 g 的实验值极接近数值 2，这一点证实了铁磁性的自旋本质.

最后,在研究铁磁性金属的原子自旋时,必然涉及传导电子,传导电子无论如何,甚至在 $T=0$ 时,也不可能完全磁化(由于费米简并效应). 磁性相互作用的特性还使铁磁体具有更复杂的基态结构:磁矩原子的非共线分布——所谓螺旋结构.

与所有宏观系统一样,铁磁体的弱激发态可以看成元激发的集合,即准粒子气体. 原子磁矩有序分布中的元激发称为**自旋波量子**. 既然所讨论的是平移对称晶格中的准粒子,于是,自旋波量子具有的动量就不是真实的动量,而是准动量,准动量取遍一个倒格胞中的所有值. 在经典图像中,自旋波量子对应于**自旋波**,就是磁矩振动沿晶格的传播. 自旋波量子遵从玻色统计,因此,自旋波量子态大的占有数对应于自旋波的经典极限情况.

如自旋波的波长大于晶格常数 a(即波矢 $k \ll 1/a$),那么,这个波应看成是宏观的;于是,波的色散律 $\omega(\boldsymbol{k})$ 将通过磁矩宏观运动方程中的唯象参数(物质常数)来表达. 因而自旋波量子的谱 $\varepsilon=\hbar\omega(\boldsymbol{k})$ 也将通过这些参数来表达. 有一种确定自旋波量子谱的方法,完全类似于用声波振动宏观方程中的宏观参数(弹性模量)来确定长波声子谱. 为实现这一设想,必需预先导出上述运动方程①.

从只考虑交换相互作用的情况,来开始我们的研究.

我们感兴趣的是铁磁体的弱激发态(只有弱激发态的性质才可用普遍的形式加以解释),所以应该限于磁矩的低频"慢"运动. 磁矩方向在空间缓慢改变、而磁矩大小保持不变的就是这样的运动. 事实上,磁化强度的平衡值是由交换相互作用确定的;因此,磁化强度的变化在任何波长都不与有限能耗相联系(假设,物体处于远离居里点的状态,在居里点没有自发磁化强度). 另一方面,当只计及交换相互作用,物体作为整体,其磁矩转动时能量不变;因此波长越大,磁化强度在物体各处非均匀转动所需的能量就越小. 换句话说,长波振动的频率小.

决定磁矩方向变化的运动方程乃是在力矩 $\boldsymbol{K}$ 作用下自旋角动量 $\hbar\boldsymbol{S}$ 的进动方程:

$$\frac{\partial \hbar \boldsymbol{S}}{\partial t}=\boldsymbol{K},$$

(见第一卷(34.4)) $\hbar\boldsymbol{S}$ 和 $\boldsymbol{K}$ 分别是单位体积的角动量和力矩. 磁矩密度(磁化强度)$\boldsymbol{M}$ 通过 $\boldsymbol{S}$ 依下式表达

$$\boldsymbol{M}=\gamma\hbar\boldsymbol{S}=-\frac{g|e|}{2mc}\boldsymbol{S},$$

---

① 本节进一步的结果属于朗道和栗弗席兹的工作(1935). 我们指出,这些结果对于"交换的"铁磁体是正确的. 在这里我们不涉及所谓的弱铁磁体,在这样的铁磁体中只在考虑相对论性效应时才显现出铁磁矩.

式中 γ 是磁矩与角动量之比. $e=-|e|$ 和 m 分别是电子的电荷和质量. g 为铁磁体的旋磁比(对比第二卷 §45). 因此,$\boldsymbol{M}$ 的方程如下

$$\frac{\partial \boldsymbol{M}}{\partial t}=\gamma \boldsymbol{K}. \tag{69.1}$$

如力矩 $\boldsymbol{K}$ 不依赖坐标,此方程为精确的. 如 $\boldsymbol{K}$ 在空间缓慢变化,此方程为近似的.

力矩 $\boldsymbol{K}$ 定义为自旋系统在无穷小转动时能量的变化. 令 $\delta\boldsymbol{\phi}$ 为沿旋转轴方向的矢量,其值等于转角,根据力学公式,力矩由 $\frac{\partial E}{\partial \boldsymbol{\phi}}$ 给出(见第一卷(34.6)). 如 δE 与坐标有关,应该将空间每点的微分换成变分. 最好这个变分是在温度、体积以及物体内每点磁场都恒定的情况下进行,对于这些变量的热力学势是自由能 $\widetilde{F}$①. 于是,力矩密度由以下方程确定:

$$\delta \widetilde{F}=-\int \boldsymbol{K}\cdot \delta\boldsymbol{\phi}\,\mathrm{d}V. \tag{69.2}$$

写出磁矩变化时(准确地说是方向变化,因其值固定)自由能的变化 $\delta\widetilde{F}$ 为

$$\delta \widetilde{F}=-\int \boldsymbol{H}_{\text{有效}}\cdot \delta\boldsymbol{M}\,\mathrm{d}V, \tag{69.3}$$

此处类比外磁场内磁矩能的表达式而引入"有效"场 $\boldsymbol{H}_{\text{有效}}$. 平衡时 $\boldsymbol{H}_{\text{有效}}=0$. 因为磁矩的平衡分布刚好决定于自由能的极小条件. 现在考虑无穷小转动 $\delta\boldsymbol{\phi}$ 时,$\boldsymbol{M}$ 的变化等于

$$\delta\boldsymbol{M}=\delta\boldsymbol{\phi}\times\boldsymbol{M}.$$

将此式代入(69.3)式并对比(69.2)式,得出力矩密度

$$\boldsymbol{K}=\boldsymbol{M}\times\boldsymbol{H}_{\text{有效}}.$$

代入(69.1)式,最后得出磁矩的**朗道-栗弗席兹方程**:

$$\frac{\partial \boldsymbol{M}}{\partial t}=\frac{g|e|}{2mc}\boldsymbol{H}_{\text{有效}}\times\boldsymbol{M}. \tag{69.4}$$

现在来证明,此方程表述的磁矩变化并不伴随能耗. 此能耗等于:

$$Q=T\frac{\partial S}{\partial t}=-\frac{\partial R_{\min}}{\partial t}=-\frac{\partial \widetilde{F}}{\partial t},$$

式中 S 为物体的熵. $R_{\min}$ 为最小功,它是引导物体进入既定的非平衡态所必需的. 因此,利用(69.4)式,有

---

① 参阅第八卷 §36(物体整体的热力学量,那里用草体拉丁字表示). 在非均匀分布时,正确的说法是物体的自由能(当体积给定时),而不是**热力学势** $\delta\widetilde{\Phi}$. 在这里,我们不关心磁致伸缩效应,即不考虑磁化强度变化时的应力和晶体的形变. 此时可不区分 $\delta\widetilde{\Phi}$, $\delta\widetilde{F}$.

$$Q = \int \boldsymbol{H}_{\text{有效}} \cdot \frac{\partial \boldsymbol{M}}{\partial t} \mathrm{d}V = \frac{g|e|}{2mc} \int \boldsymbol{H}_{\text{有效}} \cdot (\boldsymbol{H}_{\text{有效}} \times \boldsymbol{M}) \mathrm{d}V = 0,$$

于是论断得证. 应该指出,无能耗是靠方程(69.4)的右侧垂于 $\boldsymbol{H}_{\text{有效}}$ 来保证的.(我们在下节末还要讨论能耗问题).

根据定义式(69.2),对物体总自由能进行变分,可求出有效场的显式. 总自由能由如下积分给出

$$\widetilde{F} = \int \left[f_0(M) + U_{\text{非匀}} - \boldsymbol{M} \cdot \boldsymbol{H} - \frac{H^2}{8\pi} \right] \mathrm{d}V \tag{69.5}$$

(参阅第八卷 §39). 这里 $f_0(M)$ 是 $H = 0$ 时均匀磁化体的自由能密度,因为只考虑交换相互作用,所以与 $\boldsymbol{M}$ 的方向无关. $U_{\text{非匀}}$ 是与矢量 $\boldsymbol{M}$ 的沿非均匀磁化体缓慢变化方向有关的附加交换能密度.

将此能量按磁矩 $\boldsymbol{M}$ 对坐标的微商的幂进行展开,头几项的形式为

$$U_{\text{非匀}} = \frac{1}{2} \alpha_{ik} \frac{\partial \boldsymbol{M}}{\partial x_i} \frac{\partial \boldsymbol{M}}{\partial x_k}. \tag{69.6}$$

并且,这个微商二次型本质上是正定的. (69.6)式的组成(根据交换作用的性质)应与矢量 $\boldsymbol{M}$ 的绝对方向无关. 单轴晶体的二阶对称张量 α_{ik} 具有分量 $\alpha_{xx} = \alpha_{yy} \equiv \alpha_1, \alpha_{zz} \equiv \alpha_2$($z$ 轴是晶体的对称轴);在立方晶体中 $\alpha_{ik} = \alpha \delta_{ik}$.

如果在数量级为晶格常数 a 的距离上,磁矩方向有显著变化,再注意到晶格一个原胞非均匀性的能量应该达到交换相互作用能的原子特征值,就可以估计出系数 α_{ik} 的数量级. 特征的交换能同居里温度 T_c(铁磁性消失的温度)同数量级. 由条件 $T_c/a^3 \sim \alpha M^2/a^2$,我们得到

$$\alpha \sim T_c / aM^2. \tag{69.7}$$

在物体每一点都给定 $\boldsymbol{H}$ 时,对积分(69.5)进行变分,并对第二项进行分部积分,我们得到

$$\delta \widetilde{F} = \int \left[f_0'(M) \frac{\boldsymbol{M}}{M} - \alpha_{ik} \frac{\partial^2 \boldsymbol{M}}{\partial x_i \partial x_k} - \boldsymbol{H} \right] \delta \boldsymbol{M} \mathrm{d}V.$$

根据定义(69.2),方括号内的表达式是 $-\boldsymbol{H}_{\text{有效}}$. 第一项沿 $\boldsymbol{M}$ 的方向,但是,当代入运动方程(69.4)中时,第一项总会等于零,因此完全可以把它舍去①. 于是,我们得到

$$\boldsymbol{H}_{\text{有效}} = \alpha_{ik} \frac{\partial^2 \boldsymbol{M}}{\partial x_i \partial x_k} + \boldsymbol{H}. \tag{69.8}$$

为了得到完整的方程组,给(69.4),(69.8)两式还要附加一个将场 $\boldsymbol{H}$ 与磁化强度 $\boldsymbol{M}$ 的分布相联系的麦克斯韦方程. 在下一节将要研究的自旋波是在 $\omega \ll ck$ 的意义上的低频波,在这些条件下的场是准静场;麦克斯韦方程中可以忽略对时间的微商,于是方程组变成,

---

① 但是,此后在平衡时 $\boldsymbol{H}_{\text{有效}}$ 已不必变为零.

$$\nabla \times \boldsymbol{H} = 0, \quad \nabla \cdot \boldsymbol{B} = \nabla \cdot (\boldsymbol{H} + 4\pi \boldsymbol{M}) = 0. \tag{69.9}$$

与此相关,在 $\boldsymbol{H}$ 恒定时,可能产生关于积分式(69.5)对 $\boldsymbol{M}$ 变分是否合理的问题,虽然 $\boldsymbol{M}$ 和 $\boldsymbol{H}$ 通过(69.9)的第二个方程相联系. 但是,如果取 $\boldsymbol{H} = -\nabla\varphi$(由于第一个方程)并计算积分对 φ 的变分,那么由于第二个方程此变分为零,所以 $\boldsymbol{H}$ 的变分对 $\delta\widetilde{F}$无贡献.

如果物体不在外磁场中,那么它内部的场便完全与磁化强度的分布有关,一般说来这个场是与 $\boldsymbol{M}$ 同一数量级的量. 在此意义上,有效场(69.8)中的 $\boldsymbol{H}$ 项是相对论效应(我们指出,原子磁矩以及和它有关的自发磁化强度都用玻尔磁子 $\beta = |e|\hbar/2mc$定义,这是一个在分母中含 c 的量). 因此,目前所研究的纯交换近似中,(69.8)的第二项应该略去,因此运动方程为

$$\frac{\partial \boldsymbol{M}}{\partial t} = \frac{g|e|}{2mc}\alpha_{ik}\frac{\partial^2 \boldsymbol{M}}{\partial x_i \partial x_k} \times \boldsymbol{M}. \tag{69.10}$$

我们注意到这个方程是非线性的.

方程(69.10)可以写成磁矩连续性方程的形式:

$$\frac{\partial M_i}{\partial t} + \frac{\partial \Pi_{il}}{\partial x_l} = 0, \tag{69.11}$$

其中磁矩流密度张量为

$$\Pi_{il} = \frac{g|e|}{2mc}\alpha_{ik}\left(\boldsymbol{M} \times \frac{\partial \boldsymbol{M}}{\partial x_k}\right)_l.$$

这是预先应该想到的,因为在交换近似下物体的总磁矩守恒.

现在我们考虑,在铁磁体中除交换作用之外,在电子磁矩之间还有更弱的相对论性相互作用:自旋 - 自旋作用和自旋 - 轨道作用. 在宏观理论中这些作用用各向异性磁能来描述,能量密度 $U_{异}$依赖于磁化强度矢量对晶格的方向;用这些相互作用来建立铁磁体的自发磁化强度的平衡方向. 上边已经指出过,$\boldsymbol{M}$ 同磁场 $\boldsymbol{H}$ 的相互作用也属于相对论性的.

在单轴晶体中各向异性的能量为

$$U_{异} = -\frac{K}{2}M_z^2. \tag{69.12}$$

如果 $K>0$,那么平衡磁化方向就沿着对称轴——z 轴("易磁化轴"型铁磁体)的方向;如果 $K<0$,那么自发磁化方向就位于 xy 平面上("易磁化面"型铁磁体). 立方晶体的各向异性能量可表为

$$U_{异} = \frac{K'}{M^2}(M_x^2M_y^2 + M_x^2M_z^2 + M_y^2M_z^2). \tag{69.13}$$

其中 x,y,z 轴的方向沿着三个四级对称轴(立方晶胞的各棱边). 如果 $K'>0$,平衡矢量 $\boldsymbol{M}$ 的方向沿着立方晶胞的一个棱,如果 $K'<0$——则沿着晶胞空间对角

线中的一条①.

为确定起见,我们将研究单轴铁磁体. 在(69.5)的被积分式中补充一项 $U_{异}$(69.12),对附加项变分后得到一项 $-KM_z\boldsymbol{\nu}\cdot\delta\boldsymbol{M}$,其中 $\boldsymbol{\nu}$ 为晶体对称轴方向上的单位矢量. 于是,对于有效场我们得到

$$\boldsymbol{H}_{有效}=\alpha_{ik}\frac{\partial^2\boldsymbol{M}}{\partial x_i\partial x_k}+KM_z\boldsymbol{\nu}+\boldsymbol{H}. \tag{69.14}$$

容易看出,有效场的这个改变已经概括了因顾及相对论效应而导致运动方程(69.5)发生的变化. 事实上,不存在耗散,运动方程的右侧仍然应当垂直于 $\boldsymbol{H}_{有效}$,即应当有 $\boldsymbol{M}'\times\boldsymbol{H}_{有效}$形式,其中 $\boldsymbol{M}'$和 $\boldsymbol{M}$ 的差别只能是相对论修正,这个修正值总远小于 $\boldsymbol{M}$,因而并不重要. $\boldsymbol{H}_{有效}$中的相对论各项附加到一个小量上. 后者由于 $\boldsymbol{M}$ 沿物体缓慢变化,因而才是微小的;而在波长充分大时这些相对论项可以变得重要起来.

§70 铁磁体中的自旋波量子 能谱

把前节得到的方程运用于波的传播上,在这个波动中磁矩密度除围绕自己的平衡值 $\boldsymbol{M}_0$进动,还进行微振动. 我们将考察在整个体积内 $\boldsymbol{M}_0$为恒定的单磁畴样品,而且局限于波长远小于样品线度的情况. 这时,介质就可以认为是无限的.

首先研究的问题只涉及交换相互作用,即基于方程(69.11). 取 $\boldsymbol{M}=\boldsymbol{M}_0+\boldsymbol{m}$,其中 $\boldsymbol{m}$ 是小量,于是可略去 $\boldsymbol{m}$ 的二次项而使方程线性化;由于绝对值 $M=M_0$,那么在这一近似中 $\boldsymbol{m}\perp\boldsymbol{M}_0$. 我们得到

$$\dot{\boldsymbol{m}}=\frac{|e|}{mc}\alpha_{ik}\frac{\partial^2\boldsymbol{m}}{\partial x_i\partial x_k}\times\boldsymbol{M}_0 \tag{70.1}$$

(这里及以后取 $g=2$). 对于与坐标和时间的依赖关系为 $\exp[\mathrm{i}(\boldsymbol{k}\cdot\boldsymbol{r}-\omega t)]$的 $\boldsymbol{m}$,我们得到

$$\mathrm{i}\omega\boldsymbol{m}=\frac{|e|}{mc}\alpha k^2\boldsymbol{m}\times\boldsymbol{M}_0, \tag{70.2}$$

其中 $\alpha=\alpha(\boldsymbol{n})=\alpha_{ik}n_in_k$, $\boldsymbol{n}$——波矢 $\boldsymbol{k}$ 方向上的单位矢量. 这个方程分解成分量,有

$$\mathrm{i}\omega m_x=\frac{|e|}{mc}\alpha Mk^2m_y,$$

$$\mathrm{i}\omega m_y=-\frac{|e|}{mc}\alpha Mk^2m_x$$

① 对于不同铁磁体量纲为 1 的量 K,K'在几十分之一到几十这个宽度范围内取值. 相对论相互作用与交换相互作用之比与 $a^3U_{异}/T_c$同数量级,通常为 $10^{-4}\sim10^{-5}$.

(z 轴沿 $\boldsymbol{M}_0$ 方向). 由此得到自旋波的色散律①

$$\omega=\frac{|e|M}{mc}\alpha(\boldsymbol{n})k^2, \tag{70.3}$$

我们看到,如前节初所述,在 $\boldsymbol{k}\to 0$ 时,在交换近似下频率趋于零. 自旋波中矢量 $\boldsymbol{m}$ 在平面 xy 上以恒定角速度 ω 旋转,并保证绝对值不变.

在量子力学图像中用公式(70.3)决定自旋波量子的能谱 $\varepsilon=\hbar\omega$②:

$$\varepsilon(\boldsymbol{k})=2\beta M\alpha(\boldsymbol{n})k^2. \tag{70.4}$$

在二次量子化形式中,描述铁磁体的宏观量将换成自旋波量子的湮没算符和产生算符表述的各算符. 下面将展示应如何处理自旋波量子的(70.4)式.

对应于经典量 $\boldsymbol{M}$,我们引入矢量算符 $\hat{\boldsymbol{M}}$,它的分量满足确定的对易规则. 令 $\hat{\boldsymbol{S}}(\boldsymbol{r})\delta V$ 是在 $\boldsymbol{r}$ 点物理无限小体元 δV 中原子的总自旋算符. 不同体元 δV_1, δV_2 的算符 $\hat{\boldsymbol{S}}(\boldsymbol{r}_1)\delta V_1$ 和 $\hat{\boldsymbol{S}}(\boldsymbol{r}_2)\delta V_2$ 是对易的. 同一算符 $\hat{\boldsymbol{S}}(\boldsymbol{r})\delta V$ 的各分量满足角动量的一般对易规则:

$$\hat{S}_x\delta V\cdot\hat{S}_y\delta V-\hat{S}_y\delta V\cdot\hat{S}_x\delta V=\mathrm{i}\hat{S}_z\delta V,$$

或 $\hat{S}_x\hat{S}_y-\hat{S}_y\hat{S}_x=\mathrm{i}\hat{S}_z/\delta V$(其余的对易子也类似). 在 $\delta V\to 0$ 的极限情况下,对任意 $\boldsymbol{r}_1$ 和 $\boldsymbol{r}_2$,这些规则写成统一的形式

$$\hat{S}_x(\boldsymbol{r}_1)\hat{S}_y(\boldsymbol{r}_2)-\hat{S}_y(\boldsymbol{r}_2)\hat{S}_x(\boldsymbol{r}_1)=\mathrm{i}\hat{S}_z(\boldsymbol{r}_1)\delta(\boldsymbol{r}_1-\boldsymbol{r}_2).$$

现在,以 $4\beta^2$ 乘这个等式,再注意到磁化强度算符 $\hat{\boldsymbol{M}}=-2\beta\hat{\boldsymbol{S}}$,便得到

$$\hat{M}_x(\boldsymbol{r}_1)\hat{M}_y(\boldsymbol{r}_2)-\hat{M}_y(\boldsymbol{r}_2)\hat{M}_x(\boldsymbol{r}_1)=-2\mathrm{i}\beta\hat{M}_z(\boldsymbol{r}_1)\delta(\boldsymbol{r}_1-\boldsymbol{r}_2). \tag{70.5}$$

在应用于自旋波时,$\boldsymbol{M}$ 描述的是绕 z 轴的微小振动,在小量 m_x, m_y 的一级近似下可以用数量 $M_z\approx M$ 来代换(70.5)式右方的算符 $\hat{M}_z$;这时

$$\hat{m}_x(\boldsymbol{r}_1)\hat{m}_y(\boldsymbol{r}_2)-\hat{m}_y(\boldsymbol{r}_2)\hat{m}_x(\boldsymbol{r}_1)=-2\mathrm{i}\beta M\delta(\boldsymbol{r}_1-\boldsymbol{r}_2) \tag{70.6}$$

由此可见,量 m_y 和 m_x 在这种情况下(精确到一常数因子)起着正则共轭"广义坐标和广义动量"的作用,这与 φ 和 ρ' 在液体中声波量子化时所起的作用相类似(§24). 但是,我们强调指出二者的主要区别. 声子算符的对易规则(24.7)是精确的,同振动是否微小(即同声子态占有数是否微小)无关. (70.6)式的规则是近似的,只在小量 $\boldsymbol{m}$ 的一级近似中才是正确的.

从对易规则(70.6)式以及符合线性方程(70.1)的算符 $\hat{m}_x$ 和 $\hat{m}_y$ 间的关系式出发,可以通过自旋波量子的湮没、产生算符来求出 $\hat{m}_x$, $\hat{m}_y$ 等算符的表达式,这

---

① 自旋波的平方色散律是布洛赫(F. Bloch,1930)用微观理论首先得出的. 这个谱的宏观参量的表示式是朗道和栗弗席兹给出的(1945).

② 在本章中 β 处处代表玻尔磁子:$\beta=|e|\hbar/2mc$.

和§24中对于声子所做过(参阅§71的习题4)的相仿.

再来研究自旋波量子的能谱,并进而考虑相对论效应对这个谱的影响. 现在已经必须计及 $\boldsymbol{M}$ 振动时产生的磁场 $\boldsymbol{H}$. 这个场和 $\boldsymbol{m}$ 是同级小量;现在用 $\boldsymbol{h}$ 表示它.

麦克斯韦方程(69.10)给出

$$\boldsymbol{k}\times\boldsymbol{h}=0,\quad \boldsymbol{k}\cdot\boldsymbol{h}=-4\pi\boldsymbol{k}\cdot\boldsymbol{m}.$$

由此可见,场 $\boldsymbol{h}$ 的方向沿着波矢量,并等于

$$\boldsymbol{h}=-4\pi(\boldsymbol{n}\cdot\boldsymbol{m})\boldsymbol{n},\tag{70.7}$$

把(70.7)式代入(69.5)式的被积式的后两项中,我们得到

$$-\boldsymbol{m}\cdot\boldsymbol{h}-\frac{h^2}{8\pi}=2\pi(\boldsymbol{n}\cdot\boldsymbol{m})^2\tag{70.8}$$

(这里去掉 $\boldsymbol{M}_0\boldsymbol{h}$ 项,由于场 $\boldsymbol{h}$ 的有势性,对整个体积的积分变为面积分,因而这一项变为零);在自旋波中,这部分各向异性的能量有时称为**静磁能**.

假设铁磁体是单轴的,并且属于"易磁化轴"型,因此 $\boldsymbol{M}_0$ 的方向沿晶体的对称轴(z 轴):$\boldsymbol{M}_0=\boldsymbol{\nu}M$. 鉴于以后的应用,我们还假设存在平行于 $\boldsymbol{\nu}$ 方向的外场 $\mathfrak{H}$;此时,样品应该是以 $\boldsymbol{\nu}$ 为轴的圆柱体. 于是物体内部的场 $\boldsymbol{H}=\mathfrak{H}+\boldsymbol{h}$. 线性化的运动方程(这里写的方程已乘过因子 $\hbar$)为

$$-\mathrm{i}\varepsilon\boldsymbol{m}=2\beta M\left\{\left(\alpha k^2+K+\frac{\mathfrak{H}}{M}\right)\boldsymbol{\nu}\times\boldsymbol{m}-\boldsymbol{\nu}\times\boldsymbol{h}\right\}.\tag{70.9}$$

对于单轴晶体 $\alpha=\alpha_1\sin^2\theta+\alpha_2\cos^2\theta$,其中 θ 是 $\boldsymbol{k}$ 和 $\boldsymbol{\nu}$ 之间的夹角.

将(70.7)的 $\boldsymbol{h}$ 代入到这里,并把方程写成分量式(其中 x 轴最好选在通过 $\boldsymbol{\nu}$ 和 $\boldsymbol{n}$ 方向(即 $\boldsymbol{\nu}\times\boldsymbol{n}$)的平面上). 由获得的 m_x 和 m_y 的两方程的相容性条件得出色散律

$$\varepsilon(\boldsymbol{k})=2\beta M\left[\left(\alpha k^2+K+\frac{\mathfrak{H}}{M}\right)\left(\alpha k^2+K+\frac{\mathfrak{H}}{M}+4\pi\sin^2\theta\right)\right]^{1/2}.\tag{70.10}$$

我们指出,由于存在 $\sin^2\theta=k_x^2/K^2$ 项,将 $\varepsilon(\boldsymbol{k})$ 按 $\boldsymbol{k}$ 分量的幂展开时便不具有简单的幂的特性;这与磁相互作用的远程性有关.

这里对单轴铁磁体("易磁化轴"型)导出的(70.10)形表示式,对于立方晶体也是正确的. 这是因为,当矢量 $\boldsymbol{M}$ 微小偏离其平衡方向时,各向异性能量的改变在两种情况下有同样的形式. 例如,对于 $K'>0$ 的立方晶体,当 $\boldsymbol{M}$ 偏离立方体的棱方向的 $\boldsymbol{M}_0$ 时,$\delta U_{\text{异}}$ 只与 $\boldsymbol{M}$ 和 $\boldsymbol{M}_0$ 之间的夹角 ϑ 有关,并且 $\delta U_{\text{异}}=K'M^2\vartheta^2$. 把此式同单轴晶体相类似的式子 $\delta U_{\text{异}}=KM^2\vartheta^2/2$ 进行比较,我们发现,为过渡到 $K'>0$ 的立方晶体情形,只要在(70.10)式中将 K 换成 $2K'$ 便足够了. 极易相信,用类似的方法,为过渡到 $K'<0$($\boldsymbol{M}_0$ 的方向沿着立方体的空间对角线)的立方晶体需要将 K 换成 $4|K'|/3$. 我们也注意到,在立方晶体中 $\alpha(\boldsymbol{n})$ 归

结为常数. 而对“易磁化面”型($K<0$)的单轴铁磁体就是另一种情形了:当 $\boldsymbol{M}$ 偏离 $\boldsymbol{M}_0$时,变更 $\delta U_{异}$既与 $\boldsymbol{M}$ 相对于 $\boldsymbol{M}_0$的极角有关,也与方位角有关;因此这种情形需要特殊研究——参阅习题.

我们记得,(70.10)只属于能谱的开始部分,这部分的准动量 $k \ll 1/a$,因此可以进行宏观研究. 从大 K 方面,但是仍然满足($\alpha k^2 \gg 4\pi, K$)这个条件来看,表达式(70.10)归结为

$$\varepsilon(\boldsymbol{k}) = 2\beta M\alpha(\boldsymbol{n})k^2 + 2\beta\mathfrak{H}. \tag{70.11}$$

这里的第一项同纯交换作用的表达式(70.4)一致. 外场只给自旋波量子的能量增添 $2\beta\mathfrak{H}$ 项. 于是,在这种近似中自旋波量子在 $\boldsymbol{M}_0$上磁矩的投影等于 -2β. 在物体中激发每一个自旋波量子都要使物体的总磁矩减小 2β.

在相反的情况下,$\boldsymbol{k}\to 0$ 时表达式(70.10)趋于一非零值,($\mathfrak{H}=0$ 时)等于

$$\varepsilon(0) = 2\beta MK\left(1+\frac{4\pi}{K}\sin^2\theta\right)^{1/2}. \tag{70.12}$$

于是,考虑磁的各向异性在自旋波的谱中将导致能隙的出现①. 这很自然,因为有各向异性时,甚至磁矩整体进行回转(即 $\boldsymbol{k}=0$ 时)也与有限的能量相联系. 我们见到,在小 $\boldsymbol{k}$ 时,尽管相对论效应不大,也会给能谱带来相当大的修正.

自旋波量子的概念,作为元激发是关于物体的弱激发态的,因而是与低温有关的. 因此,关于自旋波量子的公式中一切物质常数(也包括磁化强度 M)必须选取 $T=0$ 时的值.

回头再来讨论 §69 中关于耗散微小的假设. 在量子图像中耗散意味着自旋波量子寿命是有限的,这是由于自旋波量子之间以及同其它准粒子的相互作用所造成的.

如果开始讲自旋波量子之间的相互作用,那么首先应该指出在交换近似下自旋波量子的数目是不变的(每个自旋波量子为 M_z提供同样的贡献 -2β,而交换作用使 M_z保持不变). 因此在此近似下只能发生散射过程. 但是散射概率随温度的降低而减小,这只不过由于散射体数量的减小而造成的,因此在 $T=0$ 时,无论如何,交换性的衰减都要趋于零. 下面可以见到(§72),在交换近似下一个自旋波量子的状态确实是系统的严格的定态. ②

在 $T=0$ 时自旋波量子的衰减只是由其裂变过程引起的,这种过程只在计及相对论性相互作用时才有可能,因此它们的概率较小. 此外,在小 $\boldsymbol{k}$ 时由于过程终态的统计权重(相体积)小,裂变概率总是降低的.

---

① 相应的频率 $\omega(0)=\varepsilon(0)/\hbar$ 称为**铁磁共振**频率.

② 还要指出,在交换近似下两个自旋波量子间的散射截面随其能量的减小而趋于零(参阅 §73). 这一情况,在低温时进一步减少了自旋波量子的交换衰减. 在充分低的温度下,对散射过程来说,相对论效应已很重要了.

自旋波量子与声子的相互作用(在这里,交换相互作用哈密顿量中与晶体形变有关的部分起微扰算符的作用)也要引起自旋波量子的衰减. 在 $T=0$ 时,还可能由自旋波量子产生声子的过程,但是,为此自旋波量子的准动量应该充分大——自旋波量子的速度 $\partial\varepsilon/\hbar\partial\boldsymbol{k}$ 应大于声速(参阅 254 页的注). 过程概率小也是由于终态统计权重小的缘故.

最后,在铁磁金属中,自旋波量子(由于跟传导电子的交换相互作用)从费米面下,总可能激发电子. 这里,在小 $\boldsymbol{k}$ 时,过程概率小也是由于终态的统计权重小的缘故.

习　　题

试求"易磁化面"型单轴铁磁体中自旋波量子的能谱($K<0$).

解: 平衡磁化强度 $\boldsymbol{M}_0$ 位于垂直于晶体对称轴(z 轴)的平面上;我们选 $\boldsymbol{M}_0$ 方向作为 x 轴,此时磁矩运动的线性方程的形状是

$$-\mathrm{i}\varepsilon\boldsymbol{m}=2\beta\{\alpha k^2\boldsymbol{n}_x\times\boldsymbol{m}-|K|m_z\boldsymbol{n}_y-\boldsymbol{n}_x\times\boldsymbol{h}\}.$$

其中 $\boldsymbol{n}_x,\boldsymbol{n}_y$ 是沿坐标轴的单位矢量,而矢量 $\boldsymbol{m}$ 位于垂直于 $\boldsymbol{M}_0$ 的 yz 平面上. 将(70.7)的 $\boldsymbol{h}$ 代入,写出分量方程并使所得方程组的行列式等于零,得到自旋波量子的能谱

$$\varepsilon(\boldsymbol{k})=2\beta M\left[\alpha k^2(\alpha k^2+|K|)+4\pi\sin^2\theta(\alpha k^2+|K|\sin^2\varphi)\right]^{1/2},$$

其中 θ 和 φ 是 $\boldsymbol{k}$ 相对于 $\boldsymbol{M}_0$ 方向的极角和方位角(而且方位角由 xz 面上算起). 在 $\alpha k^2\gg1$ 时,我们又回到平方型谱(70.4),而在 $\boldsymbol{k}\to0$ 时,自旋波量子的能量趋于:

$$\varepsilon(0)=4(\pi|K|)^{1/2}\beta M|\sin\theta\sin\varphi|.$$

而当 $\boldsymbol{k}$ 位于对称轴与晶体自发磁化强度所构成的 xz 平面上时,上式变为零. 但是,这里趋近于零是近似的:考虑到各向异性能量中的高阶项时,在 xy 面上也会导致各向异性的出现,从而在所有 $\boldsymbol{k}$① 的方向上将会出现有限的能隙.

§71　铁磁体中的自旋波量子　热力学量

铁磁体中激发的自旋波量子对其热力学量有一定的贡献. 当在 $T\ll T_c$ 意义下的低温时,利用前一节所获得的结果可以计算这一贡献. 实际上,在温度为 T 的热平衡时自旋波量子的主要部分有 $\varepsilon\sim T$ 的能量. 对于平方形谱

$$\varepsilon(\boldsymbol{k})=2\beta M\alpha(\boldsymbol{n})k^2. \tag{71.1}$$

这就是说,温度 $T\ll T_c$ 时,激发的自旋波量子具有准动量 $k\ll(T_c/\beta M\alpha)^{1/2}$. 利

---

① 我们记得(参阅第八卷 §317),各向异性能量按 $\boldsymbol{M}$ 幂的展开实际上是按相对论比值 v/c 的展开(因此与 $\boldsymbol{M}$ 是否微小,即与是否接近居里点无关).

用对 α 估算的(69.7)式,估算出磁化强度为 $M\sim\beta/a^3$(平均一个原胞中的磁矩约为数个 β),由此得到 $\alpha k\ll 1$,即§70 结果的适用条件.

铁磁体热力学量的"自旋波量子"(magnon)部分可做为化学势等于零的理想玻色气体的热力学量来计算. 例如,对自旋波量子的热力学势 Ω(下标用 mag 表示——译注),有

$$\Omega_{\text{mag}}=T\int\ln(1-e^{-\varepsilon/T})\frac{V\mathrm{d}^3k}{(2\pi)^3}\tag{71.2}$$

[参阅第五卷的(54.4)式]. 由此,自旋波量子对内能①的贡献为

$$E_{\text{mag}}=\Omega_{\text{mag}}-T\frac{\partial\Omega_{\text{mag}}}{\partial T}=\int\frac{\varepsilon}{e^{\varepsilon/T}-1}\frac{V\mathrm{d}^3k}{(2\pi)^3},\tag{71.3}$$

自旋波量子对自发磁化强度的贡献给出后者随温度的变化. 这一贡献,是通过对外磁场的微商而得的,为

$$M_{\text{mag}}=M(T)-M(0)=-\frac{1}{V}\left.\frac{\partial\Omega_{\text{mag}}}{\partial\mathfrak{H}}\right|_{\mathfrak{H}\to 0}$$

[参阅第八卷(31.4)]. 对(71.2)式微商,我们得到

$$M_{\text{mag}}=-\int\left.\frac{\partial\varepsilon}{\partial\mathfrak{H}}\right|_{\mathfrak{H}\to 0}\frac{1}{e^{\varepsilon/T}-1}\frac{\mathrm{d}^3k}{(2\pi)^3}.\tag{71.4}$$

微商 $-(\partial\varepsilon/\partial\mathfrak{H})$ 是自旋波量子的本征磁矩.

在温度 $T\gg 2\pi\beta M$② 时,我们计算积分(71.3—71.4);这时自旋波量子的谱可以利用极限表达式(71.1). 鉴于积分快速收敛,积分可以扩展到整个 $\boldsymbol{k}$ 空间(代替一个倒格胞). 设 α 是常量(对于立方晶体),且作替换 $\mathrm{d}^3k\to 4\pi k^2\mathrm{d}k$,经过显然的代入之后,得到

$$E_{\text{mag}}=\frac{VT^{5/2}}{4\pi^2A^{3/2}}\int_0^\infty\frac{x^{3/2}\mathrm{d}x}{e^x-1}=V\frac{T^{5/2}\Gamma(5/2)\zeta(5/2)}{4\pi^2A^{3/2}}.$$

为了简化,这里取标记 $A=2\beta M\alpha$(因此 $\varepsilon=Ak^2$)③. 于是对于热容量 $C_{\text{mag}}=\partial E_{\text{mag}}/\partial T$,我们得到

$$C_{\text{mag}}=V\frac{5\Gamma(5/2)\zeta(5/2)}{8\pi^2A^{3/2}}T^{3/2}=0.113\left(\frac{T}{A}\right)^{3/2}V.\tag{71.5}$$

我们指出,这个表达式只给出热容量的自旋波量子部分;此外,晶体热容量还包括通常的声子部分.

回到(71.4)式的积分,根据(70.11)式,自旋波量子的磁矩取值 -2β. 因此

---

① 在化学势 $\mu=0$(因此 $\Phi=N\mu=0$)时,有 $E=\Phi+TS-PV=TS+\Omega$;熵 $S=-\partial\Omega/\partial T$. 当然,无需利用公式(71.2)也可直接写出(71.3)式.

② 对于典型值 $M=2\times10^3$ G,这个条件给出 $T\gg 1$ K.

③ 关于这一类型的积分计算参阅第五卷§58.

$T \gg 2\pi\beta M$ 时得到

$$M_{mag} = -\frac{\beta T^{3/2}}{2\pi^2 A^{3/2}} \int_0^\infty \frac{x^{1/2}\mathrm{d}x}{\mathrm{e}^x - 1}. \tag{71.6}$$

由此

$$\begin{aligned} M(T) &= M(0) - \frac{\beta T^{3/2} \Gamma(3/2)\zeta(3/2)}{2\pi^2 A^{3/2}} = \\ &= M(0) - 0.117\beta(T/A)^{3/2}. \end{aligned} \tag{71.7}$$

(既然声子本身不带磁矩,自旋波量子的贡献当然就包括了磁化强度的所有变化). 于是,当温度取 $2\pi\beta M \ll T \ll T_c$ 范围时,自发磁化强度的变化便遵守 $T^{3/2}$ 定律(F. Bloch,1930).

在自旋波量子的谱中存在能隙(70. 10),在更低的温度范围内将使 C_{mag} 和 M_{mag} 对温度有指数函数的依赖关系. 在 $T \ll \beta KM$ 时

$$C_{mag}, M_{mag} \propto \exp(-2\beta KM/T). \tag{71.8}$$

指数分子中的量在 $\theta = 0$ 和 $\theta = \pi$ 时是能隙的最小值(还可参照习题 1).

如果铁磁体的自发磁化强度在基态等于最大值(所谓额定值),对应于物体的所有原子磁矩都平行,那么施加与磁矩同一方向的外磁场时这个值亦不再变化,就是说在这个方向的磁化率 χ 等于零.

考虑相对论性相互作用时,自发磁化强度($T = 0$ 时)与其"交换"值相比将减小,于是导致出现不为零的磁化率(T. Holstein, H. Primakoff,1940). 虽然这个效应很小,但是计算它却有原则性的意义.

在前面计算热力学量的磁性部分时我们舍去"磁性谐振子"的零点能,在这些量的温度关系中它没有贡献. 零点能对应于自旋波量子态的占有数为 1/2:

$$E(0)_{mag} = \int \frac{1}{2}\varepsilon(\boldsymbol{k}) \frac{V\mathrm{d}^3 k}{(2\pi)^3}.$$

相应地对于"零点"磁化强度有

$$M(0) = -\int \frac{1}{2} \frac{\partial \varepsilon}{\partial \mathfrak{H}} \frac{\mathrm{d}^3 k}{(2\pi)^3}. \tag{71.9}$$

k 值大时这个积分发散,就是说积分主要决定于短波自旋波量子($ka \sim 1$),对这样的自旋波量子根本不能进行宏观研究. 但是我们将看到,在相对论效应的影响下磁化强度的变化,决定于自旋波量子的长波能谱区域,并可借助于 §70 中获得的公式来计算.

为简单起见,我们将研究立方晶体,并在此情况下忽略小的各向异性常数,即将自旋波量子谱(70. 10)写成形式

$$\varepsilon(\boldsymbol{k}) = 2\beta[(bk^2 + \mathfrak{H})(bk^2 + \mathfrak{H} + 4\pi M \sin^2\theta)]^{1/2} \tag{71.10}$$

其中 $b = \alpha M$;在这个表达式中由于考虑了静磁能而产生的 $4\pi M \cdot \sin^2\theta$ 项对应于

相对论效应. 从(71.9)式减去以 $\varepsilon_{交换}(\boldsymbol{k}) = 2\beta bk^2 - 2\beta\mathfrak{H}$ 代替 $\varepsilon(\boldsymbol{k})$ 的同一积分式,则得到待求的相对论效应影响下磁化强度的变化 δM:

$$\delta M = -\frac{1}{2}\int\frac{\partial}{\partial\mathfrak{H}}[\varepsilon(\boldsymbol{k}) - \varepsilon_{交换}(\boldsymbol{k})]\frac{d^3k}{(2\pi)^3}. \qquad (71.11)$$

这个积分在大 $\boldsymbol{k}$ 时已变为收敛的了①.

为了计算上的方便,首先在 b 一定时取 δM 对 M 的微商[为此在(71.10)中已引进记号 b]. 简单变换后得到

$$\frac{\partial\delta M}{\partial M} = -\frac{4\pi^2\beta M}{(2\pi)^3}\int_0^{\pi}\int_0^{\infty}\frac{\sin^4\theta\cdot 2\pi k^2 dk\cdot\sin\theta d\theta}{(bk^2+\mathfrak{H})^{1/2}(bk^2+\mathfrak{H}+4\pi M\sin^2\theta)^{3/2}}.$$

由于对 dk 的积分收敛,所以能够扩展到∞.

$\mathfrak{H}=0$ 时积分容易计算;然后对 M 积分,得到

$$\delta M = -\frac{\sqrt{\pi}\beta}{8\alpha^{3/2}}. \qquad (71.12)$$

这个值很小:$\delta M/M \sim 10^{-6}$.

如果外场很强($\mathfrak{H} >> 4\pi M$),可在被积式的分母中忽略 $4\pi M\cdot\sin^2\theta$ 项. 此后,计算得出结果

$$\delta M = -\frac{2\pi\beta M^{1/2}}{15\alpha^{3/2}\mathfrak{H}^{1/2}}. \qquad (71.13)$$

$\mathfrak{H}\to\infty$ 时,δM 趋于零. 这是当然要得到的.

在结束时我们指出,如果我们企图把本节在三维情况所使用的方法,用来研究二维铁磁体的磁化强度对温度的依赖关系,那么(在纯交换近似中)代替(71.6)式我们将得到对数发散积分. 这就是说,在所有 $T\neq 0$ 的情况下交换相互作用的二维系统实际上不存在自发磁化. 这与 § 27 中指出的二维玻色液体(以及第五卷 § 137 中的二维晶体)的情形相类似. 系统的能量不依赖于磁矩的方向,导致其表达式中只含有矢量 $\boldsymbol{M}$ 的导数;结果也导致使磁化破坏的涨落发散(二维情况). 考虑与 $\boldsymbol{M}$ 的方向有关的相对论性相互作用,就可以使涨落得到稳定并使二维铁磁体的存在成为可能.

习 题

1. 计算温度 $T << \varepsilon(0)$ 时热力学量的自旋波量子部分.

解:重要的情形是:具有小准动量 $\boldsymbol{k}$,在能隙为最小的方向上,即在 $\theta=0$ 和 $\theta=\pi$ 的附近传播的自旋波量子;这两个 θ 值给出同样的贡献. 例如,在小角度 θ

① 为避免误会,我们指出,不可用此法定义基态能量的修正,因为没对 $\mathfrak{H}$ 取微商而利用自旋波量子的长波能谱表达式时,对 $\varepsilon - \varepsilon_{交换}$ 的积分发散.

时,对所要求的精度,有

$$\varepsilon(\boldsymbol{k})=2\beta KM+Ak^2+4\pi\beta M\theta^2.$$

其中,对于立方晶体 $A=2\beta M\alpha$,对于“易磁化轴”型的单轴晶体 $A=2\beta M\alpha_2$. 在我们所讨论的温度时自旋波量子的分布可认为是玻尔兹曼分布(即在被积式的分母中忽略 1),并处处以 $\varepsilon(0)$替换指数函数前的因子 $\varepsilon(\boldsymbol{k})$. 把对 k 和 θ 的积分扩展到∞,结果得到

$$E_{\text{mag}}=V\frac{KT^{5/2}}{32\pi^{5/2}A^{3/2}}\exp\left(-\frac{2\beta KM}{T}\right).$$

$$M_{\text{mag}}=-\frac{E_{\text{mag}}}{VKM}.$$

在计算热容量时只需对指数函数因子微商:

$$C_{\text{mag}}=2\beta KMT^{-2}E_{\text{mag}}.$$

2. 在 $\mathfrak{H}\gg 4\pi M, T\gg\beta\mathfrak{H}$ 条件下,试确定磁化强度与外场的关系.

解:在所给的条件下,可以忽略相对论项,并将 $\varepsilon(\boldsymbol{k})$ 写成(70.11)形式. 微商(71.4)式,得

$$\frac{\partial M}{\partial\mathfrak{H}}=\frac{4\beta^2}{T}\int\frac{e^{\varepsilon/T}}{(e^{\varepsilon/T}-1)^2}\frac{d^3k}{(2\pi)^3}.$$

在积分中重要的是小 $\boldsymbol{k}$,因此

$$\frac{\partial M}{\partial\mathfrak{H}}\approx 4\beta^2T\int\frac{1}{\varepsilon^2}\frac{d^3k}{(2\pi)^3}=\frac{T}{2\pi^2}\int_0^\infty\frac{k^2dk}{(\alpha k^2M_0+\mathfrak{H})^2}.$$

(取 $\alpha=\text{const}$;M_0取 M 在 $\mathfrak{H}=0$ 时的值),最终得到

$$\frac{\partial M}{\partial\mathfrak{H}}=\frac{T}{8\pi(\alpha M_0)^{3/2}\mathfrak{H}^{1/2}}.$$

于是,在所研究的条件下 $M-M_0\propto\mathfrak{H}^{1/2}$.

3. 试确定于 $T=0$ 时,在弱磁场中,磁化强度对外场的关系.

解:把(71.10)式的 $\varepsilon(\boldsymbol{k})$ 代入(71.11)式,再将积分式(71.11)对 $\mathfrak{H}$ 微商,得到

$$\frac{\partial M}{\partial\mathfrak{H}}=\int\frac{4\pi^2\beta M_0^2\sin^4\theta}{[(\alpha M_0k^2+4\pi M_0\sin^2\theta+\mathfrak{H})(\alpha M_0k^2+\mathfrak{H})]^{3/2}}\frac{d^3k}{(2\pi)^3}.$$

在 $\mathfrak{H}\to 0$ 时,对 dk 的积分在小 k 情况下是对数发散的. 因此,如只局限于对数的精确性,可以在分母的第一个因式中取 $k=0,\mathfrak{H}=0$,而在第二个因式中取 $\mathfrak{H}=0$,但同时,在 $k^2\sim\mathfrak{H}/\alpha M$ 时从下面并在 $k^2\sim 4\pi/\alpha$ 时从上面截断积分. 于是我们获得

$$\frac{\partial M}{\partial\mathfrak{H}}=\frac{\beta}{32\sqrt{\pi}M_0\alpha^{3/2}}\ln\frac{4\pi M_0}{\mathfrak{H}}.$$

注意,(71.10)式中忽略了 K. 在 $\mathfrak{H} \ll KM$ 时在对数中用 KM_0 替代 $\mathfrak{H}$.

4. 在交换近似中试确定在 $r \gg a$ 距离上磁化强度涨落的空间关联函数.

解:算符 $\hat{m}_x$ 和 $\hat{m}_y$ 满足(70.6)式的对易规则,它们通过自旋波量子湮没和产生算符可表为(在薛定谔绘景中)

$$\hat{m}_x(\boldsymbol{r}) = (\beta M/V)^{1/2} \sum_{\boldsymbol{k}} \left(\hat{a}_{\boldsymbol{k}} \mathrm{e}^{\mathrm{i}\boldsymbol{k}\cdot\boldsymbol{r}} + \hat{a}_{\boldsymbol{k}}^{+} \mathrm{e}^{-\mathrm{i}\boldsymbol{k}\cdot\boldsymbol{r}}\right),$$

$$\hat{m}_y(\boldsymbol{r}) = \mathrm{i}(\beta M/V)^{1/2} \sum_{\boldsymbol{k}} \left(\hat{a}_{\boldsymbol{k}} \mathrm{e}^{\mathrm{i}\boldsymbol{k}\cdot\boldsymbol{r}} - \hat{a}_{\boldsymbol{k}}^{+} \mathrm{e}^{-\mathrm{i}\boldsymbol{k}\cdot\boldsymbol{r}}\right).$$

借助这些算符我们计算关联函数

$$\varphi_{ik}(\boldsymbol{r}) = \frac{1}{2}\langle \hat{m}_i(\boldsymbol{r}_1)\hat{m}_k(\boldsymbol{r}_2) + \hat{m}_k(\boldsymbol{r}_2)\hat{m}_i(\boldsymbol{r}_1)\rangle, \quad \boldsymbol{r} = \boldsymbol{r}_1 - \boldsymbol{r}_2$$

(下标 i,k 取遍 x,y 值). 考虑到不为零的对角矩阵元,只有乘积 $\langle \hat{a}_{\boldsymbol{k}}^{+}\hat{a}_{\boldsymbol{k}}\rangle = n\boldsymbol{k}$ 和 $\langle \hat{a}_{\boldsymbol{k}}\hat{a}_{\boldsymbol{k}}^{+}\rangle = n_{\boldsymbol{k}} + 1$(其中 $n_{\boldsymbol{k}}$ 是自旋波量子态的占有数),我们得到

$$\varphi_{ik}(\boldsymbol{r}) = \delta_{ik}\int 2\beta M\left(n_{\boldsymbol{k}} + \frac{1}{2}\right)\mathrm{e}^{\mathrm{i}\boldsymbol{k}\cdot\boldsymbol{r}}\frac{\mathrm{d}^3 k}{(2\pi)^3}.$$

被积式直接给出关联函数的傅里叶分量. 式中的常数项可以略去:因为在 $\varphi_{ik}(\boldsymbol{r})$ 里与它对应的是 δ 函数项,而整个的研究只是对于 $r > a$ 的距离. 于是

$$\varphi_{ik}(\boldsymbol{k}) = 2\beta M n_{\boldsymbol{k}}\delta_{ik} = 2\beta M[\mathrm{e}^{\varepsilon(\boldsymbol{k})/T} - 1]^{-1}\delta_{ik},$$

在经典极限情形,$\varepsilon \ll T$,得到

$$\varphi_{ik}(\boldsymbol{k}) = \delta_{ik} T/2\alpha k^2.$$

在立方铁磁体中 $\alpha = \mathrm{const}$,于是

$$\varphi_{ik}(\boldsymbol{r}) = \delta_{ik} T/4\pi\alpha r, \quad r \gg (\beta M\alpha/T)^{1/2}.$$

§72　自旋哈密顿量

为了得到准动量在整个变域内(不仅仅在长波极限内)自旋波量子的色散律,自然需要利用铁磁体微观结构更细致的概念.

我们所研究的电介质:是由轨道角动量等于零而自旋 S 不为零的原子所组成的. 如果我们不涉及与原子电子壳层的激发有关的高激发态,则可以将系统的哈密顿量按基态原子的电子轨道参量求平均(此时,原子核固定在格点上). 结果我们得到只含原子总自旋算符的系统的自旋哈密顿量. ①

如果只考虑与自旋相对取向有关的交换相互作用,那么哈密顿量中原子自旋矢量算符只会以标量结合的形式出现. 研究由下列最简单的哈密顿量

$$\hat{H}_{\text{交换}} = -\frac{1}{2}\sum_{m\neq n} J_{nm}\hat{S}_n\hat{S}_m, \quad J_{nm} = J(\boldsymbol{r}_n - \boldsymbol{r}_m) \qquad (72.1)$$

---

① 这与描写能级精细结构的单原子哈密顿量的构造相类似,可对比第三卷 §72.

所描述的系统,有重要的方法论意义,其中求和遍及所有的原子;"矢量"下标(整数分量)$\boldsymbol{m}$ 和 $\boldsymbol{n}$ 是格点的编号;$\boldsymbol{r}_n$是格点的径矢. 数 J_{nm}称为**交换积分**(对比第三卷§62 的习题)①. 在对 $\boldsymbol{m}$ 和 $\boldsymbol{n}$ 独立求和时,在(72.1)式的求和中每对原子出现两次,而且,当然 $J_{nm}=J_{mn}$.

在(72.1)式中假定晶格的所有磁性原子都是相同的(每个原胞有一个原子). 作为这个哈密顿量基础的基本假设,认为晶格中的原子相距足够远. 交换积分决定于两个原子波函数的"重叠",而且随原子间距的增大而很快地(指数地)减小. 因此对于原子间距较大的系统,相互作用可以认为是成对的,因此在(72.1)式中不存在多于两个原子的自旋算符的乘积项. 可以同样精确地认为,两个原子间的交换相互作用每次只由一对电子(每个电子各属一个原子)来实现. 于是相互作用算符将以电子自旋算符的双线性形式构成,而对原子状态平均之后就成为原子自旋的双线性形式了(C. Herring,1966)②.

如果交换积分 $J_{mn}>0$,哈密顿量(72.1)所描述的系统就是铁磁体. 我们来确定这样系统的基态能量. 这时设想还存在外磁场 $\mathfrak{H}$,给(72.1)式附加算符

$$\hat{V}=-2\beta\mathfrak{H}\sum_{m}\hat{S}_{mz}\tag{72.2}$$

(z 轴沿外场方向). 系统总自旋投影算符 $\sum\hat{S}_{mz}$无论跟 $\hat{H}_{交换}$或跟 $\hat{V}$ 都是可对易的;因此系统的状态可以按这个量的本征值进行分类.

在铁磁情形,与基态对应的是总自旋投影的最大可能值,它等于 NS,其中 N 是系统的原子数(自然,这与有无外场无关. 外场只标出选作 z 轴的方向). 令 χ_0是基态归一化的自旋波函数.

如果每个原子自旋投影都取本身的最大值 S,总自旋投影才能达到最大值 NS. 因此χ_0同时就是每个算符 $\hat{S}_{nz}$的本征函数:

$$\hat{S}_{nz}\chi_0=S\chi_0\tag{72.3}$$

我们引入下边所需要的算符 $\hat{S}_{\pm}=\hat{S}_x\pm i\hat{S}_y$,它们满足对易关系

$$\hat{S}_+\hat{S}_--\hat{S}_-\hat{S}_+=2\hat{S}_z,\quad \hat{S}_z\hat{S}_\pm-\hat{S}_\pm\hat{S}_z=\pm\hat{S}_\pm\tag{72.4}$$

(参阅第三卷(26.12)式). 它们的矩阵元是

$$\langle S_z|S_+|S_z-1\rangle=\langle S_z-1|S_-|S_z\rangle=\sqrt{(S+S_z)(S-S_z+1)}\tag{72.5}$$

[参阅第三卷(27.12)式];算符 $\hat{S}_+$使分量 S_z值增加1,而 $\hat{S}_-$使之减少1. 接着我

---

① 用自旋哈密顿量描写交换相互作用是狄拉克引进的(P. A. M. Dirac,1929). 哈密顿量(72.1)式是凡·弗莱克(J. H. van Vleck,1931)引进的;它通常称为海森伯哈密顿量,这是因为与此对应的铁磁体模型首先是海森伯研究的.

② 在此条件下,(72.1)式的求和当然应该只对相邻原子对进行,但是这不能简化公式的书写. 因此,不必明显计及这些条件.

们写出

$$\hat{S}_m\hat{S}_n=\hat{S}_{mz}\hat{S}_{nz}+\frac{1}{2}(\hat{S}_{m+}\hat{S}_{n-}+\hat{S}_{m-}\hat{S}_{n+}),$$

然后写出

$$\hat{H}=-\frac{1}{2}\sum_{m\neq n}J_{mn}(\hat{S}_{mz}\hat{S}_{nz}+\hat{S}_{m-}\hat{S}_{n+})-2\beta\mathfrak{H}\sum_m\hat{S}_{mz}. \tag{72.6}$$

其中利用了对称性 $J_{mn}=J_{nm}$ 以及不同原子的算符的可对易性.

由于算符 $\hat{S}_{n+}$ 只有使 S_z 数增加的跃迁矩阵元,因而对于 S_z 数的最大值的态有

$$\hat{S}_{n+}\chi_0=0 \tag{72.7}$$

[也可从矩阵元的显式(72.5)中看到]. 因此把哈密顿量算符(72.6)作用于波函数 χ_0 上,得到

$$\hat{H}\chi_0=\left\{-\frac{1}{2}\sum_{m\neq n}J_{mn}S^2-2\beta\mathfrak{H}NS\right\}\chi_0,$$

花括号中的表达式就是基态能量 E_0. 用对 m 和对 $q=n-m$ 的求和代替对 m 和 n 的求和,最终写出 E_0 的形式为

$$E_0=-\frac{1}{2}NS^2\sum_{q\neq 0}J_q-2\beta SN\mathfrak{H}, \tag{72.8}$$

系统在这个状态的总磁矩是 $2\beta SN$.

依总自旋投影减少的顺序,系统的下一个状态对应于该投影的 $NS-1$ 值;它相当于激发一个磁矩为 -2β 的自旋波量子. 总自旋投影的这个值是波函数

$$(2S)^{-1/2}\hat{S}_{n-}\chi_0 \tag{72.9}$$

的状态所拥有的. 算符 $\hat{S}_{n-}$ 作用在此状态上,使一个原子自旋投影减少 1①. 但是,这个函数并非系统哈密顿量的本征函数;在这一函数中还没有考虑晶格的平移对称性. 哈密顿量的本征函数应该是所有序号 n 的函数(72.9)的线性叠加. 与我们在 §55 对周期场中电子的布洛赫函数所进行的讨论同样,为了正确考虑平移对称性,这个线性叠加的形式应该是

$$\chi_k=(2NS)^{-1/2}\sum_n e^{-i\boldsymbol{k}\cdot\boldsymbol{r}_n}\hat{S}_{n-}\chi_0 \tag{72.10}$$

($N^{-1/2}$ 是归一化因子). 常矢量 $\boldsymbol{k}$ 正是自旋波量子的准动量.

自旋波量子的能量 $\varepsilon(\boldsymbol{k})$ 是系统的激发态与基态的能量之差 E_k-E_0. 因此

$$(\hat{H}-E_0)\chi_k=\varepsilon(\boldsymbol{k})\chi_k$$

---

① 注意到 $(\hat{S}_{n-}\chi_0)^*(\hat{S}_{n-}\chi_0)=\chi_0^*\hat{S}_{n-}^+\hat{S}_{n-}\chi_0\equiv\langle S|S_{n+}S_{n-}|S\rangle=\langle S|S_{n+}|S-1\rangle\langle S-1|S_{n-}|S\rangle=2S$,就容易验算函数(72.9)的归一化系数.

将表达式(72.10)代入这一等式的左方,然后以 $\hat{H}\chi_0$ 代替 $E_0\chi_0$,我们得到

$$\varepsilon(\boldsymbol{k})\chi_k = (2NS)^{-1/2}\sum_n \mathrm{e}^{\mathrm{i}\boldsymbol{k}\cdot\boldsymbol{r}_n}(\hat{H}\hat{S}_{n-} - \hat{S}_{n-}\hat{H})\chi_0. \qquad (72.11)$$

把 $\hat{H}$ 写成(72.6)式的形式,并利用对易规则(72.4),不难计算出这一式中的对易子. 再一次考虑 J_{mn} 的对称性,我们算出

$$\hat{H}\hat{S}_{n-} - \hat{S}_{n-}\hat{H} = \sum_m{}' J_{mn}(\hat{S}_{mz}\hat{S}_{n-} - \hat{S}_{nz}\hat{S}_{m-}) + 2\beta\mathfrak{H}\hat{S}_{n-}. \qquad (72.12)$$

最后,把上式代入(72.11)式,注意(72.3)式并重新回到对 $\boldsymbol{q}=\boldsymbol{n}-\boldsymbol{m}$ 的求和,我们获得

$$\varepsilon(\boldsymbol{k})\chi_k = \left\{S\sum_{q\neq 0} J_q(1-\mathrm{e}^{\mathrm{i}\boldsymbol{k}\cdot\boldsymbol{r}_q}) + 2\beta\mathfrak{H}\right\}\chi_k.$$

花括号中的式子就是所求的自旋波量子能量. 由于求和号内表达式的虚部是 $\boldsymbol{r}_q$ 的奇函数,所以求和时它变为零,因此最终得到

$$\varepsilon(\boldsymbol{k}) = S\sum_{q\neq 0} J_q(1-\cos\boldsymbol{k}\cdot\boldsymbol{r}_q) + 2\beta\mathfrak{H} \qquad (72.13)$$

(F. Bloch,1930).

在哈密顿量(72.1)所描述的系统中,这一公式给出自旋波量子精确的色散律. 自然地,在小 $\boldsymbol{k}$ 的极限情况下它变为平方定律:

$$\varepsilon(\boldsymbol{k}) = \frac{1}{2}Sk_ik_k\sum_{q\neq 0} J_q\chi_{qi}\chi_{qk} + 2\beta\mathfrak{H} \qquad (72.14)$$

所研究系统的居里点 $T_c \sim J$,因此当温度 $T >> J$ 时系统必然成为顺磁体. 在这样的温度时,在一级近似下完全可以忽略原子间的相互作用. 在这样近似下系统的磁化率将与原子自旋为 S 的理想气体的磁化率一致,并以公式

$$\chi = \frac{N}{V}\frac{4\beta^2 S(S+1)}{3T} \qquad (72.15)$$

表达(参阅第五卷 §52);这是单位体积的磁化率. 这个表达式是函数 $\chi(T)$ 按 $1/T$ 的幂展开的第一项,展开式的其余诸项已经与原子的相互作用有关;我们来确定下一项.

零场中的磁化率由 $\mathfrak{H}\to 0$ 时的微商 $\chi = \partial M/\partial\mathfrak{H}$ 定义,而磁化强度是以自由能的微商计算的:$VM = -\partial F/\partial\mathfrak{H}$. 为了求解提出的问题,必须算出精确到 $1/T^2$ 项的自由能 F 的表达式.

根据公式 $F = -T\ln Z$,其中 Z 是配分函数

$$Z = \sum_n \mathrm{e}^{-E_n/T} \approx \sum_n \left(1 - \frac{E_n}{T} + \frac{E_n^2}{2T^2} - \frac{E_n^3}{6T^3}\right).$$

求和遍及系统的所有能级①. 所研究系统的能谱中能级的总数是有限的,并且等于原子自旋对于晶格取向的一切可能的组合数. 每一自旋有 $2S+1$ 个不同的投影;因此所提到的数是 $(2S+1)^N$. 用字母上方的横线表示简单的算术平均值,我们改写 Z 如下

$$Z=(2S+1)^N\left[1-\frac{1}{T}\overline{E}+\frac{1}{2T^2}\overline{E^2}-\frac{1}{6T^3}\overline{E^3}\right].$$

平均值 $\overline{E^m}=\mathrm{Tr}\hat{H}^m/(2S+1)^N$. 依照算符迹的已知性质,迹可以由波函数的任意完备系算出;假如这一函数系对应于原子自旋取向的一切可能的组合. 于是,求平均便归结为每一自旋对其方向的独立平均,这时 $\overline{E}=0$. 现在 Z 的对数再按 $1/T$ 的幂展开,以相同的精度,我们得到

$$F=-NT\ln(2S+1)-\frac{1}{2T}\overline{E^2}+\frac{1}{6T^2}\overline{E^3}. \tag{72.16}$$

在这一表达式中我们感兴趣的是含 $\mathfrak{H}^2$ 的项,只有这些项对磁化率有贡献. 略去所有其余的项,并注意到自旋分量的奇次幂在求平均时等于零,则得到

$$F=-\frac{(2\beta\mathfrak{H})^2}{2T}\sum_n\overline{S_{nz}^2}-\frac{(2\beta\mathfrak{H})^2}{2T^2}\cdot\frac{1}{2}\sum_{n\neq m}2J_{mn}\overline{(S_nS_{nz})(S_mS_{mz})},$$

平均值

$$\overline{S_{nz}S_{nx}}=\overline{S_{nz}S_{ny}}=0,\quad \overline{S_{nz}^2}=S(S+1)/3.$$

于是

$$F=-\frac{2}{3T}\beta^2\mathfrak{H}^2NS(S+1)-\frac{2}{9T^2}\beta^2\mathfrak{H}^2NS^2(S+1)^2\sum_{q\neq0}J_q,$$

因此,最后得到磁化率

$$\chi=\frac{4\beta^2S(S+1)N}{3TV}\left[1+\frac{S(S+1)}{3T}\sum_{q\neq0}J_q\right]. \tag{72.17}$$

请注意,方括号中修正项的符号与交换积分的符号有关.

习　题

1. 以哈密顿量(72.1)描述系统,在温度 $T\gg J$ 时,试计算其热容量的磁性部分.

解: 热容量按 $1/T$ 的幂展开,其第一项可由自由能(72.16)的 $-\overline{E^2}/2T$ 项得出. 用同样的方法对哈密顿量(72.1)的平方求平均,得到

$$\overline{E^2}=\frac{1}{4}2\sum_{m\neq n}J_{mn}^2\overline{S_{mi}S_{mk}}\;\overline{S_{ni}S_{nk}}=3\frac{S^2(S+1)^2}{9}\frac{N}{2}\sum_{q\neq0}J_q^2$$

① 自由能下一步的计算与第五卷 § 73 中的计算相当,一直进行到展开式的下一项.

（因为$\overline{S_i S_k}=S(S+1)\delta_{ik}/3$）. 结果，我们得到热容量

$$C_{磁}=\frac{NS^2(S+1)^2}{6T^2}\sum_{q\neq 0}J_q^2$$

这与第五卷公式(73.4)相对应.

2. 忽略自旋间的相互作用，当$\beta\mathfrak{H}$与T的比值任意时，计算顺磁体的磁化强度.

解：配分函数（对磁场中的一个自旋）

$$Z=\sum_{S_z=-S}^{S}\exp\left(-\frac{2\beta\mathfrak{H}}{T}S_z\right)=\frac{\sinh\left[2\beta\mathfrak{H}\left(S+\frac{1}{2}\right)/T\right]}{\sinh(\beta\mathfrak{H}/T)},$$

计算其自由能，再对$\mathfrak{H}$取微商，我们得到磁化强度

$$M=\frac{N}{V}T\frac{\partial}{\partial\mathfrak{H}}\ln Z=\frac{2\beta N}{V}\left[\left(S+\frac{1}{2}\right)\coth\frac{2\beta\mathfrak{H}(S+1/2)}{T}-\frac{1}{2}\coth\frac{\beta\mathfrak{H}}{T}\right]$$

(L. Brillouin, 1927). 在$\beta\mathfrak{H}\ll T$时，这个表达式变为(72.15)式. 在相反的极限$\beta\mathfrak{H}\gg T$时，磁化强度按规律

$$M=\frac{2\beta N}{V}\left[S-\exp\left(-\frac{2\beta\mathfrak{H}}{T}\right)\right]$$

趋于额面值.

§73 自旋波量子的相互作用

自旋波量子相互作用对铁磁体热力学量磁性部分的贡献，是有重要的方法论意义的问题. 我们记得，在§71中的计算是建立在无相互作用自旋波量子的理想气体概念之上的. 现在就交换的自旋哈密顿量(72.1)所描述的系统来研究这一问题.

考虑到贡献只来自于小比值T/T_c的最低阶项，我们便可以只限于自旋波量子的成对相互作用. 这就是说，必须研究系统总自旋投影等于$NS-2$的双自旋波量子态.

与此投影相对应的波函数是

$$\chi_{nn}=[4S(2S-1)]^{-1/2}\hat{S}_{n-}\hat{S}_{n-}\chi_0$$

$$\chi_{mn}=(2S)^{-1}\hat{S}_{m-}\hat{S}_{n-}\chi_0,\quad m\neq n. \tag{73.1}$$

由于不同原子的自旋算符是可对易的，所以$\chi_{mn}=\chi_{nm}$①，容易证实函数(73.1)是以条件$\chi_{mn}^*\chi_{mn}=1$归一化的，用验证(72.9)式归一化的同样方式展开乘积，就可

① 如果自旋$S=1/2$，则以同一个算符$\hat{S}_{n-}$两次作用于基态波函数χ_0上，使其变为零. 于是，在这种情况下所有“对角的”波函数$\chi_{nn}\equiv 0$.

做到这一点. 同样可以证实不同函数χ_{mn}是相互正交的.

函数(73.1)本身不是哈密顿量的本征函数. 系统的双自旋波量子定态波函数应该是χ_{mn}的某种线性叠加,我们写出这一波函数为

$$\chi=\sum_{m\neq n}\frac{1}{\sqrt{2}}\psi_{mn}\chi_{mn}+\sum_{n}\psi_{nn}\chi_{nn}. \tag{73.2}$$

(由于χ_{mn}和χ_{nm}是同一个函数,则应该取$\psi_{mn}\equiv\psi_{nm}$). 系数ψ_{mn}的集合是某一表象中的波函数,表象的独立变量是晶格中原子的序号. (73.2)式的第一个求和式中引进因子$1/\sqrt{2}$是为了使模平方$|\chi|^2$等于$\sum|\psi_{mn}|^2$,在后者的求和中不同的ψ_{mn}只出现一次.

与建立单自旋波量子定态波函数的方程(72.11)的方法一样,我们可以得到函数(73.2)式应该满足的类似的方程

$$\mathscr{E}\chi=\sum_{m\neq n}\frac{\psi_{mn}}{2^{3/2}S}\{\hat{H},\hat{S}_{m-}\hat{S}_{n-}\}\chi_0+$$

$$+\sum_{n}\frac{\psi_{nn}}{2[S(2S-1)]^{1/2}}\{\hat{H},\hat{S}_{n-}\hat{S}_{n-}\}\chi_0. \tag{73.3}$$

此处的$\mathscr{E}=E-E_0$是两个相互作用的自旋波量子的能量(括号{…}是对易子).

将方程(73.3)右方的各对易子展开. 为此我们指出:

$$\{\hat{H},\hat{S}_{m-}\hat{S}_{n-}\}\equiv\{\hat{H},\hat{S}_{m-}\}\hat{S}_{n-}+\hat{S}_{m-}\{\hat{H},\hat{S}_{n-}\},$$

并利用对易子$\{\hat{H},\hat{S}_{n-}\}$的表达式(72.12),然后考虑到对易规则(72.4),把算符$\hat{S}_z$移到最右边的位置上,在这里$\hat{S}_z$作用在函数χ_0上,并将其乘以S. 结果得到

$$\{\hat{H},\hat{S}_{m-}\hat{S}_{n-}\}\chi_0=S\sum_{l}[J_{ml}(\hat{S}_{m-}-\hat{S}_{l-})\hat{S}_{n-}+$$

$$+J_{nl}(\hat{S}_{n-}-\hat{S}_{l-})\hat{S}_{m-}]\chi_0+\delta_{mn}\sum_{l}J_{nl}\hat{S}_{n-}\hat{S}_{l-}\chi_0-$$

$$-J_{mn}\hat{S}_{m-}\hat{S}_{n-}\chi_0+4\beta\mathfrak{H}\hat{S}_{m-}\hat{S}_{n-}\chi_0. \tag{73.4}$$

为了简化公式的书写,未写出求和角标的上下限,求和按全部l值进行,然而"对角"的$J_{ll}=0$.

以后的计算步骤是把(73.4)式代入(73.3)式,并使等式两边相同函数χ_{mn}的系数相等,计算虽然十分繁杂,但却是初等的. 结果得出ψ_{mn}的下列方程组:

$$(2JS-\mathscr{E})\psi_{mn}=S\sum_{l}(J_{lm}\psi_{ln}+J_{ln}\psi_{lm})+J_{mn}\psi_{mn}-$$

$$-A_S\left[J_{mn}(\psi_{mm}+\psi_{nn})+2\delta_{mn}\sum_{l}J_{lm}\psi_{lm}\right], \tag{73.5}$$

其中

$$A_S=S\left[1-\left(\frac{2S-1}{2S}\right)^{1/2}\right].$$

再引进记号 J 代表求和式 $\sum\limits_{l} J_{nl}$，而后者显然与下标 $\boldsymbol{n}$ 无关①.

我们把这个方程从坐标表象（独立变量是原子的坐标 $\boldsymbol{r}_n, \boldsymbol{r}_m$）变到动量表象，即取

$$\psi_{mn} = \frac{1}{N} \mathrm{e}^{\mathrm{i}\boldsymbol{K}\cdot(\boldsymbol{r}_m+\boldsymbol{r}_n)/2} \sum_{\boldsymbol{k}} \psi(\boldsymbol{K},\boldsymbol{k}) \mathrm{e}^{\mathrm{i}\boldsymbol{k}\cdot(\boldsymbol{r}_m-\boldsymbol{r}_n)}, \tag{73.6}$$

矢量 $\boldsymbol{K}$ 代表两个自旋波量子的合准动量，而 $\boldsymbol{k}$ 是它们相对运动的准动量；求和是按体积 Nv（N 为晶格原子数，v 为晶格原胞的体积）的晶格所允许的 N 个离散值 $\boldsymbol{k}$ 进行的. 和 ψ_{mn} 一起，同样也应将下列交换积分表成傅里叶级数形式：

$$J_{mn} = \frac{1}{N} \sum_{\boldsymbol{k}} \mathrm{e}^{\mathrm{i}\boldsymbol{k}\cdot(\boldsymbol{r}_m-\boldsymbol{r}_n)} J(\boldsymbol{k}), \quad J(\boldsymbol{k}) = \sum_{n} J_{0n} \mathrm{e}^{-\mathrm{i}\boldsymbol{k}\cdot(\boldsymbol{r}_0-\boldsymbol{r}_n)} \tag{73.7}$$

[因为 $J_{mn} = J_{nm}$，所以 $J(\boldsymbol{k}) = J(-\boldsymbol{k})$].

略去简单的中间计算，我们直接引出方程(73.5)变换的最终结果

$$\left[\varepsilon\left(\frac{\boldsymbol{K}}{2}+\boldsymbol{k}\right)+\varepsilon\left(\frac{\boldsymbol{K}}{2}-\boldsymbol{k}\right)-\mathscr{E}\right]\psi(\boldsymbol{K},\boldsymbol{k}) + \\ + \int U(\boldsymbol{K},\boldsymbol{k},\boldsymbol{k}')\psi(\boldsymbol{K},\boldsymbol{k}')\frac{V\mathrm{d}^3k'}{(2\pi)^3} = 0, \tag{73.8}$$

其中

$$NU(\boldsymbol{K},\boldsymbol{k},\boldsymbol{k}') = A_S\left[J\left(\frac{\boldsymbol{K}}{2}+\boldsymbol{k}\right)+J\left(\frac{\boldsymbol{K}}{2}-\boldsymbol{k}\right)+J\left(\frac{\boldsymbol{K}}{2}+\boldsymbol{k}'\right)+ \\ +J\left(\frac{\boldsymbol{K}}{2}-\boldsymbol{k}'\right)\right]-\frac{1}{2}[J(\boldsymbol{k}-\boldsymbol{k}')+J(\boldsymbol{k}+\boldsymbol{k}')]. \tag{73.9}$$

而 $\varepsilon(\boldsymbol{k})$ 是由公式(72.13)确定的单个自旋波量子的能量；用对一个倒格胞的积分来代替对 $\boldsymbol{k}'$ 的求和.

这样一来，关于系统的双自旋波量子态的精确求解问题[在哈密顿量(72.1)的范围内]便归结为：求解一个完全类似于动量表象中双粒子系统薛定谔方程[参阅第三卷(130.4)]的方程. 这时，函数 $\varepsilon(\boldsymbol{k})$ 相当于粒子的动能，而积分方程的核 $U(\boldsymbol{K},\boldsymbol{k},\boldsymbol{k}')$ 相当于相互作用能为 U 的，从动量 $\boldsymbol{k}_1, \boldsymbol{k}_2$ 态跃迁（散射）到动量为 $\boldsymbol{k}_1', \boldsymbol{k}_2'$ 态时的矩阵元，其中

$$\boldsymbol{k}_1 = \frac{\boldsymbol{K}}{2}+\boldsymbol{k},\ \boldsymbol{k}_2 = \frac{\boldsymbol{K}}{2}-\boldsymbol{k},\ \boldsymbol{k}_1' = \frac{\boldsymbol{K}}{2}+\boldsymbol{k}',\ \boldsymbol{k}_2' = \frac{\boldsymbol{K}}{2}-\boldsymbol{k}',$$

在这一意义上，最好将 $U(\boldsymbol{K},\boldsymbol{k},\boldsymbol{k}')$ 写成形式

$$NU(\boldsymbol{k}_1',\boldsymbol{k}_2';\boldsymbol{k}_1,\boldsymbol{k}_2) = A_S[J(\boldsymbol{k}_1)+J(\boldsymbol{k}_2)+J(\boldsymbol{k}_1')+J(\boldsymbol{k}_2')] -$$

---

① 当所有 ψ_{nn} 都是任意的时候，对于自旋 $S=1/2$ 这些方程也是正确的. 注意到，在 $S=1/2$ 时所有"对角的"量 ψ_{nn} 完全要从 $m \neq n$ 的方程中消失. 在这种情况下，应该简单地认为不存在 $m=n$ 的方程.

$$-\frac{1}{2}[J(\boldsymbol{k}_1-\boldsymbol{k}_1')+J(\boldsymbol{k}_1-\boldsymbol{k}_2')]. \tag{73.10}$$

一般情况下,方程(73.8—73.9)很复杂.我们只在假定 $S>>1$ 时计算热力学量的修正.这一情况之所以简单,是由于自旋波量子能量 $\varepsilon(\boldsymbol{k})$ 正比于 S,而它们的相互作用 U 却与 S 无关[在 $S>>1$ 时,(73.9)中的系数 $A_S\approx 1/4$].因此 U 可以看成微扰.这时,来自自旋波量子相互作用而对热力学势 Ω 的修正 $\Omega_{互}$ 将简单地由 U 的平均值给出.取"对角矩阵元"

$$U(\boldsymbol{k}_1,\boldsymbol{k}_2;\boldsymbol{k}_1,\boldsymbol{k}_2)=\frac{1}{2N}[J(\boldsymbol{k}_1)+J(\boldsymbol{k}_2)-J(\boldsymbol{k}_1-\boldsymbol{k}_2)-J(0)], \tag{73.11}$$

我们就可以对给定准动量的自旋波量子态进行平均.然后,用如下的积分来对自旋波量子的平衡分布进行统计平均

$$\Omega_{互}=\int n(\boldsymbol{k}_1)n(\boldsymbol{k}_2)U(\boldsymbol{k}_1,\boldsymbol{k}_2;\boldsymbol{k}_1,\boldsymbol{k}_2)\frac{V^2\mathrm{d}^3\boldsymbol{k}_1\mathrm{d}^3\boldsymbol{k}_2}{(2\pi)^6}, \tag{73.12}$$

其中 $n(\boldsymbol{k})=[\exp(\varepsilon(\boldsymbol{k})/T)-1]^{-1}$ 是玻色分布函数.

在低温时,积分定义于小动量 $\boldsymbol{k}_1,\boldsymbol{k}_2$ 的区域,与此相应,应该把所有的 $\varepsilon(\boldsymbol{k})$ 和 $J(\boldsymbol{k})$ 都按 $\boldsymbol{k}$ 的幂展开.于是,$\varepsilon(\boldsymbol{k})$ 便由平方形表达式(72.14)给出.由于 $J(\boldsymbol{k})$ 是 $\boldsymbol{k}$ 的偶函数,所以它展开的头几项也是平方型:

$$J(\boldsymbol{k})\approx J(0)+a_{ik}k_ik_k,$$

于是

$$U(\boldsymbol{k}_1,\boldsymbol{k}_2;\boldsymbol{k}_1,\boldsymbol{k}_2)=\frac{1}{N}a_{ik}k_{1i}k_{2k}.$$

但是,把这个对于 $\boldsymbol{k}_1$ 和 $\boldsymbol{k}_2$ 是奇函数的式子代入(73.12)时,由于按 $\boldsymbol{k}_1$ 和 $\boldsymbol{k}_2$ 的方向求平均,其积分值等于零.

因此,在展开 $J(\boldsymbol{k})$ 时必须考虑四次项,结果在积分(73.12)中函数 $U(\boldsymbol{k}_1,\boldsymbol{k}_2;\boldsymbol{k}_1,\boldsymbol{k}_2)$ 便是四次幂的形式,并且这个对于 $\boldsymbol{k}_1$ 和对于 $\boldsymbol{k}_2$ 都是平方的形式带给积分的贡献不等于零.由于积分迅速收敛,所以可将它扩展到整个 $\boldsymbol{k}$ 空间.作变换 $\boldsymbol{k}=\bar{\boldsymbol{k}}\sqrt{T}$,就可确立 $\Omega_{互}$ 与 T 和 $\mathfrak{H}$ 的关系为

$$\Omega_{互}=VT^5f(\mathfrak{H}/T). \tag{73.13}$$

并且 $f(0)$ 和 $f'(0)$ 是有限的.由此得到磁化强度的修正项

$$M_{互}=-\frac{1}{V}\left.\frac{\partial\Omega_{互}}{\partial\mathfrak{H}}\right|_{\mathfrak{H}=0}=\mathrm{const}\cdot T^4. \tag{73.14}$$

对于热容量的修正也遵从同样的规律进行①.

我们看到,自旋波量子的相互作用只在 T/T_c 的高级近似中才对热力学量有

① 这些结果(任意自旋的普遍情况)是戴森(F. Dyson,1956)首先得到的.在叙述方程(73.5)的推导时,我们大体上遵循 R. J. Boyd, J. Callaway(1965)的工作.

修正. 我们记得,磁化强度及热容量的磁性部分的主要项都遵守$T^{3/2}$的规律. 在这些项以及与$\Omega_{互}$有关的修正项中还有正比于$T^{5/2}$和$T^{7/2}$的项,这些项产生于自旋波量子能量$\varepsilon(\boldsymbol{k})$按$k^2$幂展开的后续项.

利用得到的方程还可研究两个自旋波量子的束缚态问题. 这些态是以方程(73.8)的离散(在给定$\boldsymbol{K}$时)本征值的形式出现的. 这些本征值$\mathscr{E}(\boldsymbol{K})$作为变量$\boldsymbol{K}$的函数,乃是系统中新的元激发分支. 但是研究表明,只在$\boldsymbol{K}$值充分大时这些态才能存在;因此在低温时,这些态无论如何不会影响铁磁体的热力学量①.

习 题

设$S>>1$,试求立方晶格的磁化强度和热容量中与自旋波量子相互作用有关的修正项. 在这种晶格中只对相邻(沿立方晶轴)一对原子的交换积分才不为零.

解:每个原子有六个最邻近的原子. 按定义(73.7)得到

$$J(\boldsymbol{k})=2J_0(\cos k_x a+\cos k_y a+\cos k_z a),$$

其中J_0是一对邻近原子的交换积分,而a是立方晶格的棱边长. 在小$\boldsymbol{k}$时

$$J(\boldsymbol{k})\approx J_0\left[2-a^2k^2+\frac{a^4}{12}(k_x^4+k_y^4+k_z^4)\right],$$

由此

$$U(\boldsymbol{k}_1,\boldsymbol{k}_2;\boldsymbol{k}_1,\boldsymbol{k}_2)=-\frac{a^7J_0}{4V}(k_{1x}^2k_{2x}^2+k_{1y}^2k_{2y}^2+k_{1z}^2k_{2z}^2)$$

($\boldsymbol{k}_1$和$\boldsymbol{k}_2$的奇次项已舍去). 自旋波量子的能量[根据(72.14)式]为

$$\varepsilon(\boldsymbol{k})=SJ_0a^2k^2+2\beta\mathfrak{H}$$

(72.12)式的积分计算导致以下的结果:

$$\frac{M_{互}}{M}=-\frac{3\pi\zeta(3/2)\zeta(5/2)}{2S^2}\left(\frac{T}{4\pi SJ_0}\right)^4,$$

$$C_{互}=\frac{15\pi\zeta^2(5/2)N}{S}\left(\frac{T}{4\pi SJ_0}\right)^4$$

(ζ表示ζ函数).

§74 反铁磁体中的自旋波量子

反铁磁体的特点是晶格每个原胞里所有电子的磁矩相互抵消(处在无磁场的平衡态). 严格说来,磁矩密度是按原胞的整个体积分布的. 但在反铁磁体电介质的晶体中可以相当精确地认为磁矩密度实际上是集中在单个原子上,以致

① 参阅 M. Wortis, *Phys. Rev.* **132**. 85(1963). 所谈的是三维晶格问题. 对于二维和一维情况在任何$\boldsymbol{k}$时都存在自旋波量子的束缚态.

可以用一定的磁矩来描述每一个原子. 这些磁矩在所有的原胞里周期性地重复,造成反铁磁体的**磁性亚晶格**(magnetic sub - lattice).

各种反铁磁体在结构上很不一样. 关于其磁能谱问题我们可以研究一个典型例子,在每个原胞的等价点上(即对晶体的结晶对称性做任何变换时彼此可以互换的点上)有两个磁性原子. 这些亚晶格的原子形成磁矩的平均密度,它们分别用 $\boldsymbol{M}_1$ 和 $\boldsymbol{M}_2$ 表示,再引入两个矢量

$$\boldsymbol{M} = \boldsymbol{M}_1 + \boldsymbol{M}_2, \quad \boldsymbol{L} = \boldsymbol{M}_1 - \boldsymbol{M}_2. \tag{74.1}$$

在反铁磁体基态 $\boldsymbol{M} = 0, \boldsymbol{L} \neq 0$,而对于铁磁体 $\boldsymbol{M} \neq 0, \boldsymbol{L} = 0$. 我们着重指出两者在基态的重要区别. 在交换近似中,铁磁体处于基态时所有磁性原子的自旋投影具有确定(的最大可能)值 $S_z = S$,它对应于磁化强度 $\boldsymbol{M}$ 的额面值. 反铁磁体在基态时,显然亚晶格的磁化强度不可能有自己的额面值,因为每个亚晶格的自旋投影之和不是守恒量(甚至在交换近似中也是如此),因此在定态它没有确定值. 甚至各个原子的自旋投影也没有确定值.

可以类似 §69 中对铁磁体那样来建立矢量 $\boldsymbol{L}$ 和 $\boldsymbol{M}$ 的宏观"运动方程"的形式,用以描述 $\boldsymbol{L}, \boldsymbol{M}$ 的长波振动. 磁矩密度 $\boldsymbol{M}$ 与铁磁情形有同样的方程(69.1):

$$\frac{\partial \boldsymbol{M}}{\partial t} = \gamma \boldsymbol{K}, \tag{74.2}$$

此时力矩由公式(69.2)来确定.

如果考虑到存在角动量 $\hbar \boldsymbol{S} = \boldsymbol{M}/\gamma$,一般说来,就表明系统——这里是自旋系统在旋转,便可得出 $\boldsymbol{L}$ 的方程. 根据第五卷热力学公式(26.8),此旋转的角速度可由自由能对此角动量的微商定出:

$$\boldsymbol{\Omega} = \left(\frac{\partial \widetilde{F}}{\partial \hbar \boldsymbol{S}} \right)_T .$$

此公式显然可以推广到空间有微弱非均匀的情况:

$$\delta \widetilde{F} = \int \boldsymbol{\Omega} \delta \hbar \cdot \boldsymbol{S} \mathrm{d}V = \frac{1}{\gamma} \int \boldsymbol{\Omega} \cdot \delta \boldsymbol{M} \mathrm{d}V. \tag{74.3}$$

$\boldsymbol{L}$ 随时间的变化就是具有角速度 $\boldsymbol{\Omega}$ 的旋转,描述此旋转的方程为

$$\frac{\partial \boldsymbol{L}}{\partial t} = \boldsymbol{\Omega} \times \boldsymbol{L}. \tag{74.4}$$

现在来定义力矩 $\boldsymbol{K}$. 当系统转动无穷小角 $\delta \boldsymbol{\phi}$,两个矢量 $\boldsymbol{L}$ 和 $\boldsymbol{M}$ 都要变化:

$$\delta \boldsymbol{L} = \delta \boldsymbol{\phi} \times \boldsymbol{L}, \qquad \delta \boldsymbol{M} = \delta \boldsymbol{\phi} \times \boldsymbol{M}.$$

变分自由能 $\widetilde{F}$ 并与确定 $\boldsymbol{K}$ 的公式(69.2)进行对比,得

$$\boldsymbol{K} = \boldsymbol{L} \times \boldsymbol{H}_L - \frac{1}{\gamma} \boldsymbol{M} \times \boldsymbol{\Omega}, \tag{74.5}$$

根据

$$\delta\widetilde{F} = -\int \boldsymbol{H}_L \cdot \delta\boldsymbol{L}\mathrm{d}V, \tag{74.6}$$

并利用对 $\boldsymbol{M}$ 变分的公式(74.3),在式(74.5)中引入有效场 $\boldsymbol{H}_L$,它与反铁磁矢量 $\boldsymbol{L}$ 相对应.

结果得出 $\boldsymbol{M}$ 方程如下

$$\frac{\partial \boldsymbol{M}}{\partial t} = \gamma\boldsymbol{L} \times \boldsymbol{H}_L + \boldsymbol{\Omega} \times \boldsymbol{M}. \tag{74.7}$$

这里我们指出方程(74.4)和(74.7)的一些普遍性质. 不难验证此二方程描述的运动是无能耗的. 事实上,能耗等于

$$T\frac{\partial S}{\partial t} = \left(\frac{\partial \widetilde{F}}{\partial t}\right)_T = -\int \boldsymbol{H}_L \cdot \frac{\partial \boldsymbol{L}}{\partial t}\mathrm{d}V + \frac{1}{\gamma}\int \boldsymbol{\Omega} \cdot \frac{\partial \boldsymbol{M}}{\partial t}\mathrm{d}V.$$

此方程根据(74.4)和(74.7)而变为零. 其次,由方程(74.4)显然得出$\dfrac{\partial \boldsymbol{L}^2}{\partial t} = 0$,这是必然的,因为矢量 $\boldsymbol{L}$ 的长度不变. 最后,用 $\boldsymbol{M}$ 乘(74.4)式、用 $\boldsymbol{L}$ 乘(74.7)式后再相加,得出$\dfrac{\partial(\boldsymbol{L}\cdot\boldsymbol{M})}{\partial t} = 0$ 即 $\boldsymbol{M}$ 和 $\boldsymbol{L}$ 相互垂直.

为了确定有效场 $\boldsymbol{H}_L$ 和角速度 $\boldsymbol{\Omega}$,需要建立晶体自由能的形式. 在交换近似中,对于所有磁矩(因而矢量 $\boldsymbol{L}$ 和 $\boldsymbol{M}$)相对于晶格同时转动,自由能应该保持不变. 原胞内两磁性原子位置除具有结晶学等价性的假定之外,由此也能得出对于交换 $\boldsymbol{M}_1$ 和 $\boldsymbol{M}_2$,即对于 $\boldsymbol{L}\to-\boldsymbol{L}, \boldsymbol{M}\to\boldsymbol{M}$ 的变换,需要有一个不变性. 由于自由能的不变性,此时也有 $\boldsymbol{H}_L\to-\boldsymbol{H}_L, \boldsymbol{\Omega}\to\boldsymbol{\Omega}$ 的变换.

重要的是:在所研究的长波极限,磁矩 $\boldsymbol{M}$ 是一个小量. 这一点是清楚的,因为假如矢量 $\boldsymbol{L}$ 在空间恒定,在交换情况下任何磁矩当然都不会产生. 因而,我们应该计及的项不超过 $\boldsymbol{M}$ 的二次项以及 $\boldsymbol{L}$ 的一阶微商项. 满足所提条件的表达式有如下形式:

$$F_{\text{交换}} = \int\left(\frac{a\boldsymbol{M}^2}{2} + \frac{1}{2}\alpha_{ik}\frac{\partial \boldsymbol{L}}{\partial x_i}\frac{\partial \boldsymbol{L}}{\partial x_k}\right)\mathrm{d}V, \tag{74.8}$$

式中系数 a 为正,这对应于平衡时应有 $\boldsymbol{M} = 0$. 在(74.8)式中归为分部积分的项可以全部略去. $\dfrac{\partial \boldsymbol{M}}{\partial x_i}$的二次方项可以不必计及,因为这些项显然比 $\boldsymbol{M}^2$ 小.

对积分式(74.8)进行变分(并完成分部积分),得出

$$\boldsymbol{H}_L = \frac{1}{2}\alpha_{ik}\frac{\partial^2 \boldsymbol{L}}{\partial x_i \partial x_k}, \qquad \boldsymbol{\Omega} = \gamma a\boldsymbol{M}. \tag{74.9}$$

最后应该指出,磁矩方程(74.7)可改写成连续性方程(69.11)的形式. 现在,磁矩流密度张量的形式如下

$$\Pi_{il} = \gamma\alpha_{lk}\left(\boldsymbol{L} \times \frac{\partial \boldsymbol{L}}{\partial x_k}\right)_i.$$

$\boldsymbol{L}$ 当然没有连续性方程的形式,因为"反铁磁矩" $\int \boldsymbol{L}\mathrm{d}V$ 不守恒.

现在来研究磁矩的微振动,为此设

$$\boldsymbol{L}=\boldsymbol{L}_0+\boldsymbol{l}=\boldsymbol{\nu}L_0+\boldsymbol{l},\qquad \boldsymbol{M}=\boldsymbol{m},$$

这里 $\boldsymbol{l}$ 和 $\boldsymbol{m}$ 都是小量,$\boldsymbol{\nu}$ 是矢量 $\boldsymbol{L}_0$ 平衡方向的单位矢.运动方程(74.4)和(74.7)线性化之后具有如下形式

$$\frac{\partial \boldsymbol{l}}{\partial t}=L_0\boldsymbol{\Omega}\times\boldsymbol{\nu},\qquad \frac{\partial \boldsymbol{M}}{\partial t}=\gamma L_0\boldsymbol{\nu}\times\boldsymbol{H}_L. \tag{74.10}$$

这里考虑了方程(74.7)右侧第二项恒等于零. $\boldsymbol{\Omega}$ 和 $\boldsymbol{H}_L$ 是微小变量构成的线性量,因此简单地将 $\boldsymbol{L},\boldsymbol{M}$ 改成 $\boldsymbol{l},\boldsymbol{m}$ 是合理的.

对于单色平面自旋波,运动方程(74.10)给出

$$\begin{aligned}-\mathrm{i}\omega\boldsymbol{l}&=\gamma L_0 a\boldsymbol{m}\times\boldsymbol{\nu}\\ -\mathrm{i}\omega\boldsymbol{m}&=\gamma L_0\alpha(\boldsymbol{n})k^2\boldsymbol{l}\times\boldsymbol{\nu},\end{aligned} \tag{74.11}$$

式中如 §69 仍取 $\alpha(\boldsymbol{n})=\alpha_{ik}n_in_k$. $\boldsymbol{n}$ 为 $\boldsymbol{k}$ 方向的单位矢.这里取第一方程与 $\boldsymbol{\nu}$ 的矢积,得出

$$\gamma L_0 a\boldsymbol{m}=\mathrm{i}\omega\boldsymbol{l}\times\boldsymbol{\nu}, \tag{74.12}$$

我们见到,在所研究的长波情况,矢量 $\boldsymbol{m}$ 却比 $\boldsymbol{l}$ 小.将此表达式代入第二方程,立即得到下述的自旋波色散律:

$$\omega=\gamma L_0k[a\alpha(\boldsymbol{n})]^{1/2}. \tag{74.13}$$

于是,反铁磁体内的自旋波频率,因而自旋波量子的能量 $\varepsilon=\hbar\omega$ 在交换近似中正比于 k 而不似铁磁体内正比于 $k^2$①.方程(74.11)建立了 $\boldsymbol{l}$ 和 $\boldsymbol{m}$ 间的单值联系.但 $\boldsymbol{l}$ 在垂于 $\boldsymbol{\nu}$ 的平面上的两个分量仍是任意的.这表明自旋波有两个独立的极化方向.

从方程(74.12—74.13)看出 $m\sim k(\alpha/a)^{1/2}l\ll l$.上面已用过相对小的 $\boldsymbol{m}$ ·为计及磁的各向异性,需要对晶体对称性提出更加具体的假设.我们认为晶体是单轴对称的,而且 $\boldsymbol{L}_0$ 的平衡方向与对称轴重合②.将此方向选为 z 轴.

由于矢量 $\boldsymbol{m}$ 较小,只顾及与矢量 $\boldsymbol{l}$ 有关的各向异性就足够了.与铁磁体不同,这里可以略去在振动时所产生的磁场.

在所做的各假设情况下,各向异性能密度 $U_{异}=K\boldsymbol{l}^2/2$,且 $K>0$.这导致有效场 $\boldsymbol{H}_L$ 增加一附加项 $-K\boldsymbol{l}$,对于平面波有效场

$$\boldsymbol{H}_L=-[\alpha(\boldsymbol{n})k^2+K]\boldsymbol{l}. \tag{74.14}$$

---

① 反铁磁体的这个色散律首先由 L. Hulthen,(1936)得出的. М. И. Коганов, В. М. Цукерник,(1958)用宏观研究法导出亚晶格的磁化强度.

② 反铁磁体 $FeCO_3$ 属于这种类型,它是原胞内有两个 Fe 离子的三角晶格(晶类 D_{3d}).这两个离子的磁矩都沿三重轴的方向.

由此可见,当计及各向异性时,在(74.12)式中将 αk^2 换成 αk^2+K 即可得到自旋波的色散律. 结果在$k\to0$ 自旋波量子的能量将不趋于零而趋于有限值①

$$\varepsilon(0)=\hbar\gamma L_0\sqrt{aK} \tag{74.15}$$

(Ch. Kittel,1951). 我们注意到,谱的能隙正比于各向异性常数的平方根(而不像(70.12)中的一次幂). 由于相对论性效应的微弱性表现在各向异性常数的相对微小上,因而这些效应,一般说来,在反铁磁体比铁磁体内更为重要.

可计算自旋波量子对反铁磁体内能的贡献. 根据公式(71.3). (此等式的右侧应乘以 2,因自旋波量子有两个极化方向.)在下列温区

$$\varepsilon(0)\ll T\ll T_N \tag{74.16}$$

(T_N为尼尔点——反铁磁性消失的温度)可以使用能谱的(74.12)式,在单轴晶体

$$\omega(k)=\gamma L_0a^{1/2}[\alpha_1(k_x^2+k_y^2)+\alpha_2k_z^2].$$

计算(71.3)式的积分,可得自旋波量子对热容量的贡献,结果如下:

$$C_{\text{mag}}=V\frac{4\pi^2T^3}{15\gamma^3L_0^3a^{3/2}(\alpha_2\alpha_1^2)^{3/2}\hbar^3}. \tag{74.17}$$

当温度 $T\ll\varepsilon(0)$时,自旋波量子对热力学量是指数型的小的贡献.

为了确定反铁磁矢量 $\boldsymbol{L}$ 与温度的关系,为物体单位体积的能量附加下述形式的一项

$$-\boldsymbol{G}\cdot\boldsymbol{L}=-GL_z\approx GL\left(l-\frac{\boldsymbol{l}^2}{2L}\right), \tag{74.18}$$

这里 $\boldsymbol{G}$ 是矢量 $\boldsymbol{L}$ 的共轭辅助场,沿其平衡方向施加此场.

取自由能对 G 的微商,即可确定 L 的平衡值:$L=-(1/V)(\partial\widetilde{F}/\partial G)_T$(比较磁场情况的公式(54.4)(见第五卷).)结果得到类似于(71.4)的公式

$$L_{\text{mag}}=L(T)-L(0)=-\int\frac{\partial\varepsilon}{\partial G}\bigg|_{G\to0}\frac{1}{e^{\varepsilon/T}-1}\frac{2\mathrm{d}^3k}{(2p)^3}. \tag{74.19}$$

场 G 的出现导致自旋波量子的色散律中需要替换 $\alpha(\boldsymbol{n})k^2\to\alpha(\boldsymbol{n})k^2+G/L$. 微商后得出

$$\frac{\partial\varepsilon}{\partial G}=\frac{\hbar^2\gamma^2La}{2\varepsilon}.$$

代入(74.19)并积分,对于温区(74.16),最后得到

$$L(T)-L(0)=-\frac{T^2}{12\gamma L_0^2a^{1/2}(\alpha_2\alpha_1^2)^{1/2}\hbar}.$$

需要指出,在交换近似,如同铁磁情况,积分(74.19)对二维系统是发散的. 这将破坏反铁磁的长程有序性.

---

① 频率 $\omega(0)=\varepsilon(0)/\hbar$ 称为**反铁磁共振**频率.

习　题

试求"易磁化面"型($K<0$)单轴反铁磁体自旋波量子的能谱.

解:现在,平衡反铁磁矢量$\boldsymbol{L}_0$处于与晶体对称轴(z轴)相垂的平面. 选$\boldsymbol{L}_0$的方向为x轴. 各向异性能$U_{异}=|K|(\boldsymbol{n}_z\boldsymbol{l})^2/2$,这里$\boldsymbol{n}_z$,以及后面提到的$\boldsymbol{n}_y$分别是$z,y$轴的单位矢. $\boldsymbol{H}_L$的表达式中出现附加项$-|\boldsymbol{K}|(\boldsymbol{n}_z\cdot\boldsymbol{l})\boldsymbol{n}_z$. 于是(74.11)中第一方程与方程(74.12)保持不变,而(74.11)中第二方程具有如下形式

$$-\mathrm{i}\omega\boldsymbol{m}=-\gamma L\alpha(\boldsymbol{n})k^2(\boldsymbol{l}\times\boldsymbol{\nu})-\gamma L|K|(\boldsymbol{n}_z\cdot\boldsymbol{l})\boldsymbol{n}_y.$$

结果,对矢量$\boldsymbol{l}$沿y轴极化的自旋波量子,其色散律的形式不变,为(74.13)式;而对$\boldsymbol{l}$沿z轴极化的,则在公式(74.13)中将αk^2换成$\alpha k^2+|K|$. 此时,各向异性消除了对极化的简并.

§74* 自旋哈密顿量的反铁磁态

在§72我们见到,在铁磁情况可以精确确定哈密顿量(72.1)的基态能量和元激发——自旋波量子的色散律. 对于反铁磁体不可能有这种精确的解. 在节点上自旋方向相反的两套亚晶格的图像,本质上带有经典特性并破坏了在亚晶格之间交换电子的可能. 于是每个亚晶格总自旋投影便没有确定值,因此也不是描述基态和激发态的好量子数.

然而,当亚晶格每个节点的自旋较大时,铁磁亚晶格彼此镶嵌的图像可做为准经典的正确的零级近似,此时量子效应微小,因而可用微扰论来计算①. 对于实际的反铁磁体不能满足$S>>1$的条件. 但是,求解此问题很有意义. 下面所述方法对于研究很多磁学理论问题都是有益的. 我们指出,在此模型,只与最近邻有相互作用的这种最简单情况,当交换积分J_{nm}为负值时,显然要出现反铁磁性. 事实上,在第一级近似,此表式对经典矢量$\boldsymbol{S}_n$简单取极小,便决定了基态. 极小对应的状态,是每个节点最近邻的自旋有相反方向,即属于另一个亚晶格.

我们利用(72.6)型的自旋哈密顿量. 首先将此公式中的算符$\hat{S}_z,\hat{S}_+,\hat{S}_-$表示成遵守玻色对易规则的算符. 将自旋$S$写成如下的自旋算符

$$\hat{S}_-=\sqrt{2S}\hat{a}^+\left(1-\frac{\hat{a}^+\hat{a}}{2S}\right)^{1/2},\ \hat{S}_+=\sqrt{2S}\hat{a}\left(1-\frac{\hat{a}^+\hat{a}}{2S}\right)^{1/2},\ \hat{S}_z=S-\hat{a}^+\hat{a}.\tag{74*.1}$$

不难证实,如果算符$\hat{a}^+,\hat{a}$满足普遍的玻色对易规则

$$\hat{a}\hat{a}^+-\hat{a}^+\hat{a}=1,$$

① 当$S>>1$在§73末已用过微扰论研究自旋波量子的相互作用.

则算符 $\hat{S}_z,\hat{S}_+,\hat{S}_-$ 就会满足正确的对易关系(72.4). 例如有

$$\{\hat{S}_z,\hat{S}_+\} = -\sqrt{2S}\left(1-\frac{\hat{a}^+\hat{a}}{2S}\right)^{1/2}\{\hat{a}^+,\hat{a}\}\hat{a} = \hat{S}_+$$

与(72.4)的第二公式相对应(花括号表示对易子).

类似地可验证

$$\hat{S}^2 \equiv \hat{S}_-\hat{S}_+ + \hat{S}_z^2 + \hat{S}_z = S(S+1).$$

最后,从(74*.1)式得出:算符 $\hat{S}_+$ 作用到最大可能值 $S_z = S$(即,有 $\hat{a}^+\hat{a}=0$)的状态,结果为零(理应如此). 此与 $\hat{S}_-$ 作用到 $S_z = -S$ 的状态($\hat{a}^+a=2S$)有相同的结果.

这样一来,公式(74*.1)给出自旋算符一个精确的表象,它具有一切所需的性质. 此时算符 $\hat{a}^+$ 和 $\hat{a}$ 的意义是在所给晶格的节点上"粒子"的产生算符和湮没算符,其投影 $S_z = -1$①.

为了方便,从现在开始给不同亚晶格的节点引入不同的记号. 为第一个亚晶格的节点冠以矢量 $\boldsymbol{a}$ 下标,第二个亚晶格用 $\boldsymbol{b}$ 下标. 将角动量量子化轴取为亚晶格 a 的磁化强度的方向. 对于高 S 的准经典情况,量子涨落较小,于是磁化强度与其额定值接近(下面将计算对此额定值的修正). 这意味着,算符 $\hat{a}^+\hat{a}$,以及算符 $\hat{a}^+$ 和 $\hat{a}$ 本身应看成小量,因而在(74*.1)的根式中应将其略去. 结果,(74*.1)式具有如下形式

$$\hat{S}_{a-} \approx \sqrt{2S}\hat{a}_a^+,\ \hat{S}_{a+} \approx \sqrt{2S}\hat{a}_a,\ \hat{S}_{az} = S - \hat{a}_a^+\hat{a}_a. \tag{74*.2}$$

至于第二套亚晶格,其磁化强度沿负 z 轴的方向. 准确地说,它的所有算符也有类似于(74*.2)的关系式,只是在 $x'=x, y'=-y, z'=-z$ 的坐标系中(为使带"撇"的坐标形成右手系,y 轴也变号.). 显然,带撇的算符与通常的算符联系为 $\hat{S}'_+ = \hat{S}_-,\hat{S}'_- = \hat{S}_+,\hat{S}'_z = -\hat{S}_z$. 因此,在 $\boldsymbol{b}$ 节点处如引入玻色"粒子"(其自旋投影为 $S_z = +1$)的湮没算符 $\hat{b}_b$,则对第二套亚晶格,代替(74*.2)有公式:

$$\hat{S}_{b-} \approx \sqrt{2S}\hat{b}_b,\ \hat{S}_{b+} \approx \sqrt{2S}\hat{b}_b^+,\ \hat{S}_{bz} = -S + \hat{b}_b^+\hat{b}_b \tag{74*.3}$$

将(74*.2),(74*.3)式代入哈密顿量的表式(72.6),只保留不高于产生算符和湮没算符的二次项,需要分别对第一、第二套亚晶格的节点求和. 然而,如果给两套亚晶格以同样方式标记节点号码,即

$$\boldsymbol{r}_a - \boldsymbol{r}_{a'} = \boldsymbol{r}_b - \boldsymbol{r}_{b'},\quad 当\ \boldsymbol{a}-\boldsymbol{a}' = \boldsymbol{b}-\boldsymbol{b}'.$$

则公式的书写方式可以简化,(由于亚晶格的等价性,则 $J_{aa'} = J_{bb'}$). 然后,第二

---

① 自旋算符的表象(74*.1)是 T. Holstein, H. Primakoff 于 1940 年得出的. 他们首先应用变换(74*.1)于磁性理论. 讲过的反铁磁近似理论属于 P. W. Anderson, R. Kubo, (1952).

套亚晶格节点的指标可以用相同的文字 $\boldsymbol{a}$ 来表示. 经过不复杂的计算,给出无外场时的 $\hat{H}$

$$\hat{H}=S^2(J_0^{(2)}-J_0^{(1)})+S(J_0^{(1)}-J_0^{(2)})\sum_{a}(\hat{a}_a^+\hat{a}_a+\hat{b}_a^+\hat{a}_a)-$$
$$-S\sum_{aa'}[J_{aa'}^{(1)}(\hat{a}_a^+\hat{a}_{a'}+\hat{b}_a^+\hat{a}_{a'})+J_{aa'}^{(2)}(\hat{a}_a^+\hat{b}_{a'}^++\hat{a}_a\hat{b}_{a'})]. \quad (74^*.4)$$

这里引入记号 $J_{aa'}^{(1)}$ 代表矩阵元 $J_{aa'}$,两节点 $\boldsymbol{a},\boldsymbol{a}'$ 属于同一个亚晶格;而 $J_{aa'}^{(2)}$ 则属于不同的亚晶格

$$J_0^{(1,2)}\equiv\sum_{a}J_{aa'}^{(1,2)}$$

现在将哈密顿量写在动量表象,为此如(72.7),设

$$J_{aa'}^{(1)}=(2/N)\sum_{k}\mathrm{e}^{\mathrm{i}k\cdot(r_a-r_{a'})}J_k^{(1)},\qquad J_k^{(1)}=\sum_{k}\mathrm{e}^{-\mathrm{i}k(r_a-r_{a'})}J_{aa'}^{(1)},$$
$$\hat{a}_a=\sqrt{2/N}\sum_{k}\mathrm{e}^{\mathrm{i}k\cdot r_a}\hat{a}_k,\qquad \hat{a}_k=\sqrt{2/N}\sum_{a}\mathrm{e}^{-\mathrm{i}k\cdot r_a}\hat{a}_a, \quad (74^*.5)$$
$$\hat{a}_a^+=\sqrt{2/N}\sum_{k}\mathrm{e}^{\mathrm{i}k\cdot r_a}\hat{a}_k^+,\qquad \hat{a}_k^+=\sqrt{2/N}\sum_{a}\mathrm{e}^{-\mathrm{i}k\cdot r_a}\hat{a}_a^+,$$

其他的量也与此类似. (计算求和的节点数现在等于 $N/2$,N 为晶格节点总数). 上面引入的 $J_0^{(1)}$ 正是 $J_{k=0}^{(1)}$.

利用这些公式,容易将(74*.4)式化成下面形式

$$\hat{H}=S^2(J_0^{(2)}-J_0^{(1)})+\sum_{k}[(A_k/2)(\hat{a}_k^+\hat{b}_{-k}^++\hat{a}_k\hat{b}_{-k})+(B_k/2)(\hat{a}_k^+\hat{a}_k+\hat{b}_k^+\hat{b}_k)],$$
$$(74^*.6)$$

式中

$$A_k=-2SJ_k^{(2)},\quad B_k=2S(J_0^{(1)}-J_0^{(2)}-J_k^{(1)}). \quad (74^*.7)$$

哈密顿量(74*.6)形式上类似于弱非理想玻色气体的哈密顿量(25.7),只是 A_k,B_k 的意义与后者的不同,以及存在两种算符 $\hat{a}_k$ 和 $\hat{b}_k$. 类似于(25.8)式的变换,可使(74*.6)式对角化. 取

$$\hat{a}_k=u_k\hat{c}_k+v_k\hat{d}_{-k}^+,\quad \hat{a}_k^+=u_k\hat{c}_k^++v_k\hat{d}_{-k} \quad (74^*.8)$$

置换 $\hat{c}_k$ 和 $\hat{d}_k$ 算符,得出不同于(74*.8)的 $\hat{\boldsymbol{b}}_k$ 的表达式:

$$\hat{\boldsymbol{b}}_k=u_k\hat{d}_k+v_k\hat{c}_{-k}^+,\quad \hat{\boldsymbol{b}}_k^+=u_k\hat{d}_k^++v_k\hat{c}_{-k} \quad (74^*.9)$$

新算符 $\hat{c}_k$,$\hat{c}_k^+$ 和 $\hat{d}_k$,$\hat{d}_k^+$ 的意义分别是两种独立极化的自旋波量子的湮没算符,产生算符. 如在 § 25,给 u_k,v_k 施加条件 $u_k^2-v_k^2=1$,这些算符将满足玻色对易规则. 然而,我们以些许不同于 § 25 的方法使哈密顿量对角化.

如果取

$$u_k=\cosh\alpha_k,\qquad v_k=\sinh\alpha_k, \quad (74^*.10)$$

上述条件可以恒得满足.

将(74*.8)(74*.9)代入(74*.6)中. 如在公式(74*.10)中的参量 α_k定义为

$$\coth(2\alpha_k) = -B_k/A_k,$$

便消除关于自旋波量子占有数的非对角项.

最后,哈密顿量的形式成为

$$\hat{H} = E_0 + \sum_k \varepsilon(\boldsymbol{k})(\hat{c}_k^+\hat{c}_k + \hat{d}_k^+\hat{d}_k), \qquad (74^*.11)$$

式中 $\varepsilon(\boldsymbol{k})$——准动量为 $\hbar\boldsymbol{k}$ 的自旋波量子的能量,它等于

$$\varepsilon(\boldsymbol{k}) = \frac{1}{2}\sqrt{B_k^2 - A_k^2}. \qquad (74^*.12)$$

根据(74*.7)式 $B_{k=0} = A_{k=0}$. 将这些量按 $\boldsymbol{k}$ 分量的幂展开,开始于平方项. 因此,对于小 $\boldsymbol{k}$,能量 $\varepsilon(\boldsymbol{k})$ 对 $|\boldsymbol{k}|$ 是线性式. 这对应于上一节宏观理论的结果. 还要指出,如在(74*.11)式所见,在交换近似中对任意的 $\boldsymbol{k}$,都会产生对自旋波量子极化的简并.

基态的能量类似(25.13),由下式给出

$$E_0 = S^2(J_0^{(2)} - J_0^{(1)}) + \sum_k \left[\varepsilon(\boldsymbol{k}) - \frac{1}{2}B_k\right]. \qquad (74^*.13)$$

右侧第二项为量子修正项. 显然,它与经典的第一项之比为 $1/S$.

与一个节点的等于 S 的经典磁化强度相比,量子效应使亚晶格的磁化强度减少. 从(74*.2)式得出

$$\langle S_z\rangle = S - \frac{2}{N}\sum_a \langle \hat{a}_a^+\hat{a}_a\rangle = S - \frac{2}{N}\sum_k \langle \hat{a}_k^+\hat{a}_k\rangle.$$

借助于(74*.8)利用自旋波量子算符表述 $\hat{a}_k^+, \hat{a}_k$. 当 $\langle\hat{c}_k^+\hat{c}_k\rangle = \langle\hat{d}_k^+\hat{d}_k\rangle = 0$,得出 $T=0$ 时类似于(25.18)的公式:

$$\langle \hat{a}_k^+\hat{a}_k\rangle = \frac{B_k}{4\varepsilon(\boldsymbol{k})} - \frac{1}{2}.$$

将此式代入 $\langle S_z\rangle$ 的公式,并从对 $\boldsymbol{k}$ 求和过渡到对 $\nu\mathrm{d}^3k/(2\pi)^3$ 求积分:

$$\langle S_z\rangle = S - \int\left[\frac{B_k}{4\varepsilon(\boldsymbol{k})} - \frac{1}{2}\right]\frac{\nu\mathrm{d}^3k}{(2\pi)^3}, \qquad (74^*.14)$$

这里 ν 是亚晶格原胞体积,按对应于亚晶格 $\boldsymbol{k}$ 空间的原胞进行(74*.14)式中的积分. (记得在(74*.5)的求和是按亚晶格的节点进行的). 对于在最近邻有相互作用的简立方晶格进行数字计算,得出

$$\langle S_z\rangle \approx S - 0.08.$$

应该指出,在此情况甚至外推至 $S=1/2$,对经典值的修正也显得小了. 然而,亚晶格的磁化强度可以明显小于晶格的额定值显得令人失望,在这类晶格对远邻有重要的、与最近邻有不同符号的相互作用,这已与铁磁性相对应.

第八章

电 磁 涨 落

§75 介质中光子的格林函数

在研究实物介质中电磁场的统计性质之前,我们首先回忆一下宏观电动力学中对电磁量进行平均的意义.

为直观起见,如果从经典的观点出发,可以分两个层次来平均. 先是全部粒子在给定分布下按物理无限小体积平均;然后再将得到的量按粒子的运动平均. 在宏观电动力学的麦克斯韦方程中包含的是完全的平均量. 在研究场的涨落时,指的是量随时间的振荡,而量的平均仅仅是对物理无限小体积进行的.

从量子力学的观点来看,对体积的平均,当然不是对物理量本身,而只是对它的算符进行的;第二步才是利用量子力学概率确定此算符的平均值. 下面在本章出现的场算符只理解为第一种意义下的平均.

在实物介质中,电磁辐射的统计性质可用介质中的光子格林函数来描述. 对于光子,电磁场的势算符起着 ψ 算符的作用. 通过这些算符定义光子格林函数的方式,与通过 ψ 算符定义粒子格林函数的方式一样.

场势由 4 维矢量 $A^{\mu}=(A^0,\boldsymbol{A})$ 组成,其中 $A^0\equiv\varphi$ 是标势,而 $\boldsymbol{A}$ 是矢势. 在经典电动力学中,这些势的选择不是唯一的,它容许进行对观察量没有任何影响的所谓规范变换(见第二卷 §18). 相应地在量子电动力学中在选择场算符以及在定义光子格林函数时都会产生这种非唯一性. 我们将使用标势等于 0 的规范:

$$A^0\equiv\varphi=0. \tag{75.1}$$

于是场仅由一个矢势来确定. 当涉及电磁场与非相对论粒子相互作用时——例如普通的实物介质中的场就属此情况,这种规范便显得方便.

在此规范中的格林函数乃是三维二阶张量

$$D_{ik}(X_1,X_2)=-\mathrm{i}\langle T\hat{A}_i(X_1)\hat{A}_k(X_2)\rangle, \tag{75.2}$$

($i,k=x,y,z$ 是三维矢量下标),此处尖括号[与(36.1)一样]表明是按系统的吉布斯分布进行平均的,该系统由介质及其中的平衡辐射所组成;因为光子是玻色子,所以算符 $\hat{A}_i,\hat{A}_k$ 在其编时重新排列中并不改变乘积符号. 我们也要指出,$\hat{A}_i$ 是自轭算符(用来表示严格中性的光子);因此在(75.2)中,不区分 $\hat{A}_i$ 和 $\hat{A}_i^+$ ①.

然而,为了建立各种型式的光子格林函数,作为原始概念,不是利用(75.2)而是利用如下定义的推迟格林函数,

$$\mathrm{i}D_{ik}^{R}(X_1,X_2)=\begin{cases}\langle \hat{A}_i(X_1)\hat{A}_k(X_2)-\hat{A}_k(X_2)\hat{A}_i(X_1)\rangle, & t_1>t_2,\\ 0, & t_1<t_2\end{cases}\tag{75.3}$$

(在尖括号内两项之间的负号与玻色统计的定义(36.19)相对应).

对封闭系,格林函数对时间 t_1,t_2 的依赖关系,只通过它们之差 $t=t_1-t_2$ 来表述. 至于坐标 $\boldsymbol{r}_1,\boldsymbol{r}_2$,在非均匀介质的一般情况,在函数中它们是互相独立的:$D_{ik}^R(t;\boldsymbol{r}_1,\boldsymbol{r}_2)$. 此函数只按时间进行傅里叶展开;此展开的分量为

$$D_{ik}^R(\omega;\boldsymbol{r}_1,\boldsymbol{r}_2)=\int_0^\infty \mathrm{e}^{\mathrm{i}\omega t}D_{ik}^R(t;\boldsymbol{r}_1,\boldsymbol{r}_2)\,\mathrm{d}t.\tag{75.4}$$

在研究按物理无限小体积求平均量时,我们只考察辐射的长波部分,此时光子的波矢量满足下列条件:

$$ka\ll 1\tag{75.5}$$

(a 为介质中原子间的距离). 在这个频率范围内,光子格林函数可以通过介质的其余宏观特征量——它的电容率 $\varepsilon(\omega)$ 和磁导率 $\mu(\omega)$ 来表述.

为此,写出电磁场与介质的相互作用算符:

$$\hat{V}=-\frac{1}{c}\int\hat{\boldsymbol{j}}\cdot\hat{\boldsymbol{A}}\,\mathrm{d}^3x.\tag{75.6}$$

此处 $\hat{\boldsymbol{j}}$ 是介质粒子所产生的电流密度算符②. 如果在介质中引入某种经典的"外部"电流 $\boldsymbol{j}(t,\boldsymbol{r})$,那么,相互作用算符与它的关系为

$$\hat{V}=-\frac{1}{c}\int\boldsymbol{j}(t,\boldsymbol{r})\cdot\hat{\boldsymbol{A}}\,\mathrm{d}^3x.\tag{75.7}$$

---

① 在势有任意规范的普遍情况,光子格林函数是4维张量 $D_{\mu\gamma}$[在规范(75.1)中:$D_{00}=0,D_{0i}=0$]. 统计学中光子格林函数普遍的张量的和规范的性质与量子电动力学中场在真空的这些性质完全一样. 我们注意到定义(75.2)与第四卷中的定义差一符号. 这里选择的定义与其他玻色子(其中包括声子)格林函数的定义是统一的.

② 见第四卷§43(在第四卷电流表示为 $e\boldsymbol{j}$. 即将元电荷 e 从 $\boldsymbol{j}$ 的定义中提出). 算符(75.6)利用了电流算符的相对论表达式. 在非相对论的问题中,可以忽略 ψ 算符(用之构造电流算符 $\boldsymbol{j}$)中与负频(即反粒子)相联系的部分. 这就意味着在其中忽略了辐射修正,而辐射修正是在计及电子-正电子偶在真空中的虚产生而对光子格林函数的修正. 在波长 $\lambda\gg\hbar/mc$,即在区域(75.5)显然能够满足的条件下,这个修正是非常小的.

这个表达式能够把宏观系统对外部作用的响应与一般理论联系起来.

我们记得,在此理论中(见第五卷,§125),有一系列离散的量 $x_a(a=1,2,\cdots)$,用来表征一定外部扰动作用下系统的行为. 这些扰动用"扰动力"$f_a(t)$描述,于是相互作用能的算符形式为

$$\hat{V} = -\sum_a f_a \hat{x}_a,$$

此处 $\hat{x}_a$是量 x_a的算符. 在微扰作用下,得到的平均值 $\bar{x}_a(t)$乃是力 $f_a(t)$的线性泛函. 对于一切量的傅里叶分量,这个关系可以写成下列形式:

$$\bar{x}_{a\omega} = \sum_b \alpha_{ab}(\omega) f_{b\omega}$$

(假设无微扰时 $\bar{x}_a=0$). 在这些关系式中的系数 α_{ab}称为系统的**广义感应率**. 如果 x_a和 x_b对于时间反演有相同的行为,而物体又**不是磁活性**的(无磁结构又不处于磁场中),那么量 α_{ab}对于自己的下标是对称的.

此处需要涉及的量 f_a和 x_a具有空间分布的性质——是物体点坐标 $\boldsymbol{r}$ 的函数. 在此情况下表达式 $\hat{V}$ 应当写成下列形式:

$$\hat{V} = -\sum_a \int f_a(t,\boldsymbol{r})\hat{x}_a(t,\boldsymbol{r})\,\mathrm{d}^3x, \tag{75.8}$$

而平均值 $\bar{x}_a$和力 f_a的关系式为

$$\bar{x}_{a\omega}(\boldsymbol{r}) = \sum_b \int \alpha_{ab}(\omega;\boldsymbol{r},\boldsymbol{r}')f_{b\omega}(\boldsymbol{r}')\,\mathrm{d}^3x'. \tag{75.9}$$

广义感应率现已成为物体中两点坐标的函数,而它们的对称性用下列等式表述

$$\alpha_{ab}(\omega;\boldsymbol{r},\boldsymbol{r}') = \alpha_{ba}(\omega;\boldsymbol{r}'\cdot\boldsymbol{r}). \tag{75.10}$$

根据久保公式[见第五卷(126.9)],感应率可表为海森伯算符 $\hat{x}_a(t,\boldsymbol{r})$的对易子的平均值:

$$\alpha_{ab}(\omega;\boldsymbol{r},\boldsymbol{r}') =$$
$$= \frac{\mathrm{i}}{\hbar}\int_0^\infty \mathrm{e}^{\mathrm{i}\omega t}\langle \hat{x}_a(t,\boldsymbol{r})\hat{x}_b(0,\boldsymbol{r}') - \hat{x}_b(0,\boldsymbol{r}')\hat{x}_a(t,\boldsymbol{r})\rangle\,\mathrm{d}t. \tag{75.11}$$

现在我们将流矢量 $\boldsymbol{j}$ 的分量看做"力"f_a. 则从(75.7)与(75.8)的比较中看出,与其对应的量 x_a是场矢势 $\boldsymbol{A}/c$ 的分量. 对比公式(75.11)和定义(75.3—75.4)表明:广义感应率 $\alpha_{ab}(\omega;\boldsymbol{r},\boldsymbol{r}')$与张量分量

$$-D_{ik}^R(\omega;\boldsymbol{r},\boldsymbol{r}')/\hbar c^2$$

一致.

由此根据(75.10)立刻可得(对非磁活性介质)

$$D_{ik}^R(\omega;\boldsymbol{r},\boldsymbol{r}') = D_{ki}^R(\omega;\boldsymbol{r}',\boldsymbol{r}). \tag{75.12}$$

关系式(75.9)具有下列形式

$$\bar{A}_{i\omega}(\boldsymbol{r}) = -\frac{1}{\hbar c}\int D_{ik}^R(\omega;\boldsymbol{r},\boldsymbol{r}')j_{k\omega}(\boldsymbol{r}')\,\mathrm{d}^3x'. \tag{75.13}$$

平均值 $\bar{A}$ 正是介质中宏观(完全平均,见本节开头)电磁场的矢势;以后不再在 $\boldsymbol{A}$(以及在另外宏观量)上划线. 现在考虑,由经典电流 $\boldsymbol{j}$ 产生的,满足麦克斯韦方程

$$\nabla\times\boldsymbol{H}_\omega=\frac{4\pi}{c}\boldsymbol{j}_\omega-\frac{\mathrm{i}\omega}{c}\boldsymbol{D}_\omega$$

的经典场. 此处 $\boldsymbol{D}$ 是电感强度;在一般情况,各向异性的介质中,$\boldsymbol{D}_\omega$ 与场强 $\boldsymbol{E}_\omega$ 的关系为 $D_{i\omega}=\varepsilon_{ik}(\omega)E_{k\omega}$;如果介质是非均匀的,则电容率张量也是坐标的函数:$\varepsilon_{ik}(\omega,\boldsymbol{r})$.

在我们选定势的规范(75.1)里,有:

$$\boldsymbol{B}_\omega=\nabla\times\boldsymbol{A}_\omega,\quad \boldsymbol{E}_\omega=\mathrm{i}\frac{\omega}{c}\boldsymbol{A}_\omega,\tag{75.14}$$

此处 $\boldsymbol{B}$ 是磁感应强度,它与场强 $\boldsymbol{H}$ 有 $B_{i\omega}=\mu_{ik}H_{k\omega}$ ① 的关系. 因此,对于势,我们有方程②

$$\left[\mathrm{rot}_{im}(\mu_{mn}^{-1}\mathrm{rot}_{nk})-\frac{\omega^2}{c^2}\varepsilon_{ik}\right]A_{k\omega}=\frac{4\pi}{c}j_{i\omega}.$$

将(75.13)形的 $\boldsymbol{A}_\omega$ 代入,我们发现函数 D_{ik}^R 必须满足方程

$$\left[\mathrm{rot}_{im}(\mu_{mn}^{-1}\mathrm{rot}_{nl})-\frac{\omega^2}{c^2}\varepsilon_{il}\right]D_{lk}^R(\omega;\boldsymbol{r},\boldsymbol{r}')=-4\pi\hbar\delta_{ik}\delta(\boldsymbol{r}-\boldsymbol{r}').\tag{75.15}$$

对于各向同性(在每一体积元内)介质,当张量 ε_{ik} 和 μ_{ik} 归结为标量时,这个方程可以大大简化. 磁导率一般接近于 1,故在本节后半部分我们认为它等于 1. 设 $\varepsilon_{ik}=\varepsilon\delta_{ik}$ 和 $\mu_{ik}=\delta_{ik}$,我们得到方程

$$\left[\frac{\partial^2}{\partial x_i\partial x_l}-\delta_{il}\Delta-\delta_{il}\frac{\omega^2}{c^2}\varepsilon(\omega;\boldsymbol{r})\right]D_{lk}^R(\omega;\boldsymbol{r},\boldsymbol{r}')=$$
$$=-4\pi\hbar\delta_{ik}\delta(\boldsymbol{r}-\boldsymbol{r}').\tag{75.16}$$

这样一来,对非均匀介质,计算推迟格林函数便归结为求解一定的微分方程(И. Е. Дзялошинский, Л. П. Питаевский, 1959). ③

在不同介质的分界面上,张量分量 D_{ik}^R 必须满足一定的条件. 在方程(75.16)中,第二个变量 $\boldsymbol{r}'$ 和第二指标 k 不参与对张量 $D_{ik}^R(\omega,\boldsymbol{r},\boldsymbol{r}')$ 的微分运算或代数运算,而只起个参数的作用. 因此,只要求函数 $D_{lk}^R(\omega,\boldsymbol{r},\boldsymbol{r}')$ 的坐标 $\boldsymbol{r}$ 必须

---

① 我们记得:在宏观电动力学中,微观电场强度的平均值通常表为 $\boldsymbol{E}$,而磁场强度平均值表为 $\boldsymbol{B}$ 并称为磁感应强度.

② 在这里以及今后,利用记号 $\mathrm{rot}_{il}=e_{ikl}\frac{\partial}{\partial x_k}$,此处 e_{ikl} 是单位反对称赝张量,并且,$(\mathrm{rot}\,\boldsymbol{A})_i=\mathrm{rot}_{il}A_l$.

③ 我们指出:函数 D_{lk} 是数学物理方程中熟知的麦克斯韦方程的格林函数,它是点源场的满足推迟条件方程式的解(以 ε^* 代替 ε,超前格林函数满足同样方程).

遵守边界条件，而将 D^R_{lk}看成是关于下标 l 的矢量. 这个条件与要求 $\boldsymbol{E}$ 和 $\boldsymbol{H}$① 的切线分量必须是连续的相当. 因为 $\boldsymbol{E}=-\dot{\boldsymbol{A}}/c$，所以微商

$$-\frac{1}{c}\frac{\partial}{\partial t}D^R_{lk}(t;\boldsymbol{r},\boldsymbol{r}')$$

或傅里叶分量

$$\mathrm{i}\frac{\omega}{c}D^R_{lk}(\omega;\boldsymbol{r},\boldsymbol{r}') \tag{75.17}$$

此时起着矢量 $\boldsymbol{E}$ 的作用. 类似地，

$$\mathrm{rot}_{li}D_{ik}(\omega;\boldsymbol{r},\boldsymbol{r}') \tag{75.18}$$

起着矢量 $\boldsymbol{H}$($\mu=1$ 时与 $\boldsymbol{B}$ 一致)的作用.

对于空间均匀而无限的介质，函数 D^R_{ik}仅依赖于坐标差 $\boldsymbol{r}-\boldsymbol{r}'$. 对于按此差值展开的傅里叶分量，微分方程(75.16)归于代数方程组

$$\frac{1}{4\pi\hbar}\left[k_ik_l-\delta_{il}k^2+\delta_{il}\frac{\omega^2}{c^2}\varepsilon(\omega)\right]D^R_{lk}(\omega,\boldsymbol{k})=\delta_{ik} \tag{75.19}$$

这些方程的解：

$$D^R_{ik}(\omega,\boldsymbol{k})=\frac{4\pi\hbar}{\omega^2\varepsilon(\omega)/c^2-k^2}\left[\delta_{ik}-\frac{c^2k_ik_k}{\omega^2\varepsilon(\omega)}\right]. \tag{75.20}$$

根据(36.21)，均匀介质格林函数 D_{ik}通过推迟格林函数 D^R_{ik}可表为如下形式

$$D_{ik}(\omega,\boldsymbol{k})=\mathrm{Re}D^R_{ik}(\omega,\boldsymbol{k})+\mathrm{i}\coth\frac{\hbar\omega}{2T}\cdot\mathrm{Im}D^R_{ik}(\omega,\boldsymbol{k}). \tag{75.21}$$

当 $T\to0$ 时此式给出

$$D_{ik}(\omega,\boldsymbol{k})=\mathrm{Re}D^R_{ik}(\omega,\boldsymbol{k})+\mathrm{isign}\cdot\mathrm{Im}D^R_{ik}(\omega,\boldsymbol{k}). \tag{75.22}$$

函数 D^R_{ik}由公式(75.20)给出；如果考虑到 $\mathrm{Re}\varepsilon(\omega)$是 ω 的偶函数，而 $\mathrm{Im}\varepsilon(\omega)$是 ω 的奇函数，则我们在 $T=0$ 时，得到

$$D_{ik}(\omega,\boldsymbol{k})=D^R_{ik}(|\omega|,\boldsymbol{k}). \tag{75.23}$$

在真空中 $\varepsilon(\omega)=1$. 然而，因为在任何介质中当 $\omega>0$ 时，$\mathrm{Im}\varepsilon(\omega)>0$，所以与真空对应的是极限 $\varepsilon\to1+\mathrm{i}\ \mathrm{sign}\ \omega$，此时得到表达式

$$D^{(0)}_{ik}(\omega,\boldsymbol{k})=\frac{4\pi\hbar}{\omega^2/c^2-k^2+\mathrm{i}0}\left(\delta_{ik}-\frac{c^2k_ik_k}{\omega^2}\right),$$

它与量子电动力学中周知的结果一致(见第四卷 § 76).

---

① $\boldsymbol{B}$ 和 $\boldsymbol{D}$ 法向分量的边界条件，在给定情况下，不提供任何新的内容，因为在以 $\mathrm{e}^{-\mathrm{i}\omega t}$随时间变化的场中，方程 $\nabla\cdot\boldsymbol{D}=0$，$\nabla\cdot\boldsymbol{B}=0$ 乃是方程 $\nabla\times\boldsymbol{E}=\mathrm{i}\omega\boldsymbol{B}/c$，$\nabla\times\boldsymbol{H}=-\mathrm{i}\omega\boldsymbol{D}/c$ 的推论.

§ 76 电磁场的涨落

在上节开头指出，研究电磁场涨落时，我们涉及的只是对物理无限小体积元（而不是对其中的粒子运动）求平均的量随时间的振荡. 这些量的量子力学算符也应在此意义下来理解.

电磁涨落理论的基本公式，可以直接由涨落耗散定理的一般公式写出（第五卷 § 125）. 我们记得，对于一组离散的涨落量 x_a，涨落的谱分布可通过广义感应率 $\alpha_{ab}(\omega)$ 表为如下公式

$$(x_a x_b)_\omega = \frac{\mathrm{i}\hbar}{2}(\alpha_{ba}^* - \alpha_{ab})\coth\frac{\hbar\omega}{2T},$$

此处量 $(x_a x_b)_\omega$ 是时间的关联函数

$$\varphi_{ab}(t) = \frac{1}{2}\langle \hat{x}_a(t)\hat{x}_b(0) + \hat{x}_b(0)\hat{x}_a(t)\rangle$$

的按时间傅里叶展开的分量，而 $\hat{x}_a(t)$ 是量 x_a 的海森伯算符. 对于分布的量 $x_a(\boldsymbol{r})$（物体内点的坐标函数），此式可写成如下形式

$$(x_a^{(1)} x_b^{(2)})_\omega = \frac{\mathrm{i}\hbar}{2}\coth\frac{\hbar\omega}{2T}[\alpha_{ba}^*(\omega;\boldsymbol{r}_2,\boldsymbol{r}_1) - \alpha_{ab}(\omega;\boldsymbol{r}_1,\boldsymbol{r}_2)], \qquad (76.1)$$

此处上标(1)或(2)代表在点 $\boldsymbol{r}_1$ 和 $\boldsymbol{r}_2$ 量的数值.

在上一节已经表明：如果量 x_a 是矢势 $\boldsymbol{A}(\boldsymbol{r})/c$ 的分量，则与此对应的广义感应率将是张量分量——$D_{ik}^R(\omega;\boldsymbol{r}_1,\boldsymbol{r}_2)/\hbar c^2$. 因此，立即得到

$$(A_i^{(1)} A_k^{(2)})_\omega = \frac{\mathrm{i}}{2}\coth\frac{\hbar\omega}{2T}\{D_{ik}^R(\omega;\boldsymbol{r}_1,\boldsymbol{r}_2) - [D_{ki}^R(\omega;\boldsymbol{r}_2,\boldsymbol{r}_1)]^*\}. \qquad (76.2)$$

场强涨落的谱函数可以用简单方法从(76.2)得到. 设 $\varphi_{ik}^A(t_1,\boldsymbol{r}_1;t_2,\boldsymbol{r}_2)$ 为矢势涨落的关联函数；表达式(76.2)是这个函数按 $t = t_1 - t_2$ 展开的傅里叶分量. 因为电场强度

$$\boldsymbol{E} = -\frac{\dot{\boldsymbol{A}}}{c},$$

所以对 $\boldsymbol{E}$ 分量也有这样的函数

$$\varphi_{ik}^E = \frac{1}{c^2}\frac{\partial^2}{\partial t_1 \partial t_2}\varphi_{ik}^A = -\frac{1}{c^2}\frac{\partial^2}{\partial t^2}\varphi_{ik}^A,$$

或者，用傅里叶分量有：

$$(E_i^{(1)} E_k^{(2)})_\omega = \frac{\omega^2}{c^2}(A_i^{(1)} A_k^{(2)})_\omega. \qquad (76.3)$$

用类似的方法，考虑到 $\boldsymbol{B} = \operatorname{rot}\boldsymbol{A}$ 的关系，我们得到

$$(B_i^{(1)} B_k^{(2)})_\omega = \operatorname{rot}_{il}^{(1)}\operatorname{rot}_{km}^{(2)}(A_l^{(1)} A_m^{(2)})_\omega, \qquad (76.4)$$

$$(E_i^{(1)} B_k^{(2)})_\omega = \frac{\mathrm{i}\omega}{c}\operatorname{rot}_{km}^{(2)}(A_i^{(1)} A_m^{(2)})_\omega. \qquad (76.5)$$

通过推迟格林函数表述电磁涨落的关联函数，公式(76.2—76.5)将它们的计算问题，归结为在物体已给边界的适当边界条件下求解微分方程(75.15)或(75.16)①.

下面我们认为介质是非磁活性的，则函数 D_{ik}^R 具有对称性(75.12)，并且表达式(76.2)取如下形式

$$(A_i^{(1)}A_k^{(2)})_\omega = -\coth\frac{\hbar\omega}{2T}\operatorname{Im}D_{ik}^R(\omega;\boldsymbol{r}_1,\boldsymbol{r}_2) \tag{76.6}$$

我们注意到表达式(76.6)是实的，同时(76.3—76.4)也是实的，而(76.5)是虚的，这就意味着 $\boldsymbol{E}$ 的各分量之间，以及 $\boldsymbol{B}$ 的各分量之间的时间关联函数是时间 $t=t_1-t_2$ 的偶函数(对于时间反演，两个量或全是偶函数或全是奇函数，它们之间的关联性理应如此). 而 $\boldsymbol{E}$ 分量跟 $\boldsymbol{B}$ 分量之间的时间关联函数是时间的奇函数(对于一个是时间反演的偶函数，另一个是时间的奇函数的两个量理应如此). 由此得出 $\boldsymbol{E}$ 和 $\boldsymbol{B}$ 之值在同一时刻是不相关联的(t 的奇函数在 $t=0$ 时变为零). 关联函数变为零的同时，$\boldsymbol{E}$ 和 $\boldsymbol{B}$ 的任何双线性表达式取同一时刻的平均值(例如坡印廷矢量)也变为零. 不过后一情况早就是显然的，因为处于热平衡并具有时间反演不变性的物体，不能有内部的宏观能流.

§77　无限介质中的电磁涨落

在均匀的无限介质中，函数 $D_{ik}(\omega;\boldsymbol{r}_1,\boldsymbol{r}_2)$ 仅仅依赖于坐标差 $\boldsymbol{r}=\boldsymbol{r}_1-\boldsymbol{r}_2$，并且是此变量的偶函数[方程(75.15)只包括对坐标的二阶微商，因此 $D_{ik}(\omega;\boldsymbol{r})$ 和 $D_{ik}(\omega;-\boldsymbol{r})$ 满足同一方程]. 对等式(76.2)两侧取对 $\boldsymbol{r}$ 的傅里叶分量，我们得到

$$(A_i^{(1)}A_k^{(2)})_{\omega\boldsymbol{k}} = \frac{\mathrm{i}}{2}\coth\frac{\hbar\omega}{2T}\{D_{ik}^R(\omega,\boldsymbol{k})-[D_{ki}^R(\omega,\boldsymbol{k})]^*\}. \tag{77.1}$$

对非磁活性介质，考虑到(75.12)，此公式写成下列形式

$$(A_i^{(1)}A_k^{(2)})_{\omega\boldsymbol{k}} = -\coth\frac{\hbar\omega}{2T}\operatorname{Im}D_{ik}^R(\omega,\boldsymbol{k}). \tag{77.2}$$

在各向同性非磁性($\mu=1$)介质中，函数 $D_{ik}^R(\omega,\boldsymbol{k})$ 由(75.20)给出. 确定涨落的空间关联函数的问题，归结为计算下列积分

$$D_{ik}^R(\omega,\boldsymbol{r}) = \int D_{ik}^R(\omega,\boldsymbol{k})\mathrm{e}^{\mathrm{i}\boldsymbol{k}\cdot\boldsymbol{r}}\frac{\mathrm{d}^3k}{(2\pi)^3}. \tag{77.3}$$

用下列公式进行积分

$$\int\frac{\mathrm{e}^{i\boldsymbol{k}\cdot\boldsymbol{r}}}{k^2+\kappa^2}\frac{\mathrm{d}^3k}{(2\pi)^3} = \frac{\mathrm{e}^{-\kappa r}}{4\pi r},$$

---

① 有另一种形式的电磁涨落理论由 С. М. Рытов(1953)发展的，而与(76.2—76.5)等价的形式是 М. Л. Левин 和 С. М. Рытов(1967)引入的.

$$\int \frac{k_i k_k e^{i\boldsymbol{k}\cdot\boldsymbol{r}}}{k^2+\kappa^2}\frac{d^3k}{(2\pi)^3} = -\frac{\partial^2}{\partial x_i \partial x_k}\frac{e^{-\kappa r}}{4\pi r}. \tag{77.4}$$

第一个公式取自下列著名等式的傅里叶分量,得到

$$(\Delta-\kappa^2)\frac{e^{-\kappa r}}{r} = -4\pi\delta(\boldsymbol{r}), \tag{77.5}$$

微商第一个公式得出第二个公式. 结果得到

$$D_{ik}^R(\omega;\boldsymbol{r}) = -\hbar\left(\delta_{ik}+\frac{c^2}{\omega^2\varepsilon}\frac{\partial^2}{\partial x_i\partial x_k}\right)\frac{1}{r}\exp\left(-\frac{\omega}{c}\sqrt{-\varepsilon}\,r\right), \tag{77.6}$$

此处 $r=|\boldsymbol{r}_1-\boldsymbol{r}_2|$,而根 $\sqrt{-\varepsilon}$ 应当取使 $\mathrm{Re}\sqrt{-\varepsilon}>0$ 的符号;对于真空应取 $\varepsilon=1$, $\sqrt{-\varepsilon}=-\mathrm{i}$(见下面).

因此,根据(76.6)和(76.3),立即得出

$$(E_i^{(1)}E_k^{(2)})_\omega = \\ =\hbar\coth\frac{\hbar\omega}{2T}\mathrm{Im}\left\{\frac{1}{\varepsilon}\left[\frac{\varepsilon\omega^2}{c^2}\delta_{ik}+\frac{\partial^2}{\partial x_i\partial x_k}\right]\frac{1}{r}\cdot\exp\left(-\frac{\omega}{c}\sqrt{-\varepsilon}\,r\right)\right\} \tag{77.7}$$

(C. M. Рытов,1953). 将此公式中的下标 i,k 缩并掉[并利用公式(77.5)],我们得到

$$(\boldsymbol{E}^{(1)}\boldsymbol{E}^{(2)})_\omega = \\ =2\hbar\coth\frac{\hbar\omega}{2T}\mathrm{Im}\left\{\frac{1}{\varepsilon}\left[\frac{\varepsilon\omega^2}{c^2 r}\exp\left(-\frac{\omega}{c}\sqrt{-\varepsilon}\,r\right)+2\pi\delta(\boldsymbol{r})\right]\right\}. \tag{77.8}$$

用类似的方法,根据公式(76.4)的计算,可得到磁场关联函数的表达式. 此式与(77.7—77.8)不同的地方,是在方括号前没有因子 $1/\varepsilon$;此时在(77.8)中,记号 Im 下的 δ 函数项成为实的而从答案中消失. 公式(77.7—77.8)与 ε 虚部的关系,显然是强调电磁涨落与介质吸收的关系. 但是如果在公式(77.7—77.8)中过渡到 $\mathrm{Im}\,\varepsilon\to 0$ 的极限,我们得到不为零的有限表达式. 这种情况与两种过渡的次序有关(介质极限线度的无限大和 $\mathrm{Im}\,\varepsilon$ 等于零). 因为在无限介质中,甚至任意小的 $\mathrm{Im}\,\varepsilon$ 最后也导致吸收. 所以,我们利用极限过渡的次序能得到与物理上透明的介质有关的结果. 在这种介质中与任何实际介质一样,总要有一些微小而不为零的吸收.

例如,在公式(77.8)中作上述的过渡. 为此,我们注意到,在 $\mathrm{Im}\,\varepsilon$ 为小的正值时(当 $\omega>0$),

$$\sqrt{-\varepsilon}\approx -\mathrm{i}\sqrt{\mathrm{Re}\varepsilon}\left(1+\mathrm{i}\frac{\mathrm{Im}\varepsilon}{2\mathrm{Re}\varepsilon}\right)$$

(考虑 $\mathrm{Re}\sqrt{-\varepsilon}>0$ 的要求). 因此在 $\mathrm{Im}\,\varepsilon\to 0$ 的极限下,我们得到

$$(\boldsymbol{E}^{(1)}\boldsymbol{E}^{(2)})_\omega = \frac{1}{n^2}(\boldsymbol{H}^{(1)}\boldsymbol{H}^{(2)})_\omega = \frac{2\omega^2\hbar}{c^2 r}\sin\frac{\omega n r}{c^2}\coth\frac{\hbar\omega}{2T}, \tag{77.9}$$

此处 $n=\sqrt{\varepsilon}$ 是实的折射率. 由于不存在 δ 函数项,这个公式甚至在 $\boldsymbol{r}_1$ 和 $\boldsymbol{r}_2$ 重合时也保持为有限:

$$(\boldsymbol{E}^2)_\omega=\frac{1}{n^2}(\boldsymbol{H}^2)_\omega=\frac{2\omega^3\hbar n}{c^3}\coth\frac{\hbar\omega}{2T}. \tag{77.10}$$

可以在更早的计算阶段——在格林函数中,进行向透明介质的极限过渡. 考虑到 $\mathrm{Im}\,\varepsilon$ 与 ω 有相同的符号,我们发现,在此极限下函数(75.20)采取如下形式

$$D_{ik}^R(\omega,\boldsymbol{k})=\frac{4\pi\hbar}{\omega^2n^2/c^2-k^2+\mathrm{i}0\cdot\mathrm{sign}\,\omega}\left(\delta_{ik}-\frac{c^2k_ik_k}{\omega^2n^2}\right). \tag{77.11}$$

(М. И. Рязанов, 1957). 这个函数的虚部只与环绕极点 $\omega=\pm ck/n$ 的方式有关:借助于(8.11),将虚部分离出来并代入(77.2)后,得到

$$(E_i^{(1)}E_k^{(2)})_{\omega\boldsymbol{k}}=$$
$$=\frac{2\pi^2\hbar}{k}\left(\frac{\omega^2}{c^2}\delta_{ik}-\frac{k_ik_k}{n^2}\right)\left\{\delta\left(\frac{n\omega}{c}-k\right)-\delta\left(\frac{n\omega}{c}+k\right)\right\}\coth\frac{\hbar\omega}{2T}. \tag{77.12}$$

在此公式中,δ 函数的宗量具有简单的物理意义:这宗量表明,给定 $\boldsymbol{k}$ 值时,场的涨落在空间以 c/n 的速度传播,这与在该介质中电磁波的传播速度一致. 对公式(77.12)进行傅里叶反演,当然可以重新得到(77.7).

在透明介质($\mu=1$)中,谱间隔为 $\mathrm{d}\omega$ 的(空间单位体积)电磁场的涨落能量由下式给出

$$\frac{1}{8\pi}\left[2(\boldsymbol{E}^2)_\omega\frac{\mathrm{d}(\varepsilon\omega)}{\mathrm{d}\omega}+2(\boldsymbol{H}^2)_\omega\right]\frac{\mathrm{d}\omega}{2\pi}$$

(见第八卷§80)①. 将(77.10)代入这里,经简单变换后我们得到

$$\left(\frac{\hbar\omega}{2}+\frac{\hbar\omega}{\mathrm{e}^{\hbar\omega/T}-1}\right)\frac{\omega^2n^2}{\pi^2c^3}\frac{\mathrm{d}(n\omega)}{\mathrm{d}\omega}\mathrm{d}\omega \tag{77.13}$$

括号中的第一项与场的零点振动有关. 第二项给出透明介质中热力学平衡电磁辐射的能量,即**黑体辐射**能量. 不研究涨落,而用相应推广真空中黑体辐射的普朗克公式的方法,也能得到公式的这一部分. 根据普朗克公式,在波矢量 d^3k 的间隔内单位体积黑体辐射的能量公式为

$$\frac{\hbar\omega}{\mathrm{e}^{\hbar\omega/T}-1}\frac{2\mathrm{d}^3k}{(2\pi)^3}$$

(因子 2 是考虑到两个极化方向). 为了得到能量的谱密度,相应地应当用 $4\pi k^2\mathrm{d}k$ 代替 d^3k,并取 $k=\omega/c$. 为了由真空过渡到透明介质,只要取 $k=n\omega/c$,

---

① 按 $\mathrm{d}\omega$ 由 $0\to\infty$ 的积分可得到总能量:方括号中的因子 2,是因为在我们所采用涨落谱函数的定义中,平均值 $\langle x^2\rangle$ 是对 $(x^2)_\omega$ 按 $\frac{\mathrm{d}\omega}{2\pi}$ 由 $-\infty$ 到 ∞ 的积分得到的[见第五卷(122,6)].

也就是写出

$$k^2\mathrm{d}k=k^2\frac{\mathrm{d}k}{\mathrm{d}\omega}\mathrm{d}\omega=\frac{\omega^2n^2}{c^3}\frac{\mathrm{d}(n\omega)}{\mathrm{d}\omega}\mathrm{d}\omega$$

就够了．于是得出所要的结果．

习　题

1．求出远离物体的电磁场的涨落，该物体处在与之热平衡的稀薄透明介质中；辐射波长以及物体距观测点的距离均远大于物体的线度．物体具有各向异性的电极化率 $\alpha_{ik}(\omega)$．

解：稀薄的透明介质可以看做真空．物体的存在使真空格林函数产生微小的变化（在远距离上），据此决定待求的涨落．我们以类比法来计算此变化．根据这种类比，下标 k 已给的真空函数 $D^R_{ik}(\omega;\boldsymbol{r},\boldsymbol{r}')$ 可以形式地看做 $\boldsymbol{r}'$ 点的某个源在 $\boldsymbol{r}$ 点产生的电场 $E_i(\boldsymbol{r},\boldsymbol{r}')$．这种类比的根据是，场 $E_i(\boldsymbol{r},\boldsymbol{r}')$［它的势 $A_i(\boldsymbol{r},\boldsymbol{r}')$ 也同样］在 $\boldsymbol{r}\neq\boldsymbol{r}'$ 的情况下和 $D^R_{ik}(\omega;\boldsymbol{r},\boldsymbol{r}')$ 满足同一个方程——$\varepsilon=1$ 的方程 (75.16)．设物体处在点 $\boldsymbol{r}=0$．场为

$$E_l(0,\boldsymbol{r}')=D^R_{lk}(\omega;0,\boldsymbol{r}')\equiv D^R_{lk}(\omega;\boldsymbol{r}')$$

［此处 $D^R_{lk}(\omega;\boldsymbol{r}')$ 是无物体时由(77.6)表述的 $\varepsilon=1$ 的真空格林函数］．该场使物体极化，同时在 $\boldsymbol{r}=0$ 点产生偶极矩 $d_i=\alpha_{il}D^R_{lk}(\omega;0,\boldsymbol{r}')$．这个偶极矩在点 $\boldsymbol{r}$ 也要产生场，它将给出待求的变化 $\delta D^R_{ik}(\omega;\boldsymbol{r},\boldsymbol{r}')$．根据电动力学熟知的公式（见第二卷 §72），在 $\boldsymbol{r}=0$ 点的偶极矩 $\boldsymbol{d}$ 在 $\boldsymbol{r}$ 点产生的场（以 $\mathrm{e}^{-\mathrm{i}\omega t}$ 依赖于时间）是

$$E_i=d_l\left[\frac{\omega^2}{c^2}\delta_{il}+\frac{\partial^2}{\partial x_i\partial x_l}\right]\mathrm{e}^{\mathrm{i}\omega r/c}/r,$$

并且只要求距离 r 比物体的线度大，不要求比波长大．此式可以写成

$$E_i=-\frac{\omega^2}{\hbar c^2}D^R_{il}(\omega;\boldsymbol{r})d_l$$

（注意，函数 $D^R_{il}(\omega,\boldsymbol{r})$ 是变量 $\boldsymbol{r}$ 的偶函数）．因而用上述偶极矩，我们得到

$$\delta D^R_{ik}(\omega;\boldsymbol{r},\boldsymbol{r}')=-\frac{\omega^2}{\hbar c^2}D^R_{il}(\omega;\boldsymbol{r})\alpha_{lm}D^R_{mk}(\omega;\boldsymbol{r}').$$

待求的涨落关联函数，现在用 $\delta D^R_{ik}(\omega;\boldsymbol{r},\boldsymbol{r}')$ 代替 D^R_{ik}，以普遍公式(76.3—76.6)给出．结果我们得到

$$\delta(A^{(1)}_iA^{(2)}_k)_\omega=\frac{2\omega^2}{\hbar c^2}\left\{\frac{1}{2}+\frac{1}{\mathrm{e}^{\hbar\omega/T}-1}\right\}\mathrm{Im}[D^R_{il}(\omega;\boldsymbol{r}_1)\alpha_{lm}D^R_{mk}(\omega;\boldsymbol{r}_2)].\qquad(1)$$

注意，物体处于 $\boldsymbol{r}=0$ 点，而 $\boldsymbol{r}_1$ 和 $\boldsymbol{r}_2$ 是远离物体的两点．我们指出，对于涨落的贡献不仅来自极化系数的虚部而且来自实部，后者可以看做充满透明介质的黑体辐射在物体上散射的结果．

2. 对磁极化率为 $\alpha_{ik}(\omega)$ 的物体，再求解上题①.

解：在此情况下，把 $\mathrm{rot}_{il} D_{lk}^R(\omega;\boldsymbol{r},\boldsymbol{r}')$ 视为 $\boldsymbol{r}'$ 点的源在 $\boldsymbol{r}$ 点产生的磁场 $H_i(\boldsymbol{r},\boldsymbol{r}')$（不是场 H_i 本身，而是它的势 A_i 所满足的方程. 与函数 D_{ik}^R 的有同样形式）. 这个场磁化物体，在 $\boldsymbol{r}=0$ 点形成的磁矩为

$$m_i = -\alpha_{il}\mathrm{rot}'_{lm} D_{mk}^R(\omega;0,\boldsymbol{r}')$$

（用对 $\boldsymbol{r}'$ 的微商代替对 $\boldsymbol{r}$ 的微商，是因为考虑到 D_{mk}^R 仅依赖于差 $(\boldsymbol{r}-\boldsymbol{r}')$）. 待求的格林函数变化与这个磁矩在 $\boldsymbol{r}$ 点所构成的磁场矢势一致.

$$A_i = \mathrm{rot}_{il}\left(\frac{1}{r} m_l \mathrm{e}^{\mathrm{i}\omega r/c}\right).$$

（见第二卷 § 72，习题 1）. 这样一来

$$\delta D_{ik}^R(\omega;\boldsymbol{r},\boldsymbol{r}') = -\left(\mathrm{rot}_{il}\frac{\mathrm{e}^{\mathrm{i}\omega r/c}}{r}\right)\alpha_{lm}\mathrm{rot}'_{mn} D_{nk}^R(\omega;0,\boldsymbol{r}').$$

最后，将(77.6)的 D_{nk}^R 代入后，我们得到

$$\delta D_{ik}^R(\omega;\boldsymbol{r},\boldsymbol{r}') = \hbar(\mathrm{rot}_{il}\mathrm{e}^{\mathrm{i}\omega r/c}/r)\alpha_{lm}\mathrm{rot}'_{mk}\mathrm{e}^{\mathrm{i}\omega r'/c}/r' \tag{2}$$

（利用 $\mathrm{rot}_{mn}\nabla_n = e_{mkn}\nabla_k\nabla_n \equiv 0$）.

3. 在习题 1 的条件下，确定电磁场的涨落，但认为介质的温度远低于物体的温度.

解：在习题 1 的计算中，与(1)的花括号的两项相对应，场自然地分为零点涨落和黑体热辐射. 后者也由两部分组成——即物体本身的热辐射和介质的黑体辐射在物体上散射而形成的场. 如果介质的温度低，就没有第二部分. 在解题时我们单独计算这部分，然后从(1)中减去. 设 $\boldsymbol{A}(\boldsymbol{r}) = \boldsymbol{A}^{(0)} + \boldsymbol{A}^{(s)}$，此处 $\boldsymbol{A}^{(0)}$ 是无物体时涨落的场，而 $\boldsymbol{A}^{(s)}$ 是被物体散射的场. 在大距离上，$\boldsymbol{A}^{(s)}$ 很小，在计算 $\delta(A_{i1}A_{i2})_\omega$ 时可以忽略 $\boldsymbol{A}^{(s)}$ 的平方项. 因此，来自散射的贡献有

$$\delta^{(s)}(A_{i1}A_{h2})_\omega \approx (A_{i1}^{(s)}A_{k2}^{(0)})_\omega + (A_{i1}^{(0)}A_{k2}^{(s)})_\omega =$$
$$= (A_{i1}^{(s)}A_{k2}^{(0)})_\omega + (A_{k2}^{(s)}A_{i1}^{(0)})_\omega^*.$$

散射场又由第二卷 § 72 的公式给出，但现在的偶极矩应当简单地理解为黑体辐射所感应的矩 $d_i = \alpha_{ik}A_k^{(0)}(0)$. 仍引入无物体时的真空格林函数，有

$$A_i^{(s)}(\boldsymbol{r}_1) = -\frac{\omega^2}{\hbar c^2} D_{il}^R(\omega;\boldsymbol{r}_1)\alpha_{lm}(\omega)A_m^{(0)}(0),$$

于是

$$(A_{i1}^{(s)}A_{k2}^{(0)})_\omega = -\frac{\omega^2}{\hbar c^2} D_{il}^R(\omega;\boldsymbol{r}_1)\alpha_{lm}(A_m^{(0)}(0)A_k^{(0)}(\boldsymbol{r}_2))_\omega.$$

---

① 有磁极化率，并不一定表明物体是由磁性物质组成的. 例如，趋肤效应可以将磁场从物体中排挤出去.

再从(76.2)中取得关联函数$(A_{m1}^{(0)}A_{k2}^{(0)})_\omega$. 因为在这里我们感兴趣的只是热辐射,应当忽略公式中的零点振动项,即进行代换

$$\frac{1}{2}\coth\frac{\hbar\omega}{2T}=\frac{1}{e^{\hbar\omega/T}-1}+\frac{1}{2}\longrightarrow\frac{1}{e^{\hbar\omega/T}-1}.$$

结果得到散射的黑体辐射对关联函数的贡献

$$\delta^{(s)}(A_{i1}A_{k2})_\omega=\frac{2\omega^2}{\hbar c^2(e^{\hbar\omega/T}-1)}[D_{il}^R(\omega;\boldsymbol{r}_1)\alpha_{lm}\mathrm{Im}D_{mk}^R(\omega;\boldsymbol{r}_2)+ + D_{kl}^{R*}(\omega;\boldsymbol{r}_2)\alpha_{lm}^*\mathrm{Im}D_{mi}^R(\omega,\boldsymbol{r}_1)]. \tag{3}$$

最后,为了求出冷介质中的涨落场,应当从(1)减去(3),利用张量D_{ik}和α_{ik}的对称性,作简单的变换之后我们得到

$$\delta^{(T)}(A_{i1}A_{k2})_\omega=\frac{2\omega^2}{\hbar c^2(e^{\hbar\omega/T}-1)}D_{il}^R(\omega;\boldsymbol{r}_1)[\mathrm{Im}\alpha_{lm}(\omega)]D_{mk}^{R*}(\omega;\boldsymbol{r}_2) \tag{4}$$

(T是物体的温度). 在此写出的仅是热项;(1)中零点振动项保持不变. 我们应注意:定义物体热辐射的表达式(4)只与极化系数的虚部有关. 按表达式(4)计算的能流已不等于零,而给出了热物体往周围冷介质辐射的热辐射强度.

§78　线性电路中的电流涨落

涨落-耗散定理还有一个重要的应用,就是 H. Nyquist1928 年首先研究的线性电路中的电流涨落问题.

电流涨落是导体中的自由(即无外加电动势而发生的)电振荡. 在闭合的线性电路中,自然最有意义的是沿导线产生总电流为J的振荡. 下边我们假设满足似稳条件——电路的尺度小于波长$\lambda\sim c/\omega$. 则在电路的各个部分总电流J都相同,并且仅是时间的函数.

我们选此电流J作为第五卷§124中涨落-耗散定理普遍表述中的$x(t)$. 因此,为了阐明有关广义感应率α的意义,我们假设在电路中有外来电动势$\mathscr{E}$. 则在电路中能量的耗散为$Q=J\mathscr{E}$. 与作为"力"的定义的$Q=-\bar{x}\dot{f}$进行比较[见第五卷(123.10)],我们看出,$\dot{f}=-\mathscr{E}$,或傅里叶分量$\mathscr{E}_\omega=\mathrm{i}\omega f_\omega$. 另一方面,在线性电路中,电流和电动势的关系式为$\mathscr{E}_\omega=Z(\omega)\cdot J_\omega$. 此处$Z(\omega)$是电路中的复电阻(阻抗). 因此,有

$$J_\omega=\mathscr{E}_\omega/Z=\mathrm{i}\omega f_\omega/Z.$$

与关系式$(\bar{x})_\omega=\alpha(\omega)f$中广义感应率的定义比较,我们求得$\alpha(\omega)=\mathrm{i}\omega/Z(\omega)$. 它的虚部为

$$\mathrm{Im}\,\alpha=\mathrm{Im}\frac{\mathrm{i}\omega}{Z}=\frac{\omega}{|Z|^2}R(\omega),$$

此处$R=\mathrm{Re}\,Z$.

根据涨落-耗散定理，

$$(x^2)_\omega = \hbar\coth\frac{\hbar\omega}{2T}\cdot \operatorname{Im}\alpha(\omega),$$

对于电流涨落的谱函数，现在得出

$$(J^2)_\omega = \frac{\hbar\omega}{|Z(\omega)|^2}R(\omega)\coth\frac{\hbar\omega}{2T}. \tag{78.1}$$

如把电流涨落看做是“随机”电动势$\mathscr{E}_\omega = ZJ_\omega$作用的结果，这个公式就可以写成另外的形式. 对此电动势我们有

$$(\mathscr{E}^2)_\omega = \hbar\omega R(\omega)\coth\frac{\hbar\omega}{2T}. \tag{78.2}$$

在经典情况下($\hbar\omega \ll T$)

$$(\mathscr{E}^2)_\omega = 2TR(\omega). \tag{78.3}$$

我们再强调一次，这个公式完全与电路阻抗耗散所引起现象的本质无关.

§79　在介质中光子的温度格林函数

在介质中光子的温度格林函数按松原电磁场势算符构造的方式，与时间格林函数(75.2)由海森伯算符构成的方式相类似：

$$\mathscr{D}_{ik} = -\langle T_\tau \hat{A}_i^M(\tau_1,\boldsymbol{r}_1)\hat{A}_k^M(\tau_2,\boldsymbol{r}_2)\rangle, \tag{79.1}$$

此处考虑到，由于薛定谔场算符的厄米性，松原算符 $\hat{A}^M$和$\hat{\bar{A}}^M$[根据(37.1)定义]彼此相等. 然而这些算符本身(不同于海森伯算符)已不是厄米的；由于参数 τ 是实的，我们有

$$[\hat{\boldsymbol{A}}^M(\tau,\boldsymbol{r})]^+ = [e^{\tau\hat{H}'/\hbar}\hat{\boldsymbol{A}}(\boldsymbol{r})e^{-\tau\hat{H}'/\hbar}]^+ = e^{-\tau\hat{H}'/\hbar}\hat{\boldsymbol{A}}(\boldsymbol{r})e^{\tau\hat{H}'/\hbar}$$

或

$$[\hat{\boldsymbol{A}}^M(\tau,\boldsymbol{r})]^+ = \hat{\boldsymbol{A}}^M(-\tau,\boldsymbol{r}).$$

因为函数(79.1)仅依赖于差 $\tau=\tau_1-\tau_2$(对比§37)，所以可以写成(例如取 $\tau>0$)

$$\mathscr{D}_{ik}(\tau;\boldsymbol{r}_1,\boldsymbol{r}_2) = -\langle \hat{A}_i^M(\tau,\boldsymbol{r}_1)\hat{A}_k^M(0,\boldsymbol{r}_2)\rangle,$$

$$\mathscr{D}_{ik}(-\tau;\boldsymbol{r}_1,\boldsymbol{r}_2) = -\langle \hat{A}_k^M(\tau,\boldsymbol{r}_2)\hat{A}_i^M(0,\boldsymbol{r}_1)\rangle.$$

比较这两个表达式可以看出

$$\mathscr{D}_{ik}(-\tau;\boldsymbol{r}_1,\boldsymbol{r}_2) = \mathscr{D}_{ki}(\tau;\boldsymbol{r}_2,\boldsymbol{r}_1). \tag{79.2}$$

函数 $\mathscr{D}_{ik}$可以按变量 τ 展成傅里叶级数：

$$\mathscr{D}_{ik}(\tau;\boldsymbol{r}_1,\boldsymbol{r}_2) = T\sum_{s=-\infty}^{\infty}\mathscr{D}_{ik}(\zeta_s;\boldsymbol{r}_1,\boldsymbol{r}_2)e^{-i\zeta_s\tau}, \tag{79.3}$$

并且由于光子遵守玻色统计,"频率"ζ_s 取值 $\hbar\zeta_s=2\pi sT$[对比(37.8)]. 对于这个展开式的分量,从(79.2)可以得到类似的关系式

$$\mathscr{D}_{ik}(\zeta_s;\boldsymbol{r}_1,\boldsymbol{r}_2)=\mathscr{D}_{ki}(-\zeta_s;\boldsymbol{r}_2,\boldsymbol{r}_1) \tag{79.4}$$

根据一般关系式(37.12),这些分量和推迟格林函数,在 ζ_s 取正值时有下列等式相联系

$$\mathscr{D}_{ik}(\zeta_s;\boldsymbol{r}_1,\boldsymbol{r}_2)=D^R_{ik}(\mathrm{i}\zeta_s;\boldsymbol{r}_2,\boldsymbol{r}_1).$$

在 §75 中已经证明:在一定意义下,函数 $D^R_{ik}(\omega;\boldsymbol{r}_1,\boldsymbol{r}_2)$可以看做是外界扰动下宏观系统的一般响应理论中的广义感应率. 由此得到用等式(75.12)表述的这些函数的对称性(对非磁活性介质). 由于 D^R_{ik}和 $\mathscr{D}_{ik}$之间的联系,后者同样具有这种性质:

$$\mathscr{D}_{ik}(\zeta_s;\boldsymbol{r}_1,\boldsymbol{r}_2)=\mathscr{D}_{ki}(\zeta_s;\boldsymbol{r}_2,\boldsymbol{r}_1) \tag{79.5}$$

由此等式以及等式(79.4),现在得出函数 $\mathscr{D}_{ik}(\zeta_s;\boldsymbol{r}_1,\boldsymbol{r}_2)$对于离散变量 ζ_s 是偶函数,因此在它的所有值(正的和负的)的范围内,有

$$\mathscr{D}_{ik}(\zeta_s;\boldsymbol{r}_1,\boldsymbol{r}_2)=D^R_{ik}(\mathrm{i}|\zeta_s|;\boldsymbol{r}_1,\boldsymbol{r}_2) \tag{79.6}$$

其次,函数 $D^R_{ik}(\omega;\boldsymbol{r}_1,\boldsymbol{r}_2)$以及一切广义感应率在 ω 的上半虚轴是实的(见第五卷 §123);因此,从(79.6)得出,在 ζ_s 取任何值时,函数 $\mathscr{D}_{ik}(\zeta_s;\boldsymbol{r}_1,\boldsymbol{r}_2)$都是实的. 最后,由这些性质也得出,最初的函数 $\mathscr{D}_{ik}(\tau;\boldsymbol{r}_1,\boldsymbol{r}_2)$是实的,并是变量 τ 的偶函数:

$$\mathscr{D}_{ik}(\tau;\boldsymbol{r}_1,\boldsymbol{r}_2)=\mathscr{D}_{ik}(-\tau;\boldsymbol{r}_1,\boldsymbol{r}_2). \tag{79.7}$$

由温度格林函数和推迟格林函数之间的关系式(79.6),可以立刻写出在非均匀介质中函数 $\mathscr{D}_{ik}$应当满足的微分方程;为此,只要在方程(75.15)或(75.16)中进行 $\omega\to\mathrm{i}|\zeta_s|$的代换即可. 例如,对于 $\mu=1$ 的各向同性的非磁活性介质,我们得到方程

$$\left[\frac{\partial^2}{\partial x_i\partial x_l}-\delta_{il}\Delta+\frac{\zeta_s^2}{c^2}\varepsilon(\mathrm{i}|\zeta_s|,\boldsymbol{r})\delta_{il}\right]\mathscr{D}_{lk}(\zeta_s;\boldsymbol{r},\boldsymbol{r}')=$$
$$=-4\pi\hbar\delta_{ik}\delta(\boldsymbol{r}-\boldsymbol{r}'). \tag{79.8}$$

对于均匀且无限的介质,函数 $\mathscr{D}_{ik}(\zeta_s;\boldsymbol{r},\boldsymbol{r}')$按差 $\boldsymbol{r}-\boldsymbol{r}'$展成傅里叶积分. 这个展开式的分量满足代数方程组

$$\frac{1}{4\pi\hbar}\left[k_ik_l-\delta_{il}k^2-\delta_{il}\frac{\zeta_s^2}{c^2}\varepsilon(\mathrm{i}|\zeta_s|)\right]\mathscr{D}_{lk}(\zeta_s,\boldsymbol{k})=\delta_{ik}. \tag{79.9}$$

并由下式给出①

---

① 在实际应用(对比 §80)中函数 $\mathscr{D}_{ik}$总以与 ζ_s^2 的乘积形式出现;因此 $\zeta_s=0$ 时的发散实际上将消除.

$$\mathscr{D}_{ik}(\zeta_s,\boldsymbol{k}) = -\frac{4\pi\hbar}{\zeta_s^2\varepsilon(\mathrm{i}|\zeta_s|)/c^2+k^2}\left[\delta_{ik}+\frac{c^2k_ik_k}{\zeta_s^2\varepsilon(\mathrm{i}|\zeta_s|)}\right]. \tag{79.10}$$

因为函数 $D_{ik}(\zeta_s,\boldsymbol{k})$ 是通过 $\varepsilon(\omega)$ 表征的(在长波范围内 $ka \ll 1$),所以计算它所用的图技术,也就成了计算介质的电容率的技术. 此时,后者同样具有确切的图意义,下面就来解释这个意义.

按规则我们用粗虚线表示精确的 $\mathscr{D}$ - 函数,而真空中的函数 $\mathscr{D}^{(0)}$ 用细虚线表示①

$$\text{粗虚线} = -\mathscr{D}_{ik},\qquad \text{细虚线} = -\mathscr{D}_{ik}^{(0)}, \tag{79.11}$$

描述 $\mathscr{D}$ 函数的图的一切集合,能够以如下的级数来表征[与函数 G 的级数(14.3)完全类似].

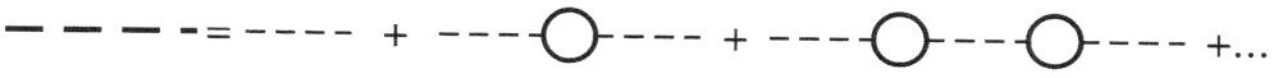

$$\text{粗虚线} = \text{细虚线} + \text{细虚线—○—细虚线} + \text{细虚线—○—细虚线—○—细虚线} + \cdots \tag{79.12}$$

此处圆圈描述图单元的集合,每个单元不能分为仅由一条虚线联系的两个部分. 我们用 $-\mathscr{P}_{ik}/4\pi$ 表述这个集合. 函数 $\mathscr{P}_{ik}$(类似于粒子格林函数的自能部分)称为**极化算符**.

(79.12)的图等式与下列方程等价:

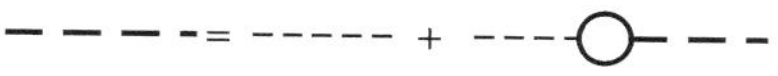

$$\text{粗虚线} = \text{细虚线} + \text{细虚线—○—粗虚线} \tag{79.13}$$

[与(14.3)到(14.4)的过渡比较]. 解析形式的方程为

$$\mathscr{D}_{ik} = \mathscr{D}_{ik}^{(0)} + \mathscr{D}_{il}^{(0)}\frac{\mathscr{P}_{lm}}{4\pi}\mathscr{D}_{mk} \tag{79.14}$$

(所有因子都是相同宗量 $\zeta_s,\boldsymbol{k}$ 的函数). 此等式右边乘以逆张量 $\mathscr{D}^{-1}$,而左边乘以 $\mathscr{D}^{(0)-1}$,再改写为

$$\mathscr{D}_{ik}^{-1} = \mathscr{D}_{ik}^{(0)-1} - \frac{\mathscr{P}_{ik}}{4\pi}. \tag{79.15}$$

最后,从方程(79.9)的左侧取 $\mathscr{D}_{ik}^{-1}$,并且取 $\varepsilon=1$ 时 $\mathscr{D}_{ik}^{(0)-1}$ 的同样表达式. 我们得到

$$\mathscr{P}_{ik}(\zeta_s,\boldsymbol{k}) = \frac{\zeta_s^2}{\hbar c^2}[\varepsilon(\mathrm{i}|\zeta_s|)-1]\delta_{ik}, \tag{79.16}$$

由此,在 ω 的上半虚轴上的离散的点集合内,确定了函数 $[\varepsilon(\omega)-1]$ 的图的意义. 函数 $\varepsilon(\mathrm{i}|\zeta_s|)$ 在整个上半平面的解析延拓,原则上,应当考虑到 $\varepsilon(\omega)$ 在这

① 在这里用虚线表示 $\mathscr{D}$ 函数,不会引起误解,因为在本节和下一节,都没有显形式的介质粒子成对相互作用能的出现(以前用这种记号描述过介质).

半平面内不应当有奇点,并且在$|\omega|\to\infty$时$\varepsilon(\omega)\to 1$①.

在非均匀介质内极化算符(如同$\mathscr{D}_{ik}$),是两点坐标的函数. 重复坐标表象内的全部推导,代替(79.14)我们得到方程

$$\mathscr{D}_{ik}(\boldsymbol{r}_1,\boldsymbol{r}_2)=$$

$$=\mathscr{D}_{ik}^{(0)}(\boldsymbol{r}_1,\boldsymbol{r}_2)+\frac{1}{4\pi}\int\mathscr{D}_{il}^{(0)}(\boldsymbol{r}_1,\boldsymbol{r}_3)\mathscr{P}_{lm}(\boldsymbol{r}_3,\boldsymbol{r}_4)\mathscr{D}_{mk}(\boldsymbol{r}_4,\boldsymbol{r}_2)\,\mathrm{d}^3x_3\mathrm{d}^3x_4$$

(为了简化,没写宗量ζ_s). 将算符

$$\frac{\partial^2}{\partial x_{1n}\partial x_{1l}}-\delta_{nl}\Delta_1+\frac{\zeta_s^2}{c^2}\delta_{nl}$$

从左边作用到等式上,并考虑到$D^{(0)}$满足$\varepsilon=1$的方程(79.8),于是得到

$$\int\mathscr{P}_{il}(\boldsymbol{r}_1,\boldsymbol{r}')\mathscr{D}_{lk}(\boldsymbol{r}',\boldsymbol{r}_2)\,\mathrm{d}^3x'=[\varepsilon(\boldsymbol{r}_1)-1]\frac{\zeta_s^2}{\hbar c^2}\mathscr{D}_{ik}(\boldsymbol{r}_1,\boldsymbol{r}_2).$$

由此得

$$\mathscr{P}_{ik}(\zeta_s;\boldsymbol{r}_1,\boldsymbol{r}_2)=\frac{\zeta_s^2}{\hbar c^2}\delta_{ik}\delta(\boldsymbol{r}_1-\boldsymbol{r}_2)[\varepsilon(\mathrm{i}|\zeta_s|,\boldsymbol{r}_1)-1].\tag{79.17}$$

凝聚介质的结构,以及它的介电性质,由在原子线度a的距离内介质粒子间的作用力来确定. 在这个距离内可以忽略(粒子取非相对论速度)推迟作用,这种作用仅对于场的长波成分$ka\ll 1$才重要;换句话说;计算极化算符时可以忽略场的长波部分. 在格林函数$\mathscr{D}_{ik}$的图中,长波场只通过(79.12)式右侧的细虚线来描述.

本节研究的三维张量$\mathscr{P}_{ik}$,当然只是4维极化张量$\mathscr{P}_{\mu\nu}$的空间部分. 为了避免误会,我们强调指出,它的时间分量$\mathscr{P}_{00}$和混合分量$\mathscr{P}_{0i}$绝不为零. 而且如同在量子电动力学一样,这四维张量完全与势的规范无关. 在非相对论的理论中,这个规范不变性是显然的. 因为,上边已经指出,只要计及与长波场的规范无关的非推迟力,即可计算出极化算符.

分量$\mathscr{P}_{00}$和$\mathscr{P}_{0i}$可以从4维张量的横向条件:$\mathscr{P}_{\mu\nu}k^\mu=0$中得出,此处$k^\mu=(\mathrm{i}\zeta_s,\boldsymbol{k})$是四维波矢量:

$$\mathscr{P}_{00}=-\frac{k^2}{\hbar c^2}[\varepsilon(\mathrm{i}|\zeta_s|)-1],$$

$$\mathscr{P}_{0i}=\frac{i\zeta_s k_i}{\hbar c^2}[\varepsilon(\mathrm{i}|\zeta_s|)-1].\tag{79.18}$$

① 在各向异性介质中应当写

$$\mathscr{P}_{ik}(\zeta_s,\boldsymbol{k})=(\zeta_s^2/\hbar c^2)[\varepsilon_{ik}(\mathrm{i}|\zeta_s|)-\delta_{ik}],$$

注意,这种形式的表达式存在空间色散时,即当ε_{ik}不仅依赖于频率而且还依赖于波矢量时,仍保持其正确性.

§80 范德瓦尔斯力的应力张量

虽然凝聚物体的结构基本上由它在原子距离上粒子的相互作用力来确定(如上节末所述),但在大于原子线度 a 的距离上,各原子的作用力——即所谓**范德瓦尔斯力**同样对热力学量(如它的自由能)有一定贡献. 我们记得,对于自由原子,这个相互作用能随距离增加以 r^{-6}减少(见第三卷 §89),而在推迟效应成为重要因素以后,则相互作用,随 r^{-7}而减少(见第四卷 §85). 当然,在凝聚介质中,范德瓦尔斯力不能归结为原子成对间的相互作用. 同时,它们的作用半径大于原子距离这件事,使我们得以用宏观的观点来研究范德瓦尔斯力对物体热力学性质的影响问题.

在宏观理论中,材料介质中的范德瓦尔斯相互作用,可以看做是通过长波电磁场实现的(E. M. 栗弗席兹,1954);我们注意到,这个概念不仅自身包括场的热涨落,而且还包括场的零点振动. 这个相互作用对自由能贡献的重要性就在于范德瓦尔斯相互作用的非可加性:它不只单纯正比于物体的体积,而且还与物体的形状和相对位置的特征参数有关. 就是说,与范德瓦尔斯力远程相互作用的非可加性特征有关的乃是这样的性质,即:依靠它可以将范德瓦尔斯力对自由能的贡献从很大的可加部分中分离出来. 在宏观图像中,这个性质来源于:介质在某一区域的电性质的任何变化,由于麦克斯韦方程,甚至在此区域外也导致涨落场的变化. 当然,实际上,非可加性效应只在特征线度足够小(虽然比原子线度大)时才显现出来:例如薄膜,被狭缝分开的物体等等.

在每次计算电磁涨落对自由能的贡献时,数量级为介质非均匀性特征长度(膜的厚度,缝的宽度等等)的波长总是重要的. 这个事实正是宏观理论中范德瓦尔斯力按幂规律衰减的原因. 假如某一固定波长 λ_0的涨落是重要的,这将导致力以指数 $\sim r/\lambda_0$的指数函数规律衰减. 其次,因为特征线度,以及涨落的特征波长远大于原子线度,此涨落的一切性质和它对自由能的贡献,便完全由物体的复电容率来表征.

我们的目的,是计算作用在非均匀介质上的宏观力①. 作为推导的第一步,我们先来确定当电容率作微小变化时介质自由能的变化(忽略物质的磁性,即导磁率 $\mu=1$). 我们认为,ε 的变化引起系统哈密顿量某些微小的变化 $\delta\hat{H}$. 那时自由能的变化为

$$\delta F=\langle\delta\hat{H}\rangle. \tag{80.1}$$

此处平均是按无微扰哈密顿量 $\hat{H}$ 的吉布斯分布进行的(系统在给定温度和体积

① 以下阐述的理论属于 И. Е. Дзялошинский 和 Л. П. . Питаевский,(1959)

下）. 将 $\hat{H}$ 表成

$$\hat{H}=\hat{H}_0+\hat{V}_{长波},\quad \hat{V}_{长波}=-\int\hat{\boldsymbol{j}}\cdot\hat{\boldsymbol{A}}\mathrm{d}^3x \tag{80.2}$$

的形式①. 此处 $\hat{V}_{长波}$ 描述粒子和长波电磁场的相互作用，而 $\hat{H}_0$ 中包含所有其余的相互作用，其中也包括自由粒子和光子所对应的项[严格来说，(80.2)中的积分应当理解成在某一波矢 $k_0\ll\frac{1}{a}$ 处截断. 然而最终结果不出现截断参数]. 算符 $\hat{\boldsymbol{A}}$ 是长波场的矢势算符. 重要的是：对应电容率变化的算符 $\delta\hat{\boldsymbol{H}}$ 不包含 $\hat{\boldsymbol{A}}$——因为电容率只决定于原子距离上粒子的相互作用.

现在我们在(80.1)中变换到可称之为“长波相互作用表象”中的松原算符：在此表象中算符对 τ 的依赖关系，由哈密顿量中除了 $\hat{V}_{长波}$ 以外的一切项来确定. 用推导(38.7)一样的方法，我们得到

$$\delta F=\frac{1}{\langle\hat{\sigma}\rangle_0}\langle T_\tau\delta\hat{H}^{\mathrm{M}}\hat{\sigma}\rangle_0,\quad \hat{\sigma}=T_\tau\exp\iint_0^{1/T}\hat{\boldsymbol{j}}^{\mathrm{M}}\cdot\hat{\boldsymbol{A}}^{\mathrm{M}}\mathrm{d}^3x\mathrm{d}\tau, \tag{80.3}$$

此处 $\langle\cdots\rangle_0$ 表征按哈密顿量为 $\hat{H}_0$ 的吉布斯分布平均. 根据选定表象的意义，松原算符定义为

$$\hat{\boldsymbol{A}}^{\mathrm{M}}(\tau,\boldsymbol{r})=\exp(\tau\hat{H}_0)\hat{\boldsymbol{A}}(\boldsymbol{r})\exp(-\tau\hat{H}_0). \tag{80.4}$$

$\delta\hat{H}^{\mathrm{M}}$ 以及组成粒子流算符 $\boldsymbol{j}^{\mathrm{M}}$② 的 ψ 算符也同样定义. 因为 $\hat{H}_0$ 不包括长波光子与任何别的相互作用，所以 $\hat{\boldsymbol{A}}$ 和自由光子场的算符（松原的）一致；当然，对于粒子的 ψ 算符就不是这样，因为 $\hat{H}_0$ 中包含粒子之间的相互作用.

根据建立图技术的普遍原则，我们把(80.3)中的指数函数按 $\hat{V}_{长波}$ 的幂展开③. 此时在展开的每一项中，自由场算符 $\hat{\boldsymbol{A}}^{\mathrm{M}}$ 的乘积，根据维克定理，按通常方式以成对收缩的形式平均. 展开的零级项（不包括 $\hat{\boldsymbol{A}}^{\mathrm{M}}$ 的）给出 δF_0——未计及长波涨落的自由能变化. 接着，平均 $\hat{\boldsymbol{A}}^{\mathrm{M}}$ 的线性项，其结果为零. 在场的平方项中，两个算符的收缩 $\langle\hat{A}_i^{\mathrm{M}}\hat{A}_k^{\mathrm{M}}\rangle$ 给出 $\mathscr{D}_{ik}^{(0)}$——自由光子格林函数；这项可以用下图表述：

① 在这一节中取 $\hbar=1,c=1$.

② 为了避免记号的繁杂，我们在此表象省略了本应附加给算符的指标 0.

③ 在表达式 δF 中，考察分子的展开已足够，与通常一样，在分母中因子 $\langle\hat{\sigma}\rangle_0$ 的作用，归结为消除能分解成两个或两个以上不相连部分的图.

$$\delta F^{(2)} = \frac{1}{2} \cdot \text{[图]} \tag{80.5}$$

(提出的数值因子 1/2！是在指数函数展开时出现的)虚线白圈表征 $\mathscr{D}^{(0)}$ 函数，而画斜线的圆圈是一切其余因子的平均结果.

我们不想写出最后这个量的显形式；重要的恰好正是 $\delta\mathscr{P}_{ik}/4\pi$，此处 $\delta\mathscr{P}_{ik}$ 是当系统哈密顿量变化 $\delta\hat{H}$ 时极化算符的变化.

用同样方法研究 $\mathscr{D}$ 函数的变化，便容易确信这一点. 在算符的同一表象中，此函数由下式给出

$$\mathscr{D}_{ik}(\tau_1, \boldsymbol{r}_1; \tau_2, \boldsymbol{r}_2) = -\frac{1}{\langle\hat{\sigma}\rangle_0}\langle T_\tau \hat{A}_i^{\mathrm{M}}(\tau_1, \boldsymbol{r}_1)\hat{A}_k^{\mathrm{M}}(\tau_2, \boldsymbol{r}_2)\hat{\sigma}\rangle_0,$$

此处

$$\hat{\sigma} = T_\tau \exp\int_0^{1/T}(-\hat{V}_{长波}^{\mathrm{M}} - \delta\hat{H}^{\mathrm{M}})\mathrm{d}\tau$$

在"相互作用"中不仅包括 $\hat{V}_{长波}$ 而且还包括 $\delta\hat{H}$. 待求的变化 $\delta\mathscr{D}_{ik}$，可由此式按 $\delta\hat{H}^{\mathrm{M}}$ 的幂展开的线性项给出：

$$\delta\mathscr{D}_{ik} = \frac{1}{\langle\hat{\sigma}\rangle_0}\langle T_\tau \int \delta\hat{H}\mathrm{d}\tau \cdot \hat{A}_i^{\mathrm{M}}(\tau_1, \boldsymbol{r}_1)\hat{A}_k^{\mathrm{M}}(\tau_2, \boldsymbol{r}_2)\exp\int \hat{\boldsymbol{j}}^{\mathrm{M}} \cdot \hat{\boldsymbol{A}}^{\mathrm{M}} \cdot \mathrm{d}^3x\mathrm{d}\tau\rangle_0. \tag{80.6}$$

在按 $\hat{V}_{长波}$ 的幂展开剩余的指数函数时，零级项应当去掉：因为与它对应的是不相连图(将缩并 $\langle\hat{A}_i^{\mathrm{M}}\hat{A}_k^{\mathrm{M}}\rangle$ 从不含变量 $\boldsymbol{r}_1, \boldsymbol{r}_2$ 的其他因子中分离出来). 一级项中包含奇数个 $\hat{\boldsymbol{A}}$ 算符，因而在平均时变为零，最后，二级项在 $\delta\mathscr{D}_{ik}$ 中给出用下图描述的表达式

$$\delta\mathscr{D}_{ik}^{(2)} = \text{[图]} \tag{80.7}$$

其圆圈与(80.5)中的相同(由于考虑到算符 $\hat{V}_{长波}$ 中的"内部"算符 A 与"外部"算符 $\hat{A}_i^M$ 和 $\hat{A}_k^M$ 有两种缩并方式，此时 1/2 因子便被消去). 另一方面，按极化算符定义，在所讨论的近似中，格林函数用下列求和式表述

$$\mathscr{D}_{ik} = \text{[图]} + \text{[图]},$$

此处白圆圈是极化算符 $\mathscr{P}_{ik}/4\pi$. 因此，这个函数的变分便给出带有用 $\delta\mathscr{P}_{ik}/4\pi$ 表示的画斜线圆圈的图(80.7).

在(80.3)中展开的后续各项，乃是对(80.5)图的虚线和圆圈的各级修正.

这些修正将虚线变成精确的函数 $\mathscr{D}_{ik}$. 如前所述,对 $\delta\mathscr{P}_{ik}$ 的长波修正是很小的,因此马上可以把 $\delta\mathscr{P}_{ik}$ 理解成精确的极化算符的变分.

这个结果可写成解析形式(按变量 τ 进行傅里叶展开之后)①

$$\delta F = \delta F_0 - \frac{1}{2}\sum_{s=-\infty}^{\infty} T\int \mathscr{D}_{ik}(\zeta_s;\boldsymbol{r}_1,\boldsymbol{r}_2)\frac{1}{4\pi}\delta\mathscr{P}_{ki}(\zeta_s;\boldsymbol{r}_2,\boldsymbol{r}_1)\cdot \mathrm{d}^3x_1\mathrm{d}^3x_2. \tag{80.8}$$

根据(79.17),极化算符的变化用电容率的变化(对各向同性介质)来表示:

$$\delta\mathscr{P}_{ik}(\zeta_s;\boldsymbol{r}_1,\boldsymbol{r}_2) = \zeta_s^2\delta_{ik}\delta(\boldsymbol{r}_1-\boldsymbol{r}_2)\delta\varepsilon(\mathrm{i}|\zeta_s|,\boldsymbol{r}_1);$$

此处的 δ 函数可消除(80.8)中的一个积分. 考虑到 $\mathscr{D}_{ik}$ 是 ζ_s 的偶函数,将(80.8)改写为

$$\delta F = \delta F_0 - \frac{T}{4\pi}\sum_{s=0}^{\infty}{}' \int \zeta_s^2\mathscr{D}_{ll}(\zeta_s;\boldsymbol{r},\boldsymbol{r})\delta\varepsilon(\mathrm{i}|\zeta_s|,\boldsymbol{r})\mathrm{d}^3x, \tag{80.9}$$

此处只对 s 的正值取和,求和号上的一撇,表示零级项应当有因子 1/2(这项是有限的;因子 ζ_s^2 消除 $\mathscr{D}_{ll}$ 在 $\zeta_s=0$ 时的发散性).

为了书写今后的公式,除函数 $\mathscr{D}_{ik}$ 外,最好采用类似于(76.3—76.4)式的两个函数:

$$\begin{aligned}\mathscr{D}^E_{ik}(\zeta_s;\boldsymbol{r},\boldsymbol{r}') &= -\zeta_s^2\mathscr{D}_{ik}(\zeta_s;\boldsymbol{r},\boldsymbol{r}'),\\ \mathscr{D}^H_{ik}(\zeta_s;\boldsymbol{r},\boldsymbol{r}') &= \mathrm{rot}_{il}\mathrm{rot}'_{km}\mathscr{D}_{lm}(\zeta_s;\boldsymbol{r},\boldsymbol{r}'),\end{aligned} \tag{80.10}$$

则 δF 最后可写为下列形式

$$\delta F = \delta F_0 + \frac{T}{4\pi}\sum_{s=0}^{\infty}{}' \int \mathscr{D}^E_{ll}(\zeta_s;\boldsymbol{r},\boldsymbol{r})\delta\varepsilon(\mathrm{i}|\zeta_s|,\boldsymbol{r})\mathrm{d}^3x. \tag{80.11}$$

现在我们利用公式(80.11)来确定作用在非均匀介质内的力. 已假定介质是各向同性的;现在再认为它是液体. 于是,它在每一点的状态变化(温度一定时)只能与密度 ρ 的变化有关.

我们假设,介质进行等温的微小形变,其位移矢量为 $\boldsymbol{u}(\boldsymbol{r})$. 与此对应的自由能的变化是

$$\delta F = -\int \boldsymbol{f}\cdot\boldsymbol{u}\mathrm{d}^3x. \tag{80.12}$$

此处 $\boldsymbol{f}$ 是作用在介质上体积力的密度. 另一方面如用同一个位移矢量来表达变分 δF_0 和 $\delta\varepsilon$,即可由(80.11)式确定这个变化 δF. 设 $P_0(\rho,T)$ 是在给定 ρ 和 T

---

① 我们不给出确定(80.5)型图(无自由端线图)记号的一般规则. 只要把展开式(80.3)及(80.6)的相应项写出显形式,便容易建立给定情况下的一般规则. 不过,指出下列事实已足够了. 在(80.3)的此项中,包含一对 A 算符的一个收缩,而在(80.6)中是两对;因为一对收缩给出一个 $\mathscr{D}_{ik}$,所以图(80.5)和(80.7)具有相反的符号,于是使(80.8)具有负号.

值并未考虑范德瓦尔斯修正压强的情况下，相应的体积力密度是 $\boldsymbol{f}_0 = -\nabla P_0$，因此

$$\delta F_0 = \int \boldsymbol{u} \cdot \nabla P_0 \mathrm{d}^3 x.$$

其次，密度变化通过连续性方程 $\delta\rho = -\nabla \cdot (\rho \boldsymbol{u})$ 与位移矢量联系起来. 因此电容率的变化为

$$\delta\varepsilon = \frac{\partial\varepsilon}{\partial\rho}\delta\rho = -\frac{\partial\varepsilon}{\partial\rho}\nabla \cdot (\rho\boldsymbol{u}).$$

将此代入(80.11)，按物体的全部体积进行分部积分，然后把所得 δF 的表式与(80.12)比较，我们得到

$$\boldsymbol{f} = -\nabla P_0 - \frac{T}{4\pi} \sum_{s=0}^{\infty}{}' \rho \nabla \left[\mathscr{D}_{ll}^{E}(\zeta_s; \boldsymbol{r}, \boldsymbol{r}') \frac{\partial\varepsilon}{\partial\rho} \right]. \tag{80.13}$$

特别是，这个公式可立即确定对物体化学势的修正. 为此，我们写出力学平衡条件：$\boldsymbol{f}=0$. 此时考虑到在温度恒定下，

$$\mathrm{d}P_0(\rho, T) = \frac{\rho}{m}\mathrm{d}\mu_0(\rho, T),$$

此处 $\mu_0(\rho,T)$ 是物体无微扰时的化学势（m 是粒子的质量），则我们得到形如 $\rho \nabla\mu = 0$ 的条件，这里

$$\mu = \mu_0(\rho, T) + \frac{mT}{4\pi} \sum_{s=0}^{\infty}{}' \mathscr{D}_{ll}^{E}(\zeta_s; \boldsymbol{r}, \boldsymbol{r}') \frac{\partial\varepsilon}{\partial\rho}. \tag{80.14}$$

另一方面，任何非均匀物体的力学平衡条件，是化学势在体内为常数；因此，很明显，公式(80.14)就确定了这个化学势.

如所周知，所谓应力张量 σ_{ik} 可以最完全地描述介质内的作用力. σ_{ik} 与矢量 $\boldsymbol{f}$ 的分量用下列关系式联系起来：

$$f_i = \frac{\partial\sigma_{ik}}{\partial x_k}. \tag{80.15}$$

为了把公式(80.13)变换到这种形式，首先将它改写如下

$$f_i = -\frac{\partial P_0}{\partial x_i} + \frac{T}{4\pi} \sum{}' \frac{\partial}{\partial x_i} \left\{ \left(\varepsilon(\boldsymbol{r}) - \rho\frac{\partial\varepsilon}{\partial\rho} \right) \mathscr{D}_{ll}^{E}(\boldsymbol{r}, \boldsymbol{r}) \right\} - $$
$$ - \frac{T}{4\pi}\Sigma' \varepsilon(\boldsymbol{r}) \frac{\partial}{\partial x_i} \mathscr{D}_{ll}^{E}(\boldsymbol{r}, \boldsymbol{r})$$

（为简化起见，在中间公式内不写宗量 ζ_s）. 前两项已具有所要求的形式. 第三项写为

$$-\frac{T}{4\pi} \sum{}' \left\{ \varepsilon(\boldsymbol{r}')\frac{\partial}{\partial x_i} + \varepsilon(\boldsymbol{r})\frac{\partial}{\partial x'_i} \right\} \mathscr{D}_{ll}^{E}(\boldsymbol{r}, \boldsymbol{r}'),$$

将函数 $\mathscr{D}_{ll}(\boldsymbol{r}, \boldsymbol{r}')$ 对第一个宗量和第二个宗量的微商分开，在计算最后，使 $\boldsymbol{r} = \boldsymbol{r}'$. 我们利用下列方程[见(79.8)]进行计算

$$\hat{\Lambda}_{il}\mathscr{D}_{lk}(\boldsymbol{r},\boldsymbol{r}') = -4\pi\delta_{ik}\delta(\boldsymbol{r}-\boldsymbol{r}'),$$

$$\hat{\Lambda}'_{il}\mathscr{D}_{kl}(\boldsymbol{r},\boldsymbol{r}') = -4\pi\delta_{ik}\delta(\boldsymbol{r}-\boldsymbol{r}'),$$

此处

$$\hat{\Lambda}_{il} = \zeta_s^2\varepsilon(\boldsymbol{r})\delta_{il} + \mathrm{rot}_{im}\mathrm{rot}_{ml} = \zeta_s^2\varepsilon(\boldsymbol{r})\delta_{il} + \frac{\partial^2}{\partial x_i\partial x_l} - \delta_{il}\Delta.$$

结果我们得到等式(当 $\boldsymbol{r}=\boldsymbol{r}'$)

$$\varepsilon\frac{\partial}{\partial x_i}\mathscr{D}^E_{ll} = 2\frac{\partial}{\partial x_k}[\varepsilon\mathscr{D}^E_{ik} + \mathscr{D}^H_{ik}] - \frac{\partial}{\partial x_i}\mathscr{D}^H_{ll}.$$

应力张量最终有下列表达式:

$$\sigma_{ik} = -P_0\delta_{ik} - \frac{T}{2\pi}\sum_{s=0}^{\infty}{}'\left\{-\frac{1}{2}\delta_{ik}\left[\varepsilon(\mathrm{i}\zeta_s,\boldsymbol{r}) - \rho\frac{\partial\varepsilon(\mathrm{i}\zeta_s,\boldsymbol{r})}{\partial\rho}\right]\cdot\right.$$
$$\cdot\mathscr{D}^E_{ll}(\zeta_s;\boldsymbol{r},\boldsymbol{r}) + \varepsilon(\mathrm{i}\zeta_s,\boldsymbol{r})\mathscr{D}^E_{ik}(\zeta_s;\boldsymbol{r},\boldsymbol{r}) -$$
$$\left.-\frac{1}{2}\delta_{ik}\mathscr{D}^H_{ll}(\zeta_s;\boldsymbol{r},\boldsymbol{r}) + \mathscr{D}^H_{ik}(\zeta_s;\boldsymbol{r},\boldsymbol{r})\right\}. \tag{80.16}$$

然而,得到的公式还不具有直接的物理意义. 因为,函数 $\mathscr{D}_{ik}$ 在 $\boldsymbol{r}'\to\boldsymbol{r}$ 时以 $\dfrac{1}{|\boldsymbol{r}-\boldsymbol{r}'|}$ 的形式趋于无限大[借助于方程(79.8)容易相信这一点]. 这个发散性是大波矢量($k\sim 1/|\boldsymbol{r}-\boldsymbol{r}'|$)贡献的,而且只与方程(79.8)不适用于 $k\gtrsim a$ 的情况有关. 如果不明显地引入在大 k 处的截断,这个困难可以避免. 为此我们注意到,短波涨落与我们感兴趣的、跟介质非均匀性相联系的效应无关. 此涨落在物体的各给定点对热力学量的贡献,无论是均匀介质或是在该点仍有相同 $\varepsilon(\boldsymbol{r})$ 值的非均匀介质来说,都是相同的. 为了赋予公式唯一性的意义,即实际上不依赖于截断性质,因此在公式中应当引进相应的减除,就是说格林函数 $\mathscr{D}_{ik}(\zeta_s;\boldsymbol{r},\boldsymbol{r})$ 应当理解为差值的极限

$$\lim_{r'\to r}\{\mathscr{D}_{ik}(\zeta_s;\boldsymbol{r},\boldsymbol{r}') - \overline{\mathscr{D}}_{ik}(\zeta_s;\boldsymbol{r},\boldsymbol{r}')\}, \tag{80.17}$$

此处 $\overline{\mathscr{D}}_{ik}$ 是均匀无界的辅助介质的格林函数,它与真实介质在该点 $\boldsymbol{r}$ 有相同的电容率;这个极限已不发散. 在书写公式时,为了避免不必要的复杂性,仍然保持以前的形式,但公式中的 $\mathscr{D}_{ik}$ 已经理解为差值(80.17). 此时,$P_0(\rho,T)$ 是无界的均匀介质中在 ρ 和 T 给定时的压强.

无论在公式(80.16)还是在确定格林函数 $\mathscr{D}_{ik}$ 的方程(79.8)中,介质的性质都只以电容率 $\varepsilon(\mathrm{i}\zeta)$ 作为虚频率的函数而出现. 我们联想到,这个函数在实频率时与电容率的虚部,以下述简单关系相联系:

$$\varepsilon(\mathrm{i}\zeta) = 1 + \frac{2}{\pi}\int_0^{\infty}\frac{\omega\,\mathrm{Im}\,\varepsilon(\omega)}{\omega^2+\zeta^2}\mathrm{d}\omega \tag{80.18}$$

(见第八卷§82).因此可以说,在材料介质中,确定范德瓦尔斯力的唯一宏观特性量,归根到底乃是它的电容率的虚部.

公式(80.16)在形式上,精确地对应于宏观电动力学在恒定电磁场内麦克斯韦应力张量的著名公式,此时 $\boldsymbol{E}$ 和 $\boldsymbol{H}$ 分量的平方组合,用相应的函数 $-\mathscr{D}^{E}_{ik}$ 和 $-\mathscr{D}^{H}_{ik}$ 来代替.然而,这种类比并无太深刻的意义:它绝不表示交变电磁场也有吸收介质中应力张量那样的一般表达式(其中作为介质的特性量只是电容率).在这种情况下,我们遇到的不是任意的电磁场,而是介质中处于热平衡的固有涨落场.

§81　固体间相互作用的分子力·一般公式

我们应用上一节得到一般公式去计算固体间的作用力.这里唯一应该满足的条件,是两固体表面接近的微小距离必须大于固体中的原子距离.正是这个条件,允许用宏观的观点把被研究的物体看做连续介质,它们的相互作用看做借涨落电磁场实现的.此时重要的涨落是其波长达到问题的特征线度——物体间隙宽度的数量级①.

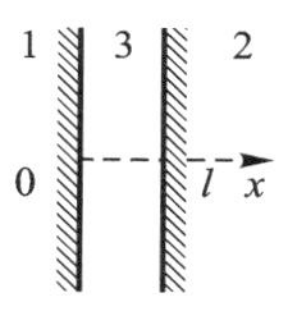

图 17

我们用标号 1 和 2 表征两个固体的量,而标号 3 是其间隙(图 17)的量.设间隙是平面平行的;x 轴垂直于平面(因此物体 1 和物体 2 的平面是 $x=0$ 和 $x=l$ 的面,此处 l 是隙宽).作用在单位表面积(例如物体 2)上的力 F,可以当做通过这表面流往物体的动量流来计算.动量流由间隙 $x=l$ 处电磁应力张量的 σ_{xx} 分量给出.在真空中 $\varepsilon=1$,表式 σ_{xx}(80.16)归结为②

$$F=\sigma_{xx}(l)=$$

$$=\frac{T}{4\pi}\sum_{n=0}^{\infty}{}'\{\mathscr{D}^{E}_{yy}(\zeta_n;l,l)+\mathscr{D}^{E}_{zz}(\zeta_n;l,l)-\mathscr{D}^{E}_{xx}(\zeta_n;l,l)+$$

$$+\mathscr{D}^{H}_{yy}(\zeta_n;l,l)+\mathscr{D}^{H}_{zz}(\zeta_n;l,l)-\mathscr{D}^{H}_{xx}(\zeta_n;l,l)\}. \tag{81.1}$$

(本节用字母 n 表示求和下标).

由于问题在 y 和 z 方向上的均匀性,函数 $\mathscr{D}_{ik}(\zeta_n;\boldsymbol{r},\boldsymbol{r}')$ 只依赖于差 $y-y'$ 和 $z-z'$[在(80.1)中没写出宗量 $y-y'$ 和 $z-z'$];$\mathscr{D}_{ik}(\zeta_n,\boldsymbol{q};x,x')$ 是按这些变量展开的傅里叶分量.则

$$\mathscr{D}_{ik}(\zeta_n;\boldsymbol{r},\boldsymbol{r})=\int\mathscr{D}_{ik}(\zeta_n,\boldsymbol{q};x,x)\frac{\mathrm{d}^2q}{(2\pi)^2}. \tag{81.2}$$

对函数 $\mathscr{D}_{ik}(\zeta_n,\boldsymbol{q};x,x')$,方程(79.8)取如下形式(矢量 $\boldsymbol{q}$ 方向沿 y 轴)

---

① §81,§82 的结果属于 Е. М. Лифшиц(1954)

② 中间的计算取 $\hbar=1,c=1$.

$$\left(w^2-\frac{\mathrm{d}^2}{\mathrm{d}x^2}\right)\mathscr{D}_{zz}(x,x')=-4\pi\delta(x-x'),$$

$$\left(w^2-q^2-\frac{\mathrm{d}^2}{\mathrm{d}x^2}\right)\mathscr{D}_{yy}(x,x')+\mathrm{i}q\frac{\mathrm{d}}{\mathrm{d}x}\mathscr{D}_{xy}(x,x')=-4\pi\delta(x-x'),$$

$$w^2\mathscr{D}_{xy}(x,x')+\mathrm{i}q\frac{\mathrm{d}}{\mathrm{d}x}\mathscr{D}_{yy}(x,x')=0,$$

$$w^2\mathscr{D}_{xx}(x,x')+\mathrm{i}q\frac{\mathrm{d}}{\mathrm{d}x}\mathscr{D}_{yx}(x,x')=-4\pi\delta(x-x'),$$

此处 $w=(\varepsilon\zeta_n^2+q^2)^{1/2}$，$\varepsilon=\varepsilon(\mathrm{i}\zeta_n)$，而 x' 起参数作用（分量 $\mathscr{D}_{xz}=\mathscr{D}_{yz}=0$，因为它们的方程是齐次的.）. 解这个方程组归结为只解两个方程：

$$\left(w^2-\frac{\mathrm{d}^2}{\mathrm{d}x^2}\right)\mathscr{D}_{zz}(x,x')=-4\pi\delta(x-x'),\tag{81.3}$$

$$\left(w^2-\frac{\mathrm{d}^2}{\mathrm{d}x^2}\right)\mathscr{D}_{yy}(x,x')=-\frac{4\pi w^2}{\varepsilon\zeta_n^2}\delta(x-x'),\tag{81.4}$$

解出之后，$\mathscr{D}_{xy}$ 和 $\mathscr{D}_{xx}$ 由下列方程确定

$$\mathscr{D}_{xy}(x,x')=-\mathrm{i}q/w^2\frac{\mathrm{d}}{\mathrm{d}x}\mathscr{D}_{yy}(x,x')$$

$$\mathscr{D}_{xx}(x,x')=-\frac{\mathrm{i}q}{w^2}\frac{\mathrm{d}}{\mathrm{d}x}\mathscr{D}_{yx}(x,x')-\frac{4\pi}{w^2}\delta(x-x')\tag{81.5}$$

此时应该考虑到，由于(79.5)，$\mathscr{D}_{yx}(\boldsymbol{r},\boldsymbol{r}')=\mathscr{D}_{xy}(\boldsymbol{r}',\boldsymbol{r})$，因而

$$\mathscr{D}_{yx}(\boldsymbol{q};x,x')=\mathscr{D}_{xy}(-\boldsymbol{q};x',x).$$

与电磁场强度切线分量连续性相对应的边界条件，归结为 $\mathscr{D}^E_{yk}$，$\mathscr{D}^E_{zk}$，$\mathscr{D}^H_{yk}$，$\mathscr{D}^H_{zk}$ 的连续性或者 $\mathscr{D}_{yk}$，$\mathscr{D}_{zk}$，$\mathrm{rot}_{yl}\mathscr{D}_{lk}$，$\mathrm{rot}_{zl}\mathscr{D}_{lk}$ 量的连续性.

利用(81.5)的第一等式，得出

$$\mathscr{D}_{zz},\quad \frac{\mathrm{d}}{\mathrm{d}x}\mathscr{D}_{zz},\quad \mathscr{D}_{yy},\quad \frac{\varepsilon}{w^2}\frac{\mathrm{d}}{\mathrm{d}x}\mathscr{D}_{yy},\tag{81.6}$$

在分界面上必须连续.

因为考虑到只在间隙区域计算应力张量. 所以立即认为 $0<x'<l$. 在 $0<x<l$ 区域，函数 $\mathscr{D}_{yy}$ 和 $\mathscr{D}_{zz}$ 由 $\varepsilon=1$，$w=w_3=(\zeta_n^2+q^2)^{1/2}$ 的方程(81.3－81.4)确定. 在区域 1 ($x<0$) 和区域 2 ($x>0$)，这些函数仍然满足将 ε，w 取做 ε_1，w_1 和 ε_2，w_2 的那两个方程，此时方程的右侧均为零（因为在此 $x\neq x'$）.

根据(80.17)，所需要的减除，应归结为从间隙区域中的所有函数 $\mathscr{D}_{ik}$ 减去这些函数在 $\varepsilon_1=\varepsilon_2=1$ 之值. 从而，特别是，可以略去(81.5)的第二等式右边的第二项，于是在间隙区域

$$\mathscr{D}_{xy}=-\frac{\mathrm{i}q}{w_3^2}\frac{\partial}{\partial x}\mathscr{D}_{yy},\quad \mathscr{D}_{xx}=-\frac{\mathrm{i}q}{w_3^2}\frac{\mathrm{d}}{\mathrm{d}x}\mathscr{D}_{yx}.\tag{81.7}$$

在解方程之前，还要做一注记. 方程(81. 3—81. 4)的一般解的形式是 $f^{-}(x-x')+f^{+}(x+x')$. 利用方程(81. 3—81. 4)，(81. 7)和函数 $\mathscr{D}_{ik}^{E}$ 及 $\mathscr{D}_{ik}^{H}$ 的定义，可以证明：与 $x+x'$ 之和有关的那部分格林函数 $\mathscr{D}_{ik}^{E}$ 和 $\mathscr{D}_{ik}^{H}$，对于力的表达式(81. 1)没有任何贡献. 在此我们不讲这个问题，因为这个结果从物理考虑中早已看出：如在形为 $f^{+}(x+x')$ 的解中取 $x=x'$，在间隙内我们就会得到与坐标有关的动量流——这与动量守恒定律相矛盾. 因此，今后在结果中我们只引用与 $x+x'$ 无关的那部分格林函数 $\bar{\mathscr{D}}_{ik}$ 的表达式.

现在我们来求函数 $\mathscr{D}_{zz}$. 它满足方程：

$$\left.\begin{aligned}\left(w_1^2-\frac{\mathrm{d}^2}{\mathrm{d}x^2}\right)\mathscr{D}_{zz}(x,x')&=0, \qquad x<0,\\ \left(w_2^2-\frac{\mathrm{d}^2}{\mathrm{d}x^2}\right)\mathscr{D}_{zz}(x,x')&=0, \qquad x>l,\\ \left(w_3^2-\frac{\mathrm{d}^2}{\mathrm{d}x^2}\right)\mathscr{D}_{zz}(x,x')&=-4\pi\delta(x-x'), 0<x<l.\end{aligned}\right\} \tag{81.8}$$

由此得到

$$\mathscr{D}_{zz}=A\mathrm{e}^{w_1x}, \quad x<0, \qquad \mathscr{D}_{zz}=B\mathrm{e}^{-w_2x}, \quad x>l.$$

$$\mathscr{D}_{zz}=C_1\mathrm{e}^{w_3x}+C_2\mathrm{e}^{-w_3x}-\frac{2\pi}{w_3}\mathrm{e}^{-w_3|x-x'|}, \quad 0<x<l.$$

在最后表达式中已考虑到：由于(81. 8)第三方程中的微商 $\mathrm{d}\mathscr{D}_{zz}/\mathrm{d}x$ 在 $x=x'$ 处有等于 4π 的跃变. 因 $\mathscr{D}_{zz}$ 和 $\mathrm{d}\mathscr{D}_{zz}/\mathrm{d}x$ 需要连续的边界条件来确定 A,B,C_1,C_2（x' 的函数)，之后我们得到

$$\bar{\mathscr{D}}_{zz}=\frac{4\pi}{w_3\Delta}\cosh w_3(x-x')-\frac{2\pi}{w_3}\mathrm{e}^{-w_3|x-x'|}, \quad 0<x<l.$$

此处

$$\Delta=1-\mathrm{e}^{2w_3l}\frac{(w_1+w_3)(w_2+w_3)}{(w_1-w_3)(w_2-w_3)}.$$

减去 $\bar{\mathscr{D}}_{zz}$ 在 $w_1=w_2=w_3$（此时 $1/\Delta=0$）的值. 最后我们有

$$\bar{\mathscr{D}}_{zz}=\frac{4\pi}{w_3\Delta}\cosh w_3(x-x').$$

类似地解 $\mathscr{D}_{yy}$ 的方程，我们得到（减除之后）

$$\bar{\mathscr{D}}_{yy}=\frac{4\pi w_3}{\zeta_n^2\Delta_1}\cosh w_3(x-x'),$$

$$\Delta_1=1-\mathrm{e}^{2w_3l}\frac{(\varepsilon_1w_3+w_1)(\varepsilon_2w_3+w_2)}{(\varepsilon_1w_3-w_1)(\varepsilon_2w_3-w_2)},$$

并利用(81. 7)得

$$\mathscr{D}_{\tilde{x}y}=\mathscr{D}_{\tilde{y}x}=-\frac{4\pi\mathrm{i}q}{\zeta_n^2\Delta_1}\sinh w_3(x-x'),$$

$$\mathscr{D}_{\tilde{x}x}=-\frac{4\pi q^2}{\zeta_s^2 w_3\Delta_1}\cosh w_3(x-x').$$

现在算出函数 $\mathscr{D}_{ik}^{E}$ 和 $\mathscr{D}_{ik}^{H}$，根据(81.2)，将他们变换后，代入(81.1)，我们得到

$$F(l)=-\frac{T}{2\pi}\sum_{n=0}^{\infty}{}'\int_0^{\infty}w_3\left(\frac{1}{\Delta}+\frac{1}{\Delta_1}\right)q\mathrm{d}q.$$

最后，根据 $q=\zeta_n\sqrt{p^2-1}$，变换到新的积分变量 p，并返回通常单位，我们得到作用力 F 的最终表达式，即作用于被宽度为 l 的间隙隔开的两物体中每一物体的单位面积上的力：

$$F(l)=\frac{T}{\pi c^3}\sum_{n=0}^{\infty}{}'\zeta_n^3\int_1^{\infty}p^2\left\{\left[\frac{(s_1+p)(s_2+p)}{(s_1-p)(s_2-p)}\exp\left(\frac{2p\zeta_n}{c}l\right)-1\right]^{-1}+\right.$$
$$\left.+\left[\frac{(s_1+p\varepsilon_1)(s_2-p\varepsilon_2)}{(s_1-p\varepsilon_1)(s_2-p\varepsilon_2)}\exp\left(\frac{2p\zeta_n}{c}l\right)-1\right]^{-1}\right\}\mathrm{d}p,\qquad(81.9)$$

此处 $s_1=\sqrt{\varepsilon_1-1+p^2}$，$s_2=\sqrt{\varepsilon_2-1+p^2}$，$\zeta_n=2\pi nT/\hbar$，$\varepsilon_1$，$\varepsilon_2$ 是虚数频率 $\omega=\mathrm{i}\zeta_n$ 的函数；联想到 $\varepsilon(\mathrm{i}\zeta)$ 是正的实值，它从 $\zeta=0$ 时自己的静电值 ε_0 单调减少到 $\zeta=\infty$ 时的 1①. F 的正值对应于物体的吸引力. (81.9)的每一求和项的被积式都是正的，并且对每一给定 p 和 ζ_n 的值，都随 l 的增长而单调减少②，由此得出，$F>0$，$\mathrm{d}F/\mathrm{d}l<0$，也就是由空隙分开的物体，以随距离增加而单调减少的力吸引着.

一般公式(81.9)是很复杂的. 然而，通常由于温度对相互作用力的影响完全不重要，故此公式可以大大简化③. 问题是，由于在(81.9)中的被积式中存在指数函数，故在求和中只有 $\zeta_n\sim c/l$ 或 $n\sim c\hbar/lT$ 的项起主要作用. 这样一来，在 $lT/c\hbar\ll 1$ 的情况下，大 n 值才是重要的，因此在(81.9)中，可以从求和过渡到按 $\mathrm{d}n=\hbar\mathrm{d}\zeta/2\pi T$ 的积分. 此时，温度从公式中消失，从而我们得到如下结果：

$$F(l)=\frac{\hbar}{2\pi^2c^3}\int_0^{\infty}\int_1^{\infty}p^2\zeta^3\left\{\left[\frac{(s_1+p)(s_2+p)}{(s_1-p)(s_2-p)}\exp\left(\frac{2p\zeta}{c}l\right)-1\right]^{-1}+\right.$$

---

① 推导公式(81.9)时，假设两个物体是各向同性的. 因此，它对晶体的应用与可以忽略电容率的各向异性有关. 虽然在大多数情况下这是完全允许的，但应注意到，一般来说，物体的各向异性，还导致特殊效应——出现使物体趋于相互转动的力矩.

② 只要指出，对于 $s=(\varepsilon-1+p^2)^{1/2}$（此处 $p\geqslant 1$），当 $\varepsilon>1$ 时，有不等式 $\varepsilon p>s>p$，就容易相信这一点.

③ 在讲到温度影响时，我们不考虑电容率本身与温度有关的方面.

$$+\left[\frac{(s_1+p\varepsilon_1)(s_2+p\varepsilon_2)}{(s_1-p\varepsilon_1)(s_2-p\varepsilon_2)}\exp\left(\frac{2p\zeta}{c}l\right)-1\right]^{-1}\Bigg\}\mathrm{d}p\mathrm{d}\zeta. \qquad (81.10)$$

据上所述,此公式适用于 $l \ll c\hbar/T$ 的距离;在室温下此式给出的距离甚至达到 $\sim 10^{-4}$cm. 公式(81.10)在两种极限情况下还可进一步大大简化.

§82 固体间相互作用的分子力·极限情况

首先我们讲述“小”距离的极限情况,这个“小”距离,意味着它比给定物体的吸收谱的特征波长 λ_0 小. 至于讲到凝聚体的温度,在任何情况下它都小于在此起作用的 $\hbar\omega_0$(例如,在可见谱段),因此关于 a 的不等式显然是满足的.

由于被积式的分母有指数函数因子,在按 dp 积分时重要的是 $p\zeta l/c\sim 1$ 的区域. 此时,$p\gg 1$,所以在确定积分的主要项时可设 $s_1\approx s_2\approx p$. 在此近似下,(81.10)花括号中的第一项变为零. 第二项在引入 $x=2p\zeta l/c$ 的积分变量后给出

$$F(l)=\frac{\hbar}{16\pi^2 l^3}\int_0^\infty\int_0^\infty x^2\left[\frac{(\varepsilon_1+1)(\varepsilon_2+1)}{(\varepsilon_1-1)(\varepsilon_2-1)}\mathrm{e}^x-1\right]^{-1}\mathrm{d}x\mathrm{d}\zeta \qquad (82.1)$$

(在此近似下 dx 积分的下限用零来代替)①.

在此情况下力与距离的三次方成反比,不过,我们期望,这对应于两个原子间范德瓦耳斯力通常的规律(见 324 页的底注). 函数 $\varepsilon(\mathrm{i}\zeta)-1$ 随 ζ 的增加而单调减少并趋于零. 因此,从某个 $\zeta\sim\zeta_0$ 开始,ζ 值在积分中就不再提供主要的贡献:l 小的条件表明必须有 $l\ll c/\zeta_0$.

我们证明:如何能由宏观公式(82.1)过渡到真空中的个别原子之间的相互作用. 为此,我们形式地假设两个物体都足够稀薄. 从宏观的观点来看,这意味着它们的电容率接近于1,也就是差 ε_1-1 和 ε_2-1 都小. 则从(82.1)得出所需精度的公式

$$F=\frac{\hbar}{64\pi^2 l^3}\int_0^\infty\int_0^\infty x^2\mathrm{e}^{-x}(\varepsilon_1-1)(\varepsilon_2-1)\mathrm{d}x\mathrm{d}\zeta=$$

$$=\frac{\hbar}{32\pi^2 l^3}\int_0^\infty[\varepsilon_1(\mathrm{i}\zeta)-1][\varepsilon_2(\mathrm{i}\zeta)-1]\mathrm{d}\zeta.$$

在实轴 ω 上将 $\varepsilon(\mathrm{i}\zeta)$通过 $\mathrm{Im}\,\varepsilon(\omega)$表达出来,根据(80.18)得

---

① 当 a 由 ∞ 变到 1 时,下述积分

$$\frac{a}{2}\int_0^\infty\frac{x^2\mathrm{d}x}{a\mathrm{e}^x-1}$$

的变化不大:由 1 到 1.2. 因此实际上可以足够精确地将公式(82.1)写为下列形式

$$F=\frac{\hbar\bar{\omega}}{8\pi^2 l^3},\ \bar{\omega}=\int_0^\infty\frac{[\varepsilon_1(\mathrm{i}\zeta)-1][\varepsilon_2(\mathrm{i}\zeta)-1]}{[\varepsilon_1(\mathrm{i}\zeta)+1][\varepsilon_2(\mathrm{i}\zeta)+1]}\mathrm{d}\zeta,$$

量 $\bar{\omega}$ 对于两个物体的吸收谱来说起着某种特征频率的作用.

$$F=\frac{\hbar}{8\pi^4 l^3}\iiint\limits_0^\infty \frac{\omega_1\omega_2 \mathrm{Im}\varepsilon_1(\omega_1)\mathrm{Im}\varepsilon_2(\omega_2)}{(\omega_1^2+\zeta^2)(\omega_2^2+\zeta^2)}\mathrm{d}\zeta\mathrm{d}\omega_1\mathrm{d}\omega_2=$$

$$=\frac{\hbar}{16\pi^3 l^3}\iint\limits_0^\infty \frac{\mathrm{Im}\varepsilon_1(\omega_1)\mathrm{Im}\varepsilon_2(\omega_2)}{\omega_1+\omega_2}\mathrm{d}\omega_1\mathrm{d}\omega_2. \tag{82.2}$$

这个力相当于原子以如下的能量相互作用着，

$$U(r)=-\frac{3\hbar}{8\pi^4 n_1 n_2 r^6}\iint\frac{\mathrm{Im}\varepsilon_1(\omega_1)\mathrm{Im}\varepsilon_2(\omega_2)}{\omega_1+\omega_2}\mathrm{d}\omega_1\mathrm{d}\omega_2. \tag{82.3}$$

此处 r 是原子间的距离；n_1, n_2 是两个物体的原子数密度①. 这个公式与普通微扰论应用于双原子偶极相互作用而得出的著名的量子力学伦敦公式一致(见第三卷§89,习题). 在对比中应考虑到 $\varepsilon(\omega)$ 的虚部与“振子力”的谱密度 $f(\omega)$ 有如下的关系

$$\omega\mathrm{Im}\varepsilon(\omega)=\frac{2\pi^2 e^2}{m}nf(\omega)$$

(e, m 是电子的电荷和质量；见第八卷§62)；振子力用已知的方法通过原子偶极矩的矩阵元的平方来表述[见第三卷(149.10)].

我们来研究相反的“大”距离情况：$l\gg\lambda_0$. 然而，此时我们认为距离仍然不致大到打破不等式 $lT/\hbar c\ll 1$ 的程度.

在公式(81.10)中重新引入新的积分变量 $x=2pl\zeta/c$，但作为第二个变量的不是 ζ，而是 p. 则 ε_1 和 ε_2 是宗量 $\mathrm{i}\zeta=\mathrm{i}xc/2pl$ 的函数. 但由于在被积式的分母中存在 e^x，在按 $\mathrm{d}x$ 的积分中，有意义的是 $x\sim 1$ 的各值，因为 $p\geqslant 1$，则在大值 l 情况下，函数 ε 的宗量在变量的一切重要区域都接近于零. 与此相应，我们可以简单地将 $\varepsilon_1, \varepsilon_2$ 以它在 $\zeta=0$ 的值，也就是用静电电容率 $\varepsilon_{10}, \varepsilon_{20}$ 来代替. 这样一来，最后

$$F=\frac{\hbar c}{32\pi^2 l^4}\int_0^\infty\int_1^\infty\frac{x^3}{p^2}\left\{\left[\frac{(s_{10}+p)(s_{20}+p)}{(s_{10}-p)(s_{20}-p)}\mathrm{e}^x-1\right]^{-1}+\right.$$

$$\left.+\left[\frac{(s_{10}+p\varepsilon_{10})(s_{20}+p\varepsilon_{20})}{(s_{10}-p\varepsilon_{10})(s_{20}-p\varepsilon_{20})}\mathrm{e}^x-1\right]^{-1}\right\}\mathrm{d}p\mathrm{d}x, \tag{82.4}$$

$$s_{10}=\sqrt{\varepsilon_{10}-1+p^2},\quad s_{20}=\sqrt{\varepsilon_{20}-1+p^2}.$$

力随距离(如 l^{-4})增加而减少的规律，在此情况下对应于两原子间范德瓦耳斯力因计及推迟而减少的规律(见下面).

---

① 如果原子 1 和原子 2 的相互作用势能是 $U(r)=-ar^{-6}$，那么被宽为 l 的空隙所分开的两个半空间中，所有原子的成对相互作用总能量等于 $U_{总}=\frac{-a\pi n_1 n_2}{12l^2}$. 力是 $F=\frac{\mathrm{d}U_{总}}{\mathrm{d}l}=\frac{a\pi n_1 n_2}{6l^3}$. 这就是公式(82.2)和(82.3)的对应关系.

当两物体是金属时，公式(82.4)归之为十分简单的表达式. 对于金属，当 $\zeta\to0$ 时，函数 $\varepsilon(\mathrm{i}\zeta)\to\infty$；因此，对于金属应认为 $\varepsilon_0=\infty$. 取 $\varepsilon_{10}=\varepsilon_{20}=\infty$，我们得到

$$F=\frac{\hbar c}{16\pi^2 l^4}\int_0^\infty\int_1^\infty\frac{x^3\mathrm{d}p\mathrm{d}x}{p^2(\mathrm{e}^x-1)}=\frac{\pi^2\hbar c}{240 l^4}\tag{82.5}$$

(H. B. G. Casimir, 1948). 这个力根本与金属的种类无关[这性质在小距离处不出现，此处相互作用力不仅在 $\zeta=0$，而且在所有 ζ 值的情况下都依赖于函数 $\varepsilon(\mathrm{i}\zeta)$ 的行为].

图 18 是函数 $\phi_{\mathrm{II}}(\varepsilon_0)$ 的图，此函数确定两个相同电介质($\varepsilon_{10}=\varepsilon_{20}=\varepsilon_0$)之间的引力. 公式(82.4)的形式如下

$$F=\frac{\pi^2\hbar c}{240 l^4}\left(\frac{\varepsilon_0-1}{\varepsilon_0+1}\right)^2\phi_{\mathrm{II}}(\varepsilon_0)\tag{82.6}$$

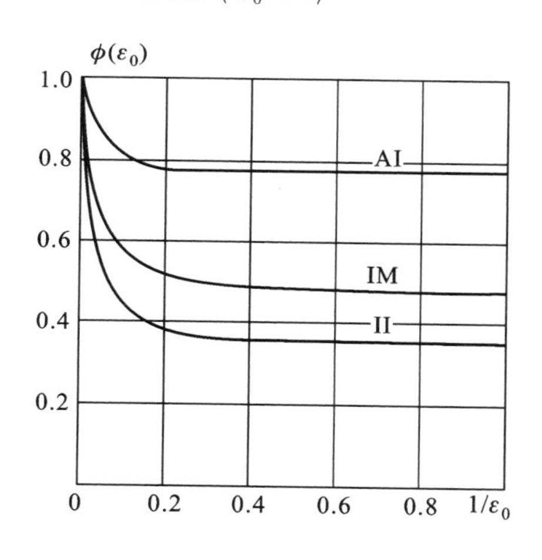

图 18

在这个图上还给出函数 ϕ_{IM} 的图. 此函数根据下列公式①确定电介质和金属($\varepsilon_{10}=\varepsilon_0,\varepsilon_{20}=\infty$)之间的引力.

$$F=\frac{\pi^2\hbar c}{240 l^4}\frac{\varepsilon_0-1}{\varepsilon_0+1}\phi_{\mathrm{IM}}(\varepsilon_0).\tag{82.7}$$

类似于以前(82.1)所做的，我们在(84.4)中，过渡到个别原子间的相互作用. 在 ε_0-1 很小的情况下，我们有

---

① 当 $\varepsilon_0\to1$ 时，函数 ϕ_{II} 和 ϕ_{IM} 值分别趋近于 0.35 和 0.46. 这与极限规律(82.8)以及本节习题(1)式相对应. 当 $\varepsilon_0\to\infty$ 时，两个函数趋近于与公式(82.5)相应的数值 1.

$$s_0 - p \approx \frac{\varepsilon_0 - 1}{2p}, \quad s_0 - p\varepsilon_0 \approx (\varepsilon_0 - 1)\left(-p + \frac{1}{2p}\right),$$

积分(82.4)取下列形式

$$F = \frac{\hbar c}{32\pi^2 l^4}(\varepsilon_{10} - 1)(\varepsilon_{20} - 1)\int_0^\infty x^3 e^{-x} dx \int_1^\infty \frac{1 - 2p^2 + 2p^4}{8p^6} dp,$$

由此得

$$F = \frac{\hbar c}{l^4}\frac{23}{640\pi^2}(\varepsilon_{10} - 1)(\varepsilon_{20} - 1). \tag{82.8}$$

这个力相当于两个原子以能量

$$U(r) = -\frac{23\hbar c}{4\pi r^7}\alpha_1\alpha_2 \tag{82.9}$$

相互作用,此处 α_1,α_2 是原子静极化系数($\varepsilon_0 = 1 + 4\pi n\alpha$). 公式(82.9)和量子电动力学在足够大的距离上(此时推迟效应已甚为重要),对两个原子间引力的计算结果相一致(见第四卷 § 85).

最后,我们研究使不等式 $lT/\hbar c >> 1$ 成立的大距离,这与可能忽视温度影响的要求相反. 在此情况下(81.9)的所有求和项中只需保留第一项. 然而,其中不可一开始就取 $n = 0$,因为这要产生不确定性:(因子 ζ_n^3 变为零,但对 dp 积分是发散的). 如果开头就用新的积分变量 $x = 2p\zeta_n l/c$ 来代替 p,这个困难就可避免(从而因子 ζ_n^3 消失). 然后取 $\zeta_n = 0$,我们得到

$$F = \frac{T}{16\pi l^3}\int_0^\infty x^2\left[\frac{(\varepsilon_{10} + 1)(\varepsilon_{20} + 1)}{(\varepsilon_{10} - 1)(\varepsilon_{20} - 1)}e^x - 1\right]^{-1} dx \tag{82.10}$$

这样一来,在足够大的距离上,引力减小得慢了,又重新出现规律 l^{-3}. 但系数与温度有关[(81.9)求和中的一切后续项都随 l 增大而作指数衰减]. 条件 $lT/\hbar c >> 1$ 本质上是经典性的条件($\hbar\omega << T$,此处 $\omega \sim c/l$). 因此,自然地,(82.10)中不包含 $\hbar$①.

习　题

试求原子与金属壁在"大"距离上的相互作用规律.

解:单个原子与凝聚体的相互作用,只要将其中一个物体(设为物体 2)看做是稀薄的介质就可得到. 如认为 $\varepsilon_{20} - 1$ 很小,并取 $\varepsilon_{10} = \infty$,从(82.4)得到

$$F = \frac{\hbar c(\varepsilon_{20} - 1)}{32\pi^2 l^4}\int_0^\infty x^3 e^{-x} dx \int_1^\infty \frac{dp}{2p^2} = \frac{3\hbar c(\varepsilon_{20} - 1)}{32\pi^2 l^4}. \tag{1}$$

---

① § 81, § 82 得到的公式,能够推广到固体间隙内充以液体的情况,以及在固体表面上有薄液膜的情况:见 И. Е. Дзялошинский, Е. М. Лифшиц, Л. П. Питаевский, УФН, 78, 381, 1961 (Soviet physics Uspekhi **4**. 153, 1961; Advances in Phys., V. **10**, P. 165, 1961.)

如果原子与壁之间的相互作用能 $U=-aL^{-4}$（L 是原子和壁之间的距离），则在靠壁空隙 l 的半空间内，原子之间的相互作用能为 $U_{总}=-an/3l^3$，而力 $F=\mathrm{d}U_{总}/\mathrm{d}l=an/l^4$，因此，得到的 F 值对应于单个原子与壁以如下能量相互吸引：

$$U(L)=-3\alpha_2\hbar c/8\pi L^4 \tag{2}$$

（H. B. G. Casimir, D. Polder, 1948）.

同理，对于原子和介电壁的相互作用，可得下列结果

$$U(L)=-\frac{3\hbar c\alpha_2}{8\pi L^4}\times\frac{(\varepsilon_{10}-1)}{(\varepsilon_{10}+1)}\phi_{A1}(\varepsilon_{10})$$

其函数 ϕ_{A1} 如图 18. 当 $\varepsilon_{10}\to1$ 时，此函数趋近于与公式(82.8)相应的值 23/30 = 0.77.

§83 液体中关联函数的渐近行为

长波电磁涨落也使均匀液体密度涨落的关联函数具有某些特殊性质.

我们记得（见第五卷 §116），关联函数 $\nu(r)$ 定义于：在空间两点粒子数密度 n 的涨落乘积的平均值为

$$\langle\delta n(\boldsymbol{r}_1)\delta n(\boldsymbol{r}_2)\rangle=\bar{n}\delta(\boldsymbol{r})+\bar{n}\nu(r),$$
$$\boldsymbol{r}=\boldsymbol{r}_1-\boldsymbol{r}_2. \tag{83.1}$$

关联函数与粒子间的相互作用有关，该函数在大距离上的渐近行为，由这个作用的远程范德瓦尔斯部分所决定. 因此 $\nu(r)$ 和范德瓦尔斯力一样，随距离增加而按幂的规律减小（J. Enderby, T. Gaskell, N. H. March, 1965）.

当然这也反映在关联函数傅里叶分量 $\nu(\boldsymbol{k})\equiv\nu(k)$ 的性质上. 如果液体粒子间的相互作用只是作用半径数量级为原子线度 a 的力，那么函数 $\nu(r)$ 将随距离按指数为 r/a 的指数函数规律减少①. 在傅里叶分量的术语中，这意味着，$\nu(k)$ 是 ka 的正则函数，它在 $ka\ll1$ 的情况下是按 ka 的偶次幂展开的. 远程力在 $k\sim1/\lambda_0$（而不是 $k\sim1/a$）的区域内，在 $\nu(k)$ 中已经有明显变化的项［以 $\nu_1(k)$ 表示］出现，此处 λ_0 是液体谱中的特征波长（$\lambda_0\gg a$）. 在 $ka\ll1$ 的区域内，参数 $k\lambda_0$ 可小可大；函数 $\nu_1(k)$ 在这区域内具有奇异性质.

为了计算关联函数，我们利用此函数与物体自由能对其密度的二阶变分微商的关系. 按定义，这个微商是自由能的变化与密度涨落（当温度给定时）的关系式中的 φ：

---

① 这里所讲的情况是液体处在温度 $T\sim\Theta$（$\Theta\sim\hbar u/a$ 是液体的“德拜温度”）并且远离临界点. 在临界点附近，关联半径是无限增长的（见第五卷 §152, §153）. 在 $T\ll\Theta$ 的低温下，关联半径也能增长到 $\hbar u/T$ 的数量级（见下面的 §87）.

$$\delta F=\frac{1}{2}\int\varphi(|\boldsymbol{r}_1-\boldsymbol{r}_2|)\delta n(\boldsymbol{r}_1)\delta n(\boldsymbol{r}_2)\mathrm{d}^3x_1\mathrm{d}^3x_2. \tag{83.2}$$

这个函数的傅里叶分量 $\varphi(\boldsymbol{k})\equiv\varphi(k)$ 与待求函数 $\nu(k)$ 的关系为

$$\nu(k)=\frac{T}{\bar{n}\varphi(k)}-1 \tag{83.3}$$

[见第五卷(116.14)]. 我们强调指出,这个公式假设涨落是经典的,它要求 $\hbar\omega\ll T$. 此处 ω 是波矢为 k 的振动频率. 取 $\omega\sim ku$(此处 u 是液体中的声速),我们得到条件

$$\hbar ku\ll T, \tag{83.4}$$

这与距离 $r\gg\hbar u/T$ 相对应.

与短程作用力有关的函数 $\varphi(k)$ 的"正则"部分,是按 k 的幂展开的第一项(当 $ka\ll1$)并用 b 来表示它,可写出

$$\varphi(k)\approx b+\varphi_1(k), \tag{83.5}$$

此处 $\varphi_1(k)$ 是我们感兴趣的函数 $\varphi(k)$ 的"奇异"部分①. 由于范德瓦尔斯力比较弱,$\varphi_1(k)\ll b$,因此,将(83.5)代入(83.3),结果可表为如下形式

$$\nu(k)=\frac{T}{\bar{n}b}-1-\frac{T}{\bar{n}b^2}\varphi_1(k). \tag{83.6}$$

因为 $\nu(k)$ 跟 $\varphi_1(k)$ 是线性关系,所以函数 $\nu(r)$ 在大距离上就是

$$\nu(r)=-\frac{T}{\bar{n}b^2}\varphi_1(r). \tag{83.7}$$

(83.6)中的第一项(不依赖于 k)对应于短程作用力(忽视其作用半径时),是形如 $\mathrm{const}\cdot\delta(\boldsymbol{r})$ 的坐标函数.

我们从自由能变分的公式(80.11)出发,来确定 $\varphi_1(r)$. 在公式中写出

$$\partial\varepsilon(\mathrm{i}\zeta_s,\boldsymbol{r})=\frac{\partial\varepsilon(\mathrm{i}\zeta_s)}{\partial\bar{n}}\delta n(\boldsymbol{r}). \tag{83.8}$$

我们看出,表达式

$$-\frac{T}{4\pi\hbar c^2}\sum_{s=0}^{\infty}{}'\zeta_s^2\mathscr{D}_{ll}(\zeta_s;\boldsymbol{r},\boldsymbol{r})\frac{\partial\varepsilon(\mathrm{i}\zeta_s)}{\partial\bar{n}}$$

乃是自由能对密度的一阶变分微商. 同样,对于二阶微商,应当变分这个公式,亦即求②

$$-\frac{T}{4\pi\hbar c^2}\sum_{s=0}^{\infty}{}'\zeta_s^2\delta\mathscr{D}_{ll}(\zeta_s;\boldsymbol{r},\boldsymbol{r})\frac{\partial\varepsilon(\mathrm{i}\zeta_s)}{\partial\bar{n}}. \tag{83.9}$$

---

① 常数 b 通过液体的热力学量以 $b=\frac{1}{\bar{n}}\left(\frac{\partial P}{\partial\bar{n}}\right)_T$ 来表示(见第五卷 §152).

② 只有对函数 $\mathscr{D}_{ll}$ 变分. 变分函数 ε 在 $\varphi(r)$ 中将出现与远程作用力无关的,形如 $\mathrm{const}\cdot\delta(\boldsymbol{r})$ 的项.

$\mathscr{D}$ 函数本身满足方程(79.8)：

$$\left[\frac{\partial^2}{\partial x_i \partial x_l} - \delta_{il}\boldsymbol{\Delta} + \frac{\zeta_s^2}{c^2}\varepsilon(\mathrm{i}\zeta_s, \boldsymbol{r})\delta_{il}\right]\mathscr{D}_{lk}(\zeta_s; \boldsymbol{r}, \boldsymbol{r}') = -4\pi\hbar\delta_{ik}\delta(\boldsymbol{r}-\boldsymbol{r}'), \tag{83.10}$$

而它的变分给出 $\mathscr{D}$ 函数的变分方程：

$$\left[\frac{\partial^2}{\partial x_i \partial x_l} - \delta_{il}\boldsymbol{\Delta} + \frac{\zeta_s^2}{c^2}\varepsilon(\mathrm{i}\zeta_s)\delta_{il}\right]\delta\mathscr{D}_{lk}(\zeta_s, \boldsymbol{r}, \boldsymbol{r}') = -\frac{\zeta_s^2}{c^2}\delta\varepsilon(\mathrm{i}\zeta_s, \boldsymbol{r})\mathscr{D}_{ik}(\zeta_s; \boldsymbol{r}, \boldsymbol{r}'). \tag{83.11}$$

只要根据(83.10)，注意到“非微扰”格林函数 $\mathscr{D}_{ik}$ 就是这个方程的格林函数，方程(83.11)的解便可立即写出；因此，

$$\delta\mathscr{D}_{ik}(\zeta_s; \boldsymbol{r}, \boldsymbol{r}') = \frac{\zeta_s^2}{4\pi\hbar c^2}\int \delta\varepsilon(\mathrm{i}\zeta_s, \boldsymbol{r}'')\mathscr{D}_{lk}(\zeta_s; \boldsymbol{r}'', \boldsymbol{r}')\mathscr{D}_{li}(\zeta_s; \boldsymbol{r}'', \boldsymbol{r})\,\mathrm{d}^3x''.$$

[在此也用了 $\mathscr{D}_{il}(\boldsymbol{r}, \boldsymbol{r}'') = \mathscr{D}_{li}(\boldsymbol{r}'', \boldsymbol{r})$]. 最后，将(83.8)代入此式，然后与(83.9)一起，我们得到二阶变分微商

$$\varphi_1(r) = -\frac{T}{(4\pi\hbar c^2)^2}\sum_{s=0}^{\infty}{}'\zeta_s^4\left[\frac{\partial\varepsilon(\mathrm{i}\zeta_s)}{\partial\bar{n}}\right]^2\mathscr{D}_{lm}^2(\zeta_s; \boldsymbol{r}_1, \boldsymbol{r}_2). \tag{83.12}$$

($r = |\boldsymbol{r}_1 - \boldsymbol{r}_2|$). 当 $r \gg \hbar u/T$ 时这个公式连同(83.7)给出待求的关联函数 $\nu(r)$ 的普遍表达式(М. П. Кемоклидзе, Л. М. Питаевский, 1970).

前面所取波矢量的条件(83.4)等价于距离的条件 $r \gg \hbar u/T$. 与这个条件同时如果再限定 r 值的上限：

$$\hbar c/T \gg r \gg \hbar u/T, \tag{83.13}$$

那么，在求和中大 s 值将是重要的，因此对离散“频率”$\zeta_s = 2\pi Ts/\hbar$ 求和，可用对 $\mathrm{d}s = \hbar\mathrm{d}\zeta/2\pi T$ 的积分代替：

$$\nu(r) = \frac{T}{\bar{n}b^2\hbar c^4}\int_0^{\infty}\left[\frac{1}{4\pi}\frac{\partial\varepsilon(\mathrm{i}\zeta)}{\partial\bar{n}}\right]^2\zeta^4\mathscr{D}_{lm}^2(\zeta; \boldsymbol{r}_1, \boldsymbol{r}_2)\frac{\mathrm{d}\zeta}{2\pi}. \tag{83.14}$$

在(77,6)做 $\omega\to\mathrm{i}\zeta$ 的代换，就得到函数 $\mathscr{D}_{lm}$. 进行微商并且平方，我们得到

$$\mathscr{D}_{lm}^2 = \frac{2\hbar^2}{r^2}\mathrm{e}^{-2w}\left(1 + \frac{2}{w} + \frac{5}{w^2} + \frac{6}{w^3} + \frac{3}{w^4}\right),$$

$$w = r\zeta\sqrt{\varepsilon(\mathrm{i}\zeta)}/c. \tag{83.15}$$

将(83.15)代入(83.14)，得出相当复杂的表达式. 然而在两种极限下它可以简化.

在“小”距离的情况($r \ll \lambda_0$. 对比 §81)，在积分中 $\zeta \sim c/\lambda_0$ 的区域是主要的；此时，$r\zeta/c \ll 1$，因此在(83.15)中可以用 1 代替指数函数因子，而在括号中仅保留最后一项，则得

$$\nu(r) = \frac{A}{r^6}, \quad A = \frac{3\hbar T}{16\pi^3\bar{n}b^2}\int_0^{\infty}\left[\frac{\partial\varepsilon(\mathrm{i}\zeta)}{\partial\bar{n}}\right]^2\frac{\mathrm{d}\zeta}{\varepsilon^2(\mathrm{i}\zeta)}, \quad r \ll \lambda_0. \tag{83.16}$$

这个函数的傅里叶变换式①为

$$\nu(k)=\frac{\pi^2}{12}Ak^3,\quad k\lambda_0\gg 1. \tag{83.17}$$

在相反的"大"距离情况($r\gg\lambda_0$).积分中 $\zeta\sim c/r\ll c/\lambda_0\sim\omega_0$ 的区域是主要的.因此,可以用静电值 ε_0 代替 $\varepsilon(\mathrm{i}\zeta)$ 并且可以将 $\left(\frac{\partial\varepsilon_0}{\partial n}\right)^2$ 从(83.14)的积分号下提出来.此后积分就简单了[此时(83.15)的一切项都给出同一数量级的贡献].结果得到

$$\nu(r)=\frac{B}{r^7},\ B=\frac{23\hbar cT}{64\pi^3\varepsilon_0^{3/2}\bar{n}b^2}\left(\frac{\partial\varepsilon_0}{\partial\bar{n}}\right)^2,\quad r\gg\lambda_0. \tag{83.18}$$

这个函数的傅里叶变换式为

$$\nu(k)=-\frac{\pi}{30}Bk^4\ln k\lambda_0,\quad k\lambda_0\ll 1. \tag{83.19}$$

§84　电容率的算符表达式

本节我们用电荷密度算符的对易子得出介质电容率的有用表达式(P. Nozieres, D. Pines, 1958).这个公式与考虑到电磁场特性的久保公式相似.

我们所研究的均匀介质,其电容率不仅有时间色散而且有空间色散.这就意味着感应强度 $\boldsymbol{D}(t,\boldsymbol{r})$ 不仅与以前各时刻的、而且与空间其他点的场强 $\boldsymbol{E}(t,\boldsymbol{r})$ 的数值有关.这样的依赖关系可以表为一般形式:

$$D_i(t,\boldsymbol{r})=E_i(t,\boldsymbol{r})+\iint_0^\infty f_{ik}(\tau,\boldsymbol{r}')E_k(t-\tau,\boldsymbol{r}-\boldsymbol{r}')\,\mathrm{d}^3x'\mathrm{d}\tau. \tag{84.1}$$

对于 $\boldsymbol{E},\boldsymbol{D}\propto\exp[\mathrm{i}(\boldsymbol{k}\cdot\boldsymbol{r}-\omega t)]$ 的单色场,这种关系归结为

$$D_i=\varepsilon_{ik}(\omega,\boldsymbol{k})E_k, \tag{84.2}$$

此处

$$\varepsilon_{ik}(\omega,\boldsymbol{k})=\delta_{ik}+\iint_0^\infty f_{ik}(\tau,\boldsymbol{r}')e^{\mathrm{i}(\omega\tau-\boldsymbol{k}\cdot\boldsymbol{r}')}\,\mathrm{d}^3x'\mathrm{d}\tau \tag{84.3}$$

我们所研究的介质不仅是均匀的、各向同性的而且不具有天然光学活性.其电容率成为仅由波矢量 $\boldsymbol{k}$ 组成的张量.这种张量的一般形式为

---

① 在 $\boldsymbol{k}$ 空间的球坐标内,直接积分可得

$$I_\nu\equiv\lim_{\lambda=+0}\int e^{\mathrm{i}\boldsymbol{k}\cdot\boldsymbol{r}-\lambda k}k^\nu\frac{\mathrm{d}^3k}{(2\pi)^3}=-\frac{\Gamma(\nu+2)\sin(\pi\nu/2)}{2\pi^2r^{\nu+3}}.$$

为核对公式(83.17)所需的积分是 I_3.而为核对公式(83.19)所需积分的计算则是 $\nu=4$ 时的 $\frac{\mathrm{d}I_\nu}{\mathrm{d}\nu}$.

$$\varepsilon_{ik}=\varepsilon_{l}(\omega,\boldsymbol{k})\frac{k_i k_k}{k^2}+\varepsilon_{t}(\omega,\boldsymbol{k})\left(\delta_{ik}-\frac{k_i k_k}{k^2}\right). \tag{84.4}$$

标量函数 ε_l 和 ε_t 分别称为**纵向电容率和横向电容率**. 如果场 $\boldsymbol{E}$ 是有势的,$\boldsymbol{E}=-\nabla\varphi$,则对于平面波,$\boldsymbol{E}$ 平行于波矢($\boldsymbol{E}=-\mathrm{i}\boldsymbol{k}\varphi$),因而 $\boldsymbol{D}=\varepsilon_l\boldsymbol{E}$. 如果场是有旋的($\nabla\cdot\boldsymbol{E}=\mathrm{i}\boldsymbol{k}\cdot\boldsymbol{E}=0$),则 $\boldsymbol{E}$ 垂直于波矢,因而 $\boldsymbol{D}=\varepsilon_t\boldsymbol{E}$.

我们注意到(比较第八卷 §103),这样描述介质的性质时,把微观电流密度的平均值 $\overline{\rho\boldsymbol{v}}$($\rho$ 是电荷密度)分成两部分:$\frac{\partial\boldsymbol{P}}{\partial t}$ 和 $c\nabla x\boldsymbol{M}$ 已经失去意义. 此处 $\boldsymbol{P}$ 是电极化强度,而 $\boldsymbol{M}$ 是介质的磁化强度. 换句话说,麦克斯韦方程可写成如下形式

$$\nabla x\boldsymbol{E}=-\frac{1}{c}\frac{\partial\boldsymbol{B}}{\partial t},\quad \nabla x\boldsymbol{B}=\frac{1}{c}\frac{\partial\boldsymbol{D}}{\partial t}$$

(在磁感应强度 $\boldsymbol{B}$——微观磁场强度的平均值之外)不必再引入矢量 $\boldsymbol{H}$. 微观电流平均结果所出现的各项,都假定包括在定义 $\boldsymbol{D}=\boldsymbol{E}+4\pi\boldsymbol{P}$,$\overline{\rho\boldsymbol{v}}=\frac{\partial\boldsymbol{P}}{\partial t}$ 之中.

在应用中,更感兴趣的是纵向电容率. 我们通过考察系统对(由系统外源产生的)有势电场 $\boldsymbol{E}_{外}=-\nabla\varphi_{外}$ 的响应,来引入纵向电容率的算符表达式.

系统与此场的相互作用算符可写为

$$\hat{V}=\int\hat{\rho}(t,\boldsymbol{r})\varphi_{外}(t,\boldsymbol{r})\,\mathrm{d}^3x. \tag{84.5}$$

此处 $\hat{\rho}(t,\boldsymbol{r})$ 是系统中的电荷密度算符. 将此公式与一般公式(75.8)相对照,并将 $\varphi_{外}$ 看做"广义力"f. 根据(75.9—75.11),我们立即得到平均电荷密度按时间的傅里叶分量:

$$\bar{\rho}_{\omega}(\boldsymbol{r})=-\frac{\mathrm{i}}{\hbar}\int_0^{\infty}\int\mathrm{e}^{\mathrm{i}\omega t}\langle\hat{\rho}(t,\boldsymbol{r})\hat{\rho}(0,\boldsymbol{r}')-\hat{\rho}(0,\boldsymbol{r}')\hat{\rho}(t,\boldsymbol{r})\rangle\varphi_{\omega}^{外}(\boldsymbol{r}')\,\mathrm{d}^3x'\mathrm{d}t.$$

在此,也过渡到按空间的傅里叶分量并考虑到系统的均匀性,因而对易子的平均值仅依赖于差 $\boldsymbol{r}-\boldsymbol{r}'$,我们得到

$$\bar{\rho}_{\omega\boldsymbol{k}}=\alpha(\omega,\boldsymbol{k})\varphi_{\omega\boldsymbol{k}}^{外}, \tag{84.6}$$

此处

$$\alpha(\omega,\boldsymbol{k})=-\frac{\mathrm{i}}{\hbar}\int_0^{\infty}\int\mathrm{e}^{\mathrm{i}(\omega t-\boldsymbol{k}\cdot\boldsymbol{r})}\langle\hat{\rho}(t,\boldsymbol{r})\hat{\rho}(0,0)-\hat{\rho}(0,0)\hat{\rho}(t,\boldsymbol{r})\rangle\,\mathrm{d}^3x\mathrm{d}t. \tag{84.7}$$

电荷的平均密度与介质极化矢量的关系为 $\bar{\rho}=-\nabla\cdot\boldsymbol{P}$(见第八卷 §6). 其傅里叶分量由此得出

$$\bar{\rho}_{\omega\boldsymbol{k}}=-\mathrm{i}\boldsymbol{k}\cdot\boldsymbol{P}_{\omega\boldsymbol{k}}=-\mathrm{i}\frac{\varepsilon_l-1}{4\pi}\boldsymbol{k}\cdot\boldsymbol{E}_{\omega\boldsymbol{k}}.$$

另一方面,$\Delta\varphi_{外}=-4\pi\rho_{外}$,此处 $\rho_{外}$ 是产生外场的电荷密度. 感应强度 $\boldsymbol{D}$ 与此电

荷密度以方程$\nabla\cdot\boldsymbol{D}=-4\pi\rho_{外}$相联系. 从这两个方程得出

$$\varphi_{\omega k}^{外}=\frac{4\pi}{k^2}\rho_{\omega k}^{外}=\frac{i\varepsilon_1}{k^2}\boldsymbol{k}\cdot\boldsymbol{E}_{\omega k}.$$

最后,将此表达式代入(84.6),我们得到待求的纵向电容率的表达式

$$\frac{1}{\varepsilon_1(\omega,\boldsymbol{k})}=1+\frac{4\pi}{k^2}\alpha(\omega,\boldsymbol{k}). \tag{84.8}$$

严格说来,(84.7)中的$\hat{\rho}(t,\boldsymbol{r})$应理解为系统中所有粒子——电子和核的电荷密度算符. 然而,通常在ω和$\boldsymbol{k}$值的一切重要区间,对电容率的贡献主要来自电子;因此$\hat{\rho}$可理解为$e(\hat{n}-\bar{n})$,此处$\hat{n}$是电子的密度算符,而$\bar{n}$是它的平均值.

公式(84.7—84.8)还可以进一步变换,将其通过算符$\hat{\rho}$的傅里叶分量的矩阵元来表示. 为此,预先将(84.7)改写为下列形式

$$\alpha(\omega,\boldsymbol{k})=-\frac{i}{\hbar V}\int_0^{\infty}e^{i\omega t}\langle\hat{\rho}_{\boldsymbol{k}}(t)\hat{\rho}_{-\boldsymbol{k}}(0)-\hat{\rho}_{-\boldsymbol{k}}(0)\hat{\rho}_{\boldsymbol{k}}(t)\rangle dt, \tag{84.9}$$

(V是系统的体积). 海森伯算符$\hat{\rho}_{\boldsymbol{k}}(t)$的矩阵元可通过薛定谔算符矩阵元用

$$(\rho_{\boldsymbol{k}}(t))_{mn}=e^{i\omega_{mn}t}(\rho_{\boldsymbol{k}})_{mn}$$

来表述. 按矩阵乘积规则将算符之积展开后再根据(31.21)进行积分,最后我们得到

$$\frac{1}{\varepsilon_1(\omega,\boldsymbol{k})}=1+\frac{4\pi}{\hbar k^2V}\sum_n|(\rho_{\boldsymbol{k}})_{n0}|^2\left\{\frac{1}{\omega-\omega_{n0}+i0}-\frac{1}{\omega+\omega_{n0}+i0}\right\}, \tag{84.10}$$

此处下标0表示所求电容率的有关状态.

§85 简并等离子体

我们研究完全电离的等离子体. 它的离子构成经典玻耳兹曼气体,而电子成分是已经简并的. 为此,温度应当满足如下条件

$$\mu_i\ll T\lesssim\mu_e.$$

亦即

$$\hbar^2n^{2/3}/m_i\ll T\lesssim\hbar^2n^{2/3}/m_e. \tag{85.1}$$

(μ_e,μ_i是等离子体中电子和离子的化学势;m_e,m_i是它们的质量;n是粒子数密度;在估算中对n_e和n_i不加区别). 此时,还认为等离子体是弱非理想的. 为此,两个粒子在$l\sim n^{-\frac{1}{3}}$的距离上的库仑相互作用能,应小于它们的平均动能ε,对离子$\varepsilon\sim T$,而对电子$\varepsilon\sim\mu_e\sim n^{2/3}\hbar^2/m_e$. 由此得到条件

$$m_ee^2/\hbar^2\ll n^{1/3}\ll T/e^2. \tag{85.2}$$

在第五卷§80中已经证明,在这些条件下等离子体热力学量修正(对比理想气体的这些量值)的根源乃是电子的交换作用;这个相互作用能(对等离子体单位体积而言)是$\sim e^2n^{4/3}$. 简并等离子体中关联修正(经典等离子体的主要修正)小于交换修正,其比值为$\eta^{1/2}$,此处$\eta=m_ee^2/\hbar^2n^{1/3}\ll1$. 但是,对于简并等离

子体,它的计算具有方法论的意义并且给出应用图技术的有益例证.

等离子体粒子间库仑相互作用算符可写成

$$\hat{V}=\frac{e^2}{2}\sum_{a,b}\int\hat{\psi}^{+}_{a\alpha}\hat{\psi}'^{+}_{b\beta}\frac{z_a z_b}{|\boldsymbol{r}-\boldsymbol{r}'|}\hat{\psi}'_{b\beta}\hat{\psi}_{a\alpha}\mathrm{d}^3x\mathrm{d}^3x', \tag{85.3}$$

此处下标 a,b 记述粒子的种类——电子和不同种类离子;$z_a e$ 是粒子的电荷(对于电子 $z_e=-1$). 取松原绘景中的 ψ 算符,我们就得出该绘景的相互作用算符. 然后,建立计算平均值 $\langle\hat{V}\rangle$(按吉布斯分布)的图技术,使用普通的方法过渡到松原算符的相互作用绘景. 最后得出的微扰论级数乃是 $\langle\hat{V}\rangle$ 按 e^2 幂的展开式.

表达式(85.3)不包括"自由"变量(按此变量不能进行积分). 这种情况在图技术中表明,微扰论级数 $\langle\hat{V}\rangle$ 的各项用没有自由端线的图来表征. 约定这些图的虚线[4 维动量为 $Q=(\zeta_s,\boldsymbol{q})$]对应于因子①

$$-\varphi(\boldsymbol{q})=-\frac{4\pi}{q^2} \tag{85.4}$$

(不依赖于 ζ_s). 亦即取单位电荷场势 $\varphi(\boldsymbol{r})$ 的反号傅里叶分量. 现在还必须用粒子种类的下标 a 来标记实线[与 4 维动量 $P=(\zeta_s,\boldsymbol{p})$ 共同标记]. 每条实线对应于因子 $-\mathscr{G}^{(0)}_{a\alpha\beta}(P)$——自由粒子 a 的反号格林函数. 此时,图的实线组成封闭的圈,每个圈图包含的部件都标以相同的记号(例如 a). 图的每个顶点(一条虚线和两条 a 类实线的交点)与一个补充因子 $z_a e$ 相对应. 每个费米圈带一个补充因子(−1). 按此规则建立的图能给出量

$$-\frac{2}{V}\langle\hat{V}\rangle \tag{85.5}$$

的展开各项. 分母中的因子 V 是系统的体积;出现这个因子是因为级数每一项的积分式只与坐标之差有关. 因此,一个对 d^3x 的积分便给出体积 V. (85.5)的负号是按规则(85.4)定义虚线,即由于 $\varphi(\boldsymbol{q})$ 前是负号的结果. 因子 2 是将(85.3)的因子 1/2 返到等式左侧的结果.

在一级微扰论中有两种类型的图它们带有一切可能的 a 和 b:

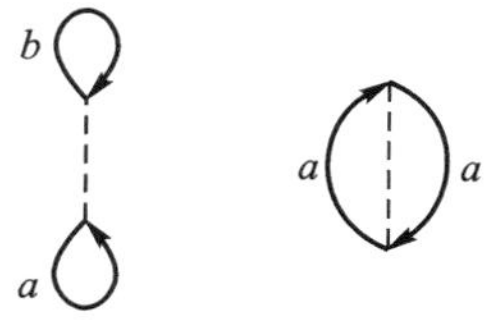

b a a a (85.6)

(a) (b)

① 本节后半部取 $\hbar=1, c=1$,而 e 代表基本电荷($e>0$).

(85.6(a))型的图,是由于在空间一些相同点 ψ 算符收缩的结果. 这样的图对应于空间均匀分布的粒子 a 和 b 的直接库仑相互作用:这些图的贡献由于等离子体的电中性而相互抵消(按全部 a,b 粒子成对求和). (85.6(b))型的图,是由于不同宗量 ψ 算符的收缩结果,并对应于该类粒子 a 的交换作用. 计算这个图导致第五卷 §80 得到的结果.

在下一级微扰论中有下列类型的图:

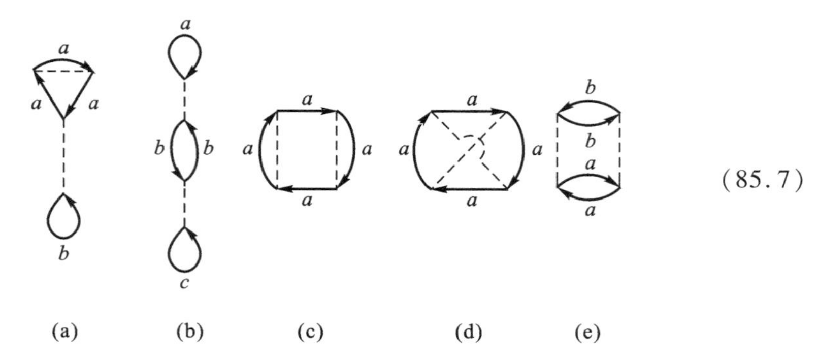

(85.7)

图(85.7a—b)是对图(85.6a)的修正,并由于同样原因在对所有 a,b,c 取和时相互抵消. 图(85.7c—d)是对交换作用能的小修正,在此意义不大.

图(85.7e)由于相应的积分发散而显示出“反常的大”. 这个发散是因为图中两条虚线有相同动量 $\boldsymbol{q}$ 而产生的(明显的原因在于顶点必须动量守恒). 因此,当 $\boldsymbol{q}$ 很小时,图中含有对$\frac{1}{q}$发散的积分 $\int \mathrm{d}^3q/q^4$.

在以下各级的近似中,除了修正型的图外,还有更强发散性的新的“圈”图出现,例如动量 $\boldsymbol{q}$ 相同的三条虚线的三级图

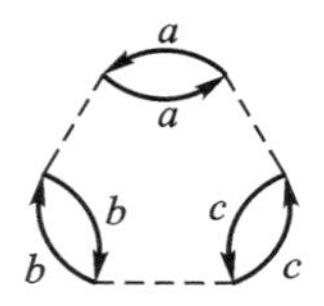

含有按 q^{-3}发散的积分 $\int q^{-6}\mathrm{d}^3q$.

总的说来,n 级圈图是由 n 条虚线连结的 n 个实圈所组成并按 $q^{-(2n-3)}$ 发散的.

对无限序列的圈图求和,可以看到,在微小量级为 e 的 q 值处会导致发散性的有效截断;因此所有这样的图,共同给$\langle \hat{V} \rangle$以微小量级为$(\mathrm{e}^2)^n/\mathrm{e}^{2n-3}=\mathrm{e}^3$ 的贡献,此贡献在图像上由下列骨架图(按粒子的种类)之和来表征:

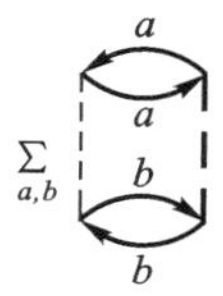

(85.8)

此处粗虚线是线形图

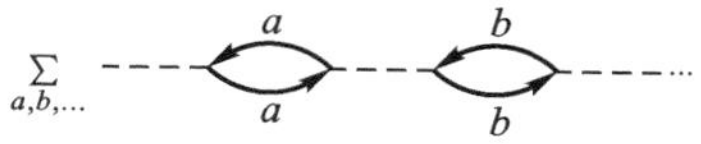

(85.9)

的无穷集合之和,其中每个线形图都有不同数目的实圈.

由于细虚线表征孤立电荷的库仑场势 φ,现在就用粗虚线表征被周围等离子体极化所扭曲的场势;此势用 Φ 表示. 所以,(85.8)的全部贡献便给出等离子体的平均相互作用能中所求的关联部分.

我们引入一 $\mathscr{P}(\zeta_s,\boldsymbol{q})/4\pi$ 来表征各类粒子的简单实圈之和,并用图中的小圆圈表征这个量:

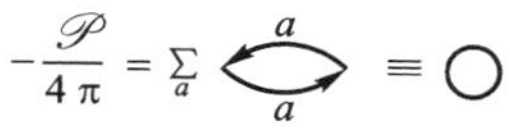

$$-\frac{\mathscr{P}}{4\pi}=\sum_a \quad (85.10)$$

我们注意到,不论粒子 a 遵守何种统计法,这个函数的宗量 ζ_s 均取“偶数”值 $\zeta_s=2s\pi T$. 实际上,在顶点由于频率守恒定律,这个宗量等于两条实线的频率差. 无论“偶数”项的差或“奇数”项的差,这个频率差都是“偶数”.

利用记号(85.10),以一个骨架图表述求和式(85.8):

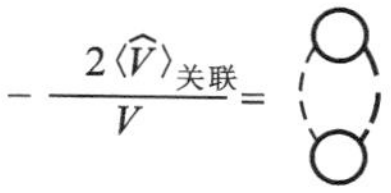

$$-\frac{2\langle\hat{V}\rangle_{\text{关联}}}{V}= \quad (85.11)$$

粗虚线本身满足图方程:

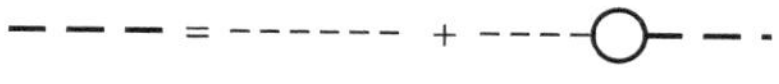

(85.12)

[完全类似于方程(14.4)和(79.13)]. 这个方程的解析形式为

$$-\Phi(\zeta_s,\boldsymbol{q})=-\varphi(\boldsymbol{q})-\varphi(\boldsymbol{q})\frac{\mathscr{P}(\zeta_s,\boldsymbol{q})}{4\pi}\Phi(\zeta_s,\boldsymbol{q}).$$

由此得

$$\Phi(\zeta_s,\boldsymbol{q})=\frac{4\pi}{q^2-\mathscr{P}(\zeta_s,\boldsymbol{q})}. \quad (85.13)$$

为了与§79的图建立联系,最好从另外的观点来考察这些公式. 因为,电荷

之间的库仑相互作用可以看做交换虚光子的结果. 然而，此时不利用规范(75.1)而利用所谓"库仑"规范(见第四卷 § 76)更为方便，在库仑规范中，$-D_{00}$ 恰好等于库仑势的傅里叶分量. 在此规范中，空间部分 D_{ik} 描述推迟的和磁的互作用，因而在非相对论等离子体中可以忽略它. 因此可以认为图(85.11)中的虚线相当于松原函数 $\mathscr{D}_{00}$，而函数 $\mathscr{P}$ 不是别的，恰好是极化算符的分量 $\mathscr{P}_{00}$，所以根据(79.18)可写为 $\mathscr{P}(\zeta_s,\boldsymbol{q}) = -q^2[\varepsilon_1(\mathrm{i}|\zeta_s|,\boldsymbol{q})-1]$[容易看出，在有空间色散的情况下在(79.18)中包含纵向电容率 ε_1]. 将此式代入(85.13)，我们得到

$$\Phi(\zeta_s,\boldsymbol{q}) = \frac{4\pi}{q^2\varepsilon_1(\mathrm{i}|\zeta_s|,\boldsymbol{q})}, \tag{85.14}$$

也就是应得到的介质中单位电荷势的傅里叶分量.

按松原技术的一般规则，将图(85.11)分解后，我们得到

$$\langle\hat{V}\rangle_{关联} = -\frac{VT}{2}\sum_s\int\frac{\mathscr{P}^2(\zeta_s,\boldsymbol{q})}{(4\pi)^2}\varphi(\boldsymbol{q})\Phi(\zeta_s,\boldsymbol{q})\frac{\mathrm{d}^3q}{(2\pi)^3} =$$

$$= -\frac{VT}{2}\sum_s\int\frac{\mathscr{P}^2(\zeta_s,\boldsymbol{q})}{q^2[q^2-\mathscr{P}(\zeta_s,\boldsymbol{q})]}\frac{\mathrm{d}^3q}{(2\pi)^3}. \tag{85.15}$$

下面我们将看出，在求和式中 $s=0$ 项起主要作用，此时相应的积分由小 $\boldsymbol{q}$ 区域来确定. 因此，计算(85.15)，实际上只要知道在 $\boldsymbol{q}\to 0$ 时 $\mathscr{P}(0,\boldsymbol{q})$ 的极限值就足够了. 这个量甚至不按图(85.10)进行直接计算而从简单的物理考虑便可容易地确定.

在 $\zeta_s=0$ 时，函数 $\varphi(0,\boldsymbol{q})$ 是等离子体中单位电荷静电场势 $\Phi(r)$ 的傅里叶变换式. 非微扰势 $\varphi(r)$ 满足右侧为 δ 函数的泊松方程：$\Delta\varphi = -4\pi\delta(\boldsymbol{r})$. 势 Φ 因等离子体极化将被扭曲，其方程可将等离子体电荷密度在场影响下的变化 $\delta\rho$ 加到右侧而得到：

$$\Delta\Phi = -4\pi[\delta(\boldsymbol{r})+\delta\rho]. \tag{85.16}$$

另一方面，在 $\boldsymbol{q}\to 0$ 时，我们涉及的是等离子体体积内缓变的场. 此场内下列热力学平衡条件是合理的，

$$\mu_a + ez_a\Phi = \mathrm{const} = \mu_a^{(0)}, \tag{85.17}$$

此处 μ_a——是 a 类粒子的化学势. $\mu_a^{(0)}$——在无场时它的值. 由此条件得出粒子密度 n_a 的变化

$$\delta\mu_a = \left(\frac{\partial\mu_a}{\partial n_a}\right)_{T,V}\delta n_a = -ez_a\Phi.$$

从而得出电荷密度的变化

$$\delta\rho = \sum_a ez_a\delta n_a = -\sum_a (ez_a)^2\left(\frac{\partial n_a}{\partial\mu_a}\right)_{T,V}\Phi.$$

将此表达式代入(85.16)，我们得到方程

$$\Delta\Phi-\kappa^2\Phi=-4\pi\delta(\boldsymbol{r}),\tag{85.18}$$

在此引入了记号

$$\kappa^2=4\pi e^2\sum_a z_a^2\left(\frac{\partial n_a}{\partial\mu_a}\right)_{T,V}.\tag{85.19}$$

由公式(85.18)看出，$\frac{1}{\kappa}$是等离子体中场的德拜屏蔽半径(见第五卷§78).最后，对方程(85.18)两侧取傅里叶分量，我们得到

$$\Phi(\boldsymbol{q})=\frac{4\pi}{q^2+\kappa^2},$$

将此表达式和(85.13)比较，给出：

$$\mathscr{P}(0,\boldsymbol{q})\Big|_{\boldsymbol{q}\to 0}=-\kappa^2\tag{85.20}$$

现在以此$\mathscr{P}$值在(85.15)中进行积分，我们得出

$$\langle\hat{V}\rangle_{关联}=-\frac{VT\kappa^4}{2(2\pi)^3}\int\frac{4\pi q^2\,\mathrm{d}q}{q^2(q^2+\kappa^2)}=-\frac{VT\kappa^3}{8\pi}.\tag{85.21}$$

首先我们注意到，积分在下限收敛，其中$q\sim\kappa$起主要作用.对于等离子体的非简并离子成分，我们有$\frac{\partial n_\mathrm{i}}{\partial\mu_\mathrm{i}}=n_\mathrm{i}/T$，而对于电子$\frac{\partial n_\mathrm{e}}{\partial\mu_\mathrm{e}}\sim n_\mathrm{e}/\mu_\mathrm{e}$.容易看出，由于条件(85.2)$\kappa\leqslant n^{1/3}$，因此，有$q\ll n^{1/3}$，亦即$1/q$大于粒子间的距离.这就证明了利用平衡条件(85.17)的合理性.为了证明在(85.17)中除了$s=0$项外，所有项都可忽略，我们指出：当频率不等于零时，根据(85.14)由电容率$\varepsilon_1(\omega,\boldsymbol{q})$来描述等离子体的极化.根据熟知的渐近公式，在大频率时$\varepsilon_1(\omega)\approx 1-4\pi n_\mathrm{e}e^2/m_\mathrm{e}\omega^2$，因此

$$\varepsilon_1(\mathrm{i}|\zeta_s|)=1+\frac{4\pi n_\mathrm{e}e^2}{m_\mathrm{e}\zeta_s^2}.$$

(见第八卷§78).由于条件(85.1—85.2)，所有不等于零的频率$\zeta_s=2s\pi T\gg(n_\mathrm{e}e^2/m_\mathrm{e})^{1/2}$，因此对于这些频率可以认为$\varepsilon(\mathrm{i}|\zeta_s|)=1$，亦即等离子体无极化并且$\mathscr{P}$很小.

公式(85.21)可通过热力学变量T,V,μ_a表征.因此，等离子体热力学势Ω能够直接从如下等式的积分中得到

$$\left(\frac{\partial\Omega}{\partial e^2}\right)_{T,V,\mu_a}=\frac{1}{e^2}\langle\hat{V}\rangle.\tag{85.22}$$

[见第五卷(80.4)].结果对于Ω的关联部分，得到如下表达式(通常单位)

$$\Omega_{关联}=-\frac{VT\kappa^3}{12\pi}=-\frac{2\sqrt{\pi}VTe^3}{3}\left[\sum_a z_a^2\left(\frac{\partial n_a}{\partial\mu_a}\right)_{V,T}\right]^{3/2}\tag{85.23}$$

(А. А. Веденов，1959).根据小附加量的普遍定理，通过别的热力学变量表征的

这个公式,可给出其他热力学势的修正.

对于非简并等离子体,一切微商$\frac{\partial n_a}{\partial \mu_a} = n_a/T$,于是(85.23)变为对自由能的修正:

$$F_{关联} = -\frac{2\sqrt{\pi} Ve^3}{3\sqrt{T}}\left(\sum_a z_a^2 n_a\right)^{3/2}, \tag{85.24}$$

这与第五卷的(78.12)一致.

在等离子体中电子强烈简并情况下($T \ll \mu_e$),微商$\frac{\partial n_e}{\partial \mu_e} \sim n_e/\mu_e \ll n_e/T$.则在(85.23)的对 a 求和中完全可以忽略电子项,因而我们重新得到公式(85.24).所不同的,只是其中求和仅对等离子体中的离子各种类进行.这样一来,在强烈简并下电子根本不会影响屏蔽半径以及等离子体的热力学量的关联部分.

第九章

流体动力学涨落

§86 流体动力学形状因子

第五卷§116所研究的密度涨落关联函数,是更一般函数的一种特殊情况,这种一般函数不仅将空间不同点而且将不同时刻的密度涨落联系起来. 在经典理论中,此函数定义成如下的平均值.

$$\bar{n}\sigma(t;\boldsymbol{r}_1,\boldsymbol{r}_2)=\langle\delta n(t_1,\boldsymbol{r}_1)\delta n(t_2,\boldsymbol{r}_2)\rangle, \tag{86.1}$$

在此 $t=t_1-t_2$;从定义 σ 中提出的因子 $\bar{n}=\dfrac{N}{V}$ 是平均粒子数密度. 对于均匀的各向同性介质(液体,气体),函数(86.1)仅仅通过两点距离 $r=|\boldsymbol{r}_1-\boldsymbol{r}_2|$ 而依赖于 $\boldsymbol{r}_1$ 和 $\boldsymbol{r}_2$,以后我们正是这样假定的.

在量子理论中,类似的函数是用与时间有关的(海森伯)密度算符的对称化乘积来定义的:

$$\bar{\boldsymbol{n}}\tilde{\sigma}(t,r)=\frac{1}{2}\langle\delta\hat{n}(t_1,\boldsymbol{r}_1)\delta\hat{n}(t_2,\boldsymbol{r}_2)+\delta\hat{n}(t_2,\boldsymbol{r}_2)\delta\hat{n}(t_1,\boldsymbol{r}_1)\rangle. \tag{86.2}$$

[与第五卷中按(118.4)定义的一般方法相对应]. 然而,在此情况下,非对称的定义

$$\bar{n}\sigma(t,r)=\langle\delta\hat{n}(t_1,\boldsymbol{r}_1)\delta\hat{n}(t_2,\boldsymbol{r}_2)\rangle \tag{86.3}$$

更有某些优越性,此定义仍用记号 $\sigma(t,r)$①. 与函数 $\tilde{\sigma}(t,r)$ 相反,函数 $\sigma(t,r)$ 不是时间 t 的偶函数;显然,

$$\tilde{\sigma}(t,r)=\frac{1}{2}[\sigma(t,r)+\sigma(-t,r)]. \tag{86.4}$$

函数 $\sigma(t,r)$ 按时间和坐标的傅里叶变换式

① 恰恰这个函数是直接的观测量,例如,在液体中的中子非弹性散射——见习题.

$$\sigma(\omega,\boldsymbol{k})\equiv\sigma(\omega,k)=\iint_{-\infty}^{\infty}\mathrm{e}^{\mathrm{i}(\omega t-\boldsymbol{k}\cdot\boldsymbol{r})}\sigma(t,r)\,\mathrm{d}t\mathrm{d}^3x \tag{86.5}$$

称为介质的**动力学形状因子**. 由于函数 $\sigma(t,r)$ 的各向同性,它只依赖于波矢的绝对值. 从(86.4)得出,$\widetilde{\sigma}(t,r)$的傅里叶变换式为

$$\widetilde{\sigma}(\omega,k)=\frac{1}{2}[\sigma(\omega,k)+\sigma(-\omega,k)]. \tag{86.6}$$

液体密度涨落纯空间的关联由 $t=0$ 时的函数(86.1)定义:$\sigma(r)=\sigma(t=0,r)=\widetilde{\sigma}(t=0,r)$. 此函数与第五卷 §116 中引入(并在本卷 §83 中利用过)的函数 $\nu(r)$以 $\sigma(r)=\nu(r)+\delta(\boldsymbol{r})$相联系;它们的傅里叶变换式为 $\sigma(k)=\nu(k)+1$. 函数 $\sigma(k)$或 $\nu(k)$称为液体的**静力学形状因子**. 函数 $\sigma(\omega,k)$与 $\sigma(k)$之间以积分关系

$$\sigma(k)=\int_{-\infty}^{\infty}\sigma(\omega,k)\mathrm{e}^{-\mathrm{i}\omega t}\frac{\mathrm{d}\omega}{2\pi}\bigg|_{t=0}=\int_{-\infty}^{\infty}\sigma(\omega,k)\frac{\mathrm{d}\omega}{2\pi} \tag{86.7}$$

相联系.

薛定谔密度算符(不依赖时间)由对介质中所有粒子的求和式

$$\hat{n}(\boldsymbol{r})=\sum_a\delta(\boldsymbol{r}-\boldsymbol{r}_a) \tag{86.8}$$

给出;粒子的坐标 $\boldsymbol{r}_a$ 起着参数的作用[对比(24.4)]. 今后我们需要此算符对坐标的傅里叶展开的分量

$$\hat{n}_{\boldsymbol{k}}=\int\hat{n}(\boldsymbol{r})\mathrm{e}^{-\mathrm{i}\boldsymbol{k}\cdot\boldsymbol{r}}\mathrm{d}^3x=\sum_a\mathrm{e}^{-\mathrm{i}\boldsymbol{k}\cdot\boldsymbol{r}_a}. \tag{86.9}$$

按一般规则过渡到与时间有关的(海森伯)算符

$$\hat{n}(t,\boldsymbol{r})=\exp(\mathrm{i}\hat{H}t/\hbar)\hat{n}(\boldsymbol{r})\exp(-\mathrm{i}\hat{H}t/\hbar). \tag{86.10}$$

此处 $\hat{H}$ 是系统的哈密顿量,这个算符可以用(86.8—86.9)式表达,其中以 $\hat{\boldsymbol{r}}_a(t)$取代 $\boldsymbol{r}_a$ · $\hat{\boldsymbol{r}}_a(t)$是粒子坐标的海森伯算符.

根据统计学的基本原理,平均〈…〉可以有不同的解释,这要看结果必须用什么热力学变量来表达. 例如,如果函数 σ 是在系统的总能量和粒子数一定时确定的,那么,平均将按给定的定态(m 态)进行,亦即取相应的对角矩阵元. 对于均匀系(液体),算符 $\delta\hat{n}(t,\boldsymbol{r})$的矩阵元对时间和坐标的依赖关系由下式给出,

$$\langle m|\delta\hat{n}(t,\boldsymbol{r})|l\rangle=\langle m|\delta\hat{n}(0)|l\rangle\exp[\mathrm{i}\omega_{ml}t-\boldsymbol{k}_{ml}\cdot\boldsymbol{r}]. \tag{86.11}$$

完全与(8.4)类似(右侧为薛定谔算符 $\delta\hat{n}(\boldsymbol{r})$在 $\boldsymbol{r}=0$ 的矩阵元). 计及此公式,我们写出

$$\bar{n}\sigma(t,r)=\sum_l\langle m|\delta\hat{n}(t,\boldsymbol{r}_1|l\rangle\langle l|\delta\hat{n}(t_2,\boldsymbol{r}_2)|m\rangle=$$

$$= \sum_l |\langle m|\delta\hat{n}(0)|l\rangle|^2 \exp[i(\omega_{ml}t - \boldsymbol{k}_{ml}\cdot\boldsymbol{r})].$$

此函数的傅里叶变换式为

$$\bar{n}\sigma(\omega,k) = (2\pi)^4 \sum_l |\langle m|\delta\hat{n}(0)|l\rangle|^2 \delta(\omega-\omega_{lm})\delta(\boldsymbol{k}-\boldsymbol{k}_{lm}).$$

(86.12)

这些式中的求和,是在给定粒子数(N_m)情况下按系统的全部状态进行的.(因为算符 $\delta\hat{n}(0)$不改变此粒子数).

如果我们希望通过温度和液体的化学势来表示形状因子,那么公式(86.12)还应当按吉布斯分布进行平均:

$$\bar{n}\sigma(\omega,k) = (2\pi)^4 \sum_{l,m} \exp\left(\frac{\Omega - E_m - \mu N_m}{T}\right)\cdot$$

$$\cdot|\langle m|\delta\hat{n}(0)|l\rangle|^2 \cdot \delta(\omega-\omega_{lm})\delta(\boldsymbol{k}-\boldsymbol{k}_{lm}).$$

(86.13)

(此时在一切求和项中 $N_l = N_m$). 再对 $\sigma(-\omega,-\boldsymbol{k}) \equiv \sigma(-\omega,k)$写出同样的公式,互换式中的求和指标 l 和 m,并在指数因子中代入 $E_l = E_m + \hbar\omega_{lm} = E_m + \hbar\omega$(后面的等式是存在 δ 函数的结果),我们得出

$$\sigma(-\omega,k) = \sigma(\omega,k)e^{-\hbar\omega/T}. \tag{86.14}$$

然后,根据(86.6),

$$\tilde{\sigma}(\omega,k) = \frac{1}{2}(1+e^{-\hbar\omega/T})\sigma(\omega,k). \tag{86.15}$$

注意到,从(86.13)(或(86.12))得出,对于 σ 的一切宗量的值,函数 $\sigma(\omega,k)\geqslant 0$. 又从关系式(86.14)得出,在零温度时

$$\sigma(\omega,k) = 0, \quad 当\ \omega<0, T=0. \tag{86.16}$$

在宏观极限下(比值 N/V 给定时 N 和 $V\to\infty$),(86.13)中的各 δ 函数的"栅栏"变得平滑而成为连续函数,但在对应于不衰减的元激发 $\omega=\omega(k)$处仍保留着 $\sigma(\omega,k)$中的 δ 函数峰(通过类似于 §8 的讨论就会得出). 然而,仅仅对于粒子数不变的激发才能发生这样的峰①.

我们来证明,液体的形状因子怎样才能和涨落耗散定理一般公式中所表述的量相联系(D. Pines, P. Noziéres,1958).

设在液体每个粒子上都作用某一外场,给粒子以势能 $U(t,\boldsymbol{r})$,则作用在液体整体上的微扰算符是

① 例如,在费米液体中,$\sigma(\omega,k)$在 $\omega=ku_0$ 处(u_0 是零声的速度)有 δ 函数的奇异性. 但对应于能谱的费米支没有这种奇异性,见 §91.

$$\hat{V}(t)=\int \hat{n}(t,\boldsymbol{r})U(t,\boldsymbol{r})\mathrm{d}^3x, \tag{86.17}$$

将此式中所有的量都对时间作傅里叶展开，我们将系统的响应（即微扰引起的密度变化的平均值）表为如下形式

$$\delta\bar{n}(\omega,\boldsymbol{r}_1)=-\int\alpha(\omega,|\boldsymbol{r}_1-\boldsymbol{r}_2|)U(\omega,\boldsymbol{r}_2)\mathrm{d}^3x_2 \tag{86.18}$$

此处函数 $\alpha(\omega,r)$ 起着广义感应率的作用. 关联函数 $\tilde{\sigma}(t,r)$ 对时间的傅里叶分量 $\tilde{\sigma}(\omega,r)$ 用涨落－耗散定理中的表述方法是

$$\bar{n}\tilde{\sigma}(\omega,r)=(\delta n(\boldsymbol{r}_1)\delta n(\boldsymbol{r}_2))_\omega,\ \boldsymbol{r}=\boldsymbol{r}_1-\boldsymbol{r}_2.$$

根据这个定理，此函数通过广义感应率可用下列公式表述

$$\bar{n}\tilde{\sigma}(\omega,r)=\hbar\coth\frac{\hbar\omega}{2T}\mathrm{Im}\alpha(\omega,r). \tag{86.19}$$

通过 $\alpha(\omega,k)$ 也可用此式将对坐标的傅里叶分量 $\tilde{\sigma}(\omega,k)$ 表述出来，然后，根据 (86.15)，我们得到动力学形状因子：

$$\bar{n}\sigma(\omega,k)=\frac{2\hbar}{1-\mathrm{e}^{-\hbar\omega/T}}\mathrm{Im}\alpha(\omega,k). \tag{86.20}$$

这些公式的重要性，首先是由于它们将动力学形状因子与已知的（对变量 ω 的）一般解析性质联系起来；对于函数 $\alpha(\omega,k)$ 的这些性质阐述于第五卷 §123 中. 这些性质也允许应用普遍公式［对比(75.11)］来计算形状因子. 根据此公式

$$\alpha(\omega,k)=\frac{\mathrm{i}}{\hbar}\iint_0^{\infty}\mathrm{e}^{\mathrm{i}(\omega t-\boldsymbol{k}\cdot\boldsymbol{r})}\langle\hat{n}(t,\boldsymbol{r})\hat{n}(0,0)-\hat{n}(0,0)\hat{n}(t,\boldsymbol{r})\rangle\mathrm{d}t\mathrm{d}^3x. \tag{86.21}$$

如用 ψ 算符表征密度算符（$\hat{n}=\hat{\Psi}^{+}\hat{\Psi}$），可以将此式写成双粒子格林函数的形式，计算后者要用到图技术.

习　　题

试通过动力学形状因子来表征慢中子在同种原子组成的液体中进行非弹性散射的概率（G. Placzek, 1952）.

解：根据赝势方法（见第三卷 §151），慢中子散射可以描述成以势能

$$U(\boldsymbol{r})=\frac{2\pi\hbar^2}{M}a\,\hat{n}(\boldsymbol{r}) \tag{1}$$

相互作用的结果. 此处 $\hat{n}(\boldsymbol{r})$ 是密度算符(86.8)：M 是原子和中子的折合质量；a 是慢中子在单个原子上的散射长度（即散射幅极限值的反号）. 液体加中子的系统在某区间 $d\nu_f$ 内从某初态 (i) 到终态 (f) 的跃迁概率是

$$\mathrm{d}w_{fi}=\left|\frac{1}{\hbar}\int_{-\infty}^{\infty}U_{fi}(t)\mathrm{d}t\right|^2\mathrm{d}\nu_f \tag{2}$$

[见第三卷(40,5)];对于(1)中的非对角矩阵元 U_{fi} 可以写成 $\delta\hat{n}$ 来代替 $\hat{n}$. 中子(动量 $\boldsymbol{p}$ 和能量 ε)的初态波函数归一成在体积 V 中有一个粒子,而终态(动量 $\boldsymbol{p}'$ 和能量 ε')波函数归一成为 $\boldsymbol{p}/2\pi$ 的 δ 函数. 则 $\mathrm{d}\nu_f=\mathrm{d}^3p'/(2\pi\hbar)^3$,而微扰矩阵元为

$$U_{fi}(t)=\frac{2\pi\hbar^2 a}{M\sqrt{V}}\int\delta n_{fi}(t,\boldsymbol{r})\mathrm{e}^{\mathrm{i}(\boldsymbol{k}\cdot\boldsymbol{r}-\omega t)}\mathrm{d}^3x,$$

此处 $\hbar\boldsymbol{k}=\boldsymbol{p}-\boldsymbol{p}'$, $\hbar\omega=\varepsilon-\varepsilon'$. 而 $\delta n_{fi}(t,\boldsymbol{r})$ 是对于液体波函数的矩阵元. 将此式代入 $\mathrm{d}w_{fi}$,将跃迁概率按液体的一切可能的终态求和. 此时积分的模平方可以写成双重积分的形式(按 $\mathrm{d}t\mathrm{d}t'\mathrm{d}^3x\mathrm{d}^3x'$)并注意到

$$\sum_f\delta n_{fi}(t,\boldsymbol{r})\delta n_{fi}(t',\boldsymbol{r}')^*=\sum_f\delta n_{if}(t',\boldsymbol{r}')\delta n_{fi}(t,\boldsymbol{r})=$$
$$=\langle i|\delta\hat{n}(t',\boldsymbol{r}')\delta\hat{n}(t,\boldsymbol{r})|i\rangle=\bar{n}\sigma(t'-t,\boldsymbol{r}'-\boldsymbol{r})$$

(此时 σ 表为 i 态液体总能量的函数). 按 $\mathrm{d}(t'-t)\mathrm{d}^3(x'-x)$ 积分给出 $\sigma(\omega,k)$,还有一个积分(比如对 $\mathrm{d}t\mathrm{d}^3x$)恰好给出体积 V 和总的时间间隔 t. 去掉因子 t 之后,结果得到单位时间的散射概率

$$w=\frac{4\pi^2\hbar^2}{M^2}\bar{n}a^2\sigma(\omega,k)\frac{\mathrm{d}^3p'}{(2\pi\hbar)^3}.\tag{3}$$

当然,再按吉布斯分布平均——亦即当形状因子通过温度来表征时,此公式仍保持其正确性.

我们指出,形状因子的性质(86.16)能够应用到中子散射,表明这样的事实:在 $T=0$ 时液体仅能获得能量,而不能放出能量. 关系式(86.14)代表细致平衡原理,因为转移能量和动量$(\omega,\boldsymbol{k})$和$(-\omega,-\boldsymbol{k})$的两个散射过程是互为逆的.

§87　形状因子的求和规则

动力学形状因子满足一定的积分(按频率 ω)关系——即**求和规则**.

其中一个规则的导出是基于算符 $\dot{\hat{n}}_{\boldsymbol{k}}(t)$ 和 $\hat{n}_{\boldsymbol{k}}(t)$ 的对易关系. 同一时刻海森伯算符的对易关系和薛定谔算符 $\dot{\hat{n}}_{\boldsymbol{k}}$ 和 $\hat{n}_{\boldsymbol{k}}$ 的对易关系是相同的. 算符 $\dot{\hat{n}}_{\boldsymbol{k}}$ 由公式(86.9)定义,并且所需的对易关系由下式给出

$$\dot{\hat{n}}_{\boldsymbol{k}}\hat{n}_{\boldsymbol{k}}^+-\hat{n}_{\boldsymbol{k}}^+\dot{\hat{n}}_{\boldsymbol{k}}=-\frac{\mathrm{i}\hbar}{m}k^2N,\tag{87.1}$$

此处 m 是液体粒子的质量①.

函数 $\sigma(t,r)$ 只按坐标展开的傅里叶分量具有表达式

① 这个对易关系的计算与在第三卷§149中为导出求和规则(149.5)所进行的计算一致;现在用液体总粒子数 N 来代替电子数 Z.

$$\bar{n}\sigma(t,k)=\int \mathrm{e}^{-\mathrm{i}\boldsymbol{k}\cdot(\boldsymbol{r}_1-\boldsymbol{r}_2)}\langle\delta\hat{n}(t_1,\boldsymbol{r}_1)\delta\hat{n}(t_2,\boldsymbol{r}_2)\rangle\mathrm{d}^3(x_1-x_2),$$

由此出发,鉴于被积式仅依赖于 $\boldsymbol{r}_1-\boldsymbol{r}_2$,我们用对 $\mathrm{d}^3x_1\mathrm{d}^3x_2/V$ 的积分代替对 $\mathrm{d}^3(x_1-x_2)$ 的积分;在平均号内进行积分. 我们得出

$$\sigma(t,k)=\frac{1}{N}\langle\delta\hat{n}_{\boldsymbol{k}}(t_1)\delta\hat{n}_{-\boldsymbol{k}}(t_2)\rangle. \tag{87.2}$$

我们计算 $t=0$ 时的微商值 $\frac{\mathrm{d}\sigma(t,k)}{\mathrm{d}t}$. 因为 $\sigma(t,k)$ 仅依赖于差 $t=t_1-t_2$,所以

$$\frac{\partial\sigma(t,k)}{\partial t}=\frac{1}{2}\left(\frac{\partial\sigma}{\partial t_1}-\frac{\partial\sigma}{\partial t_2}\right),$$

因而将(87.2)代入此式后得

$$\frac{\partial\sigma(t,k)}{\partial t}=\frac{1}{2N}\langle\delta\dot{\hat{n}}_{\boldsymbol{k}}(t_1)\delta\hat{n}_{-\boldsymbol{k}}(t_2)-\delta\hat{n}_{\boldsymbol{k}}(t_1)\delta\dot{\hat{n}}_{-\boldsymbol{k}}(t_2)\rangle.$$

此式两项中的每一项都仅依赖于矢量 $\boldsymbol{k}$ 的绝对值;据此在第二项中以 $-\boldsymbol{k}$ 代替 $\boldsymbol{k}$. 然后取 $t_1=t_2$,并考虑到 $\hat{n}_{-\boldsymbol{k}}=\hat{n}_{\boldsymbol{k}}^+$,我们发现角括号中的两项差与(87.1)中的对易关系一致. 这样一来,我们得到

$$\left.\frac{\partial\sigma(t,k)}{\partial t}\right|_{t=0}=-\frac{\mathrm{i}\hbar}{2m}k^2.$$

另一方面,将 $\sigma(t,k)$ 表为对频率的傅里叶积分,我们得出

$$\left.\frac{\partial\sigma(t,k)}{\partial t}\right|_{t=0}=\frac{\partial}{\partial t}\int_{-\infty}^{\infty}\mathrm{e}^{-\mathrm{i}\omega t}\sigma(\omega,k)\left.\frac{\mathrm{d}\omega}{2\pi}\right|_{t=0}=-\mathrm{i}\int_{-\infty}^{\infty}\omega\sigma(\omega,k)\frac{\mathrm{d}\omega}{2\pi}.$$

对比两个微商表达式,便得出待求关系式.

$$\int_{-\infty}^{\infty}\omega\sigma(\omega,k)\frac{\mathrm{d}\omega}{2\pi}=\frac{\hbar k^2}{2m} \tag{87.3}$$

(G. Placzek, 1952). 我们强调指出,对于任何 k 此式都是正确的. 为了将这关系式过渡到经典极限($\hbar\to 0$),应当将它左边的积分写成

$$\int_0^{\infty}\omega[\sigma(\omega,k)-\sigma(-\omega,k)]\frac{\mathrm{d}\omega}{2\pi},$$

根据(86.14),其中再代入

$$\sigma(\omega,k)-\sigma(-\omega,k)\approx\frac{\hbar\omega}{T}\sigma(\omega,k).$$

然后等式两侧的 $\hbar$ 因子便相消,于是留下

$$\int_0^{\infty}\omega^2\sigma(\omega,k)\frac{\mathrm{d}\omega}{2\pi}=T\frac{k^2}{2m}.$$

将公式(87.3)应用到 $T=0$ 的玻色液体,并考察小 k 值的区域. 在 $k\to 0$ 时对积分的主要贡献来自形状因子 $\sigma(\omega,k)$ 的 δ 函数峰. 而后者在(86.13)中是由于

产生一个声子的跃迁而出现的(因为在液体基态没有声子,所以在 $T=0$ 时不存在湮没一个声子的跃迁). 这项的形式为 $A\delta(\omega-uk)$. 此处 $\hbar uk$ 是声子能量(u 是声速). 将此项作为 $\sigma(\omega,k)$ 代入(87.3),我们得到系数 A,结果

$$\sigma(\omega,k)=\frac{\pi\hbar k}{mu}\delta(\omega-uk). \tag{87.4}$$

按(86.7)积分此式,给出静力学形状因子

$$\sigma(k)=\frac{\hbar k}{2mu} \tag{87.5}$$

(R. P. Feynman, 1954)①. 因为这个公式是关于 k 的小值区域的,所以它的傅里叶反演给出在大 r 时关联函数的渐近公式

$$\nu(r)=-\frac{\hbar}{2\pi^2 mur^4} \tag{87.6}$$

(为了检验这个公式,参阅 330 页注释中引用的积分). 在 $T=0$ 时公式(87.6)在任意大的距离都是正确的. 在低而有限的温度时,直至 $r\sim\hbar u/T$ 的距离它都是对的,在此距离的涨落已经不再是纯量子的了. 在更大的距离上规律(87.6)为指数衰减律所代替(如果忽略范德瓦尔斯力的贡献,见 § 83)②.

还有一个求和规则,可以从 § 86 中建立的形状因子与某个广义感应率 $\alpha(\omega,k)$ 的关系中得到. 这个关系由公式(86.20)给出,它在 $T=0$ 时归结为(对 $\omega>0$)

$$\bar{n}\sigma(\omega,k)=2\hbar\,\mathrm{Im}\,\alpha(\omega,k). \tag{87.7}$$

根据 Kramers - Kronig 公式[见第五卷(123,15)],

$$\mathrm{Re}\,\alpha(\omega,k)=\frac{1}{\pi}P\int_{-\infty}^{\infty}\frac{\mathrm{Im}\,\alpha(\omega',k)}{\omega'-\omega}\mathrm{d}\omega'.$$

在此,取 $\omega=0$ 并计及 $\alpha(0,k)$ 是实量③,我们写出

$$\alpha(0,k)=\frac{2}{\pi}\int_0^{\infty}\frac{1}{\omega}\mathrm{Im}\,\alpha(\omega,k)\frac{\mathrm{d}\omega}{2\pi} \tag{87.8}$$

---

① 写成 $\sigma=\hbar^2k^2/2m\varepsilon(k)$ 形式[$\varepsilon(k)$ 是准粒子能量]的公式(87.5),仅在 $k\to0$ 时才是严格正确的. 在 k 值增加时产生几个准粒子的跃迁,对 $\sigma(k)$ 的贡献起着越来越大的作用. 如果忽略这些贡献,可以认为,这个公式给出了形状因子与玻色液体中准粒子能量之间的关系. 并且当 $k\sim1/a$ 时(a 是液体中原子间的距离)σ 具有极大值,这对应于曲线 $\varepsilon(k)$ 上"旋子"的极小值.

② 关联函数(87.6)与取正值的理想玻色气体的相反(见第五卷 § 117),是负值(与粒子间的斥力相对应). 与此有关,我们记得(§ 25),弱非理想玻色气体能谱仅在 $k\ll mu/\hbar$(并且 $\hbar/mu\gg a$)时才有声子型. 相应的距离 $r\sim\frac{1}{k}\gg\hbar/mu$,所以过渡到理想气体($u\to0$)时,公式(87.6)的应用范围推延到无限远.

③ 由广义感应率的一般性质可知 $\alpha(\omega=0,\boldsymbol{r})$ 是实的. 因此傅里叶分量 $\alpha(\omega=0,\boldsymbol{k})$ 的实数性可由 $\alpha(\omega,\boldsymbol{r})$ 对 $\boldsymbol{r}$ 是偶函数中得出.

在 $k\to 0$ 的极限有下列关系

$$\alpha(0,k\to 0)=\left(\frac{\partial\bar{n}}{\partial\mu}\right)_{T=0}=\bar{n}\left(\frac{\partial\bar{n}}{\partial P}\right)_{T=0}. \tag{87.9}$$

它的得出,是由于在空间做慢变的静弱场中发生 $\mu+U=\text{const}$ 的平衡条件. 所以施加外场等价于化学势变化 $-U$. 因此,在极限 $k\to 0$ 时,从(86.18)我们有

$$\delta\bar{n}=-\frac{\partial\bar{n}}{\partial\mu}U\approx -U\int\alpha(0,\boldsymbol{r}_1-\boldsymbol{r}_2)\,\mathrm{d}^3(x_1-x_2)=-U\alpha(0,k=0),$$

由此得到(87.9).

将得到的公式(87.7—87.9)汇集起来,我们便得到 $T=0$ 时液体形状因子的如下求和规则:

$$\frac{1}{\pi\hbar}\int_0^\infty\sigma(\omega,k\to 0)\frac{\mathrm{d}\omega}{\omega}=\frac{\partial\bar{n}}{\partial P} \tag{87.10}$$

(D. Pines, Ph. Noziéres, 1958).

习　题

1. 求出温度 $T\ll T_\lambda$ 时,在 $r\gtrsim\hbar u/T$ 的距离上玻色液体的关联函数 $\nu(r)$.

解: 待求的关联函数,由 $k\sim\frac{1}{r}\lesssim T/\hbar u\ll\frac{1}{a}$ 时的形状因子确定. 在此条件下液体的能谱是声子型的. 当 $T\neq 0$ 时在 $\sigma(\omega,k)$ 中有对应于吸收声子的 $\delta(\omega+ku)$ 项,同时还有放出声子的 $\delta(\omega-ku)$ 项. 这些项的系数可借助于(86.14)和(87.3)来确定:

$$\sigma(\omega,k)=\frac{\pi\hbar k}{mu}[1-\mathrm{e}^{-\hbar ku/T}]^{-1}\{\delta(\omega-ku)+\mathrm{e}^{-\hbar ku/T}\delta(\omega+ku)\}. \tag{1}$$

积分此式,我们得到

$$\sigma(k)=\frac{\hbar k}{2mu}\coth\frac{\hbar ku}{2T}. \tag{2}$$

然后

$$\nu(r)=\int\mathrm{e}^{\mathrm{i}\boldsymbol{k}\cdot\boldsymbol{r}}\sigma(k)\frac{\mathrm{d}^3k}{(2\pi)^3}=\frac{\hbar}{8\pi^2\mathrm{i}mur}\int_{-\infty}^{\infty}\mathrm{e}^{\mathrm{i}k\cdot r}k^2\coth\frac{\hbar ku}{2T}\mathrm{d}k.$$

在复数 k 的上半平面,用无限远的半圆封闭 $\mathrm{d}k$ 的积分围道,积分归结为对极点的留数(分布在虚轴上)求和. 当 $r\gg\hbar u/T$,积分的主要贡献来自于 $\hbar ku/2T=\mathrm{i}\pi$ 处极点的留数:

$$\nu(r)=-\frac{2\pi T^3}{mu^4\hbar^2 r}\exp\left(-\frac{2\pi T}{\hbar u}r\right). \tag{3}$$

在 $aT/\hbar u\ll 1$ 的条件下,函数 $\nu(r)$ 衰减的特征距离远大于原子间距离. 在此原子距离上与原子的直接作用有关的效应减弱了,此时在公式(3)中重要的

是含有 $\hbar$，所以，由它描述的关联具有量子性质. 我们指出，在推导中我们忽略了范德瓦尔斯力的贡献. 正如从 § 83 的结果中得到的，此贡献具有幂的特征，因此在足够大的距离上就成为主要的了. 应该由(3)过渡到(83.16)的这些距离，决定于系数间的具体关系，但当温度足够低时总有公式(3)的适用区域. 因为在适用区域的边界，当 $r \sim \hbar u/T$ 时，根据(3)，$\nu \propto T^4$，而根据(83.16)，$\nu \propto T^7$.

2. 在玻色超流体中凝聚体波函数有涨落，试求在大距离上此涨落关联函数的极限形式. (P. C. Hohenberg, P. C. Martin, 1965)①

解：在长波极限，最强的涨落属于凝聚体的波函数 Φ，因为此涨落只含有宏观超流运动的较小能量. 对液体(体积 V 并有给定的 T 和 μ)总热力学势 Ω 的相应贡献为

$$\delta\Omega = \int \frac{1}{2}\rho_s \boldsymbol{v}_s^2 \mathrm{d}V = \frac{\hbar\rho_s}{2m^2}\int (\nabla \Phi)^2 \mathrm{d}V.$$

将 $\delta\Phi$ 表成傅里叶级数，

$$\delta\Phi = \sum_{\boldsymbol{k}} \delta\Phi_{\boldsymbol{k}} \mathrm{e}^{\mathrm{i}\boldsymbol{k}\cdot\boldsymbol{r}}, \qquad \delta\Phi_{-\boldsymbol{k}} = \delta\Phi_{\boldsymbol{k}}^*,$$

我们得出

$$\delta\Omega = \frac{\hbar^2}{2m^2}\rho_s V \sum_{\boldsymbol{k}} k^2 |\delta\Phi_{\boldsymbol{k}}|^2,$$

因此，均方涨落为

$$\langle |\delta\Phi_{\boldsymbol{k}}|^2 \rangle = Tm^2/V\hbar^2\rho_s k^2; \tag{4}$$

与第五卷 § 146 的计算完全类似. 此涨落对同时关联函数

$$G(r) = \langle \delta\Xi(0)\delta\Xi(\boldsymbol{r}) \rangle$$

的贡献是

$$G(r) \approx n_0 \langle \delta\Phi(0)\delta\Phi(\boldsymbol{r}) \rangle = Tn_0 m^2/4\pi\hbar^2\rho_s r. \tag{5}$$

因此 $G(r)$ 在大距离上按幂的规律下降. 凝聚体密度涨落 n_0 的贡献，在这里按指数规律减小. 在 $r \sim r_c$ 处此二贡献相差无几. 在距离 $r << r_c$. 温度于 λ 点附近，它们共同遵守下列规律：

$$G(r) \propto r^{-(1+\zeta)}. \tag{6}$$

这里 ζ 是恰当临界指数. 关联半径 r_c 可以定义为这样的距离，在其上能够用(6)代替渐近形(5)，

$$r_c^{\zeta} \propto \rho_s/n_0.$$

借助于临界指数 β 和 ν[这些临界指数，根据(28.1)和(28.3)描述 n_0 和 r_c 对温度的依赖关系]，我们求出

$$\rho_s \propto (T_\lambda - T)^{2\beta - \nu\zeta}.$$

① 本题是 Pergamon1980 英文版增加的，我们将其加到中文版内. ——译者注.

利用临界指数 α,β,ν,ζ 间熟知的关系式(见第五卷 §148, §149),我们容易看出,此结果与(28.4)是一致的.

§88 流体动力学涨落

在前几节,我们研究了在任意频率 ω 和任意波矢 $\boldsymbol{k}$ 时液体密度的涨落. 此时,在一般情况下,当然不能求出关联函数的具体形式. 然而,当涨落波长大于微观特征线度(液体中原子间距离,气体中的自由程)时,在流体动力学极限下就可作到这一点.

在静止液体中,不需要特殊研究对密度、温度、速度等涨落的同时关联函数的计算:利用适于任何热平衡介质的通常热力学公式来描述这些涨落(经典的,即非量子极限). 在空间不同点,涨落的同时关联在原子距离数量级的长度上传播(此时,我们忽略了弱的远程作用的范德瓦尔斯力). 但是,此距离在流体动力学中是看做无限小的. 因此,在流体动力学极限下,不同地点的同时涨落是不相关联的. 形式上,这个论断可以从热力学量——实现涨落所需的最小功 $R_{\min}$ 的可加性中得到. 因为涨落的概率正比于 $\exp(-R_{\min}/T)$,所以将 $R_{\min}$ 表为与各个物理无限小体积有关的各项之和的形式,我们便发现,这些体积中的涨落概率是相互独立的.

根据这个独立性,可以立刻将热力学量在空间给定点的涨落均方值的著名公式(见第五卷 §112),改写成关联函数公式的形式. 例如,根据体积 V 中温度涨落公式

$$\langle(\delta T)^2\rangle=\frac{T^2}{\rho c_v V}$$

(ρ 是密度;c_v 是介质单位质量的热容量),首先写出

$$\langle\delta T(\boldsymbol{r}_a)\delta T(\boldsymbol{r}_b)\rangle=\frac{T^2}{\rho c_v V_a}\delta_{ab},$$

此处涨落分属两个小体积 V_a 和 V_b,然后当体积趋于零时,我们得到①

$$\langle\delta T(\boldsymbol{r}_1)\delta T(\boldsymbol{r}_2)\rangle=\frac{T^2}{\rho c_v}\delta(\boldsymbol{r}_1-\boldsymbol{r}_2) \tag{88.1}$$

另外的热力学量的涨落,用类似的方法可以写出公式:

$$\langle\delta\rho(\boldsymbol{r}_1)\delta\rho(\boldsymbol{r}_2)\rangle=\rho T\left(\frac{\partial\rho}{\partial P}\right)_T\delta(\boldsymbol{r}_1-\boldsymbol{r}_2), \tag{88.2}$$

---

① 此式以及气体情况下同时关联的以下公式,对于波长仅大于分子间距离,但不一定大于自由程的涨落是正确的. 但是,后一个条件,在流体动力学近似中对于不同时关联函数是不可缺少的(因为在气体中微扰传播的微观机制恰好由粒子的自由程所决定).

$$\langle \delta P(\boldsymbol{r}_1)\delta P(\boldsymbol{r}_2)\rangle = \rho T\left(\frac{\partial P}{\partial \rho}\right)_S \delta(\boldsymbol{r}_1-\boldsymbol{r}_2) = = \rho T u^2 \delta(\boldsymbol{r}_1-\boldsymbol{r}_2), \tag{88.3}$$

$$\langle \delta s(\boldsymbol{r}_1)\delta s(\boldsymbol{r}_2)\rangle = \frac{c_p}{\rho}\delta(\boldsymbol{r}_1-\boldsymbol{r}_2). \tag{88.4}$$

(P 是压强;s 是介质单位质量的熵);此时,一对量 ρ,T 的涨落是相互独立的(P,s 也是如此). 还可以写出液体宏观速度 v(平衡时等于零)的涨落公式:

$$\langle \delta v_i(\boldsymbol{r}_1)\delta v_k(\boldsymbol{r}_2)\rangle = \frac{T}{\rho}\delta_{ik}\delta(\boldsymbol{r}_1-\boldsymbol{r}_2). \tag{88.5}$$

涨落的时间关联以及运动液体中的涨落是流体动力学中独特的问题. 这些问题的解决要求考虑液体中的耗散过程——粘滞性和热传导.

流体动力学中建立涨落现象的普遍理论,归结为构造涨落量的"运动方程". 在流体动力学方程中,用引入相应的附加项的方法,便可以做到这一点(Л. Д. 朗道,E. M. 栗弗席兹,1957).

写成如下形式的流体动力学方程,

$$\frac{\partial \rho}{\partial t} + \nabla\cdot(\rho \boldsymbol{v}) = 0, \tag{88.6}$$

$$\rho\frac{\partial v_i}{\partial t} + \rho v_k\frac{\partial v_i}{\partial x_k} = -\frac{\partial P}{\partial x_i} + \frac{\partial \sigma'_{ik}}{\partial x_k}, \tag{88.7}$$

$$\rho T\left(\frac{\partial s}{\partial t} + \boldsymbol{v}\nabla s\right) = \frac{1}{2}\sigma'_{ik}\left(\frac{\partial v_i}{\partial x_k} + \frac{\partial v_k}{\partial x_i}\right) - \nabla\cdot\boldsymbol{q}. \tag{88.8}$$

对于应力张量 σ'_{ik} 和热流矢量 $\boldsymbol{q}$ 的形式,没有特定的要求,这些方程不过表示质量守恒、动量守恒和能量守恒而已. 因此,此形式的方程对任何运动,其中包括液体状态的涨落变化,都是正确的. 此时 $\rho, P, \boldsymbol{v}$ 应理解为基本运动的量值 ρ_0, P_0, $\boldsymbol{v}_0$,…与其涨落振荡 $\delta\rho, \delta P, \delta\boldsymbol{v}$,…之和(当然,对后者的方程总可以线性化).

相应地将应力张量和热流通常的表达式与速度梯度及温度梯度联系起来. 在液体的涨落中,也会发生与上述梯度无关的局域自发应力和热流;用 s_{ik} 和 $\boldsymbol{g}$ 表示它们并称之为"随机"量. 这样一来,我们写出

$$\sigma'_{ik} = \eta\left(\frac{\partial v_i}{\partial x_k} + \frac{\partial v_k}{\partial x_i} - \frac{2}{3}\delta_{ik}\nabla\cdot\boldsymbol{v}\right) + \zeta\delta_{ik}\nabla\cdot\boldsymbol{v} + s_{ik}, \tag{88.9}$$

$$\boldsymbol{q} = -\kappa\nabla T + \boldsymbol{g} \tag{88.10}$$

(η,ζ 是粘滞系数;κ 是导热系数).

现在的问题是在定义 s_{ik} 和 $\boldsymbol{g}$ 的关联函数时确定它们的性质. 为简单计,一切讨论都是对流体动力学非量子涨落的自然情况进行的;这意味着,假设涨落振荡频率满足条件 $\hbar\omega \ll T$. 此时粘滞系数和导热系数将不认为是色散的,亦即不依赖于振荡频率.

在涨落的普遍理论中(第五卷 §119— §122),是研究涨落量 $x_1, x_2, \cdots$ 的离散序列,然而在此我们处理的是连续序列(液体每一点的 $\rho, P, \cdots$). 把物体体积划成小而有限的区域 ΔV,并在每一个区域内研究量的若干平均值,我们就能避开这个非本质的困难;在最后公式中再过渡到无限小体元.

我们要把公式(88.9—88.10)作为准定态涨落普遍理论[见第五卷(122.20)]的方程

$$\dot{x}_a = -\sum_b \gamma_{ab} X_b + y_a \tag{88.11}$$

来研究,此时选取每一区域 ΔV 中的张量 σ'_{ik} 和矢量 $\boldsymbol{q}$ 的分量值,作为 $\dot{x}_a$;于是 s_{ik} 和 g 便是量 y_a:

$$\begin{aligned} \dot{x}_a &\to \sigma'_{ik}, \quad q_i, \\ y_a &\to s_{ik}, \quad g_i. \end{aligned} \tag{88.12}$$

热力学共轭量 X_a 的意义可用引入液体总熵 S 变化速度公式的方法来解释. 借助于方程(88.8—88.10),用普通方法(对比第六卷 §49)我们得到

$$\dot{S} = \int \left\{ \frac{\sigma'_{ik}}{2T} \left(\frac{\partial v_i}{\partial x_k} + \frac{\partial v_k}{\partial x_i} \right) - \frac{\boldsymbol{q} \cdot \nabla T}{T^2} \right\} \mathrm{d}V. \tag{88.13}$$

按小区 ΔV 求和来代替此积分,然后将其与公式

$$\dot{S} = -\sum_a \dot{x}_a X_a$$

比较,我们得到

$$X_a \to -\frac{1}{2T} \left(\frac{\partial v_i}{\partial x_k} + \frac{\partial v_k}{\partial x_i} \right) \Delta V, \quad \frac{1}{T^2} \frac{\partial T}{\partial x_i} \Delta V. \tag{88.14}$$

现在容易求出系数 γ_{ab},根据公式

$$\langle y_a(t_1) y_b(t_2) \rangle = (\gamma_{ab} + \gamma_{ba}) \delta(t_1 - t_2) \tag{88.15}$$

[见第五卷(122.21a)],这些系数便可直接确定待求的关联.

我们首先注意到,在公式(88.9—88.10)中没有 σ'_{ik} 与温度梯度相联系的项,也没有 $\boldsymbol{q}$ 与速度梯度相联系的项. 这就意味着相应的系数 $\gamma_{ab} = 0$,因而根据(88.15)有

$$\langle s_{ik}(t_1, \boldsymbol{r}_1) g_l(t_2, \boldsymbol{r}_2) \rangle = 0, \tag{88.16}$$

即 s_{ik} 和 $\boldsymbol{g}$ 的值彼此完全不关联.

其次,如这些量取自不同的小区 ΔV,那么联系 q_i 和值 $(\Delta V/T^2) \cdot \partial T/\partial x_i$ 的系数等于零,如果它们取自同一小区,那么等于 $\gamma_{ik} = \kappa T^2 \delta_{ik}/\Delta V$,根据公式(88.15)用这些 γ_{ab} 值,过渡到 $\Delta V \to 0$ 的极限,我们得到

$$\langle g_i(t_1, \boldsymbol{r}_1) g_k(t_2, \boldsymbol{r}_2) \rangle = 2\kappa T^2 \delta_{ik} \delta(\boldsymbol{r}_1 - \boldsymbol{r}_2) \delta(t_1 - t_2). \tag{88.17}$$

用类似的方法,可得出关于随机应力张量的关联函数公式

$$\langle s_{ik}(t_1, \boldsymbol{r}_1) s_{lm}(t_2, \boldsymbol{r}_2) \rangle =$$

$$= 2T\left[\eta(\delta_{il}\delta_{km} + \delta_{im}\delta_{kl}) + \left(\zeta - \frac{2\eta}{3}\right)\delta_{ik}\delta_{lm}\right]\delta(\boldsymbol{r}_1 - \boldsymbol{r}_2)\delta(t_1 - t_2). \tag{88.18}$$

公式(88.16—88.18)原则上解决了所提出的在任何具体情况下计算流体动力学涨落的问题.解决问题的过程是这样:将 s_{ik} 和 $\boldsymbol{g}$ 看成是坐标和时间的给定函数,如考虑到必要的流体动力学边界条件,我们便形式地对于量 $\delta\rho, \delta\boldsymbol{v}, \cdots$ 求解已线性化的方程(88.6—88.8).结果我们得到的这些量,是表达成 s_{ik} 和 $\boldsymbol{g}$ 的某些线性泛函的形式.相应的,$\delta\rho, \delta\boldsymbol{v}, \cdots$ 的任何平方量,均可通过 $s_{ik}, \boldsymbol{g}$ 的平方泛函来表征.然后它们的平均值便用公式(88.16—88.18)来计算,因而在解答中不再出现辅助量 $s_{ik}, \boldsymbol{g}$.

我们再将公式(88.16—88.18)写出对频率的傅里叶分量式,并可立刻将此写成量子涨落情况的推广形式.根据涨落-耗散定理的一般规则,用引入附加因子 $\frac{\hbar\omega}{2T}\coth\frac{\hbar\omega}{2T}$(在经典极限 $\hbar\omega \ll T$ 下变为1)的方法,即可完成此推广.当粘滞性和热传导有色散的情况下,量 η, ζ, κ 是频率的复函数;此时在涨落的公式中 η, ζ, κ 代之以这些函数的实部:

$$(s_{ik}^{(1)} g_l^{(2)})_\omega = 0 \tag{88.19}$$

$$(g_i^{(1)} g_k^{(2)})_\omega = \delta_{ik}\delta(\boldsymbol{r}_1 - \boldsymbol{r}_2)\hbar\omega T\coth\frac{\hbar\omega}{2T} \cdot \mathrm{Re}\kappa(\omega), \tag{88.20}$$

$$(s_{ik}^{(1)} s_{lm}^{(2)})_\omega = \hbar\omega\delta(\boldsymbol{r}_1 - \boldsymbol{r}_2)\coth\frac{\hbar\omega}{2T} \times$$
$$\times\left[\left(\delta_{il}\delta_{km} + \delta_{im}\delta_{kl} - \frac{2}{3}\delta_{ik}\delta_{lm}\right)\mathrm{Re}\eta(\omega) + \delta_{ik}\delta_{lm}\mathrm{Re}\zeta(\omega)\right]. \tag{88.21}$$

§89 无限介质中的流体动力学涨落

这一节我们研究静止的无限液体中的流体动力学涨落.这个课题当然可用上节讲述的方法解决.然而,我们在此用另外方法做此问题,以演示求解流体动力学涨落课题可以任选一种方法.

这个方法,是在引入随机力以前的早期阶段,便利用准定态涨落的一般理论.我们回忆起与此有关的一般公式(见第五卷§122).

设

$$\dot{x}_a = -\sum_b \lambda_{ab} x_b \tag{89.1}$$

是描述系统非平衡态(于平衡态全部 $x_a = 0$)的一组量 $x_a(t)$ 的宏观"运动方程",如果量 x_a 大于它们的平均涨落(但同时又是足够小,以致允许将运动方程线性化),则可断定,涨落关联函数满足(在 $t > 0$ 时)同一组方程

$$\frac{\mathrm{d}}{\mathrm{d}t}\langle x_a(t)x_c(0)\rangle = -\sum_b \lambda_{ab}\langle x_b(t)x_c(0)\rangle, t > 0. \tag{89.2}$$

下列等式

$$[\langle x_a(t)x_c(0)\rangle]_{t=+0}=\langle x_a x_c\rangle \tag{89.3}$$

可做为这些方程的起始条件,此处$\langle x_a x_c\rangle$假设为已知的同时关联函数. 关联函数按规则

$$\langle x_a(t)x_c(0)\rangle = \pm\langle x_a(-t)x_c(0)\rangle \tag{89.4}$$

延拓到 $t<0$ 的区域,式中上面的符号用于两个量 x_a 和 x_b 都是时间反演的偶函数(或都是奇函数)的情况,而下面的符号用于两量中一个是偶函数另一个是奇函数的情况. 方程(89.2)的带附加条件(89.3)的解,可用一侧傅里叶变换的方法求出:给方程乘以 $e^{i\omega t}$,并由 0 到∞对 t 积分(方程左侧进行分部积分变换)我们得方程组

$$-i\omega(x_a x_c)^{(+)}_\omega = -\sum_b \lambda_{ab}(x_b x_c)^{(+)}_\omega + \langle x_a x_c\rangle. \tag{89.5}$$

其中的量(频率函数)为

$$(x_a x_b)^{(+)}_\omega = \int_0^\infty e^{i\omega t}\langle x_a(t)x_b(0)\rangle dt. \tag{89.6}$$

关联函数通常的傅里叶分量,通过量(89.6)可根据

$$\begin{aligned}(x_a x_b)_\omega &= \int_{-\infty}^\infty e^{i\omega t}\langle x_a(t)x_b(0)\rangle dt =\\ &=(x_a x_b)^{(+)}_\omega \pm [(x_a x_b)^{(+)}_\omega]^* =\\ &=(x_a x_b)^{(+)}_\omega + (x_b x_a)^{(+)}_{-\omega}\end{aligned} \tag{89.7}$$

表征出来. 此处符号 ± 对应于(89.4)中的符号.

现在转到所提的静止液体的涨落问题上来,首先将(88.9—88.10)的 σ'_{ik}和 $\boldsymbol{q}$(略去最后项)代入流体动力学方程(88.6—88.8)并使之线性化. 取 $\rho=\rho_0+\delta\rho,\boldsymbol{v}=\delta\boldsymbol{v},\cdots$并略去非线性项,我们得到

$$\frac{\partial}{\partial t}\delta\rho+\rho\ \nabla\cdot\boldsymbol{v}=0 \tag{89.8}$$

$$\rho\frac{\partial}{\partial t}\boldsymbol{v}=-\nabla\ \delta P+\eta\Delta\boldsymbol{v}+\left(\zeta+\frac{\eta}{3}\right)\nabla(\nabla\cdot\boldsymbol{v}), \tag{89.9}$$

$$\frac{\partial}{\partial t}\delta s=\frac{k}{\rho T}\Delta\delta T \tag{89.10}$$

(线性化之后我们略去常量 $\rho_0,\cdots$的下标 0). 在方程(89.8—89.10)中,最好根据定义

$$\boldsymbol{v}=\boldsymbol{v}^{(l)}+\boldsymbol{v}^{(t)}, \tag{89.11}$$

$$\nabla\cdot\boldsymbol{v}^{(t)}=0,\quad \nabla\times\boldsymbol{v}^{(l)}=0,$$

立刻将速度分为有势的("纵向的")和有旋的("横向的")两部分 $\boldsymbol{v}^{(l)}$ 和 $\boldsymbol{v}^{(t)}$. 在(89.8)中只剩下纵向速度:

$$\frac{\partial}{\partial t}\delta\rho+\rho\,\nabla\cdot\boldsymbol{v}^{(l)}=0, \tag{89.12}$$

而(89.9),分解为两个方程

$$\frac{\partial}{\partial t}\boldsymbol{v}^{(t)}=\frac{\eta}{\rho}\Delta\boldsymbol{v}^{(t)}. \tag{89.13}$$

$$\rho\frac{\partial}{\partial t}\boldsymbol{v}^{(l)}=-\nabla\,\delta P+\left(\zeta+\frac{4}{3}\eta\right)\nabla(\nabla\cdot\boldsymbol{v}^{(l)}). \tag{89.14}$$

横向速度的方程独立于其余的方程. 与此对应,它的涨落关联函数有一个方程

$$\frac{\partial}{\partial t}\langle v_i^{(t)}(t,\boldsymbol{r})v_k^{(t)}(0,0)\rangle-\nu\Delta\langle v_i^{(t)}(t,\boldsymbol{r})v_k^{(t)}(0,0)\rangle=0 \tag{89.15}$$

(此处 $\nu=\eta/\rho$ 是运动学粘度. 对它进行一侧傅里叶变换后,我们得到

$$-\mathrm{i}\omega(v_i^{(t)}(\boldsymbol{r})v_k^{(t)}(0))_\omega^{(+)}-\nu\Delta(v_i^{(t)}(\boldsymbol{r})v_k^{(t)}(0))_\omega^{(+)}=$$
$$=\langle v_i^{(t)}(\boldsymbol{r})v_k^{(t)}(0)\rangle$$

(公式右边是同时关联函数),或变到对坐标的傅里叶分量:

$$(v_i^{(t)}v_k^{(t)})_{\omega\boldsymbol{k}}=\frac{(v_i^{(t)}v_k^{(t)})_{\boldsymbol{k}}}{\nu k^2-\mathrm{i}\omega}.$$

速度涨落的同时关联函数,由公式(88.5)给出;对它取傅里叶分量,并分出横向部分后,我们有

$$(v_i^{(t)}v_k^{(t)})_{\boldsymbol{k}}=\frac{T}{\rho}\left(\delta_{ik}-\frac{k_ik_k}{k^2}\right) \tag{89.16}$$

将此代入前式,最后得到①

$$(v_i^{(t)}v_k^{(t)})_{\omega\boldsymbol{k}}=2\mathrm{Re}(v_i^{(l)}v_k^{(t)})_{\omega\boldsymbol{k}}^{(+)}=\frac{2T}{\rho}\left(\delta_{ik}-\frac{k_ik_k}{k^2}\right)\frac{\nu k^2}{\omega^2+\nu^2k^4}. \tag{89.17}$$

对于剩余的变量,我们有互相联系的方程组(89.10),(89.12),(89.14). 然而该方程组,在大频率或小频率的极限情况下可以简化. 事实是,纵向速度的微扰和压强的微扰在液体中以声速 u 传播,而熵的微扰是按热传导方程传播的. 后者的机制,要求在 $\sim\frac{1}{k}$ 距离上传播微扰的时间为 $\sim\frac{1}{\chi k^2}$. ($\chi=k/\rho c_p$ 是介质的导温系数). 因此,对于满足条件

$$\chi k^2\ll\omega\sim ku \tag{89.18}$$

的频率(波矢之值给定时),可以认为,熵一定时只有 $\boldsymbol{v}^{(l)}$ 和 P 在涨落. 相反,在

$$\chi k^2\sim\omega\ll ku \tag{89.19}$$

① 容易看出,将公式(89.17)按 $\mathrm{d}\omega/2\pi$ 积分,理应回到同时关联函数.

时,出现熵的等压涨落①.

我们首先研究前者,即高频区(89.18),并确定,例如,压强的涨落.

改写关联函数的方程(89.14)为下列形式

$$\frac{\partial}{\partial t}\langle \boldsymbol{v}(t^{(1)},\boldsymbol{r})\delta P(0,0)\rangle = -\nabla\langle \delta P(t,\boldsymbol{r})\delta P(0,0)\rangle +$$

$$+\left(\zeta+\frac{4}{3}\eta\right)\nabla(\nabla\cdot\langle \boldsymbol{v}(t^{(1)},\boldsymbol{r})\delta P(0,0)\rangle),$$

而 $\boldsymbol{v}^{(1)}$ 和 δP 的同时关联为零,可以作为上式的起始条件. 进行对时间的一侧傅里叶变换和对坐标的全变换后,得出

$$-\mathrm{i}\omega\rho(\boldsymbol{v}^{(1)}\delta P)^{(+)}_{\omega\boldsymbol{k}} = -\mathrm{i}\boldsymbol{k}(\delta P^2)^{(+)}_{\omega\boldsymbol{k}} - \left(\zeta+\frac{4}{3}\eta\right)\boldsymbol{k}(\boldsymbol{k}\cdot\boldsymbol{v}^{(1)}\delta P)^{(+)}_{\omega\boldsymbol{k}} \tag{89.20}$$

其次,在方程(89.12)中我们写出

$$\delta\rho=\left(\frac{\partial\rho}{\partial P}\right)_s\delta P+\left(\frac{\partial\rho}{\partial s}\right)_P\delta s=\frac{1}{u^2}\delta P-\rho^2\left(\frac{\partial T}{\partial P}\right)_s\delta s,$$

将方程(89.10)写成下列形式

$$\frac{\partial}{\partial t}\delta s=\frac{\kappa}{\rho T}\left(\frac{\partial T}{\partial P}\right)_s\Delta\delta P,$$

用来表达 $\partial\delta s/\partial t$(根据条件 $\chi k^2 \ll \omega$,与 $\frac{\partial}{\partial t}\delta s$ 比较,右侧的 $\Delta\delta s$ 项可以忽略). 这就导出方程

$$\frac{1}{u^2}\frac{\partial}{\partial t}\delta P-\frac{\kappa\rho}{T}\left(\frac{\partial T}{\partial P}\right)_s^2\Delta\delta P+\rho\,\nabla\cdot\boldsymbol{v}^{(1)}=0.$$

在此分别以 $\langle\delta P(t,\boldsymbol{r})\delta P(0,0)\rangle$ 和 $\langle\boldsymbol{v}^{(1)}(t,\boldsymbol{r})\delta P(0,0)\rangle$ 代替 δP 和 $\boldsymbol{v}^{(1)}$,便重新得到与关联函数相应的方程. 而它的起始条件是(88.3). 傅里叶变换后,该方程给出

$$\left[-\frac{\mathrm{i}\omega}{u^2}+\frac{k^2\kappa\rho}{T}\left(\frac{\partial T}{\partial P}\right)_s^2\right](\delta P^2)^{(+)}_{\omega\boldsymbol{k}}+\mathrm{i}\rho(\boldsymbol{k}\cdot\boldsymbol{v}^{(1)}\delta P)^{(+)}_{\omega\boldsymbol{k}}=\rho T. \tag{89.21}$$

进行一些变换后,从两个方程(89.20—89.21),我们得到

$$(\delta P^2)_{\omega\boldsymbol{k}}=2\mathrm{Re}(\delta P^2)^{(+)}_{\omega\boldsymbol{k}}=2\mathrm{Re}\frac{k^2\rho Tu^4(\mathrm{i}+2\gamma_T\omega/uk^2)}{\omega(\omega^2-k^2u^2+2\mathrm{i}\omega u\gamma)}, \tag{89.22}$$

在此,

$$\gamma=\frac{k^2}{2\rho u}\left[\zeta+\frac{4}{3}\eta+\frac{\kappa u^2\rho^2}{T}\left(\frac{\partial T}{\partial P}\right)_s^2\right] \tag{89.23}$$

---

① 不等式 $\chi k^2 \ll ku$ 在流体动力学范围总是满足的. 例如,在气体中 $u\sim v_T$ 和 $\chi\sim v_T l$,在此 v_T 是粒子的平均热速度,而 l 是其自由程. 因此不等式 $\chi k \ll u$ 等价于条件 $kl \ll 1$.

是介质中声的吸收系数(见第六卷§79),而γ_T是此系数中与热传导有关的部分. 对于$\omega=\pm ku$值附近(此处涨落特别大)的频率区域,我们写出最终答案:

$$(\delta P^2)_{\omega k}=\frac{\rho T u^3\gamma}{(\omega\mp ku)^2+u^2\gamma^2} \tag{89.24}$$

此式在$|\omega\mp ku|\lesssim u\gamma$①情况下是正确的.

在(89.19)的低频范围内,已经讲过,忽略压强涨落,只考察熵涨落已足够了. 这意味着在方程(89.10)中可取

$$\delta T\approx\left(\frac{\partial T}{\partial s}\right)_P\delta s=\frac{T}{c_p}\delta s$$

(热容量c_p是单位质量的). 因此,对于待求的关联函数有与(89.15)同型的方程,而它的起始条件由表达式(88.4)给出. 结果得出

$$(\delta s^2)_{\omega k}=\frac{2c_p}{\rho}\frac{\chi k^2}{\omega^2+\chi^2k^4}. \tag{89.25}$$

习 题

1. 求自弱溶液中溶质粒子数的涨落关联函数.

解:溶质粒子数密度n满足扩散方程

$$\frac{\partial n}{\partial t}=D\Delta n$$

(D是扩散系数). 在弱溶液中,密度在空间不同点的同时值是互不关联的(类似于理想气体中不存在同时关联);所以同时关联函数为

$$\langle\delta n(\boldsymbol{r}_1)\delta n(\boldsymbol{r}_2)\rangle=\bar{n}\delta(\boldsymbol{r}_1-\boldsymbol{r}_2).$$

类似于公式(89.25),我们得到

$$(\delta n^2)_{\omega k}=\frac{2\bar{n}k^2D}{\omega^4+k^4D^2}.$$

在此解中我们忽略了热扩散,因此n的涨落可以认为与温度涨落无关.

2. 求出液体的压强涨落关联函数,该液体具有大的、色散的第二粘滞系数$\zeta(\omega)$(与某个参数缓慢弛豫有关).

解:缓慢弛豫过程的存在,导致出现下列形式的第二粘滞系数

$$\zeta(\omega)=\frac{\tau\rho}{1-\mathrm{i}\omega\tau}(u_\infty^2-u_0^2),$$

此处τ是弛豫时间;u_0是平衡声速度;u_∞是在弛豫参数值不变时的声速(见第六

---

① 我们记得(见第六卷§79),流体动力学的声吸收系数在气体中总是小的(可自动从条件$kl\ll 1$中得出不等式$\gamma\ll k$),并且在无明显声色散的液体中也是小的.

卷 §81). 方程(89.20—89.21),以及(89.22)在有色散时也是正确的. 取 $\zeta = \zeta(\omega)$ 并忽略含 η 和 κ 的项,经计算得到

$$(\delta P^2)_{\omega k} = \frac{2T\tau\rho u_0^4(u_\infty^2 - u_0^2)}{(u_0^2 - \omega^2/k^2)^2 + \omega^2\tau^2(u_\infty^2 - \omega^2/k^2)^2}.$$

§90　动理学系数的算符表述

可以给予 §88 中得到的公式(88.20—88.21)以新的看法,这只要"从右向左"读,即可将其看成导热系数和粘滞系数的表达式. 此时等式左边的关联函数,根据它们的定义,可以通过具有微观意义的一些量的算符来表征. 结果,通过这些算符可表述液体的动理学系数.

首先需要考虑,在空间不同地点,能量和动量的"随机"流涨落之间不存在关联,(公式(88.20—88.21)中的 δ 函数 $\delta(\boldsymbol{r}_1 - \boldsymbol{r}_2)$)乃是流体动力学的近似结果;这种近似只在波矢量取小值时才正确. 为了将此条件表为显形式,我们将公式按空间坐标展为傅里叶分量[这归结为用 1 代替 $\delta(\boldsymbol{r}_1 - \boldsymbol{r}_2)$ 因子]并过渡到 $\boldsymbol{k} \to 0$ 的极限. 例如,将一对指标 i,k 缩并后的公式(88.20)

$$(\boldsymbol{g}^{(1)}\boldsymbol{g}^{(2)})_\omega = 3\delta(\boldsymbol{r}_1 - \boldsymbol{r}_2)\hbar\omega T\coth\frac{\hbar\omega}{2T} \cdot \mathrm{Re}\kappa(\omega)$$

写成如下形式

$$\mathrm{Re}\kappa(\omega) = \frac{1}{3\hbar\omega T}\tanh\frac{\hbar\omega}{2T}\lim_{k\to 0}(g^2)_{\omega k}. \tag{90.1}$$

容易看出,这样描写时,在此公式中可以用 $\boldsymbol{Q}$ 表征的总能流代替"随机"热流 $\boldsymbol{g}$. 从流体动力学知道,$\boldsymbol{Q}$ 由对流迁移能流和热流 $\boldsymbol{q}$ 所构成:

$$\boldsymbol{Q} = \left(\frac{v^2}{2} + w\right)\rho\boldsymbol{v} + \boldsymbol{q} \approx \rho w\boldsymbol{v} - \kappa\nabla T + \boldsymbol{g} \tag{90.2}$$

(w 是液体单位质量的热函数;最后表达式中忽略了速度 $\boldsymbol{v}$ 涨落的高次幂项). 但在小 $\boldsymbol{k}$ 时,真实物理量($\boldsymbol{v}, T, \rho$ 等等)的涨落比随机流涨落,多包含 $\boldsymbol{k}$ 的幂次,因此,在 $\boldsymbol{k} \to 0$ 的极限时,$\boldsymbol{g}$ 的涨落与 $\boldsymbol{Q}$ 的涨落一致. 这一点从下列事实中立即明了,即在流体动力学涨落的运动方程式(88.6—88.8)中,流 $\boldsymbol{g}$ 及 s_{ik} 只在空间微商下出现,而上述真实物理量也以对时间微商的形式出现;因此,变成傅里叶分量后,对空间微商的傅里叶分量与对时间微商的傅里叶分量之比的数量级为 k/ω.

与 $\boldsymbol{g}$ 不同,总能流 $\boldsymbol{Q}$ 是有直接力学意义的量,因而,它对应于用介质粒子的动力学变量算符所表征的、确定的量子力学算符 $\hat{\boldsymbol{Q}}(t, \boldsymbol{r})$. 回忆以相应量的(海森伯)算符来表述的关联函数定义. 于是,我们获得下列公式

$$\mathrm{Re}\kappa(\omega) = \frac{1}{6\hbar\omega T}\tanh\frac{\hbar\omega}{2T} \times$$

$$\times \lim_{k\to 0}\iint_{-\infty}^{\infty} \mathrm{e}^{\mathrm{i}(\omega t-\boldsymbol{k}\cdot\boldsymbol{r})}\langle \hat{\boldsymbol{Q}}(t,\boldsymbol{r})\hat{\boldsymbol{Q}}(0,0)+\hat{\boldsymbol{Q}}(0,0)\hat{\boldsymbol{Q}}(t,\boldsymbol{r})\rangle \mathrm{d}t\mathrm{d}^3x \tag{90.3}$$

(M. S. Green,1954).

然而,如果利用相应算符对易关系表述的关联函数公式,就能为函数 $\kappa(\omega)$ 得到更合适的表述法.

如果 $x_a(\boldsymbol{r}),x_b(\boldsymbol{r})$ 是两个涨落量(在平衡态等于零,并且在时间反演中的行为相同),那么它们的关联函数,根据(76.1)和(75.11),可以表为如下形式

$$(x_a^{(1)}x_b^{(2)})_\omega=\coth\frac{\hbar\omega}{2T}\mathrm{Re}\int_0^\infty \mathrm{e}^{\mathrm{i}\omega t}\langle\{\hat{x}_a(t,\boldsymbol{r}_1),\hat{x}_b(0,\boldsymbol{r}_2)\}\rangle\mathrm{d}t,$$

此处括号{…}表示对易子. 按坐标 $\boldsymbol{r}=\boldsymbol{r}_1-\boldsymbol{r}_2$ 进行傅里叶展开后,我们得到公式

$$(x_ax_b)_{\omega\boldsymbol{k}}=\coth\frac{\hbar\omega}{2T}\cdot\mathrm{Re}\iint_0^\infty \mathrm{e}^{\mathrm{i}(\omega t-\boldsymbol{k}\cdot\boldsymbol{r})}\langle\{\hat{x}_a(t,\boldsymbol{r}),\hat{x}_b(0,0)\}\rangle\mathrm{d}t\mathrm{d}^3x. \tag{90.4}$$

将此式应用到关联函数 $(\boldsymbol{Q}^2)_{\omega\boldsymbol{k}}$ 并代入(90.1)后,我们得到

$$\mathrm{Re}\kappa(\omega)=\frac{1}{3\omega T}\lim_{k\to 0}\mathrm{Re}\iint_0^\infty \mathrm{e}^{\mathrm{i}(\omega t-\boldsymbol{k}\cdot\boldsymbol{r})}\langle\{\hat{\boldsymbol{Q}}(t,\boldsymbol{r}),\hat{\boldsymbol{Q}}(0,0)\}\rangle\mathrm{d}t\mathrm{d}^3x.$$

此公式的左边和右边在 Re 号后都有 ω 的函数. 此函数当 $\omega\to\infty$ 时趋于零,并且在复变量 ω 的上半平面无奇点. 在 ω 的实轴上从这些函数的实部相等中得出这些函数本身是相等的,因而我们得到最终公式:

$$\kappa(\omega)=\frac{1}{3\omega T}\lim_{k\to 0}\iint_0^\infty \mathrm{e}^{\mathrm{i}(\omega t-\boldsymbol{k}\cdot\boldsymbol{r})}\langle\{\hat{\boldsymbol{Q}}(t,\boldsymbol{r}),\hat{\boldsymbol{Q}}(0,0)\}\rangle\mathrm{d}t\mathrm{d}^3x. \tag{90.5}$$

为了得到导热系数的静态值,还应当过渡到 $\omega\to 0$ 的极限.

用类似的方法可以变换公式(88.21),于是得出粘滞系数的算符表达式.

如果引入总动量流 $\sigma_{ik}=-P\delta_{ik}+\sigma'_{ik}$[(88.9)中的 σ_{ik}],那么在 $\boldsymbol{k}\to 0$ 的极限时,除 s_{ik} 外的一切项的涨落都趋于零,所以在此极限可以用 $(\sigma_{ik}\sigma_{lm})_{\omega\boldsymbol{k}}$ 代替关联函数 $(s_{ik}s_{lm})_{\omega\boldsymbol{k}}$. 结果我们得出公式

$$\eta(\omega)\left(\delta_{il}\delta_{km}+\delta_{im}\delta_{kl}-\frac{2}{3}\delta_{ik}\delta_{lm}\right)+\zeta(\omega)\delta_{ik}\delta_{lm}=$$

$$=\frac{1}{\omega}\lim_{k\to 0}\iint_0^\infty \mathrm{e}^{\mathrm{i}(\omega t-\boldsymbol{k}\cdot\boldsymbol{r})}\langle\{\hat{\sigma}_{ik}(t,\boldsymbol{r}),\hat{\sigma}_{lm}(0,0)\}\rangle\mathrm{d}t\mathrm{d}^3x. \tag{90.6}$$

此处 $\hat{\sigma}_{ik}(t,\boldsymbol{r})$ 是动量流密度算符(H. Mori,1958),将此等式按两对指标 i,k 和 l,m 或 i,l 和 k,m 缩并,我们分别得到相应于 9ζ 或 $10\eta+3\zeta$ 的独立表达式.

§91 费米液体的动力学形状因子

对费米液体不能应用 $T=0$ 时的形状因子公式(87.4—87.6),因为推导这

些公式时假定只存在元激发谱的声子支(ω 和 $\boldsymbol{k}$ 都小). 对费米液体也不能应用 §88, §89 建立的流体动力学涨落理论:它要求满足的条件 $kl \ll 1$(l 是准粒子的自由程),显然在费米液体中已被损坏. 因为 $l \propto T^{-2}$ 在 $T \to 0$ 时趋于无限. 因而计算费米液体的形状因子应当使用动理学方程.

此时最好从公式(86.17—86.20)入手,这些公式将形状因子与液体受某一场 $U(t,\boldsymbol{r})$ 作用时的广义感应率联系起来. 定义(86.18)也可写成按坐标的傅里叶分量

$$\delta\bar{n}(\omega,\boldsymbol{k}) = -\alpha(\omega,\boldsymbol{k})U_{\omega\boldsymbol{k}}, \tag{91.1}$$

我们限于 $T=0$ 的情况,则动力学形状因子根据下式

$$\bar{n}\sigma(\omega,\boldsymbol{k}) = \begin{cases} 2\hbar \mathrm{Im}\alpha(\omega,\boldsymbol{k}) & \omega > 0, \\ 0 & \omega < 0 \end{cases} \tag{91.2}$$

通过 $\alpha(\omega,\boldsymbol{k})$ 来表征.

密度的微扰 $\delta\bar{n}(\omega,\boldsymbol{k})$ 可借助于动理学方程来计算,此时式中可以忽略碰撞积分(在 $T \to 0$ 时). 这些计算与 §4 中对零声计算所不同的只是对准粒子能量附加了一项

$$U(t,\boldsymbol{r}) = U_{\omega\boldsymbol{k}} \mathrm{e}^{\mathrm{i}(\boldsymbol{k}\cdot\boldsymbol{r}-\omega t)}.$$

相应的,在微商 $\partial\varepsilon/\partial\boldsymbol{r}$(4.3)中附加一项 $\partial U/\partial\boldsymbol{r} = \mathrm{i}\boldsymbol{k}U$,而在动理学方程(4.8)的左侧附加一项

$$-\mathrm{i}\boldsymbol{k}U\frac{\partial n_0}{\partial \boldsymbol{p}} = \mathrm{i}\boldsymbol{k}\cdot\boldsymbol{v}U\delta(\varepsilon-\varepsilon_{\mathrm{F}}).$$

求出动理学方程的解如下:

$$\delta n(\boldsymbol{p}) = \delta n_{\omega\boldsymbol{k}}(\boldsymbol{p})\mathrm{e}^{\mathrm{i}(\boldsymbol{k}\cdot\boldsymbol{r}-\omega t)},$$

$$\delta n_{\omega\boldsymbol{k}}(\boldsymbol{p}) = -\delta(\varepsilon-\varepsilon_{\mathrm{F}})\frac{\pi^2\hbar^2}{2m^* p_{\mathrm{F}}}\chi(\boldsymbol{n}), \quad \boldsymbol{n} = \frac{\boldsymbol{p}}{p}. \tag{91.3}$$

这是准粒子的动量分布微扰的傅里叶分量,待求的总准粒子数密度(与真实粒子数密度一致)的变化,由如下积分给出

$$\delta\bar{n}(\omega,\boldsymbol{k}) = \int \delta n_{\omega\boldsymbol{k}}(\boldsymbol{p})\frac{2\mathrm{d}^3p}{(2\pi\hbar)^3} = -\frac{1}{2\hbar}\int\chi(\boldsymbol{n})\frac{\mathrm{d}o}{4\pi}\cdot U_{\omega\boldsymbol{k}}.$$

(91.3)中定义的函数 $\chi(\boldsymbol{n})$ 与(4.9)中定义的 $\nu(\boldsymbol{n})$ 不同之处在于归一化系数. 在此选取归一化系数,可使公式(91.2)取如下形式:

$$\bar{n}\sigma(\omega,\boldsymbol{k}) = \mathrm{Im}\int\chi(\boldsymbol{n})\frac{\mathrm{d}o}{4\pi}, \quad \omega > 0. \tag{91.4}$$

函数 $\chi(\boldsymbol{n})$ 本身由下列方程得到:

$$(\omega - v_{\mathrm{F}}\boldsymbol{k}\cdot\boldsymbol{n})\chi(\boldsymbol{n}) + v_{\mathrm{F}}\boldsymbol{k}\cdot\boldsymbol{n}\int F(\vartheta)\chi(\boldsymbol{n}')\frac{\mathrm{d}o'}{4\pi} = -\boldsymbol{k}\cdot\boldsymbol{n}\frac{2p_{\mathrm{F}}^2}{\pi^2\hbar^2}. \tag{91.5}$$

此方程的右侧不同于(4.11)式.

方程(91.5)不显含虚量. 因此解 $\chi(\boldsymbol{n})$ 中出现的虚部仅和求解过程积分的极点绕法有关. 这些围道规则要求从 $t=-\infty$ 开始,浸渐地给体系施加场 $U\propto e^{-i\omega t}$;为此,应当进行 $\omega\to\omega+i0$ 的频率代换.

解的具体形式依赖于准粒子相互作用函数的形式 $F(\vartheta)$. 我们演示求解过程,并以最简单的函数 $F=\text{const}\equiv F_0$ 为例说明解的性质.

在这种情况下,方程(91.5)的解具有下列形式

$$\chi(\boldsymbol{n})=C\frac{v_F\boldsymbol{k}\cdot\boldsymbol{n}}{v_F\boldsymbol{k}\cdot\boldsymbol{n}-\omega-i0},\tag{91.6}$$

在此 C 是常数. 将表达式(91.6)代回(91.5)以确定 C,于是给出

$$C(1+IF_0)=\frac{2m^*p_F}{\pi^2\hbar^2},\tag{91.7}$$

这里

$$I=\int\frac{\boldsymbol{k}\cdot\boldsymbol{n}'v_F}{\boldsymbol{k}\cdot\boldsymbol{n}'v_F-\omega-i0}\frac{do'}{4\pi}.$$

被积式仅依赖于 $\boldsymbol{n}'$ 与 $\boldsymbol{k}$ 间的夹角,进行显然的代换后,我们得到

$$I(s)=\frac{1}{2}\int_{-1}^{1}\frac{x\,dx}{x-s-i0}=1-\frac{s}{2}\ln\left|\frac{s+1}{s-1}\right|+\begin{cases}is\dfrac{\pi}{2}, & s<1,\\ 0, & s>1,\end{cases}\tag{91.8}$$

此处 $s=\omega/kv_F$[积分的虚部可按(8.11)的规则分离出来].

将(91.6—91.8)中解出的函数 $\chi(\boldsymbol{n})$ 代入(91.4),我们得到动力学形状因子

$$\bar{n}\sigma(\omega,k)=\frac{2m^*p_F}{\pi^2\hbar^2}\text{Im}\frac{I(s)}{1+F_0I(s)}\tag{91.9}$$

(А. А. Абрикасов, И. М. Халатников, 1958). 根据(91.8),当 $s<1$ 即所有的 $\omega<kv_F$ 时,此形状因子不为零.

如果 $F_0>0$,则在费米液体中可能有以速度 u_0 传播的零声,u_0 由方程(4.15)来确定

$$1+F_0I(s_0)=0,\quad s_0=u_0/v_F.$$

当 s 值接近 s_0 时,表达式(91.9)取

$$\text{const}\cdot\text{Im}\frac{1}{s-s_0}$$

的形式,并且如上所述,$s=\omega/kv_F$ 应当理解为 $s+i0$. 这意味着在 $\sigma(\omega,k)$ 中还有形如 $\text{const}\cdot\delta(s-s_0)$ 的 δ 函数项,或有

$$\sigma(\omega,k)=\text{const}\cdot k\delta(\omega-ku_0)\tag{91.10}$$

这项是费米液体能谱零声分支对形状因子必须提供的贡献;它完全类似于声子对玻色液体的形状因子所做的贡献(87.4).

当然,这一项的存在与是否假定 $F=\text{const}$ 无关,而且是可能传播零声的费

米液体的普遍性质. 与准粒子相互作用定律有关的只是(91.10)中的常系数值. 方程(91.5)右侧为零便和零声方程一致;因此非齐次方程的解在 $\omega/k=u_0$ 处有极点.

从方程(91.5)的形式看出,它的解仅以比值 ω/k 的形式依赖于 ω 和 k. 所以动力学形状因子就是此比值的函数. 于是静力学形状因子

$$\sigma(k)=\int_0^{\infty}\sigma(\omega,k)\frac{\mathrm{d}\omega}{2\pi}$$

将有如下形式

$$\sigma(k)=\mathrm{const}\cdot k \tag{91.11}$$

这意味着在费米液体中,在 $T=0$ 时,密度涨落的同时空间关联函数遵守 $\nu(r)\propto r^{-4}$ 规律(玻色液体中也是如此).

最后,我们注意到,用 $F_0\to 0$ 的极限过渡方式,可以从(91.9)得到理想费米气体的动力学形状因子.

$$\sigma(\omega,k)=\frac{m^2\omega}{\pi\hbar^2\bar{n}k},\quad 0<\omega<kv_{\mathrm{F}}.$$

此时静力学形状因子

$$\sigma(k)=\int_0^{kv_{\mathrm{F}}}\sigma(\omega,k)\frac{\mathrm{d}\omega}{2\pi}=\frac{p_{\mathrm{F}}^2k}{(2\pi\hbar)^2\bar{n}}$$

(与第五卷 §117 中习题 1 的结果一致).

索　　引[1]

① 这个索引不重复目录,而是其补充.索引包括目录中未直接反映出来的术语和概念.

E

F

G

H

J

K

L

M

N

P

R

S

T

W

X

Y

Z

郑重声明

《弹性理论（第五版）》

本书是《理论物理学教程》的第七卷，系统地讲述了弹性力学的基本理论和方法，重点讨论了弹性理论的基本方程，介绍了半无限弹性介质问题，固体接触问题的经典解法和晶体的弹性性质，还讨论了板和壳的问题，杆的扭转和弯曲以及弹性系统的稳定性问题，并用宏观连续介质力学方法深入地阐述了弹性波以及振动的理论问题，位错的力学问题，固体的热传导和黏性理论以及液晶的力学理论。本书叙述精练，推演论证严谨，更着重于问题的物理描述。本书可作为高等学校物理专业高年级本科生教学参考书，也可供相关专业的研究生和科研人员参考。

《连续介质电动力学（第四版）》

本书是《理论物理学教程》的第八卷，系统阐述了实体介质的电磁场理论以及实物的宏观电学和磁学性质。全书论述条理清晰，内容广泛，包括导体和介电体静电学、恒定电流、恒定磁场、铁磁性和反铁磁性、超导电性、准恒电磁场、磁流体动力学、介质内的电磁波及其传播规律、空间色散、非线性光学和电磁波散射等内容。本书可作为理论物理专业的研究生和高年级本科生教学参考书，也可供科研人员和教师参考。